普通高等院校环境科学与工程类系列规划教材

# 环境污染物分析

主　编　侯晓虹

副主编　梁　宁　许　良

中国建材工业出版社

图书在版编目(CIP)数据

环境污染物分析/侯晓虹主编. --北京：中国建
材工业出版社，2017.1
普通高等院校环境科学与工程类系列规划教材
ISBN 978-7-5160-1719-7

Ⅰ. ①环… Ⅱ. ①侯… Ⅲ. ①环境污染-污染物分析
-高等学校-教材 Ⅳ. ①X132

中国版本图书馆 CIP 数据核字（2016）第 284701 号

## 内 容 简 介

本书从环境污染物分析的需要出发，以我国现行环境分析标准方法为指导，系统地介绍了环境污染物分析的基本理论和具体方法，并且列举了典型污染物分析实例。本书注重先进理论与应用性相结合，内容丰富，取材新颖，突出了科学性、系统性、实用性和前瞻性。

全书共分为 9 章。第 1 章绪论，论述了环境污染物及其来源、种类和性质，环境污染物分析的发展趋势与特点；第 2 章和第 3 章分别详细介绍了样品前处理和仪器分析技术；第 4 章阐述了环境污染物分析的质量保证与质量控制体系；第 5 章至第 9 章就不同环境介质（水、大气、土壤和固体废物、食品和化妆品、生物样品）中典型污染物的分析方法进行了详尽的阐述。

本书可作为普通高等学校环境科学类专业本科生和研究生环境分析课程的教材，同时也可作为分析化学、环境工程等专业相关课程的教学用书，以及作为相关专业领域的科研人员、工程技术人员和管理人员的参考用书。本书配有电子课件，可登录我社网站免费下载。

**环境污染物分析**

主　编　侯晓虹

出版发行：中国建材工业出版社
地　　址：北京市海淀区三里河路 1 号
邮　　编：100044
经　　销：全国各地新华书店
印　　刷：北京雁林吉兆印刷有限公司
开　　本：787mm×1092mm　1/16
印　　张：25.5
字　　数：630 千字
版　　次：2017 年 1 月第 1 版
印　　次：2017 年 1 月第 1 次
定　　价：**66.80 元**

本社网址：**www.jccbs.com**　微信公众号：**zgjcgycbs**
本书如出现印装质量问题，由我社网络直销部负责调换。联系电话：**(010) 88386906**

# 前 言

随着我国社会经济的高速发展，经各种途径排放的环境污染物不断增加，呈现多元化和复杂化趋势。为评价环境污染物的影响，需要准确分析各种环境介质样品（如水、大气、土壤、固体废物、食品、化妆品、生物样品）中污染物的种类、浓度和形态。现有环境监测的常规检测项目虽已配套标准分析方法和质控方法，但针对不断涌现的新型污染物，分析方法储备明显不足，制约了新型污染物的监测和环境化学行为的研究，而如何建立新型污染物的分析方法成为环境污染物分析化学的重要任务。新型污染物以痕量或超痕量水平存在于各种复杂的环境介质中，既需要提取、分离、富集、净化等样品前处理方法，也需要定性、定量等检测手段，在严格的质量控制和质量保证下，才能完成对污染物的分析检测工作。这样，环境污染物分析成为环境科学研究的起点，可为环境监测新标准方法提供技术保障。因此，编写全面系统介绍环境污染物分析的基本原理、新方法和新技术的教材具有现实意义。

本教材在原有校内教材的基础上，极大程度上更新了编写内容，注重先进方法的理论性与应用性相结合。在教材内容编排上，有以下几个突出特点：全面介绍了样品前处理方法，既包括提取富集，也包括衍生化净化，既有传统的方法，也介绍了液-液微萃取等新型技术，力求这些方法能满足几乎所有环境介质样品；详细介绍了分析方法的质量控制和质量保证，确保痕量分析结果的准确性和可信性；在内容编排上，充分考虑环境介质的多样性和复杂性，兼顾目标分析物的典型性和新颖性，选择我国、美国和加拿大最新的环境标准方法，力求选用本教材介绍的前处理和分析方法，体现方法先进性、介质和目标物多样性、方法不重复的想法；在环境介质样品选择上，除了有水、大气、土壤和固体废物外，还包括食品和化妆品，以及生物样品，因为食品和化妆品安全与人类健康息息相关，环境科学研究的前沿正朝着体内污染物分析的方向发展，因此，有必要教授食品、化妆品和生物样品的采样和分析方法；充分体现编者的专业特长，介绍了药品和个人护理用品（PPCPs）这一新型污染物、残留药物分析、中药材污染物分析、生物样品采样和分析等内容。

在编写过程中，注重理论性和实用性的统一，内容完整，模块清晰，简明易懂，引入大量的具体实例，加深读者对内容的理解。同时每章附有一定数量的思考题，便于读者把握学习重点。

本教材由沈阳药科大学侯晓虹主编，内蒙古民族大学许良、哈尔滨工业大学马万里、辽宁大学庄晓虹、沈阳药科大学梁宁和王婷参加编写。其中第1、2章由侯晓虹编写，第3章由许良编写，第4、6章由马万里编写，第5章由庄晓虹编写，第7、9章由梁宁编写，第8章由王婷编写。教材中引用了许多国内外相关文献和资料，在此谨向这些作者表示感谢。在参考文献中可能由于疏漏未能全部列出，对此表示深深的歉意。

在教材编撰过程中，由于内容涉及广泛，且限于编者水平，缺点和不足在所难免，敬请专家、读者批评指正。

编者

2017 年 1 月

# 目　录

# 第1章 绪 论

**学 习 提 示**

　　了解环境问题和环境污染；熟悉环境污染物及其来源、种类、性质；理解环境污染物分析的学科属性、特点和一般步骤；掌握持久性有机物污染物、药品和个人护理用品等新兴污染物的种类和性质。本章学习共需要2学时。

## 1.1 环境污染物

### 1.1.1 环境、环境问题和环境污染

**1. 环境**

　　环境是影响人类生存和发展的所有外界自然因素的总和。就目前而言，地球是人类活动的唯一场所。在地球上，人类目前的主要活动范围仅限于地壳表面和围绕它的大气层的一部分，一般包括深度不到11km的海洋和高度不到9km的大陆表面，以及海平面之上12km之内的大气层。这与地球的半径6378km相比只是很薄的一层而已。但是这一薄层却可划分为不同性质的圈层，即覆盖地球表面的大气圈、以海洋为主的水圈和构成地壳的土壤圈与岩石圈，它们共同构成生物生存与活动的生物圈，也就是人类生存与活动的环境。2015年1月1日开始施行的《中华人民共和国环境保护法》明确指出："本法所称环境，是指影响人类生存和发展的各种天然的和经过人工改造的自然因素的总体，包括大气、水、海洋、土地、矿藏、森林、草原、湿地、野生生物、自然遗迹、人文遗迹、自然保护区、风景名胜区、城市和乡村等。"这是与人类关系最密切的、必须加以保护的那一部分自然环境。

**2. 环境问题**

　　人类从环境中获取物质和能量，主要表现为人们开发利用各种自然资源。当这种开发活动过度、超过环境本身的调节作用和缓冲能力时，便会导致环境结构和组成的变化及生态功能的下降，对人类及其他生物的正常生存与发展造成影响和破坏，这样的问题统称为环境问题。

　　环境问题大致分为两类：（1）由自然力引起的原生环境问题，也称为第一环境问题，如火山喷发、地震、洪涝、干旱、滑坡等引起的环境问题；（2）由人类的生产和生活活动引起的次生环境问题，也称为第二环境问题。次生环境问题包括生态破坏、环境污染等。

　　环境问题是随着人类社会和经济的发展而出现的。近代环境问题始于工业革命时期，这一阶段的环境问题与工业和城市同步发展。先是由于人口和工业密集，燃煤和燃油量剧增，发达国家城市饱受空气污染之苦，后来又出现日益严重的水污染和垃圾污染，工业废气、汽

1

车尾气更是加剧了污染的程度，酿成了不少震惊世界的公害事件。20 世纪 80 年代又发生了一些突发性公害事故，如印度博帕尔毒气泄漏和前苏联切尔诺贝利核泄漏等。

当代环境问题被公认是从英国科学家 1985 年发现南极上空出现"臭氧洞"开始的。这一阶段环境问题的特征是全球范围内出现了不利于人类生存和发展的征兆。目前，这些征兆集中在酸雨、臭氧层破坏和全球变暖三大全球性大气环境问题上。环境问题是整个地球在遭到人类掠夺性开发后发生的系统性病变，严重削弱了自然环境对人类社会生存发展的支撑能力，已经危及全人类的生存和发展。在现阶段，环境污染问题是环境问题最突出、最集中的表现。

**3. 环境污染**

环境污染是指人类活动的副产品和废弃物进入环境后，对生态系统产生的一系列扰乱和侵害，使环境质量恶化，并对人或其他生物的健康产生危害的现象。

环境污染有不同的类型。按环境要素环境污染可分为大气污染、水体污染、土壤污染、生物污染等；按污染物的性质环境污染可分为化学污染、物理污染、生物污染等；按照污染产生的原因环境污染可分为工业污染、农业污染、交通污染、生活污染等；按污染物的分布范围环境污染又可分为全球污染、区域污染、局部性污染等。

## 1.1.2 环境污染物及其来源、种类和性质

**1. 环境污染物**

环境污染物是指进入环境后使环境的正常组成和性质发生直接或间接有害于人类的变化的物质。主要是人类生产和生活活动中产生的各种化学物质，也有自然界释放的物质，如火山爆发喷射出的气体、尘埃等。

**2. 环境污染物的来源**

环境污染物按污染类型可分为大气污染物、水体污染物、土壤污染物和生物污染物等；按污染物的形态可分为气体污染物、液体污染物和固体污染物等；按污染物的性质可分为化学污染物、物理污染物和生物污染物等；按污染物产生的原因可分为生产污染物、生活污染物和卫生保健机构污染物。其中，生产污染物主要考虑工业污染、交通污染、农村面源污染等；生活污染物主要来源于洗涤、粪便污水等。大多数污染物是以散逸至大气、排泄至水体或在土壤表面堆积和填埋的方式进入环境的。

按污染物扩散方式，污染源一般有三种：（1）点（污染）源，即污染物集中排放，如工厂烟囱或污水排放口；（2）线（污染）源，即污染物连续移动地排放，如行驶中的汽车尾气排放；（3）面（污染）源，即污染物分散排放，如农田径流和灌溉排水、降雨对大气的淋洗等。

按污染源的存在形式，污染源可分为固定源和移动源；按污染物排放的时间，污染源可分为连续源、间断源和瞬时源。

**3. 环境污染物的种类**

从本质上看，大多数环境问题是由环境污染特别是化学物质的污染引起的。环境化学污染物形态各异，种类繁多，对生态环境和人类健康产生了严重的危害。其中备受关注的是以持久性有机污染物和环境激素等为主的持久性有毒物质。

对环境产生危害的化学污染物可概括为九类：

（1）单质

包括铅、镉、铬、汞等重金属和砷等准金属，卤素、臭氧、黄磷等非金属。

（2）无机物

包括氰化物、碳氧化物、氮氧化物、卤化氢、卤素（互化）物、次氯酸及其盐、无机硅化合物、无机磷化合物、无机硫化合物等。

（3）有机烃化合物

包括烷烃、不饱和烃、芳烃、多环芳烃等。

（4）金属、准金属有机化合物

如四乙基铅、羰基镍、二苯铬、三丁基锡等。

（5）含氧有机化合物

包括环氧乙烷、醚、醇、酮、醛、有机酸、酯、酚类化合物，如壬基酚聚氧乙烯醚、双酚 A 等。

（6）含氮有机化合物

包括胺、腈、硝基甲烷、硝基苯、三硝基甲苯、亚硝胺、涕灭威等。

（7）有机卤化物

包括四氯化碳、脂肪烃、饱和和不饱和卤化物、卤代芳烃、氯代苯酚、多氯联苯、氯代二噁英、有机氯农药类等。

（8）有机硫化合物

如烷基硫化物、硫醇、巯基甲烷、二甲砜、硫酸二甲酯等。

（9）有机磷化合物

主要是磷酸酯类化合物，如磷酸三甲酯、磷酸三乙酯、磷酸三邻甲苯酯、焦磷酸四乙酯、有机磷农药、有机磷军用毒气等。

随着环境的恶化和研究工作的不断深入，近年来出现了一些受到广泛关注的化学污染物，如：

（1）砷

主要来自天然源的释放，以多种有毒形态存在，低剂量长期暴露可引起人体癌症。2001年美国环境护局（Environmental Protection Agency，EPA）将饮用水中砷的最大允许浓度从 $50\mu g/L$ 降低到 $10\mu g/L$，砷污染重新成为研究重点。

（2）有机锡

丁基锡和苯基锡分别被用作船舶的防污漆和聚氯乙烯塑料的热稳定剂，其毒性对海洋生态产生严重影响。研究表明，有机锡对海洋螺类产生内分泌干扰作用。

（3）药物

包括人类和畜禽使用的各种激素、抗生素等药物残留，通过生物体排入环境，不能被城市污水处理设备完全去除，这类污染物只需极低剂量就可以产生生物活性。

（4）持久性有机污染物

是一类难以通过物理、化学或生物途径被降解的有机化合物，具有低水溶性、高脂溶性、半挥发性和难降解性，会在较长时间内存在于环境介质中，并在环境介质之间跨界面迁移，从而具有污染范围大、持续时间长的特点。

（5）环境激素

即雌激素，亦称为环境荷尔蒙或环境内分泌干扰物、内分泌干扰物。环境激素干扰动物的内分泌系统，影响正常的生殖发育，包括排入环境的天然动植物激素、药物激素和具有内分泌干扰作用的多种化学合成物质。

（6）藻毒素

由蓝绿藻等藻类产生，是神经毒素或肝毒素。"水华"暴发时，产生大量的微囊藻毒素等藻毒素，使鱼类、贝类和其他动物死亡，并污染人类饮用水，属于生物污染物。

（7）甲基叔丁基醚

汽油添加剂，是全球生产量较大的工业化学品之一，随汽油储罐的泄漏或船舶燃料排放进入环境中。它具有显著的水溶性而又难以生物降解，易污染地下水和地表水。

（8）多溴二苯醚

作为阻燃剂，通常被用在包括计算机在内的电子信息产品的印制电路板、连接器、塑料外壳中，表现出与二噁英类物质相类似的生物活性。它是一种持久性有机污染物。

（9）表面活性剂及其代谢物

是普遍的水体污染物之一。纺织染整中使用的非离子表面活性剂壬基酚聚氧乙烯醚及其代谢物壬基酚是其代表物之一。壬基酚聚氧乙烯醚对水生生态系统中的各级生物都有一定的急性毒性，壬基酚具有内分泌干扰活性。

（10）饮用水消毒副产物

用卤素及其化合物消毒废水或饮用水，产生三卤甲烷等一系列含卤素的有机副产物，其中一些具有细胞毒性、遗传毒性和致癌作用。

**4. 环境污染物的性质**

（1）自然性

生活在自然环境中的人类与自然界有着十分密切的内在联系。研究表明，人体血液中含有 60 多种元素，其含量与地壳中的丰度极相似，因此，人类不能孤立地分析环境污染问题。区别污染物的自然或人工属性，有助于估计其对人体的潜在危害。

（2）毒性

环境污染物大多具有毒性，有的具有"三致"（致畸、致癌、致突变）作用。决定毒性强弱的主要因素是污染物的性质、含量、形态和污染物共存时的相互作用。

（3）扩散性

扩散性是指污染物进入环境后，随水和空气流动被稀释扩散的速度大小和迁移规律。在不同的空间位置，污染物的浓度和强度分布随时间的变化而不同。因此，环境污染物浓度范围极宽，从污染源到环境质量，本底值浓度可在千分之几至千亿分之几，甚至更低。

（4）活性和持久性

活性和持久性是指污染物在环境中的稳定程度和危害的持续时间，例如硫化氢易被氧化成二氧化硫而很快从空气中消逝；水体底泥中的汞 10～100 年才变成甲基汞等。活性高的污染物，在环境中易转化成毒性更强的污染物。

（5）生物可分解性

有些污染物能被生物吸收、利用并分解，生成无害的稳定化合物。多数有机物都有被生物分解的可能性，但有的却很难被分解，属难降解有机物。

（6）生物累积性

有些污染物可通过食物链在人体或生物体内逐渐累积、富集，从而引起病变发生，产生危害，例如水俣病即是甲基汞通过食物链在人体内累积引起的。

（7）综合效应

多种环境污染物同时存在时，对人和生物体的相互作用非常复杂。一般有四种情况：单独作用、加和作用、相乘作用和拮抗作用，其中最重要的是相乘作用和拮抗作用。前者是指混合污染物对机体的危害比个别污染物的简单相加更严重；后者是指污染物共存时反而使毒害作用相互削弱或抵消。

**5. 优先控制污染物**

世界上已知的化学物质达千万种之多，而进入环境的化学物质达十多万种。由于环境污染物种类繁多，不管出于何种控制目的，人们不可能也没有必要对每一种污染物都制订标准进行监测，只能将潜在危险性大、在环境中出现频率高、残留高、有成熟监测方法、样品有广泛代表性的污染物确定为优先监测目标，实施优先监测，这些优先选择的污染物称为优先污染物（Priority Pollutants）。对优先污染物进行的监测被称为优先监测。

美国是最早开展优先监测的国家。1976 年，美国环境保护局在《清洁水法》中公布了129 种优先控制污染物，其中包括 114 种有机化合物、15 种无机重金属及其化合物。后又提出了 43 种空气优先污染物名单。1986 年，日本环境厅公布了 1974～1985 年对 600 种优先有毒化学品进行环境普查的结果。其中，检出率高的有毒污染物为 189 种，有机氯化合物占的比例最大。1985 年，前苏联卫生部门公布了 561 种有机污染物在水中的极限允许浓度。1975 年，欧洲共同体公布了环境污染物"黑名单"和"灰名单"。"黑名单"包括有机卤化物、有机磷化合物、有机锡化合物、水中或水环境介质中显示致癌活性的物质、汞及其化合物、镉及其化合物、油类和来自石油的烃类等八类物质。

我国的优先污染物"黑名单"中，共有 14 类、68 种。其中有机物 12 类、58 种，占总数的 85.3%，包括 10 种卤代烃类、6 种苯系物、4 种氯代苯类、多氯联苯、6 种酚类、6 种硝基苯、4 种苯胺、7 种多环芳烃、3 种酞酸酯、8 种农药、丙烯腈、2 种亚硝胺。另外，还有氰化物和 9 种重金属及其化合物。

因受各种因素限制，在一定阶段确定的优先污染物只能反映当时的生产与科学技术发展水平。随着生产的发展和科学技术的进步，各国的优先污染物"黑名单"可能发生变化。另外，在优先污染物中，许多痕量有毒有机物对化学需氧量（Chemical Oxygen Demand，COD）、生化需氧量（Biochemical Oxygen Demand，BOD）、总有机碳（Total Organic Carbon，TOC）等综合指标贡献极小，但危害极大，说明综合指标并不能充分反映有机物污染状况。

## 1.1.3　持久性有机污染物

**1. 定义及属性**

（1）定义

持久性有机污染物（Persistent Organic Pollutants，POPs）是指在环境中难以通过化学、生物学和光解等途径发生降解，可在环境中持久性存在，并且具有长距离迁移能力，可在人和动物组织内累积，同时对人体健康和环境具有潜在危险或显著不利影响的一系列化合物。许多 POPs 是目前在用的或曾经用过的有机氯农药，还有一些是工业生产和使用的阻燃剂、增塑剂和表面活性剂等，也有一部分是人类工业生产活动或燃烧过程非故意产生的化合物或副产物。

1995 年 5 月，联合国环境规划署管理委员会决定对持久性有机污染物进行调查，调查对象包括最初的 12 种 POPs，也称"肮脏的一打儿"，包括艾氏剂、氯丹、滴滴涕、狄氏剂、异狄氏剂、七氯、六氯苯、灭蚁灵、毒杀芬、多氯联苯、多氯二苯并-对-二噁英和多氯二苯并呋喃。为了推动 POPs 的淘汰和削减、保护人类健康和环境免受 POPs 的危害，在联合国环境规划署的主持下，国际社会于 2001 年 5 月 23 日在瑞典首都斯德哥尔摩共同缔结了一个专门环境公约，其全称是《关于持久性有机污染物的斯德哥尔摩公约》（以后简称 POPs 公约），以限制或禁止生产和使用以上 12 种 POPs。公约已于 2004 年 5 月 17 日正式在全球生效。截至 2005 年 5 月，已有 151 个国家或组织签署了 POPs 公约，其中有 98 个国家或组织已正式批准了该公约。我国是 POPs 公约的正式缔约方，是首批签署 POPs 公约的国家之一。2004 年 11 月 11 日，公约已正式对我国生效。

以 POPs 公约附件 D 中列出的筛选标准，自 2009 年起又有 11 种新的 POPs 被正式列入公约附件 A、B 或 C。它们包括 α-六氯环己烷、β-六氯环己烷、林丹、五氯苯、十氯酮、硫丹、六溴联苯、四溴联苯醚和五溴联苯醚、六溴联苯醚和七溴联苯醚、全氟辛烷磺酸及其盐类、六溴环十二烷。同时，6 种工业品，如短链氯化石蜡、多氯萘、五氯苯酚及其盐类和酯类、六氯丁二烯、十溴二苯醚和三氯杀螨醇，根据 POPs 公约附件 E 的要求编制了相应的风险简介报告。另外，溴代二噁英、溴氯混合二噁英、得克隆、十溴二苯乙烷、卤代多环芳烃也被发现具有 POPs 的属性，有可能在近期内成为新的拟增列 POPs。

（2）属性

POPs 具有低水溶性，通常是卤代化合物。在 POPs 公约中，对持久性的规定为：① 表明该化学品在水中的半衰期大于 2 个月或在土壤中的半衰期大于 6 个月或在沉积物中的半衰期大于 6 个月的证据；② 该化学品具有其他高度持久、足以有理由考虑将之列入本公约适用范围的证据。

POPs 具有较高的脂溶性，因而易于通过生物细胞的磷酸脂膜，并在生物体内的脂肪中累积。在 POPs 公约中，对生物累积性的规定为：① 表明该化学品在水生物种中的生物浓缩系数或生物积累系数大于 5000。或如无生物浓缩系数和生物积累系数数据，$\lg K_{ow}$ 值大于 5 的证据；② 表明该化学品有令人关注的其他原因的证据，例如在其他物种中的生物积累系数值较高，或具有剧毒性或生态剧毒性；③ 生物区系的监测数据显示，该化学品所具有的生物积累潜力足以有理由考虑将其列入本公约的适用范围。

POPs 具有半挥发性，众多的研究表明，POPs 能够从其排放源长距离迁移到很远的地方。一方面，POPs 能通过"全球蒸馏效应"和"蚱蜢跳效应"通过气相传播；另一方面，POPs 也能吸附在大气细颗粒物上通过风和云传输，通过河流和洋流水相传输，或通过食物链累积经迁徙物种远距离传播。POPs 的半挥发性意味着其能在温度较高的热带和亚热带地区挥发，而在寒温带或两极地区冷凝沉降；并且也解释了为什么一地区对 POPs 生产、使用和排放进行严格控制后其环境存量并没有明显下降，甚至有所增加。POPs 公约中，对生物累积性的规定为：① 在远离其排放源的地点测得的该化学品的浓度可引起潜在的关注；② 监测数据显示，该化学品具有向一接受环境转移的潜力，且可能已通过空气、水或迁徙物种进行远距离环境迁移；③ 环境际遇特性和（或）模型结果显示，该化学品具有通过空气、水或迁徙物种进行远距离环境迁移的潜在能力，以及转移到远离物质排放源地点的某一接受环境的潜在能力。

POPs 具有较高的毒性，其对人体健康和生态环境有不利影响，并且影响是多方面的、复杂的。绝大多数 POPs 不仅具有致癌、致畸、致突变效应（"三致"效应），而且有内分泌干扰作用，可对生殖系统、免疫系统、神经系统等产生毒性，是生殖障碍、出生缺陷、发育异常、代谢紊乱以及某些恶性肿瘤发病率增加的潜在原因之一。在 POPs 公约中，对不利影响的规定为：① 表明其对人类健康或对环境产生不利影响，因而有理由将之列入本公约适用范围的证据；② 表明其可能会对人类健康或对环境造成损害的毒性或生态毒性数据。

**2. POPs 的分类和理化性质**

（1）有机氯农药类

有机氯农药（Organochlorine Pesticides，OCPs）是一种典型的、在环境中广泛存在的持久性有机污染物。首批列入 POPs 公约严格禁止或限制使用的 12 种 POPs 中有 9 种是有机氯农药，包括艾氏剂、狄氏剂、异狄氏剂、滴滴涕、七氯、氯丹、灭蚁灵、六氯苯、毒杀芬。2009 年增补 α-六氯环己烷、β-六氯环己烷、林丹、五氯苯和十氯酮 5 种农药进入 POPs 名录，2011 年新增硫丹。尽管有机氯农药自 20 世纪 70 年代初在全球范围内陆续被禁用，但由于其稳定的化学性质及生物富集性，能释放到各种环境介质中长期存在，对人类健康和生态环境均存在严重的危害。

典型有机氯农药的分子结构如图 1-1 所示。

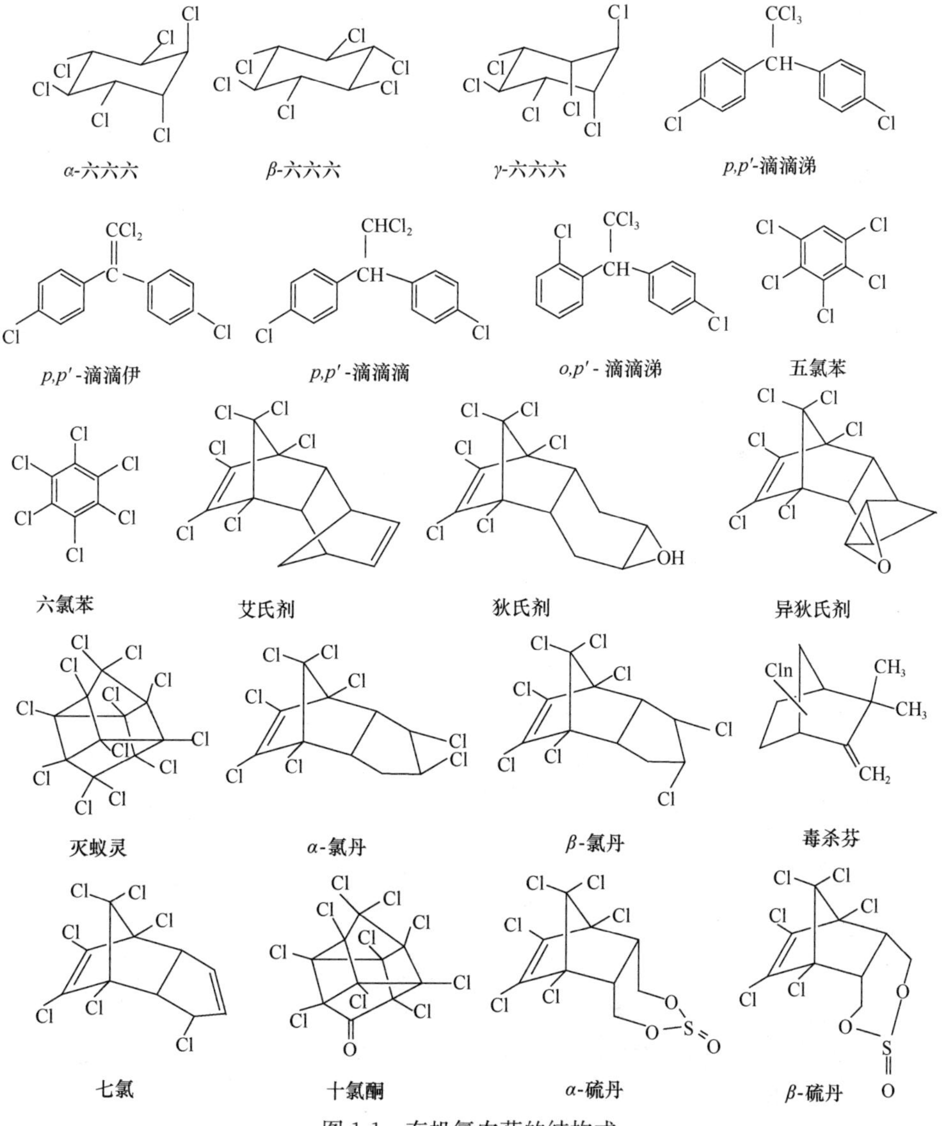

图 1-1　有机氯农药的结构式

① 六六六（HCH 或 BHC）即六氯环己烷，为白色或灰白色颗粒固体或粉末，能耐高温和酸性环境，但遇碱则容易分解，触之有滑腻感，有刺激性臭味，并有挥发性。六六六有 8 种不同的异构体，分别以希腊字母命名，其中的丙体（$\gamma$-HCH，即林丹）为商品杀虫剂的主要活性成分，用于防治蚊子、蝗虫和其他农业害虫。

② 滴滴涕（DDT）为白色或微黄色蜡状固体，有四种异构体，分别是 $p,p'$-DDT、$o,p'$-DDT、$p,p'$-DDD 和 $p,p'$-DDE。DDE 和 DDD 与 DDT 相似，是 DDT 在环境中的降解产物。曾被广泛用于防治疟疾、伤寒及其他由昆虫传染的疾病和控制多种农作物疾病。

③ 五氯苯（Pentachlorobenzene）为无色针状晶体，不易溶于水。五氯苯作为一种有毒物质，对水生生物的毒性极强，是工业生产中的副产物，一旦释放到环境中，将对环境产生长期的不良影响，主要用于合成五氯硝基苯。

④ 六氯苯（Hexachlorobenzene）纯品为无色细针状或小片状晶体，在水中很难溶解，但很容易挥发，具有很强的抗降解性。可用于杀死影响农作物根部的真菌，可用作种子的处理剂和防治小麦黑穗病，在水体和大气中的半衰朔为 2.7～6 年，在土壤中的半衰朔可能大于 6 年。

⑤ 艾氏剂（Aldrin）是一种白色晶体，挥发性在滴滴涕和氯丹之间。艾氏剂是一种高毒性的氯代环戊二烯类杀虫剂，曾应用于土壤中杀死白蚁、蝗虫及其他害虫的杀虫剂。艾氏剂在环境中可缓慢降解生成狄氏剂。

⑥ 狄氏剂（Dieldrin）是白色晶体，挥发性小，化学性质很稳定，遇碱、酸和光都不分解，半衰期为 5 年。狄氏剂对昆虫有极强的杀灭作用，主要用于控制白蚁及纺织品害虫，同时也用于控制昆虫引起的疾病以及农作物土壤中的昆虫。

⑦ 异狄氏剂（Endrin）为白色晶体，不溶于水，是一种有特效的杀虫剂。用于喷洒在棉花和谷物等农作物的叶子上，同时也用于控制老鼠等动物。异狄氏剂在一定条件下可降解为异狄氏剂醛（Endrin Aldehyde）和异狄氏剂酮（Endrin Ketone）。

⑧ 灭蚁灵（Mirex）是一种白色、无味结晶体，不溶于水，但溶于有机溶剂，挥发性较小，其性质非常稳定，不与各种酸反应。是一种良好的杀虫剂，被用来杀灭白蚁、蚊子等有害物。

⑨ 氯丹（Chlordane）是一种无色黏稠状液体，并带有少量刺激性气味。氯丹是一种广泛用于农作物的杀虫剂，对防治白蚁效果显著。同时，氯丹具有很强的持久性，在自然界中极难降解，其半衰期为 20 年。

⑩ 毒杀芬（Toxaphene）为乳白色或琥珀色固体，纯品为无色晶体，有轻微松节油气味，难溶于水。毒杀芬作为一种广谱性杀虫剂，对咀嚼式和刺吸式口器类昆虫具有内吸性触杀和胃毒作用，主要用于棉花、玉米等农作物的虫害防治。

⑪ 七氯（Heptachlor）是一种白色结晶状固体，挥发性很大。对光、酸、碱等均很稳定，因此，残留周期较长。作为一种良好的特效药，它主要用于杀灭农作物害虫以及土壤中的昆虫和白蚁。

⑫ 十氯酮（Chlordecone）又名开蓬，是一种毒性较高的杀虫剂和杀真菌剂，被用于防治白蚁、地下害虫、土豆上的咀嚼口器害虫；还可防治苹果蠹蛾、红带卷叶虫；对番茄晚疫病、红斑病、白菜霜腐病等也有效果；对防治咀嚼口器害虫有效，对刺吸口器害虫为低效。十氯酮在土壤中的半衰期估计为 1～2 年。

⑬ 硫丹（Endosulfan）是一种合成的有机氯化合物，由 $\alpha$ 异构体和 $\beta$ 异构体以（2：1）～

(7∶3)的比例混合而成。硫丹是一种非内吸性、有触杀和胃毒的杀虫剂，广泛用于防治谷物、咖啡、棉花、果树、油菜、土豆、茶叶、蔬菜以及其他作物上的害虫，对棉铃虫有很好的防治作用。

（2）二噁英

二噁英（Dioxins）是多氯代二苯并-对-二噁英（Polychlorinated dibenzo-p-dioxins，PCDDs）和多氯代二苯并呋喃（Polychlorinated dibenzofurans，PCDFs）的总称。根据氯原子的取代数目和取代位置的不同，这类化合物共 210 种异构体，其中 PCDDs 有 75 种，PCDFs 有 135 种。PCDDs 与 PCDFs 都是三环芳香族化合物，结构相似，物理和化学性质及毒性也非常类似。它们的结构通式如图 1-2 所示。

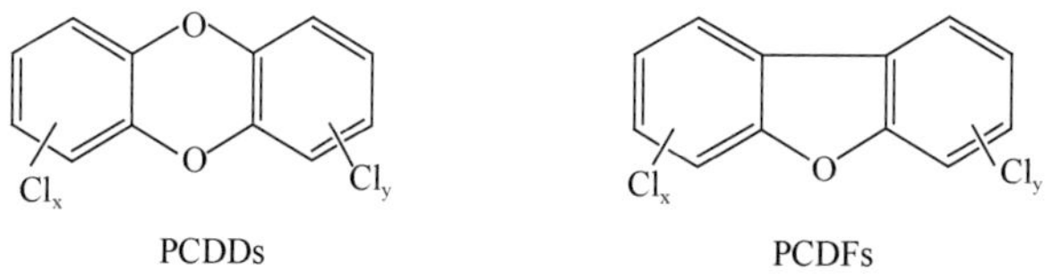

PCDDs          PCDFs

图 1-2 PCDDs 和 PCDFs 的结构通式

二噁英是一类非常稳定的亲脂性固体化合物，具有高度持久性，其熔点较高，分解温度高于 700℃，极难溶于水，可溶于大部分有机溶剂，对土壤和底泥具有强烈的亲和性，很容易在生物组织中积累。自然界的微生物降解、水解和光解作用对二噁英的分子结构影响较小，难以自然降解。

二噁英的毒性与其分子中氯原子的取代位置和数目有关，2,3,7,8 位同时被氯原子取代的同类物具有较高毒性，包括 7 种 PCDDs 和 10 种 PCDFs，其中 2,3,7,8-TCDD 的毒性最强。通常使用毒性当量（Toxic Equivalent quantity，TEQ）来进行二噁英的风险评价，TEQ 的计算公式（1-1）如下：

$$TEQ = \Sigma(C_i \times TEF_i) \tag{1-1}$$

式中，TEF 为毒性当量因子（Toxic Equivalency Factor），规定 2,3,7,8-TCDD 的 TEF 为 1，其他同类物与其相比得到相应的 TEF 值。目前，PCDD/Fs 有两套国际上公认的 TEF，一套是北大西洋公约组织（North Atlantic Treaty Organization，NATO）建立的国际毒性当量因子（International-toxic Equivalency Factor，I-TEF），另一套是世界卫生组织（World Health Organization，WHO）建立的毒性当量因子（WHO-TEF）。其中最为常用的是 I-TEF，17 种 2,3,7,8 位氯取代二噁英的 TEF 值见表 1-1。

表 1-1 17 种 2,3,7,8 位氯取代二噁英的毒性当量因子

| 异构体 | NATO | WHO（1998 年） | WHO（2005 年） |
| --- | --- | --- | --- |
| 2,3,7,8-TCDD | 1 | 1 | 1 |
| 1,2,3,7,8-PeCDD | 0.5 | 1 | 1 |
| 1,2,3,4,7,8-HxCDD | 0.1 | 0.1 | 0.1 |
| 1,2,3,6,7,8-HxCDD | 0.1 | 0.1 | 0.1 |
| 1,2,3,7,8,9-HxCDD | 0.1 | 0.1 | 0.1 |
| 1,2,3,4,6,7,8-HpCDD | 0.01 | 0.01 | 0.01 |
| OCDD | 0.001 | 0.0001 | 0.0003 |

续表

| 异构体 | NATO | WHO(1998 年) | WHO(2005 年) |
|---|---|---|---|
| 2,3,7,8-TCDF | 0.1 | 0.1 | 0.1 |
| 1,2,3,7,8-PeCDF | 0.05 | 0.05 | 0.03 |
| 2,3,4,7,8-PeCDF | 0.5 | 0.5 | 0.3 |
| 1,2,3,4,7,8-HxCDF | 0.1 | 0.1 | 0.1 |
| 1,2,3,6,7,8-HxCDF | 0.1 | 0.1 | 0.1 |
| 1,2,3,7,8,9-HxCDF | 0.1 | 0.1 | 0.1 |
| 2,3,4,6,7,8-HxCDF | 0.1 | 0.1 | 0.1 |
| 1,2,3,4,6,7,8-HpCDF | 0.01 | 0.01 | 0.01 |
| 1,2,3,4,7,8,9-HpCDF | 0.01 | 0.01 | 0.01 |
| OCDF | 0.001 | 0.0001 | 0.0003 |

（3）多氯联苯

多氯联苯（Polychorinated Biphenyls，PCBs）的化学通式为 $C_{12}H_{10-x-y}Cl_{x+y}$，是一类以联苯为原料在金属催化剂作用下高温氯化生成的氯代芳烃。根据其取代位置和氯原子数目的不同，共有 209 种同类物和异构体，其结构通式如图 1-3 所示。

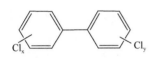

图 1-3　PCBs 的结构通式

常温下，PCBs 为流动的油状液体或白色结晶固体或非结晶性树脂，沸点为 340～375℃。因 PCBs 具有良好的化学惰性（耐酸、耐碱、耐氧化和分解）、热稳定性、不可燃性、低的蒸汽压和高的介电常数，被广泛地应用于各种生产领域，如变压器、电容器设备的绝缘油，液压系统的传压介质，导热系统的热载体以及润滑油、涂料、粘结剂、印刷油墨、树脂、橡胶、石蜡的添加剂等。

共平面分子结构的 PCBs(Co-PCBs) 共有 12 种异构体，其毒性与 PCDD/Fs 很相似，可使用毒性当量来进行风险评价，它们的毒性当量因子参见表 1-2。结构上最接近 2,3,7,8-TCDD 的 PCBs 同系物（非邻位氯代的且带有对位或在间位上至少有两个氯取代的同系物）毒性最强，即 PCB126 是毒性最强的。

表 1-2　12 种共平面 PCBs 的毒性当量因子

| 异构体 | IUPAC No. | WHO（1998 年） | WHO（2005 年） |
|---|---|---|---|
| 3,3′,4,4′-TeCB | 77 | 0.0001 | 0.0001 |
| 3,4,4′,5-TeCB | 81 | 0.0001 | 0.0003 |
| 3,3′,4,4′,5-PeCB | 126 | 0.1 | 0.1 |
| 3,3′,4,4′,5,5′-PeCB | 169 | 0.01 | 0.03 |
| 2,3,3′,4,4′-PeCB | 118 | 0.0001 | 0.0003 |
| 2,3,4,4′,5-PeCB | 114 | 0.0005 | 0.0003 |
| 2,3′,4,4′,5-PeCB | 105 | 0.0001 | 0.0003 |
| 2′,3,4,4′,5-PeCB | 123 | 0.0001 | 0.0003 |
| 2,3,3′,4,4′,5-HxCB | 156 | 0.0005 | 0.0003 |
| 2,3,3′,4,4′,5′-HxCB | 157 | 0.0005 | 0.0003 |

| 异构体 | IUPAC No. | WHO(1998 年) | WHO(2005 年) |
|---|---|---|---|
| 2,3′,4,4′,5,5′-HxCB | 167 | 0.00001 | 0.0003 |
| 2,3,3′,4,4′,5,5′-HpCB | 189 | 0.0001 | 0.0003 |

（4）溴代阻燃剂类

溴代阻燃剂（Brominated Flame Retardants，BFRs）是目前世界上产量和用量最大的有机阻燃剂。溴代阻燃剂包括脂肪族、脂环族、芳香族及芳香-脂肪族的含溴化合物，这类阻燃剂的阻燃效率高，相对用量少，对复合材料的力学性能几乎没有影响，因此被广泛使用。目前，市场上大约有 75 种商用溴代阻燃剂，其中溴代阻燃剂类 POPs 主要指多溴联苯醚和六溴环十二烷。

① 多溴联苯醚

多溴联苯醚（Polybrominated Diphenyl Ethers，PBDEs）的化学通式为 $C_{12}H_{(0-9)}Cl_{(1-10)}O$，化合物的分子结构式如图 1-4 所示。根据取代的溴原子数目不同分为 10 个同族体，共有 209 种同类物。PBDEs 具有蒸汽压低、疏水性强、亲脂性强的特点，沸点为 310～425℃。它们具有相当稳定的化学结构，很难通过物理、化学或生物方法降解。此外，高溴代 PBDEs 在光照（紫外光或太阳光）下可形成低溴代 PBDEs 和 PBDD/Fs。

② 六溴环十二烷

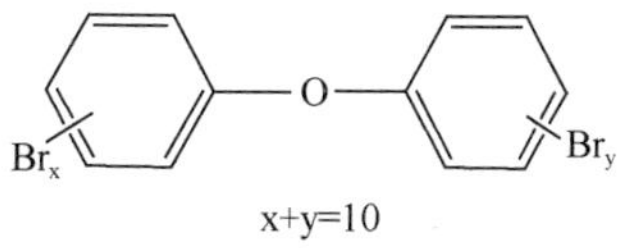

六溴环十二烷（1,2,5,6,9,10-Hexabromocyclodode-cane，HBCD）的分子式为 $C_{12}H_{18}Br_6$，相对分子质量为 641.7。HBCD 为白色结晶粉末，熔点为 168～196℃，溴含量为 74.7%。HBCD 具有较低的蒸汽压（$6.30×10^{-5}$ Pa），正辛醇-水分配系数的对数值（lg$K_{ow}$）为 5.4～5.8。HBCD

图 1-4 多溴联苯醚的结构通式

可溶于醇、酮及酯等有机溶剂中，如甲醇、乙醇、乙酸戊酯、丙酮等。目前，商品级 HB-CD 中主要含有 3 对对映异构体（$α$-HBCD、$β$-HBCD、$γ$-HBCD，结构如图 1-5 所示）和 2 个非对映异构体（$δ$-HBCD、$ε$-HBCD），其 $α$-HBCD、$β$-HBCD、$γ$-HBCD 的含量分别为 1%～12%、10%～13%、75%～89%。

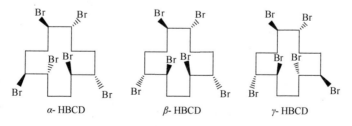

图 1-5 六溴环十二烷异构体的结构式

HBCD 主要用作聚苯乙烯（添加量为 2%）、聚丙烯（添加量为 2% 和三氧化二锑 1%）、高抗冲聚苯乙烯、聚丙烯、ABS 树脂、聚乙烯、聚碳酸酯、不饱和聚酯等阻燃剂，还适用于对织物、丁苯胶、粘结剂和涂料以及不饱和聚酯树脂进行阻燃处理，广泛地应用于建筑隔热板材（含量低于 8%）、软垫家具、室内装潢纺织品（含 6%～15%）、汽车坐垫、电子产品等领域。

（5）全氟辛烷磺酸及其盐类

全氟有机化合物以其优良的热稳定性、化学稳定性、高表面活性及疏水疏油性能，被广泛地应用于工业生产和生活消费领域。其中，以全氟辛烷磺酸（Perfluorooctane Sulfonate Acid，PFOS）、全氟辛酸（Perfluorooctane Acid，PFOA）及其盐为代表的全氟有机化合物被大量地应用在化工、纺织、涂料、皮革、合成洗涤剂、炊具制造等诸多与人们日常生活息息相关的生产中。

PFOS 是完全氟化的阴离子，以盐的形式被广泛用于多种用途，包括灭火器泡沫和表面抗油、抗水、抗脂或防尘制剂。全氟辛烷磺酸及那些与之密切相关的化合物，即包含全氟辛烷磺酸杂质或能够形成全氟辛烷磺酸的物质，均为全氟烃基磺酸盐物质大族系中的成员。其结构式如图 1-6 所示。

（6）拟增列 POPs

① 多氯萘

多氯萘（Polychlorinated Naphthalenes，PCNs）是一类基于萘环上的氢原子被氯原子所取代的化合物的总称。PCNs 根据萘环上氯原子取代的数目和位置（1～8 位）不同，共有 75 个同类物（结构通式如图 1-7 所示）。由于 PCNs 具有和多氯联苯相似的性质，如化学稳定性、耐热性、绝缘性和绝热性，因此，PCNs 在 20 世纪 80 年代以前广泛应用于电力工业、电容器和变压器的绝缘油中。此外，还应用于表层外包装、木材防腐、润滑油、电缆绝缘体、阻燃剂和增塑剂等其他工业中。低氯萘主要应用于润滑剂，而高氯萘在电容器阻燃剂和电缆绝缘体方面得到了广泛的应用。PCNs 也可在燃烧流程和工业设施中被无意排放出来。

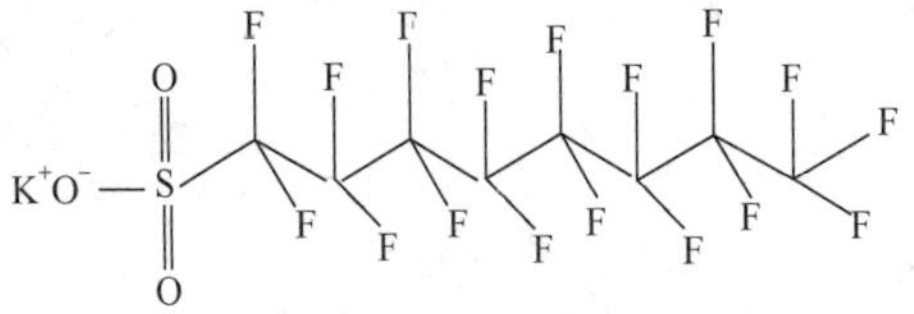

图 1-6 全氟辛烷磺酸钾盐的结构式 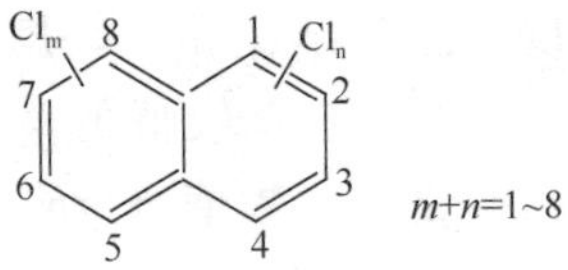　　图 1-7 多氯萘的结构通式

② 短链氯化石蜡

氯化石蜡（Chlorinated Paraffins，CPs）是一组人工合成的正构烷烃氯代衍生物，其通用分子式为 $C_nH_{2n+2-m}Cl_m$，氯含量通常在 30%～70%（质量分数）。按照碳链长度不同，CPs 可分为短链氯化石蜡（Short Chain Chlorinated Paraffins，SCCPs，$C_{10}$～$C_{13}$）、中链氯化石蜡（Medium Chain Chlorinated Paraffins，MCCPs，$C_{14}$～$C_{17}$）和长链氯化石蜡（Long Chain Chlorinated Paraffins，LCCPs，$C_{18}$～$C_{30}$）。

CPs 具有耐火性、高稳定性和低挥发性等优点，因此，被广泛应用于金属加工液、密封剂、橡胶和纺织品的阻燃剂、皮革加工以及涂料中。不同碳链长度 CPs 的具体用途又可以细分为：SCCPs 主要用作金属加工液中的高压添加剂，MCCPs 主要用作二级 PVC（Polyvinylchloride）塑料的增塑剂，LCCPs 主要用作橡胶和纺织品的阻燃剂。CPs 产品广泛分布在我们的日常生活中，目前市售 CPs 产品就多达 200 种以上。

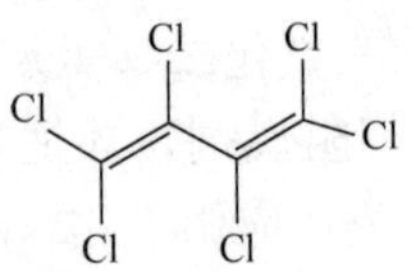

图 1-8 六氯丁二烯的结构式

③ 六氯丁二烯

六氯丁二烯（Hexacniorobutadiene，HCBD），又名六氯-1,3-丁二烯，其结构式如图 1-8 所示。它是一种卤代脂肪族化合物，主要用作杀

虫剂、天然橡胶和合成橡胶的溶剂、抽提用溶剂及变压器油等，也可作葡萄栽培中的农药使用。

## 1.1.4 药品和个人护理用品

### 1. 概念和特点

按照美国环境保护局（U. S. Environmental Protection Agency，USEPA）给出的定义，药物和个人护理品（Pharmaceuticals and Personal Care Products，PPCPs）是那些人们以个人健康和个人护理为目的所使用的物质，或是农牧企业为了维护禽畜健康，促进禽畜生长所用到的物质。PPCPs 是一个庞大而复杂的大家族，包括药物和个人护理品两大类。其中，药物按照作用机理和作用部位，可分为抗生素类、激素及内分泌调节剂、解热镇痛及非甾体抗炎镇痛药、抗癫痫药、抗肿瘤药、$\beta$-受体阻抗剂、血压和血脂调节剂、抗组胺剂、精神调理药物、抑制细胞药物和碘化造影剂等，其化合物种类超过 3000 多种；个人护理品主要包括香料、防腐剂和杀菌消毒剂等，其化合物种类也在几千种以上。

1999 年，美国 EPA 研究和发展办公室开展了一项针对药品、环境激素以及其他有机废水污染物的全国地表水监测项目，检测出了包括类（甾）醇、三氯生、红霉素、洁霉素、甲氧苄胺嘧啶、布洛芬、西维因等药物在内的 24 种药品。同年美国学者 Christian G Daughton 和 Thomas A. Ternes 发表了第一篇关于药品和个人护理用品的文献综述《Pharmaceuticals and Personal care Products in the Environment：Agents of Subtle Change?》，随后 PPCPs 就作为药品和个人护理用品的专用名词被广泛接受。药品和个人护理用品与人类生活密切相关，多数药物在人和动物体内不能被完全吸收，多以原形和活性代谢产物的形式通过粪便和尿液直接排入环境；另外，个人护理用品在洗漱、游泳等条件下也会直接进入环境。这些物质最终会通过医院污水、生活污水等途径进入水环境并造成污染。对水环境中持续输入痕量 PPCPs 可能影响饮用水安全，同时可能抑制环境中有益微生物的活性，刺激病原菌产生抗药性，对生物体产生慢性毒效应，对陆生或水生生态系统产生负面效应，并通过食物链对人类健康产生潜在影响。

不同于传统持久性有机污染物"难降解""生物积累"和"全球循环"的特性，大多数 PPCPs 的极性强、易溶于水以及较弱的挥发性阻止了它们像 POPs 一样"全球蒸发"行为的发生，意味着 PPCPs 在环境中的分布将主要通过水相传递和食物链扩散，进而对水环境的生态平衡及人体健康造成潜在的危害。因此 Daughton 将它们归结为一类"微妙的、潜在的、有累积影响"的环境污染物质。

在过去的三十年里，化学污染物的影响主要是集中于传统持久性污染物。然而，随着全球范围内 PPCPs 持续递增的使用量，PPCPs 已经成为了一类存在于环境中的新型污染物，引起了越来越多国内外学者的关注。尽管大部分 PPCPs 的半衰期短、浓度低，但是随着其连续不断的输入，使得环境中 PPCPs 呈现出一种"持续存在"的状态。大量药品在环境中的持续累积是否会对非目标生物，甚至是人类的健康产生长期危害的风险评估仍是一个未知数。因此，科学家将 PPCPs 类物质称为"虚拟持久性化学物质"，有必要对 PPCPs 的存在现状和环境生态影响进行更广泛深入的研究。

### 2. 水环境中 PPCPs 的来源

水环境中 PPCPs 污染的来源有以下几种途径：（1）人和牲畜大量频繁使用的药物以原型或代谢产物的形式通过尿液和粪便排出体外，汇入城市污水、医院污水等汇水系统，直接排入到水环境中；（2）制药企业产生的废水废渣中含有各种药物、中间体、副产物、有机溶剂等，其具有毒性大、有机化合物浓度高、难降解的特点，经过处理后的废水和污泥中仍有残留或吸附；（3）在处理过期药品和未使用药品时，主要按固体垃圾进行处理，其渗滤液也会进入水环境中；（4）污水处理厂在处理工业废水和生活污水时，采用的常规处理技术和工艺很难有效地去除有机物，这样，污水处理厂合格的流出液中的残留有机物又被排放到水环境中。

大部分PPCPs极性强、难挥发，从而阻止了它们从水环境中的逃逸，因而水环境成为PPCPs类物质一个主要的储存库。随着PPCPs长期源源不断地输入，水生生物将会遭受PPCPs类物质的永久性暴露，部分具有生物积累性的物质还可能通过食物链传递。与此同时，地表水体和土壤、沉积物中的PPCPs还有可能通过渗透作用流入地下水，进而威胁到人类的饮用水环境。因此，研究PPCPs在各种环境，包括河流、海洋、地下水、沉积物、水生动植物中的浓度水平、传递途径和行为、转化与代谢产物，对理解PPCPs类物质的污染现状与可能造成的生态影响具有十分重要的意义。

**3. PPCPs的分类和性质**

PPCPs主要包括各种各样的药品和个人护理用品。药品主要有抗生素、类固醇、消炎药、镇静剂、抗癫痫药、显影剂、止痛药、降压药、避孕药、催眠药、减肥药等；个人护理用品有香料、化妆品、遮光剂、染发剂、发胶、香皂、洗发水等，主要是麝香类化合物。

（1）抗生素类

抗生素是一类由微生物（包括细菌、真菌、放线菌属）或高等动植物在生活过程中所产生的具有抗病原体或其他活性的一类次级代谢产物，能干扰其他生活细胞发育功能的化学物质。其主要分为$\beta$-内酰胺类、四环素类、大环内酯类、氨基糖苷类以及喹诺酮类等。2011年，美国的抗生素消耗量为16200t，有30%用于人类，70%用于动物；2007年，丹麦的抗生素总用量超过150t，其中作为畜禽促生长剂的量超过100t。我国抗生素的滥用情况更为严重，我国药物处方中抗生素占70%，超过西方国家的30%，并且在中国的药品市场，抗生素的销售更是逐年递增，据资料显示，2006年，我国抗生素销售金额占全部药品销售的25.9%，到2011年，其销售比例上升为30.0%。

（2）消炎药

是指抑制炎症因子产生或释放的药物，通过抑制炎症因子的产生，使炎症得以减轻至消退，同时使炎症引起的疼痛得以缓解。它主要分为非甾体类和甾体类。非甾体类药物包括：阿司匹林、对乙酰氨基酚、双氯芬酸、吲哚美辛、布洛芬、萘普生等。甾体类主要是肾上腺皮质激素类药物，即糖皮质激素。由于其巨大的生产和使用量，消炎药在环境中残留的情况尤为突出，如醋酸芬、卡马西平、布洛芬和萘普生等。

（3）类固醇类

是由四环结构的甾族化合物衍生出来的，它们存在于一切动植物体内。动物体内含量最多的类固醇是胆固醇$C_{27}H_{46}O$。人体能合成胆固醇，也很容易通过肠壁吸收食物中的胆固醇。胆固醇和生成胆石有关，可使动脉硬化。胆固醇的生化更迭和降解产生许多在人体生物化学中非常重要的类固醇。常见的类固醇类药物是内分泌干扰物，如雌激素等。雌激素不仅有促进和维护雌性动物生殖器官和第二性征的生理作用，并对内分泌系统、心血管系统、肌体的代谢、骨骼的生长和成熟、皮肤等均有显著的影响。

（4）$\beta$-阻滞剂

$\beta$-阻滞剂是能选择性地与 $\beta$-肾上腺素受体结合，从而拮抗神经递质和儿茶酚胺对 $\beta$-受体的激动作用的一种药物类型。它主要通过抑制肾上腺素能受体，减慢心率，减弱心肌收缩力，降低血压，减少心肌耗氧量，防止儿茶酚胺对心脏的损害，改善左室和血管的重构及功能，常用来治疗高血压、冠心病、心力衰竭等。根据作用特性不同，$\beta$-阻滞剂可分为三类：第一类为非选择性的，作用于 $\beta_1$ 和 $\beta_2$ 受体，常用药物为普萘洛尔（心得安），目前已较少应用；第二类为选择性的，主要作用于 $\beta_1$ 受体，常用药物为美托洛尔（倍他乐克）、阿替洛尔（氨酰心安）、比索洛尔（康可）等；第三类也为非选择性的，可同时作用 $\beta$ 和 $\alpha_1$-受体，具有外周扩血管作用，常用药物为卡维地洛、拉贝洛尔。

（5）显影剂

显影剂是一种 X 光无法穿透的药剂，用于提高被检查的器官或者是血管和周围组织在 X 光照射下对比度，让体内器官在 X 光的检查时能看得更清楚的化学药品。这些物质在人体中使用的剂量高达 200g/人，其中大约 80% 被迅速地排出体外。

（6）人工合成麝香

人工合成麝香是人们为了促使对动物麋鹿的保护，通过人工合成的方法获得的一种具有麝香气味的化合物。它主要作为替代型香料，被广泛地用作各种化妆品和洗涤用品的添加剂。常见的合成麝香物质是含硝基的加乐麝香和吐纳麝香。这两种麝香物质 2010 年在欧洲的产量是 1800t，而其他麝香物质的总产量小于 20t。

**4. 抗生素类药物的种类**

抗生素药物（Antibiotics）是 PPCPs 中的重要一类。抗生素在使用后可能造成耐性基因出现，因此，这些产品使用一定时间后将有其新的衍生品/替代品生成，从而保证药物的性能。以头孢类产品为例，从 20 世纪 60 年代开始使用，目前已经更新至第四代产品。因此，随着科技的不断发展，人类对抗生素的依赖性不断加强，抗生素的名单也在不断地增长和更新。目前主要使用的抗生素种类包括以下几种：

（1）$\beta$-内酰胺类

其特点是分子结构中含有 $\beta$-内酰胺环，青霉素类和头孢菌素类的抗生素均属于这一类。如青霉素钠、阿莫西林、氨苄西林、头孢拉定、头孢氨苄、头孢呋辛酯、头孢噻吩钠等。

（2）氨基糖苷类

包括链霉素、庆大霉素、卡那霉素、妥布霉素、丁胺卡那霉素、新霉素、核糖霉素、小诺霉素、阿斯霉素等。

（3）四环素类

包括四环素、土霉素、金霉素及强力霉素等。

（4）氯霉素类

包括氯霉素、甲砜霉素等。

（5）大环内酯类

常见的有红霉素、脱水红霉素、罗红霉素等。

（6）喹诺酮类

目前较常用的已是第三、四代产品，如氧氟沙星、诺氟沙星、环丙沙星、加替沙星和莫昔沙星等。

（7）磺胺类

如磺胺异噁唑、磺胺二甲嘧啶、磺胺嘧啶、磺胺甲噁唑、磺胺间甲氧嘧啶、磺胺醋酰等。

此外，还有作用于革兰氏阳性菌的、革兰氏阴性菌的、抗真菌的、抗肿瘤等的其他抗生素，如林可霉素、氯林可霉素、卷霉素、环丝氨酸、灰黄霉素、放线菌素 D、博莱霉素、阿霉素和环孢霉素等。典型的抗生素类药物的结构式如图 1-9 所示。

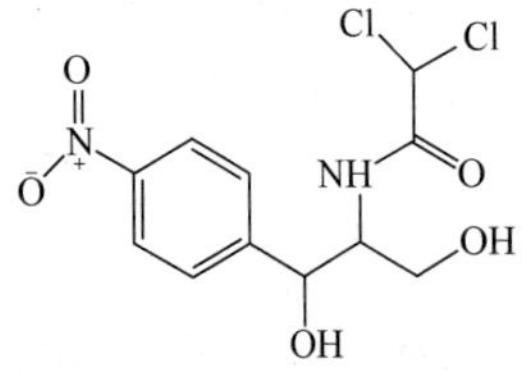

氯霉素

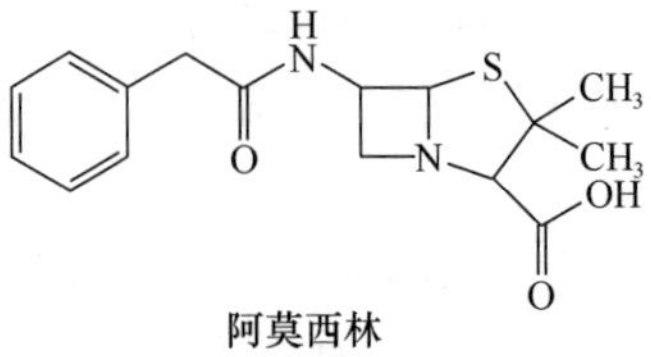

阿莫西林

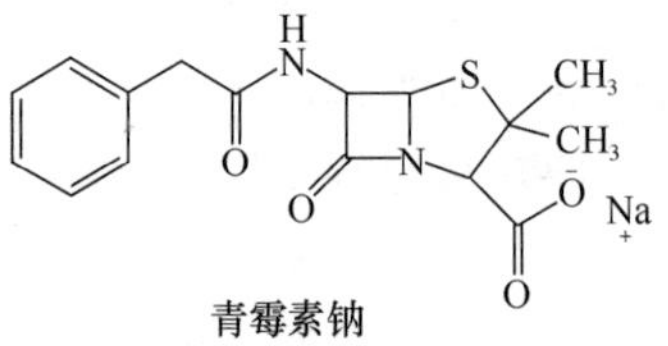

青霉素钠

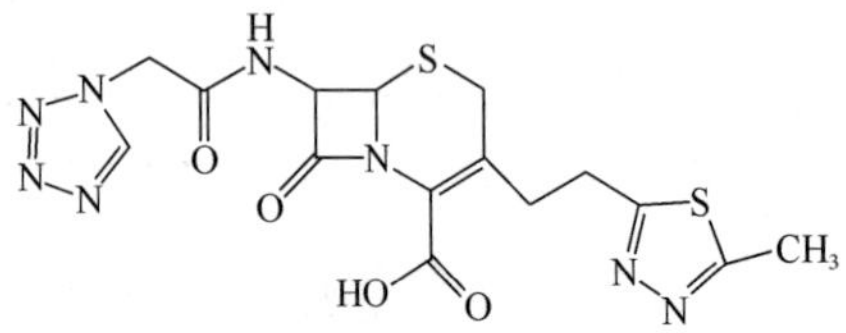

头孢拉啶

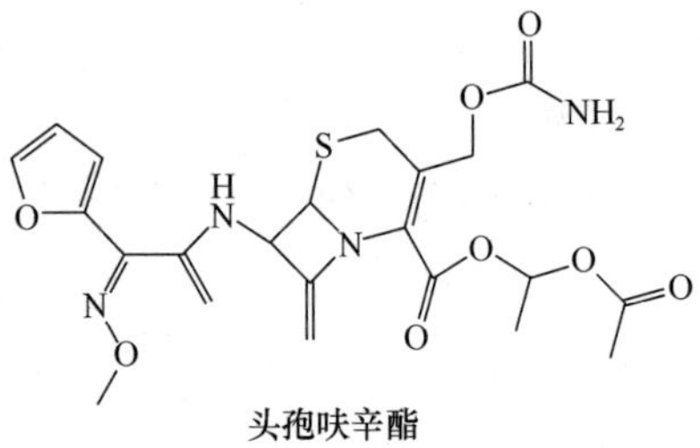

头孢呋辛酯

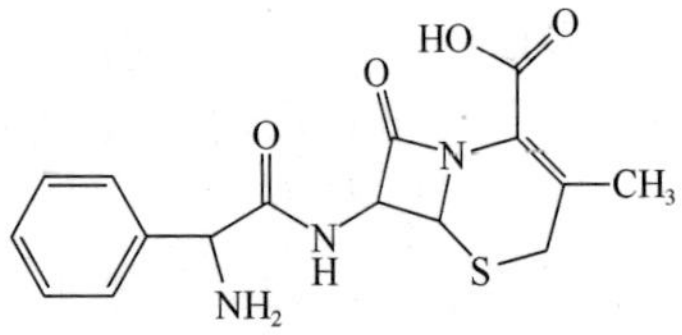

头孢氨苄

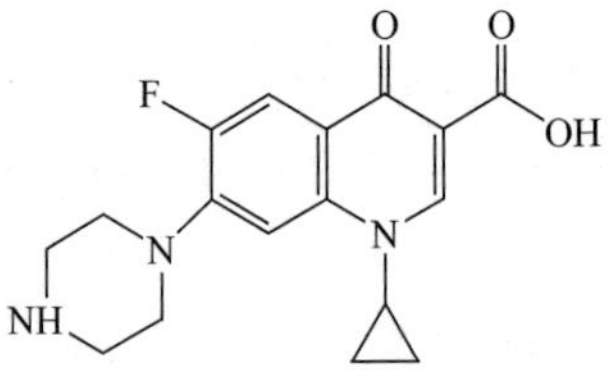

环丙沙星

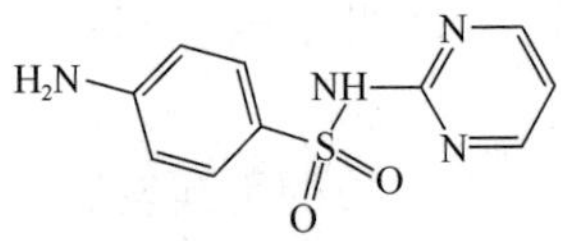

磺胺嘧啶

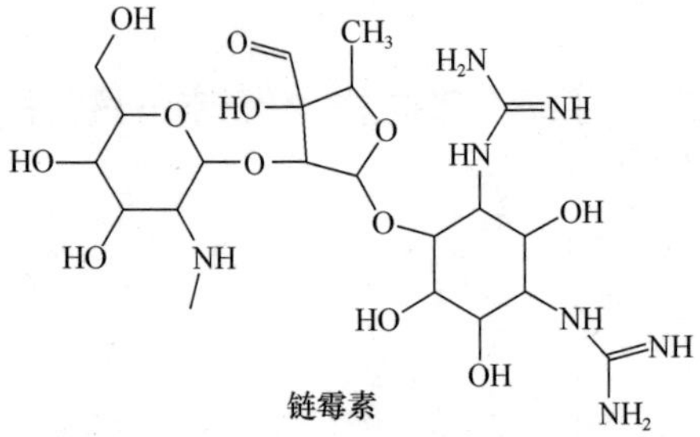

链霉素

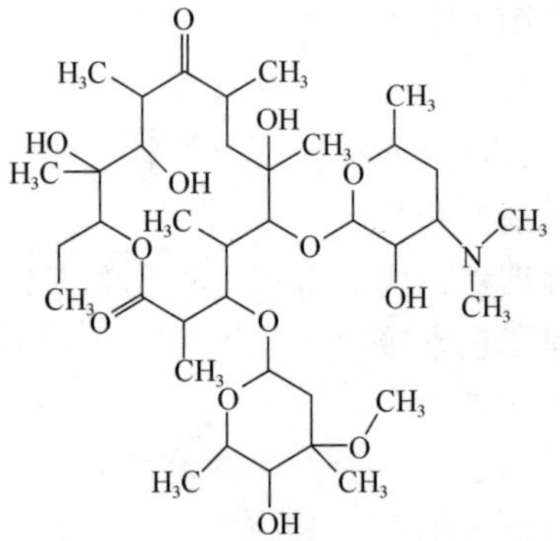

红霉素

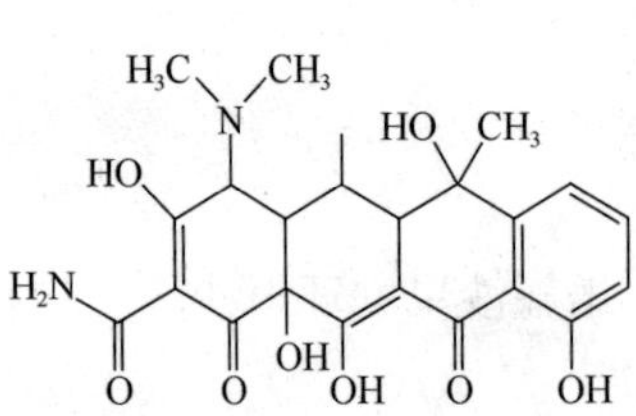

四环素

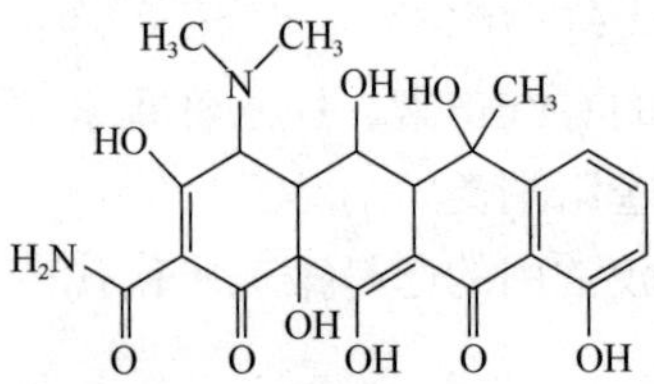

土霉素

图 1-9 典型抗生素类药物的结构式（一）

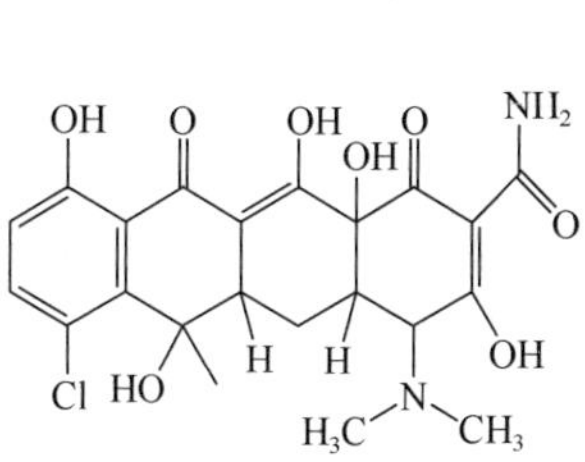

金霉素

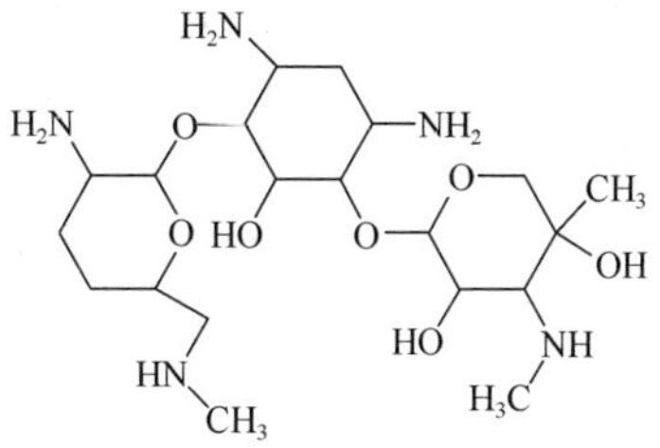

庆大霉素

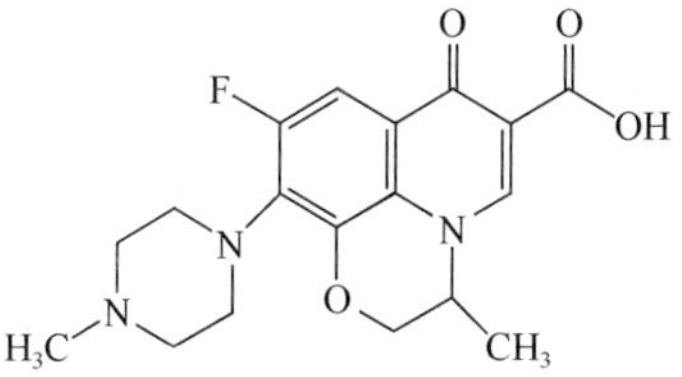

氧氟沙星

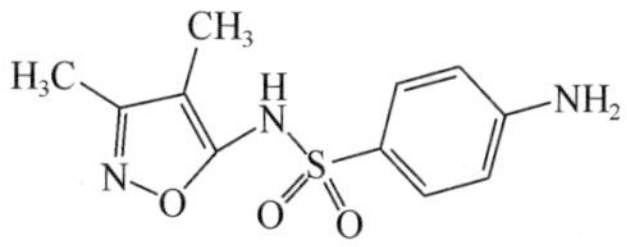

磺胺异噁唑

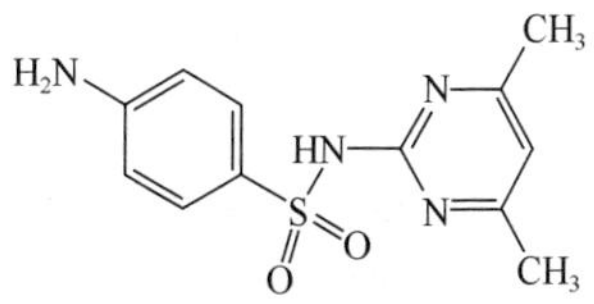

磺胺二甲嘧啶

图 1-9 典型抗生素类药物的结构式（二）

# 1.2 环境污染物分析的发展趋势与特点

## 1.2.1 环境污染物分析的学科属性与发展趋势

环境分析化学可以简称为环境分析，是研究如何运用现代科学理论和先进实验技术来鉴别和测定环境中化学物质的种类、成分、含量以及化学形态的科学。其主要任务是应用化学分析法和仪器分析法对水、空气、土壤、生物等环境要素中的化学污染物作定性检测（detection）和定量测定（determination，或称测量 measurement），间或还需对出现在环境中的未知污染物做出定性鉴定（identification），或对于由污染源排放物的浓度或总量水平对照排放标准作定量检定（verification）。

从学科归属看，环境分析是环境化学学科的一个重要分支，环境化学中很多研究性专题（如酸雨、大气光化学烟雾等）都需要环境分析技术提供准确的分析数据，并借此作为研究工作的先导。

20 世纪 90 年代以来，环境分析化学的发展十分活跃。目前全世界环境分析化学平均每年发表论文 1 万篇以上，其中有机分析约占三分之二。

现代环境分析化学的发展趋势是：由单一的实验室分析转向实验室分析与现场/应急快速分析、连续自动分析、原位（in situ）分析、在体（in vivo）分析、实时（real time）分析相结合；由单纯的点采样分析转向与线采样分析、面采样分析、空中遥感监测分析相结合；由单机独立分析转向与多种技术联机分析相结合；在分析水平上，将向痕量、超痕量分析发展；分析目标将以有害有机污染物为主；由单纯的浓度信息转向污染物形态、生态风险、环境安全信息相结合。发展趋势可归结为以下几点：

（1）分析方法标准化

这是环境分析的基础和中心环节。环境质量评价和环境保护规划的制定和执行，都要以环境分析数据作为依据，因而需要研究制定一整套的标准分析方法，以保证分析数据的可靠性和准确性。

（2）分析技术连续化、自动化

现代环境分析化学逐渐由经典的化学分析过渡到仪器分析，由手工操作过渡到连续自动化的操作。目前，已有每小时可连续测定数十个样品的自动分析仪器，并已正式定为标准分析方法。

（3）电子计算机的应用

在环境分析化学中应用电子计算机，极大地提高了分析能力、数据处理能力和研究水平。在提高分析的精密度和灵敏度方面，计算机具有尤其重要的作用，如通过计算机进行采样测量信号多次叠加、本底扣除、单离子检测、质量色谱等工作均取得了很大的进展。

利用傅里叶变换在计算机上进行计算，既可提高分析的灵敏度和准确度，又可使核磁共振仪测得$^{13}$C信号，使有机骨架结构的测定成为可能，为从分子水平研究环境污染物引起的生态学和生理机制的有关问题开拓了前景。

采用计算机对大量分析数据（也包括分布调查、迁移、转化归宿规律、危险性评价等）进行统计性的处理，不但可以了解各种规律，而且可以求得各种污染物之间或和其他各种因素之间的相关性，用于寻找、识别污染源，直至探讨结构与毒性关系（Quantitative Structure Activity Relationship，QSAR）。

（4）多种方法和仪器的联用

多种方法和仪器的联用可以有效地发挥各种技术的特长，解决一些复杂的难题。例如，色谱-质谱联用，能快速测定各种挥发性有机污染物。在环境分析中还常采用火花源质谱-电子计算机联用、气相色谱-微波等离子体发射光谱联用、色谱-红外光谱联用、色谱-原子吸收光谱联用、发射光谱-等离子体源联用、以及质谱-离子显微镜组合而成的直接成像离子分析仪等。由于仪器的自动化和智能化水平的提高，多台仪器联网已推广应用，虚拟仪器、三维多媒体等新技术开始实用化，运用网络化测试系统是今后分析技术发展的必然。

（5）先进大型仪器设备在环境样品分析中的引入

目前仪器发展迅速，先进的仪器不断引入到环境样品的分析中，包括加速溶剂萃取仪、微波萃取仪、超临界流体萃取仪等各种样品前处理技术，傅里叶红外光谱仪、超高速液相色谱仪、气相色谱-质谱联用仪、液相色谱-质谱联用仪、三重串联四极杆质谱仪、高分辨率质谱仪、电感耦合等离子体质谱仪等分析仪器。

（6）强分析光源技术的应用

强分析光源如激光、等离子体、同步辐射和高性能光源的开发使检测灵敏度越来越高。利用激光作为环境分析化学的光源已发展形成了吸收光谱、拉曼光谱、原子和分子荧光光谱、激光光声光谱、高分辨率光谱、激光雷达及其他激光光谱技术。如在气溶胶的化学表征分析中采用激光微探针质谱、质子弹性散射、激光吸收光谱、扫描质子微探针、自动化电子束分析法等，用拉曼光谱技术测定气溶胶中复合阳离子等。激光技术的特点是分辨率高、灵敏度高、距离长、时间短。随着激光基础理论研究的进一步发展，激光技术必将进一步改变环境分析化学的面貌。

（7）痕量和超痕量分析的研究

环境科学研究向纵深发展，对环境分析化学提出的新要求之一就是常需检测含量低达$10^{-9} \sim 10^{-12}$g的污染物，以及研究制订出一套能适用于测定存在于大气、水体、土壤、生物体和食品中的痕量和超痕量的污染物，特别是超痕量有机污染物的分析方法。加强对分离富集新技术和与之配套的超灵敏度、高选择性分析方法的研究，成为现代环境分析化学的发展方向之一。近三十年来，痕量分析的灵敏度几乎每十年就提高一个数量级，超痕量分析目前已达飞克级（$10^{-15}$g）。

（8）污染物的形态分析

研究污染物的起源、迁移分布、相互反应、转化机制、最终归宿和污染效应，以及制定环境标准、确定治理措施、监测污染状况等，仅测定元素的总量是不够的，还必须测定污染物的形态和结构，这样才能反映污染物作用于环境的真实情况。因此，探索污染物的形态分析方法是环境分析化学发展的重要方向。

（9）现场流程分析系统

目前，正在大力发展集采样、样品处理、自动检测分析和结果输出于一体的流程分析系统，发展现场和实时的研究手段。仪器的研制和生产趋向智能化、微型化、集成化和芯片化。利用现代微制造技术（光、机、电）、纳米技术、计算机理论、仿生学原理、新材料等高新技术发展新式的科学仪器已成主流，如微型全化学分析系统、微型实验室、生物芯片、芯片实验室等。

（10）生物检测技术的开发

常规的环境分析有时对大批复杂样品不能及时迅速报出结果，在这方面，某些生物监测方法却能起到很好的作用。免疫试验就是一个突出的例子，近几年来在环境方面的应用取得很大的成就，并已在区域性环境质量评价中得到应用。建立适合我国国情的环境现状快速扫描式生物检测技术体系，建立与环境污染相关的生物毒性试验，以及生物标志物的鉴别与试验技术方法体系，已成为现代环境分析化学领域迫在眉睫的科研重点之一。

（11）分析仪器的小型化

当前，随着电子技术的不断发展，新研发推出的仪器体积越来越小、功能越来越多，包括电感耦合等离子体-质谱、液相色谱-质谱联用仪、气相色谱-高分辨率质谱等大型仪器。随着真空技术和机械加工技术的不断发展，当前有了很多车载式仪器和便携式仪器，如便携式气相色谱仪、便携式气相色谱-质谱仪、便携式傅里叶变换红外光谱仪等，还有手持式的各种水质测定仪、金属测定仪等。

## 1.2.2　环境污染物分析的步骤和特点

### 1. 环境样品

环境样品种类繁多，主要包括气体、液体、固体和生物样品等几大类。气体样品包括环境空气、室内空气、废气等；液体样品主要包括各种水体，如海水、河水、矿泉水、地下水、自来水、工业废水、生活污水、降水等以及饮料、酒类、奶类、酱油、醋、汽油、洗涤剂、食用油等；固体样品主要包括土壤、固体废物、沉积物和农作物等，以及与人类活动有关的食物及废弃物，如食品、污泥、灰尘、废旧材料等；生物样品包括广泛的陆生及水生动植物，其中和人体有关的液体样品包括各种体液，如汗液、血液、尿液、胆汁、胃液等，固体样品包括肌肉、骨骼、头发、指甲及各种组织和器官等。

### 2. 环境污染物分析的一般步骤与方法

环境污染物分析的一般步骤通常包括采样与制样、提取与富集、分级与净化、定性与定量分析 4 个阶段的工作。

(1) 采样与制样

这一步骤包括样品的采集与保存、样品的制备。对于采样，必须使用正确的采样方法和保存方法，才能保证分析结果的可靠性和代表性。制样是指把采集到的样品（如固体样品），用相应的方法制备成适当的形态，便于提取。

(2) 提取与富集

环境样品中的有机污染物含量极低，一般在 mg/L～μg/L 水平，有的甚至低至 ng/L，并且分散在各种基质中，要直接分析它们往往很困难，甚至是不可能的。因此，一般都要采用各种物理或化学的方法，将有机污染物从各种环境样品中分离出来，并使有机污染物达到富集的目的，便于随后的分析，这一过程称为提取与富集。在某种意义上讲，提取与富集方法是否可行，决定测定结果的可靠性和代表性。因此，提取与富集方法的研究，是环境有机污染物分析的一个重要内容，传统的提取方法有液-液萃取、吸附、蒸馏、沉淀、索氏提取等。这些方法的主要缺点是有机溶剂使用量大、劳动强度大、周期长、易发生样品损失和沾污等。近 20 年来，成功研究出新的提取与富集方法，并得到广泛推广应用，如固相萃取、超临界流体萃取等技术与方法。

在提取与富集有机污染物的过程中，经常使用各种有机溶剂，将有机污染物从提取的介质中洗涤下来，或提取出来。有机化合物在溶剂中的溶解度，决定于化合物和溶剂的结构与极性，它们遵循"相似相溶"的规律，即极性化合物易溶于极性溶剂，非极性化合物易溶于非极性溶剂。有机溶剂的极性可用介电常数来衡量。介电常数大，其极性也大。

(3) 分级与净化

① 分级。环境中有机污染的数目繁多，种类庞杂，各种环境样品的基质也不相同。因此，样品提取液的组成也很复杂，其物理化学性质相差也很大。这里的所谓分级是指根据有机化合物物理、化学性质，利用各种分离法把提取富集后的有机污染物分离为各种级分（酸性、中性、碱性等），当对环境样品要求作系统分析时（或称全分析），即要求了解某一样品含有多少种有机污染物时，一般都要对样品提取液进行分级。目前的分级是依据有机化合物的酸性、碱性、中性或根据有机化合物的极性分成酸性级分、中性级分和碱性级分，或是分成弱极性级分、中等极性级分和强极性级分。有时并不是为了进行系统分析而分级，而是依据有机污染物的酸碱性质或极性大小，选择有利于提取水中某些有机污染物的条件和有机溶剂。如美国环保护保局阿森斯环境研究实验室用液-液萃取法，在酸性条件下用二氯甲烷萃取出 11 种酚类化合物；在中性和碱性条件下用相同溶剂萃取 46 种中性和碱性化合物；用二氯甲烷-正己烷混合溶剂在废水分离中萃取 26 种杀虫剂和多氯联苯。

② 净化。在这里所说的净化，其意思是根据试样提取液中被测组分（目标成分）或其他组分的物理、化学性质，利用各种分离方法或技术，把被测组分从样品提取液中分离出来。当只要求分析环境样品中某一类有机污染物（如农药、多环芳烃等）时，多采用净化这种处理方式。又如当待测组分从基质中提取出来时，还不可避免地含有其他有机化合物，这些有机化合物有的是有机污染物，有的是从基质带入。例如，肉食性样品提取液中有大量的脂肪，植物性样品提取液中有色素等。它们的存在会干扰或严重干扰被测组分的定性或定量分析。因此，还需采用相应的分离方法与技术，进一步将这些组分除去。

(4) 定性与定量分析

在环境有机污染物分析的全部工作中，这一部分工作是取得分析结果的关键工作。它需要解决两个问题，① 要确定所分析的环境样品中"目标成分"是否存在，或者样品中有哪些有机污染物；② 在所分析的环境样品中，"目标成分"或所含有机污染物的含量是多少，这就是定性和定量分析。要完成这两项工作，必须采用现代各种仪器分析方法和设备，如气相色谱法、高效液相色谱法、气相色谱-质谱联用技术、液相色谱-质谱联用技术等。

**3. 环境污染物分析的特点**

环境污染物分析的对象是各类环境要素中的化学和生物污染物，环境污染物的特殊性质决定了现代环境污染物分析具有以下特点：

（1）分析对象的广泛性

现代环境样品分析研究对象相当复杂，包括大气、水体、土壤、底泥、矿物、废渣，以及植物、动物、食品、人体组织等；测定组分包括无机污染物和有机污染物。分析对象不再局限于有毒重金属和有毒有机污染物，而是扩展到活泼中间体、自由基、藻毒素、内分泌干扰物、生物标志物、沙尘暴颗粒物等的分析，更重要的是研究有毒化合物对人体健康影响的环境化学过程和毒理学过程。

（2）分析内容的复杂性

现代环境样品分析已由元素和组分的定性、定量分析，发展到对复杂对象的组分进行价态分析、状态分析、结构分析、系统分析、同系物分析、微区和薄层分析等，甚至三维空间扫描分析和时间分辨分析。大量的环境污染物往往不是单独存在的，而是多种物质混在一起，它们互相干扰、互相影响，有的甚至形成新的化合物，如二噁英、多氯联苯都有 200 多种同系物，为了解决类似的复杂任务，环境样品分析动用了现代分析化学的几乎所有的测试技术和手段。

（3）分析组分含量范围的宽广性

现代环境样品分析所测定的污染组分含量极低，特别是 POPs 和环境激素等在环境、野生动、植物和人体组织中的含量极微，其绝对含量往往在 $10^{-6} \sim 10^{-12}$ g 水平。例如，二噁英在环境中的含量一般为 $10^{-12}$、$10^{-15}$ 水平，WHO 规定食品中 PCDD/Fs 测定方法的检测限（以脂肪计）低于 1pg/g（甚至 1fg/g），一般不到其他污染物含量的 1/1000。必须用超高灵敏度的分析设备和良好的净化技术及特异性的分离手段才能满足分析要求，被认为是现代环境样品分析领域的一大难点。

（4）分析组分的多变性

污染物的排放种类和浓度往往随时间和空间而变化。随着气象、水文条件的改变会造成同一污染物在同一地点的污染浓度相差高达数十倍甚至数百倍。加之，环境是一个多组分和多变的开放体系，形形色色的污染物质进入环境后可能因相互作用或外界影响而经历溶解、吸附、沉淀、氧化、还原、光解、水解、生物降解等变化，因此，环境样品表现出变化大、研究组分稳定性差等特性。

（5）分析技术的普遍性和实用性

分析技术适用于各行各业，包括化工、钢铁、信息、交通、能源等。

综上所述，环境污染物的特点决定了现代环境分析技术对象发生了战略转移，已经从过去的成分分析，发展到从微观和亚微观结构层次上去寻找物质的功能与物质结构之间的内在关系，寻找物质分子间相互作用的微观反应规律，同时，要进行快速、准确的定性、定量和形态分析。这种分析对象的战略转移是现代环境分析化学的一个重要特征。另外，分析的难度明显增大，集中反映在三个方面：痕量有机污染物的分析、复杂体系的分析和动态分析测定。再有，分析测试技术涉及的专业面越来越广，综合性越来越强。如何获得信息，是解决分析测试问题的首要前提，信息获得就成为分析测试的重要基础。而现代科学仪器是信息的源头，它包含许多基础科学和应用学科方面的内容，包含许多边缘科学、交叉学科、实验技能知识等。现代环境分析化学必须依赖于现代科学仪器，分析手段包括化学、物理、生物、物理化学、生物化学及分子生物学等一切可以表征组分的方法。

 ## 习题与思考题

1. 请通过多种渠道了解当今世界的重要环境污染问题，并加以阐述。
2. 请问环境化学污染物主要包括哪些类别？代表性的污染物是什么？
3. 持久性有机污染物的性质如何？共分为几类？代表性的 POPs 是哪些？结构上有什么特点？
4. 药品和个人护理用品指的是哪些污染物？它们如何进入环境中？有何危害？
5. 请问环境污染物分析的一般步骤是什么？
6. 请通过多种渠道了解目前环境分析化学的最新进展，并加以阐述。

# 第2章 样品前处理

**学 习 提 示**

充分理解样品前处理在环境污染物分析中的必要性；熟悉样品前处理的基本原则和评价指标；掌握溶剂萃取、液相微萃取、固相萃取、固相微萃取、超临界流体萃取、加速溶剂萃取、微波萃取、搅拌棒吸附萃取、顶空、吹扫捕集、热解析等适合不同种类环境介质的样品前处理技术，以及衍生化技术、金属元素分析前处理技术和样品净化技术。本章学习共需要 12 学时。

## 2.1 概　　述

### 2.1.1 样品前处理的必要性

在分析有机污染物环境样品时，由于采集的环境样品基体复杂、污染物浓度低（痕量、超痕量级），而且不同有机污染物以多相非均一态存在，无论是化学分析还是生物分析，要获得数据准确、重现性好的分析结果，样品前处理是重要的一个环节，而且往往也是有机污染物环境样品分析成败的关键。为此，探索快速、高效、简便、易自动化的样品前处理方法已成为当今环境分析的重要研究方向之一。

在对环境复杂基质样品进行前处理时，一般要实现以下两个基本目标：① 目标物的富集。一般环境样品中有机污染物的浓度属痕量级，达不到仪器检出限；而经过萃取后，痕量组分可被浓缩，并利用层析技术去除干扰物质，从而提高方法灵敏度，降低检出限；② 干扰物的去除。环境样品通常含有大量复杂基质，必须在仪器分析前尽可能去除，以降低基质干扰对分析结果的不利影响。如生物样品中大量蛋白质或脂肪等，未与待测组分实现分离的干扰性杂质会影响色谱分辨率与重现性。萃取过程可部分去除干扰，再经层析柱分离纯化，可有效提高色谱分析的分离度、重现性和准确度。

环境样品中半挥发性有机污染物的前处理一般包括提取和净化。提取是将样品中的待测物溶解分离出来，常用的提取方法有液-液萃取法、索氏提取法、超声波萃取法等。近年来各种高效、快速、溶剂用量少的样品前处理技术发展迅速，目前应用较广泛的有固相萃取法、固相微萃取法、超临界流体萃取法、加速溶剂萃取法和微波辅助萃取法等。同时，由于样品组成复杂，提取后往往还需经过净化步骤以达到待测物与干扰杂质分离的目的。常用的净化方法是柱层析法，其填料一般为弗罗里硅土、硅胶、氧化铝、活性炭及离子交换树脂等。目前凝胶渗透色谱净化技术的应用越来越广泛，对于色素、油脂含量高的样品能起到很好的净化效果。特别是对于基质复杂的样品，采用凝胶渗透色谱结合固相萃取净化，效果更好。

环境样品中挥发性有机物、无机污染物等的前处理包括顶空、吹扫捕集、固体吸附剂吸附技术、液氮冷阱预浓缩技术、吸收液富集和膜富集技术等。顶空、吹扫捕集多用于分析地表水、地下水、饮用水、废水、土壤、固体废物等样品中的挥发性有机物，两者不仅萃取效率高，而且还可将被测物浓缩，使方法灵敏度大大提高。气体样品富集的技术主要有液氮冷阱预浓缩技术、固体吸附剂吸附技术以及通常使用的吸收液富集和膜富集（滤膜、滤筒等）技术等。

环境样品中金属及非金属项目的前处理主要有干法灰化、湿法消解和微波消解等。干法灰化和湿法消解为传统消解方法：干法消解可用于称样量大的样品，但对于易挥发的元素（砷、汞等）和含无机盐成分高的样品消解效果欠佳；湿法消解通用性强，对于大多数环境样品均适用，可同时进行多样品操作，但条件比较难控制，试剂消耗量大，对环境污染也较大。微波消解是一种崭新、高效、高速、节能的样品溶解技术，其溶样时间短，试剂用量少，处理后的样品分析准确度高、精密度好、空白值低，尤其是解决了难消解样品（高脂肪、高蛋白类）和易挥发元素汞、砷等的分析试样的制备难题。

元素形态分析的样品提取技术很多，一般采用聚焦微波提取技术和超声提取技术。有效态元素分析通常采用化学试剂选择性浸提，该浸提方法主要用于测定土壤及沉积物中的元素有效态分析。由于元素性质和形态不同以及样品性质的差异，所用提取剂也不尽相同。研究人员一般是根据实际需求，探讨不同的提取剂对元素有效态的提取效率来确定最佳方法。

## 2.1.2　样品前处理的基本原则

值得注意的是，没有哪一种前处理方法能适合处理各种不同的样品。即使同一种目标化合物，由于所处环境差异，在不同环境样品中的存在方式会有所不同，需要采用不同的样品前处理步骤。因此，对于不同样品、不同目标物要进行具体分析，寻找最佳前处理方案。遵循的基本原则包括：

**1. 干扰去除效果好**

能最大限度地除去影响仪器分析的干扰物，否则即使方法简单、快速也无益于事。

**2. 目标物回收率高**

回收率低说明前处理方法不合适，处理效率低。另外，低的回收率必然伴随差的重现性，不但影响方法灵敏度，而且会使低浓度环境样品无法准确测定。

**3. 操作简单、步骤少**

步骤越多，回收率越低。多次转移会引起样品损失逐步加大，最终的误差也越大。在条件许可的情况下，前处理及随后转移步骤越少越好。

**4. 成本低廉、危害小**

尽量避免使用昂贵仪器与试剂，以降低成本。此外，应尽量少用对环境和人体健康存在潜在危害的试剂；不可避免时，要回收循环使用，尽力降低其危害性。

## 2.1.3　样品前处理的评价指标

一种前处理方法的优劣，主要从以下两个方面进行评价。

**1. 目标分析物回收率**

用 $R_T$ 表示，计算公式如式（2-1）所示。

$$R_T = \frac{Q_T}{Q_T^0} \times 100\% \tag{2-1}$$

式中，$Q_T$ 为富集后目标分析物的量；$Q_T^0$ 为富集前目标分析物的量。

痕量分析的回收率达到 $80\% \sim 120\%$ 即可。研究痕量元素的回收和损失最好的方法是采用放射性示踪技术。在进行富集之前，将待测痕量元素的放射性同位素作为示踪剂加到样品里，随后进行快速、灵敏和高选择性的放射性测量，以对它们的行为进行跟踪。该法的最大优点是所测得的回收值和损失量与污染无关。

若找不到合适的放射性同位素，可采用标准物质、分析过的样品或标准加入法来检验分离富集方法的回收率。但必须注意，检测结果应具有良好的重现性且分离富集过程中的污染可忽略。

**2. 富集倍数**

用 $F$ 表示，计算公式如式（2-2）所示。

富集倍数为富集后目标分析物的回收率与基体物质的回收率之比。

$$F = \frac{R_T}{R_M} = \frac{Q_T/Q_T^0}{R_M/Q_M^0} \tag{2-2}$$

式中，$Q_M$ 为富集后基体的量；$Q_M^0$ 为富集前基体的量。

对 $F$ 的要求主要从以下两个方面考虑：（1）目标分析物的浓度与基体的比值。当它们的比值小时，要求 $F$ 大；（2）测定方法的灵敏度。检测方法的灵敏度低，要求 $F$ 大。

本章将系统地介绍当前国内外常用的样品前处理技术，主要有溶剂萃取、液相微萃取、固相萃取、固相微萃取、超临界流体萃取、加速溶剂萃取、微波萃取、搅拌棒吸附萃取、顶空、吹扫捕集、热解析等适合不同种类环境介质的样品前处理技术，以及衍生化技术、金属元素分析前处理技术，还将介绍样品净化技术。

# 2.2　样品前处理方法

## 2.2.1　溶剂萃取法

溶剂萃取（Solvent Extraction）是将存在于某一相的有机物用溶剂浸取、溶解，转入另一液相的分离过程。这个过程是利用有机物按一定的比例在两相中溶解分配的性质实现的。溶剂萃取可分为液-液萃取（Liquid-Liquid Extraction，LLE）和液-固萃取（Liquid-Solid Extraction，LSE）等。它们一直是环境样品（固体或水）前处理应用最为广泛的方法。美国 EPA 推荐的水中有机污染物分离富集的标准方法之一，对 114 种优先监测有机污染物，除可气提化合物外，绝大部分用液-液萃取法进行提取。溶剂萃取简便、快速、分离效果好，分离后的组分可直接测定（如用分光光度法、原子吸收法、气相色谱法等），或蒸去有机溶剂后测定（如发射光谱法、电化学法等）。这种萃取技术的缺点是耗用有机溶剂量较大（数百毫升）、易引入新的干扰（溶剂中的杂质等）、浓缩步骤费时、易导致被测物的损失等。其中最大缺点是多数萃取剂易燃、易挥发、有毒，污染环境，危害人体健康。

**1. 液-液萃取法**

液-液萃取法也称为溶剂萃取法，是一种传统而有效的分离方法。

(1) 基本原理

液-液萃取法是基于物质在互不相溶的两种溶剂中分配系数不同，而达到组分富集与分离的目的。物质在水相-有机相中的分配系数（$K_D$）可用分配定律表示：

$$K_D = \frac{[A]_{org}}{[A]_{H_2O}} \tag{2-3}$$

式中，$[A]_{org}$、$[A]_{H_2O}$ 分别为溶质 $A$ 在有机相中和水相中的平衡浓度。$K_D$ 与溶质 $A$ 和溶剂的特性以及温度等有关。

分配定律只适用于溶质 $A$ 的浓度较低，且在两相中的存在形式相同，无解离、缔合等副反应过程的情况。但实际上这种情况几乎不存在，此时可用分配比来描述溶质在两相中的分配。分配比 $D$ 是指溶质 $A$ 在有机相中各种存在形式的总浓度 $(C_A)_{org}$ 与在水相中各种存在形式的总浓度 $(C_A)_{H_2O}$ 之比：

$$D = \frac{\sum[A]_{org}}{\sum[A]_{H_2O}} = \frac{(C_A)_{org}}{(C_A)_{H_2O}} \tag{2-4}$$

当萃取过程中没有副反应发生时，分配系数 $K_D$ 与分配比 $D$ 是一样的，此时 $K_D = D$。当有副反应发生时，分配比大，指被萃取溶质 $A$ 在有机相中的浓度高，在水相中的浓度小。萃取分离中，一般要求分配比大于 10。分配比反映萃取体系达到平衡时的实际分配情况，具有较大的实用价值。

但分配比不能直接表示萃取的完全程度。为了从量的角度反映被萃取物转移进入了有机相的比例，引入萃取效率（$E$，单位％）：

$$E = \frac{A\ 在有机相中的含量}{A\ 在两相中的含量} \times 100\% = \frac{D}{D + V_{H_2O}/V_{org}} \times 100\% \tag{2-5}$$

式中，$V_{H_2O}$、$V_{org}$ 分别为水相、有机相的体积。

若要求 $E$ 大于 90％，则 $D$ 必须大于 9。增加萃取的次数，可提高萃取效率，但这将增大萃取操作的工作量，在很多情况下是不现实的。

为了达到分离的目的，不仅要求目标物质 $A$ 具有高的萃取效率，而且要求与共存组分间具有良好的分离效果，用分离系数 $\beta$ 表示：

$$\beta = \frac{D_A}{D_B} \tag{2-6}$$

如果 $\beta = 1$，即 $D_A = D_B$，表明 $A$ 和 $B$ 不能分离；如果 $\beta > 1$ 或 $\beta < 1$，即 $D_A > D_B$ 或 $D_A < D_B$，表明 $A$ 和 $B$ 可以分离，$D_A$ 与 $D_B$ 值相差越大，分离效果越好。

常用的萃取剂有二硫化碳、四氯化碳、氯仿、二氯甲烷、己烷、苯、甲苯、甲基异丁酮、乙酸乙酯等。

(2) 萃取体系

液-液萃取体系种类较多，环境分析中常用的萃取体系主要有两类。

① 螯合萃取体系

利用金属离子与螯合剂形成疏水性的螯合物后被萃取到有机相，螯合萃取体系可用于天然水、污水以及其他水样中含量为 $\mu g/L$ 或 $ng/L$ 级痕量金属元素的分离富集。经富集后，待测痕量组分在有机相中的浓度可增加 1～2 个数量级，然后直接或解析后用分光光度法、原子吸收分光光度法等检测。如用双硫腙-氯仿萃取水中痕量 Ag、Cd、Ni、Pb 等元素；用砒咯烷二硫代氨基甲酸胺-甲基异丁酮萃取水中痕量 Co、Cr、Cu 等元素。

② 离子缔合物萃取体系

　　在这类萃取体系中，被萃取物质是一种疏水性的离子缔合物，可用有机溶剂萃取。许多金属阳离子如 $Cu(H_2O)_4^{2+}$、金属的络阴离子如 $FeCl_4^-$、$GaCl_4^-$ 以及某些酸根离子如 $ClO_4^-$ 都能形成可被萃取的离子缔合物。离子的体积越大，电荷越高，越容易形成疏水性的离子缔合物。

　　（3）萃取条件

　　不同的萃取体系，对萃取条件的要求不一样。

　　① 螯合物萃取体系萃取条件的选择

　　A. 螯合剂

　　选择螯合剂时主要考虑三点：a. 螯合物的稳定常数（$K_{稳}$）越大，萃取效率越高；b. 螯合剂的分配比越小，在水相中的浓度越大，越易与金属离子形成螯合物；c. 螯合剂与金属离子所形成的螯合物的分配比越大，萃取效率越高。

　　B. 酸度

　　螯合剂一般为弱酸性物质，与金属离子反应时，可放出 $H^+$ 溶液的酸度越低，络合剂的分配比就越小，有利于与金属离子形成螯合物。但溶液的酸度不可低至金属离子发生水解或引起其他干扰。最适宜的酸度可通过绘制 $E$ 与 pH 的关系曲线（即萃取酸度曲线）确定。

　　C. 萃取剂

　　主要考虑金属螯合物在该溶剂中有较大的溶解度。可以根据螯合物的结构，选择结构相似的溶剂。例如，含烷基的螯合物可用卤代烃（如 $CCl_4$、$CHCl_3$ 等）作萃取剂；含芳香基的螯合物可用芳香烃（如苯、甲苯）作萃取剂。

　　② 离子缔合物萃取体系萃取条件的选择

　　A. 萃取剂的选择

　　锌盐类型的离子缔合萃取体系，要求使用含氧有机溶剂（如乙醚、乙酸、乙酯、甲基异丁酮等），这些溶剂可与水相中 $H^+$ 作用，形成阳离子。含氧有机溶剂形成锌盐的能力为：醚（$R_2OH$）＜醇（$ROH$）＜酯（$RCOOR'$）＜酮（$RCOR'$）。萃取剂形成锌盐的能力越强，萃取效率越高。

　　B. 酸度的选择

　　离子缔合物萃取体系对于酸度的要求是应能足够保证离子缔合物的充分形成。

　　C. 盐析剂的应用

　　在离子缔合萃取体系中，当溶液中加入某些与被萃取化合物具有相同阴离子的盐类或酸后，可以提高萃取效率，这种作用称为"盐析作用"，加入的盐类称"盐析剂"，一般都是强电解质。例如用甲基异丁酮萃取 $UO_2(NO_3)_2$ 时，由于加入了 $Mg(NO_3)_2$ 或 $NaNO_3$，显著提高了萃取铀的分配比。

　　在螯合物萃取体系和离子缔合物萃取体系中，均可以通过控制酸度、使用掩蔽剂提高萃取的选择性。

　　（4）萃取方式

　　液-液萃取法是利用物质在不同的溶剂中具有不同的溶解度，在含有待分离组分的水溶液中，加入与水不相混溶的有机溶剂，振荡使其达到溶解平衡，目标组分进入有机相，非目标组分仍留在水相，从而达到分离的目的。

　　① 间歇萃取

　　通常在 $60 \sim 125mL$ 的梨形分液漏斗中进行。将待萃取水样放入梨形分液漏斗中，加入一定体积与水不相混溶的有机溶剂（或含有适宜的萃取剂），振荡使物质在两相中达到分配平衡，静置分层，分离。

② 连续萃取

分为高密度溶剂萃取和低密度溶剂萃取两类连续萃取法。

当萃取溶剂相的密度比被萃取溶剂相的密度大时，采用装置1（图2-1）。圆底烧瓶中的高密度溶剂受热蒸发，蒸汽在回流冷凝管中冷凝后形成净萃取剂，经转向口进入低密度被萃取溶液相，在流经被萃取溶液时，将待分离物质萃取，溶剂相经底部的弯管流回。

当萃取溶剂相的密度比被萃取溶剂相的密度小时，采用装置2（图2-2）。圆底烧瓶中的低密度萃取剂受热蒸发，蒸汽在回流冷凝管中冷凝后形成净萃取剂液滴，滴入接收管中，当管中液柱的压力足够大时，萃取溶剂从管底部流出，流出的净萃取溶剂流经并萃取高密度溶液相，进入低密度的萃取溶液相，流回圆底烧瓶，如此循环，连续萃取。

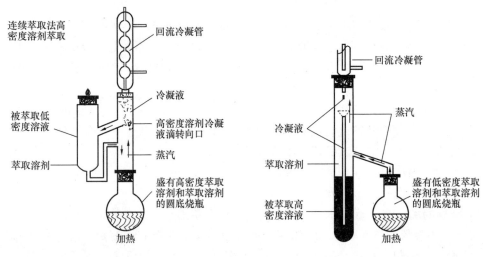

图 2-1　高密度溶剂萃取　　　　　　图 2-2　低密度溶剂萃取

③ 多级萃取

又称错流萃取，将水相固定，多次用新鲜的有机相进行萃取可提高分离效果。

**2. 索氏提取法**

索氏提取（Soxhelt Extraction）是一种十分有效的液-固萃取方式，该方法适合萃取鱼、植物体、沉积物、大气颗粒物中的有机污染物。

液-固萃取是用一种适宜溶剂浸取固体混合物的方法。所选溶剂对此有机物有很大的溶解能力，有机物在固-液两相间以一定的分配系数从固体转向溶剂中去。这种简单的液-固萃取只能用于十分容易萃取的组分，其萃取效率较低，加热时溶剂也易损失。

（1）基本原理

索氏提取法是利用溶剂回流及虹吸原理，使固体物质连续不断地被纯溶剂萃取。它是由溶剂蒸汽凝结成纯净液滴连续不断地提取固体样品，这种方法适合提取痕量物质，但是该方法较为费时、操作繁琐、且易将其他有机物萃取出来。

萃取前先将固体物质研碎，以增加固液接触的面积。然后将固体物质放在滤纸套内，置于提取器中，提取器的下端与盛有提取溶剂的圆底烧瓶相连，上面接回流冷凝管。加热圆底烧瓶，使溶剂沸腾，蒸汽通过提取器的支管上升，被冷凝后滴入提取器中，溶剂和固体接触进行萃取，当溶剂液面超过虹吸管的最高处时，含有萃取物的溶剂虹吸回烧瓶，因而萃取出一部分物质，如此重复，使固体物质不断为纯的溶剂所萃取，将萃取出的物质富集在烧瓶中。

（2）萃取方式

① 传统的索氏提取

索氏萃取装置结构如图 2-3 所示。萃取剂置于烧瓶中加热，冷凝的溶剂经过固体样品，样品中的待测物质不断溶解于溶剂中，达到分离富集的目的。分离效果和富集倍数与样品的性质、萃取温度、萃取时间、溶剂的性质和用量有关。一般要尽可能地将待测物质富集于有机溶剂中，同时减少杂质的萃取量，采用 KD 浓缩器（Kuderna-Danish sample concentrators，KD）可对经索氏萃取后的萃取液进行浓缩和定容。其结构示意如图 2-4 所示。

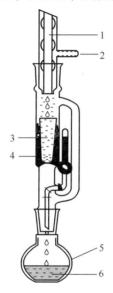

图 2-3　索氏萃取装置

1—冷凝管；2—冷却水入口；3—样品和硫酸钠；
4—提取管和套管；5—烧瓶；6—溶剂

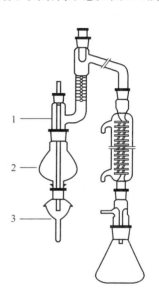

图 2-4　KD 浓缩器

1—冷凝管；2—蒸发烧瓶；
3—浓缩瓶

② 全自动索氏提取

为了提高萃取效率、节省时间、减少人工操作，目前已有能同时萃取多个样品的全自动索氏萃取仪（图 2-5）。通过电子控制精确设定萃取时间和温度等，使整个操作自动化程度更高。

浸提单元中的溶剂浸提是分两步来进行的。首先，将样品浸泡在沸腾的溶剂中，这使得可溶性目标物从固相（样品）向液相（提取剂）转移，并快速达到平衡；其次，固体样品会被自动提升离开提取溶剂，让从冷凝器中回流出来的纯溶剂充分淋洗固体样品；最后，关闭冷凝器回流溶剂阀，冷却的溶剂会通过冷凝器回收到回收桶中。随着气泵的启动，最后剩余下来的残余溶剂也会被

图 2-5　全自动索氏萃取仪

29

蒸发。

由于自动索氏提取采用了热浸提，即在提取剂沸点温度下提取有机物，其效率要远高于传统索氏提取所采用的冷浸取（室温提取）。因此，提取效率大大提高，缩短了提取时间，从而减少提取溶剂的挥发，达到减少提取溶剂使用量的目的。

**3. 超声波萃取法**

超声波萃取（Ultrasonic Wave Extraction，UWE；Supersonic Extraction，SE；Ultrasonic Extraction，UE）在环境样品分析中也是一种广泛使用的萃取方法。超声波能促进和加速提取过程，而且还可避免高温对目标成分的破坏，方法操作简单，副产品少，目标物易分离，能达到比常规提取更理想的结果，对天然产物和生物活性成分的提取尤具优势。

（1）基本原理

超声波萃取亦称为超声波提取，是利用超声波辐射压力产生的强烈空化效应、机械振动、骚动效应、高的加速度、乳化、扩散、击碎和搅拌作用等多级效应，增大物质分子运动频率和速度，增加溶剂穿透力，从而加速目标成分进入溶剂，促进提取的进行。

超声波（频率介于 20kHz～1MHz）是一种弹性机械振动波，本质上与电磁波不同。因为电磁波能在真空中传播，而超声波必须在介质中才能传播，其穿过介质时，形成包括膨胀和压缩的全过程。超声波能产生并传递强大的能量，给予介质如固体小颗粒极大的加速度。这种能量作用于液体里，振动处于稀疏状态时，声波在某些样品如植物组织细胞里比电磁波穿透更深，停留时间更长，在液体中，膨胀过程形成负压。如果超声波能量足够强，膨胀过程就会在液体中生成气泡或将液体撕裂成很小的空穴。这些空穴瞬间即闭合，闭合时产生高达 3000MPa 的瞬间压力，称为空化作用，整个过程在 400$\mu$s 内完成。这种空化作用可细化各种物质以及制造乳液，加速目标成分进入溶剂，极大地提高提取率。除空化作用外，超声波的许多次级效应也都利于目标成分的转移和提取。

空穴现象的重要意义在于气泡破裂时所发生的现象，在某些点位，气泡不再有效吸收超声波能量，于是产生内爆，气泡或空穴里的气体和蒸汽快速绝热压缩产生极高的温度和压力。热点的温度高达 5000℃，压力约 $1 \times 10^8$ Pa。由于气泡体积相对液体总体积来说极微，因此产生的热量瞬间散失，对环境条件不会产生明显影响；空穴泡破裂后的冷却速度估计约为 $100 \times 10^8$ Pa/s。超声空穴提供能量和物质间独特的相互作用，产生的高温高压能导致游离基和其他组分的形成。据此原理，超声处理纯水会使其热解成氢原子和羟基，两者通过重组生成过氧化氢。

当空穴在紧靠固体表面的液体中发生时，空穴破裂的动力学明显发生改变。在纯液体中，空穴破裂时，由于它周围条件相同，因此总保持球形；然而紧靠固体边界处，空穴的破裂是非均匀的，从而产生高速液体喷流，使膨胀气泡的势能转化成液体喷流的动能，在气泡中运动并穿透气泡壁。已观察到液体喷流朝固体表面的喷射速度为 400km/h。喷射流在固体表面的冲击力非常强，能对冲击区造成极大的破坏，从而产生高活性的新鲜表面。破裂气泡形变在表面上产生的冲击力比气泡谐振产生的冲击力要大数倍。

利用超声波的上述效应，从不同类型的样品中提取各种目标成分非常有效。施加超声波，在有机溶剂（或水）和固体基质接触面上产生的高温（增大溶解度和扩散系数）高压（提高渗透率和传输率），加之超声波分解产生的游离基的氧化能等，从而提供了高的萃取能。

（2）萃取系统

超声萃取装置有两种，即探针式和浴槽式。两者区别见表 2-1。虽然超声波浴槽应用较广，但存在两个主要缺点，即超声波能量分布不均匀（只有紧靠超声波源附近的一小部分液体有空穴作用发生），以及随时间变化超声波能量要衰减。这实质上降低了实验的重现性和再现性。而超声波探针可将能量集中在样品某一范围，因而在液体中能提供有效的空穴作用。

表 2-1　探针式和浴槽式超声波系统的比较

| 项　　目 | 探针式 | 浴槽式 |
|---|---|---|
| 处理时间/min | <5 | >30 |
| 恒温箱 | 无 | 有 |
| 能量/(W/cm$^2$) | 50~100 | 1~5 |
| 振幅 | 可变 | 恒定 |
| 固液萃取产率 | 高 | 低 |
| 对有机金属化合物破坏程度 | 高 | 低 |
| 样品处理量 | 低 | 高 |

超声萃取目前主要是手工操作，一般采用的设备是超声波清洗机，较少用于连续系统。连续超声萃取的主要优点是样品和试剂耗量少。在连续超声萃取中，萃取剂连续流过样品有两种模式（图 2-6）。

① 敞开系统

新鲜的萃取剂连续流过样品，因此，传质平衡转变为分析物进入的溶解平衡。这种模式的缺点是萃取物被稀释。若萃取与其他分析步骤（如固相萃取）联用，可克服萃取剂稀释的影响，但目前尚无实际应用。

② 密闭系统

一定体积的萃取剂连续循环使用。萃取载流的方向在萃取过程中保持一致，或者通过驱动系统的预设程序在一定的时间段进行变换。这样，萃取剂来回通过样品，避免了样品在萃取腔中不需要的压缩及动态系统中压力的增大。密闭系统的好处是萃取剂很少被稀释，萃取完成后，或者通过阀的转动把萃取物收集到容器中；或者把它输送到连续管路中用于在线预浓缩、衍生或检测，实现全自动化。

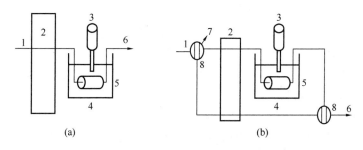

图 2-6　两种连续超声萃取系统
(a) 敞开系统；(b) 密闭系统
1—萃取载流；2—蠕动泵；3—超声探针；4—萃取腔；5—水浴；6—萃取；7—废液；8—选择阀

（3）特点

超声萃取快速、价廉、高效。与索氏萃取相比，其主要优点如下：空穴作用增强了系统的极性，包括萃取剂、分析物和基体，这些都会提高萃取效率，使之达到或超过索氏萃取的效率；超声萃取允许添加共萃取剂，以进一步增大液相的极性；适合不耐热的目标成分的萃取，这些成分在索氏萃取的工作条件下要改变状态；操作时间比索氏萃取短。在以下两个方面，超声萃取优于超临界流体萃取：仪器设备简单，萃取成本低得多；可提取很多化合物，无论其极性如何，因为超声萃取可用任何一种溶剂。超临界流体萃取用 $CO_2$ 作萃取剂，仅适合非极性物质的萃取。超声萃取优于微波萃取体现在：在某些情况下，比微波萃取速率快；酸消解中，超声萃取比微波萃取安全；多数情况下，超声萃取操作步骤少，萃取过程简单，不易对萃取物造成污染。

与所有声波一样，超声波在不均匀介质中传播也会发生散射衰减。超声提取时，样品整体作为一种介质是各向异性的，即在各个方向上都不均匀，造成超声波的散射。因此，到达样品内部的超声波能量会有一定程度的衰减，影响提取效果。样品量越大，到达样品内部的超声波能量衰减越严重，提取效果越差。当样品用量多，堆积厚度增大，试剂对样品内部的浸提作用就不充分，同样影响提取效果。

样品粒度对超声提取效率有较大影响。在较大颗粒的内部，溶剂的浸提作用会明显降低。相反，颗粒细小，浸提作用增强。另一方面，超声波不仅在两种介质的界面处发生反射和折射，而且在较粗糙的界面上还发生散射，引起能量的衰减。当颗粒直径与超声波长的比值为1％或更小时，这种散射可以忽略不计。但当比值增大时，散射也增大，造成超声波能量大幅衰减。

对于超声提取来说，提取前样品的浸泡时间、超声波强度、超声波频率及提取时间等也是影响目标成分提取率的重要因素。而且，超声提取对提取瓶放置的位置和提取瓶壁厚要求较高，这两个因素也直接影响提取效果。

**4. 浊点萃取法**

浊点萃取（Cloud Point Extraction，CPE）是近些年来出现的一种新型液-液两相萃取新方法，该方法是基于中性表面活性剂胶束溶液的浊点现象，通过改变溶液的 pH 值、离子强度、温度等实验条件使其产生相分离，将数十或数百毫升试样中疏水性痕量成分转移到数百微升的表面活性剂浓缩相的一种新颖的分离富集技术。与传统的 LLE 相比，CPE 技术的主要优点是不使用有毒有机溶剂，操作简单。另外，该方法能够保护被萃取物质的原有特性（如生物大分子的活性），同时能够提供很高的富集率和提取率，是一种新型的环境友好的前处理技术。这种方法已经应用于多个领域，可以萃取各种无机和有机化合物，而且还具有经济、安全、高效和操作简便的特点，从而使其作为分离纯化的手段可以实现大规模生产。而作为样品前处理的手段，该方法可以和多种仪器联用，实现对各种分析物高灵敏度的测定。

（1）基本原理

① 表面活性剂胶束溶液体系

表面活性剂是一种两亲分子，即分子中一部分具有亲水性质，而另一部分具有亲油性质。在溶液中，表面活性剂超过一定浓度时会从单体缔合成为胶态聚集物，即形成胶团（束）。溶液性质发生突变时的浓度，亦即形成胶团时的浓度，称为临界胶团浓度（Critical Micelle Concentration，CMC）。胶团的形状多种多样，一般认为，在浓度不很大，而且没有其他添加剂及加溶物的溶液中，胶团大多呈球状，当浓度大于 CMC 十倍或更大时，胶团就呈棒状；浓度再增大，棒状成束；浓度更大时，就形成巨大的层状胶团。临界胶团浓度可以作为表面活性剂表面活性的一种量度。许多表面活性剂的性质只有在形成临界胶团以后才明显表现出来，如加溶作用。表面活性剂在水中的溶解度随温度变化的规律因表面活性剂的类型不同而异。一般，离子表面活性剂的溶解度随温度升高而加大，至一定温度以后，溶解度增加很快。非离子表面活性剂的情形则大不相同，它们一般在温度低时易与水混溶，温度升至一定高度后，则表面活性剂析出、分层。

② 浊点萃取方法

浊点是非离子表面活性剂的特征常数。非离子表面活性剂溶解于水中时，亲水基团与水分子形成氢键，当温度升高到某一点时，氢键断裂，表面活性剂与水相分离，溶液由澄清变浑浊。这一点的温度即称为浊点（Cloud Point）。经放置或离心分离，溶液分成两相，一相为表面活性剂富集相，所占体积很小，仅约占总体积的 5%；另一相为水相，其胶团浓度等于 CMC。溶液中的疏水性物质与表面活性剂的疏水基团结合，被萃取进入表面活性剂相，而亲水性物质仍留在水相中，再经两相分离，就可将样品中的物质分离出来，这种萃取方法就是浊点萃取。

（2）萃取条件

下面以浊点萃取在痕量金属元素分析中的应用为例，介绍影响浊点萃取效率的因素。金属元素分析中的浊点萃取的操作步骤非常简单：样品→加螯合剂→加表面活性剂→加添加剂→水浴加热至浊点→离心→冷却→分离。但为了实现定量分离、高富集率及后续的检测，其实验条件必须进行优化。

① 表面活性剂

萃取痕量金属离子的常用表面活性剂是 TritonX-114，其次是 PONPE 7.5。前者浊点是 15℃，后者的浊点接近室温，属于低浊点的表面活性剂，适合相分离。用高浊点表面活性剂作萃取剂时，在相分离过程中，随着温度的降低会引起萃取率的降低；同时过高的温度也会对螯合剂和螯合物的稳定性有影响，不适合分析。因此，在实际操作中往往选择低浊点的表面活性剂。

② 浓度

为了提高萃取效率，有必要降低表面活性剂浓度，但表面活性剂浓度太低，不能完全萃取金属螯合物，导致萃取量太低，相分离困难，准确性和重现性降低。螯合剂浓度对萃取率也有较大的影响。部分螯合剂将与样品中共存离子螯合，产生干扰。要消除此干扰，可适当增加螯合剂浓度。但浓度过高会使螯合剂相互之间聚集，而被优先萃取进表面活性剂中，这就降低了金属离子的萃取效率。

③ pH

在浊点萃取金属离子时，需要合适的螯合剂与金属离子形成疏水的螯合物，然后萃取到表面活性剂相中，萃取率取决于螯合物形成的 pH。

④ 平衡温度和时间

有关数据表明，在一定条件下完成螯合反应，较长的平衡时间对萃取效率无明显影响。提高平衡温度，萃取率增加。通常平衡温度在浊点以上 15～20℃。

⑤ 添加剂

在萃取系统中加入添加剂如电解质、有机物等，可以改变表面活性剂浊点温度，引发表面活性剂水溶液的相分离。电解质改变表面活性剂浊点的原因，主要归结于亲油基团被电解质所"盐析"或"盐溶"。盐析型电解质使胶束氢键断裂脱水，导致表面活性剂分子沉淀，从而降低表面活性剂的浊点。氯化物、硫酸盐、碳酸盐等为盐析型电解质。而盐溶型电解质，如硝酸盐、碘化物、硫氰酸盐，则作用相反，可使浊点升高。

有机物改变表面活性剂的浊点的机理可分为两类：一是通过进入胶团来影响浊点，二是通过改变水的结构、介电常数、溶解参数等来改变水与表面活性剂分子或胶团的相互作用而改变浊点。如短链饱和烃类降低浊点不太显著，而可溶于胶束的非极性有机物使浊点升高，与水混溶的极性有机物能使浊点降低。

⑥ 离子强度

离子强度对萃取量没有明显的影响。加入一些惰性盐，使水相密度增大，有利于两相的分离。

⑦ 离心时间

离心时间加长有助于相分离，提高萃取率。但一定时间后，其增长达到平衡。若时间过长，温度下降可能导致相分离逆转，使萃取率降低。一般来说，离心时间为 5～20min。

⑧ 黏度对检测信号的影响

浊点萃取后得到的表面活性剂相是黏稠状的液体。对一些检测器如火焰原子检测器和等离子体检测器来说，溶液的黏度将影响其检测信号，因此，相分离后，表面活性剂相中需加入适量的含 0.1mol/L $HNO_3$ 的甲醇溶液以降低黏度。

（3）特点

浊点萃取法具有以下优点：① 应用范围广，萃取效率高，富集倍数大；② 安全、经济，表面活性剂易处理；③ 金属离子在萃取过程中不易变性；④ 易与其他分析仪器联用，便于操作。浊点萃取近几年来得到了很大的发展，但是在基础理论和实际应用方面还需继续深入研究，相分离机理有待进一步探讨，相分离的引发技术也需进一步发展。

## 2.2.2 液相微萃取法

液相微萃取（Liquid Phase Micro-extraction，LPME）技术的原理与液液萃取相同，该方法的优势是，仅使用微量的有机溶剂（一般只需几微升或十几微升）即可快速有效地实现对目标化合物的富集与净化。与液液萃取相比，液相微萃取可提供与之媲美的灵敏度，而对于微量或痕量目标物的富集，液液萃取则是无法比拟的。该技术不仅可以单独作为样品前处理技术，还可直接与气相色谱、液相色谱、毛细管电泳、质谱等技术联用进行在线分析。根据萃取的形式不同，液相微萃取可分为单滴微萃取（Single Drop Micro-extraction，SDME）、膜液相微萃取（Membrane Liquid Phase Micro-extraction，MLPME）和分散液相微萃取（Dispersive Liquid-liquid Micro-extraction，DLLME）三大类，每一类又可包含多种萃取形式。

**1. 基本原理**

液相微萃取是一种基于分析物在样品（供体相）及小体积有机溶剂（接收相）之间平衡分配的过程。对于两相液相微萃取体系，分析物在两相中的传质过程可以用式（2-7）的关系式表达：

$$A_a \leftrightarrow A_o \tag{2-7}$$

当系统达到平衡时，分析物在两相中的含量达到稳定，两相中的分配系数如式（2-8）所示：

$$k = \frac{C_{o,ed}}{C_{a,eq}} \tag{2-8}$$

式中，$C_{o,eq}$ 为分析物在有机相中的浓度；$C_{a,eq}$ 为分析物在水样中的平衡浓度。

由于萃取前后分析物的总量没有发生变化，因此其质量关系可以由式（2-9）表达：

$$C_t V_a = C_{o,eq} V_o + C_{a,eq} V_a \tag{2-9}$$

式中，$C_t$ 为分析物在样品中的原始浓度；$V_a$ 为样品的体积；$V_o$ 为萃取剂的体积。

通常，液相微萃取的富集效果可通过对分析物的富集倍数（Enrichment Factor，EF）来进行评估。富集倍数 EF 定义为其在有机相中浓度与在水样的比值，即公式（2-10）：

$$EF = \frac{C_{o,eq}}{C_t} \tag{2-10}$$

根据式（2-8）和式（2-9），富集倍数也可按式（2-11）表达为：

$$EF = \frac{1}{V_o / V_a + 1/K} \tag{2-11}$$

由式（2-11）可以看出，若要得到高的富集倍数，则分析物在两相中应具有较高的分配系数，并且有机相与水相的体积比应尽量降低。另外，增加水相中离子强度通常可以促进分析物从水相向有机相中转移，而调节样品 pH 值可起到改变分析物在水样中的溶解状态，从而达到改变其在两相当中的分配系数的目的。此外，搅拌速度、萃取时间及温度等都是在优化萃取条件时需要考虑的问题。

两相的液相微萃取通常用于富集中等极性或非极性化合物，萃取剂应为非极性或弱极性化合物，否则其将与水样混溶。因此，两相的液相微萃取更适合于气相色谱分析。而若进行液相色谱或毛细管电泳分析，则萃取液需进行挥发并用极性溶剂定容的处理。而三相液相微萃取则可直接与液相色谱或毛细管电泳联用，因为三相液相微萃取主要是用来分离可离子化或质子化的物质，利用质子化-去质子化作用、络合作用、离子对作用等先将样品（给出相）中的目标分析物萃取到有机溶剂（有机相）中，再反萃取到萃取剂（接收相）中。分析物在三相中的传质过程可以由下式表达：

$$A(\text{给出相}) \rightleftharpoons A(\text{有机相}) \rightleftharpoons A(\text{接受相})$$

当系统达到平衡时，分析物在各相中的分配与分配系数息息相关，即分析物在有机相与给出相间的分配系数，以及分析物在有机相与接收相间的分配系数，共同影响着其在给出相与接受相间的分配。

**2. 单滴微萃取**

1996 年，Liu 和 Dasgupta 提出了一种新型的液滴对液滴（Drop-in-Drop，DD）的液相微萃取模式，通过将 $1.3 \mu L$ 的萃取液微滴悬于更大的水滴中来进行萃取。同年，加拿大学者 Jeannot 等建立了一种基于液液萃取基本原理的新的液相微萃取方法。它的操作非常简易，将与水不互溶的有机萃取溶剂液滴（约 $8 \mu L$）放入聚四氟乙烯杆一端的凹槽中，然后插入盛有水样和磁力搅拌子的样品瓶中，搅拌萃取一定时间后取出聚四氟乙烯杆，用微量注射器吸取 $1 \mu L$ 萃取溶剂注入气相色谱仪进行定量分析。这一方法的不足是，萃取与进样是分别在两步中完成的，样品的转移容易给分析结果带来误差。为了克服这一不足，1997 年 Jeannot 等将萃取液滴直接悬浮在微量注射器的针头上，萃取完成后将萃取液吸入注射器，之后可直接进行气相色谱进样。这样，萃取与进样用一个注射器就可完成，使操作更加简便，而且避免了萃取液在转移过程中造成的损失。由于萃取溶剂是悬挂在微量注射器针头上的单一液滴，因此将该方法称为单滴微萃取，也称为悬滴微萃取。SDME 成本低，有机溶剂用量非常少，富集倍数高，因此一出现即引起广泛的关注，并且得到不断的发展与改进。

单滴微萃取又分为直接单滴微萃取（Direct Single Drop Micro-extraction，D-SDME）、顶空单滴微萃取（Headspace Single Drop Micro-extraction，HS-SDME）、单滴液-液-液微萃取（Single Drop LLLME）和连续流动微萃取（Continuous Flow Micro-extraction，CFME）等。

（1）直接单滴微萃取

直接单滴微萃取是将与水不互溶的有机萃取剂液滴悬浮在微量注射器针头上，然后浸入到水样中，搅拌萃取一定时间后，液滴被吸回到微量注射器中并注入气相色谱仪分析。其装置的示意图如图 2-7(a) 所示。直接单滴微萃取的缺点之一是萃取效率不高。

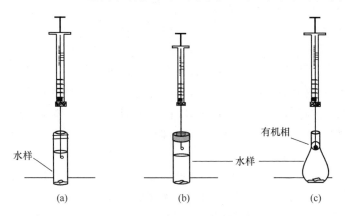

图 2-7　单滴微萃取的装置示意图

(a) D-SDME；(b) HS-SDME；(c) 单滴 LLLME

为了进一步提高单滴微萃取的萃取效率，He 和 Lee 提出了动态液相微萃取模式（Dynamic LPME），它的操作原理是，将预先吸入微量萃取剂的微量注射器插入水样中，在 2s 内向注射器内吸入 3mL 水样，停留 3s 后，再在 2s 内将 3mL 水样推出，如此重复 20 次（3min 内），最后将萃取剂注入气相色谱仪进行分析。在动态萃取过程中由于萃取溶剂在注射器针管内壁上形成液膜，增大了与水样的接触面积，从而提高了萃取效率。他们将动态微萃取用于水中氯苯的分析，并和静态单滴微萃取进行了比较，结果表明、动态微萃取耗时明显降低，富集倍数显著升高，但是其精密度相对较差。Ahmadi 等采用 $1\mu L$ 的微量注射器，用 $0.9\mu L$ 四氯化碳作萃取剂，由于最大限度地利用了注射器的体积（无死体积），萃取液滴体积和进样量的重复性得到改善，进而提高了方法的精密度；他们同时还对针头做了改进，增大了针头与液滴的接触面积，使液滴的稳定性增大。

Yamini 等发展了一种新的直接单滴微萃取方法——凝固漂浮液滴微萃取。该方法不需微量注射器作支撑物，而是将 $8\mu L$ 十一醇萃取剂直接放在含有多环芳烃的水样上面，搅拌萃取 30min 后，将样品瓶放入冰水浴中，5min 后将凝固的有机萃取剂转移至小样品瓶中，溶化后用微量注射器吸取 $2\mu L$ 进样分析，多环芳烃萃取富集倍数达 594～1940 倍。由于这种方法不需要微量注射器控制液滴，不必考虑液滴脱落问题，因此可以增大搅拌速度，提高萃取效率。

（2）顶空单滴微萃取

将萃取溶剂液滴置于样品的上方进行单滴液-液微萃取，称为顶空-单滴液相微萃取，其装置示意图如图 2-7(b) 所示。HS-SDME 是由 Jeannot 等于 2001 年发展起来的微萃取技术。

当时作者用 1-辛醇为萃取溶剂,成功地富集了水中的苯、甲苯、乙苯。这种萃取方式尤其适合液体及固体样品中挥发性及半挥发性化合物的测定。由于该方法中萃取液滴不与水样直接接触,因此可以快速搅拌样品而对萃取液滴没有影响;此外非挥发性的化合物不会被萃取到有机相中,从而可以消除样品基质中的干扰物,得到更加清洁的萃取液。HS-SDME 所用萃取溶剂应具有较低的蒸汽压,以避免由于溶剂挥发而导致结果的准确度和精密度下降;而气相色谱分析所用样品溶剂常为易挥发有机溶剂。为了解决这个矛盾,Lee 等发展了动态顶空液相微萃取模式(其操作过程类似于前面提到的动态液相微萃取),并将其用于土壤中氯苯的测定。由于萃取过程是在微量注射器针管中进行,大大减少了萃取溶剂的挥发,因此即使蒸汽压较大的有机溶剂如环己烷也能获得理想的萃取结果,这使得萃取溶剂的选择更加灵活。同动态直接单滴液相微萃取一样,手动操作也会影响动态顶空微萃取的精密度,因此 Pawliszyn 等用自动进样器发展了自动动态顶空微萃取,将其用于橙汁中苯、甲苯、乙苯及邻二甲苯的测定,测定结果的精密度明显提高。

(3)单滴液-液-液微萃取

单滴 LLLME 的装置示意图如图 2-7(c)所示。该萃取模式适用于易离子化的化合物。首先,调节样品溶液的 pH 值使目标化合物以非解离形式存在,然后向样品上方加入一定量有机溶剂,使其在样品溶液上方形成有机液膜,再将萃取剂液滴(水相,调节 pH 值使目标化合物易解离)由微量注射器针头控制浸入到有机液膜中。萃取过程中目标化合物首先由样品溶液萃取入有机液膜中,然后又被反萃取到水相萃取液滴中,最后用微量注射器吸取萃取液滴注入液相色谱进行分析。Lee 等用这种方法萃取水中芳香胺类得到 218~378 倍的富集结果。像直接单滴微萃取一样,单滴 LLLME 也存在液滴不稳定致使搅拌过程易脱落,不能高速搅拌导致萃取很难达到平衡等缺点。Pan 等对单滴 LLLME 进行了改进,用 PCR 管(氯丁橡胶管)代替微量注射器作为接收相(萃取溶剂)的容器,接受相稳定性大大提高,萃取搅拌速度可高达 1250r/min。用改进的方法对水样中苯酚类化合物进行单滴 LLLME,萃取效率比传统的单滴 LLLME 高 11~47 倍。LLLME 方法在萃取过程通过调节 pH 值,使目标化合物被反萃取到水相中,因此,可除去大多数干扰物,是一种清洁的样品前处理技术。

(4)连续流动微萃取

CFME 是 2000 年由 Lee 等发展起来的。它的萃取过程如图 2-8 所示:样品溶液在泵的作用下连续地以恒定速度流过一自制的玻璃萃取室(室内充满样品溶液),在萃取室内与微量注射器针头上的萃取液滴接触发生萃取。这种萃取模式中萃取液滴始终接触新的、流动的样品溶液,有利于传质,使萃取效率明显提高。

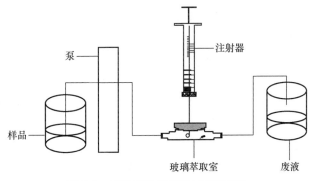

图 2-8 连续流动微萃取过程示意图

单滴液相微萃取具有有机溶剂用量少、成本低、操作简便、环境友好等优点，在样品前处理中得到了许多应用。但该方法也存在一些局限性，如复杂样品溶液萃取前需要过滤，这是因为样品中的颗粒在搅拌过程中会导致萃取液滴不稳定甚至脱落（HS-SDME 可避免这一问题）；此外，为了防止液滴损失和脱落，萃取时间不能太长，搅拌速度不能过快，结果导致方法的灵敏度和精密度不好。

**3. 膜液相微萃取**

尽管单滴液相微萃取存在诸多优点，但是该方法存在着一个最大的不足，即液滴在萃取过程中因不稳定而容易损失。而膜液相微萃取（Membrane Liquid-phase Micro-extraction，MLPME）技术则可以很好地克服这一缺陷。对于环境有机污染物来说，最常用的多孔膜分离技术是常说的多孔中空纤维液相微萃取（Hollow Fiber-based Liquid Phase Micro-extraction，HF-LPME）。

HF-LPME 最早是由挪威学者 Pedersen-Bjergaard 等提出的，将萃取溶剂用多孔中空纤维保护起来，发展出 HF-LPME 模式，其萃取过程示意图如图 2-9 所示。首先，用有机溶剂浸泡中空纤维，使中空纤维壁孔中充满有机溶剂形成液膜，再将适量接收相（萃取溶剂）注入中空纤维空腔中，并将中空纤维固定在微量注射器针头上，然后置于样品溶液中，搅拌萃取完成后，用微量注射器吸取一定体积接收相，弃掉中空纤维，进样分析。微萃取过程中目标化合物首先从样品溶液（供给相）被萃取到纤维壁孔中的有机液膜中，然后进入纤维空腔中的萃取溶剂（接收相）中。HF-LPME 按萃取方式分为两相 HF-LPME 和三相 HF-LPME。

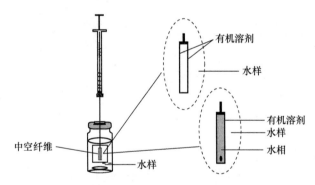

图 2-9　多孔中空纤维液相微萃取过程示意图

（1）两相 HF-LPME

两相 HF-LPME 的纤维空腔中的接收相与中空纤维壁孔中的有机溶剂相同。由于接收相为有机溶剂，80% 的经两相 HF-LPME 模式制备的样品采用气相色谱或气相色谱-质谱分析检测。

与 SDME 一样，HF-LPME 也可以采用动态的形式（操作方式同动态单滴微萃取）以提高萃取效率。Lee 的研究小组首次采用动态 HF-LPME 结合气相色谱-质谱分析测定了水样中的多环芳烃，并与静态 HF-LPME 进行了比较。在 10min 萃取时间内，静态 HF-LPME 得到 35 倍的富集结果；在同样的富集时间内，动态 HF-LPME 得到 75 倍的富集结果。

（2）三相 HF-LPME

三相 HF-LPME 的纤维空腔中的接收相为水相。它的萃取原理同单滴 LLLME 一样，是利用供给相和接收相的 pH 值不同，将易解离的化合物先从供给相萃取到有机相，然后再反萃取到接收相。样品水溶液的 pH 值应使目标化合物处于中性状态，以利于它先被萃取到多孔纤维液膜中的有机相中；而接收相的 pH 值应有利于目标化合物的解离，使有机相中目标化合物易于被反萃取到纤维空腔中的接收相。三相 HF-LPME 适合于易解离的酸碱性化合物，适合于高效液相色谱分析检测。

与 SDME 相比，HF-LPME 有如下优点：① 由于萃取溶剂置于多孔的中空纤维腔中，不与样品溶液直接接触，从而克服了单滴微萃取过程中萃取溶剂液滴容易脱落损失的缺点，因此，萃取过程中可以加大搅拌速度，提高萃取效率；② 中空纤维壁孔隙尺寸一般为 $0.2\mu m$，可防止大分子或颗粒等杂质进入接受相，因此，可用于基质复杂样品，起到净化的作用。相对而言，萃取时间较长（一般 15～45min）及多孔中空纤维使用过程中可能引起交叉污染是该方法的不足之处。

**4. 分散液液微萃取**

分散液液微萃取（Dispersive Liquid-liquid Micro-extraction，DLLME）是 2006 年由伊朗学者 Rezaee 等发展起来的一种微萃取技术。这种萃取方法操作过程非常简单。首先，向带塞的锥形离心试管中加入一定体积的水样，然后，将含有萃取溶剂的分散剂通过注射器或移液枪快速地注入离心试管中，轻轻振荡，此时在离心管中形成一个水-分散剂-萃取剂的乳浊液体系。由于萃取剂被均匀地分散在水相中，与待测物间形成较大的接触面积，待测物迅速由水相转移到有机相并且达到两相平衡，通过离心使分散在水相中的萃取剂沉淀到试管底部，最后，用微量进样器吸取一定量的萃取剂后直接进样测定。其基本步骤如图 2-10 所示。

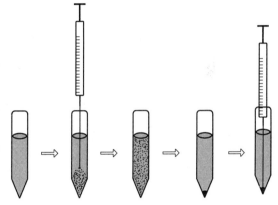

图 2-10  分散液-液微萃取基本步骤

在 DLLME 过程中，萃取溶剂首先与样品形成乳浊液体系，使萃取很快达到平衡，从而大大缩短了萃取时间，这是 DLLME 方法的最大优点。所用萃取溶剂除了对目标化合物要有大的溶解度外，其密度还必须大于水，这样才能通过离心的方式将萃取溶剂分离并沉淀于试管底部，以便于用微量注射器取样分析。常用的萃取溶剂主要为卤代烃类，如氯苯、氯仿、四氯化碳、二氯乙烷、溴苯、硝基苯及二硫化碳等。分散剂在萃取溶剂和水中均要有良好的溶解度，这样才能起到分散的作用。常用的分散剂有甲醇、乙醇、乙腈和丙酮。

同 SDME 及两相 HF-LPME 一样，DLLME 不需要任何处理，萃取剂可直接注入气相色谱仪检测。DLLME 也可以与高效液相色谱结合测定环境污染物。DLLME-HPLC 包括 3 种形式：（1）样品萃取后直接进样分析，这时可通过改变流动相将溶剂峰与目标化合物分离开；（2）DLLME 萃取后，萃取溶剂用流动相稀释后进样分析；（3）DLLME 萃取后将萃取剂吹干，用流动相溶解定容后进样分析。

由于 DLLME 方法中常采用的萃取溶剂具有一定的毒性，且可供选择溶剂有限，常不能满足萃取不同极性化合物的需要。因此，分析工作者们在扩展萃取剂的种类方面做了很多的创新。主要有以下几个方面：

（1）采用密度比水小的溶剂为萃取剂

Leong 等采用密度比水小的 2-十二醇为萃取剂，丙酮为分散剂，萃取水样中二氯苯和三氯苯、四氯乙烯、六氯丁二烯等弱极性化合物，建立了漂浮固化分散液-液微萃取（DLLME based on the solidification of floating organic drop，DLLME-SFO）技术。萃取过程如图2-11所示。离心后漂浮于水相上层的萃取剂在冰浴中凝固成块状，用勺子取出，在室温下溶解，用于仪器分析。该方法的富集倍数可达到 228～322 倍。

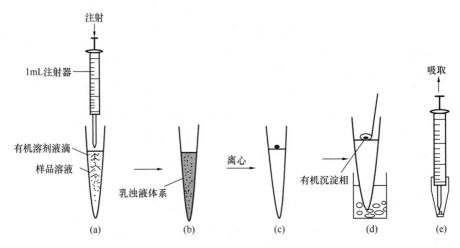

图 2-11　漂浮固化分散液-液微萃取示意图

之后，如 1-十一醇、1-十二醇和正十六烷等密度比水小且熔点接近室温的有机溶剂都被用作 DLLME-SFO 的萃取剂，避免了使用有一定毒性的卤代烃类化合物，方法更环保，但这些溶剂自身极性较弱，通常难用于萃取极性较强的物质。而且萃取过程中需经过冷冻，在操作条件上受到一些限制。为了克服这一限制，拓宽萃取制种类范围，基于密度比水小的溶剂为萃取剂的分散液液微萃取（DLLME with low-density solvents，LDS-DLLME）装置也得到了各种改进和重新设计。

Farajzadeh 等采用毛细管来采集浮在水面上的有机溶剂。在离心后的试管中，萃取剂辛醇以小液滴的形式漂浮于水相表层，将毛细管插入液滴中，因毛细效应，辛醇在毛细管中的液面高于水相液面，用微量注射器可以更方便地移取萃取剂用于后续的仪器分析。此外，他们还设计了一种特殊的萃取管，使移取微量的漂浮于水相表层的萃取剂变得容易。如图2-12所示，在完成分散萃取、离心后，萃取剂在水相的上层，通过往底部注入纯水使萃取管中的水位上升，环己烷层升至细长的颈部，用微量注射器可方便移取萃取剂，但采用毛细效应所能收集的体积有限。

Lee 等进一步简化，采用柔软的聚乙烯 Pasteur 吸管为萃取管，在水相-分散剂-萃取剂的乳油液体系中加入 $500\mu L$ 丙酮破坏乳油状态代替离心过程。正己烷相与水相分离后，通过挤压吸管使正己烷相进入吸管的尖端，再用微量注射器移取。如图 2-13 所示。

（2）采用离子液体为萃取剂

近年来，一种新型绿色溶剂——离子液体（Ionic Liquids，ILs）的出现引起分析工作者的广泛关注。离子液体，又称室温离子液体，是在室温或接近室温下呈液态的有机盐，与常规有机溶剂相比，离子液体一般由体积较大、结构不对称的咪唑阳离子、吡咯阳离子、吡啶阳离子、季磷盐等有机阳离子和四氟硼酸根、溴离子、氟离子等阴离子组成。离子液体因具

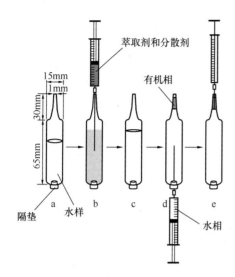

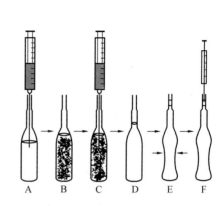

图 2-12　改进的基于低密度溶剂为　　　　图 2-13　采用吸管为萃取管的低密度溶剂为
萃取剂的分散液-液微萃取装置示意图　　　　　萃取剂的分散液-液微萃取装置示意图

有蒸汽压低、热稳定性和溶解性能好、可降解、可设计性和多样性等特点，在分析化学领域得到了广泛的研究和关注。可通过设计不同阳阴离子的结构组成改变离子液体在水中的溶解度，以及离子液体的密度比水大、不易挥发等特点都使得离子液体在分散液液微萃取技术中的应用具有广阔前景。由于离子液体的低蒸汽压，萃取了分析物的离子液体在气化室中解吸时，离子液体在气化温度下仍然保持液态而易与内衬管接触，严重时离子液体甚至可能沿内衬管壁流入色谱柱柱头而导致柱损坏。因此，采用离子液体作为萃取剂时，通常与液相色谱联用。

　　以疏水性离子液体取代具有一定毒性的卤代烃类作为萃取剂，进一步推动了分散液-液微萃取技术的发展，更突出该技术对环境友好的优势。

　　此外，分散液-液微萃取中所用的分散剂所起的是将萃取剂分散到水相中的作用，因此，分散剂应是与水相和萃取剂都能互溶的溶剂，常用的有丙酮、甲醇、乙腈、乙醇、四氢呋喃等。之后的一些研究开始将表面活性剂应用于 DLLME，建立了表面活性剂辅助分散液-液微萃取（Surfactant-assisted dispersive liquid-liquid micro-extraction，SA-DLLME）技术。Triton X、CTAB（Cetyltrimethylammonium bromide）、Aliquat 336、TTAB（Tetradecyl tremethyl ammonium bromide）等表面活性剂均有被成功用于辅助分散液液微萃取。

## 2.2.3　固相萃取法

　　固相萃取（Solid Phase Extraction，SPE）由液-固萃取和柱液相色谱技术相结合发展而来。它的广泛应用起始于 1978 年，美国 Waters 公司首先将商品 Sep-Pak 投放市场。它是一种填充固定相的短色谱柱，用以浓缩被测组分或除去干扰物质。

**1. 基本原理**

　　固相萃取的原理基本上与液相色谱分离过程相仿，是一种吸附剂萃取，主要适用于液体样品的处理。当试样通过装有合适的固定相时，被测组分由于与固定相作用力较强而被吸附留在柱上，并因吸附作用力的不同而彼此分离，样品基质及其他成分与固定相作用力较弱而随水流出萃取柱。被萃取的组分，用少量的选择性溶剂洗脱，因此，它不仅用于"清洗"样品，除去干扰成分，而且可以使组分分级，达到浓缩和纯化的作用。

固相萃取是一个柱色谱分离过程，分离机理、固定相和溶剂的选择等方面与高效液相色谱有许多相似之处。但是，SPE 柱的填料粒径（$>40\mu m$）要比 HPLC 填料粒径（$3\sim 10\mu m$）大。由于短的柱床和大的填料粒径，其柱效就很低，一般只能获得 $10\sim 50$ 塔板。分离效率较低的固相萃取技术主要应用于处理试样。

借助 SPE 其所要达到的目的是：（1）从试样中除去对以后分析有干扰的物质；（2）富集痕量组分，提高分析灵敏度；（3）变换试样溶剂，使之与分析方法相匹配；（4）原位衍生；（5）试样脱盐；（6）便于试样的储存和运输。其中主要的作用是富集和净化。

**2. 装置**

固相萃取装置由固相萃取小柱和辅件构成，如图 2-14 所示。SPE 小柱由三部分组成：柱管、烧结垫和填料。固相萃取辅件一般有真空系统、吹干装置、惰性气源、大容量采样器和缓冲瓶等组成。从形状上看，SPE 小柱分为柱型和盘型两种，如图 2-15 所示。

（1）柱构型

其结构如图 2-15(a)所示。容积为 $1\sim 6mL$ 的柱体通常是医用级丙烯管，在两片聚乙烯筛板之间填装 $0.1\sim 2g$ 吸附剂。

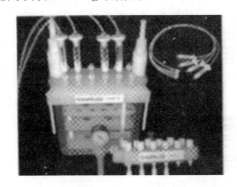

图 2-14　固相萃取装置

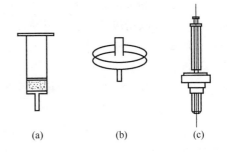

（a）　　　　（b）　　　　（c）

图 2-15　固相萃取的构型

（a）固相萃取管；（b）固相萃取盘；（c）萃取器

使用最多的吸附剂是 $C_{18}$ 相。该种吸附剂疏水性强，在水相中对大多数有机物显示保留。此外，也使用其他具有不同选择性和保留性质的吸附剂，如 $C_8$、氰基、苯基、双醇基填料、活性炭、硅胶、氧化铝、硅酸镁、高分子聚合物、离子交换树脂、排阻色谱吸附剂、亲和色谱吸附剂等。

基于对纯度的考虑，一般选用医用聚丙烯作为柱体材料。也可选玻璃、纯聚四氟乙烯作为柱体材料。

筛板材料是另一可能的杂质来源，制作筛板的材料有聚丙烯、聚四氟乙烯、不锈钢和钛。金属筛板不含有机杂质，但易受酸的腐蚀。

为了避免从柱体、筛板、吸附剂、洗脱溶剂可能引入杂质而影响分析结果，试验时应平行做空白试验。

为了加速样品溶液流过，可以接真空系统。为提高效率，可将多个同样或不同样品的固相萃取柱置于一架子上，下面接好相应的容器，再一并装入箱中，箱子再与真空系统连接。这样就可以同时进行多个固相萃取柱处理。

固相萃取柱使用简便，应用范围广。在实际应用中仍存在如下的一些问题：① 由于柱径较小，使流速受到限制。通常只能在 1～10mL/min 范围内使用。当需要处理大量水样时，则需要较长的时间；② 采用 40$\mu$m 左右的固定相填料，若采用较大的流速会产生生动力效应，妨碍了某些组分有效地收集；③ 对于相对较脏的样品，如各种污水、含生物样品及悬浮微粒的水样，很容易将柱堵塞，增加样品处理时间；④ 40$\mu$m 颗粒的填充柱，容易造成填充不均匀，出现缝隙，降低柱效。为克服这些缺点，出现了 SPE 盘状结构。

（2）固相萃取盘

盘式萃取器结构如图 2-15(b)所示，是含有填料的聚四氟乙烯圆片或载有填料的玻璃纤维片，后者比较坚固，无需支撑。填料约占 SPE 盘总量的 60%～90%，盘的厚度约 1mm。由于填料颗粒紧密地嵌在盘片内，在萃取时无沟流形成。SPE 柱和盘式萃取的主要区别在于床厚度/直径（$L/d$）比，对于等重的填料，盘式萃取的截面积比柱约大 10 倍，因而允许液体试样以较高的流量通过。SPE 盘的这个特点适合从水中富集痕量的污染物。1L 纯净的地表水通过直径为 50mm 的 SPE 盘仅需 15～20min。

目前，盘状固相萃取剂可分为 3 大类：① 由聚四氟乙烯网络包含了化学键合的硅胶或高聚物颗粒填料，由美国 3M 和 Bio-Rad Laboratories 生产。其中填料含量占 90%，聚四氟乙烯只有 10%；② 由聚氯乙烯网络包含于带离子交换基团或其他亲和基团的硅胶，如 FMC 公司生产的 Anti-Disk、Anti-Mode 和 Kontes 生产的 Fastchrom 膜；③ 衍生化膜，它不同于前两种，固定相并非包含在膜中，而是膜本身经化学反应键合了各种功能团，如二乙胺基乙烯基、季铵基、磺酸丙基等。上述三类膜中只有聚四氟乙烯网络状介质与普通固相短柱相仿，用于萃取金属离子及各种有机物，后两类主要用于富集生物大分子。

### 3. 吸附剂

目前常用的传统型固相吸附材料主要有正相、反相和离子交换吸附剂三种。正相吸附剂主要有硅酸镁、氨基、氰基、双醇基硅胶、氧化铝等，适用于极性化合物；反相吸附剂主要有键合硅胶 $C_{18}$、键合硅胶 $C_8$、芳环氰基等，适用于非极性至相当极性化合物；离子交换吸附剂包括强阳离子吸附剂（苯磺酸、丙磺酸、丁磺酸等）和强阴离子吸附剂（三甲基丙基胺、氨基、二乙基丙基胺等），适用于阴阳离子型有机物。

当前固相吸附剂的开发的一个主要方面是将极性、非极性以及离子交换基团或高分子树脂混合，研制复合型吸附剂。复合型吸附剂综合运用了氢键、极性、非极性以及离子间的相互作用，发挥了各种吸附剂自身的特点，使各种吸附剂在性能上互补，其适用范围和条件更宽。表 2-2 列出 SPE 使用的部分吸附剂及相关应用，表 2-3 列出常用的洗脱溶剂。

下面介绍几种主要的固相萃取吸附剂。

（1）键合硅胶-SPE

键合硅胶-SPE 最常用的吸附剂是表面键合 $C_{18}$ 的多孔硅胶颗粒或其他亲水烷基。键合硅胶吸附剂产品在 pH 2～7.5 是稳定的；在 pH 7.5 以上，硅基体在水溶液中易于溶解；在 pH 2 以下，硅醚链不稳定，并且表面上的官能团开始裂开，吸附性能发生改变。实际上，键合硅胶能在 pH 1～14 范围内应用，因为吸附剂暴露于溶剂时间很短，所以键合硅胶对所有有机溶剂是化学稳定的。键合硅胶吸附剂是坚硬的物质，不像许多聚苯乙烯树脂，它在不同溶剂中不会缩小或膨胀。通常用于制造键合硅胶吸附剂的硅的颗粒大小分布为 15～100$\mu$m，且颗粒不规则，此特性允许溶剂在低真空和低压下快速流过吸附剂床。

表 2-2　SPE 使用的不同类型吸附剂及相关应用

| 吸附剂类型 | 吸附剂 | 描　述 | 应　用 |
|---|---|---|---|
| 反相吸附剂<br>（硅胶基质） | HLB | 亲水亲脂的水可浸润性反相吸附剂，由两种基本单体：亲水的 N-乙烯吡咯烷酮和亲脂性的二乙烯基苯按特定比例聚合构成的。用于酸性、碱性和中性化合物的亲水亲脂平衡反相吸附剂，属于通用型吸附剂 | 环境污染物：酚类、阿特拉津、甲萘威、微囊藻毒素、联苯胺等；<br>农药残留物（磺酰脲类除草剂、氨基甲酸酯类农药） |
| | $C_{18}$ | 强疏水性硅胶基质键合 $C_{18}$，用于富集和提取水相样品中的中等极性和非极性化合物 | |
| | $C_8$ | 硅胶基质 $C_8$ 键合相，疏水性中等，保留较弱 | |
| | $C_2$ | 硅胶基质 $C_2$ 键合相，疏水性很弱 | |
| 离子交换吸附剂 | SAX 或 MAX | 强阴离子交换柱 | 去除阴离子干扰 |
| | WAX | 弱阴离子交换柱 | |
| | SCX 或 MCX | 强阳离子交换柱 | 去除阳离子干扰 |
| | WCX | 弱阳离子交换柱 | |
| 专用型吸附剂 | 石墨碳黑或石墨化非多孔碳 | 多用于农药残留物分析，可以从各种样品基质包括地下水、水果和蔬菜中快速萃取杀虫剂 | 植物或食品样品中有机氯农药、多氯联苯等农药残留 |
| | 活性炭 | 高度疏水性，用于除去水中强极性化合物，或者富集水中强极性分子 | 杀虫剂、除草剂，特别是强极性小分子化合物；水中丙烯酰胺 |
| | $C_{18}$-PAH | 特殊处理的十八烷基固定相（高聚物涂覆十八烷基） | 用于多环芳烃类化合物的富集 |
| | $C_{18}$-PCB | | 用于多氯联苯类化合物的富集 |
| 混合模式吸附剂 | DSC-MCAX<br>（$C_8$/SCX 混合模式） | 混合模式阳离子交换（反相和阳离子交换），填料为硅胶基质上键合 $C_8$ 和苯磺酸（SCX）两种官能团，加宽了对中性、碱性、酸性和两性化合物的保留 | 特别适合从生物样品中分离碱性化合物时的净化；对极性化合物和两性化合物有很大的离子交换容量。可用于植物或食品中多环芳烃的净化 |

表 2-3　SPE 常用的洗脱溶剂

| 名　称 | 洗脱强度 | 极　性 | 名　称 | 洗脱强度 | 极　性 |
|---|---|---|---|---|---|
| 乙酸 | ＞0.73 | 6.2 | 丙酮 | 0.43 | 5.40 |
| 水 | ＞0.73 | 10.2 | 四氢呋喃 | 0.35 | 4.20 |
| 乙醇 | 0.73 | 6.6 | 二氯甲烷 | 0.32 | 3.40 |
| 2-丙醇 | 0.63 | 4.3 | 氯仿 | 0.31 | 4.40 |
| 20％甲醇＋80％二氯甲烷 | 0.63 | — | 乙醚 | 0.29 | 2.90 |
| 20％甲醇＋80％乙醚 | 0.65 | — | 苯 | 0.27 | 3.00 |
| 40％甲醇＋60％乙腈 | 0.67 | — | 甲苯 | 0.22 | 2.40 |

| 名　称 | 洗脱强度 | 极　性 | 名　称 | 洗脱强度 | 极　性 |
|---|---|---|---|---|---|
| 吡啶 | 0.55 | 5.30 | 四氯化碳 | 0.14 | 1.60 |
| 异丁醇 | 0.54 | 3.00 | 环己烷 | 0.03 | 0 |
| 乙腈 | 0.50 | 6.20 | 戊烷 | 0 | 0 |
| 乙酸乙酯 | 0.45 | 4.30 | 正己烷 | 0 | 0.06 |

使用前，吸附剂必须进行预处理。像 $C_{18}$ 一样的大多数非极性吸附剂，预处理后才能有效地保留分离物。预处理是吸附剂创造适合分离物保留环境的湿化过程。许多溶剂可用于预处理：甲醇、乙醇、异丙醇、四氢呋喃等。预处理溶剂应该和准备接收样品的吸附剂的溶剂易混合。例如，如果样品是正己烷提取并且在样品之前用正己烷淋洗，预处理溶剂应该和正己烷易混合。因为一些条件化溶剂保留在吸附剂中，所以导致使用不同的条件化溶剂在性能上的细微差异。

键合硅胶-SPE 吸附剂和分离物间的相互作用有非极性相互作用、极性相互作用和离子相互作用。非极性相互作用是指那些吸附剂官能团上的碳氢键和分离物上的碳氢键的相互作用，这些力通常指范德华力或色散力。通常使用的非极性吸附剂是表面键合 $C_{18}$ 的多孔硅胶颗粒，因为许多分离物分子可以通过它保留，所以 $C_{18}$ 是非选择性吸附剂。极性相互作用包括氢键、偶极/偶极和导致电子偏移的其他作用。表现出极性相互作用性质的基团主要包括烃基、胺、羰基、芳香环、巯基、双键和包含像氧、氮、硫和磷杂原子的基团。

（2）聚合物吸附剂-SPE

聚合物吸附剂-SPE 在某些方面弥补了键合硅胶-SPE 的不足。因为硅胶吸附剂在使用前必须先用易溶于水的有机溶剂条件化烷基链，在加入样品前必须保证吸附剂是湿润的。否则将导致样品吸附剂不能很好接触，造成回收率偏低和重现性较差。一种新型反相吸附剂聚合二乙烯苯-N-乙烯吡咯烷 ［poly（divinyl-benzene-co-N-vinylpyrrolidone）］ 及其盐性能超过了键合硅胶-SPE，表现出亲水和亲脂特性。亲水和亲脂的平衡使它表现出两个独特性质：在水中保持湿润；对极性和非极性化合物有很宽的适用范围。$C_{18}$ 的回收率随干燥时间的延长迅速降低，而此聚合物吸附剂回收率保持不变。洗脱剂都是常用的溶剂：甲醇、二氯甲烷、水及常用的酸、碱、盐。此外，聚合物吸附剂还有多孔苯乙烯-二乙烯基苯共聚物等。

（3）免疫亲和吸附剂-SPE

上述烷基硅胶或高度交联的高聚物类 SPE 吸附剂保留是根据亲水性的相互作用，这意味着当干扰物浓度较高，特别是在复杂基质中进行痕量分析时，灵敏度将非常低。基于抗原-抗体相互作用（分子识别）的材料可以用作选择性萃取。例如，抗体可以连接到合适的固体支撑架上形成免疫吸附剂，它们通过共价键、吸附作用或被胶囊化封装。由于抗原-抗体相互作用的特异性，免疫亲和吸附剂-SPE 的选择性非常好。

免疫亲和吸附剂作为样品预处理在医学和生物学领域应用较早，但应用于环境分析还是近年来的事。因为对小分子合成选择性的抗体较困难。现在已开发出用于小分子的抗体。抗体对抗原的键合是空间互补性的结果，是分子间加和的一个功能，这意味着抗体也能键合到结构和抗原相似的其他分析物上，称为交叉反应性。交叉反应被认为是免疫排列的一个副作用，但也可以用作开发对一类化合物有选择性的吸附剂。制备免疫吸附剂的第一步是开发能识别某分析组分的抗体。免疫吸附剂可将抗体固定到固体支撑物上获得，吸附剂应该具化学和生物惰性、易活化和有亲水性。最常用的方法是抗体通过共价键键合到活性硅胶或一种琼脂糖凝胶上。

**4. 操作步骤**

市场上可以买到各种构型的 SPE，而不必自己制备。操作步骤包括柱预处理、加样、洗去干扰物和回收分析物 4 个步骤，如图 2-16 所示。在加样和洗去干扰物步骤中，部分分析物有可能穿透了固相萃取柱造成损失，而在回收分析物步骤中，分析物可能不被完全洗脱，仍有部分残留在柱上。这些应尽可能地避免。

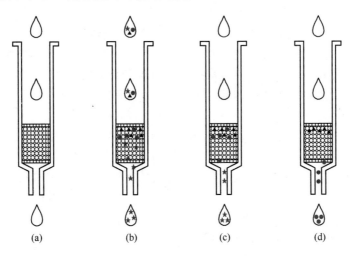

图 2-16　固相萃取的基本步骤

（a）柱预处理；（b）加样；（c）洗去干扰物；（d）回收分析物

•—目标物；▲—非目标物；★—非目标物

（1）柱预处理

以反相 $C_{18}$ 固相萃取柱的预处理为例，先使数毫升的甲醇通过萃取柱，再用水或缓冲液顶替滞留在柱中的甲醇。柱预处理的目的是除去填料中可能存在的杂质。另一个目的是使填料溶剂化，提高固相萃取的重现性。填料未经预处理，能引起溶质过早穿透，影响回收率。

（2）加样

预处理后，试样溶液被加至并通过固相萃取柱。其间，分析物被保留在吸附剂上。为了防止分析物的流失，试样溶剂强度不宜过高。当以反相机理萃取时，以水或缓冲剂作为溶剂，其中有机溶剂量不超过 10%（V/V），为克服加样过程中分析物的流失，可以采用弱溶剂稀释试样、减少试样体积、增加柱中的填料量和选择对分析物有较强保留的吸附剂等手段。

加到萃取柱上的试样量取决于萃取柱的尺寸（填料量）和类型、在试样溶液中试样组分的保留性质和试样中分析物及基质组分的浓度等因素。固相萃取柱选定后，应进行穿透实验，进行穿透实验时，分析物的浓度应为实际试样中预期的最大浓度。最后选定的试样体积要小于上述测定值，以防止在清洗杂质时分析物受损失。

（3）除去干扰杂质

用中等强度的溶剂，将干扰组分洗脱下来，同时保持分析物仍留在柱上，对反相萃取柱，清洗溶剂是含适当浓度有机溶剂的水或缓冲溶液。通过调节清洗溶剂的强度和体积，尽可能多地除去能被洗脱的杂质。为了决定最佳清洗溶剂的浓度和体积，加试样于固相萃取柱上，用 5～10 倍固相萃取柱床体积的溶剂清洗，依次收集和分析流出液，得到清洗溶剂对分析物洗脱廓形。依次增加清洗溶剂强度，根据不同强度下分析物的洗脱廓形，决定清洗溶剂合适的强度和体积。

（4）分析物的洗脱和收集

这一步骤的目的是将分析物完全洗脱并收集在最小体积的级分中，同时使比分析物更强保留的杂质尽可能多地仍留在固相萃取柱上。洗脱溶剂的强度是至关重要的。较强的溶剂能够使分析物洗脱并收集在一个小体积的级分中，但有较多的强保留杂质同时被洗脱下来。当用较弱的溶剂洗脱，分析物级分的体积较大，但含较少的杂质。为了选择合适的洗脱溶剂强度和体积，加试样于固相萃取柱上，改变洗脱剂的强度和洗脱剂的体积，测定分析物的回收率。表 2-3 列出了固相萃取常用的洗脱溶剂。

固相萃取柱的操作过程的每一步，都可能影响到分析的重现性。提高重现性的方法有：① 使用内标法，加入适当的内标物质作参比；② 加入样品的量适当，不超出穿透量；③ 选择合适的洗涤液和洗脱液，避免待测组分流失。

了解试样基质和待测组分的性质，如结构、极性、酸碱性、溶解度、大致的浓度范围等，对选择和确定预处理方法和条件都是有帮助的。

### 5. 萃取方式

（1）离线萃取和在线萃取

按照操作的不同，固相萃取可分为离线萃取和在线萃取。离线萃取是指萃取过程完成后再使用分析仪器进行测定。在线萃取指萃取和分析同步完成，可靠性、重现性、操作性能和工作效率都得到很大程度的提高。由于 GC-MS、HPLC-MS 等技术的广泛应用，在线萃取已经成为固相萃取技术的发展方向。

目前，市场上主要有法国吉尔森公司生产的全自动四通道固相萃取仪（图 2-17）。

仪器由主机、注射泵、控制部分、样品架管、溶剂管架、固相萃取管架等部分构成。它采用一个三维立体运动机械臂，可以自动在线进行样品的固相萃取，自动完成 SPE 的全部操作，包括固相萃取柱的预处理，样品的添加，固相萃取柱的洗涤、干燥，样品的洗脱和在线浓缩等步骤，并且可以进行多步洗脱。

全自动固相萃取仪除了能完成固相萃取工作外，还可以作为一台自动液体样品处理仪使用，可以自动进行样品的分配与稀释、

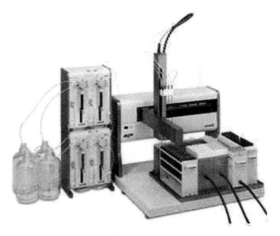

图 2-17　全自动四通道固相萃取仪

标准样品的添加、样品的混合、样品的衍生化、调节 pH。由于仪器自动设定在每次更改样品或溶剂前都会对系统进行清洗，所以能有效避免交叉污染。该仪器标配中有一个进样阀，可以与 HPLC 连接组成在线样品纯化分析系统，还可以选择增加第二个阀进行双 HPLC 进样或者进行柱切换等。仪器连接大体积进样器后，可与 GC 联用进行在线样品纯化及分析。如果 GC 已配备大体积进样器，则可方便地用一根毛细管将其与 GC 的大体积进样器连接，实现样品的自动固相萃取及自动气相色谱进样。

（2）正、反相和离子交换固相萃取

按照选用吸附剂的不同，固相萃取可分为正相、反相和离子交换固相萃取。正相萃取过程中，目标成分的极性官能团与吸附表面的极性官能团发生极性作用（包括氢键作用、偶极矩作用以及诱导作用等），从而使溶解于非极性溶剂中的极性物质在吸附剂表面吸附、富集。所用吸附剂通常是极性的，如硅胶、硅酸镁、氧化铝等，能从非极性的样品中吸附极性化合物，洗脱溶剂一般为二氯甲烷、正己烷、正戊烷、丙酮及混合溶剂等非极性溶剂。

反相萃取过程中，目标成分的碳氢键与吸附表面官能团产生非极性作用（包括范德华力或色散力），使得极性溶剂中的非极性以及中等极性的物质在吸附剂表面吸附、富集。所用吸附剂通常是非极性或弱极性的，所萃取的目标化合物通常是中等极性到非极性化合物，洗脱溶剂一般有甲醇、乙腈及其与水的混合溶液等。

离子交换固相萃取又分为强阳离子固相萃取和强阴离子固相萃取两种，作用机理都是目标成分的带电基团同吸附剂表面的带电基团产生离子静电吸引，从而实现吸附分离。目前许多新型的固相吸附剂常常综合应用多种作用机制，从而扩展了各种固相萃取方法的范围。吸附剂是带有电荷的离子交换树脂，适用于带有电荷的化合物。洗脱溶液一般是其 pH 能中和分离物的官能团上所带电荷，或者中和键合硅胶上的官能团所带电荷。具体吸附剂类型的选择及应用见表 2-2。

**6. 特点**

固相萃取在环境样品前处理的应用主要是对水样的处理，尤其是盘型固相萃取的使用，把 1L 水的处理时间缩短到 10min，与通常的液-液萃取相比，减少了大量的时间和劳动强度，减少使用大量的有机溶剂，降低了对人体和环境的影响。

另外，许多环境水样从野外采集后，由于条件限制不能马上分析，需存放在冰箱内送往实验室，对运输、保存造成极大的困难。而固相萃取技术可以在野外直接萃取水样，将萃取后的介质送往实验室，这样，不但极大地缩小了样品体积，方便运输，而且污染物吸附在固相介质上比存放在冰箱的水样中更为稳定。如烃类物质在固相介质上可保存 100 天，而在水样中只能稳定几天。较为理想的方法是野外取样先经固相萃取处理，再将萃取剂经干燥后予以保存或运送，直至分析前再用溶剂将被测组分从萃取剂上洗脱下来。

除了环境水样外，固相萃取也被用于大气样品的前处理。通常使用各种类型的吸附管，内装 Tenax-GC 活性炭、聚氨基甲酸酯泡沫塑料、Amberlite XAD、分子筛、氧化铝、硅胶等吸附剂，它们不但可以萃取大气中的污染物，而且可以捕集气溶胶和飘尘，吸附了被测物质的吸附剂可以用溶剂洗脱下来。所以固相萃取技术处理大气样品也可以起浓缩作用。

固相萃取与其他分析技术的联用也正在得到迅速的发展。说明 SPE 不仅可作为单纯样品的制备技术（离线分析），也可作为其他分析仪器的进样技术（在线分析）。其中以与色谱分析（包括 GC-MS）的在线联用为环境分析中最为成熟的在线分析方式。

SPE 同传统的液-液萃取法相比，主要有以下几个特点：

（1）萃取过程简单快速，所需时间是液-液萃取法的 1/10，简化了样品预处理操作步骤，缩短了预处理时间。

（2）所需有机溶剂量也只有液-液萃取法的 10%，减少杂质的引入，降低了成本，并减轻了有机溶剂对环境和人体的影响。

（3）克服了乳化现象的发生，保证了样品中痕量目标物的回收。

（4）萃取精度高、范围广，可应用于环境样品中多种痕量物质的检测。

（5）操作条件温和，适应的 pH 范围广。

（6）效率高，固相萃取与 TLC、GC-MS、HPLC-MS、CE 等技术联用，实现了在线操作，自动化程度大大提高，可以进行大批量的物质测定。

（7）处理过的样品易于贮藏、运输，便于实验室间进行质控。

## 2.2.4　固相微萃取法

固相微萃取（Solid Phase Micro-extraction，SPME）是在固相萃取基础上发展起来的新的萃取分离技术。固相微萃取法由加拿大 Waterloo 大学 Pawliszyn Janusz 教授于 1990 年提出。美国 Supelco 公司于 1993 推出了商品化的固相微萃取装置。由于该法既不使用溶剂，也不需复杂的仪器设备，它一经出现，就得到迅速的发展。

固相微萃取操作简便、快速、不需用溶剂洗脱、萃取后即可将它直接插入气相色谱（包括气相色谱-质谱）的进样室，经热解样品即进入色谱柱，减少了很多中间步骤，而且测定灵敏度高。因此被迅速又广泛地应用于环境样品有机污染物的分析中，包括固态（如沉积物、土壤等）、液态（地下水、地表水、饮用水、废水）及气态（空气及废气）中的卤代烃（包括卤代芳烃）、有机氯农药、多环芳烃、胺类化合物以及石油类等污染物。

**1. 装置和使用方法**

固相微萃取装置主要由两部分组成：一是涂在 1cm 长的熔融石英细丝表面的聚合物（一般是气相色谱的固定液）构成萃取头（Fiber），固定在不锈钢的活塞上；另一部分就是手柄（Holder），不锈钢的活塞就安装在手柄里，可以推动萃取头进出手柄，整个装置形如一微量进样器，如图 2-18 所示。

平时萃取头就收缩在手柄里，当萃取样品的时候，露出萃取头浸渍在样品中，或置于样品上空进行顶空萃取，有机物就会吸附在萃取头上，经过 2～30min 后吸附达到平衡，萃取头收缩于鞘内，把固相微萃取装置撤离样品，完成样品萃取过程。将萃取装置直接引入气相色谱仪的进样口，推出萃取头，吸附在萃取头上的有机物就在进样口进行热解吸，而后被载气送入毛细管柱进行分析测定。这种装置要求取样后立即检测，适合于实验室使用。

为了解决异地取样问题，Supelco 公司推出了一种便携式 SPME 现场采样装置，其外形结构示意如图 2-19 所示。这种装置具有快速、简便、携带方便等优点。

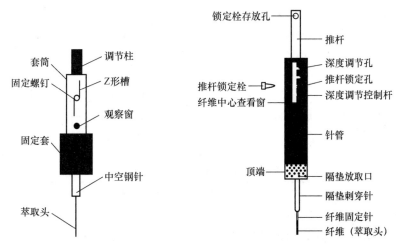

图 2-18　固相微萃取装置示意图　　图 2-19　便携式 SPME 装置示意图

图中除隔垫刺穿针、纤维固定针及外覆固相涂层的纤维外,其余部分通常统称为手柄。便携式 SPME 现场采样装置不仅可从液体或户外空气样品中萃取物质,而且可以密封贮存被分析物质。从现场萃取的物质被密封贮存在可替换的隔垫后面,然后带回分析实验室进行检测。

**2. 基本原理**

固相微萃取的原理与 SPE 不同,固相微萃取不是将待测物全部萃取出来,其原理是建立在待测物在固定相和水相之间达成平衡分配的基础上。

设固定相所吸附的待测物的量为 $W_s$,因待测物总量在萃取前后不变,故得到:

$$C_0 \cdot V_2 = C_1 \cdot V_1 + C_2 \cdot V_2 \tag{2-12}$$

式中,$C_0$ 为待测物在水样中的原始浓度;$C_1$ 为待测物达到吸附平衡后在固定相中的浓度;$C_2$ 为待测物达到吸附平衡后在水样中的浓度;$V_1$ 为固定相液膜的体积;$V_2$ 为水样的体积。

当吸附达到平衡时,待测物在固定相与水样间的分配系数 $K$ 有如下关系:

$$K = C_1 / C_2 \tag{2-13}$$

平衡时固相吸附待测物的量,$W_s = C_1 \cdot V_1$,故 $C_1 = W_s / V_1$

由式(2-12)得:$C_2 = \dfrac{C_0 \cdot V_2 - C_1 \cdot V_1}{V_2}$

将 $C_1$、$C_2$ 代入式(2-13)并整理后得:

$$K = \frac{W_s \cdot V_2}{V_1(C_0 \cdot V_2 - C_1 \cdot V_1)} = \frac{W_s \cdot V_2}{C_0 \cdot V_2 \cdot V_1 - C_1 \cdot V_1^2} \tag{2-14}$$

由于 $V_1 \ll V_2$,式(2-14)中 $C_1 \cdot V_1^2$ 可忽略,整理后得:

$$W_s = K \cdot C_0 \cdot V_1 \tag{2-15}$$

由式(2-15)可知,$W_s$ 与 $C_0$ 呈线性关系,并与 $K$ 和 $V_1$ 呈正比。决定 $K$ 值的主要因素是萃取头固定相的类型,因此,对某一种或某一类化合物来说,选择一个特异的萃取固定相十分重要。萃取头固定相液膜越厚,$W_s$ 越大。由于萃取物全部进入色谱柱,一个微小的固定液体积即可满足分析要求。通常液膜厚度为 $5 \sim 100\mu m$,这已比一般毛细管柱的液膜($0.2 \sim 1\mu m$)厚得多。

**3. 萃取条件**

(1)萃取头

萃取头应由萃取组分的分配系数、极性、沸点等参数来确定,在同一个样品中因萃取头的不同可使其中某一个组分得到最佳萃取,而其他组分则可能受到抑制。目前常用的萃取头有如下几种:① 聚二甲基硅氧烷类。厚膜($100\mu m$)适于分析水溶液中低沸点、低极性的物质,如苯类、有机合成农药等;薄膜($7\mu m$)适于分析中等沸点和高沸点的物质,如苯甲酸酯、多环芳烃等。② 聚丙烯酸酯类。适于分离酚等强极性化合物。③ 活性炭萃取头。适于分析极低沸点的强亲脂性物质。典型的固相涂层及其应用见表 2-4。

**表 2-4 固相涂层及被萃取物质**

| 固相涂层 | 被萃取物质 | 固相涂层 | 被萃取物质 |
|---|---|---|---|
| $100\mu m$ PDMS | 挥发性物质 | $65\mu m$ PDMS-DVB | 极性挥发性物质 |
| $7\mu m$ PDMS | 中极性和非极性半挥发性物质 | $50\mu m$ DVB Carboxen | 香料、气味 |
| $65\mu m$ PEG-DVB | 极性物质 | $65\mu m$ Carbowax DVB | 醇类及极性物质 |

续表

| 固相涂层 | 被萃取物质 | 固相涂层 | 被萃取物质 |
| --- | --- | --- | --- |
| 85$\mu$m PA | 极性半挥发性物质 | 75$\mu$m Carboxen PDMS | 气体硫化物和挥发性物质 |
| 30$\mu$m PDMS | 非极性半挥发性物质 | | |

注：PDMS—聚二甲基硅氧烷；DVB—二乙烯基苯；PEG—聚乙二醇；Carboxen—碳分子筛；PA—聚丙烯酸酯；
Carbowax—碳蜡。

（2）萃取时间

萃取时间主要是指达到平衡所需要的时间。而平衡时间往往取决于多种因素，如分配系数、物质的扩散速度、样品基体、样品体积、萃取膜厚、样品的温度等。实际上，为缩短萃取时间没有必要等到完全平衡。通常萃取时间为 5～20min 即可。但萃取时间要保持一定，以提高分析的重现性。

（3）改善萃取效果的方法

① 搅拌。搅拌可促进样品均一化和加快物质的扩散速度，有利于萃取平衡的建立；

② 加温。尤其在顶空固相微萃取时，适当加温可提高液上气体的浓度，一般加温 50～90℃；

③ 加无机盐。在水溶液中加入硫酸铵、氯化钠等无机盐至饱和，可降低有机化合物的溶解度，使分配系数提高；

④ 调节 pH 值。萃取酸性或碱性化合物时，通过调节样品的 pH 值，可改善组分的亲脂性，从而可大大提高萃取效率。

**4. 萃取方式**

固相微萃取方法分为萃取过程和解吸过程两步。萃取过程中待测物在萃取纤维涂层与样品之间遵循相似相溶原则达到分配平衡；解吸过程随后续分离手段不同而有差异，对于气相色谱，萃取纤维直接插入进样口进行热解吸，对于高效液相色谱，需要在特殊解吸室内以解吸剂解吸。固相微萃取的选择性、灵敏度可通过改变石英纤维表面固定液的类型、厚度、pH、基质种类、样品加热或冷却处理等条件来实现。具体过程如图 2-20 所示。

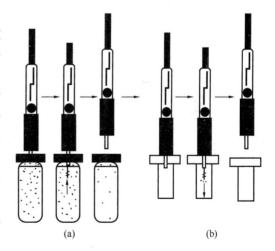

图 2-20 固相微萃取步骤

(a) SPME 萃取过程；(b) SPME 解吸过程

（1）萃取过程

将萃取器针头插入样品瓶内，压下活塞，使具有吸附涂层的萃取纤维暴露在样品中进行萃取，经一段时间后，拉起活塞，使萃取纤维缩回到起保护作用的不锈钢针头中，然后拔出针头，完成萃取过程。

（2）解吸过程

以气相色谱为例，在气相色谱分析中采用热解吸法来解吸萃取物质。将已完成萃取过程的萃取器针头插入气相色谱进样装置的气化室内，压下活塞，使萃取纤维暴露在高温载气中，并使其不断地被解吸下来，进入后序的气相色谱分析。

SPME 有 3 种基本的萃取模式：直接萃取、顶空萃取和膜保护固相微萃取。

直接萃取方法中，涂有萃取固定相的石英纤维被直接插入到样品基质中，目标组分直接从样品基质中转移到萃取固定相中。在实验室操作过程中，常用搅拌方法来加速分析组分从样品基质中扩散到萃取固定相的边缘。对于气体样品而言，气体的自然对流已经足以加速分析组分在两相之间的平衡；但是对于水样来说，组分在水中的扩散速度要比气体中低 3～4 个数量级，因此需要有效的混匀技术来实现样品中组分的快速扩散。比较常用的混匀技术有：加快样品流速、晃动萃取纤维头或样品容器、转子搅拌及超声。这些混匀技术一方面加速组分在大体积样品基质中的扩散速度，另一方面减小了萃取固定相外壁形成的一层液膜保护鞘而导致的所谓"损耗区域"效应。

在顶空萃取模式中，萃取过程可以分为两个步骤：① 被分析组分从液相中先扩散穿透到气相中；② 被分析组分从气相转移到萃取固定相中。这种模式可以避免萃取固定相受到某些样品基质（比如人体血液或尿液）中高分子物质和不挥发性物质的污染。在该萃取过程中，步骤②的萃取速度总体上远远大于步骤①的扩散速度，所以步骤①成为萃取的控制步骤。因此，挥发性组分比半挥发性组分的萃取速度快得多。实际上对于挥发性组分而言，在相同的样品混匀条件下，顶空萃取的平衡时间远远小于直接萃取平衡时间。

膜保护固相微萃取模式，主要目的是为了在分析很脏的样品时保护萃取固定相免受污染，与顶空萃取与固相微萃取相比，该方法对难挥发性物质组分的萃取富集更为方便。另外，由特殊材料制成的保护膜对萃取过程提供了一定的选择性。

**5. 特点**

固相微萃取装置既可用于液态样品的前处理（浸渍萃取或顶空萃取），也可用于固态样品的前处理（顶空萃取）和气体样品前处理。

固相微萃取解吸时没有溶剂的注入，分析物很快被热解吸并很快随载气送入色谱柱，分析速度快。

现将液-液萃取、固相萃取和固相微萃取的相关参数列于表 2-5 中。由表 2-5 可知，固相微萃取较其他样品前处理方法，具有明显的优越性。由于出现一些新的样品前处理方法，一些传统的前处理方法，如液-液萃取，今后将被取代而逐步被淘汰。

表 2-5　液-液萃取、固相萃取和固相微萃取法的比较

| 项　目 | 液-液萃取 | 固相萃取 | 固相微萃取 |
|---|---|---|---|
| 萃取时间/min | 60～180 | 20～60 | 5～20 |
| 样品体积 /mL | 50～100 | 10～50 | 1～10 |
| 所用溶剂体积/mL | 50～100 | 3～10 | 0 |
| 应用范围 | 难挥发性 | 难挥发性 | 挥发性与难挥发性 |
| 检测限 | ng/L | ng/L | ng/L |
| 相对标准偏差 | 5～50 | 7～15 | <1～12 |
| 费用 | 高 | 高 | 低 |
| 操作 | 麻烦 | 简便 | 简便 |

## 2.2.5　搅拌棒吸附萃取法

Pawliszyn 等在研究和应用 SPME 技术中发现，虽然样品中被测物质的浓度很高，但是，SPME 的回收率仍然很低，测定灵敏度仍然不够高。研究中也发现，应用聚二甲基硅氧烷（Polydimethylsiloxane，PDMS）涂敷的厚膜（0.5~1.0mm）萃取棒在顶空吸附萃取技术中，可以获得很高的回收率和测定灵敏度。由此，PDMS 涂敷的搅拌棒吸附萃取（Stir Bar Sorptive Extraction，SBSE）技术开始应用于各种水体样品中非极性的挥发性和半挥发性有机物的分离和浓缩，吸附萃取后经加热解吸再直接引进色谱仪或者色谱-质谱仪中进行测定。

**1. 基本原理**

SBSE 的原理与 SPME 相同，也是一个基于待测物质在样品及萃取涂层中平衡分配的萃取过程。对于一个单组分的单相体系，当系统达到平衡时，涂层中所吸附的待测物质量 $m$ 可由式（2-16）决定：

$$m = \frac{K_{fs} V_f C_0 V_s}{K_{fs} V_f + V_s} \tag{2-16}$$

式中，$K_{fs}$ 为待测物在样品及涂层间的分配系数；$V_f$ 为萃取涂层体积；$C_0$ 为待测物初始浓度；$V_s$ 为样品体积。

由上式可见，体系中的 $K_{fs}$ 及 $V_f$ 值是影响方法灵敏度的重要因素。所以在实际中一般采用具有对待测物有较强吸附作用的涂层和增大搅拌棒的尺寸，及增加涂层厚度的办法来提高萃取的富集效果和灵敏度。而大部分搅拌棒的涂层都是 PDMS，分配系数 $K_{PDMS/w}$ 为式（2-17）所示：

$$K_{PDMS/w} = \frac{C_{PDMS}}{C_W} = \left(\frac{m_{PDMS}}{m_W}\right)\left(\frac{V_W}{V_{PDMS}}\right) = \beta\left(\frac{m_{PDMS}}{m_W}\right) \tag{2-17}$$

式中，$C_{PDMS}$、$m_{PDMS}$、$V_{PDMS}$ 分别为待测物在 PDMS 中的浓度、质量和体积；$C_W$、$m_W$、$V_W$ 为待测物在水中的浓度、质量、体积；$\beta$ 为 PDMS 与样品溶液的体积比。

研究表明，有机物的 $K_{PDMS/w}$ 与其在辛醇-水体系中的分配系数 $K_{O/w}$ 相近，即 $K_{PDMS/w} \approx K_{O/w}$。则回收率可按照式（2-18）计算：

$$\frac{m_{PDMS}}{m_0} = \frac{m_{PDMS}}{m_{PDMS} + m_W} = \frac{K_{O/w}/\beta}{1 + K_{O/w}/\beta} \tag{2-18}$$

通过此式可求出待测物的理论萃取效率。

通常，根据被测物质在辛醇-水体系中的分配系数 $K_{O/w}$ 可以预测其经过 SBSE 技术萃取的回收率。采用 SBSE 技术，当被测物的分配系数在 500 以上时，萃取回收率就达到了 100%；而在类似的条件下，采用 SPME 技术，当被测物的分配系数在 500~10000 时，萃取回收率为 5%~30%；直到分配系数增加 100000 时，才能获得比较高的萃取回收率（约大于 50%）。这是因为 SPME 技术中涂敷的 PDMS 总量最多只有 0.5μL，而 SBSE 技术中涂敷的 PDMS 体积为 25~125μL，是 SPME 中涂敷 PDMS 最大量的 50~250 倍。在 SPME 技术中，由于涂敷 PDMS 的体积小，因而吸附容量小；而在 SBSE 技术中，由于涂敷 PDMS 的体积增加，因而吸附容量增大。理论上，SBSE 与 SPME 相比，萃取体系中的 $\beta$ 减小，而萃取的回收率明显增加。这就是 SPME 为什么不能获得更低检出限、更高灵敏度的原因。此外，SBSE 技术可以预测被测物质的萃取回收率，并由此预测样品中可能存在的极性物质组成对目标物质测定的干扰情况,从而选择性地分离和浓缩样品中的目标有机物。

**2. 萃取装置和使用方法**

SBSE 装置的结构如图 2-21 所示。搅拌棒的核心是一个具有磁性的圆柱体,其外表面被惰性的玻璃层密封,将 PDMS 涂敷在玻璃层的外表面,就制成了搅拌棒。PDMS 涂敷的商品化 SBSE 产品(TwisterTM Gerstel GmbH)的主要尺寸有两种,即长度分别为 10mm 和 20mm 的搅拌棒,它们分别涂敷 24$\mu$L 和 126$\mu$L 的 PDMS。

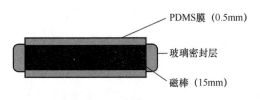

图 2-21　SBSE 装置的结构

SBSE 技术与 SPME 技术类似,首先,将活化好的搅拌棒添加到装有液体样品的玻璃瓶并密封好;再将此样品瓶进行磁力搅动,萃取 1h 或更长时间;然后,使用干净的镊子将搅拌棒从样品瓶中取出,用蒸馏水冲洗搅拌棒上的附加物质(如糖、蛋白质和其他污物等)后,放在干燥的棉布上擦干净;再将搅拌棒放入热解吸仪器内加热解吸,并直接进样气相色谱仪或气相色谱-质谱仪进行测定(图 2-22)。萃取后的搅拌棒,也可应用溶剂解吸的方法将解吸的液体样品进行液相色谱或者液相色谱-质谱测定。

热解吸仪上一般还会与程序升温气化进样器相连。这是因为在通常情况下,热解析是一个缓慢过程,这样会导致因长时间进样使色谱峰畸变成宽的"馒头"峰,而导致分离失败。程序升温气化进样器则利用液氮或干冰冷凝热解吸下来的样品流,使其聚焦在冷阱中,然后快速加热,使样品流以窄谱带形式进入色谱系统,保证分离成功。

如果与液相色谱仪联用,或者萃取的是热不稳定物质,则需采用溶剂解吸固定相中的有机物。解吸时一般采用自身搅拌、超声辅助等手段。

对于固体样品中痕量有机物的分离和浓缩,首先,需用甲醇(20~30mL)将均匀好的固体样品(10~20g)进行超声波萃取,然后,从甲醇萃取液体中提取部分样品(1~2mL)与 10~20mL 纯水混合后,再进行搅拌棒吸附萃取。

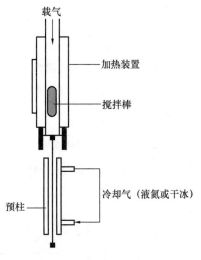

图 2-22　搅拌棒吸附萃取
热解吸结构图

影响 SBSE 萃取效率的因素有温度、萃取时间和搅拌速率等,为了提高高分子涂层对有机物的萃取能力,可以在水样中加入盐类(NaCl、Na$_2$SO$_4$)调节样品离子强度,使待测物溶解度降低。由于非离子涂层只能有效萃取中性物质,所以,某些时候为了防止待测物质的离子化,还需要调节溶液的 pH。

商用 SBSE 是在平底萃取瓶中进行搅拌萃取,萃取过程中存在涂层与瓶底之间的摩擦,为了克服搅拌引起的涂层磨损问题、延长涂层的使用寿命,国内外研究小组纷纷提出了各种新型搅拌萃取装置,如:

(1)旋转盘吸附萃取装置。在聚四氟乙烯圆盘的上表面固载 PDMS 萃取相,圆盘内置磁芯,在磁力搅拌的作用下带动圆盘的转动,从而实现涂层的搅拌萃取。这种新颖的搅拌萃取装置避免了涂层与瓶底之间的接触,并且容易实现各种不同涂层的固载,但需要采用小体积的溶液进行搅拌解吸，浓缩后进行后续分析，解吸过程较为繁琐。

（2）"哑铃型"吸附萃取搅拌棒。以内置金属丝的玻璃毛细管为搅拌载体，两端用酒精灯封端，利用空气膨胀使两端呈"哑铃型"，该搅拌棒可使用 40 次以上。

（3）分子印迹吸附萃取搅拌棒。采用圆底萃取瓶替代原来的平底萃取瓶，避免了搅拌棒涂层与瓶壁的直接摩擦，该搅拌棒至少可使用 40 次。这种形式的搅拌棒可在 200mL 的锥形内插管中超声解吸，解吸液直接进入色谱分析。

（4）整体材料吸附萃取搅拌棒。在金属杆的前端固定磁铁和涂层，在磁力搅拌的作用下实现涂层的搅拌萃取。该萃取装置避免了搅拌棒和萃取瓶之间的接触，可有效防止涂层的磨损。

### 3. 萃取涂层与制备方法

搅拌棒是 SBSE 的核心部分。适用于搅拌棒的萃取材料必须符合以下要求：

（1）对分析物有强的萃取富集能力。

（2）有良好的热稳定性，如果采用热解吸，温度将达到 300℃以上，必须保证萃取材料不发生变化。

（3）有一定机械强度，能经受高速搅拌。

（4）如果使用溶剂解吸，还要能够经受解吸溶剂尤其是强极性溶剂及其流动相的腐蚀和溶解，即在这些溶剂中不发生溶胀、溶解或脱落。

选择材料的原则仍是"相似相溶"原理。极性大的分析物应该选择极性大的涂层材料，极性小的分析物应该选择极性小的涂层材料。基于这些要求，德国 Gerstel GmbH 公司选用 PDMS 作为萃取涂层，推出了商品化的搅拌棒（Twister™ Gerstel GmbH）。Twister 是由 0.5mm 或 1mm 的 PDMS 硅橡胶管套在一内封磁芯的玻璃管上制成。

目前广泛采用的商用涂层为 PDMS，这种采用溶胶-凝胶法制备的涂层结构致密，呈三维网状多孔结构，且高度疏水、化学性质稳定，适用于水相中非极性和弱极性化合物的萃取。但由于商用 PDMS 涂层种类单一、选择性不高，人们开始研制各种新型 SBSE 涂层。已报道的制备方法有溶胶-凝胶法、相转化法、化学聚合法、粘胶粘附法和直接制备法等。所制备的新型涂层，往往经过化学改性，涂层不仅具有更好的稳定性和耐热性，而且在萃取时具有更高的选择性，特别是分子印迹聚合物涂层，对模板分子具有特异选择性，能消除复杂基体的干扰。其中，溶胶-凝胶和化学聚合的化学方法最为普遍，化学制备方法与物理方法相比，具有可灵活选用底材、涂层能进行功能化设计的优点；而粘附法和直接使用等物理方法具有简单、实用的特点，但应用范围较小。此外，作为 SBSE 的涂层，还要考虑涂层附着于底材上的牢固程度、热稳定性、耐溶剂性能等，溶胶-凝胶法和化学聚合法制备的高分子聚合物涂层，键合于底材表面时十分牢固，并有广泛的耐溶剂性能。

### 4. 提高萃取效率的途径

在检测极性有机物时，可以通过衍生以降低极性，提高萃取效率。目前有两种衍生化方法：

（1）样品内衍生

样品内衍生（in-situ derivatization）是先将衍生试剂加入样品溶液中进行衍生化后，再进行搅拌棒萃取。如检测河水及人体液中的二甲基苯酚，先将二甲基苯酚酰基化再进行萃取，检出限 1ng/L，回收率高于 95％。又如检测湖水中的苯酚，在样品中加入碳酸钾和醋酸酐，将苯酚衍生为醋酸盐，使检测信号增强，提高了回收率。

（2）棒上衍生

棒上衍生（on-stir bar derivatization）是先将搅拌棒浸入衍生试剂中，待涂层中吸附了一定量的衍生试剂后进行搅拌棒吸附萃取，这时在搅拌棒涂层上，萃取过程和衍生化反应同时进行。

**5. 特点**

SBSE 最大的优点是高灵敏度，对某些有机物，可以检测 ng/L 级以下的浓度。SBSE 实现了无溶剂化，其涂层稳定，可以重复使用 100 次以上。此外，SBSE 的线性相关度、重现性、空白等都好于别的方法。其不足之处在于一般要配热解吸仪，增加了成本和操作步骤。可选用的涂层种类太少，目前商品化的只有 PDMS 一种，更适用于挥发性及半挥发性有机物；并且 PDMS 是非极性涂层，萃取极性有机物的效果不好，需要进行衍生。

## 2.2.6　超临界流体萃取法

超临界流体萃取（Suppercritical Fluid Extraction，SFE）是一种较新型的萃取分离技术，起源于 20 世纪 40 年代，20 世纪 70 年代投入工业应用，并取得了成功。1988 年，国际上推出第一台商品化的超临界流体萃取仪器。1990 年，美国 EPA 提出利用 SFE 技术在 5 年内停止 95％的有机氯溶剂的使用，并已将 SFE 法定为几类物质常规的分析方法。超临界流体萃取法是利用超临界流体在临界压力和临界温度附近具有的特殊性能，从液体和固体中萃取出特定成分，以达到分离有机污染物的目的。

**1. 基本原理**

超临界流体萃取是利用超临界条件下的流体（即超临界流体）作为萃取剂，从环境样品中萃取出待测组分的分离技术。图 2-23 是产生超临界流体的相平衡示意图，$T_c$ 和 $P_c$ 分别代表临界温度和临界压力。图中超临界流体区的温度和压力均高于临界点时所处的温度和压力，这种高于临界温度和临界压力而接近临界点的状态称为

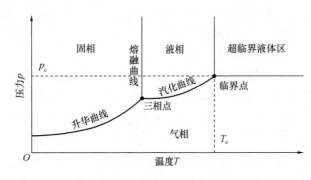

图 2-23　超临界流体的相平衡示意图

超临界状态。处在超临界状态的物质称为超临界流体。它既不是气体，也不是液体，而是兼有气体和液体性质的流体。超临界流体的密度较大，与液体相仿，所以它与溶质分子的作用力很强，像大多数液体一样，很容易溶解其他物质。另一方面，它的黏度较小，接近于气体，因此，传质速率很高；加之表面张力小，很容易渗透到样品中去，并保持较大的流速，可以使萃取过程高效、快速完成。因此，超临界流体是一种十分理想的萃取剂。

改变超临界流体的温度、压力或在超临界流体中加入某些极性有机溶剂，可以改变萃取的选择性和萃取效率。

压力的改变可引起超临界流体对物质溶解能力的变化。因此，只要改变萃取剂的压力，就可以将样品中的不同组分按它们在超临界流体中溶解度的大小，先后萃取分离出来。在低压下，溶解度大的物质先被萃取，随着压力的增加，难溶物质也逐渐从流体中萃取出来。因此，在程序升压下进行超临界萃取，不但可以萃取不同的组分，而且还可以将不同的组分分离。一般，提高压力可以提高萃取效率。

温度的变化同样会改变超临界流体萃取的能力。它主要影响萃取剂的密度与溶质的蒸气压。在低温区（仍在临界温度以上），温度升高，流体密度降低而溶质蒸气压增加不大，因此，萃取剂的溶解能力降低，溶质从流体萃取剂中析出；温度进一步升高到高温区时，虽然萃取剂密度进一步降低，但溶质蒸气压迅速增大起了主要作用。因而挥发度提高，萃取率不但不减少，反而有增大的趋势。

在超临界流体中加入少量的极性有机溶剂，可以改变它对溶质的溶解能力。通常加入量不超过 10%，极性溶剂甲醇、异丙醇等居多。少量极性有机溶剂的加入，还可使萃取范围扩大到极性较大的化合物。但有机溶剂的使用，可能导致以下几个问题：（1）可能削弱萃取系统的捕获能力；（2）可能导致共萃取物的增加；（3）可能干扰检测，如氯代溶剂会影响 ECD 检测；（4）会增加萃取毒性。因此，极性有机溶剂是否加入，要全面分析考虑。

超临界流体萃取剂的选择性随萃取对象的不同而不同。通常临界条件较低的物质优先考虑。表 2-6 列出了超临界流体萃取中常用的萃取剂及其临界值。其中水的临界值最高，实际使用最少。用得最多的是 $CO_2$，它不但临界值相对较低，而且具有一系列优点：（1）化学性质不活泼，不易与溶质反应，无毒、无臭、无味，不会造成二次污染；（2）纯度高、价格适中，便于推广应用；（3）沸点低，容易从萃取后的馏分中除去，后处理比较简单；（4）特别是不需加热，极适合萃取热不稳定的化合物。但是，由于 $CO_2$ 的极性极低，只能用于萃取低极性和非极性的化合物。

**表 2-6　常用超临界萃取剂及其临界值**

| 萃取剂 | 乙烯 | 二氧化碳 | 乙烷 | 氧化亚砜 | 丙烯 | 丙烷 | 氨 | 己烷 | 水 |
|---|---|---|---|---|---|---|---|---|---|
| 临界温度/℃ | 9.3 | 31.1 | 32.3 | 36.5 | 91.9 | 96.7 | 132.5 | 234.2 | 374.2 |
| 临界压力/kPa | 50.4 | 73.8 | 48.8 | 72.7 | 46.2 | 42.5 | 112.8 | 30.3 | 220.5 |

#### 2. 实验装置与萃取方式

（1）实验装置

超临界流体萃取的组成包括：① 超临界流体发生源，由萃取剂储瓶、高压泵及其他附属装置组成，其功能是将萃取剂由常温常压态转化为超临界流体。高压泵通常采用注射束，其最高压力为十至几十兆帕，具有恒压线性升压和非线性升压的功能；② 超临界流体萃取部分，由样品萃取管及附属装置组成，处于超临界态的萃取剂在这里将被萃取的溶质从样品基质中溶解出来，随着流体的流动，使含被萃取溶质的流体与样品基体分开；③ 溶质减压吸附分离部分，由喷口及吸收管组成，萃取出来的溶质及流体，必须由超临界态经喷口减压降温转化为常温常压态，此时流体挥发逸出，而溶质吸附在吸收管内的多孔填料表面，然后用合适的溶剂淋洗吸收管，就可把溶质洗脱收集备用。

图 2-24 为实验室用超临界流体萃取仪的结构及影响因素示意图。

（2）萃取方式

超临界流体萃取的操作方式可分为动态、静态及循环萃取三种：

① 动态法是萃取剂一次直接通过样品管，被萃取的组分直接从样品中分离出来进入吸收管的方法，操作简便、快速，适合萃取那些在超临界流体萃取剂中溶解度很大的物质，且样品基质很容易被超临界流体渗透的被测样品。

② 静态法是将待萃取的样品"浸泡"在超临界流体内，经过一定时间后，再把含有被萃取溶质的超临界流体送至吸收管，适合萃取那些与样品基体较难分离或在超临界流体内溶

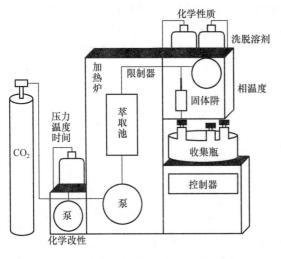

图 2-24 超临界流体萃取仪结构及影响
因素示意图

解度不大的物质，也适合样品基体较致密、超临界流体不易渗透的样品。

③ 循环法是动态法和静态法的结合。它首先使超临界流体充满样品萃取管，然后用循环泵使样品萃取管内的超临界流体反复、多次经过管内的样品并进行萃取，最后进入吸收管。因此，它比静态法萃取效率高，又能萃取动态法不适用的样品，适用范围广。

**3. 超临界流体及萃取条件**

（1）超临界流体

选择超临界流体时，所用的溶剂必须具有安全程度高、能减少后续处理、高选择性、自动化程度高、萃取时间短等特点。$CO_2$ 是目前用得最多的超临界流体，它可以用于萃取低极性和非极性的化合物。若从溶剂强度考虑，超临界氨气是最佳选择，但氨气容易与其他物质反应，对设备腐蚀严重，而且日常使用危险性较大；超临界甲醇也是很好的溶剂，但由于它的临界温度很高，在室温条件下是液体，对有机物提取后还需要复杂的浓缩步骤而不宜采用。低烷类物质因可燃易爆，因此，也不如 $CO_2$ 使用广泛。

（2）萃取条件

萃取条件的选择有四种情况：① 是用同一种流体选择不同的压力来改变提取条件，从而提取出不同类型的化合物；② 是根据不同条件下，提取物在超临界流体中的溶解性来选择合适的提取条件；③ 是将分析物沉积在吸附剂上，然后用超临界流体洗脱，以达到分类选择提取的目的；④ 是对极性较大的组分，可直接将甲醇加入样品中，用超临界 $CO_2$ 提取，或者用按一定比例泵入甲醇并与超临界 $CO_2$ 混合，以达到增加萃取剂强度的目的。

影响萃取效率的因素除了萃取剂流体的压力、组成和萃取温度外，萃取过程的时间及吸收管的温度也会影响到萃取及收集的效率。其中，萃取时间取决于两个因素：① 是被萃取物在流体中的溶解度，溶解度越大，萃取效率越高，速度也越快；② 是被萃取物在基体中的传质速率越大，萃取越完全，效率也越高。收集器或吸收管的温度也会影响到回收率，降低温度有利于提高回收率。

超临界流体减压后，用于收集提取物的方法主要有两类：离线 SFE 及在线 SFE（或联机 SFE）。离线 SFE 本身操作简单，只需要了解提取步骤，样品提取物可用其他合适的方法分析。在线 SFE 不仅需要了解 SFE，还要了解色谱条件，而且样品提取物不适用于其他方法分析，其优点主要是消除了提取和色谱分析之间的样品处理过程，并且由于是直接将提取物转移到色谱柱中，因此，有可能达到最大的灵敏度。

**4. 特点**

超临界萃取以其高效、快速、后处理简单的特点，近年来已经得到了广泛的应用，它既有从原料中提取和纯化少量有效成分的功能，又能从粗制品中除去少量杂质、达到深度纯化的效果。由于环境样品涉及范围广、组成复杂，特别是对于含量很低的有机污染物类组分（从 ng 到 pg 级，甚至 fg 级）以及环境样品中 PCBs 等微量化学污染物的提取，常常需要采用多种有机溶剂和多个萃取步骤，才能得到大体积的含有目标分析物的稀释液，通过蒸发浓缩后才可以进行定性定量分析。这一过程不仅费时，还消耗了大量的有机溶剂，有时还常常要使用含有卤素的有机溶剂，因此会对人体健康产生一定的影响，还会造成环境污染。更重要的是由于提取步骤繁多，致使样品的回收率降低，重现性较差，影响了测定结果的准确性。自从超临界萃取仪商品化以来，超临界萃取技术在美国和其他西方国家得到了快速的推广，越来越多的成熟超临界萃取样品前处理方法被国家标准局采用并作为标准方法。超临界实验大多数在 1h 内完成，溶剂的用量仅几毫升；而要达到同样的提取效果，溶剂萃取至少需要 8h 至几天的时间，溶剂用量达几百毫升。

## 2.2.7　加速溶剂萃取法

### 1. 基本原理

加速溶剂萃取（Accelerated Solvent Extraction，ASE）就是通过改变萃取条件，以提高萃取效率和加快萃取速度的新型高效的萃取方法。通常改变萃取条件是提高萃取剂的温度和压力。其突出的优点是有机溶剂用量少、快速、回收率高，以自动化方式进行萃取。几种萃取方法有机溶剂用量比较见表 2-7。目前该法已被美国 EPA 选定为推荐的标准方法。

表 2-7　几种萃取方法有机溶剂用量

| 萃取方法 | 索氏 | 超声 | 微波 | 振荡 | 自动索氏 | 加速溶剂 |
|---|---|---|---|---|---|---|
| 样品量/g | 10～30 | 30 | 5 | 50 | 10 | 10～30 |
| 溶剂体积/mL | 300～500 | 300～400 | 30 | 300 | 50 | 15～45 |
| 溶剂/样品比率 | 16～30 | 10～13 | 6 | 6 | 5 | 1.5 |

### 2. 加速溶剂萃取系统

加速溶剂萃取系统由 HPLC 泵、气路、不锈钢萃取池、萃取池加热炉、萃取收集瓶等构成，如图 2-25 所示，所选择的 HPLC 泵是一种压力控制泵，萃取池采用 316 型不锈钢制造，用压缩的气体将萃取的样品吹入收集瓶内，萃取时有机溶剂的选择与索氏萃取法相同。萃取温度一般控制在 150～200℃ 之间，压力通常为 3.3～19.8MPa 左右，在上述条件下进行静态萃取，全过程约需 15min 左右。

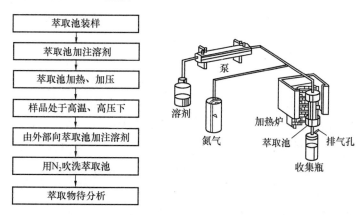

图 2-25　加速溶剂萃取工作流程和构造示意图

### 3. 萃取条件

提高温度可使溶剂溶解待测物的容量增加。有报道,当温度从 50℃升高至 150℃时,蒽的溶解度提高约 13 倍,烃类的溶解度如正二十烷,可增加数百倍。

提高温度可使扩散速度加快,从而明显增加溶剂扩散到样品基质的速度。溶解容量的增加和溶剂扩散速度的加快,都极大地有利于提高萃取效率。这是因为提高温度后,一方面范德华力、氢键以及溶剂分子和基质活性部分的偶极吸引力被削弱;另一方面随着温度的升高,液体的黏度降低,溶剂、溶质和基质的表面张力也降低,这就有利于被萃取物与溶剂的接触、相互渗透,而使萃取效率提高。

液体的沸点一般随压力的升高而提高,因此,在实验中,要想在温度升高后获得理想的结果,则需同时施加足够的压力以保持溶剂为液态。同时增大压力后,可迫使溶剂进入基质在常压下不能接触到的部位,有利于将溶质从基质的微孔中萃取出来。

提高温度后,是否引起被测物质的热降解,这是一个很重要的问题。因为被测物如果发生热降解,则不能采用加速溶剂萃取进行前处理。由于加速溶剂萃取是在加压下进行加热,高温的时间一般少于 10min。因此,热降解不甚明显。

### 4. 特点

加速溶剂萃取适用于固体或半固体样的预处理。目前已有报道用于环境样品中的有机磷、有机氯农药、呋喃、含氯除草剂、苯类、总石油烃等的萃取。根据被萃取样品挥发的难易程度,加速溶剂萃取采取两种方式对样品进行处理,即预加热法(Preheat method)和预加入法(Prefill method)。预加热法是在向萃取池加注有机溶剂前,先将萃取池加热,适用于不易挥发样品。预加入法是在萃取池加热前先将有机溶剂注入,主要是为了防止易挥发组分的损失。先加入溶剂易挥发组分即被溶解于溶剂中,可避免加热过程中损失,适用于易挥发样品的处理。

## 2.2.8 微波萃取法

微波萃取(Microwave Extraction,ME)亦称为微波辅助萃取(Microwave Assisted Extraction,MAE)是 1986 年匈牙利学者 Canzler 研究发明的一种从土壤、作物、种子、食品、饲料中分离各类化合物的新型提取技术。微波技术开始主要是用于无机样品的前处理即微波消解,从 1986 年起开始应用到有机分析中的样品前处理中,即微波辅助萃取。

### 1. 基本原理

微波萃取与遵循能量传递—渗透进基体—溶解或夹带—渗透出来的传统萃取模式不同,它是利用微波能的特性来对物料中的目标成分进行选择性萃取,从而使样品中的有机污染物达到与基体物质有效分离的目的。

与微波消解不同,微波萃取并非要将样品消解,而恰好是要保持目标成分原本的化学状态。一般说来,介质在微波场中的加热有两种机理,即离子传导和偶极子转动。在微波加热实际应用中,两种机理的微波能耗散同时存在,其贡献大小取决于介质的分子结构、介电常数大小、浓度及弛豫时间等。不同物质的介电常数不同,其吸收微波能的程度是有差异的,通过选择不同溶剂和调节微波加热参数,利用这种差异可选择性地加热目标成分,以利于目标成分从基体或体系中提取和分离。

### 2. 设备与萃取步骤

微波萃取过程一般包括样品粉碎、与溶剂混合、微波加热、分离等步骤。萃取过程是在特定的密闭容器中进行的，由于微波能的作用，因此热效率高，体系升温快速均匀，萃取时间短，萃取效率高；又由于可实行温度、压力、时间的有效控制，故可保证萃取过程中有机物不会发生分解。微波萃取主要适合于固体或半固体样品。

　　最早用于微波萃取的装置是普通家用微波炉，现在已有专门用于样品制备的商品化微波系统，如美国 CEM 公司的 MDS 系列、MES 系列、MARS 系列，Milestone 公司的 WERTEX 微波萃取系统，O.I. 公司的 7195 或 7165 型等。国产商品化密闭式微波辅助萃取仪器有上海新仪微波化学科技有限公司的 MDS 系列、北京盈安美诚科学仪器有限公司 WR 系列、上海屹尧仪器科技发展有限公司的 WX 系列等。MES-l000 型萃取系统示意图如图 2-26 所示。这些系统一般都有功率选择和控温、控压、控时装置，萃取罐通常由聚四氟乙烯材料制成，能允许微波自由透过、耐

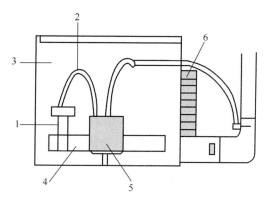

图 2-26　MES-1000 型萃取系统示意图
1—控制罐；2—传感器；3—微波腔体；4—转换盘；
5—膨胀腔；6—排风扇

高温、高压而且不与溶剂反应。由于每个系统可容纳 9～12 个萃取罐，即可同时处理 9～12 个样品，因此样品的批量处理能力大大提高。

　　常规的 MAE 是将装有样品和萃取溶剂的制样杯（聚四氟乙烯材料制成，PTFE）放入密封好、耐高压又不吸收微波能量的萃取罐中进行微波萃取。根据被萃取组分的要求，控制萃取压力（或温度）和时间。加热结束时，把制样罐冷却至室温，取出制样杯，过滤或离心分离，制成供下一步测定的溶液。一般情况下，微波萃取加热时间约为 5～10min。萃取溶剂和样品总体积不超过样品杯体积的 1/3。由于萃取罐是密闭的，萃取剂不会损失，并且加热时，萃取剂的挥发会使罐内压力增加，大大提高了萃取温度，减少了萃取溶剂的用量，提高了萃取效率，缩短了提取时间。

**3. 萃取条件**

萃取条件主要包括萃取溶剂、萃取温度、萃取时间等。

（1）萃取溶剂

微波萃取所用的溶剂必须有一定的极性，首先因为非极性溶剂不能吸收微波能，故一般不能用 100% 的非极性溶剂作微波萃取剂；其次，所选溶剂对萃取物应该具有较强的溶解能力。在微波萃取中，经常用到的溶剂有甲醇、乙醇、异丙醇、丙酮、乙酸、甲苯、二氯甲烷、四氯化碳、己烷、异辛烷、2,2,4-三甲基戊烷、四甲基铵等有机溶剂和硝酸、盐酸、氢氟酸、磷酸等无机试剂，以及己烷-丙酮、二氯甲烷-甲醇、水-甲苯、盐酸-甲苯、甲醇-水-乙酸、甲醇-水-氨水等混合溶剂。其中以丙酮-环己烷（1:1 或 3:2）用得较多。当然，对不同的萃取物和分离基体，应选择不同的萃取剂。例如，同样是甲基汞，萃取沉积物参考样时可用硝酸作萃取剂，而萃取海洋沉积物时则用盐酸-甲苯作萃取剂。此外，溶剂的沸点及其对后续测定的干扰也是必须考虑的因素。例如，在萃取和测定土壤样品中的酚和甲基酚异构体时，在己烷中加入乙酸酐和吡啶作萃取剂，在微波萃取的同时实现了酚类化合物的催化乙酰化，简化了操作，缩短了样品处理时间。

　　有时样品含有一定的水分，或将干燥的样品用水润湿后再加入溶剂进行微波辐射，都能

取得好的结果。一般说来，一定量水分实质上作为极性溶剂有助于提高萃取率，含水样品的回收率要高于干燥样品的回收率，因为萃取溶剂的电导率和介电常数大时，在微波萃取中可显著提高萃取率。

微波萃取剂用量一般为20～50mL，用量太多不仅不会提高萃取效率，而且还会给后续"净化"带来困难。

（2）萃取温度

在一般的敞开体系中，溶剂的沸点受大气压力影响；而微波萃取一般在密闭容器中进行，溶剂吸收微波能后所允许达到的最高温度主要受材料的限制。在微波密闭容器中，内部压力可达1MPa以上，因此，溶剂沸点比常压下高许多。例如，丙酮的沸点由56.2℃提高到164℃，丙酮-环己烷（1∶1）的共沸点由49.8℃提高到158℃。在微波萃取中必须通过控制密闭罐内的压力来控制温度。在选定萃取剂和萃取压力的前提下，控制萃取功率和萃取时间的主要目的是为了选择最佳萃取温度，使目标成分既能保持原来的形态，又能获得最大的萃取产率。用丙酮-环己烷（1∶1）作溶剂时，萃取温度多选择115℃。进一步提高温度不会获得更好的回收率，萃取温度达145℃反而会降低碱性化合物的回收率。

（3）萃取时间和萃取次数

微波萃取时间与被测样品量、溶剂体积和加热功率有关。一般情况下，萃取时间在10～15min内。有控温附件的微波制样设备可自动调节加热功率大小，以保证所需的萃取温度，在萃取过程中，一般加热1～2min即可达到要求的萃取温度。

微波萃取只是加快了萃取目标物的固液相分配平衡速度，不能改变分配比；另外，微波萃取结束，温度下降，部分萃取目标物会再次被吸附到固体基质上，所以，单次萃取效率有限，萃取率为50%～80%，通过多次微波萃取可以提高萃取率。

**4. 特点**

首先，传统萃取方法选择性较差，其有限的选择性主要是通过选择不同性质的溶剂来获得的。微波萃取由于能对体系中的不同组分进行选择性加热，能使目标成分直接与基体分离，因而具有很好的选择性。其次，微波萃取受溶剂亲和力的限制较小，可供选择的萃取剂较多。此外，微波萃取可将萃取液瞬间加热到常压沸点以上，提高了溶剂的沸点，又不至于分解目标成分，缩短了萃取时间，提高了萃取效率。表2-8列出了微波萃取法与索氏提取法、超临界流体萃取法萃取多环芳烃的条件比较。

表2-8 不同萃取方法操作条件的比较

| 样品量 | 微波萃取法 | 索氏提取法 | 超临界流体萃取法 |
|---|---|---|---|
| | 2.0g | 10g | 1.0g |
| 萃取时间 | (20+30)min（冷却） | 6h | 1h+15min（温度压力平衡） |
| 操作程序 | 同时可用12个萃取罐 | 同时可用5套设备 | 顺序萃取 |
| 仪器价格 | 高 | 低 | 最高 |
| 操作技术 | 中等 | 低 | 高 |
| 溶剂体积 | 40mL 丙酮-DCM | 100mL DCM | $CO_2$，12mL 甲醇＋5mL $CH_3Cl$ |

## 2.2.9 金属元素分析前处理技术

### 1. 湿法消解

湿法消解是用酸作为分解试剂，主要利用酸的氢离子效应及氧化、还原和络合等作用促进样品的分解。除用单一酸外，经常同时使用几种酸或加入其他试剂。湿法消解通常用玻璃器皿或塑料器皿等，以电炉或电热板等直接加热分解样品。其优点是操作简单，分解温度低，对容器腐蚀小，可批量操作；缺点是分解速率慢，溶解能力差，消耗试剂多，易引入污染。某些元素（如汞、砷、硒、磷）易挥发损失，有毒有害的酸雾和废气排放量大，易造成环境污染并危害人体健康。目前，常用的湿法消解可分为敞口消解法和密封罐消解法。常用消解溶剂有硝酸、盐酸、氢氟酸、高氯酸、王水和过氧化氢等。

（1）硝酸

硝酸的沸点为 86℃，属于挥发性强酸，具有较强的氧化能力，特别对金属具有较强的溶解能力，几乎可以溶解所有的金属（除了金、铂等贵金属）。

硝酸与其他酸、氧化剂、还原剂及络合剂混合使用有更好的溶样效果。硝酸与高氯酸的混合液常用于氧化地质、污泥和岩石中的少量有机物，比用硝酸和浓硫酸混合液的效果好。高氯酸挥发温度高，易将硝酸充分去除，而用硫酸则可能生成许多不溶物，对后续处理不利。硝酸中加过氧化氢或碘化钾，可大大加速许多矿物的分解。浓硝酸与溴水的混合液对含硫、砷的矿物是极佳的溶剂。硝酸与甘露醇的混合液可抑制硼酸的挥发。

硝酸是土壤消解中较常使用的一种试剂，也广泛用于淋洗土壤样品。对多数仪器分析方法而言，硝酸盐一般不会造成基体效应。

（2）盐酸

浓盐酸的沸点为 108℃，具有强酸性和弱还原性，而且氯离子还有一定的络合能力，其中易溶于盐酸的元素或化合物有铁、钴、镍、铬、锌、高铬铁、多数金属氧化物（二氧化锰、氧化铅、二氧化铅、三氧化二铁等）、过氧化物、氢氧化物、硫化物、碳酸盐、磷酸盐等。

盐酸也常与某些络合剂或氧化剂一起使用以改善其溶样能力。例如，一些重要的含硫、锑和铋的矿物，在溶于盐酸时常释放出各种水解产物。在这种情况下需加氧化剂如硝酸等使单质硫氧化，还要加络合剂如酒石酸或柠檬酸等抑制水解，以得到清亮的溶液。

盐酸的加入不会对电感耦合等离子体原子发射光谱分析法产生影响，但在石墨炉原子吸收光谱法分析中，可能有氯化物生成，从而产生光谱或蒸气干扰，因此应尽量避免使用盐酸。电感耦合等离子体质谱法也不能用盐酸溶解样品，它会对砷产生干扰。因为氯化物与等离子体中的氩结合，形成和砷质量数一样的多原子干扰，这两个质量数同时检出，导致砷浓度偏高。如果在样品制备过程中必须使用盐酸，可添加硝酸来避免以上问题。

（3）氢氟酸

氢氟酸的沸点为 120℃，与硅和其他化合物迅速反应，还容易与一些高价金属离子如铝、铁等生成稳定的络合物。实验室常用 38%～40% 的氢氟酸，最高浓度可达 55%～60%，主要用于分解含硅样品，与硅形成挥发性的四氟化硅，但氢氟酸对玻璃器皿腐蚀严重，需要在铂或聚四氟乙烯容器中处理。

溶样时使用较多的是氢氟酸、硝酸、盐酸、高氯酸等混合溶液。由于许多非硅酸盐矿物（如黄铁矿、磁铁矿）与硅酸盐矿物伴生，单独用氢氟酸不能分解，需加入氧化性酸来加快反应的速率；许多硅酸盐用氢氟酸处理后会形成各种微溶性产物，这些产物可溶于强酸（如硫酸或高氯酸）中。此外，氟离子的广泛络合性对测定或下一步处理经常产生不利影响，因而必须用其他难挥发的酸将其蒸发取代。

氢氟酸对操作者的眼、手、骨、牙齿和皮肤等有严重危害，因此使用氢氟酸时注意防护，如戴塑料或橡胶手套、口罩、眼镜等，而且操作应在良好的通风柜内进行。

（4）高氯酸

高氯酸是最强的酸，沸点为203℃，热的高氯酸是最强的氧化剂和脱水剂，几乎所有的有机物都能被它迅速分解，但使用时危险性很大，尤其是在高温冒烟时。高氯酸只能在特定的通风柜中使用，应避免将高氯酸加到含有机物的热溶液中，容易引起爆炸，并且不能将高氯酸消解的水样蒸干。

从安全的角度考虑，许多实验室禁止使用高氯酸，在非使用不可时，也只能与其他酸混合使用。通常可先加硝酸进行消解，待大量有机物分解后再加入高氯酸；或者以硝酸-高氯酸混合液浸泡样品，先小火加热，待大量泡沫消失后再提高消化温度，直至消解完全。高氯酸与硫酸混合氧化能力很强，因为浓硫酸会引起高氯酸部分脱水，形成85%以上的酸，这种混合液可迅速将低价的铬、硒、砷化合物氧化成对应的高价态，且不挥发。高氯酸纯度差，不能用亚沸蒸馏法提纯，因此易带来污染。

（5）王水

王水是盐酸与硝酸按体积比3：1制成的混合酸，具有极强的氧化能力和溶解能力，可分解贵金属、辰砂、镉、汞、钙等多种硫化矿物，也可分解铀的氧化物、沥青铀矿及含稀土元素、钍、锆的衍生物和某些硅酸盐、矾矿物、钼钙矿以及大多数天然硫酸盐类矿物。有时稀的王水对许多金属样品的溶解效率高于浓溶液。

（6）过氧化氢

过氧化氢是一种强氧化剂，可与某些有机物直接作用，甚至燃烧，而且强力腐蚀皮肤。过氧化氢往往与其他酸一起使用以加快溶样速度。在硫酸的存在下，过氧化氢的氧化作用增加，形成过硫酸，能提供氧化有机分子的基团，与硫酸的脱水作用结合，能极快地降解有机物。对有机物含量较高的样品（如底泥、沉积物等），可加入适量双氧水以加快有机物的消解。

**2. 微波消解**

（1）基本原理

微波炉加热分解法是以被分解的土壤样品及酸的混合液作为发热体，从内部进行加热使试样分解的方法。目前报道的微波消解试样的方法，有常压敞口消解和仅用厚壁聚四氟乙烯容器的密闭式消解法。后者以聚四氟乙烯密闭容器作内筒，以能透过微波的材料如高强度聚合物树脂或聚丙烯树脂作外筒，在该密封系统内分解试样能达到良好的分解效果。开放系统（常压敞口消解）可分解多量试样，且可直接与流动系统相组合并实现自动化，但由于要排出酸蒸气，分解时使用酸量较大，易受外环境污染，挥发性元素易损失，费时且难以分解多数试样。密闭系统（密闭式消解）的优点较多，酸蒸气不会逸出，仅用少量酸即可，在分解少量试样时十分有效，不受外部环境的污染。在分解试样时不用观察及特殊操作，由于压力高、分解试样很快，不会受外筒金属的污染（因为用树脂做外筒），可同时分解大批量试样。其缺点是需要专门的消解设备，不能分解大体积的试样。

在进行土壤样品的微波消解时，无论使用开放系统还是密闭系统，一般都要用到硝酸-盐酸-氢氟酸-高氯酸、硝酸-氢氟酸-高氯酸、硝酸-盐酸-氢氟酸-过氧化氢、硝酸-氢氟酸-过氧化氢等体系，在某些情况下，还需要使用硼酸来配位难溶的氟化物和过量的氢氟酸。当不使用氢氟酸时（限于测定常量元素且称样量小于0.1g），可将分解试样的溶液适当稀释后直接测定。若使用氢氟酸或高氯酸，对待测微量元素有干扰时，可将试样消解液蒸至近干，酸化后稀释定容。对于有机质含量较高的样品，该方法具有一定的危险性，请酌情使用。

对于土壤、底泥和飘尘等试样的分解，除用硝酸和盐酸外，多数情况下均需加入氢氟酸才能使试样溶解完全。为了避免在后续处理过程中氢氟酸对玻璃容器的腐蚀以及生成一些难溶的氟化物沉淀，可在试样分解完毕后加入过量的饱和硼酸并加热处理。如果只要求测定土壤、沉积物等试样中的某些可提取元素的含量，则不加氢氟酸，滤去残渣后即可用清液进行测定。当需要用氢氟酸处理时，试样分两步处理也不失为一种好方法，即试样先在其他合适的容器中用氢氟酸加热处理，使硅酸盐分解完全，用高氯酸蒸干除去过量的氢氟酸，并使氟化物转化后再转入微波消解罐中，随后加入所需的溶剂，增压增温彻底消解。这样可以避免因氢氟酸存在而加入硼酸带来的一些基体问题。无机试样中如果有碳酸盐类矿物，应在加溶剂后，待放出的气体减少，反应平静后再于密封消解罐内微波加热消解。

在确定各待测元素的测定手段和操作条件之后，取样量的多少主要取决于试样的类型及待测元素含量的高低。在相同条件下，取样量少时，样品消解质量会更好一些。因此，只要测定方法有足够的灵敏度，应尽可能减少取样量。过大的取样量（特别是有机质含量高的样品）使反应过于剧烈，易引起反应失控。当然，应考虑的另一个条件是样品的粒度和均匀性，即要有代表性。就多数情况而言，干燥样的取样量不应多于 500mg。有机质的干燥样的取样量一般不要大于 500mg，如果能减少到 200～300mg 最好。对于含水样品，如底泥、沉积物等，可根据含水量的多少适量多取一些样品。对消解时产生大量降解气体的样品，如果先进行预处理，然后再进一步密封消解会更安全。多数无机样品，如矿物、岩石和土壤等，加热分解时产生的气体不多，产生的压力不是很大，但取样量也不要太大，一般 100～300mg 即可。当遇到情况不明的样品时，建议先取样 100mg 进行消解试验，根据其消解反应的剧烈程度再确定其后的取样量。

（2）特点

① 加热速度快。微波加热是"体加热"，具有加热速度快、加热均匀、无温度梯度、无滞后效应等特点，比常规加热一般要快 10～100 倍。

② 消解能力强。对一些难溶样品，微波消解一般只需要几分钟至十几分钟；在密封容器中，温度可达 350℃，压力可达 20MPa，可以确保难分解的样品完全消解。

③ 溶剂用量少。用密封微波溶样时，溶剂没有蒸发损失，一般只需要 5～10mL，减少试剂用量不但使分析中的空白值大大降低，而且显著地降低了成本。

④ 高效节能。微波直接向样品释放能量，避免了热传导、热对流、热辐射中能量的损失，提高了能量的使用效率，比传统方法节能约 80%。

⑤ 选择性好。通常采用的 2450MHz 微波，不会引起分子结构的变化，故不会改变消解反应的方向。在加热过程中，一些物质会被分解，而另一些物质则不会或很少被破坏。

⑥ 准确度高。微波密封消解可消除空气尘埃和气溶胶带来的污染，同时使砷、硼、铬、汞、锑、硒、铅、锡等易挥发元素保留在溶液中，提高了分析的准确性。

⑦ 通用性强。微波加热既可用于土壤样品的消解，又可用于复杂环境水样的消解，同时在其他领域也有广泛的应用。

⑧ 绿色技术。微波溶样过程中，确保了微波泄漏大大低于国家制订的安全标准，且避免了有毒、有害及腐蚀性气体排放对环境造成的污染和对人体的危害，减小了劳动强度，改善了工作环境。

### 3. 形态分析预处理技术

样品的制备在形态分析中是一个重要环节，它严重影响准确分析结果的获得，一般要求是：应避免待测物的损失或污染；应将要求分析的全部形态从原试样中定量地提取出来；应完整无损地保留待测元素在原试样中存在的全部状态及分布，包括有机和无机化合物；应避免使用不易清除或使后续分离、测定步骤复杂化的试剂。

通常评价提取方法的效果有两个指标，即提取率和形态变化。要求在保证元素形态不发生变化的前提下，进行参数的优化选择，以取得最大的提取效率。在待测物的提取率和保证形态不变两者之间存在矛盾时，应根据待测物的形态要求，通过实验方法来确定。

用于形态分析的前处理技术有聚焦微波提取、超声辅助提取、超临界流体萃取、固相萃取、固相微萃取、索氏提取等。这些技术在提取元素形态时，要求保持元素的形态不发生变化，且与样品的原始形态相同。

### 4. 元素有效态提取

鉴于用土壤重金属总量指标评价土壤污染状况存在局限性，有学者提出用重金属有效态评价土壤污染程度。目前，国内外对土壤重金属有效态提取大多采用化学试剂法，发现因提取剂不同，元素的测定结果差异很大。选择提取结果稳定、可靠，并能真实反映元素植物效应的提取剂，是准确评价土壤中重金属有效态的关键。

有效态微量元素的提取剂的种类很多，其中有水、盐溶液、稀酸溶液、缓冲溶液、络合剂溶液等，其中有单一组成的，也有混合的（例如，双硫腙和乙酸铵，EDTA 和碳酸铵）；有提取一种元素的，也有提取几种元素的；有些提取剂仅适用于特定类型的土壤，有些提取剂则是各类土壤都通用的。而一种提取方法的确定需要通过一系列的化学和生物试验。

## 2.2.10 衍生化技术

衍生化技术在色谱分析中得到广泛应用。按衍生化反应发生在色谱分离前还是分离后，可将衍生化分为柱前衍生化和柱后衍生化。柱后衍生化主要是为了提高检测的灵敏度。本节介绍的柱前衍生化属于样品前处理范畴。

### 1. 柱前衍生化的目的

柱前衍生化就是在色谱分离之前将样品与一定的化学试剂发生化学反应，将样品中的目标化合物制备成适当的衍生物，然后再用色谱进行分离检测。

柱前衍生化的目的主要是：将一些不适合某种色谱技术分析的化合物转化成可以用该色谱技术分析的衍生物，提高检测灵敏度。如气相色谱仪的电子捕获检测器对含卤素的化合物有很高的灵敏度，可通过衍生化反应将一些化合物接上卤素基团，提高这些化合物的检出灵敏度，改变化合物的色谱性能，改善分离度。利用衍生化反应可以帮助鉴定化合物的结构，这在使用色谱-质谱、色谱-红外光谱和色谱-核磁共振波谱联用方法确定化合物结构时作用更加明显。

对不同模式的色谱，柱前衍生化的目的有不同的侧重。气相色谱中，柱前衍生化主要是改善目标化合物的挥发性；而液相色谱中，柱前衍生化的主要目的是改善检测能力。

### 2. 柱前衍生化的条件

色谱柱前衍生化使用的衍生化反应满足以下几个条件：

（1）反应能迅速、定量地进行，反应重复性好，反应条件不苛刻，易操作。

（2）反应的选择性高，最好只与目标化合物反应，即反应要有专一性。

（3）衍生化反应产物只有一种，反应的副产物和过量的衍生化试剂应不干扰目标化合物的分离与检测。

（4）衍生化试剂应方便易得，通用性好。

**3. 气相色谱中常用的柱前衍生化方法**

（1）烷基衍生物

含有—OH、—COOH、—SH、—NH—和—CONH—等基团化合物的烷基化，是用烷基取代这些基团中的活泼氢，所得烷基衍生物的极性较低，制备这类衍生物所用的反应主要是亲核取代反应，以下式表示：

$$R—OH+R'—X \longrightarrow R—O—R'+HX$$

式中，X 为卤素或易断开的基团，所得的衍生物为醚、酯、硫醚、羧酸酯、N-烷基胺和烷基酰胺。

对于酸性—OH 基，另外一些常用的烷基化试剂有氢氧化四烷基铵、重氮甲烷等。它们与样品发生的烷基化反应可表示如下：

$$R—OH+R^4N^+ \longrightarrow R—O—R'+R^3N+H^+$$
$$R—OH+CH_2N_2 \longrightarrow R—OCH_3+N_2$$

（2）硅烷化衍生化方法

硅烷化衍生化方法是气相色谱样品处理中应用最多的方法，它是利用质子性化合物（如醇、酚、酸、胺、硫醇等）与硅烷化试剂反应，形成挥发性的硅烷衍生物，一般反应式为：

$$R_3Si—X+H—R' \longrightarrow R_3Si—R'+HX$$

硅烷化反应一般在数分钟内即可完成。能进行硅烷化的化合物反应活性一般为：醇＞酚＞羧酸＞胺＞酰胺。反应活性还受空间位阻的影响，其中醇的反应活性为伯醇＞仲醇＞叔醇；胺的反应活性为伯胺＞仲胺。

（3）酯化衍生化方法

有机酸由于极性较强，易产生严重的拖尾现象，而且大多数有机酸挥发性差，热稳定性也较低。因此，许多有机酸（特别是长碳链的有机酸）在进行气相色谱分析之前都要衍生为相应的酯。常用的酯化方法如下：

① 甲醇法

有机酸与甲醇在催化剂存在下加热，可发生酯化反应，生成有机酸的甲酯：

$$RCOOH+CH_3OH \xrightarrow[\triangle]{催化剂} RCOOCH_3+H_2O$$

当催化剂使用 $H_2SO_4$、HCl 时，需要回流，反应时间较长。若用三氟化硼作催化剂，反应可在室温下完成，通常是将三氟化硼通入甲醇中配制酯化剂，然后再进行酯化反应。

② 重氮甲烷法

重氮甲烷可与有机酸反应，生成有机酸的甲酯，放出氮气：

$$RCOOH+CH_2N_2 \longrightarrow RCOOCH_3+N_2$$

此方法简便有效，反应速率快，转化率高，很少有副反应，不引入杂质，但反应要在非水介质中进行。反应条件虽温和，但重氮甲烷不稳定，有爆炸性，有毒（致癌），制备和使用时要特别小心。

③ 三氟乙酸酐法

在三氟乙酸酐存在条件下，有机酸和醇可以反应生成酯：

67

$$RCOOH + R'OH \longrightarrow RCOOR' + H_2O$$

此方法特别适用于空间位阻较大的有机酸和醇或酚的酯化。

④ 其他酯化方法

为了提高方法的灵敏度和选择性，有时需要制备甲酯以外的酯，这些酯化方法有的类似于甲酯反应，如以重氮乙烷、重氮丙烷、重氮甲苯代替重氮甲烷，可制得相应的酯，这些试剂稳定性好、爆炸性小。用 $BF_3$ 的丙醇、丁醇或戊醇溶液与有机酸反应，也可制备相应的丙酯、丁酯或戊酯。

（4）酰化衍生化方法

酰化能降低羟基、氨基、疏基的极性，改善这些化合物的色谱性能（减少峰的拖尾），并能提高这些化合物的挥发性，也能增加某些易氧化化合物（如儿茶酚胺）的稳定性。当酰化引入含有卤离子的酰基时，还可提高使用电子捕获检测器的灵敏度。常用的酰化试剂有酰卤、醋酐和反应活性的酰化物（如乙酸咪唑），其反应为：

$$\begin{array}{c} RNH_2 \\ | \\ ROH + 3/2(R'CO)_2O(或\ 3R'COX) \longrightarrow \\ | \\ RSH \end{array} \begin{array}{c} RNHCOR' \\ | \\ ROCOR' + 3/2H_2O(或\ 3HX) \\ | \\ RSCOR' \end{array}$$

用酸酐和酰卤进行酰化反应会产生副产物——酸。对于气相色谱分析，必须将酸除去，以防止破坏柱效。为此，以酸酐为试剂的酰化反应通常在吡啶、四氢呋喃和其他能接受酸的溶剂中进行。

用活化酰胺试剂（如三氟乙酰咪唑）、N-甲基三氟乙酰胺制备酰基衍生物比较方便，因为反应没有副产物（酸）生成。

常用的酰化方法有：

① 乙酰化法。标准的乙酰化法是将样品溶于氯仿（5mL）中，与 0.5mL 乙酸酐和 1mL 乙酸在 50℃反应 2～6h，真空除去剩余试剂。还可将乙酸钠作为碱性催化剂，以乙酸酐为乙酰酯化试剂进行乙酰化反应，用于糖类的分析。吡啶、三乙胺、甲基咪唑等也可以作为碱性催化剂。乙酰化反应通常在非水介质中进行，但胺类和酚类化合物乙酰化时可在水溶液中进行。

② 多氟酰化法。常用的多氟酰化试剂是三氟乙酰、五氟丙酰和七氟丁酰，其反应活性是三氟乙酰＞五氟丙酰＞七氟丁酰。三氟乙酰和五氟丙酰的衍生物挥发性较强，而七氟丁酰的衍生物电子捕获检测器灵敏度高。多氟酰化反应的时间除取决于多氟酰化试剂的活性外，还取决于目标化合物的活性。多数情况下多氟酰化反应不需溶剂，但也有些需在溶剂中进行。此外，有时还需加碱性催化剂，如胺和酚的多氟酰化，常以苯为溶剂，三乙胺为催化剂；糖类的三氟乙酰化是在氯仿溶剂中以吡啶为催化剂进行的。

此外，还有卤化衍生化法和缩合反应衍生化法等，例如，一丁基锡、二丁基锡及三丁基锡的氯化物曾用于气相色谱分析，但需要在载气中通入氯化氢气体或注射盐酸-甲醇溶液，以抑制丁基锡在柱中的降解，此法条件不便控制。

**4. 液相色谱中常用的柱前衍生化方法**

（1）紫外衍生化反应

大多数紫外衍生化反应来自经典的光度分析和有机定量分析，新的衍生化反应和衍生化试剂是随液相色谱一起发展的，这些反应的原理都来自有机合成。但是，由于柱前衍生化是为色谱分析准备样品，处理样品的量（mg 级）和所用的反应器皿（小型和微型）又不同于常量的有机合成，而是类似于近年来发展的微量有机合成。紫外衍生化反应要选择反应产率高、重复性好的反应。过量试剂和试剂中的杂质如果干扰下一步的色谱分离和检测，则在色谱进样前进行纯化分离。还要注意反应介质对紫外吸收的影响。一些常用的紫外衍生化反应有：

① 苯甲酰化反应。苯甲酰氯及其衍生物——对硝基苯甲酰氯、3,5-二硝基苯甲酰氯和对甲氧基苯甲酰氯都可以同胺、醇和酚类化合物反应，生成强紫外吸收的苯甲酸酯类衍生物，过量试剂可以通过水解除去，反应产物可用有机溶剂提取后直接进样。

② 2,4-二硝基氟代苯的反应。2,4-二硝基氟代苯与醇的反应产率很低，但可与大多数伯胺、仲胺和氨基酸反应，生成强紫外吸收的苯胺类衍生物。

③ 苯基异硫氰酸酯的反应。苯基异硫氰酸酯可与氨基酸反应，生成苯基己内酰硫脲衍生物；苯基异硫氰酸酯与醇类反应生成苯基甲酸酯。

④ 苯基磺酰氯的反应。苯基磺酰氯可与伯胺和仲胺反应。甲苯磺酰氯可与多氨基化合物反应，不仅能提高它们的检测灵敏度，还可改变液相色谱的分离度。

⑤ 有机酸的酯化反应。有机酸很容易与酰溴基反应生成酯。常用的酰溴基试剂有苯甲酰溴、萘甲酰溴、甲氧基苯甲酰溴、对溴基苯甲酰溴和对硝基苯甲酰溴等。有机酸的酯化反应应在极性溶剂（如乙腈、丙酮或四氢呋喃）中进行，有时需加催化剂，如冠醚加钾离子、三乙胺或 N-二异丙基胺等。

⑥ 羰基化合物的反应。醛类和酮类中的羰基可与 2,4-二硝基苯肼反应，生成苯腙衍生物，反应在弱酸性条件下进行。羰基化合物还可以与对硝基苄基烃胺反应，生成有强紫外吸收的肟，反应需碱催化。

（2）荧光衍生化反应

液相色谱中荧光检测器的灵敏度要比紫外检测器高几个数量级，但是液相色谱能分离的对象多数没有荧光。此法主要依靠荧光衍生化试剂通过衍生化反应在目标化合物上接上能产生荧光的生色基团，达到荧光检测的目的。

一般，衍生物的荧光激发波长范围为 350～370nm，发射波长范围为 490～540nm，均取决于目标化合物和测量时使用的溶剂。由于荧光衍生物的激发波长和发射波长与荧光衍生化试剂的不同，即使有过量的试剂或有反应副产物存在，也不会干扰荧光衍生物的检测，因此荧光衍生化反应不需要纯化衍生物，可以直接进样。

**5. 固相化学衍生化法**

前面所述的衍生化反应都是液-液反应，操作较繁琐、费时，且需要一些进行微量有机合成的小型装置。同时，由于反应后过量的衍生化试剂存在，对下一步的色谱分析形成干扰，有时还需要进行进一步的分离。这些都增加了色谱分析的成本和时间。为了改进衍生化方法，使之使用更加方便、快捷，有人以硅胶或高分子小球为基体，在其表面结合一种反应剂，然后填装在短管内，当样品液通过反应管时就可以发生各种化学反应，包括还原、氧化、基团转移和催化等。

这类固相化学衍生化反应可以避免液相衍生化反应给色谱分析带来的不足，可以将衍生化小柱直接与色谱仪器的进样器连接，经过小柱的样品可直接进入色谱仪器进行分析。这实际上是将固相有机合成反应移植到色谱分析中来。

另一类固相化学衍生化试剂是固定化酶反应器。酶是一种具有特殊三维空间构象的蛋白质，能够催化某一底物进行特异化学反应，生成特定的反应产物。酶的催化反应具有高度的专一性，酶试剂在反应中通常是不消失的。酶的固定化使得酶试剂从一次性应用变为可重复使用。酶的固定化可分为化学和物理两种方法，化学法是指在酶和载体之间生成共价键，并保留其生物活性；而物理法仅是吸附在固体表面。对载体的要求是对酶应有较高的亲和力和较大的容量，且容易再生。一般大孔径、大表面积的载体容量大，而容量越大，固定化酶的活性越高、寿命越长。硅球、玻璃微球、氧化铝、聚丙烯酰胺、葡聚糖凝胶、琼脂糖凝胶和纤维素等都可以作为载体。酶一旦被固定，其稳定性增加。利用酶反应的专一性完成的衍生化反应，可以改变底物的化学特性，提高色谱分析的灵敏度和选择性。

**6. 衍生化反应操作及注意事项**

根据涉及的衍生化反应类型不同，可以在各种反应试管和容器中或在密闭的安瓿瓶中进行衍生化反应。因为绝大多数衍生化反应除了要求无水条件外，其他操作条件并非很严格，所以，衍生化反应可以用有不同垫片的密封反应管瓶，其容积为 1～20mL，并配有各种材料的瓶塞和垫片。反应管瓶要能耐受一定压力，可用微量注射器穿过垫片将样品和衍生化试剂加到反应管瓶中，并同样可用微量注射器从瓶中取出最终的衍生产物。

衍生化反应可以用恒温浴或加热块加热，搅拌可用人工或者超声波振荡，或者用微型电磁搅拌器搅拌。对于处理体积极小、只有几微升到几十微升的反应混合物，应采用锥形底反应管瓶，便于反应后抽取衍生产物进行色谱分析。

衍生化反应完成后脱除挥发性溶剂（包括过剩的可挥发性衍生化试剂）最方便的方法是用高纯氮气流吹干，可以用氮气流通过多个支管或针头同时处理多个样品。在衍生化反应过程中要注意以下一些问题：（1）在使用一些对水"敏感"的衍生化试剂时，一定要对样品和使用的溶剂进行脱水，并在反应过程中避免水蒸气的干扰；（2）所用反应容器特别是密封垫片的材料、衍生化试剂和所用溶剂不能含有目标化合物；（3）当生成的衍生化产物是易挥发性化合物时，应采用密封的衍生化容器或低温冷冻处理，防止目标化合物的流失；（4）衍生化反应完成后，应及时进行色谱分析，如不能及时分析，要将衍生化产物妥善存放，并尽快进行分析。

## 2.2.11 顶空、吹扫捕集和热解析技术

**1. 顶空技术**

顶空分析（Head Space Analysis）是一种分析固体或液体顶部蒸气相中的挥发性有机物质的样品前处理技术。与液-液萃取和固相萃取方法相比，顶空分析既可以避免溶剂浓缩时引起挥发性物质的损失，又降低了共提取物的干扰，减少了进样系统维护的时间和费用。同时，由于顶空分析不使用有机溶剂，减少了对环境的污染和分析人员的危害，而且也无溶剂峰干扰。顶空分析法包括静态顶空分析法（Static Head Space Analysis）、动态顶空分析法（Dynamic Head Space Analysis/Purge and Trap Analysis）和顶空-固相微萃取技术（Head Space-Solid Phase Micro-extraction Analysis）等。

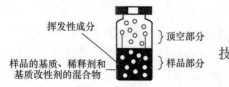

挥发性成分
}顶空部分

样品的基质、稀释剂和
基质改性剂的混合物
}样品部分

图 2-27　静态顶空的原理示意图

（1）静态顶空分析法

静态顶空分析法是顶空分析法发展中出现最早的技术，其原理示意图如图 2-27 所示。

静态顶空分析法在仪器模式上可以分为三类，即顶空气体直接进样模式、平衡加压采样模式和加压定

容采样进样模式。

① 顶空气体直接进样模式。配有气密性的气体取样针，一般在气体取样针的外部套有温度控制装置。这种静态顶空分析法模式具有适用性广和易于清洗的特点，其流程如图 2-28 所示。

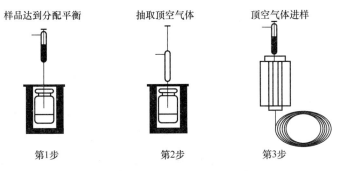

图 2-28　顶空气体直接进样模式的工作流程

② 平衡加压采样模式。由压力控制阀和气体进样针组成，待样品中的挥发性物质达到分配平衡时，对顶空瓶内施加一定的气压，将顶空气体直接压入到载气流中。由于这种采样模式靠时间程序来控制分析过程，很难计算出具体的进样量。但平衡加压采样模式的系统死体积小，具有很好的重现性，同样为了减少挥发性物质在管壁和注射器中的冷凝，应将管壁和注射器加热到适当的温度，而且在每次进样前用气体清洗进样针，工作流程如图 2-29 所示。

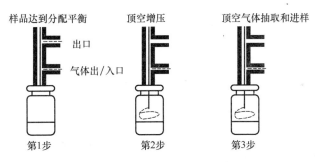

图 2-29　平衡加压采样模式工作流程

③ 加压定容采样进样模式。由气体定量环、压力控制阀和气体传输管路组成，该系统靠对顶空瓶内施加一定的气压将顶空气压入六通阀的定量环中，然后用载气将六通阀的定量环中的顶空成分带入色谱柱中。这种方法的优点是重现性好，很适合顶空的定量分析。但由于系统管路较长，挥发性物质易在管壁上吸附，一般将管路和注射器加热到较高的温度，工作流程如图 2-30 所示。

静态顶空分析法的主要缺点是有时必须进行大体积的气体进样，使挥发性物质色谱峰的初始展宽较大，影响色谱的分离效能。如果样品中待分析组分的含量不是很低，较少的气体进样量就可以满足分析的需要时，静态顶空分析法仍是一种非常简便而有效的方法。

（2）动态顶空分析法

动态顶空分析法起源于多孔高聚物对顶空气体中的挥发性物质的捕集和分析。动态顶空分析法是指用连续惰性气体（一般为高纯氮气）不断通过液态的待测样品，将挥发性组分

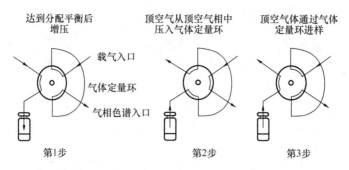

第1步　　　　　　　第2步　　　　　　　第3步

图 2-30　加压定容采样进样模式工作流程

从液态的基质中"吹扫"出来，随后挥发性组分随气流进入捕集器，经捕集器中的吸附剂捕集或者采用低温冷阱的方法进行捕集，最后将捕集物进行脱附分析。该方法不仅适用于复杂基质中挥发性较高的组分，对较难挥发或浓度较低的组分也同样有效。

动态顶空分析法可以分为：吸附剂捕集模式和冷阱捕集模式。

吸附剂捕集模式中常用的吸附剂主要有 Porapar KQ 系列（苯乙烯和二乙烯基苯类聚体的多孔微球）、各种高聚物多孔微球和 Tenax TA（2,6-二苯呋喃多孔聚合物）。在这些有机吸附剂中，目前 Tenax TA 的应用最为广泛，它热稳定性好，加热解吸至 350℃ 仍不至于发生分解，而且对水吸附程度低，所以十分适合对液态基质中的挥发性成分的分析。但是在具体的实验中需要对捕集所用的聚合物的极性、穿透体积和性能进行一定的筛选，并且吹扫时要将捕集器瞬间升温，使被吸附的组分迅速脱附并进入色谱柱以减少色谱的初始展宽。吸附剂式的动态顶空分析原理如图 2-31 所示。

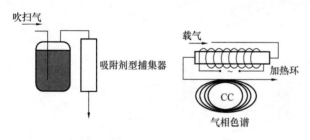

图 2-31　吸附剂动态顶空分析原理

近年来，还有一种新的低温凝集技术出现，即冷阱捕集模式，它利用液氮等制冷剂的低温，将挥发性组分凝集在一段毛细管中，使之成为一个狭窄的组分带，然后经过急速加热而进入色谱柱，这样对低沸点组分的分离效果能显著提高。目前，这一方法在环境监测中得到广泛应用。但是，在冷阱捕集分析中，水对测定的影响很大，其在低温时很容易形成冰，堵塞捕集器，因此，采集样品时需去除水分。冷阱式的动态顶空分析原理如图 2-32 所示。

（3）顶空-固相微萃取技术

顶空-固相微萃取技术是把顶空技术和固相微萃取两种技术结合起来的一种新技术，属于固相微萃取技术中的一种萃取模式。目前，顶空-固相微萃取技术在环境监测、农药、食品、中药分析等领域得到了广泛的应用，主要用于气相色谱、气相色谱-质谱、高效液相色谱及毛细管电泳等分析技术联用，实现了样品的自动在线检测。

对顶空-固相微萃取技术进行优化的因素主要有：① 萃取头的选择、涂层

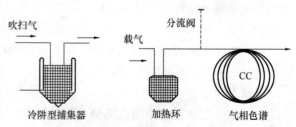

图 2-32　冷阱动态顶空分析原理

的厚度对待测物的吸附量和平衡时间都有一定的影响。一般来说，涂层越厚，吸附量就越大，但到达吸附平衡的时间就越长，分析速度就慢。② 萃取温度。温度升高可提高气相中待测物浓度，但过高会降低待测物在顶空气相和涂层间的分配系数，从而降低萃取头的吸附能力。③ 萃取时间。萃取时间指达到或接近吸附平衡所需要的时间。④ pH 和无机盐。适当调节样品溶液 pH 可增加溶液的离子强度，溶解度减小，更易从基质中分离，提高萃取效率。尤其是萃取酸性或碱性物质时，通过调节样品的 pH 来改善组分亲脂性，大大提高萃取效率。但 pH 不宜过高或过低，酸碱性太强的溶液很容易破坏固相涂层，缩短萃取头的寿命。在顶空-固相微萃取操作之前，向液体试样中加入少量氯化钠、硫酸钠等无机盐可增强溶液离子强度，降低极性成分在水中的溶解度，起到盐析作用，提高分配系数，增加萃取头对组分的吸附。⑤ 搅拌。为促进样品尽快达到分配平衡，通常在萃取过程中对样品进行搅拌。搅拌能加快待测物由液相向气相扩散的速度，缩短萃取时间。搅拌方式主要有磁力转子搅拌、高速匀浆、超声波振荡等，而磁力转子搅拌设备最简单，是最常用的搅拌方法。

近年来，在顶空-固相微率取技术的研究中采用衍生化方法进行样品提取的方法也越来越多。如通过向样品中加入衍生试剂，将强极性、难挥发的待测物转化为极性较弱或易挥发的物质，极大地提高了萃取效率和方法灵敏度。

**2. 吹扫捕集技术**

吹扫捕集技术是用氮气、氦气或其他惰性气体连续通过样品，将被测物从样品中萃取出来后在吸附剂或冷阱中捕集，再进行分析测定，是一种非平衡态的连续萃取。由于惰性气体一直在吹扫，破坏了密闭容器中气-液两相的平衡。使挥发性组分不断地从液相进入气相而被吹扫出来。

影响吹扫捕集吹扫效率的因素有吹扫温度、样品的溶解度、吹扫气的流速及吹扫时间、捕集效率、解吸温度及时间等。不同的化合物，其吹扫效率也略有不同。

（1）吹扫温度

提高吹扫温度，相当于提高蒸气压，因此，吹扫效率也会提高。在吹扫含有高水溶性的组分时，吹扫温度对吹扫效率影响更大。但是当温度过高时，带出的水蒸气量也会随之增加，不利于下一步的吸附，给非极性的气相色谱分离柱的分离也带来困难，水对火焰类检测器或质谱检测器都有损坏作用，所以一般选取 50℃ 或 60℃ 作为常用温度。对于高沸点强极性组分，可以采用更高的吹扫温度。

（2）样品溶解度

溶解度越高的组分，其吹扫效率越低。对于高水溶性组分，只有提高吹扫温度才能提高吹扫效率。盐效应能够改变样品的溶解度，通常盐的含量可加到 15％～30％，不同的盐对吹扫效率的影响也不同。

（3）吹扫气的流速及吹扫时间

通常用控制吹扫气体的压力来控制吹扫流速，以取得合适的吹扫效率。吹扫流速越快，吹扫效率越高。但流速过快时，对后面的捕集效率不利，会将捕集在吸附剂或冷阱中的被分析物吹脱。因此，需要控制合适的吹扫速率和吹扫时间。

（4）捕集效率

吹扫物在吸附剂或冷阱中被捕集，捕集效率对吹扫效率影响也较大。选择合适的吸附剂和冷阱温度，可以取得最大的捕集效率。

（5）解吸温度及时间

一个快速升温和重复性好的解吸温度是吹扫捕集的关键技术，它影响整个分析方法的准确度和重复性。较高的解吸温度和升温速率能够更好地将挥发性物质送入气相色谱柱，得到窄的色谱峰。

吹扫捕集技术适用于从液体或固体样品中萃取沸点低于 200℃、溶解度小于 2% 的挥发性或半挥发性有机物。美国 EPA601、EPA602、EPA603、EPA624、EPA501.1 与 EPA524.2 等标准方法均采用吹扫捕集技术。特别是随着商品化吹扫捕集仪器的广泛使用，吹扫捕集法在挥发性和半挥发性有机化合物分析、有机金属化合物的形态分析（如四乙基铅）中起到了重要作用，吹扫捕集法作为样品的有机溶剂的前处理方法，对环境无污染，而且具有取样量少、富集效率高、受基体干扰小及容易实现在线检测等优点。

### 3. 热解吸技术

（1）基本原理

吸附管采样-热脱附法是利用吸附剂吸附待测化合物，并使其与样品基体分离以达到富集浓缩的前处理目的。目前，被吸附物的脱附通常有两种方法：溶剂洗脱和热脱附。其中，热脱附是指利用热量和惰性气体将挥发性有机物从固体或液体样品中洗脱出来，并直接利用载气将挥发物传送至下一个系统单元（气相色谱仪），通过气相色谱仪的分离后由不同检测器检测。它不需要使用溶剂，适用于挥发性和半挥发性有机物的前处理。热脱附法与溶剂洗脱法相比具有以下优点：可全部进样；不需要使用有毒有机溶剂，无溶剂峰，不带入其他杂质；检测灵敏度大大提高（比溶剂洗脱法提高了 1000 倍）；可靠性好，脱附效率高，可达 95% 以上；操作方便，可实现自动化；运行成本低，吸附管可重复使用。但热脱附法需要专门的热脱附仪。

吸附剂种类、性质及其选择性对于吸附浓缩/热脱附技术是至关重要的，通常按照吸附剂所用材料的性质、结构可将吸附剂分为无机吸附剂和有机多孔聚合物吸附剂两大类；按照极性可分为极性吸附剂、中极性吸附剂和非极性吸附剂三种；按照吸附剂对水的吸附能力强弱可分为亲水性吸附剂和疏水性吸附剂。

（2）吸附剂的吸附容量和测定方法

吸附容量是衡量一种吸附剂对某种化合物吸附能力的主要标志，吸附剂的吸附容量常用穿透体积表示。穿透体积（Breakthrough Volume）是当含有一定浓度（或一定量）待测物质的空气通过采样管后，在采样管出口端检出进样浓度（量）的 5% 时，采样管所通过的空气体积。由于穿透体积不易测定，一般是通过测定 20℃ 时保留体积来计算吸附剂的吸附容量。

保留体积是当载气通过采样管时，将一定浓度的待测物质从入口处带到出口处所需要的载气体积。保留体积的测定一般是将采样管作为色谱柱（或用与采样管相同的填充柱填充相同质量吸附剂）测定待测物质的保留体积，再减去甲烷的死体积。

吸附剂的保留体积主要与待测物质的种类和实验温度有关，根据色谱理论，分析物在色谱柱的保留体积等于校准保留时间与载气流速的乘积。由于在 20℃ 时，一些物质在一些吸附剂上的保留时间可能长达几小时甚至数十小时，因此，不宜在室温下测定保留体积。

保留体积与温度有如下关系，如式（2-19）所示：

$$\lg V = \frac{A}{T} + C \tag{2-19}$$

式中，$V$ 为保留体积，L；$T$ 为热力学温度，K；$A$ 为 $\Delta H / R$，其中 $\Delta H$ 为吸附热焓；$C$ 为

常数。

　　根据式（2-19），选取几个温度点，建立温度与保留体积的线性关系，通过回归方程外推到 20℃时的保留体积。对于温度点的设定，如果吸附剂吸附能力强，为缩短测定时间可以选用较高的温度；如果吸附能力弱，可以选用较低的温度以保证保留时间测定的准确性。对于实际样品的采集，为保证采样时采样管不穿透，通常采样体积要小于安全采样体积。安全采样体积是指当含有一定浓度的待测物质的空气通过采样管后，在采样管出口端检测不到待测物质时通过的最大空气体积。一般将穿透体积的 2/3 定为安全采样体积。

　　固体吸附剂采样时，一般选用的流量是 0.01～1L/min，如果使用很低的流量时，还应考虑分析物质在吸附剂上的扩散作用。因此，在采样时防止扩散作用，采样流速不应太低，但流速升高会降低吸附剂的吸附容量。对于外径为 6mm 的采样管，最佳的采样流量为 50mL/min，实际推荐的采样流量为 10～200mL/min，流量超过 200mL/min 或低于 10mL/min 将产生较大的误差。采样所需的时间应该根据安全采样体积和仪器的灵敏度来决定。

　　（3）活性炭吸附剂

　　活性炭吸附剂属于非极性吸附剂和无机吸附剂，常用于吸附非极性和弱极性有机物，具有吸附容量大、吸附能力强和对水的吸附能力小等优点，适于吸附有机气体，尤其适合浓度低、湿度大的样品。

　　对于挥发性有机物，最常用的吸附剂为椰子壳活性炭，它价格便宜，且对苯系物和一些卤代烃具有较高的吸附能力。美国国家职业安全与健康研究所（The National Institute for Occupational Safety and Health，NIOSH）和职业安全与健康局（Occupational Safety and Health Administration，OSHA）推荐的一些挥发性有机物如烷烃类（NIOSH 1500 方法）、芳香烃类（NIOSH 2005 方法）、氯代烃类（NIOSH 1003 方法）的通用方法均采用活性炭吸附。

　　活性炭吸附剂通常较少用于热脱附进样，一方面活性炭吸附能力太强不易脱附；另一方面活性炭中含有一些金属成分，这些金属会使有机物在加热过程中发生分解，因此，国外已有一些改性活性炭产品用于热脱附。

　　（4）硅胶吸附剂

　　硅胶吸附剂是一种极性吸附剂，对极性物质具有较强的吸附作用。与活性炭相比，硅胶吸附剂的吸附能力弱，吸附容量小，从硅胶上将吸附的物质解吸下来比较容易。硅胶主要用于乙酰胺、芳香胺和脂肪胺等的采样，解吸溶剂常用极性溶剂如甲醇、乙醇等。

　　（5）有机多孔聚合物吸附剂

　　与无机吸附剂相比，有机多孔聚合物吸附剂脱附温度低、疏水性强、广泛用于不同环境样品中的各类挥发性有机物的分析。20 世纪 90 年代，有机多孔聚合物吸附剂开始得到广泛的应用。目前，有机多孔聚合物吸附剂有 Tenax、Porapak、Chromosorb、Amberlite 等系列，其组成及主要性质见表 2-9。

表 2-9　多孔聚合物吸附剂

| 吸附剂 | 组　成 | 比表面积 /(m²/g) | 使用温度极限 /℃ |
|---|---|---|---|
| Tenax GC | 聚（2,6-二苯基-p-苯乙烯基氧化物） | 19～30 | 450 |
| Tenax TA | 聚（2,6-二苯基-p-苯乙烯基氧化物） | 35 | 300 |

续表

| 吸附剂 | 组　成 | 比表面积 /(m²/g) | 使用温度极限 /℃ |
|---|---|---|---|
| Tenax GR | 聚（2,6-二苯基-*p*-苯乙烯基氧化物）＋23％石墨化碳 | — | 350 |
| Chromosorb 101 | 聚（苯乙烯-二乙烯基苯） | 350 | 275 |
| Chromosorb 102 | 聚（苯乙烯-二乙烯基苯） | 350 | 250 |
| Porapak N | 聚乙烯吡咯烷酮 | 220～350 | 190 |
| Porapak Q | 聚（乙基乙烯苯-二乙烯基苯） | 500～600 | 250 |
| Amberlite XAD-2 | 聚（苯乙烯-二乙烯基苯） | 300 | 200 |
| Amberlite XAD-4 | 聚（苯乙烯-二乙烯基苯） | 750 | 150 |
| Heyesep A | 二乙烯基苯-二乙二醇二甲基丙烯酸酯共聚物 | 526 | 165 |
| Heyesep D | 二乙烯基苯聚合物 | 795 | 290 |

（6）混合吸附剂

每种吸附剂都有其适用范围，在测定一组性质相近的污染物时，可采用一种吸附剂。由于空气中挥发性化合物种类多、沸点范围宽，在测定空气中多种有机物时，常需要采用混合吸附剂。将几种性质不同的吸附剂组合起来，能弥补单一吸附剂的缺陷，较为常见的吸附剂有活性炭＋Tenax、活性炭＋Tenax＋硅胶。EPA 方法 T017 专门介绍了三种较常用的混合吸附剂：Tenax GR＋Carbopack™ B 混合吸附剂、Carbopack MB＋Carbosieve™ B＋Carbosieve™ SⅢ（或 Carbosieve™ 1000）混合吸附剂、Carbopack™ C＋Carbopack™ B＋Carbosieve™ SⅢ（或 Carboxen™ 1000）混合吸附剂。

采样管中填装三种以上吸附剂时不能随意填装，混合吸附剂必须按照吸附强度的大小顺序填装，吸附剂之间以硅烷化的玻璃棉或石英纤维隔开。采样时，气流的方向应从弱吸附剂一端进入，从强吸附剂一端出来。在进行热解吸时，气流的方向应从强吸附剂到弱吸附剂，这样可以提高热解吸效率。

## 2.2.12　样品净化技术

由于环境样品组成复杂，经萃取处理后，还存有硫化物、色素、脂类、水等极性物质及其他杂质，不能直接进行色谱分析，需要用有效的净化方法来消除干扰，通常采用吸附色谱（主要是柱层析法）、酸碱分离法、凝胶渗透色谱、单质硫净化法、高效液相色谱等净化手段。

美国 EPA 公布的有机污染物测定方法许多要求采用相应的净化方法。例如，Method 8310 用高效液相色谱法测定废物中 16 种多环芳烃，推荐使用 Method 3630 硅胶净化，减少干扰物对分析测定的影响。许多基质要求同时采用多种净化方法来保证正常的分析测定，但每种净化过程都或多或少引起目标分析物的损失，降低分析的灵敏度。因此，在净化过程中，操作要仔细严格。

**1. 吸附层析法**

吸附层析法是利用固定相（吸附剂）对混合物中各组分的吸附能力不同来实现分离的。吸附剂一般采用硅胶、氧化铝、硅酸镁（Florisil，俗称弗罗里硅土）及各种不同的复合型吸附剂（多层硅胶氧化铝复合柱、弗罗里硅土和中性氧化铝混合层析柱）等。

　　吸附层析法中溶剂的选择与被分离物质关系极大，须根据被分离物质的极性和所采用吸附材料的性质加以考虑。用极性吸附材料进行层析时，当被分离物质为弱极性物质，一般选用弱极性溶剂为洗脱剂。如果对某一极性物质用吸附性较弱的吸附剂（如以硅藻土或滑石粉代替硅胶），则洗脱剂的极性也需相应降低。

　　被分离的物质、吸附材料和洗脱剂共同构成吸附层析中的 3 个要素，彼此紧密相关。在特定吸附剂与洗脱剂的条件下，各个成分的分离情况直接与该物质的结构与性质有关。对极性吸附剂而言，分离成分的极性越大，吸附力越强，目标物越易被洗脱下来，而极性较强的干扰物则保留在吸附层析柱中。

　　（1）硅胶柱净化

　　硅胶是由硅酸钠和硫酸反应生成的弱酸性非结晶状硅酸，具有硅氧烷的交链结构，同时在颗粒表面又有很多硅醇基。硅醇基的含量决定了硅胶吸附作用的强弱。硅醇基能通过氢键吸附水分，随吸着水分的增加硅胶的吸附力降低，含水率达到 10% 时即失活。所以，硅胶在使用前要经过活化，即加热到 150～160℃ 使因氢键吸附的水分被除去。当温度高至 500℃ 时，硅胶表面的硅醇基也能脱水缩合转变为硅氧烷键，从而丧失了活性。所以硅胶的活化不宜在较高温度进行（一般在 170℃ 以上即有少量结合水失去）。

　　硅胶净化柱可以是人工填充的硅胶层析柱，也可以是商品化的硅胶小柱。一般是将样品萃取液移入净化柱内，再用适当溶剂进行淋洗，使干扰物质留在净化柱内，必要时洗脱液再经适当浓缩定容。

　　硅胶净化的洗脱溶剂有乙醚、正戊烷、正己烷、甲苯、环己烷、丙酮、异丙醇、二氯甲烷及混合溶剂等。

　　硅胶柱可以净化样品萃取液中的多环芳烃类化合物、酚类衍生物、有机氯农药、多氯联苯 Aroclors 类化合物等。

　　（2）硅酸镁柱净化

　　硅酸镁（Florisil）仍是一种高选择性的吸附剂，主要由二氧化硅（84%）、氧化镁（15.5%）和硫酸钠（0.5%）三种成分组成。弗罗里硅土共有 4 种级别，其中只有两种（Florisil PR 和 Florisil A）适用于净化过程。Florisil PR 在 675℃ 下活化，主要用于农药残留的净化；Florisil A 在 650℃ 下活化，主要用于其他分析物的净化。

　　硅酸镁净化的洗脱溶剂与硅胶净化类似，有乙醚、正戊烷、正己烷、甲苯、二氯甲烷、丙酮、异丙醇、石油醚及混合溶剂等。

　　在正相条件下，其能够从非极性基质中强烈吸附极性分析物，被美国 EPA 指定用于环境样品、废水、土壤样品中农药残留的监测。硅酸镁净化技术可用于农药残留和其他的氯代烃类或从烃类中分离含氮化合物、从脂肪族-芳香族的混合物中分离芳香化合物，以及类似于脂肪类、油类和蜡类的净化。另外，在分离甾族化合物、抗生素、酯类、酮类、甘油酯类、生物碱类和一些糖类方面，弗罗里硅土被认为是很有用的。

　　（3）氧化铝柱净化

　　氧化铝也是一种强极性吸附剂，与硅胶类似，在高 pH 条件下，氧化铝比未键合官能团的硅胶更稳定，更细的颗粒能确保好的萃取效率。氧化铝是一种典型的路易斯酸，它有酸性、中性和碱性之分。

　　酸性氧化铝的路易斯酸特性被增强，对富电子化合物具有更好的保留性，更易保留中性或带负电荷物质（如电中性酸或酸性阴离子），不能很好保留带正电荷的物质。酸性氧化铝的 pH 在 4～5 之间，用于分离酸性颜料（天然的和合成的）和强酸类等。

中性氧化铝具有电中性表面，偏向于保留芳香族和脂肪胺类等富电子化合物，对电负性基团（如含氧、磷、硫等原子的官能团）的化合物有一定保留能力。中性氧化铝的 pH 在 6～8之间，用于分离醛类、酮类、醌类、酯类、内酯类、配糖物等。其缺点是活性比碱性氧化铝小。

碱性氧化铝的表面偏向于保留带正电荷或含氢键类物质，具有阴离子特性，并有阳离子交换功能。能保留给电子体样品（如中性胺类化合物），碱性氧化铝有强氧键作用，对极性阳离子样品作用十分明显。碱性氧化铝的 pH 在 9～10 之间，用于分离碱性和中性化合物，对于碱、醇类、烃类、甾族化合物类、生物碱类、天然颜料等性质稳定。

**2. 酸碱分离净化**

酸碱分离法是一种液液分离的净化方法，通过调节 pH，可用于有机酸、苯酚类等酸性目标物与胺类、多环芳烃等碱性或中性目标物的分离，也可用于吸附层析法的前处理。

先将萃取后的有机萃取液与强碱性的水溶液振动混合，使酸性物质进入水溶液相，而碱性和中性的物质则保留在有机溶剂相中，达到酸碱分离的目的。如果目标物质呈碱性或中性，保留在有机相中，浓缩后有待进一步的净化和分析；如果目标物呈酸性，进入了水相，可加酸中和后，再用有机溶剂进行固相萃取或液液连续萃取。

**3. 凝胶渗透色谱净化**

凝胶渗透色谱法（Gel Permeation Chromatography，GPC）是一种通过疏水性胶体吸附和有机溶剂洗脱，按照相对分子质量大小将萃取组分分离的分子排阻净化方法。

凝胶渗透色谱的固定相是惰性的珠状凝胶颗粒，凝胶颗粒的内部具有立体网状结构，呈现多孔穴。当包含多种组分（分子大小不同）的样品进入凝胶渗透层析柱后，各个组分就向固定相的孔穴内扩散，组分的扩散程度取决于孔穴的大小和组分分子大小。比孔穴孔径大的分子不能扩散到孔穴内部，完全被排阻在孔外，只能在凝胶颗粒外的空间随流动相向下流动，它们经历的流程短，流动速度快，所以首先流出；而较小的分子则可以完全渗透进入凝胶颗粒内部，经历的流程长，流出层析柱的时间长，所以最后流出；而分子大小介于二者之间的分子在流动中部分渗透，渗透的程度取决于它们分子的大小，所以它们流出的时间介于二者之间，分子越大的组分越先流出，分子越小的组分越后流出。这样，样品经过凝胶层析后，各个组分便按分子从大到小的顺序依次流出，从而达到了分离的目的。所以，可根据分离组分的相对分子质量大小，选取排阻尺寸范围合适的凝胶，将其中的大分子组分与小分子组分分离。

净化时，样品溶液加到净化柱上后，用溶剂淋洗，分子质量大的脂肪、色素、蛋白质等先被淋洗出来，然后小分子物质相继被淋洗出来。在芳烃、有机氯化合物的监测中，GPC 是除去类脂物较好的途径之一。淋洗溶剂的极性对分离的影响并不起决定作用，因此，在对富含油脂、蛋白质、色素等样品进行净化时，可优先考虑利用 GPC 先去掉大分子杂质，再结合其他的净化方法进一步去掉小分子杂质，以达到最终净化的目的。

全自动型 GPC 仪主要由样品进样和收集系统、泵、分离柱、淋洗剂、检测器和计算机控制系统等组成。

GPC 具有净化容量大、可重复使用、适用范围广、自动化程度高、净化效率好、回收率高等特点，值得进一步优化、规范，扩大其在环境样品前处理中的应用范围。

GPC 净化技术被推荐用于从样品中除去各种脂类化合物、聚合物、共聚物、蛋白质、天然树脂及其聚合物、细胞组分、病毒和分散的高分子化合物等，适用于包括酚类和有机酸类、酞酸酯类、硝基芳香类、多环芳烃类、氯代烃类、碱或中性化合物、有机磷杀虫剂、有机氯杀虫剂、含氯除草剂等各种化合物样品提取物的净化。

**4. 单质硫净化法**

在沉积物样品、海藻样品和一些工业废物中常常含有一定量的单质硫。单质硫的溶解性与有机氯农药和有机磷农药相似，能溶于有机溶液中。通过常规的萃取和净化，不能得到有效的去除。并且单质硫会影响后续的色谱检测（如电子捕获等）。例如，在常规色谱检测条件下分析农药残余，单质硫造成的影响会持续很长的时间，甚至完全掩盖住从溶剂峰到艾氏剂等分析目标物峰的整个范围。

美国 EPA 推荐了三种除去硫干扰的除硫剂，① 使用活性铜粉吸收法（用硝酸活化铜粉），活性铜粉法使用较方便，常将之置于层析柱顶层与层析柱净化一同使用，但活性铜粉会降解有机磷和部分有机氯农药；② 汞，汞有剧毒，对操作人员身体有危害；③ 四丁基铵-亚硫酸盐吸收法，四丁基铵-亚硫酸盐需要使用正己烷萃取除杂后才能使用，而且需严格控制实验条件，方法比较繁琐。

## 习题与思考题

1. 请结合环境样品分析实例，阐述样品前处理的必要性。
2. 样品前处理评价指标之一的富集倍数是如何计算出来的？
3. 请理解传统溶剂萃取法的基本原理以及优缺点。
4. 请说明液液微萃取技术的特点、类型和发展趋势。
5. 固相萃取法的装置、吸附剂和操作步骤是怎样的？
6. 请说明固相微萃取法的装置、萃取方式和萃取效率的影响因素。
7. 什么是超临界流体？超临界流体萃取有什么优势？其装置和萃取方式如何？
8. 请阐述微波萃取和微波消解的差异。
9. 请介绍挥发性有机污染物的三种常用前处理技术。
10. 请理解样品净化在环境污染物分析样品前处理中的重要性，并说明常用的净化方法。

# 第3章 仪器分析

**学习提示**

了解各种光谱分析技术、色谱分析技术以及联用技术的原理；熟悉各种分析仪器的构造和使用方法；掌握紫外-可见分光光度法、分子荧光分析法、原子吸收光谱法、气相色谱法、高效液相色谱法、离子色谱分析法的原理以及电感耦合等离子体质谱分析技术；重点掌握色谱-质谱联用技术的原理与应用。本章学习共需要8～10学时。

## 3.1 概　　述

### 3.1.1 仪器分析的必要性

随着人类生活和生产方式的改变，排放到环境中的污染物种类和数量也不断增加，对于环境仪器分析方法和设备的要求也在提高。由于环境样品具有种类繁多、成分复杂、非均匀性和不稳定性等特点，常用的经典分析方法难以快速、准确地得到结果，因此需要建立快速灵敏、准确的测试技术。当今污染物分析标准方法几乎全部都是现代仪器分析化学的具体应用与发展。随着现代仪器分析技术日趋成熟，将先进的仪器分析技术应用于污染物分析，提高样品的分析效率以及检测结果的灵敏性和准确性势在必行。

### 3.1.2 仪器分析的特点与发展趋势

**1. 特点**

仪器分析是以测量物质的物理性质或物理化学性质为基础来确定物质的化学组成、含量以及结构的一类分析方法。仪器分析法具有以下特点：

（1）灵敏度高，试样用量少

仪器分析的试样用量达到 $\mu L$、$\mu g$ 级，甚至 ng 级，更适用于试样中微量、半微量乃至超微量组分的分析。

（2）重现好，分析速度快

飞速发展的计算机技术在分析仪器上的应用，使仪器的自动化程度大大提高，不仅操作更加简便，而且随着仪器体量的不断减小，更方便携带，易于实现在线分析和远程分析。

（3）用途广泛，能适应各种分析要求

仪器分析方法众多，功能各不相同，不仅可以进行定性、定量分析，还能进行分子结构分析、形态分析、微区分析、化学反应有关参数测定等。分析仪器不仅是重要的分析测试方法，而且还是强有力的科学研究手段。

（4）可实现对复杂样品的成分分离和分析

仪器分析法对试样的原始状态进行测试，实现对试样的无损分析以及表面、微区、形态等的分析。

**2. 仪器分析发展趋势**

现代分析技术以仪器分析为主，现代仪器分析的发展具有以下特点：

（1）分析仪器的综合性

仪器分析是一门综合性科学，现代科学技术的发展早已打破了传统学科间的界限，现代分析仪器更是集多种学科技术于一身，特别是与计算机技术的相互融合和相互促进，使分析仪器的信息化速度、自动化速度以及网络化速度更快。

（2）分析仪器的技术创新

当今世界的各个尖端科学技术（如信息技术、新材料技术、新能源技术、生物技术、海洋技术、空间技术和环境技术）的发展都离不开现代分析测试技术。现代仪器分析的分析对象已经从过去的简单的成分分析和一般的结构分析，发展到了从微观和亚微观结构的层面上去探索物质的外在表观与物质结构之间的内在联系，寻找物质分子之间相互作用的微观反应规律。

（3）分析仪器的微型化、智能化、自动化及在线分析检测

目前，人们的日常生活与分析测试技术的应用密不可分，例如，在食品安全、医疗诊断、环境监测等领域，都离不开现代分析测试技术。分析仪器进一步的微型化、自动化和智能化，不但能够对复杂体系、动态体系实时、快速、准确地定性和定量分析，而且使在线分析和远程分析变得更方便。

（4）分析仪器操作的专业化

现代科学仪器是信息的源头，它包含许多基础科学和应用学科方面的内容，更涉及许多边缘科学、交叉学科的实验技能知识，这就对分析测试技术人员的专业素质提出了更高的要求。没有能够熟练掌握分析理论和实验操作技能的专业人员，就不能充分高效地利用已有的技术条件服务于各个专业发展的需要。

（5）仪器联用技术的发展

随着现代科学技术的发展，试样的复杂性、测试难度、信息量以及响应速度不断对仪器分析方法提出新的挑战与要求。仅采用一种分析方法，往往不能满足这些要求。各类分析仪器的联用，特别是分离仪器与检测仪器的联用，使分离仪器的分离功能和检测仪器的检测功能得到很好的结合，有利于发挥各种分析仪器的优点，逐步适应分析检测任务对仪器分析方法的新需求。其中，分离仪器包括气相色谱仪、液相色谱仪、超临界流体色谱仪、原子发射光谱仪等；检测仪器包括质谱仪、核磁共振波谱仪、傅里叶变换红外光谱仪、原子光谱仪等。

现代仪器分析技术的上述特点以及发展特点，使得仪器分析技术成为环境污染物分析的不可替代的重要分析监测手段。环境分析不同于一般分析检测，因为一方面，环境中的污染物的含量都是微量、痕量、超痕量，并且受复杂的环境因素的影响；另一方面，这些污染物都以不同的形态存在，不同的形态一般具有不同的理化性质和毒性。因此，单一的分析仪器很难对这些复杂的环境样品进行有效的分析。为了适应这一要求，联用技术在现代环境分析中迅速发展起来，显示了巨大的生命力。因此，本章在介绍环境污染物分析中常用的仪器分析技术基础上，将重点介绍联用技术的基本原理、仪器构造以及定性、定量分析方法。

# 3.2 光 谱 分 析

## 3.2.1 紫外-可见分光光度法

紫外-可见分光光度法（Ultraviolet-visible Spectrophotometry，UV-vis）是建立于物质的分子与光子相互作用过程中所产生的吸收光谱基础上的一种光学仪器分析方法。紫外-可见分光光度法方法简单、灵敏度高、准确度好，通常使用的仪器价格也便宜，是目前使用较广泛的定量分析方法之一。

**1. 基本原理**

（1）吸收光谱的产生

分子中的电子，总是处于某种运动状态，具有一定的能量，属于一定的能级。当具有一定能量的光子作用于物质的分子时，处于基态的电子吸收了光子的能量，从低能态跃迁至高能态。跃迁前后两个能级的能量差（$\Delta E$）与光子波长（$\lambda$）或频率（$\nu$）之间的关系满足普朗克公式，如式（3-1）所示，即

$$\Delta E = E_2 - E_1 = h\nu = hc/\lambda \tag{3-1}$$

式中，$E_2$ 为高能级的能量；$E_1$ 为低能级的能量。

紫外-可见吸收光谱是由于分子的价电子跃迁所致。每种电子能级的跃迁伴随着若干振动和转动能级的跃迁，使分子光谱呈现宽带吸收。

有机化合物的吸收带主要由 $\sigma \rightarrow \sigma^*$、$\pi \rightarrow \pi^*$、$n \rightarrow \sigma^*$、$n \rightarrow \pi^*$ 及电荷转移跃迁产生。无机化合物的吸收带主要由电荷转移和配位场跃迁（即 $d \rightarrow d^*$ 和 $f \rightarrow f^*$ 跃迁）产生。激发不同类型的电子跃迁所需光子的能量不同，因而吸收光的波长范围也不同。从图 3-1 可大致了解紫外-可见光谱区不同电子跃迁吸收光谱波长及相应的吸收强度分布。

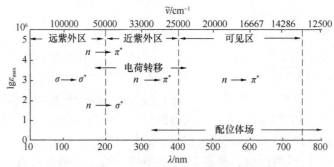

图 3-1 常见紫外-可见吸收光谱的位置与强度分布图

（2）吸收光谱与分子结构

紫外-可见吸收光谱与物质的分子结构以及所处的环境密切相关。

饱和烃类分子中只含有 $\sigma$ 键，只产生 $\sigma \rightarrow \sigma^*$ 跃迁，最大吸收波长 $\lambda_{max}$ 一般小于 150nm。此类化合物的氢原子被 O、N、S 和 X 等含有 $n$ 电子的原子取代后，可产生 $n \rightarrow \sigma^*$ 跃迁，发生红移。不饱和烃及共轭烯烃含有 $\sigma$ 键和 $\pi$ 键，可产生 $\sigma \rightarrow \sigma^*$ 和 $\pi \rightarrow \pi^*$ 等跃迁。羰基化合物除了含有 $\sigma$ 键和 $\pi$ 键外，还有非成键 $n$ 电子，通常呈现出三个吸收带，分别由 $\pi \rightarrow \pi^*$、$n \rightarrow \sigma^*$ 和 $n \rightarrow \pi^*$ 跃迁所致。分子中若有共轭 $\pi$ 键存在，将使吸收峰红移且强度增大。不同性质

取代基的引入，可引起光谱红移或蓝移。

配合物 $d{\rightarrow}d^*$ 跃迁吸收光谱则与中心离子的主量子数、价态及配位体的性质密切相关。

分子所处的环境，如溶剂、温度等也对吸收光谱有影响。$n{\rightarrow}\pi^*$ 跃迁吸收带随溶剂极性增大出现蓝移，而 $\pi{\rightarrow}\pi^*$ 跃迁吸收带则随溶剂极性增大发生红移。温度升高，吸收光谱的精细结构消失。

总之，在特定的实验条件下，分子的结构是确定分子紫外-可见吸收光谱的本质所在。不同的物质，具有不同的分子结构，在与光子作用过程中所表现出来的紫外-可见吸收光谱便具有不同的特征，因此，有机化合物的紫外-可见吸收光谱常被用作结构分析的依据。

（3）光吸收定律

物质对光的吸收，在一定的实验条件下遵循朗伯-比尔定律，即当一定波长的光通过某物质的溶液时，入射光强度 $I_0$ 与透射光强度 $I_i$ 之比的对数与该物质的浓度及液层厚度成正比。其数学表达式如式（3-2）所示：

$$A = \lg(I_0/I_i) = \varepsilon b c \tag{3-2}$$

式中，$A$ 为吸光度；$b$ 为液层厚度，cm；$c$ 为被测物浓度，mol/L；$\varepsilon$ 为摩尔吸光系数。

当被测物浓度单位是 g/L 时，$\varepsilon$ 就以 $\alpha$ 表示，称吸光系数。数学表达式如式（3-3）所示：

$$A = \alpha b c \tag{3-3}$$

摩尔吸光系数 $\varepsilon$ 在特定波长和溶剂情况下，是吸光分子（或离子）的一个特征常数，可作定性分析的参数。

朗伯-比尔定律是紫外-可见分光光度法定量分析的依据。在确定的实验条件下，吸光度正比于被测物的浓度。

**2. 仪器结构**

紫外-可见吸收光谱法测定所用的仪器是紫外-可见分光光度计，按其光学系统可分为单光束和双光束分光光度计、单波长和双波长分光光度计，其中最常用的是双光束分光光度计，它由辐射源、分光器、吸收池、检测器和记录器等组成。图 3-2 是岛津 UV-2100 紫外-可见分光光度计的光路图。由钨灯 $W$ 或氘灯 $D$ 发射的连续辐射，经反射镜 $M_1$ 和 $M_2$ 后，通过滤光板 $F$ 和入射狭缝 $S_1$，投射到反射镜 $M_3$，变成平行光束，然后在衍射光栅 $G$ 进行分光。分光后的光经反射镜 $M_4$，通过出射狭缝 $S_2$ 和反射镜 $M_5$，进到切光器 $M_6$。切光器将光分为两束，并以一定速度旋转，将两束光交替地投射到反射镜 $M_7$ 和 $M_8$，然后进入样品室，分别照射到样品池和参比池。然后通过一组反射镜，进入光电倍增管。

（1）辐射光源

紫外-可见分光光度计对辐射光源的基本要求是：能发射足够强度的连续光谱，稳定性好，辐射能量随波长无明显变化，使用寿命长。在紫外-可见分光光度计上最常用的有两种光源：钨灯和氘灯。

钨灯是常用于可见光区的连续光源，在可见区的能量只占钨灯总辐射能的 11％ 左右，大部分辐射能落在红外区，钨灯提供的波长范围在 300～2500nm。氘灯是用作近紫外区的光源，在 160～375nm 之间产生连续光谱，氘灯的辐射强度比氢灯约大 4 倍，它是紫外光区应用最广泛的一种光源。

（2）分光器

分光器的作用是从连续光源中分离出所需要的足够窄波段的光束，它是分光光度计的核心部件，其性能直接影响光谱带的宽度，从而影响测定的灵敏度、选择性和工作曲线的线性范围。

分光器由入射狭缝、反射镜、色散元件、出射狭缝等组成，其中色散元件是分光器的关键部件。常用的色散元件有棱镜和光栅，现在的商品仪器几乎都用光栅做色散元件。光栅在整个波长区可以提供良好的、均匀一致的分辨能力，而且成本低，便于保存。

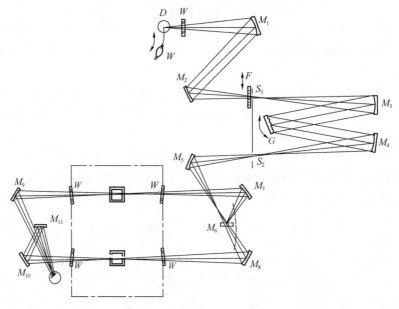

图 3-2　岛津 UV-2100 紫外-可见分光光度计光路图

（3）吸收池

吸收池用于盛放溶液。根据材料可分为玻璃吸收池和石英吸收池，前者用于可见区，后者用于紫外和可见光区。吸收池的两个光学面必须平整光洁，使用时不能用手触摸。吸收池有多种尺寸和不同构造，根据使用要求选用。

（4）检测器

检测器用于检测光信号，并将光信号转变为电信号。分光光度计对检测器要求是：灵敏度高，响应时间短，线性关系好，对不同波长的辐射具有相同的响应，噪声低，稳定性好等。在紫外-可见分光光度计上，现在广泛使用的检测器是光电倍增管，它不仅响应速度快，能检测 $10^{-8} \sim 10^{-9}$ s 的脉冲光，而且灵敏度高，比一般光电管高 200 倍。

（5）记录器和信号显示系统

由光电倍增管将光信号变成电信号，再经适当放大后，用记录器进行记录，或用数字显示。

现在很多紫外-可见分光光度计都装有微处理机，一方面将信号记录和处理，另一方面可对分光光度计进行操作控制。

## 3.2.2　荧光分光光度法

荧光分光光度法（Fluorescence spectrophotometry）是一种建立于物质与光子作用过程中所表现出的荧光性质基础上的仪器分析方法。

荧光分光光度法具有灵敏度高（比分光光度法高 $10^3 \sim 10^4$ 倍）、线性范围宽、方法简便快速且选择性较好诸多优点。近 20 年来，随着激光、计算机和电子学新技术的引入，各式各样新型荧光分析仪不断问世，荧光分光光度法发展迅速，应用面日益拓宽，尤其是在生物试样的分析及生命科学研究方面（如 DNA 序列分析等）展现出广阔的前景。

**1. 基本原理**

（1）分子荧光的产生

当具有一定能量的光子作用于物质时，物质可能部分或全部地吸收入射光的能量。在物质吸收入射光的过程中，光子的能量传递给物质分子，导致分子中的电子从能量较低的能级跃迁至能量较高的能级。所吸收的光子能量，等于跃迁所涉及的两个能级间的能量差，如式（3-4）所示。这种吸收了光子能量、电子处于较高能级的分子，称为电子激发态分子。处于激发态的分子是不稳定的，它可能通过辐射跃迁或非辐射跃迁等分子内或分子间的去活化过程，丧失多余的能量而返回基态。

辐射跃迁去活化过程，发生光的发射，伴随着发生荧光或磷光现象；分子内非辐射跃迁的去活化过程，其结果是电子激发能转化为振动能或转动能。分子间非辐射跃迁的去活化过程是指激发态分子与溶剂分子或溶质分子间所发生的导致激发态分子数变少的物理或化学作用过程。如激发态分子与激发态分子或基态分子之间的碰撞，导致激发态分子去活化；又如激发态分子发生化学反应等。

假设分子在吸收辐射后被激发到第二电子激发单重态以上的某个电子激发单重态的不同振动能级上，处于较高振动能级上的分子，很快地发生振动松弛，将多余的振动能量传递给介质而降落到该电子激发态的最低振动能级，此后又经由内转换及振动松弛而降落到第一电子激发单重态的最低振动能级。处于该激发态的分子若以辐射形式去活化跃迁至电子基态的任一振动能级，便产生了荧光。

（2）分子荧光光谱与物质的结构

任何荧光化合物，都具有两种特征的光谱：激发光谱与发射光谱。固定测量的发射光波长，扫描激发单色器，以不同波长的入射光激发荧光体，所测得的荧光强度与激发波长的关系曲线，即为荧光激发光谱。固定激发光波长，以同一能量的光子激发荧光体，扫描发射单色器，检测各种波长下相应的荧光强度，所测得的荧光强度与发射波长的关系曲线，即为荧光发射光谱，又称荧光光谱。

荧光物质的光谱特性与物质的结构及其所处环境有着密切的关系。

荧光体的荧光产生于荧光体吸光之后，因此荧光体都有吸光的结构。影响荧光体吸光性质的因素，也影响着荧光体的荧光特性。发生荧光的物质，其分子都含有共轭双键体系。大部分荧光物质都具有芳环或杂环，芳环愈大，其荧光峰愈移向长波方向，且荧光强度往往也较强。荧光效率高的荧光体，其分子多是平面构型，且具有一定的刚性。取代基的性质（尤其是发色团）对荧光体的荧光特性和强度均有强烈的影响。芳烃和杂环化合物的荧光光谱和荧光量子产率常随取代基而变。最低电子激发态的性质（如 $n \rightarrow \pi^*$ 跃迁或 $\pi \rightarrow \pi^*$ 跃迁）也对荧光量子产率有明显的影响。最低电子激发单重态为 $\pi \rightarrow \pi^*$ 跃迁者，属于电子自旋允许的跃迁，摩尔吸光系数大约为 $10^4$，荧光强度也大。此外，环境因素对分子荧光也可能产生强烈的影响。诸如溶剂的性质、体系的 pH 值、环境的温度等，对荧光光谱和荧光强度都有不同程度的影响。但是，在实验条件恒定时，分子的荧光光谱特性决定于物质的结构。研究分子荧光光谱可以得到分子的结构信息。

（3）荧光强度与浓度的关系

根据光吸收定律，吸收的光强度按式（3-4）计算：

$$I_0 - I = I_0(1 - e^{\varepsilon b c}) \tag{3-4}$$

式中，$I_0$ 为激发光强度；$b$ 为液池厚度；$\varepsilon$ 和 $c$ 分别为发光物质的摩尔吸光系数和摩尔浓度。

总的荧光强度正比于吸收的光强度与发光的量子产率，如式（3-5）所示：

$$F = \varphi I_0(1 - e^{\varepsilon b c}) \tag{3-5}$$

对于稀溶液，吸收的光强度不超过总激发光强度的 5%，$\varepsilon bc$ 项小于 0.05，可以略去 $(1 - e^{\varepsilon b c})$ 展开项中的高次项，$(1 - e^{\varepsilon b c}) \approx 2.303bc$，则荧光强度如式（3-6）所示：

$$F = 2.303\varepsilon b\varphi I_0 c = k\varphi I_0 c \tag{3-6}$$

式中，$k$ 为常数，等于 $2.303\varepsilon b$；$\varphi$ 为荧光体的量子产率，即发射光量子与吸收光量子之比；$I_0$ 为激发光强度；$c$ 为被测物质的浓度。当测试条件确定，对特定的荧光体，有：

$$F = Kc \tag{3-7}$$

式中，$K$ 为常数，即在一定的实验条件下，发光体的浓度与荧光强度成正比。式（3-7）是荧光分析法进行定量分析的依据。

**2. 仪器结构**

（1）荧光分光光度计

荧光分光光度计的种类很多，但主要由激发光源、激发和发射单色器、样品池及检测器构成。其结构如图 3-3 所示。荧光分光光度计一般采用氙弧灯作光源，发射波长范围 230～720nm 的连续光谱，谱线强度大，且在 300～400nm 波长之间的谱线强度几乎相等。激发光通过入射狭缝，经激发单色器分光后照射到样品池，发射的荧光再经发射单色器分光后用光电倍增管检测，并经信号放大系统放大后记录。

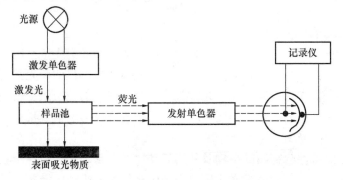

图 3-3　荧光分光光度计结构示意图

（2）仪器的校正

① 灵敏度校正

荧光分光光度计的灵敏度不仅与光源强度、单色器（包括透镜、反射镜等）的性能、放大系统的特征和光电倍增管的灵敏度有关，还与所选用的测定波长及狭缝宽度以及溶剂的 Raman 散射、激发光、杂质荧光等有关。由于影响荧光仪器灵敏度的因素很多，同一型号的仪器，甚至同一台仪器在不同时间操作，所测得的结果也不尽相同。因而每次测定时，在选定波长及狭缝宽度的条件下，先用一种稳定的荧光物质，配成浓度一致的标准溶液进行校正，使每次所测得的荧光强度调节到相同数值。如果被测物质所产生的荧光很稳定，自身就可作为标准溶液。紫外-可见光范围内最常用的标准荧光物质是硫酸奎宁，它产生的荧光十分稳定。用硫酸奎宁标准品，溶于 0.05mol/L 的硫酸中使成 $1\mu g/mL$ 的溶液，将此溶液进行稀释后用于仪器的校正。

② 波长校正

荧光分光光度计的波长在出厂前都已经校正过，但若仪器的光学系统和检测器有所变动，或在较长时间使用之后，或在重要部件更换之后，有必要用汞灯的标准谱线对单色器波长刻度重新校正，特别是在要求较高的测定工作中尤为重要。

③ 激发光谱和荧光光谱的校正

用荧光分光光度计所测得的激发光谱或荧光光谱往往是表观的。其原因有单色器的波长刻度不够准确，拉曼散射光的影响以及狭缝宽度较大等，这些因素可予以消除或校正。由于光源的强度随波长而变，每个检测器（如光电倍增管）对不同波长光的接受敏感程度不同以及检测器的感应与波长不呈线性，因此如果在用单光束荧光分光光度计测定激发或发射光谱时，不用参比溶液作相对校正，会有较大的系统误差。尤其是当峰的波长处在检测器灵敏度曲线的陡坡时，误差最为显著。因此，先用仪器上的校正装置将每一波长的光源强度调整一致，然后根据表观光谱上每一波长的强度除以检测器对每一波长的感应强度进行校正，以消除这种误差。如采用双光束光路的荧光分光光度计，则可用参比光束自动消除光学误差。

**3. 荧光分析新技术**

荧光技术作为一种分析方法，近一百多年来，得到了很大的发展，特别是近几十年来，有许多新的荧光分析技术出现和应用。这些新技术灵敏度高、选择性好、取样量少、方法快速简便，已成为多种研究领域中进行痕量和超痕量甚至分子水平上分析的一种重要工具。下面介绍几种目前应用较多的方法。

（1）时间分辨荧光分析（time-resolved fluorometry）

利用不同物质的荧光寿命不同，在激发和检测之间延缓的时间不同，以实现分别检测的目的。时间分辨荧光分析采用脉冲激光作为光源。如果选择合适的延缓时间，可测定被测组分的荧光而不受其他组分、杂质的荧光及噪声的干扰。目前已将时间分辨荧光法应用于免疫分析，发展成为时间分辨荧光免疫分析法。

（2）激光荧光分析（laser fluorometry）

激光荧光法与一般荧光法的主要区别在于使用了单色性极好、强度更大的激光作为光源，可以克服小功率氙弧灯无显著紫外线输出、稳定性和热效应差的缺点，因而大大提高了荧光分析法的灵敏度和选择性，特别是可调谐激光器用于分子荧光具有很突出的优点。另外，普通分光光度计一般需用两个单色器，而以激光作为光源仅需用一个单色器即可。激光分子荧光分析法是分析超低浓度物质的灵敏而有效的方法。

（3）同步荧光测定法（synchronous fluorometry）

同步荧光法是同时扫描激发光和发射光波长下绘制的光谱，由测定的荧光强度信号与对应的激发波长（或发射波长）构成光谱图。荧光物质浓度与同步荧光峰峰高呈线性关系，因此可以用于定量分析。同步荧光光谱的信号 $F_{sp}(\lambda_{ex}\lambda_{em})$ 与激发光信号 $F_{ex}$ 及荧光发射信号 $F_{em}$ 之间的关系如式（3-8）所示：

$$F_{sp}(\lambda_{ex}\lambda_{em}) = Kc \times F_{ex} \times F_{em} \tag{3-8}$$

式中，$K$ 为常数。当物质浓度 $c$ 一定时，同步荧光信号与所用激发波长信号及发射波长信号的乘积成正比，因此此方法灵敏度较高。

根据激发单色器和发射单色器在同时扫描过程中彼此间所应保持的关系，同步荧光测定法还分为三种类型：第一种，在同时扫描过程中使激发波长（$\lambda_{ex}$）和发射波长（$\lambda_{em}$）保持固定的波长间隔（即 $\lambda_{ex}-\lambda_{em}=$ 常数），这种方法是最早提出的同步扫描技术，称为"固定波长同步扫描荧光测定法",即习惯上讲的同步荧光测定法;第二种,以能量代替波长关系,在两个单色器同时扫描过程中,使激发波长和发射波长之间保持固定的能量差(即频率或波数差),这种方法称为"固定能量同步扫描荧光测定法";第三种,使激发和发射单色器以不同的速率同时扫描(即 $\lambda_{ex} - \lambda_{em} \neq$ 常数,而是时间的线性函数),这种方法称为"可变角同步扫描荧光测定法"。同步荧光测定法具有使光谱简单、光谱窄化、减少光谱重叠、减少散射光影响、提高选择性等优点。

### 3.2.3 原子吸收光谱法

**1. 基本原理**

原子吸收光谱法(Atomic Absorption Spectrometry,AAS)是以测量基态原子蒸气外层电子对共振线的吸收为基础的分析方法。也就是将待测元素的试液经火焰原子化法或无焰原子化法使待测元素原子化,解离成基态原子蒸气。待测元素的空心阴极灯(锐线光源)发射出待测元素特征谱线,通过原子化器中一定厚度的原子蒸气,其中部分特征谱线被原子蒸气中待测元素的基态原子所吸收,透过特征谱线经分光系统将非特征波长的光分离掉,减弱后的特征谱线被检测器检测,根据该特征谱线被吸收的程度,即可测得试样中待测元素的含量。图 3-4 是 AAS 法仪器装置示意图。

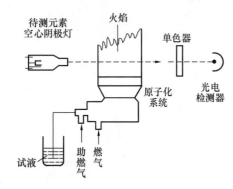

图 3-4　原子吸收光谱法仪器装置示意图

由于 AAS 分析是测量峰值吸收,因此需要用锐线光源。在这种条件下,特征谱线被吸收的程度,可用朗伯-比耳定律表示:

$$A = \lg \frac{I_0}{I_i} = K' \times L \times N_0 \tag{3-9}$$

式中,$A$ 为吸光度;$K'$ 为吸光系数;$L$ 为吸收层厚度即燃烧器的缝长,在实验中为一定值;$N_0$ 为待测元素的基态原子数。

由于原子化器的温度约为 3000℃,所以待测元素在原子蒸气中的基态原子数与激发态原子数对比基态原子数占绝对优势,因此可用 $N_0$ 代表吸收层中的原子总数。当试液的原子化效率一定时,$N_0$ 与试液中待测元素的浓度 $c$ 成正比,即:$N_0 = \alpha c$。因此,在一定的浓度范围和一定吸收层厚度条件下,式(3-9)可简化为式(3-10):

$$A = K \times c \tag{3-10}$$

式中,$K$ 在一定的实验条件下是常数,即吸光度与试样中待测元素的浓度成正比。这就是 AAS 定量分析的基础。

火焰原子吸收光谱分析灵敏度一般为 $\mu$g/mL,有的元素可达 ng/mL。无焰法原子吸收光谱分析绝对灵敏度可达 $10^{-12} \sim 10^{-14}$ g。AAS 广泛应用于环境检测、医药卫生、冶金、化工、地质等部门。其分析的相对误差一般为 1% ~ 2%,最佳可达 0.1% ~ 0.5%。

**2. 仪器结构**

虽然 AAS 仪器型号繁多且自动化程度也各不相同,有单光束型和双光束型两类,但其主要组成部分均包括:光源、原子化系统、光学系统、检测和显示记录系统等 4 个部分,图 3-5 为 AAS 仪器的光路图。

单光束型仪器的结构较为简单，共振线强度在光路中损失少，应用广泛。但因光源强度的变化引起基线漂移而使准确度降低。双光束型仪器可克服这方面影响，故准确度较高，但价格较贵。

（1）光源

光源的作用是辐射待测元素的特征谱线，以供测量之用。要求光源应该是锐线光源，其辐射强度应足够大、稳定性好、背景小、操作方便且使用寿命长。在一定的条件下，空心阴极灯、蒸气放电灯和高频无极放电灯等光源均可满足使用要求。目前普遍使用的是空心阴极灯，其结构如图 3-6 所示。

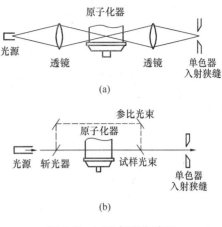

图 3-5　AAS 仪器光路图
（a）单光束；（b）双光束

空心阴极灯是一种阴极呈空心圆柱形的气体放电管。阴极内壁由待测元素的金属或合金制成。阳极为钨棒，上面装有钽片或钛丝作为吸气剂，用以吸收管内的杂质气体。将两个电极密封于充有几百帕惰性气体（Ne 或 Ar）的带有石英窗口的玻璃管中。

空心阴极灯在使用前应预热一段时间，使灯的发射强度达到稳定，预热时间的长短视灯的类型和元素不同而异，一般在 5~20min 范围内。空心阴极灯只有一个灯电流操作参数可供选择，从紫外光区到红外光区内均有光辐射且发射谱线稳定性好、强度大、宽度窄，并且该灯容易更换。

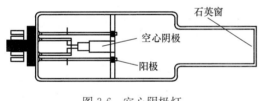

图 3-6　空心阴极灯

（2）原子化系统

原子化系统亦称原子化器，其作用是提供一定的能量使试样中待测元素转变成基态原子蒸气。入射光束在这里被吸收，因此相当于"吸收池"的作用。原子化方法有火焰原子化法、无焰原子化法和其他原子化法。

原子化系统的质量对 AAS 分析的灵敏度和准确度均有很大的影响，在一定条件下可以起决定性的作用。所以要求该系统具有较高的原子化效率且不受浓度变化的影响、稳定性好、再现性好和背景干扰小。几种常见原子化器有：

① 火焰原子化器

目前常用的火焰原子化器是预混合式，如图 3-7 所示。它的作用是将试液经雾化器转变成细雾，在预混合室中与燃气、空气（助燃气）混合，除去较大颗粒的液滴，由排液口排出。混合气体进入燃烧器燃烧，形成火焰，借助火焰温度使试液原子化形成基态原子蒸气。

火焰是进行原子化的能源。试液的去溶剂（脱水）、气化、热分解和原子化等反应都是在火焰中进行的。在火焰中还可能发生激发、电离和化合等复杂物理和化学作用。所以，正确地选用火焰是十分重要的，它不仅直接关系到待测元素的原子化效率，而且也决定干扰情况。具体选择应根据试样组成和待测元素的性质来决定。一些常用火焰的组成和性质见表 3-1。

常用火焰是乙炔-空气火焰，火焰温度约 2300℃，可测定 30 多种常见金属元素。因为温度较低，对于某些难离解金属化合物，如 W、Mo、V 等，其灵敏度很低，甚至无法测定。

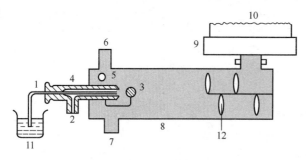

图 3-7 预混合式火焰原子化器

1—毛细管；2—空气入口；3—撞击球；4—雾化器；5—空气补充口；6—燃气入口；7—排液口；8—预混合室；9—燃烧灯（灯头）；10—火焰；11—试液；12—扰流器

若采用 $N_2O\text{-}C_2H_2$ 火焰则较好，它可测定 70 多种元素。

火焰原子化器由于雾化效率和原子化效率都较低，且基态原子蒸气又受到燃气、助燃气的大量稀释作用，使基态原子在光路中停留的时间较短，所以灵敏度较低。

② 无焰原子化器

无焰原子化器是火焰原子化器以外的其他原子化方法的统称。它的方法有：石墨炉（石墨管、石墨坩埚、石墨棒）法、金属舟（Ta 或 W）法、阴极派射法、等离子体法、激光原子化法和化学原子化法等。其中应用最多的是石墨炉法。

石墨炉原子化器的构造如图 3-8 所示。将试液定量注入到石墨管中，并以石墨管为电阻发热体，接通 10～15V 低压 400～600A 大电流后，由于石墨管产生高温，温度可达 3000℃左右，使试液中待测元素可在短暂的时间内实现原子化，形成基态的原子蒸气。工作中可分为干燥、灰化、原子化及除残等四个程序自动升温过程。为了防止试样和石墨管被氧化，整个升温过程需要不断通入惰性气体（Ar），为了保护炉体还需要通水冷却。

表 3-1　一些常用火焰的组分和性质

| 火焰名称 | 火焰类型 | 最高温度 /℃ | 燃烧速度 /(cm/s) | 火焰气氛 | 发射背景或噪声 | 适用范围 |
|---|---|---|---|---|---|---|
| 助燃气-燃料气 | 助燃气流量∶燃料 | | | | | |
| 空气-乙炔 | 4∶1 | 2300 | 160 | 氧化性 | 发射背景弱，在短波吸收较强，使噪声变大 | 可测约 35 种元素，对 W、Mo、V 等易生成难熔氧化物的元素 |
| 空气-贫乙炔 | 4∶<1 | 2300 | 160 | 氧化性强 | 发射背景弱，CN 和 NH 峰更少 | 适于碱金属等易挥发或不易形成氧化物的元素，适于有机溶剂喷雾 |
| 空气-富乙炔 | 4∶1～4∶2 | 稍低于2300 | 160 | 还原性 | 发射背景强，噪声大 | 适于易生成氧化物的元素 Mo、W、V 等，灵敏度高 |
| $N_2O$-乙炔 | 3∶1～2∶1 | 3000 | 180 | 还原性强烈 | 发射背景强，噪声大 | 适于易生成难熔氧化物的元素如 Al、Be、Si、Ti、W、U、V 或稀土元素 |
| 空气-氢 | 4∶2～1∶3 | 2050 | 320 | 还原性 | 对紫外区吸收小，稳定性好 | 对 Cd、Pb、Sn、Zn 等易离解的元素，灵敏度高，易回火 |
| 空气-煤气 | | 1840 | 55 | 属低温火焰 | | 适用于碱金属及碱土金属等电离电位低的元素 |

续表

| 火焰名称 | 火焰类型 | 最高温度/℃ | 燃烧速度/(cm/s) | 火焰气氛 | 发射背景或噪声 | 适用范围 |
|---|---|---|---|---|---|---|
| 助燃气-燃料气 | 助燃气流量∶燃料 | | | | | |
| 空气-石油气 | 10∶1～20∶1 | 约1700 | 82 | 氧化性，属低温火焰 | 噪声大 | 对 Ag、Au、Bi、Cd、Cs、Fe、In、K、Pb、Sb、Tl 等灵敏度高，干扰小 |
| 氩-氢 | 2∶1 | 约1500 | | 还原性强，为最低温火焰 | 对紫外区域吸收更小，噪声基线稳定 | 最适于 Cs、Se，对 Cd、Pb、Sn、Zn，灵敏度高 |

（3）光学系统

AAS 仪器中的光学系统，由外光路（聚光）系统和分光系统两部分组成。其光学系统如图 3-5 所示。

外光路系统的作用是将空心阴极灯发射的谱线聚焦于基态原子蒸气中央，其次是将通过基态原子蒸气后的谱线聚焦在单色器（光栅）的入射狭缝上。分光系统主要由单色器、反射镜和狭缝等组成。其作用是将待测元素的共振线与邻近的谱线分开。通常是根据谱线的宽度和欲测共振线附近有否干扰谱线来决定单色器狭缝的宽度。选择狭缝宽度大小以既能分离开相邻的谱线，又能使吸光度值达到最大为准。仪器上狭缝宽度一般为 0.2～7.0nm，可供选用。

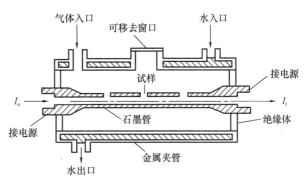

图 3-8　石墨炉装置图

（4）检测和显示记录系统

检测和显示记录系统由检测器、放大器、对数转换器以及显示或打印装置组成。其作用是将光信号经光电倍增管转换成电信号，经放大器放大，输出信号又进行对数转换而在显示器上显示出吸光度值，也可用记录仪记录结果或计算机数据处理并打印或在屏幕上显示出来。

**3. 定量分析方法**

在一定浓度范围内（稀溶液），吸光度与浓度成正比是定量分析的基础。常用的定量分析方法有：标准曲线法、标准加入法、内标法和直接比较法等，常用前两种分析方法。

（1）标准曲线法

根据试样中待测元素的含量，配制一组合适的标准溶液，浓度由低到高，依次喷入火焰，分别测定其吸光度 $A$。以测得的吸光度为纵坐标，以待测元素的浓度 $c$ 为横坐标，绘制 $A$-$c$ 标准曲线。在相同的条件下，喷入待测试液溶液，根据测得的吸光度，由标准曲线求出试样中待测元素的含量。

在实际分析中，有时出现标准曲线的弯曲现象。即在待测元素浓度较高时，曲线向浓度坐标弯曲。另外，火焰中各种干扰效应，也可能导致曲线弯曲。考虑到上述原因，在使用本法时要注意以下几点：① 所配制的标准溶液的浓度，应在吸光度与浓度成线性的范围内；

② 标准溶液与试样溶液都应用相同的试剂处理；③ 应以空白溶液作参比；④ 整个分析过程中操作条件应保持不变；⑤ 由于喷雾效率和火焰状态经常变动，标准曲线的斜率也随之变动，因此，每次测定前应用标准溶液对吸光度进行校正。

标准曲线法的特点：简便快速，但仅适于大批量组成简单样品的分析。

（2）标准加入法

当试样组成较复杂、基体干扰较大的情况下，配制与待测试样组成相似的标准溶液较困难，可用标准加入法克服这一困难。具体操作原理如下：取若干份（例如四份）体积相同的试样溶液，从第二份开始分别按比例加入不同量的待测元素的标准溶液，然后用溶剂稀释到一定体积。设试样中待测元素的浓度为 $c$，加入标准溶液后浓度分别为 $c_x + c_0$、$c_x + 2c_0$、$c_x + 4c_0$，分别测得吸光度为 $A_x$、$A_1$、$A_2$、$A_3$，以吸光度 $A$ 对加入量作图，得如图 3-9 所示直线。这时直线并不通过原点，相应的截距正是试样中待测元素的吸光度。如果外延此直线与横坐标相交，相应于原点与交点间的距离，即为试样中待测元素的浓度 $c_x$。

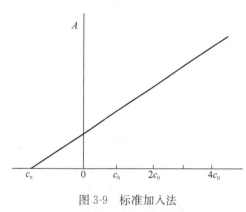

图 3-9　标准加入法

在使用标准加入法时要注意以下几点：① 加入标准溶液量要适中，应于待测元素的含量在同一数量级内，且使测定浓度与相应的吸光度在线性范围内；② 本法只能消除基体效应，但不能消除背景吸收的干扰，只有扣除了背景之后，才能得到待测元素的真实含量，否则结果偏高；③ 对于斜率太小的曲线（灵敏度差）容易引进较大的误差。

（3）内标法

在标准溶液和试样溶液中分别加入一定量的试样中不存在的第二元素作为内标元素（例如测定 Cd 时加入内标元素 Mn），分别测定标准溶液中待测元素和内标元素的吸光度 $A_s$ 和 $A_内$ 以及试样溶液中待测元素的吸光度值 $A_x$。然后，绘制 $A_s/A_内 \sim c$ 标准曲线（$c$ 为标准溶液中待测元素的浓度）。再根据试样溶液的 $A_x/A_内$，从标准曲线上即可求出试样中被测元素的含量。

内标元素应与被测元素在原子化过程中有相似的特性。内标法可消除在原子化过程中由于实验条件变化而引起的误差。

（4）直接比较法

直接比较法是常用的简易方法之一，适用于样品数量少、浓度范围低的情况。为了减少测量误差，要求试样溶液的浓度 $c_x$ 和标准溶液的浓度 $c_s$ 相近。直接比较法的计算公式如下：

$$c_x = \frac{A_x}{A_s} \times c_s \tag{3-11}$$

### 3.2.4　原子发射光谱法

原子发射光谱法（Atomic Emission Spectrometry，AES）是根据处于激发态的待测元素原子回到基态时发射的特征谱线而对待测元素进行分析的方法，可定性、定量分析约 70 种元素（金属元素及磷、硅、砷、碳、硼等非金属元素）。

原子发射光谱法是光谱分析法中发展较早的一种方法。1859 年，德国学者

G. F. Kirchhoff 和 R. w. Bunsen 合作制造了第一台用于光谱分析的分光镜，并获得了某些元素的特征光谱，奠定了光谱定性分析的基础。1925 年，W. Gerlach 提出内标法，解决了光源不稳定性问题，为光谱定量分析提供了可行性，从此原子发射光谱法为科学的发展发挥了重要作用。20 世纪 60 年代电感耦合高频等离子体（Inductively Coupled Plasmas，ICP）光源的引入，大大推动了发射光谱分析的发展。近年来，随着电荷耦合器件（Charge Coupled Device，CCD）等检测器件的使用，多元素同时分析能力大大提高。目前，ICP-AES 已成为同时测定多种金属元素的最常用手段。

原子发射光谱法分析过程的一般步骤如下：（1）提供外部能量，使被测试样蒸发、解离、激发，产生光辐射。（2）将物质发射的复合光经分光装置色散成一系列按波长顺序排列的光谱。（3）通过检测器检测各谱线的波长和强度，并据此解析出元素定性和定量的结论。

原子发射光谱法具有以下特点：（1）多元素同时测定。同时测定一个样品中的多种元素，样品用量少。（2）分析速度快。分析试样一般可以不经化学处理，固体、液体样品都可直接测定。若利用光电直读光谱仪，可在几分钟内同时对几十种元素进行定量分析。（3）检出限低。在一般光源情况下，检出限可达 $0.1\sim10\mu g/g$ 或 $\mu g/mL$，绝对值可达 $0.01\sim1\mu g$。使用电感耦合高频等离子体光源，检出限可达 ng/g 级，线性范围可达 $4\sim6$ 个数量级。（4）准确度较高。一般光源相对误差为 $5\%\sim10\%$，ICP-AES 的相对误差可达 $1\%$ 以下。（5）选择性较好。每种元素因原子结构不同，各自发射不同的特征光谱。

**1. 基本原理**

（1）原子发射光谱的产生

物质是由各种元素的原子所组成的，在正常情况下，原子处于稳定的具有最低能量的基态。当受到外界能量（如热能、电能等）的作用时，原子中的外层电子就从基态跃迁到激发态，如果外界能量足够大，也能使原子电离并激发。处于激发态的原子十分不稳定，在极短的时间内（$10^{-8}s$）跃迁至基态或其他低能级上。如果激发态的原子以辐射的形式释放能量，那么就伴随着原子发射光谱的产生。由于原子光谱具有多重性，使得一个价电子原子（如钠原子）的双重线，要么不出现，要么就是两条相邻谱线同时出现。两个价电子的谱线多重性为 1、3，因此会至少同时出现四条谱线，它们分成波长相差较大的两组，一组是一条谱线，一组是波长彼此相邻的三条谱线。所以当处于激发态的原子或离子由于激发态不稳定而遵循光谱选律回到基态或较低能态时，将发射出由一系列谱线组成的线状光谱，如铝原子在一次电离能下有 46 个能级，在 $176\sim1000nm$ 范围内相应地有 118 条光谱线；其一次电离原子有 226 个能级，在 $160\sim1000nm$ 范围内相应地有 318 条光谱线，而铀则能发射几万条光谱线。周期表中的每个元素都能显示出一系列的光谱线，这些光谱线对元素具有特征性和专一性。

原子发射的光谱线的波长反映了单个光子的辐射能量，它取决于跃迁前、后两能级间的能量差，如式（3-12）所示，即：

$$\lambda = \frac{hc}{E_2 - E_1} = \frac{hc}{\Delta E} \tag{3-12}$$

原子中某一外层电子由基态激发到高能级所需的能量称为激发电位。原子光谱中每条谱线的产生各有其相应的激发电位。由最低能级激发态（第一激发态）向基态跃迁所发射的谱线称为第一共振线。第一共振线具有最小的激发电位，最易发生。离子由第一激发态跃迁回到基态时发射的离子谱线，称为离子特征谱线。由于离子和原子具有不同的能级，所以离子发射的光谱与原子发射的光谱不一样，每条离子线都有其激发电位。

在原子谱线表中，通常用Ⅰ表示原子发射的谱线，Ⅱ表示一次电离离子发射的谱线，Ⅲ表示二次电离离子发射的谱线，如 Mg Ⅰ 285.21nm 为原子线，MgⅡ280.27nm 为一次电离离子线。

可观测到的原子光谱宽度约为 $1 \times 10^{-3}$ nm，为了获得用于分析的元素的特征光谱，一般必须使原子处于气态再激发。在发射光谱分析条件下，如果原子电离后形成的离子光谱具有足够的强度，也可以作为其定性定量的依据。

（2）谱线的强度

在激发光源作用下，原子的外层电子在 $ij$ 两个能级之间跃迁，则谱线的强度如式（3-13）所示：

$$I_{ij} = A_{ij} \times h \times v_{ij} \times N_i \tag{3-13}$$

式中，$N_i$ 为单位体积内处于激发态 $i$ 的原子数，即激发态 $i$ 的原子密度；$A_{ij}$ 为 $ij$ 两个能级之间的跃迁概率；$h$ 为普朗克常数；$v_{ij}$ 为发射谱线的频率。

频率 $N_{ij}$ 与两能级的能量差 $\Delta E$ 有关，即 $\Delta E_{ij} = E_j - E_i = hv_{ij}$。$hv_{ij}$ 反映了单个光子的能量，而强度 $I_{ij}$ 代表了群体谱线的总能量。

在热力学平衡下，分配在各激发态的原子密度和基态原子密度 $N_0$ 由 Bohzmann 公式决定，如式（3-14）所示。

$$I_{ij} = A_{ij} \times h \times v_{ij} \times \frac{g_i}{g_0} \times e^{\frac{Ei}{KT}} \times N_0 \tag{3-14}$$

式中，$g_i$ 和 $g_0$ 分别为激发态和基态的统计权重；$E_i$ 为激发能；$T$ 为激发温度；$K$ 为 Bohzmann 常数。

由式（3-14）可以算出，在一般光源温度下（5000K），大多数元素某一激发态原子的密度与基态原子密度的比值在 $10^{-4}$ 数量级，可见光源中激发态原子密度很小，基态原子的密度 $N_0$ 与气态原子的总密度 $N_M$ 几乎相等，所以，式（3-14）可以写成式（3-15）：

$$\frac{N_i}{N_M} = \frac{g_i}{g_0} \times e^{\frac{E}{KT}} \tag{3-15}$$

可见，谱线的强度不但取决于气态原子的总密度 $N_M$，而且与原子和离子的固有属性有关。对于一定的分析物质，当光源温度恒定时，式（3-15）中除基态原子密度 $N_0(N_0 \approx N_M)$ 外，其余各项均可视为常数。由于试样的浓度 $c$ 与 $N_M$ 成正比，所以，式（3-15）中常数部分若用 $A$ 表示，此表达式可写成式（3-16）。

$$I = A \times c \tag{3-16}$$

如果考虑到光源中心部位原子发射的光子通过温度较低的外层时，被外层基态原子所吸收而产生自吸效应，式（3-16）又可以写成式（3-17）。

$$I = A \times c^b \tag{3-17}$$

此式称为罗马金-赛伯（Lomakin-Schiebe）公式，是原子发射光谱定量分析的基本关系式。式中，$b$ 为自吸系数（取值为 0～1），随浓度 $c$ 增加而减小，当浓度很小而无自吸时，$b=1$。

**2. 仪器构造**

进行光谱分析的仪器主要由激发光源、分光系统（光谱仪）、检测系统三部分组成，如

图 3-10 所示。

（1）激发光源

激发光源的基本功能是提供使试样中被测元素解离蒸发为气态原子和原子激发发光所需要的能量。光源是决定光谱分析灵敏度、准确度的重要因素。

激发光源可分两类：一类是适宜液体样品的火焰光源和等离子体光源（包括电感耦合高频等离子体、直流等离子体和微波等离子体光源）；另一类是适宜固体样品直接分析的电弧光源和电火花光源。使用较多的光源有如下几种：

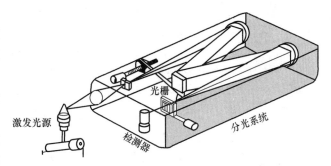

图 3-10　原子发射光谱仪结构示意图

① 电弧光源

电弧是指在两个电极间施加高电流密度和低燃点电压的稳定放电。电弧光源包括直流电弧光源和交流电弧光源，它们的基本工作原理相同。

电弧系统使用两支上下相对的碳或其他电极对，电极对间具有一定的分析间隙（也称放电间隙，一般为 4～6mm），一般在下电极上有一个凹槽用来放置待测样品，用专门设计的电路引燃电弧，引弧方式有电极接触引弧和高频引弧。燃弧所产生的热电子在通过分析间隙飞向阳极的过程中被加速，当其撞击在阳极上时产生高热，温度可达 3800K，使试样蒸发和原子化，电子与原子碰撞电离出的正离子冲向阴极。在分析间隙里，电子、原子、离子间的相互碰撞，使基态原子跃迁到激发态，返回基态时发射出该原子的特征光谱。交流电弧的电流密度比直流电弧大、弧温较高、激发能力强、电弧稳定性好，所以低压交流电弧被广泛应用于定性、定量分析中，但灵敏度稍低。以电弧发射为光源的仪器流程如图 3-11 所示。

图 3-11　以电弧发射为光源的原子发射光谱仪基本部件示意图

② 电火花光源

电火花光源的工作原理是在通常气压下，利用电容的充放电在两极间周期性地加上高电压，达到击穿电压时，在两极间尖端迅速放电，产生电火花。电火花光源的供电输入为 220V 交流电压，经变压装置升至 8000～10000V 的高压，通过扼流线圈向电容充电。

高压电火花光源的特点是：在放电瞬间的能量很大，放电间隙电流密度很高，因此温度很高，可达 10000K 以上，具有很强的激发能力，一些难激发的元素可被激发，而且大多为离子线。电火花光源良好的放电稳定性和重现性适合做定量分析。但是由于放电在瞬间（几微秒）完成，有明显的充电间歇，故电极温度较低，不利于样品的蒸发和原子化，灵敏度较差，故适宜做较高含量组分的分析。

③ 电感耦合等离子体光源

等离子体是一种由自由电子、离子、中性原子与分子所组成的具有一定的电离度，但在宏观上呈电中性的气体，这些等离子体的力学性质与普通气态相同，但由于带电粒子的存

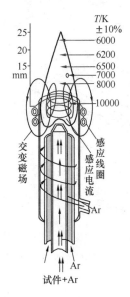

图 3-12 ICP 焰炬
结构图

在，其电磁学的性质与普通中性气体相差甚远，在电场中有电学性质。等离子体光源有微波等离子体（MIP）、直流等离子体（DCP）和电感耦合等离子体（ICP）等。

利用电感耦合等离子体（ICP）作为原子发射光谱的激发光源始于 20 世纪 60 年代，20 世纪 70 年代以后得到了迅速发展。ICP 是当前发射光谱分析中发展迅速、优点突出的一种新型光源。

作为光谱分析激发光源的 ICP 焰炬结构如图 3-12 所示，它由高频发生器和感应线圈、炬管和供气系统、样品引入系统 3 部分组成。高频发生器产生高频磁场，通过高频加热效应供给等离子工作气体（通常为氩气）能量。感应线圈一般是由圆形或方形铜管绕制的 2～5 匝水冷线圈。

等离子体炬管为 3 层同心石英管，置于高频感应线圈中，等离子体工作氩气从管内通过，试样在雾化器中雾化后，由中心管进入火焰。外层冷却氩气从外管切向通入，保护石英管不被烧熔。中层石英管氩气用来维持等离子体的稳定。

当有高频电流通过线圈时，产生轴向磁场，用高频点火装置产生火花以触发少量气体电离，形成的离子与电子在电磁场作用下，与其他原子碰撞并使之电离，形成更多的离子和电子。当离子和电子累积到使气体的电导率足够大时，在垂直于磁场方向的截面上就会感应出涡流，强大的涡流产生高热将气体加热，瞬间使气体形成最高温度可达到 10000K 左右的等离子焰炬。当载气携带试样气溶胶通过等离子体时，可被加热至 6000～8000K，从而进行原子化并被激发产生发射光谱。

ICP 光源的突出特点包括：① 工作温度高。在等离子体的核处温度达 10000K，中央通道也有 6000～8000K，有利于难溶化合物的分解和元素激发；② 具有"趋肤效应"，即感应电流在外表面处密度大，等离子体是涡流态的，表面温度高，轴心温度低，进样对等离子体的稳定性影响小，可有效地消除自吸现象；③ 灵敏度高，线性范围宽（4～5 个数量级）；④ 电子密度大，碱金属电离造成的影响小，样品停留时间长，充分原子化，氩气产生的背景干扰小，无电极放电，无电极污染；⑤ 仪器昂贵、操作费用高。ICP 焰炬外形像火焰，但不是化学燃烧火焰，而是气体放电。

（2）分光系统

目前原子发射光谱仪中采用的分光系统主要有 3 种类型：平面反射光栅的分光系统、凹面光栅的分光系统、中阶梯光栅的分光系统。平面反射光栅的分光系统主要用于单道仪器，每次仅能选择一条光谱线作为分析线，来检测一种元素，平面反射光栅的分光系统如图 3-13 所示。凹面光栅的分光系统使发射光谱实现多道多元素的同时检测，如图 3-14

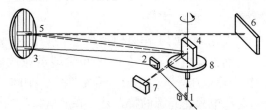

图 3-13 平面反射光栅的分光系统图
1—狭缝；2—平面反射镜；3—准直镜；4—光栅；5—成像物镜；6—感光板；7—二次衍射反射镜；8—光栅转台

所示。中阶梯光栅的分光系统也被广泛使用，特别是中阶梯光栅与棱镜结合使用，如图 3-15 所示，形成了二维光谱，配以阵列检测器，可实现多元素的同时测定，且结构紧凑，已出现在新一代原子发射光谱仪中。采用后两种类型的光谱仪也称多色光谱仪。

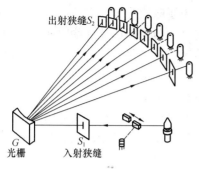

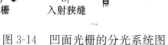

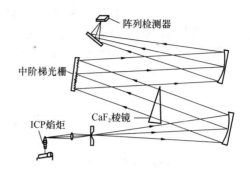

图 3-14　凹面光栅的分光系统图　　　图 3-15　使用阵列检测器的中阶梯光栅的分光系统图

（3）检测系统

原子发射光谱的检测方法有照相法和光电检测法。目前较常用的光电检测方式有光电倍增管、阵列检测器两类。

① 光电倍增管。它既是光电转换元件，又是电流放大元件，其结构如图 3-16 所示。光电倍增管的外壳由玻璃或石英制成，内部抽真空，阴极涂有能发射电子的光敏物质，如 Sb-Cs 或 Ag-Cs 等，在阴极和阳极间装有一系列次级电子发射极，即电子倍增极。阴极和阳极之间加约 1000V 的直流电压，当辐

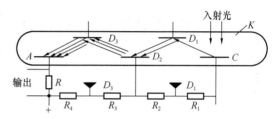

图 3-16　光电倍增管的工作原理

射光子撞击光阴极时，光敏物质发射光电子。该光电子被电场加速而落在第一倍增极上，撞击出更多的二次电子，以此类推，阳极最后收集到的电子数将是阴极发出的电子数的 $10^5 \sim 10^8$ 倍。

② 阵列检测器。它是多道检测器。对于光谱研究，多道检测器一般放在光谱仪的焦面上，以便同时转换并测定经色散后不同元素的光谱。

目前在光谱仪中使用三种多道光子检测器：光电二极管阵列检测器（Photodiode Arrays，PDAs），电荷耦合检测器（Charge Coupled Devices，CCDs）和电荷注入检测器（Charge Injection Devices，CIDs），因后两种器件是将电荷从收集区转移到检测区后完成测定，故又称为电荷转移检测器。

光电二极管阵列检测器的每个光敏元件都是由小的硅二极管（反向偏置 p-n 结）组成，光敏元件多以线阵排列在检测器的表面。硅二极管由一块有反向偏置 p-n 结硅片构成，因反向偏置电压，其导电性几乎为零，在光照下，p-n 结附近受光子的轰击，从而产生电子和空穴对，硅片的导电性增加，形成光电流。

电荷转移检测器除了具有多道测量的优点外，还有光电倍增的作用。它的工作特点是以电荷作为信号，通过对硅半导体基体的光生电荷，在短暂的周期内进行转移、收集、放大、测定累计电荷量，以达到光能量检测的目的。光生电荷的产生与入射光的波长及强度有关。

在 CIDs 中，检测单元是用 n 型硅半导体材料 n 型硅基体。该材料中多数载流子是电子，少数载流子是空穴，检测器收集检测的是光照产生的空穴。如图 3-17 所示，两支电极和硅半导体基体组成了电器，该电容器能储存光照射硅半导体时所产生的电荷。在两支电极上施加一个负向偏压，结果在电极下方形成了一个反向正电荷区。

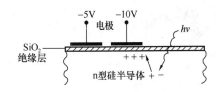

图 3-17　电荷注入检测器原理图

当光照射时，由于吸收光子，在硅半导体基体中产生流动的空穴，电极的负向偏压使这些空穴迁移到电极下方的反向正电荷区并被收集，反向正电荷区能保持多达的电荷数。根据两支电极上所加电压值的不同，电压较负的电极作为电荷收集电极，另一支电极作为信号测量的传感电极。在 CCDs 中，检测单元是用 p 型硅半导体材料作为基体，该材料中多数载流子是空穴，少数载流子是电子，检测器收集检测的是光照产生的电子，电极上施加的是正向偏压，并采用三电极装置。

**3. 主要类型**

（1）摄谱仪

摄谱仪是用棱镜或光栅作为色散元件，用照相法记录光谱的原子发射光谱仪器。利用光栅摄谱仪进行定性分析十分方便，该类仪器的价格较便宜，测试费用也较低，而且感光板所记录的光谱可长期保存，因此目前应用仍十分普遍。

（2）光电直读等离子体发射光谱仪

光电直读等离子体发射光谱仪分为多道直读光谱仪、单道扫描光谱仪和全谱直读光谱仪 3 种。前两种仪器采用光电倍增管，后一种采用 CIDs 或 CCDs 做检测器。

① 多道直读光谱仪

如图 3-18 所示，为多道直读光谱仪的示意图。从光源发出的光经透镜聚焦后，在入射狭缝成像并投射到狭缝后的凹面光栅上。凹面光栅将光色散后分别聚焦在具有出射狭缝的焦面上，狭缝后面有光电倍增管，在检测各波长的光强后用计算机进行数据处理。

这种多道固定狭缝式直读光谱仪，优点是具有多达 70 个通道、分析速度快、光电倍增管对信号放大能力强、准确度高、线性范围宽、达 4～5 个数量级，可同时分析含量差别较大的不同元素。不足之处是出射狭缝固定，使被测元素谱线固定。适用于固定元素的快速定性、半定量和定量分析。

② 单道扫描光谱仪

如图 3-19 所示，为单道扫描光谱仪的示意图。光源发出的辐射经入射狭缝投射到可转动的光栅上色散，当光栅转动至某一固定位置时，只有某一特定波长的谱线能通过出射狭缝进入检测器，通过光栅的转动完成一次全谱扫描。和多道直读光谱仪相比，单道扫描光谱仪的波长选择灵活方便，但由于通过光栅转动完成扫描需要一定的时间，因此分析速度受到一定限制。

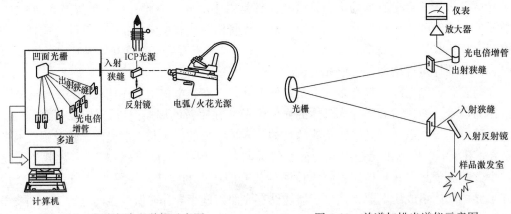

图 3-18　多道直读光谱仪示意图　　　　图 3-19　单道扫描光谱仪示意图

③ 全谱直读光谱仪

全谱直读光谱仪如图 3-20 所示,采用电荷注入或电荷耦合检测器,同时可检测 165～800nm 波长范围内出现的全部谱线,其中阶梯光栅加棱镜的分光系统,使仪器结构紧凑,体积大为减小,兼具多道固定狭缝式和单道扫描光谱仪的特点。(28×28)mm 电荷耦合检测器的芯片上,可排列 26 万个感光点阵,具有同时检测几千条谱线的能力。

该仪器的显著特点有:测定每个元素时可同时选用多条特征谱线,能在 1rain 内完成 70 个元素的定性、定量测定,试样用量少(1mL),线性范围为 4～6 个数量级,绝对检出限常在 0.1～50ng/mL。

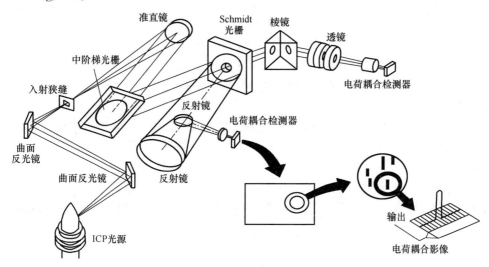

图 3-20　全谱直读光谱仪示意图

# 3.3　色　谱　分　析

## 3.3.1　气相色谱法

在互不相溶的流动相和固定相组成的体系中,当两相作相对运动时,第三组分(溶质或吸附质)连续不断地在两相之间进行分配,这种分配过程称为色谱过程。以气体作为流动相,固体(气固色谱)或液体(气液色谱)作为固定相的色谱法称为气相色谱法(Gas Chromatography,GC)。由于 GC 具有高分离效能、高灵敏度、高选择性、分析速度快、样品用量少和应用范围广等特点,已广泛应用于科学研究和现代工业生产等领域。但是 GC 仅能分离和分析在操作条件下能气化而又不分解的物质。据估计,在已知化合物中能直接进行 GC 分析的化合物约占 15%,加上制成其衍生物的化合物也不过占 20%。

**1. 基本原理**

(1) 塔板理论和速率理论

① 塔板理论

马丁和辛格所提出的塔板理论中,把色谱柱的分离过程模拟成蒸馏塔。色谱柱假设由许多块塔板组成,在每个塔板中组分在流动相和固定相之间达到一次分配平衡。经过许多次平衡后组分彼此分离。

假设色谱柱长为 $L$，每达成一次分配平衡所需的塔板高度为 $H$，则理论塔板数 $n$ 为：

$$n = \frac{L}{H} \tag{3-18}$$

由式（3-18）可知，$L$ 固定时，$H$ 越小 $n$ 越大，即柱效率越高。理论塔板数与有效理论塔板数的经验表达式如式（3-19）和式（3-20）所示。

理论塔板数：
$$n = 5.54 \times \left(\frac{t_R}{W_{1/2}}\right)^2 = 16 \times \left(\frac{t_R}{W}\right)^2 \tag{3-19}$$

有效理论塔板数：
$$n_{有} = 5.54 \times \left(\frac{t'_R}{W_{1/2}}\right)^2 = 16 \times \left(\frac{t'_R}{W}\right)^2 \tag{3-20}$$

式中，$t_R$ 为保留值；$t'_R$ 为调整保留值；$W_{1/2}$、$W$ 为半峰宽和峰底宽。

塔板理论的假设不完全符合柱色谱的实际过程，只能定性地给出塔板高度的概念，而反应不出影响塔板高度的因素，更不能说明色谱峰展宽的原因。

② 速率理论

范第姆特在塔板理论的基础上，考虑到影响塔板高度的动力学和热力学因素，提出了范氏方程，如式（3-21）所示：

$$H = A + \frac{B}{u} + C_g \bar{u} + C_l \bar{u} \tag{3-21}$$

式中，a. 涡流扩散项，$A = 2\lambda d_p$。$\lambda$ 是反映固定相填充的不均匀程度；$d_p$ 是固定相的颗粒直径。

b. 分子扩散项，$\frac{B}{u} = \frac{2rD_g}{u}$，$\bar{u}$ 为载气的平均线速度；$r$ 为弯曲因子，反映柱中流路的弯曲程度；$D_g$ 为气相扩散系数；$B$ 为分子扩散系数。

c. 气相传质阻力项，$C_g \bar{u} = 0.01 \times \frac{k^2 \times d_p^2}{(1+k)^2 \times D_g} \times \bar{u}$，$k$ 为分配比或容量因子；$C_g$ 为气相传质阻力系数。

d. 液相传质阻力项，$C_l \bar{u} = \frac{2k d_f^2}{3(1+k)^2 \times D_l} \times \bar{u}^\omega$，$d_f$ 为固定液的液膜厚度；$D_l$ 为组分在液相中的扩散系数；$D_g$ 为液相传质阻力系数。

从范氏方程可以看出，改善柱效率的主要措施为：① 选择颗粒较小的均匀填料；② 在不使固定液黏度增加太多的前提下，应在尽可能低的柱温下操作；③ 用最低实际浓度的固定液；④ 用较大分子量的载气；⑤ 选择最佳的载气流速；⑥ 采用较小内径和较大曲率半径的柱形。

（2）GC 的流出曲线

当色谱过程接近理想条件和分配系数恒定时，塔板理论和速率理论都推导出了可用高斯方程来描述色谱流出曲线的形状，如式（3-22）所示。

$$h_i = \frac{A}{\sigma\sqrt{2\pi}} \times \exp\left[-\frac{(t_i - t_R)^2}{2\sigma}\right] \tag{3-22}$$

式中，$h_i$ 为任一时间流出曲线的高度；$A$ 为流出曲线的面积；$t_i$ 为进样至流出曲线上任意一点的保留值；$t_R$ 为进样至曲线峰顶的保留值；$\sigma$ 为标准偏差。流出曲线如图 3-21 所示。

从色谱流出曲线中可以获得：① 根据色谱峰的个数判断样品中可能含有的组分数；

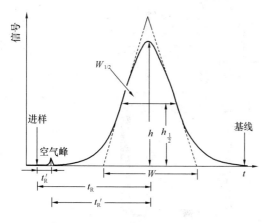

图 3-21　气相色谱流出曲线

② 根据色谱峰的保留值进行定性分析；
③ 根据峰高或峰面积进行定量分析；④ 根据色谱峰的保留值及峰宽来评价柱总分离效能；⑤ 根据两峰间的距离评价固定相和流动相的选择是否合适。

（3）色谱峰面积的测量

GC 定量分析的依据是：当操作条件一定时，待测组分的进样量 $W_i$ 与它们的峰面积 $A_i$ 或峰高 $h_i$ 成正比，即：

$$W_i \propto A_i, W_i = f_i \times A_i \qquad (3\text{-}23)$$

式中，$f_i$ 为校正因子。

在 GC 分析中，大部分的色谱峰基本是对称的，有时也存在非对称的色谱峰，即拖尾峰或前伸峰。

① 对称色谱峰峰面积的测量

当色谱峰呈高斯分布时，由式（3-22）积分求出的峰面积为：

$$A = \sqrt{2\pi} \times h\sigma = 2.507 \times h \times \sigma \qquad (3\text{-}24)$$

因为 $W_{1/2} = 2.354\sigma$，所以峰高乘以半峰宽所得的可积 $A_\alpha$ 为：

$$A_\alpha = h \times H_{1/2} = 2.354 \times h \times \sigma \qquad (3\text{-}25)$$

比较式（3-24）和式（3-25）可得：

$$A = 1.065 \times A_\alpha = 1.065 \times h \times W_{1/2} \qquad (3\text{-}26)$$

当计算相对峰面积时，可略去 1.065 这个参数，而计算绝对峰面积时应予考虑。

② 不对称色谱峰峰面积的测量

不对称色谱峰采用上述计算法误差很大，可采用峰高乘平均峰宽来计算色谱峰的面积，如图 3-22 所示：

$$A = \frac{1}{2}h \times (W_{0.15} + W_{0.85}) \qquad (3\text{-}27)$$

③ 色谱数据微处理机

使用色谱数据微处理机能进行基线的修正、峰的检测、未分离峰的分割等处理，可以求出色谱峰的面积和峰高，还可以进行实验结果的数据处理。其操作方法请参阅仪器说明书。

**2. 气相色谱仪**

（1）气相色谱流程及其工作原理

气相色谱仪虽然型号繁多、性能有所差异和用途各不相同，但就仪器的主要组成部分而言，一般可分为气路、进样、分离、检测和记录 5 个部分。102-G 型气相色谱仪流程如图 3-23 所示。

① 气路系统

气相色谱分析中，一般选择不干扰样品分析的气体作为载气，携带样品组分在色谱柱中

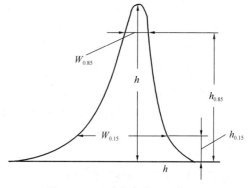

图 3-22　不对称峰峰面积的测量

101

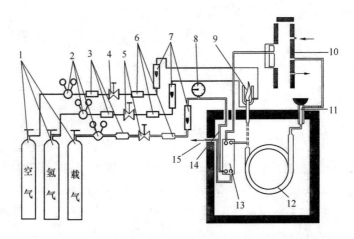

图 3-23　气相色谱流程图

1—高压气瓶；2—减压阀；3—净化器；4—空气针型阀；5—稳压阀；6—缓
冲管；7—转子流量计；8—柱前压力表；9—氢焰离子化器；10—六通阀；
11—气化器；12—色谱柱；13—热导池；14—预热管；15—放空

运动以达到分离之目的。常用的载气有：$N_2$、$H_2$、He 和 Ar 等。对于氢焰离子化检测器，还需辅助气体 $H_2$ 和压缩空气。

A. 高压气体钢瓶

气体一般由高压气体钢瓶供给。钢瓶按规定漆有表示所贮气体种类的标记颜色和字样。一些常用气体钢瓶的标记颜色和字样见表 3-2。

表 3-2　高压气相钢瓶的标记颜色和字样

| 所贮气体 | 瓶体颜色 | 字　样 | 字样颜色 |
|---|---|---|---|
| $N_2$ | 黑色 | 氮 | 黄色 |
| $O_2$ | 大蓝色 | 氧 | 黑色 |
| $H_2$ | 深绿色 | 氢 | 红色 |
| He | 黑色 | 氦 | 黄色 |
| Ar | 黑色 | 氩 | 黄色 |
| 压缩空气 | 黑色 | 压缩空气 | 白色 |
| 乙炔 | 白色 | 乙炔 | 红色 |

气体钢瓶内的压力最高可达 $150kg/cm^2$，当压力＜$15kg/cm^2$ 左右时应停止使用。使用钢瓶时应远离热源。

B. 减压阀

其作用是将钢瓶内的高压气体降到所需的压力。不论钢瓶内的气体压力或减压后的气体流量是否发生变化，经减压阀流出的气体压力基本维持不变。一般减压阀进口压力允许 $150kg/cm^2$，出口压力控制＜$6kg/cm^2$。氧气减压阀出口压力应控制在 $2.5kg/cm^2$ 以下。

C. 稳流阀

稳流阀用于调节气体的流量和稳定流程中气体的压力。只有在阀前后的压力差＞$0.5kg/cm^2$ 时，才能起稳压作用。稳流阀不工作时，必须放松调节手柄（顺时针转松）。空气针形阀不工作时，应将阀门处于"开"的状态（逆时针转松）。

D. 净化器

用于除去载气和辅助气体中干扰色谱分析的气态、液态和固态杂质。这些杂质的存在均使仪器的噪声增大，也影响检测器的灵敏度。常用的气体净化方法是采用吸附法，在净化器中填入分子筛、硅胶或活性炭等固体颗粒吸附剂，让气体流经净化剂层，即可达到除去杂质之目的。

E. 转子流量计

其构造如图 3-24 所示。满刻度＜150mL/min 时，流量计中的转子一般采用硬橡胶或塑料制成；＞150mL/min 时，常用不锈钢或铝合金制成。若流量恒定，转子则在固定的位置上转动，转子的上端面所对应的刻度即为气体的流量值。一根玻璃锥形管配用一只转子，不可弄错，否则流量将不准确。

F. 气路系统的气密性检查

在所有气路系统联接好后，要检查所有气体流程的密封性。以载气为例，将载气的放空口端用螺母及橡胶闷住，调节钢瓶输出压力为 4～6kg/min。打开稳压阀，调节柱前压力 3～4kg/min，查看转子流量计有否读数，若无读数（转子沉于底部），则表示流量计与放空口之间的气密性良好。否则需用十二烷基磺酸钠水溶液探漏。钢瓶与转子流量计之间的气路也需气密性良好。

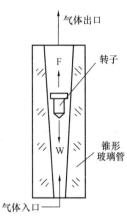

气体出口

F　转子

锥形玻璃管

气体入口　W

图 3-24　转子流量计

② 进样系统

进样系统主要包括进样器和气化器。人工进样采用微量注射器定量吸取液体或气体样品由针刺穿透进样口中的硅橡胶密封垫圈注入气化器。此法的优点是使用方便灵活，但重现性差。自动进样采用六通阀，用其进样不但操作简单，而且重现性好，也易实现自动化。

A. 微量注射器

微量注射器的结构如图 3-25 所示。其容量精度高，误差＜±5%，气密性达 2kg/cm。图中，（a）是有死角的固定针尖式注射器，其针尖有几微升的寄存容量，5～100μL 的微量注射器属于这种类型；（b）是无死角的微量注射器，其没有寄存容量，0.5～5μL 的微量注射器属于这种类型。

B. 六通阀

常用的六通阀气体进样器有平面式和拉杆式两种，它们的结构、采样与进样原理如图 3-26 和图 3-27 所示。

C. 气化器

气化器的主要功能是把所注入的液体样品瞬时气化。应满足：a. 进样方便，密封性好；b. 热容量大；c. 流动性好，无死角；d. 无催化效应等要求。其结构如图 3-28 所示。气化器都配有温度控制装置。

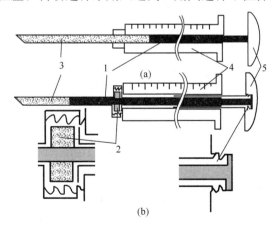

(a)

(b)

图 3-25　微量注射器结构

1—不锈钢丝芯子；2—硅橡胶垫圈；3—针头；
4—玻璃管；5—顶盖

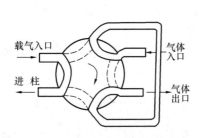

图 3-26 平面式六通阀

注：实线—取样位置；虚线—进样位置

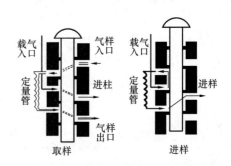

图 3-27 拉杆式六通阀

D. 微量注射器的使用及进样操作的要点

人工进样是用微量注射器定量取样后，由注射针穿透进样内的硅橡胶密封垫圈注入气化器。进样操作是气相色谱分析的键操作技术之一。

微量注射器使用注意事项如下：

a. 它是易碎器械，应小心使用。不要来回空抽，特别不要在近干未干的情况下来回抽动，否则会严重磨损不锈钢丝芯子，损坏其气密性，降低其准确度。

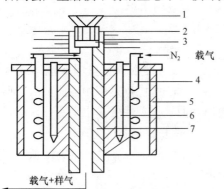

图 3-28 气化器的结构

1—进样密封螺母；2—散热圈；3—密封垫圈（硅橡胶）；
4—预热管；5—外壳；6—烙铁芯；7—气化管

b. 使用前后须用丙酮等溶剂清洗。当试样中的高沸点物质沾污微量注射器时，可采用下述溶液依次清洗：5% NaOH 水溶液、蒸馏水、丙酮、氯仿，最后用泵抽干。不宜使用强碱性溶液洗涤。

c. 对如图 3-28 所示的微量注射器，若针尖堵塞，宜用直径为 0.1mm 的细钢丝穿通。不宜用火烧的办法，防止针尖退火失去穿戳能力。

d. 若不慎把微量注射器不锈钢丝芯子全部抽出，则应根据其结构重新装配好。

微量注射器进样操作要点如下：

a. 用微量注射器吸取液体样品时，应先用少量试液洗涤几次，把针尖插入试液反复抽排几次，再慢慢地抽入稍多于取样量的试液。然后将针尖朝上，使气泡上升逸出，再将过量的试液排出。用擦镜纸或滤纸吸去针尖外部所沾试液，但勿使针头内的试液流失。

b. 取完样后应立即进样。进样时，注射器应与进样口垂直，针头从刺穿硅橡胶密封垫圈插到底，注入试液和拔出微量注射器整个动作要稳当、连贯和迅速。针尖在气化器中的位置、插入和注样速度、停留时间和拔出速度等都会影响进样的重现性。进样时的手势如图 3-29 所示。

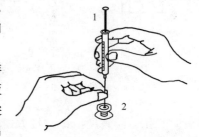

图 3-29 微量注射器进样操作

1—微量注射器；2—进样口

c. 进样时注意保护针头，防止弯曲。图 3-25 中（b）型微量注射器一旦针头弯折，不锈钢丝芯子就难以抽动。

d. 硅橡胶密封垫圈新装入时不要压得太紧，随着进样次数的增加再慢慢旋紧。进样几十次后，应及时更换。

③ 分离系统

色谱柱是气相色谱仪的核心部分，所有样品的分离和分析都是依赖色谱柱进行的。色谱柱可分为填充柱和毛细管柱两大类，以下简要介绍色谱填充柱。

色谱填充柱是由不锈钢、铜、玻璃或聚四氟乙烯管制成的内径为 2～4mm、长 1～10m 的空心柱。柱内填充有粒度均匀的固定相。气相色谱固定相分为固体固定相、液体固定相和聚合物固定相。固体固定相一般为固体吸附剂，主要用于分析永久性气体及一些低沸点物质。液体固定相有固定液和载体组成。载体一般为表面惰性的多孔支持体；固定液为一些高沸点有机物，种类繁多，一般按照"相似相容"的规律来选择固定液。聚合物固定相又称高分子多孔微球，它既可作为固体固定相直接用于分离，也可作为载体，在其表面涂上固定液后再用于分离。其中液体固定相的应用范围最广。色谱柱需要在控制温度下进行分离和分析，因此都需配有温度控制装置。

毛细管色谱柱是用熔融二氧化硅拉制的空心管，也叫弹性石英毛细管柱。柱内径一般为 0.1～0.5mm，柱长 10～50m，通常弯成直径为 10～30cm 的螺旋状。每米理论塔板数高达 2000～5000，总柱效最高可达 $10^6$，又称开管柱（open tubular column）。开管柱传质阻力很小，谱带展宽变小，其总柱效比填充柱高得多、分析速度快、样品用量小。

开管型毛细管柱按固定液的涂渍方法不同，可分为：涂壁开管柱：在内径为 0.1～0.3mm 的中空石英毛细管的内壁，涂渍固定液；载体涂渍开管柱：管内壁经处理后，先附着一层硅藻土载体，再涂固定液，液膜厚，故柱容量大，适用于痕量分析；多孔层开管柱：管内壁经处理后，先附着一层多孔性固体，再涂固定液。若采用交联引发剂，在高温处理下，把固定液交联到毛细管内壁上，可以制成交联型开管柱，该柱高效、耐高温、抗溶剂冲刷，目前应用较多。将固定液用化学方法，键和到涂覆硅胶的柱表面或经表面处理的毛细管内壁上，可制成高热稳定性的键合型开管柱。毛细管色谱柱常用固定液见表 3-3。

表 3-3　毛细管色谱柱常用固定液

| | 固定液 | 极　性 | 对照牌号 | 最高使用温度/℃ |
|---|---|---|---|---|
| OV-101，SE-30 | 聚甲基硅氧烷 | 非极性 | DL-1、AT-1、HP-1、DB-1、BP-1、RTX-1 | 320 |
| SE-52，54 | 5％聚苯基甲基硅氧烷 | 弱极性 | DL-5、AT-5、HP-5、DB-5、BP-5、RTX-5 | 320 |
| OV-17 | 氰基硅油 | 中极性 | DL-17、AT-50、HP-50、DB-17、RTX-50 | 240 |
| PEG-20 | 聚乙二醇 | 强极性 | AT-WAX、HP-WAX、DB-WAX、BP-20 | 250 |

毛细管气相色谱法的主要特点：柱渗透性好，阻抗小；总柱效高，大大提高了对复杂混合物的分离能力；柱容量低，允许进样量小。

由于毛细管柱结构的特殊性，使其仪器系统的设计有别于填充柱色谱系统，主要不同之处在于：毛细管柱色谱仪柱前采用分流进样装置，柱后增加了辅助尾吹气。过去以填充柱为主，现在除了一些特定的分析外，填充柱被更高效、更快速的毛细管所取代。

④ 检测系统

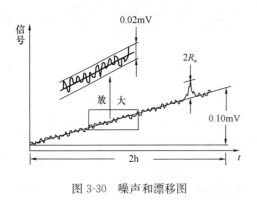

图 3-30　噪声和漂移图

检测器是用于检测色谱柱后洗出物的成分或浓度变化的装置，目前已有 30 余种，其中最常用的是氢焰离子化器和热导池。

A．检测器的性能指标

对检测器总的要求是：灵敏度高；检测限低；稳定性好；线性范围宽，定量准确；响应时间快；死体积小。

检测器的噪声和基线漂移情况如图 3-30 所示。

单位量（$m$）的物质通过检测器时产生信号（$A$）的大小称为检测器的灵敏度（$S$）：

$$S = \frac{A}{m} \tag{3-28}$$

而检测限的定义为：

$$D = \frac{2R_n}{S} \tag{3-29}$$

检测器的线性范围是指与响应信号呈线性关系的试样浓度上、下限之比值。几种常用检测器的性能指标见表 3-4。

表 3-4　几种常用检测器性能指标

| 检测器名称 | 适用性 | 载　气 | 线性范围 | 检测限/g |
|---|---|---|---|---|
| 热导（TCD） | 普遍适用 | He、$H_2$、$N_2$ | $10^5$ | $10^{-8}$ |
| 氢焰（FID） | 有机物 | He、$H_2$、$N_2$ | $10^7$ | $10^{-12}$ |
| 电子捕获（EOD） | 含卤、氧、氮等电负性物质 | $N_2$、Ar | $10^4$ | $10^{-13}$ |
| 火焰光度（FPD） | 硫磷化合物 | He、$N_2$ | 有机磷$10^4$有机硫（对数）$10^2$ | $10^{-11}$ |
| 质谱（MS） | 与气相色谱联用 | He、$H_2$ | $10^6$ | $10^{-9}$ |

B．热导池检测器的构造与检测原理

热导池检测器（Thermal Conductivity Detector，TCD）是利用样品气体与载气有不同的热导系数、热敏元件（钨丝）的阻值随温度的变化而改变、用惠斯顿电桥测量这 3 个条件来达到检测目的。热导池钨丝的结构如图 3-31 所示，热导池构造和电桥电路原理如图 3-32 和图 3-33 所示。

TCD 的检测过程：在恒定的桥电流和稳定的载气流量时，钨丝的发热量与载气所带走的热量也均恒定，故钨丝的温度恒定，其阻值不变。此时电桥平衡，无信号产生；当样品气体与载气一起进入热导池的测量臂时，由于混合气体的热导系数与纯载气不同，所带走的热量也不同，使钨丝的温度（电阻值）发生变化，致使电桥产生不平衡电位，将此信号输至记录仪记录。

C．氢焰离子化器的构造和检测原理

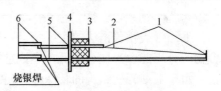

图 3-31　热导池钨丝的结构

1—镍皮；2—钨丝；3—珐琅；4—热导池座；

5—可伐合金丝；6—引出线

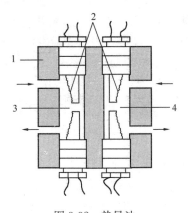

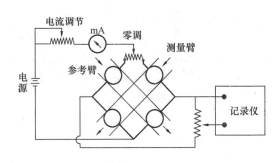

图 3-32　热导池

1—池体；2—热敏元件（钨丝）；3—参考臂；4—测量臂

图 3-33　惠斯顿电桥装置

氢焰离子化器（Hydrogen Flame Ionization Detector，FID）主要是利用 $O_2$ 和 $H_2$ 燃烧的火焰为有机物分子提供离子化的能源、有机物分子在火焰中离子化、用一对电极检测火焰中的离子流这三个条件来达到检测之目的。其结构如图 3-34 所示。

FID 的检测过程：供燃烧用的 $H_2$ 与柱出口流出的气体混合后经喷嘴流出，在喷嘴上燃烧，助燃的空气（$O_2$）通过空气挡板使它均匀地分布于火焰周围。由于在火焰旁存在着由收集极和发射极之间所造成的静电场，当样品分子进入火焰时燃烧生成的离子，在电场作用下定向移动而形成离子流。信号通过高阻经微电流放大器放大后输至记录仪记录。载气、$H_2$ 和压缩空气三者的流量比一般控制在 $1$：$1.5$：$(10\sim15)$ 左右。

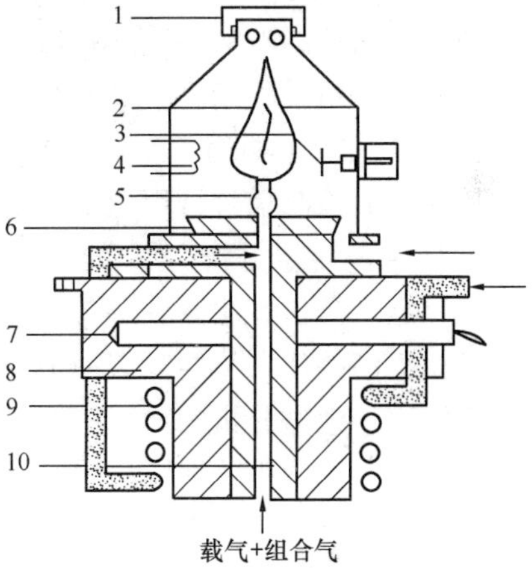

D. 电子捕获检测器的构造和检测原理

电子捕获检测器（Electron Capture Detector，ECD）是有机污染物检测分析中使用最多的检测器，它对含各种杂原子的（例如卤素、氮、磷、硫、氧等）有机物有很高的灵敏度，实际上它是灵敏度更高的通用检测器。其结构如图 3-35 所示。

图 3-34　氢焰离子化器

1—端盖；2—圆罩；3—收集极；4—发射极（即点火极）；5—喷嘴；6—空气挡板；7—内热式烙铁芯；8—加热块；9—氢气预热管；10—底座

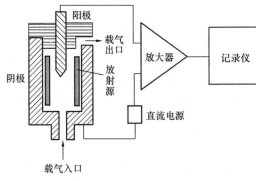

图 3-35　电子捕获检测器示意图

电子捕获检测器由一个圆筒状 $\beta$ 放射源 $H_3$ 或 $Ni_{63}$ 为负极，圆筒中央的一个不锈钢棒为正极，在两极间施加直流或脉冲电压。当载气高纯氮气进入检测器时，在放射源发射的 $\beta$ 射线下发生电离，电离为正离子和低能电子，生成的正离子和慢速低能电子在恒定电场作用下向极性相反的电极运动，形成恒定的基流，一般在 $10^{-9}\sim10^{-8}A$ 左右。当具有电负性的被测组分进入检测器时，它捕获了检测器内的慢速低能量电子放出的能量而使基流降低，产生负信号并记录成倒峰。带负电荷的分子离子和载气中的正离子复合成中性化合物，被载气携带出检测器外。

电子捕获检测器是一种专属性强的高灵敏度的浓度型检测器，它只对含有电负性元素（如卤素、硫、磷、氮、氧）的官能团有很高的响应值，因为这些官能团对游离电子具有亲和力，它能测出 $10\sim14g/mL$ 电负性元素物质。元素的电负性越强，检测器灵敏度越高。它是在应用上仅次于热导池和氢焰检测器的检测器。

E. 氮磷检测器的构造和检测原理

氮磷检测器（Nitrogen Phosphorus Detector，NPD）是一种质量检测器，适用于分析氮、磷化合物的高灵敏度、高选择性检测器。它具有与 FID 相似的结构，只是将一种涂有碱金属盐如 $Na_2SiO_3$、$Rb_2SiO_3$ 类化合物的陶瓷珠，放置在燃烧的氢火焰和收集极之间，当试样蒸气和氢气流通过碱金属盐表面时，含氮、磷的化合物便会从被还原的碱金属蒸气上获得电子，失去电子的碱金属形成盐再沉积到陶瓷珠的表面上。

氮磷检测器的使用寿命长、灵敏度极高，可以检测到 $5\times10^{-13}$ 次 g/s 偶氮苯类含氮化合物，$2.5\times10^{-13}$ 次 g/s 的含磷化合物，如马拉松农药。它对氮、磷化合物有较高的响应；比对其他化合物有的响应值高 $10000\sim100000$ 倍。氮磷检测器被广泛应用于农药、石油、食品、药物、香料及临床医学等多个领域。

⑤ 记录与数据处理系统

检测器的检测信号可用记录仪记录，也可由色谱数据微处理机进行数据处理。

### 3. 定性与定量分析

（1）定性分析方法

气相色谱的优点是能对多种组分的混合物进行分离分析，这是光谱、质谱法所不能的。但由于能用于色谱分析的物质很多，在对未知物进行定性时，需要知道纯物质的色谱性能参考数据，同时不同组分在同一固定相上色谱峰出现时间可能相同，仅凭色谱峰对未知物定性有一定困难。对于一个未知样品，首先要了解它的来源、性质、分析目的，在此基础上，对样品可有初步估计，再结合已知纯物质或有关的色谱定性参考数据进行定性鉴定。

① 已知物对照法

各种组分在给定的色谱柱上都有确定的保留值，可以作为定性指标。即通过比较已知纯物质和未知组分的保留值定性。如待测组分的保留值与在相同色谱条件下测得的已知纯物质的保留值相同，则可以初步认为它们是属同一种物质。由于两种组分在同一色谱柱上可能有相同的保留值，只用一根色谱柱定性，结果不可靠。可采用另一根极性不同的色谱柱进行定性，比较未知组分和已知纯物质在两根色谱柱上的保留值，如果都具有相同的保留值。即可认为未知组分与已知纯物质为同一种物质（图3-36）。利用纯物质对照定性，首先要对试样的组分有初步了

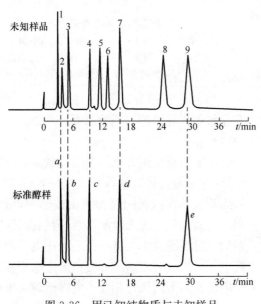

图 3-36　用已知纯物质与未知样品
对照比较进行分析

解，预先准备用于对照的已知纯物质（标准对照品）。该方法简便，是气相色谱定性中最常用的定性方法。

② 利用加入法定性

将纯物质加入到试样中，观察各组分色谱峰高的相对变化进行定性的方法。

③ 利用相对保留值定性

相对保留值 $r_{21}$ 仅与柱温和固定液性质有关。在色谱手册中都列有各种物质在不同固定液上的保留数据，可以用来进行定性鉴定。

④ 利用保留指数定性

保留指数又称 Kovats 指数，许多手册上能查到各种化合物的保留指数，它是一种重现性较好的定性参数，其定性的相对误差<1%，是一种重要的定性方法。

⑤ 与其他分析仪器联用定性

色谱具有分离功能强大的特点，但定性能力较弱，特别是对于新化合物，故常将色谱与其他分析仪器联合使用来获得化合物的结构信息。常用的有气相色谱-质谱联用和气相色谱-红外光谱联用。

（2）定量分析方法

① 定量校正因子（$f_i'$）

试样中组分质量（$m_i$）与色谱峰面积（$A_i$）成正比。即：

$$m_i = f_i' A_i \tag{3-30}$$

式中，$f_i'$ 为绝对校正因子。

因同一检测器对不同物质具有不同的响应值，若用峰面积来进行定量分析，则需引入相对校正因子 $f_i$ 概念：

$$f_i = \frac{f_i'}{f_s'} \tag{3-31}$$

式中，$f_i'$、$f_s'$ 为组分 $i$ 和标准物质 $s$ 的绝对校正因子。

② 定量方法

A. 归一化法

当试样中所有组分全部出峰组分数与色谱峰数相符时，可以采用该法。

计算式如下：

$$m_i(\%) = \frac{A f_i}{\sum\limits_{i=1}^{n}(f_i A_i)} \times 100\% \tag{3-32}$$

若组分性质相近或对准确度要求不高时，可省略式中的相对校正因子，此时称面积归一化法。

归一化法具有方法简便、分析结果准确、进样量的准确性和波动对测定结果影响不大和仅适用于所有组分都出峰且组分数与色谱峰数相符的情况等特点。

B. 外标法

外标法又称为标准曲线法或直接比较法。即配制一系列不同浓度的标准溶液，在相同进样量下分别测定峰面积，以浓度对应峰面积作图，由待测组分的峰面积在标准曲线上查出对应的浓度。

如果用一种浓度标准溶液对比，求出待测组分的浓度，称为外标一点法，即：

$$(C_i)_{样品} = (C_i)_{标准} \times \frac{(A_i)_{样品}}{(A_i)_{标准}} \tag{3-33}$$

此种方法只能在工作曲线通过原点的情况下使用。

外标法具有不使用校正因子，准确度高；操作条件要求高；对进样量的准确性控制要求高和适用于大批量试样的快速分析等特点。外标法的分析结果的准确度主要取决于进样量的准确性和操作条件的稳定性。

C. 内标法

内标法是选择一种合适的物质（称为内标物），将其加入到试样中，通过比较待测组分与加入内标物两者的峰面积进行定量分析的方法。

准确称取一定量的内标物，将称取的内标物加入到准确称取的试样中，充分混合后，即可通过下式求出待测组分（$m_i$）的含量。

$$m_i = \frac{f_i A_i m_s}{f_s A_s} \tag{3-34}$$

待测组分的质量百分含量为：

$$w_i = \frac{f_i A_i m_s}{f_s A_s m} \times 100\% \tag{3-35}$$

所选内标物应满足：试样中不含有该物质；与被测组分性质比较接近；不与试样发生化学反应；出峰位置应位于被测组分附近，且无组分峰影响；内标物应为纯物质等条件。

D. 内标对比法

此法是称取一定量的内标物加入到标准溶液中，组成标准溶液。然后将相同的内标物加入同体积的样品溶液中。将两种溶液分别进样，由下式计算出样品溶液中的待测组分含量。

$$w_{样品} = \frac{(A_i/A_s)_{样品}}{(A_i/A_s)_{标准}} \times (C_i\%)_{标准} \tag{3-36}$$

式中，$(A_i/A_s)_{样品}$、$(A_i/A_s)_{标准}$ 分别为样品溶液和标准品溶液中被测组分 $i$ 和 $s$ 的峰面积之比。

此法是在不知道校正因子时，内标法的一种应用。在药物分析中，校正因子多为未知，常用此法。

E. 标准加入法

此法是将待测组分 $i$ 的纯品加入到待测样品溶液中，通过测定增加纯品后组分 $i$ 峰面积的增量来计算组分 $i$ 含量的方法。

$$m_i = \frac{A_i}{\Delta A_i} \Delta m_i \tag{3-37}$$

式中，$A_i$ 为原样品中 $i$ 组分的峰面积；$\Delta A_i$ 为原样品溶液中组分 $i$ 峰面积的增量；$\Delta m_i$ 为纯品加入量。

## 3.3.2  高效液相色谱法

### 1. 基本原理

高效液相色谱法（High Performance Liquid Chromatography，HPLC）是 1964～1965 年开始发展起来的一项新颖快速的分离分析技术。它是在经典液相色谱法的基础上，引入了气相色谱的理论，在技术上采用了高压、高效固定相和高灵敏度检测器，使之发展成为高分离速度、高分辨率、高效率、高检测灵敏度的液相色谱法。目前该方法已成为分析复杂物质的有力手段，特别是在对高沸点、热不稳定的有机化合物、天然产物及生化试样的分析方面，具有不可取代的地位。

HPLC 是在 GC 高速发展的情况下发展起来的。它们之间在理论上和技术上有许多共同点，两种色谱的基本理论相同，定性定量的方法相同；而在分析对象、流动相和操作条件上有如下差别：

（1）分析对象

GC 虽然具有分离能力强、灵敏度高、分析速度快的特点，但是一般只能分析沸点低于 450℃、相对分子质量较小的物质；而对热稳定性差、沸点较高的物质，则难用气相色谱分析。因此，GC 只能分析占有机物总数约 20％的物质。而 HPLC 只要求试样制成溶液，不受试样挥发性的限制，所以对于高沸点、热稳定性差、相对分子质量大的有机物原则上都可以分析。

（2）流动相

GC 用气体做流动相，可做流动相的种类较少，主要起到携带组分流经色谱柱的作用。HPLC 用液体做流动相，液体分子与样品分子之间的作用力不能忽略，由于流动相对被分离组分可产生一定亲和力，流动相的种类对分离起各自不同的作用，因此液相色谱分析除了进行固定相的选择外，还可通过调节流动相的极性、pH 值等来改变分离条件，比 GC 增加了一个可供选择的重要参数。

（3）操作条件及仪器结构

GC 通常采用程序升温或恒温加热的操作方式来实现不同物质的分离，而 HPLC 则通过在常温下采取高压的操作方式以克服液体流动相带来的阻力。为了提高分离效能，HPLC 常配备梯度洗脱装置。

### 2. 液相色谱法的主要类型

根据分离机制（固定相）的不同，高效液相色谱法可分为下述几种类型：液-固吸附色谱法、液-液分配色谱法、离子对色谱法、离子交换色谱法、离子色谱法和空间排阻色谱法等。根据仪器类型不同，又可分为高效液相色谱仪、超高效液相色谱仪、离子色谱仪和凝胶色谱等。

（1）液-固吸附色谱法

液-固吸附色谱法就是使用固体吸附剂作为固定相，利用不同组分在固定相上吸附能力的不同而分离。分离过程是吸附-解吸附的平衡过程，是溶质分子（$X$）和溶剂分子（$S$）对吸附剂表面的竞争吸附。

$$X_m + nS_a = X_a + nS_m$$

式中，$m$、$a$ 为流动相和固定相；$n$ 为吸附的溶剂分子数。

这种竞争达到平衡时，就有：

$$K = \frac{[X_a][A_m]^n}{[X_m][S_a]^n} \tag{3-38}$$

式中，$K$ 为吸附平衡常数，$K$ 值大表示组分在吸附剂上保留的能力强，难于洗脱。$K$ 值可通过吸附等温线数据求出。

常用的吸附剂为硅胶或氧化铝，其中前者应用最为广泛。硅胶的吸附活性是表面的硅羟基产生的。如硅胶吸水，一部分硅羟基因会与水形成氢键而失去活性，致使吸附能力下降。

液-固吸附色谱适用于分离相对分子质量为 $200 \sim 1000$、且能溶于非极性或中等极性溶剂的脂溶性样品的分离，特别适用于分离同分异构体；不适用于分离含水化合物和离子型化合物。

（2）液-液分配色谱法

液-液分配色谱法的流动相和固定相都是液体，并且是互不相溶的，对于亲水性固定液，宜采用疏水性流动相。作为固定相的液体是涂在或化学键合在惰性载体上的，涂渍在载体上的固定液易被流动相逐渐溶解而流失，所以目前多用化学键合固定相。

化学键合固定相（Chemically Bonded Phase）是利用化学反应将有机分子以化学键的方式固定到载体表面，形成均一、牢固的单分子薄层。但当固定液分子不能完全覆盖担体表面时，其担体表面的活性吸附点也会吸附组分。这样对于这种固定相来说，具有吸附色谱和分配色谱两种功能。所以，键合液-液色谱的分离原理，既不是完全的吸附过程，也不是完全的液-液分配过程，两种机理兼而有之，只是按键合量的多少而各有侧重。

液-液分配色谱中不仅固定相的性质对分配系数有影响，而且流动相的性质也对分配系数有较大影响，因此，在液-液分配色谱中往往采用改变流动相的手段来改变分离效果。

根据固定相和流动相的相对极性不同，液-液分配色谱法又分为正相色谱法和反相色谱法。正相色谱法的固定相极性大于流动相极性，适合极性化合物的分离，极性小的组分先流出；反相色谱法的固定相极性小于流动相极性，适合分离非极性和极性较弱的化合物，极性大的组分先流出。所以液-液色谱可用于极性、非极性、水溶性、油溶性、离子型和非离子型等几乎所有物质的分离和分析。反相色谱法是目前液相色谱分离模式中使用最为广泛的一种模式。

（3）离子对色谱法

分离分析强极性有机酸和有机碱时，直接采用正相或反相色谱存在困难，因为大多数可离解的有机化合物在正相色谱的固定相上作用力太强，致使被测物质保留值太大、出现拖尾峰，有时甚至不能被洗脱；而在反相色谱的非极性（或弱极性）固定相中的保留又太小。在这种情况下，比较合适的方法是采用离子对色谱。

离子对色谱法是将一种（或数种）与溶质离子（$X$）电荷相反的反离子（$Y$）加到流动相或固定相中，使其与溶质离子结合形成疏水型离子对化合物，从而用反相色谱柱实现分离的方法。

$$X^+ + Y \xrightarrow{K_{XY}} X^+ Y^-$$

式中，$K_{XY}$ 是其平衡常数，则有

$$K_{XY} = \frac{[X^+ Y^-]}{[X^+][Y^-]} \tag{3-39}$$

根据定义，溶质的分配系数（$D_X$）为

$$D_X = \frac{[X^+Y^-]}{[X^+]} K_{XY} = [Y^-] \tag{3-40}$$

流动相中的反离子浓度的大小，会影响分配系数，反离子浓度越大，分配系数越大。因此分离性能取决于反离子的性质、浓度和流动相的选择。常用的反离子试剂有烷基磺酸钠和季铵盐两类。前者适用于分离有机碱类和有机阳离子，后者适用于有机酸类和有机阴离子。

（4）离子交换色谱法和离子色谱法

离子交换色谱法（Ion exchange chromatography，IEC）中使用的固定相为阴离子交换树脂或阳离子交换树脂，多数也是键合固定相。离子交换色谱法是基于离子交换树脂上可解离的离子与流动相中具有相同电荷的溶质离子进行可逆交换。凡是在溶剂中能够解离的物质通常都可以用离子交换色谱法来进行分析。被分析物质解离后产生的离子与树脂上带相同电荷的离子进行交换而达到平衡，其过程可用下式表示。

阳离子交换：$R\text{—}SO_3^- H^+$（树脂）$+M^+ \rightarrow R\text{—}SO_3^- M^+$（树脂）$+H^+$（溶剂中）

阴离子交换：$R\text{—}NR_3^- Cl^-$（树脂）$+X^- \rightarrow R\text{—}NR_3^+ X^-$（树脂）$+Cl^-$（溶剂中）

一般离子在交换树脂上的保留时间较长，需要用浓度较大的淋洗液洗脱。

离子色谱法（Ion Chromatography，IC）是利用离子交换树脂为固定相，以电解质溶液为流动相，以电导检测器为通用检测器的方法。离子色谱法又分为抑制型和非抑制型。抑制型（称双柱离子）离子色谱系统中，为了消除流动相中强电解质背景离子对被测物电导检测的干扰，在分离柱后设置了抑制柱，以此降低洗脱液本身的电导，同时提高被测离子的检测灵敏度。单柱型离子色谱只能采用低浓度、低电导率的洗脱液，灵敏度比双柱型离子色谱低。离子色谱法是目前离子型化合物的阴离子分析的首选方法。

（5）空间排阻色谱法

溶质分子在多孔填料表面受到的排斥作用称为排阻。该法中被测组分受到的排斥作用是由于分子的大小而引起的，所以称为空间排阻色谱，还称为体积排阻、尺寸排阻、凝胶渗透、凝胶色谱等。

空间排阻色谱是以具有一定大小孔径分布的凝胶为固定相的。分离原理是利用凝胶中孔径大小的不同，被分离组分中不同体积的分子按相对分子质量的大小分离的。

空间排阻色谱分离过程类似于分子筛的筛分作用，当溶质通过多孔凝胶时，小分子可以通过所有孔径而形成全渗透；大于凝胶空间的大分子，因不能进入孔内而被流动相携带着沿着颗粒间隙最先流出色谱柱；中等体积的分子能部分进入合适的孔隙中，它们以中等速度流出色谱柱；而小体积的组分被最后淋洗出色谱柱。这样，样品分子基本上按其大小，经排阻先后由柱中流出。

该法的特点是样品在柱内停留时间短，全部组分在溶剂分子洗脱之前洗脱下来；可预测洗脱时间，便于自动化；色谱峰窄，易检测，可采用灵敏度较大的检测器；一般没有强保留的分子积累在色谱柱上，柱寿命长。主要缺点是不能分离相对分子质量相近的组分，适用于相对分子质量>100、差别>10%、能溶解于流动相中的任何类型化合物，特别适用于高分子聚合物的相对分子质量分布测定。

**3. 高效液相色谱仪**

高效液相色谱仪的结构如图 3-37 所示，一般可分为 4 个主要部分：高压输液系统、进样系统、分离系统和检测系统。此外还配有辅助装置，如梯度淋洗、自动进样及数据处

理等。

（1）高压输液系统

高压输液系统包括储液器、高压泵、过滤器、梯度洗脱装置，其核心部分是高压泵。

① 高压泵

高效液相色谱仪利用高压泵输送流动相通过整个色谱系统，泵的性能直接影响分析结果的可靠性，为使流动相顺利通过色谱柱，高压泵的压力范围应为 25～40MPa，且应具备压力稳定，无脉冲，流量调节准确，密封性能好、耐腐蚀、耐磨损等性能，结构如图 3-38 所示。

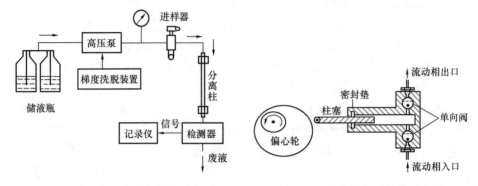

图 3-37　高效液相色谱仪结构示意图　　　图 3-38　柱塞往复泵结构示意图

泵的种类很多，按输液性质可分为恒压泵和恒流泵，使用较多的是恒流泵。恒流泵按结构又可分为螺旋注射泵、柱塞往复泵和隔膜往复泵。柱塞往复泵的液缸容积小，易于清洗和更换流动相，特别适合于再循环和梯度洗脱。柱塞往复泵的缺点是有输液脉冲，因此目前多采用双柱塞或双泵系统来克服。

流动相由高压泵输送和控制流，使用前需要过滤和脱气，并在抽液管前端设置微孔砂芯过滤器，防止微小固体颗粒进入高压泵而造成损坏。

② 梯度洗脱装置

梯度洗脱也称溶剂程序，指在分离过程中，随时间按一定程序连续地改变流动相的组成，即改变流动相的强度（极性、pH 值或离子强度等）。在气相色谱中，可以通过控制柱温来改善分离条件，调整出峰时间。而在液相色谱中，可以通过改变流动相的组成和极性来同样达到改变分配系数和选择因子、提高分离效率的目的。在工作状态下改变流动相组成的装置就是梯度洗脱装置，它的工作模式可分为高压梯度和低压梯度，如图 3-39 所示，这两种方式都可以按设定的程序实现连续变化。

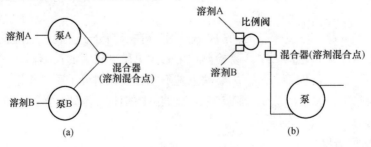

图 3-39　梯度洗脱模式

（a）高压梯度；（b）低压梯度

高压梯度（又称内梯度）是先加压后混合，即每台泵输送一种溶剂，一般利用两台泵，将两种不同极性的溶剂按一定比例送入混合器，再送入柱系统。而低压梯度（又称外梯度）是先混合后加，即通过比例阀，将两种或多种不同极性的溶剂按一定的比例抽入混合室混合，然后用高压泵输送至柱系统，只需一个泵，相对经济实用。

（2）进样系统

进样系统常用六通进样阀和自动进样器。

① 六通进样阀

六通进样阀的关键部件由圆形密封垫（转子）和固定底座（定子）组成，通过它可在高压下（35～45MPa）直接将样品送入色谱柱中。用六通进样阀进样，进样量准确，重复性好，操作方便。

② 自动进样器

由计算机自动控制定量阀取样、进样、清洗等工作。一批可以自动进样几十个或上百个，适用于大量样品的常规分析。

（3）分离系统

色谱柱是液相色谱的心脏部件，它包括柱管与固定相两部分。柱管通常是不锈钢柱。一般色谱柱长 5～30cm，内径为 4～5mm，凝胶色谱柱内径 3～12mm，制备柱内径较大，可达 25mm 以上。固定相大多是新型的固体吸附剂、化学键合相（如 $C_{18}$）等。

完整的分离系统包括预柱（保护柱）、色谱柱和柱温箱。预柱是连接在进样器和色谱柱之间的短柱，一般长度为 10～50mm，柱内径装有与色谱柱相同的填料，用以防止来自流动相和样品中的不溶性微粒堵塞色谱柱。

（4）检测系统

气相色谱和液相色谱对检测器的要求基本一致，都是要求灵敏度高、线性范围宽、重复性好和适用范围广，但是对于液相色谱，要求检测器对温度变化和流量脉冲不敏感，这样才能用于梯度洗脱。目前常用的检测器中有些就不适合采用梯度洗脱。

高效液相色谱仪中常用的检测器主要有紫外吸收检测器、示差折光检测器、荧光检测器、电导检测器等。

① 紫外吸收检测器

紫外吸收检测器（Utraviolet Detector，UVD）是 HPLC 中应用最广泛的检测器，几乎所有的高效液相色谱仪都配备有紫外吸收检测器。它是基于被分析组分对特定波长的紫外光有选择性吸收而设计的。

可变波长紫外吸收检测器的结构如图 3-40 所示，由光源、单色器、样品池（也称吸收池）和检测器等基本单元组成。

从光源发出的连续光经聚光透镜、狭缝、棱镜或光栅分光后，某一单色光聚焦到样品池上，此单色光通过样品池的样品吸收后照射到光电倍增管上，光电倍增管将由于样品浓度不同所引起透

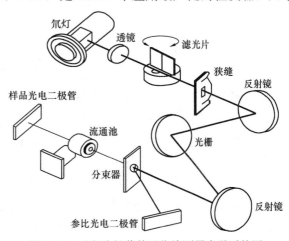

图 3-40　可变波长紫外吸收检测器光学系统图

115

光强度的变化转换成光电流变化，放大并输入到对数转换器，使测得的透光率转换成光吸光度 $A$ 输出。此时的吸光度 $A$ 与被测组分的浓度符合朗伯-比尔定律。

$$A = -\lg \frac{I}{I_0} = \varepsilon \times L \times c \tag{3-41}$$

式中，$A$ 为吸光度（消光值）；$I_0$ 为入射光强；$I$ 为透射光强；$\varepsilon$ 为样品的摩尔吸光系数；$L$ 为光程；$c$ 为样品浓度。

紫外吸收检测器按光路系统不同可分为单光路和双光路。单光路没有光路补偿，稳定性较差，做梯度洗脱时洗脱液组成的变化将会引起基线漂移。双光路以洗脱液做光路补偿，稳定性好，做梯度洗脱时，由于光路补偿基线很稳定，一般高档仪器都采用双光路。

紫外吸收检测器按波长方式不同可分为固定波长检测器、可变波长检测器；根据检测方式不同又分为二维和三维检测器、单道和多道检测器。紫外吸收检测器样品池结构目前有 3 种：Z 形、H 形和圆锥形。标准池体积为 $5\sim8\mu L$，光程为 $5\sim10mm$。最新型的圆锥式样品池可为检测器提供更大的稳定性和灵敏度。

紫外吸收检测器的特点是灵敏度高，检出限可达 $10^{-9}g/mL$；线性范围宽；吸收池体积小，池体积越小，检测器死体积也越小，对柱效影响也越小；光程长，光程越长，检测器灵敏度越高；噪声低；对流速和温度均不敏感，可用于梯度洗脱。

② 示差折光检测器

示差折光检测器（Refractive Index Detector，RID）是一种通用型检测器，凡是具有与流动相折射率不同的组分，均可以使用这种检测器。它是依据每种物质均具有不同的折光率的原理制成的，利用流动相中出现试样组分时所引起折光率的变化进行检测。它可以连续检测参比池流动相和样品池中流出物之间的折光率差值，而差值和样品的浓度成比例关系。

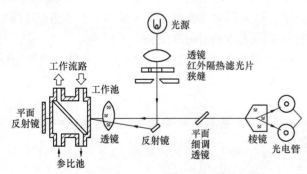

图 3-41 偏转式示差折光检测器光路系统图

示差折光检测器分为偏转式、反射式和干涉式三种，图 3-41 为偏转式示差折光检测的光路系统图。

在检测器中如果工作池和参比池都通过的是纯流动相，则光束无偏转，信号相等，输出平衡信号。如果有试样通过工作池，则折光率发生改变，造成光束偏移，从而使到达棱镜的光束偏离，两个光电管所接受的能量不等，因此输出一个偏转角，即试样浓度信号被检测。示差折光检测器的特点是不破坏样品，操作方便，灵敏度可达比 $10^{-7}\sim10^{-6}g/mL$，不适用于痕量分析；对温度变化敏感，要求检测器的温度变化应控制在 $\pm0.001℃$，因此不能用于梯度洗脱。为保证检测准确度，需检测器保持恒温和使用柱温箱，一般用于无紫外吸收的物质分析。

③ 荧光检测器

许多物质，特别是具有对称共轭结构的有机芳环分子受到紫外光激发后，能发射出比接收的紫外光波长更长些的荧光，如多环芳烃、维生素 B、黄曲霉素、卟啉类化合物等，利用这个特性，荧光检测器可以检测许多生化物质，包括代谢产物、药物、氨基酸、胺类、甾类化合物。荧光强度与被测物质的浓度成正比。

荧光检测器的特点是灵敏度较高,检出限比紫外吸收检测器低 2 个数量级;选择性好;线性范围较窄,线性范围约为 $10^3$,也是高效液相色谱比较常用的检测器。

④ 电导检测器

电导检测器属于电化学检测器,是离子色谱使用最多的检测器。其检测原理是根据物质电离后的导电性质,所产生的电导值与导电离子的数量成正比。

电导检测器的特点是结构简单,成本低,灵敏度较高,检出限约为 $10^{-8}$ g/mL;线性范围为 $10^4$;响应值受温度影响较大,必须严格控制温度,不适合梯度洗脱,适用于检测可解离的物质、表面活性剂、酸、碱等。

⑤ 质谱检测器

该检测器具有高选择性、高灵敏度,能提供相对分子质量和结构的信息,HPIC-MS 联用既可以定量,也可以定性。HPLC-MS 联用已经成为常规应用的分离分析方法,是复杂基质中痕量分析的首选方法。

高效液相色谱常用检测器的性能比较见表 3-5。

表 3-5 高效液相色谱常用检测器的性能比较

| 检测器 | 测量参数 | 检出限 /(g/mL) | 线性范围 | 温度影响 | 梯度洗脱 | 适用范围 |
|---|---|---|---|---|---|---|
| 紫外(UVD) | 吸光度 | $10^{-9}$ | $10^5$ | 无 | 能 | 具有共轭双键的有机物质 |
| 示差(RID) | 折光率 | $10^{-7}$ | $10^4$ | 有 | 不能 | 所有物质 |
| 荧光(FD) | 荧光强度 | $10^{-12}$ | $10^3$ | 无 | 能 | 具有对称共轭结构的芳环物质 |
| 电导(ECD) | 电导率 | $10^{-8}$ | $10^4$ | 有 | 不能 | 可解离的物质 |

### 3.3.3 离子色谱法

**1. 概述**

离子色谱法是以离子型化合物为分析对象的液相色谱法,与普通液相色谱法的不同之处是它通常使用离子交换剂固定相和电导检测器。20 世纪 70 年代中期,在液相色谱高效化的带动下,为了解决无机阴离子和阳离子的快速分析问题,由 Small 等人发明了现代离子色谱法(或称高效离子色谱法)。即采用低交换容量的离子交换柱,以强电解质做流动相分离无机离子,然后用抑制柱将流动相中被测离子的反离子除去,使流动相电导降低,从而获得高的检测灵敏度。这就是所谓的双柱离子色谱法(或称抑制型离子色谱法)。1979 年,Gierde 等用弱电解质做流动相,因流动相自身的电导较低,不必用抑制柱,因此称为单柱离子色谱法(或称非抑制型离子色谱法)。

离子色谱法因其灵敏度高,分析速度快,能实现多种离子的同时分离,而且还能将一些非离子型化合物转变成离子型化合物后再测定,所以在环境化学、食品化学、化工、电子、生物医药、新材料研究等科学领域都得到了广泛的应用。

可以用离子色谱的分离方式分析的物质除无机阴离子(包括阳离子的配阴离子)和无机阳离子(包括稀土元素)外,还有有机阴离子(有机酸、有机磺酸盐和有机磷酸盐等)和有机阳离子（胺、吡啶等），以及生物物质（糖、醇、酚、氨基酸和核酸等）。

**2. 类型**

离子色谱法按分离机理分类可分为离子交换色谱法（Ion Exchange Chromatography，IEC）、离子排斥色谱法（Ion exclusion chromatography，IEC）、离子抑制色谱法（Ion Suppression Chromatography，ISC）和离子对色谱法（Ion Pair Chromatography，IPC）。

（1）离子交换色谱法

① 分离原理

离子交换色谱以离子交换树脂作为固定相，树脂上具有固定离子基团及可交换的离子基团。当流动相带着组分通过固定相时，组分离子与树脂上可交换离子基团进行可逆交换，根据组分离子对树脂亲和力的不同而得到分离。例如，强酸性阳离子交换树脂与阳离子的交换可用下式表示：

$$R^- - SO_3^- H + M^+ \Longrightarrow R - SO_3^- M^+ H^+$$

凡是能在溶剂中进行电离的物质都可以用离子交换色谱法进行分离。组分离子对交换树脂亲和力越大，其保留时间也就越长。

② 固定相

离子交换色谱法中常用的固定相是离子交换剂。离子交换剂一般可分为有机聚合物离子交换剂、硅胶基质键合型离子交换剂、乳胶附聚型离子交换剂以及螯合树脂和包覆型离子交换剂等，其中用得最广泛的是有机聚合物离子交换剂，也就是通常所说的离子交换树脂。

③ 流动相

离子交换色谱分析阴离子时，一般选用具有季铵基团的离子交换树脂，常用的流动相是弱酸的盐，如 $Na_2B_4O_7$、$NaHCO_3$、$Na_2CO_3$ 等；也可以是氨基酸或本身具有低电导的物质，如苯甲酸、邻苯二甲酸、对羟甲基苯甲酸和邻磺基苯甲酸等。

离子交换分析阳离子时，一般使用表面磺化的薄壳型苯乙烯-二乙烯基苯阳离子交换树脂。对碱金属、铵和小分子脂肪酸胺的分离而言，常用的淋洗液是矿物酸，如 HCl 或 $HNO_3$；对二价碱土金属的分离而言，常用的淋洗液是二胺基丙酸、组胺酸、乙二酸、柠檬酸等，较好的选择是用 2,3-2-二氧基丙酸和 HCl 的混合液做淋洗液。

④ 应用

离子交换色谱的应用范围极广，不仅可用于各种类型的阴离子和阳离子的定性、定量分析，而且广泛用于有机物质和生物物质，如氨基酸、核酸、蛋白质等的分离。

（2）离子排斥色谱法

① 方法原理

典型的离子排斥色谱柱是全磺化高交换容量的 $H^+$ 型阳离子交换剂，其功能基为磺酸根阴离子。树脂表面的这一负电荷层对负离子具有排斥作用，即所谓的 Donnan 排斥。实际分析过程中可以将树脂表面的电荷层假想成一种半透膜，此膜将固定相颗粒及其微孔中吸留的液体与流动相隔开。由于 Donnan 排斥，能进入树脂的内微孔，从而在固定相中产生保留，而保留值的大小取决于非离子性化合物在树脂内溶液和树脂外溶液间的分配系数，这样，不同的物质（指未离解化合物）就得到了分离。

② 固定相

排斥色谱中所用的固定相是总体磺化的苯乙烯-二乙烯基苯 $H^+$ 型阳离子交换树脂。二乙烯基苯的质量分数，即树脂的交联度对有机酸的保留是非常重要的参数。树脂的交联度决定有机酸扩散进入固定相的大小程度，因而导致保留强弱。一般来说高交联度（12％）的树脂适宜弱离解有机物的分离，而低交联度的树脂适宜较强离解酸的分离。表 3-6 列出了几种典型离子排斥柱的结构和性质。

表 3-6　几种典型离子排斥柱的结构和性质

| 色谱柱 | 基　质 | 功能基 | 柱尺寸<br>（内径×长度）/mm | 粒径/μm | 应　用 |
|---|---|---|---|---|---|
| IonPac ICE-ASI | PS/DVB | —SO$_3$H | 9×250 | 7 | 有机酸、无机酸、醇、醛 |
| IonPac ICE-ASS | PS/DVB | —SO$_3$H | 4×250 | 6 | 羧酸 |
| SHim-Pack SCR-101H | PS/DVB | —SO$_3$H | 7.9×300 | 10 | 硅酸、硼酸 |
| SHim-Pack SCR-102H | PS/DVB | —SO$_3$H | 8×300 | 7 | 羧酸 |
| PRP-X300 | PS/DVB | —SO$_3$H | 4.1×250 | 10 | 各种有机酸 |
| ORH-801 | PS/DVB | —SO$_3$H | 6.5×300 | 8 | 各种有机酸 |
| Ionpack KC-811 | PS/DVB | —SO$_3$H | 8×300 | 7 | 有机酸、砷酸、亚砷酸 |
| Aminex HPX87-H | PS/DVB | —SO$_3$H | 7.8×300 | 9 | 有机酸 |
| TSKgel SCX | PSA/DVB | —SO$_3$H | 7.8×300 | 5 | 脂肪羧酸、硼酸、糖、醇 |
| Develosil30-5 | 硅胶 | —SiOH | 7.8×300 | 5 | 脂肪羧酸、芳香羧酸 |
| TSKgel OA Pak A | 聚苯烯酸 | —COOH | 7.8×300 | 5 | 脂肪羧酸 |

③ 流动相

离子排斥色谱中流动相的主要作用是改变溶液的 pH，控制有机酸的离解。最简单的淋洗液是去离子水。由于在纯水中，有机酸的存在形态既有中性分子型也有阴离子型，因而半峰宽大而且拖尾，酸性的流动相能抑制有机酸的离解，明显地改进峰形。对碳酸盐的分离常用的淋洗液是去离子水；对有机酸的分析，常用的淋洗液是矿物质，如 HCl、H$_2$SO$_4$ 或 HNO$_3$ 等；若用 Ag$^+$ 型阳离子交换剂作抑制柱填料，则 HCl 是唯一可选用的淋洗液；若直接用 UV 检测，H$_2$SO$_4$ 则是最好的淋洗液。

④ 应用

离子排斥色谱法主要用于无机弱酸和有机酸的分离，也可用于醇类、醛类、氨基酸和糖类的分析。

（3）离子抑制色谱法和离子对色谱法

① 原理

无机离子以及离解很强的有机离子通常可以采用离子交换色谱法或离子排斥色谱法进行分离。有很多大分子或离解较弱的有机离子需要采用通常用于中性有机化合物分离的反相（或正相）色谱来进行分离分析。然而，直接采用正相或反相色谱又存在困难，因为大多数可离解的有机化合物在正相色谱法的硅胶固定相上吸附太强，致使被测物质保留值太大，出现拖尾峰，有时甚至不能被洗脱；而在反相色谱法的非极性（或弱极性）固定相中的保留又太小，致使分离度太差。

在这种情况下，可以采用下列两种方法来解决这个问题：

第一种方法：由酸碱平衡理论可知，如果降低（或增加）流动相的 pH，可以使碱（或酸）性离子化合物尽量保持离子状态，然后可以利用离子色谱的一般体系来进行分析测定。这种方法便是离子抑制色谱法。

第二种方法：如果被分析的离子是较强的电解质，单靠改变流动相的酸碱性不能抑制离子性化合物的解离，这时可以在流动相中加入适当的具有与被测离子相反电荷的离子，即离子对试剂，使之与被测离子形成中性的离子对化合物，此离子对化合物在反相色谱柱上被保留，从而达到被分离的目的。这种方法便是离子对色谱法，离子对色谱法中保留值的大小主要取决于离子对化合物的离解平衡常数和离子对试剂的浓度。离子对色谱法也可采用正相色谱的模式，即可以用硅胶柱，但不如反相色谱模式应用广泛，所以离子对色谱法常称为反相离子对色谱。

② 应用

离子抑制色谱法的一个主要应用是分离分析长链脂肪酸，采用有机聚合物为固定相，以低浓度盐酸为流动相；若在流动相中加入有机溶剂，则既可使脂肪酸全部溶解，还能减少色谱峰的拖尾。离子抑制色谱法的另一个典型应用是分离酚类物质，通常用含磷酸缓冲液的乙腈水溶液或甲醇水溶液作流动相。

离子对色谱法主要可用于表面活性剂离子、非表面活性剂离子、药物成分、手性对映体和生物分子的分析。在离子对色谱分析中，最重要的是离子对试剂的选择。一般来说，对阴离子的分离一般选用氢氧化铵、氢氧化四乙基铵等作为离子对试剂，对阳离子的分离一般选用盐酸、己烷磺酸等作为离子对试剂。

**3. 离子色谱仪**

（1）基本构造

与一般的 HPLC 仪器一样，现在的离子色谱仪一般也是先做成一个个单元组件，然后根据分析需要将各个单元组件组合起来。最基本的组件是流动相容器、高压输液泵、进样器、色谱柱、检测器和数据处理系统。此外，也可根据需要配置流动相在线脱气装置、梯度洗脱装置、自动进样系统、流动相抑制系统、柱后反应系统和全自动抑制系统等。图 3-42 是离子色谱仪最常见的两种配置的构造示意图。

离子色谱仪的基本构造及工作原理与高效液相色谱仪基本相同，所不同的是离子色谱仪通常配制的检测器不是紫外检测器，而是电导检测器；通常所用的分离柱不是高效液相色谱所用的吸附型硅胶柱或分配型 ODS 柱，而是离子交换剂填充柱。另外，在离子色谱中，特别是在抑制型离子色谱中往往用强酸性或强碱性物质作流动相。因此，仪器的流路系统耐酸耐碱的要求更高一些。

（2）仪器工作流程

离子色谱仪的工作流程是：高压输液泵将流动相以稳定的流速（或压力）输送至分析体系，在色谱柱之前通过进样器将样品导入，流动相将样品带入色谱柱，在色谱柱中各组分被分离，并依次随流

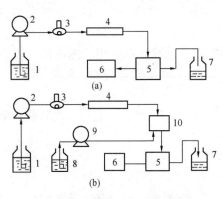

图 3-42　非抑制型与抑制型离子
色谱仪的结构示意图

（a）非抑制型；（b）抑制型

1—流动相容器；2—高压输液泵；3—进样器；4—色谱柱；5—电导检测器；6—色谱数据处理系统；7—废液瓶；8—再生液容器；9—再生液输液泵；10—抑制器

动相流至检测器。抑制型离子色谱则在电导检测器之前增加一个抑制系统，即用另一个高压输液泵将再生液输送到抑制器。在抑制器中，流动相背景电导被降低，然后将流出物导入电导池，检测到的信号送至数据处理系统记录、处理或保存。非抑制型离子色谱仪不用抑制器和输送再生液的高压泵，因此仪器结构相对比较简单，价格也相对较便宜。

（3）高压输液泵和进样器

离子色谱仪的高压输液泵和进样器与高效液相色谱仪中的完全类似，可参考液相色谱仪相关部分。

（4）色谱柱

色谱柱是实现分离的核心部件，要求较高，柱容量大且性能稳定。国产柱内径多为5mm，国外柱最典型的内径是 4.6mm，另外，还有 4mm 和 8mm 的内径柱。柱长通常在50～100mm，比普通液相色谱柱要短，管内填充 5～10$\mu$m 粒径的球形颗粒填料。内径为1～2mm 的色谱柱通常称为微型柱。在微量离子色谱中也用到内径为数十纳米的毛细管柱（包括填充型和内壁修饰型）。与高效液相色谱柱一样，离子色谱柱也是有方向的，安装和更换色谱柱时一定要注意这个问题。

与液相色谱仪一样，离子色谱仪也需用一根保护柱，也有恒温装置。

（5）检测器

在离子色谱中应用最多的是电导检测技术，其次是紫外检测、衍生化光度检测、安培检测和荧光检测技术等。表 3-7 列出了几种常见检测技术和应用范围。

表 3-7　离子色谱中常见的检测技术和应用范围

| 检测方法 | 检测原理 | 应用范围 |
| --- | --- | --- |
| 电导法 | 电导 | pK$_a$ 或 pK$_b$<7 的阴、阳离子和有机酸 |
| 安培法 | 在 Ag/Pt/Au 和 GC 电极上发生氧化/还原反应 | CN$^-$、S$^{2-}$、I$^-$、SO$_3^{2-}$、氨基酸、醇、醛、单糖、寡糖、酚、有机胺、硫醇 |
| 紫外/可见光检测（有或无柱后衍生） | 紫外/可见光吸收 | 在紫外或可见光区域有吸收的阴、阳离子和在柱前或柱后衍生反应后具有紫外或可见光吸收的离子或化合物，如过渡金属、镧系元素、二氧化硅等离子 |
| 荧光（结合柱后衍生） | 激发和发射 | 铵、氨基酸 |

（6）使用方法及日常维护

① 使用方法

目前国内外的离子色谱仪虽然型号繁多，但实际操作步骤却几乎都是一致的。因此，下面以美国 PE 公司 LC 200 型离子色谱仪为例说明其使用方法。

PELC 200 系列离子色谱仪主要由 LC 200 高压输液泵、离子交换柱（或其他离子色谱柱）、电导检测器、NCI 900 智能型接口与 TC 4 色谱工作站组成。实际应用时，先依次打开高压输液泵、电导检测器、智能型接口和色谱工作站，设置分析用的分离条件（如流动相流速、检测器灵敏度等）；待仪器部分稳定后进行分析，并打印出分析结果；分析结束后，清洗仪器各部分，依次关闭检测器、接口与泵，并盖上仪器罩，填写仪器使用记录。

② 日常维护

离子色谱仪的日常维护在很多方面都与高效液相色谱仪的维护类似，普通的离子色谱柱能承受的压力比较小，因此，使用时要特别小心。此外，由于离子色谱柱的填料很容易被有机溶剂或其他极性物质所破坏，因此使用时也要特别当心，对不确切的未知样品应弄清楚以后再进样分析。另外，为防止电导池被玷污，应当使用二次重蒸去离子水或高纯水（由与离子色谱仪相配套的纯水机过滤制得）配制流动相、标样与试样。

**4. 离子色谱分析技术**

（1）去离子水的制备技术

用石英蒸馏器制得的蒸馏水的电导率在 $1\mu S/cm$ 左右，对于高含量离子的分析，或在分析要求不高时可以使用。作为一般性要求，离子色谱中的纯水的电导率应在 $0.5\mu S/cm$ 以下。通常用金属蒸馏器制得的水的电导率在 $5\sim25\mu S/cm$，反渗透法（RO）制得的纯水电导率在 $2\sim40\mu S/cm$，均难以满足离子色谱的要求。因此需要用专门的去离子水制备装置制备纯水，一般是将以自来水为原水的去离子水再用石英蒸馏器蒸馏，即通常所说的重蒸馏去离子水，也可将反渗透法制得的纯水作原水引进去离子水制各装置。精密去离子水制备可以制得电导率在 $0.06\mu S/cm$ 以下（比电导 $17M\Omega$ 以上）的纯水。

（2）分离方式和检测方式的选择

在选择分离方式和检测方式之前，应首先了解待测化合物的分子结构和性质以及样品的基体情况，如：是无机还是有机离子；是酸还是碱；亲水性还是疏水性；离子的电荷数；是否为表面活性化合物等。

待测离子的疏水性和水合能是决定选用何种分离方式的主要因素。水合能高和疏水性弱的离子，如 $Cl^-$ 和 $K^+$，最好选用离子交换色谱分离；水合能低和疏水性强的离子，如高氯酸（$ClO_4^-$）或四丁基铵，最好选用亲水性强的离子交换色谱或离子对色谱分离；有一定疏水性，也有明显水合能的 pKa 值在 $1\sim7$ 的离子，如乙酸盐或丙酸盐，最好用离子排斥色谱分离；有些离子，既可用阴离子交换分离，也可用阳离子交换分离，如氨基酸、生物碱等。

对无紫外或可见吸收以及强离解的酸和碱，最好用电导检测器；具有电化学活性和弱离解的离子，最好用安培检测器；对离子本身或通过柱后衍生化反应的络合物在紫外或可见光区有吸收的最好用紫外可见光检测器；能产生荧光的离子和化合物最好用荧光检测器。

表 3-8 总结了对各种类型离子可选用的离子分离方式和检测方式。

**表 3-8　分离方式和检测器的选择**

| 分析离子 | | | 分离（机理）方式 | 检测器 |
|---|---|---|---|---|
| 无机阴离子 | 亲水性 | 强酸 | $F^-$、$Cl^-$、$NO_2^-$、$Br^-$、$SO_3^{2-}$、$NO_3^-$、$PO_4^{3-}$、$SO_4^{2-}$、$PO_2^-$、$PO_3^-$、$ClO^-$、$ClO_2^-$、$BrO_4^-$、低相对分子质量有机酸 | 阴离子交换 | 电导、UV |
| | | | $SO_3^{2-}$ | 离子排斥 | 安培 |
| | | | 砷酸盐、硒酸盐、亚硒酸盐 | 阴离子交换 | 安培 |
| | | 弱酸 | 亚砷酸盐 | 离子排斥 | 安培 |
| | | | $BO_3^-$、$CO_3^{2-}$ | 离子排斥 | 电导 |
| | | | $SiO_3^{2-}$ | 离子交换、离子排斥 | 柱后衍生，VIS |
| | 疏水性 | | $CN^-$、$HS^-$（高离子强度基体）、$I^-$、$BF_4^-$、$S_2O_3^{2-}$、$SCN^-$、$ClO_4^-$ | 离子排斥、阴离子交换、离子对 | 安培、电导 |
| 缩合磷酸盐多价螯合剂 | | | 未配位 | 阴离子交换 | 柱后衍生，VIS 电导 |
| | | | 已配位 | 阴离子交换 | |
| 金属配合物 | | | $Au(CN)_2^-$、$Au(CN)_4^-$、$Fe(CN)_6^{4-}$、$Fe(CN)_6^{3-}$、EDTA-Cu | 离子对 | 电导 |
| | | | | 阴离子交换 | 电导 |

| 分析离子 | | | 分离（机理）方式 | 检测器 |
|---|---|---|---|---|
| 有机阴离子 | 羧酸 | 一价 | 脂肪酸，C<5（酸消解样品、盐水、高离子强度基体） | 离子排斥 | 电导 |
| | | | 脂肪酸，C>5 芳香酸 | 离子对/离子排斥 | 电导，UV |
| | | 一价至三价 | 一元、二元、三元羧酸＋无机阴离子、羟基羧酸、二元和三元羧酸＋醇 | 阴离子交换 | 电导 |
| | | | | 离子排斥 | |
| | 磺酸 | | 烷基磺酸盐，芳香磺酸盐 | 离子对，阴离子交换 | 电导，UV |
| | 醇类 | | C<6 | 离子排斥 | 安培 |
| 无机阳离子 | | | $Li^+$、$Na^+$、$K^+$、$Rb^+$、$Cs^+$、$Mg^{2+}$、$Ca^{2+}$、$Sr^{2+}$、$Ba^{2+}$、$NH_4^+$ | 阳离子交换 | 电导 |
| | 过渡金属 | | $Cu^{2+}$、$Ni^{2+}$、$Zn^{2+}$、$Co^{2+}$、$Cd^{2+}$、$Pb^{2+}$、$Mn^{2+}$、$Fe^{2+}$、$Fe^{3+}$、$Sn^{2+}$、Sn（IV）、Cr、V（IV）、 | 阴离子交换/阳离子交换 | 柱后衍生 VIS |
| | | | V（V）、$UO_2^{2+}$、$Hg^{2+}$、$Al^{3+}$、$Cr^{6+}$（$CrO_4^{2-}$） | 阳离子交换 | 电导柱后衍生 VIS |
| | | | | 阴离子交换 | 柱后衍生 VIS |
| | 镧系金属 | | $La^{3+}$、$Ce^{3+}$、$Pr^{3+}$、$Nd^{3+}$、$Sm^{3+}$、$Eu^{3+}$、$Gd^{3+}$、$Tb^{3+}$、$HO^{3+}$、$Er^{3+}$、$Tm^{3+}$、$Yb^{3+}$、$Lu^{3+}$ | 阴离子交换、阳离子交换 | 电导、安培 |
| 有机离子 | | | 低相对分子质量烷基胺、醇胺、碱金属和碱土金属 | 阳离子交换 | 电导、安培 |
| | | | 高相对分子质量烷基胺、芳香胺、环己胺、季胺、多胺 | 阳离子交换、离子对 | 电导、紫外、安培 |

### 5. 定量方法

离子色谱法的定量方法完全与高效液相色谱法类似，常用的方法也有归一化法、外标法和内标法等。

# 3.4 联 用 技 术

## 3.4.1 电感耦合等离子体质谱联用技术

### 1. 分析原理

在电感耦合等离子体质谱（Inductively Coupled Plasma Mass Spectrometry，ICP-MS）中，ICP 作为质谱的高温离子源（7000K），样品在通道中进行蒸发、解离、原子化、电离等过程。离子通过样品锥接口和离子传输系统进入高真空的 MS 部分，MS 部分为四极快速扫描质谱仪，通过高速顺序扫描分离测定所有离子，扫描元素质量数范围从 6 到 260，并通过高速双通道分离后的离子进行检测，浓度线性动态范围达 9 个数目级，从 ppq 到 1000 ppm 直接测定。因此，与传统无机分析技术相比，ICP-MS 技术提供了最低的检出限、最宽的动态线性范围、干扰最少、分析精密度高、分析速度快、可进行多元素同时测定以及可提供精确的同位素信息等分析特性。

ICP-MS 的谱线简单，检测模式灵活多样：（1）通过谱线的质荷比进行定性分析；（2）通过谱线全扫描测定所有元素的大致浓度范围，即半定量分析，不需要标准溶液，多数元素测定误差小于 20%；（3）用标准溶液校正而进行定量分析，这是在日常分析工作中应用最为广泛的功能；（4）同位素比测定是 ICP-MS 的一个重要功能，可用于地质学、生物学及中医药学研究上的追踪来源的研究及同位素示踪。

**2. 分析仪器**

ICP-MS 所用电离源是感应耦合等离子体（ICP），它与原子发射光谱仪所用的 ICP 是一样的，其主体是一个由三层石英套管组成的炬管，炬管上端绕有负载线圈，三层管从里到外分别通载气、辅助气和冷却气，负载线圈由高频电源耦合供电，产生垂直于线圈平面的磁场。如果通过高频装置使氩气电离，则氩离子和电子在电磁场作用下又会与其他氩原子碰撞产生更多的离子和电子，形成涡流。强大的电流产生高温，瞬间使氩气形成温度可达10000K 的等离子焰炬。样品由载气带入等离子体焰炬会发生蒸发、分解、激发和电离，辅助气用来维持等离子体，需要量大约为 1L/min。冷却气以切线方向引入外管，产生螺旋形气流，使负载线圈处外管的内壁得到冷却，冷却气流量为 10～15L/min。

最常用的进样方式是利用同心型或直角型气动雾化器产生气溶胶，在载气载带下喷入焰炬，样品进样量大约为 1L/min，是靠蠕动泵送入雾化器的。

在负载线圈上面约 10mm 处，焰炬温度大约为 8000K，在这么高的温度下，电离能低于7eV 的元素完全电离，电离能低于 10.5eV 的元素电离度大于 20%。由于大部分重要的元素电离能都低于 10.5eV，因此都有很高的灵敏度，少数电离能较高的元素，如 C、O、Cl、Br等也能检测，只是灵敏度较低。

ICP-MS 由 ICP 焰炬，接口装置和质谱仪 3 部分组成（图 3-43）；若使其具有好的工作状态，必须设置各部分的工作条件。

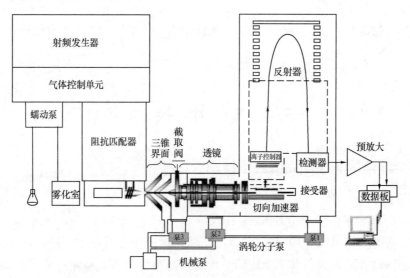

图 3-43 ICP-MS 分析仪组成示意图

（1）ICP 工作条件

主要包括 ICP 功率，载气、辅助气和冷却气流量，样品提升量等。ICP 功率一般为1kW 左右；冷却气流量为 15L/min，辅助气流量和载气流量约为 1L/min，调节载气流量会影响测量灵敏度；样品提升量为 1L/min。

（2）接口装置工作条件

ICP 产生的离子通过接口装置进入质谱仪，接口装置的主要参数是采样深度，也即采样锥孔与焰炬的距离，要调整两个锥孔的距离和对中，同时要调整透镜电压，使离子有很好的聚焦。

（3）质谱仪工作条件

主要是设置扫描的范围。为了减少空气中成分的干扰，一般要避免采集 $N_2$、$O_2$、$Ar$ 等离子，进行定量分析时，质谱扫描要挑选没有其他元素及氧化物干扰的离子。同时还要有合适的倍增器电压。

**3. 定量分析方法**

ICP-MS 中的的质谱图，可以根据离子的质荷比确定存在什么元素，它的横坐标为离子的质荷比，纵坐标为计数。根据某一质荷比下的计数，可以进行定量分析。

ICP-MS 定量分析通常采用标准曲线法。配制一系列标准溶液，由得到的标准曲线求出待测组成的含量，为了定量分析的准确可靠，要设法消除定量分析中的干扰因素，这些干扰因素包括：酸的影响；氧化物和氢氧化物的影响；同位素影响，复合离子影响和双电荷离子影响等。

（1）样品中酸的影响

当样品溶液中含有硝酸、磷酸和硫酸时，可能会生成 $ArN^+$、$PO^+$、$ArP^+$、$SO^+$、$ArS^+$、$ClO^+$、$ArCl^+$ 等离子，这些离子对 Si、Fe、Ti、Ni、Ga、Zn、Ge、V、Cr、As、Se 的测定产生干扰。遇到这种情况的干扰，可以通过选用被分析物的另一种同位素离子进行消除，同时要尽量避免使用高浓度酸，并且尽量使用硝酸，以减少酸的影响。

（2）氧化物和氢氧化物影响

在 ICP 中，金属元素的氧化物是完全可以解离的，但在取样锥孔附近，由于温度稍低，停留时间长，于是又提供了重新氧化的机会。氧化物的存在，会使原子离子减少，因而使测定值偏低，可以利用 $Ce^+$ 和 $CeO^+$ 强度之比来估计氧化物的影响，通过调节取样锥位置来减少氧化物的影响。同时，氧化物和氢氧化物的存在还会干扰其他离子的测定，例如 $^{40}ArO$ 和 $^{40}CaO$ 会干扰 $^{56}Fe$，$^{46}CaOH$ 会干扰 $^{63}Cu$，$^{42}CaO$ 会干扰 $^{58}Ni$ 等，因此，定量分析时要选择不被干扰的同位素。

（3）同位素干扰

常见的干扰有 $^{40}Ar^+$ 干扰 $^{40}Ca^+$，$^{58}Fe$ 干扰 $^{58}Ni$，$^{113}In$ 干扰 $^{113}Cd^+$ 等，选择同位素时要尽量避开其他同位素的干扰。

（4）其他方面干扰

主要有复合离子干扰和双电荷离子干扰等。复合离子包括有 $^{40}ArH^+$、$^{40}ArO^+$ 等。对于第二电离电位较低的元素，双电荷离子的存在也会影响测定值的可靠性，可以通过调节载气和辅助气流量，使双电荷离子的水平降低。

ICP-MS 具有灵敏度高、多元素定性定量同时进行等优点，因而，广泛应用于水分析、血液中微量元素分析、食品分析及同位素比测定、环境污染物中元素分析等。

## 3.4.2 色谱-质谱联用技术

色谱-质谱联用是目前技术最成熟和应用最广泛的联用技术，主要包括气相色谱-质谱联用（Gas Chromatography Mass Spectrometry，GC-MS）和高效液相色谱-质谱联用（High Performance Liquid Chromatogaphy Mass Spectrometry，HPLC-MS）。毛细管电泳-质谱联用（Capillary Electrophresis Mass Speetrometry，CE-MS）技术也处在不断发展和完善的阶段。

**1. 色谱-质谱联用的扫描模式及其提供的信息**

色谱-质谱联用仪器的质谱系统可根据分析要求，采用多种扫描模式。常用的扫描模式有全扫描（Full Scanning）、选择离子监测（Selected Ion Monitoring，SIM）和选择反应监测（Selected Reaction Monitoring，SRM）。

（1）全扫描

全扫描模式是质量分析器在给定的时间内（从色谱进样开始到色谱收集结束）对给定质荷比范围（如 $10\sim1000$）进行快速的不断重复扫描，获得每一个流出组分的全部质谱。在全扫描模式下，可以获得各种定性和定量的原始数据，经计算机实时处理，可以获得不同的谱图形式。

① 色谱-质谱三维谱色谱

质谱三维谱是以保留时间、质荷比和离子流强度（离子丰度）为三维坐标的图形。记录的离子丰度既是时间（含有色谱信息）又是质量（含有质谱信息）的函数。图中 $x$ 坐标表示时间，$y$ 坐标表示质荷比，$z$ 坐标表示离子流的强度（离子丰度）。具有不同信息含量的不同类型图谱数据可以从这个三维图谱（数据阵列）中提取，如图 3-44 所示。

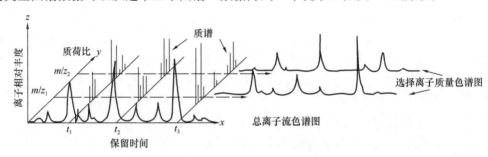

图 3-44　全扫描模式获得的三维谱示意图

② 质谱

在某个峰的洗脱期间，取某一个时间 $t$ 处平行于质荷比轴的二维截面图。该二维截面图是所对应化合物的质谱图（离子的相对丰度作为质荷比 $m/z$ 的函数图），它使质谱成了被分离组分的"指纹"，可通过谱图库检索或质谱图解析来鉴定未知物质。

③ 总离子流色谱图

总离子色谱图（total ion current chromatogram，TIC）是总离子流强度随扫描时间变化的曲线，其中对应某一时间点的峰高是该时间点流进组分的所有质荷比的离子强度的加和。此图与普通色谱图类似，但此图的峰高和峰面积很难用于组分的定量分析。

④ 质量色谱图（mass chromatogram）

取某一质荷比（$m/z$）处平行于时间轴的二维截面图，它表示了某一质荷比（$m/z$）离子的相对丰度对保留时间的函数关系，也称为选择离子色谱图。它与仪器以选择离子监测模式工作时所获得的质量色谱图相似。质量色谱信息可用于鉴别某化合物或具有某基团的一类化合物。

（2）选择离子监测

SIM 是对一个或一组特定离子进行检测的技术，只检测一个质量的离子称为单离子监测（single ionmonitoring），检测一组特定的离子称为多离子监测（multi ion detection）。

SIM 是在质谱测定的过程中，不是连续扫描某一质量范围，而是扫描某个或跳跃式地扫描几个选定的质量，把质量分析器调节为只传输某一个或某一类目标化合物的一个或数个特征离子（如分子离子、功能团离子或强的碎片离子）的状态，监测色谱过程中所选定质荷比的离子流随时间变化的谱图——质量色谱图。它与全扫描模式下得到的质量色谱图有相同的图形，但灵敏度完全不同。由于 SIM 仅检测一个或几个离子，使检测器接受某一离子的时间比全扫描模式下更多，而信噪比和检测时间的平方根成正比，因此提高了灵敏度约 100 倍。SIM 的选择性好，可以把由全扫描方式得到的复杂的总离子流色谱图变成简单的质量色谱图，消除其他未完全分离组分的干扰。例如脂肪酸甲酯有 $m/z74$ 的特征碎片离子（重排离子），通过选择 $m/z74$ 做选择离子监测可鉴定脂肪酸甲酯化合物（图 3-45）。因此 SIM 主要用于目标化合物检测和复杂混合物的定量分析，通常在定量分析中除了选一个定量离子外，同时还要求选择 3~5 个离子作为该化合物的定性确认。

（3）选择反应监测

SRM 是串联质谱的一种检测模式，是利用串联质谱监测一个或多个特定的离子反应，监测几个离子反应又称为多反应监测（multi reactionmonitoring，MRM）。选择反应监测的扫描过程如下：由串联质谱的第一级质谱 $MS^1$ 选出一个（或多个）前体离子（precursor ion），对其进行碰撞诱导裂解，产生一系列产物离子（product ion），第二级质谱 $MS^2$ 检测选定的产物离

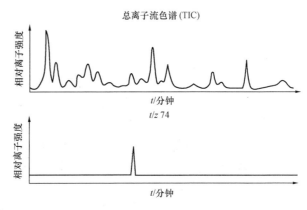

图 3-45　脂肪酸甲酯类化合物的总离子流色谱图和选择离子质量色谱图

子。早期的仪器仅限于监测一对 $m/z$ 值的离子，现代的仪器可同时监测数个前体离子-产物离子对，即实现多反应监测。SRM（或 MRM）对两组（或多组）特定且直接相关的离子（前体离子-产物离子）进行了两次选择监测，比 SIM 的选择性、排除干扰能力和专属性更强，信噪比更高，检测限更低，在许多标准的定量分析中常作为混合物中痕量组分的确证方法。

**2. 气相色谱-质谱联用**

（1）工作原理

气相色谱-质谱联用仪（GC-MS）的工作原理如图 3-46 所示。混合物样品注射到 GC 气化室，气化的样品由载气（常用氦气）带入色谱柱进行分离，接口把色谱柱流出的各组分送入质谱仪的离子源。组分被电离后，分子离子和碎片离子在质量分析器中进行质量分离，然后被离子检测器检测。计算机系统交互式地控制气相色谱、接口和质谱仪，并进行数据采集和处理而获得色谱和质谱数据。

气相色谱单元 GC-MS 的色谱条件应符合质谱仪的要求，一是固定相要选择耐高温、不易流失的固定液，以防污染离子源，造成高的质谱本底；二是载气应不干扰质谱检测，一般常用氦气。

（2）仪器设备

GC-MS 联用仪的基本部件主要有气相色谱系统、接口（GC 和 MS 之间的连接装置）、质谱系统和计算机控制及数据处理系统等 4 部分组成，如图 3-46 所示。

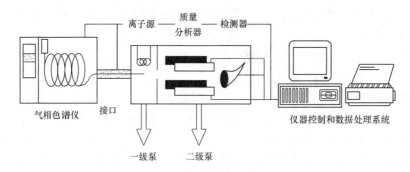

图 3-46　GC-MS 系统的基本部件示意图

① 接口（interface）

接口是气相色谱仪和质谱仪的联用部件，起到传输分离组分，匹配两者工作流量（即工作气压）的作用。

早期的 GC-MS 联用仪曾使用过各种接口技术，以解决 GC 的出口为常压，MS 在负压的高真空下工作的连接问题。随着高分辨细径毛细管的广泛使用和采用高速真空泵（分子涡轮泵）技术，目前一般商品仪器多用直接导入型接口。它将毛细管色谱柱的出口端直接插入质谱仪的离子源内，毛细管色谱柱的流出物直接进入离子源的作用场，待测组分被电离，在电场的作用下加速向质量分析器运动，而惰性气体的载气不发生电离，被维持负压的真空泵抽走。

② 质量分析器（mass analyser）

在 GC-MS 联用技术中，需要扫描速度快的质量分析器（扫描速度指在质量轴扫描一个数量级所需时间，例如 $m/z$ 50～500），要求在色谱峰时间内（约 2s）完成质谱鉴定。四极杆质量分析器扫描速度快（约 0.1s）、结构简单、价格便宜，可从正离子到负离子检测自动切换，是 GC-MS 联用仪中最常见的质量分析器。此外，离子阱（ion trap，IT）质量分析器和飞行时间（time of flight，TOF）质量分析器的应用也逐渐普及。

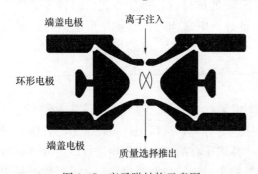

图 3-47　离子阱结构示意图

A. 离子阱质量分析器

其结构由两个端盖电极及它们中间的环形电极构成（图 3-47），端盖电极上有小孔，以进入和排出样品离子。端盖电极施加直流电压或接地，环电极施加射频电压，形成一个离子阱。当组分离子从离子源进入离子阱时，离子在离子阱中的运动有稳定和不稳定两种情况。处于稳定区的离子，运动幅度不大，能长期储存在离子阱中；处于稳定区之外的离子，由于运动

幅度过大，会与环状电极或端盖电极碰撞而消亡。通过设定实验参数（如调节射频电压），使离子按 $m/z$ 大小从端盖电极的出口排出被检测器记录而得到质谱。离子阱质谱有全扫描和选择离子扫描功能，同时利用离子储存技术，能选择任一 $m/z$ 离子进行碰撞解离，实现二级或多级时间串联质谱（MS）分析。

B. 飞行时间质量分析器

其核心部件是离子漂移管，它进行质量分析的原理是：不同质量但动能相同的离子具有

不同的飞行速度。离子源中的组分离子，经加速电压加速，以相同的动能进入漂移管，质荷比小的离子飞行速度快，先到达离子检测器。飞行时间质量分析器检测离子的质荷比是没有上限的，它与基质辅助激光解吸电离源（MAIDI）联用，形成商品化的基质辅助激光解析-飞行时间质谱（MALDI-TOF），在肽类和蛋白质等生物大分子的质谱测定中发挥重要作用。

（3）GC-MS 联用技术的特点及应用

GC-MS 联用技术的灵敏度高，适合于低分子化合物（相对分子质量＜1000），尤其是挥发性成分的分析。在疾病控制、药物代谢、兴奋剂、毒品、食品安全（农药、兽药残留及添加剂检验）等的检验都有许多标准方法。其主要优点为：① 定性能力强，用质谱鉴定组分，可靠性优于色谱的保留时间定性；② 可分析色谱分离不完全的组分，用提取离子质量色谱法、选择离子监测等技术，可分析总离子流色谱图上未分开或被化学噪声掩盖的色谱峰。

**3.　高效液相色谱-质谱联用**

（1）工作原理

高效液相色谱-质谱联用（HPLC-MS）又简称为液相色谱-质谱联用（LC-MS），是以高效液相色谱为分离手段，用质谱作为定性定量检测工具的联用仪器。其工作原理与 GC-MS 联用仪器相似，试样由液相色谱系统进样，经色谱柱分离后进入接口。在接口内，试样组分由液相中的离子或分子转变成气相离子，被聚焦于质量分析器，按大小顺序分离。离子信号被转化为电信号，传送至计算机数据处理系统。

（2）仪器设备

① 接口和离子化方式

LC-MS 联用技术的关键是要解决高流量的液相色谱流出物和高真空的质谱仪之间的矛盾，而接口技术的发展，是解决该问题的关键。接口起到下列作用：A. 将流动相及样品气化，分离除去大量的流动相分子；B. 使样品分子电离。早期的接口技术主要有：传送带接口（MB）、粒子束接口（PB）、直接导入接口（DLI）、连续流动快原子轰击（CFFAB）和热喷雾接口（TSP）等。目前商品化的 LC-MS 接口主要为大气压离子化接口（atmospheric pressurelpressure ionization，API），API 技术使样品的离子化在处于大气压条件下完成，它包括电喷雾电离（electrospray ionization，ESI）和大气压化学电离（atmospheric pressure chemical ionization，APCI）等电离方式。

A. 电喷雾离子化源（ESI）

样品溶液通过一带高压电的毛细管，并在干燥气流中形成带电雾滴，随着溶剂的蒸发，生成气态离子。气态离子沿着电压和压力梯度进入锥孔到达质量分析器（图 3-48）。电喷雾过程大致分为：在喷雾毛细管尖端产生带电雾滴；通过溶剂蒸发和雾滴分裂的反复进行，产生很小的带电雾滴；由小带电雾滴中产生气相离子。

B. 大气压化学离子化源（APCI）

色谱柱后流出物由具有雾化气套管的毛细管端流出，被氮气流雾化并通过加热管被汽化后，在加热管端进行电晕尖端放电，使溶剂分子被电离成溶剂离子。

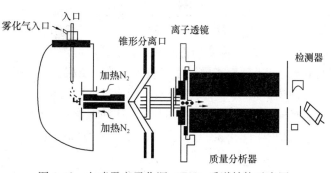

图 3-48　电喷雾离子化源（ESI）质谱结构示意图

溶剂离子与气态的样品组分分子反应，生成组分的准分子离子（图 3-49）。在样品的离子化过程中，正离子是通过质子转移、加合物形成或电荷抽出反应而生成；负离子则通过质子抽出，阴离子附着或电子捕获而形成。

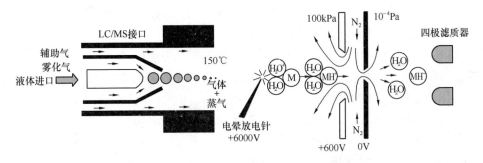

图 3-49　大气压化学离子化源（APCI）结构示意图

C. ESI 与 APCI 的比较

ESI 离子化源适用于中等极性到强极性的化合物，特别是在溶液中能以离子形式存在的化合物。ESI 可用于分析大分子质量化合物（包括蛋白质、多肽、多糖和多聚物）这些化合物在 ESI-MS 中生成一系列呈正态分布的多电荷离子，拓宽了质量分析器能够检测的相对分子质量，通过计算机数据处理系统能得到其相对分子质量。APCI 离子化源中，组分溶液借助雾化气作用喷入高温加热器被汽化，因此 APCI 适用于有一定挥发性的弱极性或中等极性的小分子化合物的分析，对热不稳定或难于气化的极性化合物不合适。APCI 允许使用流速高及含水量高的流动相，与 RP-HPLC 条件匹配。与 ESI 比较，其对流动相的选择、流速及添加物的依赖性较小。

在 HPLC-MS 联用仪中常见的质量分析器包括四极杆质量分析器、离子阱质量分析器和飞行时间质量分析器等。在 HPLC-MS 联用仪中常常使用串联四极杆质量分析器（HPLC-MS/MS），它是将三个四极杆质量分析器串联起来使用。其工作原理为：离子源产生的离子进入第一个质量分析器，分离出一定质荷比的离子（前体离子 precursor ion），进入内充惰性气体并被一箱体包围称为碰撞池的第二个质量分析器；前体离子在此进行碰撞诱导裂解（CID），产生一系列新的产物离子（product ion），产物离子被第三个质量分析器进行扫描检测；串联质谱能够选择和测定两组直接相关的离子（前体离子和产物离子），进行选择反应监测（SRM）。由于进行了两次选择，比单个四级杆质量分析器的 SIM 方式，有更高的专属性和抗干扰能力，也有更低的检测限。

② 液相色谱系统

HPLC-MS 联用技术对流动相的要求高于普通的液相色谱，要求流动相不能含有非挥发性盐类（如磷酸盐缓冲液和离子对试剂等），以防其析出堵塞毛细管。需要调节 pH 时，可用挥发性的乙酸、甲酸、氨水和乙酸铵等，但浓度不能太高（不超过 $10nmol \cdot L^{-1}$）。流动相的 pH、流量对检测灵敏度有较大影响，要根据柱内径和不同的接口等来选择优化。碱性物质如仲胺、叔胺，可用乙酸或甲酸使试样酸化至 pKa，一般选择正离子检测模式；酸性物质及含有较多强电负性基团的物质，往往选择负离子检测模式。

（3）高效液相色谱-质谱联用技术的特点和应用

① 特点

A. 与 GC-MS 相比，LC-MS 适用范围宽，不受试样挥发性的限制，能检测多种结构的化合物。

B. 提供丰富信息，利用软电离技术，一级质谱中的准分子离子可用于确定相对分子质量；采用碰撞诱导裂解技术获得的多级质谱可提供丰富的化学结构信息。

C. 高的灵敏度和选择性，在选择离子监测（SIM），特别是选择反应监测（SRM）模式下有高的专属性、提高信噪比、降低检测限，可在色谱分离不完全不的情况下对复杂基质中的痕量组分进行快速检测。

② 应用

在环境分析如空气、地表水、地下水、饮用水、饮料、食品、药品样品中的有机污染物分析中获得广泛应用，已成为环境样品中混合污染物的定性定量分析的最强有力的分析工具之一。

## 习题与思考题

1. 试说明产生紫外光谱的原因。

2. 何为朗伯-比尔定律？数学表达式及各物理量的意义如何？引起吸收定律偏离的原因是什么？

3. 荧光衍生化反应与紫外-可见分光光度法的显色反应从方法原理上有什么异同？

4. 石墨炉原子化法和火焰原子化法各有什么优缺点？

5. 原子吸收法的定量依据是什么？有哪些定量方法？试比较它们的优缺点。

6. 原子吸收光谱仪的主要性能指标有哪些？特征浓度是什么？它有什么作用？

7. 简要说明气相色谱分析的分离原理。

8. 气相色谱仪主要由哪几个部分组成？各有什么作用？

9. 常用气相色谱检测器有几种？各有什么特点？

10. 选择气液色谱固定液的基本原则是什么？如何判断化合物的出峰顺序？

11. 从分离原理、仪器构造及应用范围上简要比较气相色谱及液相色谱的异同点。

12. 什么是梯度洗脱？它与气相色谱中的程序升温有什么异同点？

13. 试述紫外检测器和示差折光检测器的设计依据和适用范围。

14. 待测离子的一般信息主要包括哪些内容？

15. 为下列离子化合物选择合适的分离方式和检测器：

（1）金属配合物；（2）碳数小于 5 的脂肪酸；（3）碳酸盐；（4）镧系金属阳离子

16. 简述 GC-MS、LC-MS 的特点和主要用途。如何利用色谱-质谱联用技术测定三聚氰胺？

17. 电感耦合等离子体质谱（ICP-MS）分析法的原理是什么？

18. 有一土壤样品，如果分析其中的重金属元素，有哪些仪器分析方法可以选择？如果分析其中的多环芳烃，应将选择哪种仪器分析方法？

19. 测定污水中金属元素含量时应选择哪些仪器分析方法？

20. 请你设计测定苹果中农药残留的实验步骤。

# 第4章 环境污染物分析的质量保证与质量控制

**学 习 提 示**

了解环境污染物分析发展过程和痕量分析的基本概述，掌握质量保证和质量控制的基本概念，重点掌握环境污染物分析过程中不同阶段的质量保证和质量控制措施。推荐学时2学时。

## 4.1 概　　述

### 4.1.1 环境污染物分析的发展过程

环境污染物的检测和分析过程是污染物控制和治理的重点。起初，人们的研究对象是一些环境数量大、浓度高、毒性强的物质，其毒性多为急性，但随着生产和科学技术的发展，越来越多的痕量污染物进入到各种环境介质中，人们逐渐认识到，这些污染物虽然对综合指标化学需氧量（Chemical Oxygen Demand，COD）、生化需氧量（Biochemical Oxygen Demand，BOD）、总有机碳（Total Organic Carbon，TOC）等贡献很小，但对环境的危害很大，常用的综合指标不能反映这些痕量污染物的污染状况和毒性大小。有些污染物在环境中极难降解，并能发生长距离迁移，进入人体内后具有很强的蓄积能力，对人体健康和生态环境造成毒害作用或不可逆的影响。各种有毒有害污染物对人体健康和生态环境的危害现已受到人们的高度重视，如何能够确定各种污染物的浓度水平也越来越多地受到人们的关注，环境污染物的检测工作已成为当今环境科学的研究重点和难点之一。由于这些污染物在各种环境介质中含量极低，常规的分析方法不适用于低浓度组分的分析测定，因此，采用适当的样品前处理方法，使低浓度污染物进行富集，是现代分析检测技术解决这一问题的重要途径。与此同时，灵敏度更高的分析检测仪器的发展也为痕量污染物的检测提供了新的手段。

环境污染物分析是研究如何运用现代科学理论和先进实验技术鉴别和测量环境污染物及有关物质的种类、成分、含量以及化学形态的科学。环境污染物分析是分析化学的重要分支，主要运用分析化学的理论、方法和技术定性和定量地研究环境污染问题。20世纪初期，由于物理化学中溶液理论的发展，形成了酸碱、络合、沉淀、氧化还原"四大平衡"理论，为分析技术提供了理论基础，使分析化学逐渐发展为一门科学。20世纪40～60年代，在物理学和电子学的推动下，以光谱分析和质谱分析为代表的仪器分析逐渐发展起来。20世纪70年代末至今，以计算机为代表的高新技术迅速发展，为分析化学提供了高灵敏性、高选择性、高速化、智能化的技术手段。分析化学进入了崭新的阶段，即从常量分析和微量分析阶段进入到了痕量分析阶段。

## 4.1.2　痕量分析的概况

"痕量"一词在不同时期有着不同的数量水平，20 世纪初期，痕量是指组分含量低于 $0.1\%\sim0.2\%$。随着分析技术的发展，分析仪器灵敏度的提高，痕量的界限也在不断的下降，20 世纪 40 年代后，痕量组分是指含量在 $0.01\%\sim0.0001\%$ 的组分，这一定义一直沿用至今。然而，$0.01\%$ 的组分含量并非是痕量的严格界限，随着分析方法和测量技术灵敏度的不断提高，能够测定的浓度已大大低于痕量分析的下限值，痕量的概念也随着检测技术的发展而赋予了新的定义。目前，痕量分析是指被测组分在样品中的浓度为 $0.01\%\sim0.0001\%$ 的分析工作，常用 μg（微克）、ng（纳克）、pg（皮克）等来表示重量单位，用 μg/mL、ng/mL、pg/mL 或 μg/g、ng/g、pg/g 等来表示浓度单位。

痕量分析具有灵敏度高、样品和高纯试剂用量少等优点，但是由于环境介质基体复杂，污染物在样品中含量低、分布不均、时空变化波动大，痕量分析操作步骤复杂，分析测定过程中引入的微量杂质或待测组分会影响测定结果，使分析质量无法保证。因此，分析过程中对于分析仪器、化学试剂、化学用水、实验器皿及实验环境均有严格要求。为了增强对痕量成分的检出能力和去除基质中的干扰，需要对痕量组分进行分离与富集，即将主要组分从样品中分离出来，让痕量组分留在溶液中，或将痕量组分分离出来，而让主要组分留在溶液中，从而使痕量组分转变为适于检测的形式。传统的富集浓缩方法有液-液萃取、离子交换、色谱、共沉淀、离子浮生等，现代富集浓缩技术主要有超声波、微波、固相萃取、固相微萃取、液相微萃取、超临界流体萃取等。在污染物的分离和富集过程中，可能造成其组分的流失或污染，进而给痕量分析带来一定的难度。然而，检测数据的准确性对于环境风险评价、污染物控制、管理部门政策的制定等至关重要，因此，为保证分析数据的准确性，必须加强对分析过程中各个环节的质量保证和质量控制。

## 4.1.3　质量保证和质量控制的概念

质量保证是指在影响数据有效性的各个方面采取一系列的有效措施，将误差控制在一定的允许范围内，是一个对整个分析过程的全面质量管理体系，它包括了保证分析数据正确可靠的全部活动和措施。我国环境保护标准《环境监测质量管理技术导则》（HJ 630—2011）（以下简称《导则》）中对于质量保证的定义为：指为了提供足够的信任表明实体能够满足质量要求，而在质量体系中实施并根据需要进行证实的全部有计划和有系统的活动。质量保证需要采用有效的质量控制措施消除或控制误差，确保检测结果的准确性和可靠性。

质量控制是指为将分析测试结果的误差控制在允许限度内所采取的控制措施，包括实验室内部质量控制和外部质量控制两个部分。《导则》中对于质量控制的定义为：指为了达到质量要求所采取的作业技术或活动。实验室内部质量控制，是实验室自我控制质量的常规程序，它能反映分析质量稳定性如何，以便及时发现分析中的异常情况，随时采取相应的校正措施，其内容包括：空白试验、校准曲线、仪器设备的定期标定、平行样分析、加标样分析和编制质量控制图等。外部质量控制通常是由常规监测以外的中心监测站或其他有经验人员来执行，以便对数据质量进行独立评价，各实验室可以从中发现所存在的系统误差等问题，以便及时校正，提高监测质量，包括分发标准样、对诸实验室的分析结果进行评价、对分析方法进行协作实验验证、加密码样进行考察等，它是发现和消除实验室间存在的系统误差的重要措施，它一般由全面了解分析方法和质量控制程序的专家小组承担。

质量保证和质量控制是环境污染物分析中十分重要的技术工作和管理工作。质量保证和质量控制是一种保证分析数据准确可靠的方法，也是科学管理实验室和分析系统的有效措施，它可以保证数据质量，使分析结果建立在可靠的基础之上。从质量保证和质量控制的角度出发，要求分析数据有代表性、准确度、精密性、可比性和完整性，能够准确地反映实际情况。质量保证和质量控制工作必须贯穿整个分析过程的始终，包括方案的制定、分析方法的选择和建立、样品的采集、运输及存储、样品的前处理、样品的测定、实验数据的记录及处理、分析结果的表达等。

本章将以环境污染物分析方法的建立为主线，详细阐述整个分析过程中的质量保证和质量控制内容。质量控制要点和目的见表 4-1。

**表 4-1　环境污染物分析过程中的质量控制要点和目的**

| 阶 段 | 质量控制要点 | 质量控制目的 |
|---|---|---|
| 准备阶段 | ① 质量保证体系文件的规范化<br>② 分析方法的确立和标准化<br>③ 实验室环境的控制<br>④ 仪器设备运行状态的控制<br>⑤ 操作人员培训的规范化 | 规范性 |
| 样品采集 | ① 采样工具和采样方法的规范化<br>② 采样人员操作的规范化 | 时空代表性、可比性 |
| 样品处理及检测阶段 | ① 前处理方法的准确度和精密度控制<br>② 实验室内和实验室间的控制 | 可靠性、可比性、完整性、科学性 |
| 仪器分析 | ① 仪器分析方法的准确度、精密度、检验范围控制<br>② 实验室内和实验室间的控制 | 可靠性、可比性、完整性、科学性 |
| 数据处理 | ① 数据整理、处理及精度检验控制<br>② 数据分布、分类管理制度的控制 | 可靠性、可比性、完整性、科学性 |
| 综合评价 | ① 信息量控制<br>② 成果表达控制<br>③ 结论完整性、透彻性及对策控制 | 真实性、科学性、完整性、适用性 |

# 4.2　准备阶段与采样阶段的质量保证和质量控制

## 4.2.1　准备阶段的质量保证和质量控制

当环境污染物分析任务和目的明确后，分析工作便进入了初始阶段，即准备阶段。准备阶段的工作主要包括质量保证体系文件的制定、分析方法的确立、实验人员的培训、实验试剂的检验以及仪器设备的检修等。准备阶段的质量保证和质量控制是指样品采集和分析之前所实施的所有质量保证和质量控制工作，是整个分析工作的起点，是检测分析工作的前提和基础，为后续的样品采集和分析工作提供必要的保障。

**1. 制定质量保证体系文件**

环境污染物分析工作开始之前，应建立健全质量管理体系，使质量管理工作程序化、文件化、制度化和规范化，应根据检测要求制定质量保证体系文件，包括质量目标、人员配置体系、质量保证和控制措施、质量保证记录表等文件，确保整个检测分析过程中各项工作的合理性和规范性。

**2. 确定前处理和分析方法**

在环境污染物的检测过程中，对同一污染物的前处理和分析往往有多种方法可供选择，各种方法原理不同、操作程序不同，其检测结果的灵敏度、检测限也不同，不同方法之间存在着一定的系统误差。为了使不同时间、不同实验室及不同分析人员之间的测定结果具有可比性，通常选择权威机构建立的标准方法，优先选择国家环境保护标准、其他的国家标准和其他行业标准方法，也可采用国际标准和国外标准方法，或者公认权威的方法。标准方法使用规范的术语和准确的文字对各个环节作了规定和描述，明确规定了实验条件、数据分析方法及测定结果的表达，确保测定结果的准确性、可靠性和再现性。

如果分析测定的目标物是新型污染物，尚无标准分析方法可用，则需建立新的前处理和分析方法。环境污染物的分析方法具有不同的分类原则，通常按照分析任务可分为定性分析、定量分析和结构分析。定性分析的主要任务是确定化合物或者元素种类；定量分析的任务是测定污染物的含量；结构分析的任务是研究待测物质的分子结构或晶体结构。环境污染物的分析方法的建立复杂，一般分为三个基本步骤，即样品采集、样品前处理和样品分析。本章介绍的方法主要针对环境污染物的定量分析，特别是痕量污染物的分析。

**3. 实验环境**

保持实验室整洁、安全的操作环境，保证实验室通风良好，布局合理。确保分析项目所需的检测设备、辅助设施、操作空间、工作环境、能源、照明、温湿度、通风等条件满足检测分析的要求。实验过程中，避免使用可能对目标物产生污染的材料和器皿，相互干扰的分析项目不能在同一实验室内操作，并防止因环境不适而对实验人员的健康造成伤害。

**4. 标准物质和化学试剂**

采用符合分析方法所规定等级的标准物质和化学试剂，根据使用情况适量配制试液，并标明试液名称、浓度、配制日期等信息。专人负责保管标准物质和化学试剂，经常检查试剂质量和保质期，及时清理已经过期的标准物质和化学试剂，避免因误用过期的试剂而给检测分析工作带来影响。

**5. 仪器设备**

痕量污染物的分析需要合适的设备和仪器，设备和仪器的配备和使用的合理性常常影响实验结果的准确性，因此，必须经常对仪器设备进行日常维护和保养，以便有效地保证设备的完好率和准确度，确保仪器设备在检定周期内，并对仪器设备的检定状态做出明确标示，如"合格""准用""停用"等。《导则》中对于仪器设备的质量管理规定为：建立仪器设备的管理程序，确保其购置、验收、使用和报废的全过程均受控。

**6. 技术人员培训**

方法确定以后，应对实验操作人员进行相关培训，确保实验操作人员切实掌握和熟练运用相关仪器及各种分析技术，保证分析结果的准确性。如采样人员应严格遵照已经确立的采样流程，按步骤和标准采集样品，并做好样品的标记、储存和运输工作，分析人员应按照已经确立的样品前处理和分析方法提取污染物和进行分析检测工作。

## 4.2.2 采样阶段的质量保证和质量控制

通常根据不同环境介质、样品的特点和分析仪器的要求选择采样方法，采样时要确保采集到均匀的、有代表性的样品，并且能够满足分析方法的要求。环境样品大致可以分为三类：气体样品通常采用采样泵和吸附剂或吸附溶液采集，即所谓的主动采样，近年来也开发了各种空气被动采样方法，如加拿大环境部开发的聚氨酯泡沫被动采样器主要用于半挥发性有机污染物的采集；液体样品和固体样品通常选择采样装置和容器直接在现场进行，但是要注意样品采集过程中应采集有代表性的环境样品。

样品采集过程中的质量保证与质量控制包括：采样、处理、样品运输和样品储存等过程，要确保采集的样品在空间、时间及环境条件上具有合理性和代表性，符合真实情况。采样过程中质量保证的根本是保证样品的真实性，既满足时空要求，又保证样品在分析之前不发生物理化学性质的变化。

**1. 建立完整的采样手册**

在进行现场样品采集之前，应根据待测污染物的性质建立一套完整的样品采集手册，其中包括采样仪器的使用、样品的采集、保存、处理、储存、运输方法以及详细的样品信息记录表等内容。

**2. 建立采样管理制度**

建立完善的采样管理制度，对采样人员进行培训，让采样人员熟练运用采样仪器，切实掌握样品的保存、处理及运输等技术，保证采集样品的真实性、可靠性和代表性，并做好采样记录，如采样时间、地点、样品数量以及与样品分析有关的其他影响因素的信息等。切实加强采样技术管理，严格执行样品采集规范和统一的采样方法，建立并保证切实贯彻执行有关样品采集管理的规章制度。

**3. 合理选择采样区域和采样点**

采集的环境样品必须能够反映污染物对环境污染和生态影响的真实情况，即采集的样品要有代表性。采样之前应根据样品测试的总体要求选定采样区域，综合考虑采样区域的历史演变、地理情况、气候特点、环境生态特征、工农业发展状况、污染历史、特定污染物排放等因素，在综合分析的前提下，确定采样点的布设。《导则》中对于采样点的布设要求为：应根据采样对象、污染物的性质和数据的预期用途等，按照国家环境保护标准、其他的国家标准和行业标准、相关技术规范和规定进行设置，保证监测信息的代表性和完整性。样本的时空分布应能反映主要污染物的浓度水平、波动范围和变化规律。例如研究河流中的污染物情况时，通常在上、中、下游和不同环境交汇处及重点排污处设置采样点。研究大气中污染物的年际变化特征时，要求大气样品的采集具有时间序列。

**4. 样品的储存和运输**

在样品的储存和运输过程中，要采取措施保证样品的性质稳定，要避免样品的污染、破坏、降解、变质等。样品应分区存放，并有明显的标志，保存条件应符合相关标准或技术规范要求。环境样品在运输过程中通常放在密闭容器中，最好在$-4℃$冷藏保存。在实验室储存过程中通常要放在$-20℃$或者更低的冷柜中保存。为了防止微生物对于样品中污染物的降解，可以在样品中添加微生物活性抑制剂来控制。例如，水样中可以加入二氯甲烷防止微生物对污染物的降解。

**5. 采样阶段的注意事项**

根据方案所确定的采样点位、污染物项目、频次、时间和方法进行采样。采样人员应掌握采样方法、采样质量保证措施、样品的保存方法和技术。要根据样品和样品中污染物的种类，选择合适的采样器和试样瓶，并且在采样前要对各种设备和仪器进行清洗；根据样品中污染物的浓度范围采集合适的体积和数量，采取有效措施避免污染。采集金属化合物一般要用聚四氟乙烯或玻璃器皿，而对于有机化合物通常用聚四氟乙烯容器，采样过程中不能用手或手套接触试样瓶内壁和瓶盖内壁。采样过程中，要满足相应的规范性要求。

**6. 采样阶段的质量控制措施**

采样过程中的质量控制措施一般采用场地空白、运输空白、场地平行样、场地加标样和材料空白等方法对采样过程中的质量保证进行跟踪控制，确保采集样品的真实性和可靠性。采样过程中的质量保证作为分析工作中总质量保证的一部分，与实验室分析和数据管理质量保证共同确保分析数据的可信度。下面以采集水样为例，介绍采样过程中各种质量控制措施的具体要求。

（1）场地空白

是指在采样现场以纯水为试样，按照既定的采样方法和要求，与实际样品在相同条件下装瓶、保存、运输，直到送交实验室分析。通过分析场地空白的结果，掌握采样过程中操作步骤和环境条件对试样质量的影响。

（2）运输空白

以纯水做试样，从实验室运到采样现场，再返回实验室，每批试样至少有一个运输空白，可以用来检测样品运输、现场处理和储存容器带来的污染。

（3）场地平行样

指在控制采样操作和条件一致的情况下，平行采集样品并保存运输至实验室，平行样品的分析测定结果可以反映样品采集与实验室测定的精密度。平行样的数量，一般控制在样品数量的 10% 左右，但每批样品不少于 2 个。

（4）场地加标样

取一组平行样，将实验室配制的一定浓度的被测物质的标准溶液等量加入到其中一份已知体积的水样中，另一份不加标准溶液，然后按试样要求进行处理，送实验室分析。通过比较场地加标样与实验室加标样的测定结果，掌握测定污染物在采样、运输过程中准确度的变化情况。

（5）材料空白

用浸泡采样设备和材料的纯水（或去离子水）作为样品，可以检验采样设备和材料带来的污染。

# 4.3　样品处理与检测过程的质量保证和质量控制

## 4.3.1　概　述

环境样品一般不能直接进行仪器分析，痕量污染物分析需根据分析仪器的要求进行前处理，如目标物的提取、富集和浓缩，样品的前处理过程通常是将环境样品中的待测目标物从样品转移到溶液中，常用的提取方法有液-液萃取法、固相萃取法、索氏提取法、超声萃取法等。由于环境样品基体复杂，需要去除样品中的干扰物，通常先考虑用掩蔽法消除干扰，也可以用分离法去除干扰。例如，在进行持久性有毒有机污染物的研究中，需要利用硅胶、三氧化二铝等填充的层析柱进行净化处理，去除提取液中基质的干扰。很多环境样品中污染物的浓度较低，达不到分析仪器的检出限，所以还需要进行浓缩处理，通常采用旋转蒸发和氮气吹脱浓缩的方法。

确立环境样品的处理和检测方法一般包括以下三种形式：（1）根据需测定污染物的性质，选择我国环境保护部、美国环境保护局等权威政府部门或标准化组织颁布的标准方法，为保证分析检验结果的可靠性、准确性和可比性，推荐使用标准方法。（2）改进或优化已有的标准方法。不同的方法具有不同的适用范围，对于目标污染物所在的环境介质具有严格的选择性。通常情况下，一种实验方法只适用于一种环境介质。不仅如此，有时同一实验方法也不完全适用于具有相同介质的所有样品，也会因样品状况的不同而呈现一定程度的差异性。因此，可以对已有的标准方法进行实验室的改进或优化，以满足分析测试的要求。（3）由于环境问题的复杂性，各种新型污染物日益增多，很多当前关注的新型污染物没有标准的处理方法，在此类污染物的研究过程中，需要建立全新的方法。在实验方法的确定过程中，应注意方法的灵敏性、稳定性、选择性、重现性和实用性等，确保分析结果的精密度和准确度。

## 4.3.2　样品处理方法与检测方法的评价指标

在样品处理和检测方法的选择和建立过程中，针对同一种环境污染物，可能有多种方法可供选择，不同的方法具有不同的原理、灵敏度和干扰因素等差异，这些差异会导致分析结果的不同。因此，为了保证检测结果的准确性和可靠性，需要对已确立的方法进行评价，具体评价指标包括：方法的选择性、灵敏性、准确度、精密度、检出限以及线性范围等。

**1. 方法的选择性**

选择性是指前处理方法能够将待测目标物和其他杂质（尤其是对检测结果有干扰的杂质）分开的特性，也称为特异性。对于纯度检测，可在标准品中加入一定量的、实际样品中可能存在的杂质，或者直接用粗品，考察目标物是否受到杂质干扰；对于过程跟踪检测，可用反应体系样品来考察有没有其他的杂质干扰。

**2. 方法的灵敏度**

方法的灵敏度是指当样品浓度有很小的变化时，对测量信号值的变化幅度，通常用工作曲线的斜率值来表达，斜率越大，方法的灵敏度越高。通常灵敏度越高，分析方法的精密度也越高，灵敏度的稳定性不但影响测定方法的精密度，而且还会引起工作曲线斜率的变化，产生测定的系统误差。

**3. 方法的准确度**

准确度是指测量结果与真值之间一致或接近的程度。由于分析方法误差来源较多，很难直接进行准确度的测定。对于准确度的验证通常有两种方法：一是用标准物质来验证方法的准确度；二是用经实践证明是可靠的、公认的标准方法来验证。前一种方法具体操作过程是从权威机构购买与所分析样品类似的、已严格定值的标准物质，用被验证的分析方法对其进行测试，将所得结果与证书的参考值进行比较，或者在空白样品中定量加入待测物质，用被验证的分析方法对其进行测定，通过计算回收率来判断分析方法的准确度，为确保分析方法在较宽的浓度范围内都适用，在进行加标实验时，最好能够进行高、中、低三个浓度水平的实验，以保证分析方法对不同浓度的样品进行测试时都能获得准确的结果，一般要求回收率在 $80\%\sim120\%$ 之间，越接近 $100\%$ 就越好。后一种方法具体操作过程是用可靠的、公认的标准方法和被验证的方法测定相同的几个浓度水平的样品，若测得的结果一致，证明被验证的方法不存在明显的系统误差。

**4. 方法的精密度**

分析方法的精密度是选择分析方法时首先要考虑的因素。精密度是指在规定条件下，对同一均匀样品经多次取样进行一系列检测所得结果之间的接近程度。精密度一般用相对标准偏差表示，取样检测次数至少应不少于 6 次。我国环境保护标准《环境监测分析方法标准制修订技术导则》（HJ 168—2010）（以下简称《修订技术导则》）中对精密度的定义为：在规定条件下，独立测试结果间的一致程度。精密度通常包括平行性、重复性和再现性等 3 个方面。

（1）平行性

同一实验室，分析人员、分析设备和分析时间都相同，用同一分析方法对同一样品进行双份或多份平行样测定，所得结果之间的符合程度。

（2）重复性

同一实验室，分析人员、分析设备和分析时间中的任一项不相同，用同一分析方法对同一样品进行两次或两次以上独立测定结果之间的符合程度。

（3）再现性

用相同的分析方法，对同一样品在不同条件（实验室、分析人员、设备，时间）下获得的单个结果之间的接近程度。

通常利用各个测定结果之间的相对标准偏差来评价方法的精密度，平行性和重复性通常也称作实验室内偏差，再现性称作实验室间偏差。

**5. 方法检出限**

方法检出限（Method Detection Limit，MDL）是指当用一套完整的分析方法，在 99% 置信度内，产生的信号不同于空白中被测物质的浓度。《修订技术导则》中对方法检出限的定义为：用特定分析方法在给定的置信度内可从样品中定性检出待测物质的最低浓度或最小值。方法检出限是样品中的目标物能够被定量检测的最低浓度，其测定结果需要一定的准确度和精密度作保证，方法检出限可以检测分析方法的灵敏度。依据《修订技术导则》，如果空白样品中能够检测到目标物，可以按照样品分析的全部步骤，重复 $n$（$n \geqslant 7$）次空白试验，将多测定结果换算为样品中的浓度或含量，计算 $n$ 次平行测定的标准偏差，按公式（4-1）计算方法检出限。

$$\mathrm{MDL} = t_{(n-1,0.99)} \times S \tag{4-1}$$

式中，MDL 为方法检出限；$n$ 为样品的平行测定次数；$t$ 为自由度为 $n-1$，置信度为 99% 时的 $t$ 分布（单侧）；$S$ 为 $n$ 次平行测定的标准偏差。

其中，当自由度为 $n-1$，置信度为 99% 时的 $t$ 值可参考表 4-2 取值。

表 4-2　$t$ 值表

| 平行测定次数（$n$） | $t$ 值 |
| --- | --- |
| 7 | 3.143 |
| 8 | 2.998 |
| 9 | 2.896 |
| 10 | 2.821 |
| 11 | 2.764 |

《修订技术导则》还对测定下限和测定上限进行了定义：测定下限是指在限定误差满足预定要求的前提下，用特定方法能够准确定量测定待测物质的最低定量检测限；测定上限是

指在限定误差能满足预定要求的前提下，用特定方法能够准确定量测定待测物质的最高定量检测限。测定范围是指测定下限和测定上限之间的范围。

**6. 方法的线性范围**

分析方法的线性范围是指仪器信号与样品浓度成线性的工作曲线直线部分。线性范围的确定通常是采用一系列（不少于 3 个）不同浓度的样品进行分析，以测定信号的峰面积（或峰高）对浓度进行线性回归，当相关系数大于 0.99 时，就可认为是呈线性关系，否则认为线性关系较差。通常把相当于 10 倍空白的标准偏差相对应的浓度定为方法的线性范围的定量检测下限，取工作曲线弯曲处对应的浓度作为线性范围的定量检测上限。一个好的分析方法其线性范围要宽。例如，气相色谱-质谱联用仪的线性范围可达 6 个数量级以上。

一个理想的分析方法，应该具有选择性高、灵敏度强、准确度好、精密度高、检出限低和线性范围宽等特性。对于分析方法的评价过程有时也并非必须针对上述所有的评价指标进行，但是所选择的评价指标必须能够证明选择该分析方法的合理性。

## 4.3.3 仪器选择的质量保证与质量控制

随着电子技术、计算机技术和激光技术的发展，化学分析领域在方法和实验技术方面发生了革命性的变革，先进的分析仪器已成为分析工作中不可或缺的一部分。先进分析仪器的广泛应用，在化学分析领域中已处于主导地位。分析工作者对分析仪器的原理、适用性及基本操作技能都非常重视。然而，由于仪器分析方法不完善、对操作环境条件要求苛刻，常常导致分析结果具有一定的不确定性。因此，如何评定现有仪器的分析方法，如何有效地发挥仪器分析的作用，如何从有限的测量数据中获得更多的信息，以及如何正确表达含有误差的仪器分析结果等，已成为现代分析工作中亟待解决的问题。

**1. 测量条件的选择**

在仪器分析中，仪器测量条件的选择和调试对获得准确可靠的分析数据是至关重要的。对分析仪器定期的进行校验和自校，使主要功能和质量参数达到分析质量的要求，是确保分析质量的基础。在日常工作中要经常保持测量条件在受控状态下工作。应经常用标准物质或控制样品进行测量，考察仪器测量值的短期稳定性、灵敏度、检出限、矫正系数、曲线的线性及斜率，并与历史记录进行对比，评估测量条件是否处于最佳状态或接近最佳状态，同时应观察环境变化（温度、湿度等）是否在允许的误差范围内。标准物质用作分析校准时，必须选用基体与被测试样相匹配的标准物质，同时，应选用与被测试样的量值相近并能使其测量范围包含被测试样的量值的系列标准物质，在相同条件下进行分析，按所得测定值作线性回归分析，求得线性方程和方程中的截距 $a$、斜率 $b$、相关系数 $r$ 及标准偏差等参数，证实线性关系成立后，即可将试样的测定值带入回归方程，解出试样中被测组分的含量。

**2. 仪器的选择**

检测仪器是确保分析数据质量最主要的因素，不同的仪器其质量水平不同。为了获得可靠的结果，应根据被测组分和共存组分的含量和性质，以及规定的分析结果的准确度、灵敏度、选择性、检测限等因素选择合适的分析仪器。针对环境中的污染物常用的分析仪器有：气相色谱仪、液相色谱仪、气相色谱-质谱联用仪、液相色谱-质谱联用仪等。仪器分析所使用的分析方法可以是经权威机构审定和通过的标准分析方法，也可以是根据检测项目的要求新建立的分析方法，新建立的分析方法应由指定的实验室之间通过测试项目确定的、正确的分析方法，并且测试结果必须经过确定的统计方法评价。通常用仪器检出限（Instrument

Detection Limit，IDL）、定量限（Limit of Quantification，LOQ）、仪器性能检验等方法评价仪器。

（1）仪器检出限

IDL 是分析测试的重要指标，是评价仪器分析方法和性能的重要参数。痕量分析中，检出限的确定对于分析方法的选择具有重要意义，过高的检出限会增加检测结果的不确定度。仪器检出限是指相对于背景，仪器检测的可靠最小信号。通常用信号与仪器噪声的比值（S/N）表示，3 倍的信噪比即为仪器检出限，不同仪器检出限定义有所差别，仪器检出限能够体现仪器的灵敏性。

（2）定量限

检出限只能粗略地表征体系性能，是一种定性的判断依据，通常不能用于真实分析，定量限是痕量分析定量测定的特征指标。LOQ 是指样品中的目标物能够被定量检测的最低浓度，定量限体现了分析方法定量检测的能力。在色谱分析中，常将已知浓度样品的信号与噪声信号的比值为 10∶1 时的浓度作为定量限。

（3）仪器性能检验

在选择合适的仪器后，应当采取相应的措施保证仪器的性能达到分析要求。首先，应对所选择的仪器的基本原理、操作过程的细节有充分的了解；其次，根据分析的目的、要求达到的准确度水平以及所分析的样品的种类和组成，选择合适的标准物质，以便对仪器的准确性进行验证；最后，还要对仪器的空白值进行检测。空白的存在影响分析结果的准确度、精密度和方法的灵敏度和检出限，因此，必须查明空白的来源，予以消除或控制，尽量把空白值降低至最低限度。空白值对痕量组分的测定尤为重要，而对常量组分的测定也不能忽视。一般来说，来自试剂的玷污造成的空白值往往比较稳定，可用处理系统误差的方法加以处理和校正。如果空白值占测定值的比例较大，则分析结果的准确度就会大受影响。

## 4.3.4　样品处理与检测过程的质量控制措施

由于痕量污染物在环境样品中含量较低，因此，在样品的处理和分析过程中需要严格的质量保证和质量控制措施，避免因为人为因素将同类型污染物或干扰物质带入样品中，进而导致测量结果不可靠。样品前处理过程中的质量保证与质量控制是整个分析检测工作质量保证的核心，主要措施包括实验室内质量控制和实验室间质量控制。

**1. 实验室内质量控制**

实验室内质量控制又称内部质量控制，是实验分析人员对分析质量进行自我控制及内部质控人员对其实施质量控制技术的管理过程。实验室内质量控制可以控制监测分析人员的实验误差，使之达到允许范围内，保证测试结果的精密度和准确度。

（1）空白试验

空白试验（空白测定）是指在不加供试样品或以等量溶剂替代供试液，其所加试剂和操作步骤与样品测定完全相同的操作过程，其测定结果可以表示前处理方法的可靠性，空白试验应与样品测定同时进行。《修订技术导则》中对于空白试验的定义为：指对不含待测物质的样品用与实际样品同样的操作步骤进行的试验，对应的样品称为空白样品，简称空白。空白试验是化学分析中常用的质量控制方法，既可监控整个分析过程中试剂、环境和实验人员的操作水平对分析结果的影响程度，又可校正由试剂、蒸馏水、试验器皿和环境带入的杂质引起的误差，空白试验值的大小及分散程度对分析结果的精密度和分析方法的检测限都有很大影响。痕量分析中，当空白试验值与待测目标物的浓度处于同一数量级时，应从测试结果中扣除空白试验值。空白值的大小及其波动性对样品中待测物质分析的准确度影响很大，需要对空白值进行控制。环境污染物的分析过程通常比较复杂，特别是痕量污染物的分析，包括萃取、浓缩、净化等步骤，所以要考虑整个分析方法的空白情况，即评估过程中的污染情况。空白试验中的测定结果一般应低于方法检出限。

（2）标准物质

标准物质是保证准确量值和量值溯源的计量标准，它广泛应用于校准测量仪器、评价测量方法等，在质量管理、质量保证、技术仲裁等方面起着重要作用。标准物质可以是纯的或混合的气体、液体或固体。国际标准化组织（International Standard Organization，ISO）于 2009 年将标准物质（Reference Material，RM）最新定义为具有一种或多种足够均匀且稳定规律特性的材料，并已确定其符合测量过程的预期用途，其中特性可以是定量的或定性的。ISO 还定义了一类特殊的标准物质，有证标准物质（Certified Reference Material，CRM），即用计量学上有效程序对一种或多种特性定值，附有提供了特性量值、量值不确定度和计量学溯源性描述的证书。这类证书由国家权威计量单位发给，证书中具备有关的特性值、使用和保存方法及有效期。我国国家标准《标准样品工作导则（2）标准样品常用术语及定义》（GB/T 15000.2—1994）也对标准样品进行了定义，即标准样品是具有足够均匀的一种或多种化学的、物理的、生物学的、工程技术的或感官的等性能特征，经过技术鉴定，并附有说明有关性能数据证书的一批样品。我国国家计量技术规范《标准物质常用术语和定义》（JJF 1005—2005）中也对标准物质做了定义，即具有一种或多种足够均匀和很好地确定了的特性，用于校准测量装置、评价测量方法或给材料赋值的一种材料或物质。同时还定义了有证标准物质，即其一种或多种特性量值用建立了溯源性的程序确定，使之可溯源到准确复现的表示该特性的测量单位，每一种认定的特性量值都附有给定置信水平的不确定度。基准标准物质（Primary Reference Material，PRM）是具有最高计量学特性，用基准方法确定特性量值的标准物质。我国标准物质以 BW 为代号，分为国家一级标准物质和二级标准物质。

标准物质的对比分析是环境监测分析工作中常用的质量控制手段，通常采用平行分析标准物质或标准物质合成试样，并将分析结果与已知浓度进行对比，用以控制分析结果的准确度。在痕量分析中，标准物质的使用可以保证测量结果的可比性，即检验由不同的实验室环境、检测方法、仪器设备及操作人员带来的分析结果的差异和不确定性。标准物质还可用于评价检测方法，目前，国内外普遍采用标准物质来评价新的检测方法的准确度和精密度。

（3）加标回收率分析

加标回收率分析包括空白加标回收率分析和基质加标回收率分析。空白加标回收率分析是指在没有被测物质的空白样品基质中加入定量的标准物质，按样品的处理步骤分析，实际测定值与理论值的比值。样品加标回收率分析是指同一样品取两份，向其中一份加入定量的标准物质，两份同时按相同的分析步骤分析，加标一份的测定值扣除样品的测定值，其差值同加入标准物质的理论值之比。《导则》对于基质加标量的规定是加标量一般为样品浓度的 0.5～3 倍，并且加标后的总浓度不应超过分析方法的测定上限。加标回收率的测定是实验室内自控的一种质量控制技术，可反映分析结果的准确度。在进行加标回收率的测定时，加入标准物质的量应与样品中待测物质的浓度水平相等或接近。一般随机抽取 10%～20% 的样品做加标回收率分析，所得结果按方法规定的水平进行判断。加标回收率的计算公式如式（4-2）所示：

$$加标回收率 = \frac{加标试样测定值 - 试样测定值}{加标量} \times 100\% \qquad (4\text{-}2)$$

（4）平行样分析

平行样分析是指在环境监测和样品分析中，采集同一样品的两份或多份子样，并在完全相同的条件下进行同步分析，一般做双份平行，对于要求严格的测试，也可同时做 3～5 份平行测定。平行样分析是环境监测质量保证的一项措施，可反映分析结果的精密度。在环境监测中，采集和测定平行样的百分比应根据样品的批量、测定的难易程度等进行确定，一般不少于全部样品的 10%。一般情况下，环境污染物检测过程中，平行测定结果的相对误差应小于标准方法所规定的相对标准偏差的 2 倍。

（5）标准曲线建立

在环境污染物检测分析实验中，标准曲线是指标准物质的浓度与仪器响应值之间的函数关系，建立标准曲线的目的是计算样品中待测物质的浓度水平。常用标准曲线法进行定量分析，通常情况下的标准工作曲线是一条直线。采用标准曲线法进行定量分析时，仅限在其线性范围内使用。必要时，需要对标准曲线的相关性、精密度和置信区间进行统计分析，检验斜率、截距和相关系数是否满足标准方法的要求。标准曲线不得长期使用，一般情况下，标准曲线应与样品测定同时进行。

标准曲线的横坐标（$X$）表示可以精确测量的变量（如标准溶液的浓度），称为普通变量，纵坐标（$Y$）表示仪器的响应值（也称测量值，如峰面积、峰高等），称为随机变量。当 $X$ 取值为 $X_1$，$X_2$，……$X_n$ 时，仪器测得的 $Y$ 值分别为 $Y_1$，$Y_2$，……$Y_n$。将这些测量点 $X_i$，$Y_i$ 描绘在坐标系中，用直尺绘出一条表示 $X$ 与 $Y$ 之间的直线线性关系，这就是常用的标准曲线法。用作绘制标准曲线的浓度梯度一般不少于 6 个，相关系数须达到 0.999 以上，标准物质的含量范围应覆盖试样中被测物质的含量，标准曲线不能任意延长。绘制标准曲线的横坐标和纵坐标的标度以及实验点均不能太大或太小，应能近似地反映测量的精度。

（6）质量控制图

《导则》中对质量控制图的定义为：质量控制图是指以概率论及统计检验为理论基础而建立的一种既便于直观的判断分析质量，又能全面、连续的反映分析测定结果波动状况的图形。常用的质量控制图有均值-标准差控制图和均值-极差控制图等。在应用上分空白值控制图、平行样控制图和加标回收率控制图等。如果质量控制样品的测定结果落在中心附近、上下警告线之内，则表示分析正常；如果落在上线控制线之外，则表示分析失控，测定结果不可取，需要重新测定；如果落在上下警告线和上下控制线之间，虽然分析结果可以接受，但是有失控倾向，应予以注意。

**2. 实验室间质量控制**

实验室间质量控制又称外部质量控制，是指定期或不定期的将相同的样品分别交付不同的实验室进行分析以确定实验室报出可接受的分析结果的能力，并协助判断是否存在系统误差，检查实验室间测量数据的可比性。《导则》中对于外部质量控制的定义为：指本机构内质量管理人员对监测人员或行政主管部门和上级环境监测机构对下级机构监测活动的质量控制。由于不同实验室的实验条件不尽相同，所用检测方法也不一致，因此，当测定结果相同时，即可判断实验结果是可以接受的，如果不同实验室间的测定结果不同，则应查找原因，重新分析样品。

《导则》建议采取的外部质量控制措施有：密码平行样、密码质量控制样及密码加标样，使用标准物质进行实验室间互检，参加实验室间比对实验或能力验证计划，使用人员比对、留样复测等进行复现性检测等。

（1）密码平行样

质量管理人员根据实际情况，按一定比例随机抽取样品作为密码平行样，交付监测人员进行测定，根据测定结果的偏差进行质量控制。

（2）密码质量控制样及密码加标样

由质量管理人员使用有证标准样品、标准物质作为密码控制样品，或在随机抽取的常规样品中加入适量的标准样品、标准物质制成密码加标样，交付监测人员进行测定，根据测定结果进行质量控制。

（3）人员对比

不同分析人员采用同一分析方法，在相同的条件下对同一样品进行测定，比对结果应达到相应的质量控制要求。

（4）实验室间比对

可采用能力验证、比对测试或质量控制考核等方式进行实验室间比对，证明各实验室间的检测数据的可比性。

（5）留样复测

对于稳定的、测定过的样品保存一定时间后，若仍在测定有效期内，可进行重新测定，将两次测定结果进行比较，以评价该样品测定结果的可靠性。

# 4.4  数据处理与检测报告的质量保证和质量控制

## 4.4.1  概述

一般情况下，分析数据的准确度无法测定。实际分析样品的性质和含量变化大，分析过程中引起的随机误差、过失误差和系统误差的因素很多，有些是可以控制的，有些是无法控制的。因此，实验室在分析过程的质量监控之后，还需要对所报分析数据的可靠性、合理性进行质量评估，以弥补质量监控的不足；另一方面，从分析实验室内部工作来看，分析过程较长、环节较多，容易引起误差的机会也多，许多因素都有可能使结果产生误差。因此，还需对一定时间内或大批量样品的分析结果进行质量评估。质量保证工作涉及的问题较多、工作量较大，必须充分利用各种过程控制以及充分了解其影响因素，利用有关统计检验理论，进行计算、制图、综合、比较、分析，从众多零散的质量信息中提取最有用的质量信息。分析后的质量保证与质量控制主要包括：数据处理的质量保证和质量控制、检测结果的综合评价和检测结果的报告等。

## 4.4.2  数据处理的质量保证和质量控制

痕量分析的目的是测定环境样品中各种污染物的含量，从而为各种环境评价和国家标准的制定提供科学依据，因此，痕量分析的测定结果必须准确可靠。通过数据处理过程中采取的质量保证和质量控制措施，保证数据的完整性，确保全面、客观地反映监测结果。

## 1. 有效数字

检测数据的原始资料必须准确记录和妥善保存，以保证其科学性、严肃性、真实性和完整性。记录测定数值时，应同时考虑检测仪器的精密度、准确度和读数误差。有效数字是指在分析工作中能够实际测量到的数字，包括最后一位估计的、不确定的数字。通过直读获得的准确数字叫做可靠数字，估算得到的那部分数字叫做存疑数字，测量结果中能够反映被测量大小的带有一位存疑数字的全部数字即为有效数字。测定结果报出的有效数字，对测定结果的准确性和核对测试质量以及数据资料的整理都是十分重要的，不能超过检测方法最低检出限有效数字的位数，在记录测试数据时，应按照我国国家标准《数值修约规则》（GB/T 8170—2008）的规则舍弃数字，只保留一位可疑数字。正确保留有效数字的位数能够保证分析结果的准确度，为后续的数据处理和分析提供保障。

## 2. 误差分析

在痕量分析过程中，由于分析方法、仪器、试剂以及操作人员的技术水平等因素的影响，致使测量值与真实值之间存在一定的差值，即误差。误差可分为随机误差、系统误差和过失误差。随机误差是指由于测定过程中一系列有关因素微小的随机波动而形成的误差，可以通过找出测量过程中的不稳定因素来消除随机误差。系统误差是指由于仪器自身缺陷或未经校准等原因产生的误差，系统误差一般存在规律性，可通过提高仪器性能或重新校正等减小或消除，如不能消除，则应将系统误差设法估计出来。过失误差是指在实验过程中由于操作人员的粗心大意而导致的测量结果的不准确，可通过重复测定和加强分析人员的操作水平消除过失误差，如不能进行重复测定，则应在数据处理过程中剔除该测量值。为了提高分析结果的可靠性，必须正确了解各种误差的来源，并尽量减小或消除各种误差，以保证分析数据真实可靠。

## 3. 准确度

准确度是测量值与真实值之间的符合程度，是反映分析方法和测量系统存在的随机误差和系统误差的综合指标，通常用绝对误差和相对误差表示。绝对误差是测量值与真值的差值，相对误差是测量值与真值的比值（%）。环境污染物样品分析时，待测组分的真值是未知的，常用标准物质和回收率的测定来评价定量分析结果的准确度。

（1）利用标准物质评价定量分析结果的准确度

采用相同的方法分析测定已知浓度的标准样品，标准物质的已知浓度可作为真值，标准物质的定量分析结果作为测量值，由此计算出的绝对误差和相对误差，用来评价该定量分析结果的准确度。

（2）利用测定回收率评价定量分析结果的准确度

当待测样品没有相应的标准物质时，可用测定回收率的方法来评价定量分析结果的准确度，即将被测样品分为两份，向其中一份加入已知量的待测组分，然后用相同的方法分析两份样品，回收率越接近 100%，定量分析结果的准确度就越高。

## 4. 精密度

精密度是指对同一均匀试样多次重复测定结果之间的符合程度，是反映分析方法和测量系统所存在的随机误差的指标，通常用偏差来衡量测试结果的精密度。由于误差的计算要涉及到被分析样品的真值，而定量分析时，待测样品的真值是未知的，常用待测样品多次分析测定结果的平均值来代替真值。每次分析测定结果与多次分析测定结果的平均值的差值称为偏差。

偏差可以用绝对偏差、平均偏差、相对偏差和标准偏差等表示。

（1）绝对偏差

是测定值与多次测定值的平均值之差，按公式（4-3）计算。

$$绝对偏差(d) = x_i - \bar{x} \tag{4-3}$$

式中，$\bar{x}$ 为 $n$ 次测定值的算术平均值；$x_i$ 为第 $i$ 次测定值，$i=1，2，\cdots，n$。

（2）相对偏差

是绝对偏差与多次测定值的平均值之比，按公式（4-4）计算，通常用百分数表示。

$$相对偏差 = \frac{d}{x} \times 100\% \tag{4-4}$$

（3）平均偏差

是每次测定值与多次测定值的平均值之差的绝对值的算术平均值，按公式（4-5）计算。

$$平均偏差(\delta) = \frac{\sum |x_i - \bar{x}|}{n} \tag{4-5}$$

（4）相对平均偏差

是平均偏差与多次测定值的平均值之比，按公式（4-6）计算。

$$相对平均偏差 = \frac{\delta}{n} \times 100\% \tag{4-6}$$

（5）标准偏差

是偏差平方的统计平均值，有限次分析测定时的标准偏差用公式（4-7）计算。

$$标准偏差(S) = \sqrt{\frac{\sum (x_i - \bar{x})^2}{n-1}} \tag{4-7}$$

式中，$x_i$ 为第 $i$ 次测定值；$\bar{x}$ 为 $n$ 次测定值的算术平均值；$n$ 为分析测定次数。

（6）相对标准偏差

又称变异系数，是多次分析测定结果的标准偏差与其算术平均值之比，按公式（4-8）计算，通常用百分数表示。

$$相对标准偏差(RSD) = \frac{S}{x} \times 100\% \tag{4-8}$$

平均偏差和相对偏差是把大的偏差和小的偏差同样对待，而标准偏差（Standard Deviation，SD）和相对标准偏差（Relative Standard Deviation，RSD）由于是对偏差的平方进行统计平均，因而它对一组分析测定中的极值反应比较灵敏，能使大的偏差比小的偏差对标准偏差和相对标准偏差的贡献更大。标准偏差和相对标准偏差是评价定量分析结果精密度的指标，可以评价同一样品多次测定结果的重复性和再现性。

在实际样品的定量分析中，真值是未知的，定量分析的目的即为测定真值，因此无法计算准确度，通常用评价定量分析测定结果的重复性和再现性的精密度表示定量分析测定结果的好坏。目前相对标准偏差（变异系数）的应用较为普遍，因为相对标准偏差能更好地表征多次分析测定结果的离散度，从而能更明显地反映定量分析结果的波动情况。但是，精密度高，偏差小，只是说明实验中的随机误差小，还不能说明定量分析结果的系统误差大小。系统误差的大小，只能用准确度来衡量。精密度是保证准确度的先决条件，精密度差，测量结果不可靠，就失去了衡量准确度的前提。但是，精密度高不代表准确度高，两者的差别主要是由于存在系统误差，消除系统误差后，高精密度的分析才能获得高准确度的结果。

**5. 数据的取舍检验**

数据总有一定的分散性，如果人为地删除一些误差较大但并非离群的测量数据，由此得到精密度较高的测量结果并不一定符合客观实际，因此对于数据的取舍必须遵循一定的原则。在数据的处理过程中，会发现个别测量值相对于其他测量值明显偏大或偏小，这一数据称为异常值、可疑值或极端值。异常值的出现通常是由于系统误差、随机误差或过失误差造成的，若异常值来自过失误差，则应舍弃，若不是则不能随意取舍。通常用 Grubbs 检验和 Dixon 检验确定是否舍弃异常值。

（1）Grubbs 检验

Grubbs 检验适用于检验多组测量值均值的一致性和剔除多组测量值中的离群均值，也可以用于检验一组测量值的一致性和剔除一组测量值中的离群值，步骤如下：

① 将数据由小到大排列，$x_1$，$x_2$，……$x_i$，其中 $x_1$ 或 $x_i$ 可能是异常值；

② 计算测量值的平均值 $\bar{x}$ 和标准偏差 $S$；

③ 计算 $T$ 值；

$$T_{计算} = \frac{x_i - \bar{x}}{S} \tag{4-9}$$

或

$$T_{计算} = \frac{\bar{x} - x_i}{S} \tag{4-10}$$

④ 由测量次数和限定的显著性水平，查 $T$ 值表（表 4-3）；

⑤ 比较 $T_{计算}$ 与 $T_{表}$，若 $T_{计算} \geqslant T_{表,0.01}$，该值为离群值，应该舍弃；若 $T_{计算} \leqslant T_{表,0.05}$，该值则为正常值，应该保留；若 $T_{表,0.05} \leqslant T_{计算} \leqslant T_{表,0.01}$，该值为偏离值。

表 4-3　$T_{表}$ 值表

| 测定次数 | 显著性水平 | | 测定次数 | 显著性水平 | |
| --- | --- | --- | --- | --- | --- |
| $n$ | 0.05 | 0.01 | $n$ | 0.05 | 0.01 |
| 3 | 1.15 | 1.15 | 12 | 2.29 | 2.55 |
| 4 | 1.46 | 1.49 | 13 | 2.33 | 2.61 |
| 5 | 1.67 | 1.75 | 14 | 2.37 | 2.66 |
| 6 | 1.82 | 1.94 | 15 | 2.41 | 2.71 |
| 7 | 1.94 | 2.10 | 16 | 2.44 | 2.75 |
| 8 | 2.03 | 2.22 | 17 | 2.47 | 2.79 |
| 9 | 2.11 | 2.32 | 18 | 2.50 | 2.82 |
| 10 | 2.18 | 2.41 | 19 | 2.53 | 2.85 |
| 11 | 2.23 | 2.48 | 20 | 2.56 | 2.88 |

（2）Dixon 检验

Dixon 检验适用于一组测量值的一致性检验和剔除离群值，对于最小可疑值和最大可疑值进行检验的公式因样本的容量（$n$）不同而异，具体步骤如下：

① 将数据由小到大排列，$x_1$，$x_2$，……$x_n$，其中 $x_1$ 和 $x_n$ 可能是最小可疑值和最大可疑值；

② 按照表 4-4 计算 $Q_{计算}$ 值：

表 4-4　$Q$ 值计算表

| $n$ 值范围 | 可疑数据位最小值 $x_1$ 时 | 可疑数据位最大值 $x_n$ 时 |
|---|---|---|
| 3～7 | $Q=\dfrac{x_2-x_1}{x_n-x_1}$ | $Q=\dfrac{x_n-x_{n-1}}{x_n-x_1}$ |
| 8～10 | $Q=\dfrac{x_2-x_1}{x_{n-1}-x_1}$ | $Q=\dfrac{x_n-x_{n-1}}{x_n-x_2}$ |
| 11～13 | $Q=\dfrac{x_3-x_1}{x_{n-1}-x_1}$ | $Q=\dfrac{x_n-x_{n-2}}{x_n-x_2}$ |
| 14～25 | $Q=\dfrac{x_3-x_1}{x_{n-2}-x_1}$ | $Q=\dfrac{x_n-x_{n-2}}{x_n-x_3}$ |

③ 根据给定的显著性水平和样本量，从表 4-5 查得临界值（$Q_表$）；

④ 若 $Q_{计算} \leqslant Q_{表,0.05}$，则可疑值为正常值；若 $Q_{表,0.01} \leqslant Q_{计算} \leqslant Q_{表,0.05}$，则可疑值为偏离值；若 $Q_{计算} \geqslant Q_{表,0.01}$，则可疑值为离群值。

表 4-5　$Q_表$ 值表

| $n$ | 显著性水平 | | $n$ | 显著性水平 | |
|---|---|---|---|---|---|
| | 0.05 | 0.01 | | 0.05 | 0.01 |
| 3 | 0.941 | 0.988 | 12 | 0.546 | 0.642 |
| 4 | 0.765 | 0.889 | 13 | 0.521 | 0.615 |
| 5 | 0.642 | 0.780 | 14 | 0.546 | 0.641 |
| 6 | 0.560 | 0.698 | 15 | 0.525 | 0.616 |
| 7 | 0.507 | 0.637 | 16 | 0.507 | 0.595 |
| 8 | 0.554 | 0.683 | 17 | 0.490 | 0.577 |
| 9 | 0.512 | 0.635 | 18 | 0.475 | 0.561 |
| 10 | 0.477 | 0.597 | 19 | 0.462 | 0.547 |
| 11 | 0.576 | 0.679 | 20 | 0.450 | 0.535 |

**6. 数据的差异性检验**

在实际样品分析过程中，由于样品量较大或操作人员、仪器设备等条件的限制，可能不能在同一时间或不能由同一分析人员完成全部样品的分析测试，因此，不同批次的分析测试结果有可能伴随产生随机误差或系统误差，通常可采用 $F$ 检验和 $t$ 检验来检验误差。

（1）$F$ 检验

$F$ 检验又称方差齐性检验，由英国统计学家 Fisher 提出，主要通过比较两组数据的方差平方，以确定两组数据的精密度是否有显著性差异，即精密度的显著性检验，公式如式（4-11）所示：

$$F_{计算} = \frac{S_大^2}{S_小^2} \tag{4-11}$$

由测量次数和限定的显著性水平，查 $F$ 值表（表 4-6），若 $F_{计算} \geqslant F_表$，则差异显著；若 $F_{计算} \leqslant F_表$，则差异不显著。

表 4-6　置信度为 95% 时的 $F_{表}$ 值表（单边）

| $F_小$ ＼ $F_大$ | 2 | 3 | 4 | 5 | 6 | 7 | 8 | 9 | 10 | $\infty$ |
|---|---|---|---|---|---|---|---|---|---|---|
| 2 | 19.0 | 19.16 | 19.25 | 19.30 | 19.33 | 19.36 | 19.37 | 19.38 | 19.39 | 19.5 |
| 3 | 9.5 | 9.28 | 9.12 | 9.01 | 8.94 | 8.88 | 8.84 | 8.81 | 8.87 | 8.53 |
| 4 | 6.94 | 6.59 | 6.39 | 6.26 | 6.16 | 6.09 | 6.04 | 6.00 | 5.96 | 5.63 |
| 5 | 5.79 | 5.41 | 5.19 | 5.05 | 4.95 | 4.88 | 4.82 | 4.78 | 4.74 | 4.36 |
| 6 | 5.14 | 4.76 | 4.53 | 4.39 | 4.28 | 4.21 | 4.51 | 4.10 | 4.06 | 3.67 |
| 7 | 4.74 | 4.35 | 4.12 | 3.97 | 3.87 | 3.79 | 3.73 | 3.68 | 3.63 | 3.23 |
| 8 | 4.46 | 4.07 | 3.84 | 3.69 | 3.58 | 3.50 | 3.44 | 3.39 | 3.34 | 2.93 |
| 9 | 4.26 | 3.86 | 3.63 | 3.48 | 3.37 | 3.29 | 3.23 | 3.18 | 3.13 | 2.71 |
| 10 | 4.10 | 3.71 | 3.48 | 3.33 | 3.22 | 3.14 | 3.07 | 3.02 | 2.97 | 2.54 |
| $\infty$ | 3.00 | 3.60 | 2.37 | 3.21 | 2.10 | 2.01 | 1.94 | 1.88 | 1.83 | 1.00 |

$F$ 检验只能排除随机误差，不能排除系统误差，如需检验两组数据之间是否存在系统误差，则在进行 $F$ 检验并确定精密度没有显著性差异之后，进行 $t$ 检验。

（2）$t$ 检验

$t$ 检验能够确定两组数据的系统误差是否有显著性差异，即准确度的显著性检验。当样品中预测组分含量是已知的，此时 $t$ 检验为平均值与标准值（$\mu$）的比较：

$$t_{计算} = \frac{\overline{x} - \mu}{S / \sqrt{n}} \tag{4-12}$$

由测量次数和限定的显著性水平（自由度为 $n-1$），查 $t$ 值表（表 4-7），若 $t_{计算} \geqslant t_{表}$，则差异显著，存在系统误差；若 $t_{计算} \leqslant t_{表}$，则差异不显著，不存在系统误差，准确度符合要求。

表 4-7　$t$ 值表（双侧概率）

| 自由度 | 置信度（$P$） | | | | |
|---|---|---|---|---|---|
| | 80% | 90% | 95% | 98% | 99% |
| 1 | 3.08 | 6.31 | 12.71 | 31.82 | 63.66 |
| 2 | 1.89 | 2.92 | 4.30 | 6.96 | 9.92 |
| 3 | 1.64 | 2.35 | 3.18 | 4.54 | 5.84 |
| 4 | 1.53 | 2.13 | 2.78 | 3.75 | 4.60 |
| 5 | 1.84 | 2.02 | 2.57 | 3.37 | 4.03 |
| 6 | 1.44 | 1.94 | 2.45 | 3.14 | 3.71 |
| 7 | 1.41 | 1.89 | 2.37 | 3.00 | 3.50 |
| 8 | 1.40 | 1.84 | 2.31 | 2.90 | 3.36 |
| 9 | 1.38 | 1.83 | 2.26 | 2.82 | 3.25 |
| 10 | 1.37 | 1.81 | 2.23 | 2.76 | 3.17 |
| $\infty$ | 1.28 | 1.64 | 1.96 | 2.33 | 2.58 |

当样品的分析测试结果由两个实验室或两个分析人员共同完成时，通常采用比较两组数据的平均值来检验是否存在系统误差：

① 计算合并标准偏差：

$$S_合 = \sqrt{\frac{(n_1-1)S_1^2+(n_2-1)S_2^2}{n_1+n_2-2}} \tag{4-13}$$

② 计算 $t$ 值：

$$t_合 = \frac{|\bar{x}_1-\bar{x}_2|}{S_合}\sqrt{\frac{n_1 n_2}{n_1+n_2}} \tag{4-14}$$

③ 查 $t$ 值表（自由度为 $n_1+n_2-2$），若 $t_合 \geqslant t_表$，则差异显著，存在系统误差；若 $t_合 \leqslant t_表$，则差异不显著，不存在系统误差，准确度符合要求。

### 4.4.3 检测报告的质量保证和质量控制

分析工作全部完成后，实验室应出具检测报告，出具检测报告是整个质量保证和质量控制工作的终点，所有检测分析工作的最终结果全部由检测报告呈现，因此，必须保证检测报告的真实性、完整性、准确性和可靠性。完整的环境检测报告主要包括以下几方面内容：标题、编号、检测项目名称、报告出具日期、检测单位的详细信息（地址、邮编、联系方式）等。检测报告中应明确检测目的，详细阐述整个分析过程中使用的方法，包括样品采集方法、样品前处理方法、仪器分析方法以及数据处理方法等，说明在各分析阶段所使用的化学试剂和仪器设备，标明试剂浓度和仪器型号，并给出分析方法的检出限。检测结果是检测报告的核心内容，涵盖了全部分析工作的内容和成果，检测结果中应详细说明检测项目中要求的全部分析内容，明确给出各项检测目的对应的测量结果，如分析组分的浓度水平和组分含量以及分析过程中可能改变分析结果的影响因素等。当需要对检测结果做出解释时，则应在检测报告的最后附加解释说明性文字，如符合要求或规范的说明、评定测量不确定度说明、质量保证与质量控制数据的统计结果和结论等。

 **习题与思考题**

1. 简述质量保证和质量控制的区别。
2. 简述采样过程中的质量控制措施。
3. 简要说明方法检出限的概念，如何计算方法的检出限？
4. 数据分析过程中为什么要进行取舍？简述常用的数据取舍方法的步骤。
5. 什么是偏差、标准偏差、相对标准偏差？如何计算？

# 第5章 水环境中典型污染物分析

学 习 提 示

　了解水环境中典型痕量污染物的污染现状，熟悉样品采集、保存方法，掌握各种典型污染物的最新标准测定方法，难点是各种测定方法的基本原理。推荐学时 8学时。

# 5.1 概　　述

　　水环境是指自然界中水的形成、分布和转化所处空间的环境，也是围绕人群空间及可直接或间接影响人类生活和发展的水体。水环境主要由地表水环境和地下水环境两部分组成。地表水环境包括河流、湖泊、水库、海洋、池塘、沼泽、冰川等，地下水环境包括泉水、浅层地下水、深层地下水等。水环境是构成环境的基本要素之一，是人类社会赖以生存和发展的重要场所，也是受人类干扰和破坏最严重的领域。水环境的污染和破坏已成为当今世界主要的环境问题之一。

　　我国环境保护标准《水污染物名称代码》（HJ 525—2009）中将水污染定义为：水污染是指水体因某种物质的介入，而导致其化学、物理、生物或者放射性等方面特性的改变，从而影响水的有效利用，危害人体健康或者破坏生态环境，造成水质恶化的现象。水污染物是指直接或者间接向水体排放的、能导致水体污染的物质。

## 5.1.1 水环境中污染物的特点

　　当今世界各地的水体污染皆以有机污染为主。有机污染物对水体中水生生物的影响最为显著。它们是以其毒性及使水体溶解氧减少的形式对生态系统产生影响。已经查明，绝大多数致癌物质是有毒的有机物质，所以有机物污染指标是水质十分重要的指标。有机物污染亦是目前我国水体污染的重要组成部分，水体中有机物来源广泛，主要来自生活污水、畜禽废水及食品、造纸、化工、制革、印染等工业废水。这使得水体中的有机污染物种类繁多，形态各异。按照不同的分类标准，可将水体中的有机污染物分为可降解有机物和不可降解有机物，悬浮态有机物、胶体态有机物和溶解态有机物，有毒有机物和无毒有机物。

　　水中有机污染物种类繁多，化学稳定性差，环境含量低，异构体多。水体中存在的天然有机物一般很容易被生物降解，而人工合成的有机物则结构稳定，可降解性能差，因此，长期滞留在水环境中，特别是一些有毒、难降解的有机物，通过迁移、转化、富集或食物链循环，危及水生生物及人体健康。几类难降解有机污染物在水环境中的分布和存在形态主要如下所示：

### 1. 农药

农药主要存在于沉积物和生物体中，地表水中浓度不高。但近年来使用量渐增的除草剂却有较高的水溶性和低的蒸汽压，通常不易发生生物富集、沉积物吸附和从溶液中挥发等反应，这类化合物的残留物通常存在于地表水体中，是污染土壤、地下水及周围环境的主要污染物。

### 2. 多氯联苯

多氯联苯（PCBs）极难溶于水，不易分解，但易溶于有机溶剂和脂肪，具有很高的辛醇-水分配系数，能强烈地分配到沉积物有机质和生物脂肪中，因此，即使它在水中浓度很低时，在水生生物体内和沉积物中的浓度仍然可以很高。

### 3. 卤代脂肪烃

大多数卤代脂肪烃属挥发性化合物，在地表水中能进行生物或化学降解，但与挥发速率相比，其降解速率很慢。这类化合物在水中的溶解度较高，因而其辛醇-水分配系数低，在沉积物有机质或生物脂肪层中的分配趋势较弱。

### 4. 单环芳香族化合物

多数单环芳香族化合物也与卤代脂肪烃一样，在地表水中主要是挥发，然后是光解。它们在沉积物或生物脂肪层中的分配趋势较弱。

### 5. 苯酚类和甲酚类

这类化合物在水中的溶解度较高，辛醇-水分配系数低，因此，大多数酚并不能在沉积物和生物脂肪中发生富集，主要残留在水中。但高氯代酚除外。

### 6. 多环芳烃类

多环芳烃类（PAHs）在水中的溶解度很小，辛醇-水分配系数高，主要累积在沉积物、生物体内和溶解的有机质中，在地表水体中其浓度通常较低。已有证据表明多环芳烃化合物可发生光解反应，其最终归趋可能是吸附到沉积物中，然后进行缓慢的生物降解。

除有机物外，重金属污染也是危害最大的水污染问题之一，已成为当今世界三大水环境污染方式之一。重金属污染物主要包括汞、铬、铅、锌、铜、镍等，其种类、含量及存在形态随产生条件而异。重金属通过各种渠道进入水环境后，当其含量超过一定限量，便会造成水体污染，且由于重金属不能被生物降解，会在生物体内积累，破坏正常代谢活动，水环境重金属污染不但造成重大经济损失，还严重危害着包括人类在内的各种生命体的健康与生存。重金属废水对环境的污染较为严重，如震惊世界的水俣病及骨疼病就是由于含汞和含镉废水污染所致。自然中的重金属不同于有机物，重金属污染的特点是不能被降解，而是通过植物进行富集或通过微生物将其转移或降低其毒性，只能从一种形态转化为另一种形态，从高浓度变为低浓度，在生物体内积累富集。因此，水体一旦被重金属污染，就较难治理。重金属废水主要来自矿山坑道排水、废石场淋滤水、选矿场尾矿排水、有色金属冶炼厂除尘排水、有色金属加工厂酸洗废水、电镀厂镀件洗漆水、钢铁厂酸洗排水及电解、农药、医药、油漆、染料等各种工业废水。近年来，不论是国外还是国内，随着工农业以及经济的迅猛发展，各类水环境中重金属污染日趋加剧已成为不争的事实。

## 5.1.2 水中优先控制污染物

### 1. 国外水中优先控制污染物名单

据统计，在人类生产和生活活动中，已使约 2221 种化学污染物和约 1441 种有毒藻类、细菌、病毒等进入水体，由此导致水质下降、危害人体健康，尤其是人工合成有机物危害更大。据检测，在世界饮用水中发现 765 种有机物，其中 117 种被认为或被怀疑为有"三致"作用。鉴于此，美国、欧盟、世界卫生组织、日本和中国都先后提出了水（体）中"优先控制污染物名单"，俗称"黑名单"。美国 EPA 提出的《饮水规程和健康建议》中详尽列出了 200 种有机物的毒性、对人体的危害和标准规定的浓度值，并根据有机物的毒性、生物降解的可能性以及在水体中出现的几率等因素，从 7 万种有机化合物及其他污染物中筛选出 65 类 129 种优先控制的污染物，其中有机化合物有 114 种，占 88.4%。这些优先控制的污染物包括 21 种杀虫剂、26 种卤代脂肪烃、8 种多氯联苯、11 种酚、7 种亚硝酸及其他化合物，其中多氯联苯、氯丹、七氯、狄氏剂、二噁英类及铅、镉、汞等都属于持久性有机污染物，见表 5-1。

表 5-1　美国 EPA 优先控制的水环境污染物

| 类　型 | 种　类 |
|---|---|
| 可吹脱的有机物<br>（31 种） | 挥发性卤代烃类 26 种（氯仿、溴仿、氯甲烷、溴甲烷、氯乙烯、三氯乙烯、四氯乙烷、氯苯等），苯系物 3 种（苯、甲苯、乙苯）及丙烯醛、丙烯腈 |
| 酸性、中性介质可萃取的有机物（46 种） | 二氯苯、三氯苯、六氯苯、硝基苯类、邻苯二甲酸酯类、多环芳烃类（芴、荧蒽、菲、苯并 [a] 芘、联苯胺、N-亚硝基二苯胺） |
| 碱性介质可萃取的有机物（11 种） | 苯酚、硝基苯酚、二硝基苯酚、氯苯酚、二氯苯酚、三氯苯酚、五氯苯酚、对氯间甲苯酚 |
| 杀虫剂和多氯联苯类（26 种） | α-硫丹、β-硫丹、α-六六六、β-六六六、γ-六六六、δ-六六六、艾氏剂、狄氏剂、4,4'-滴滴涕、七氯、氯丹、毒杀酚、多氯联苯、2,3,7,8-四氯二苯并对二噁英 |
| 金属（13 种） | Sb、As、Be、Cd、Cr、Cu、Pb、Hg、Ni、Se、Tl、Zn、Ag |
| 其他（2 种） | 总氰、石棉（纤维） |

### 2. 我国水中优先控制污染物名单

1989 年 4 月我国提出了适合我国国情的"水中优先控制污染物"名单，包括 14 类 68 种有毒化学污染物，其中 58 种为有机毒物，见表 5-2。

表 5-2　我国水中优先控制污染物

| 类　别 | 种　类 |
|---|---|
| 挥发性卤代烃（10 种） | 二氯甲烷、三氯甲烷、四氯化碳、1,2-二氯乙烷、1,1,1-三氯乙烷、1,1,2-三氯乙烷、1,1,2,2-四氯乙烷、三氯乙烯、四氯乙烯、三溴甲烷 |
| 苯系物（6 种） | 苯、甲苯、乙苯、邻-二甲苯、间-二甲苯、对-二甲苯 |
| 氯代苯类（4 种） | 氯苯、邻-二氯苯、对-二氯苯、六氯苯 |
| 多氯联苯（1 种） | 多氯联苯 |
| 酚类（6 种） | 苯酚、间甲酚、2,4-二氯酚、2,4,6-三氯酚、五氯酚、对-硝基酚 |
| 硝基苯类（6 种） | 硝基苯、对-硝基苯、2,4-二硝基苯、三硝基苯、对-三硝基苯、三硝基甲苯 |
| 苯胺类（4 种） | 苯胺、二硝基苯胺、对-硝基苯胺、二氯硝基苯胺 |
| 多环芳烃类（7 种） | 萘、荧蒽、苯并（b）荧蒽、苯并（k）荧蒽、苯并（a）芘、茚并（1,2,3-c,d）芘、苯并（g,h,i）芘 |
| 酞酸酯类（3 种） | 酞酸二甲酯、酞酸二丁酯、酞酸二辛酯 |

| 类　别 | 种　　类 |
|---|---|
| 农药（8种） | 六六六、滴滴涕、敌敌畏、乐果、对硫磷、甲基对硫磷、除草醚、敌百虫 |
| 丙烯腈（1种） | 丙烯腈 |
| 亚硝胺类（2种） | N-亚硝基二乙胺、N-亚硝基二正丙胺 |
| 氰化物（1种） | 氰化物 |
| 重金属及其化合物（9种） | 砷及其化合物；铍及其化合物；镉及其化合物；铬及其化合物；汞及其化合物；镍及其化合物；铊及其化合物；铜及其化合物；铅及其化合物 |

随着环境监测事业的不断发展，各国对水环境采取了强有力的污染防治措施，但就有毒化学物质的污染控制而言，各国国情不同，污染状况不同，因此发展水平也有所差异，但也有共同之处：由于有毒污染物数目众多，不可能对每一种都制定标准、限制排放、实行控制，所以只能针对性地选取部分重点污染物予以控制，即制定出适合各国国情的水环境优先控制污染物黑名单，并对其进行监测。目前我国地表水源污染严重，开展水环境优先监测十分必要。但是我国环境监测工作与世界先进国家相比，起步较晚，在许多方面还很落后，特别是在有毒有机污染物监测方面。目前我国地表水日常监测中必测的有机物只有几项，污染源监测中测定有机物最多的行业也只测四类有机污染物，这使得环境监测不能更好地为环境管理服务，单纯COD、BOD的监测数据无法更详尽地描述水环境中有毒有机污染物的种类及含量，因此，监测水中优先控制污染物意义极为重大。

# 5.2　水样品的采集与保存

## 5.2.1　监测断面和采样点的布设

### 1. 地表水采样点

水样的代表性首先取决于采样断面的采样点（Sampling Point）的代表性。为合理选择采样断面和采样点，应认真做好调查研究工作，收集水体的水文、气候、地形、地貌、城市分布、工业布局、污染源、交通情况、生物和沉积物等有关资料。

在基础资料收集的基础上，还需进行现场的实地勘测，充分了解监测范围内道路、交通、电源等实际情况，为水体监测断面和采样点布设提供科学、实用的依据。根据监测目的和项目，并考虑人力、物力等因素，确定监测断面和采样点。

监测断面是指监测河段或水域的位置、实施水样采集的整个割面，分背景断面、对照断面、控制断面和削减断面等。监测断面在总体和宏观上须能反映水系或所在区域的水环境质量状况。各断面的具体位置须能反映所在区域环境的污染特征；尽可能以最少的断面获取足够的有代表性的环境信息，同时考虑实际采样时的可行性和方便性。

采样点受水面宽度和深度影响。在一个监测断面上设置的采样垂线数与各垂线上的采样点数应符合一定要求。一般情况下，同一垂线上，水深≤5m时，只在水面下0.3～0.5m处设一个点；水深5～10m时，设两个点，即水面下0.3～0.5m处和距河底约0.5m处各设一个点；水深10～50m时，设三个采样点，在上述两点基础上，在1/2水深处增加一个点；

水深超过 50m 时，应适当增加采样点数。

湖、库监测断面上采样点位置和数目的确定方法与河流相同。若存在间温层，应先测定不同水深处的水温、溶解氧等参数，确定成层情况后再确定垂线上采样点的位置。

海洋污染以河口、沿岸地段最为严重。因此，除在河口、沿岸设点外，还可以在江、河入口的中心向外半径 10～30 海里区域内设若干横断面及一个纵断面采样。沿岸采样可在沿海设置大断面，并在断面上每 10～15 海里设一个采样点。

**2. 地下水采样点**

地下水监测布点较复杂，从监测井采集的水样只代表含水层平行和垂直的局部水质。因此，布点时要弄清地下水的分层和流向、污染源分布状况和污染物在地下水中的扩散形式等。布设监测网点时应考虑在总体和宏观上能控制不同的水文地质单元、能反映所在区域地下水系的环境质量状况和地下水质量空间变化。监测点网布设密度的原则为：主要供水区密，一般地区稀；城区密，农村稀；地下水污染区密，非污染区稀。监测井的密度一般为 $0.2～1$ 个$/km^2$。采样位置一般设置在监测井液面下 $0.3～0.5m$ 处，以地下水为主要供水水源的地区、饮水型地方病高发地区、对区域地下水构成影响较大的地区（如污水灌溉区、垃圾堆积处理场区、地下水回灌区及大型矿山排水地区）应布设监测井。

**3. 工业废水、生活污水采样点**

采集工业废水时，先调查了解用水水质、生产工艺、排放污染物种类和排污去向等现状。一类污染物（指能在环境或动物体内蓄积，对人体健康可能产生长远不良影响者）应在车间（或经过处理废水）出口处采样；二类污染物（指不良长远影响小于一类污染物者）在废水总排放口采样。

对整体废水处理设施效率监测时，在处理设施的入口和总排口设置采样点；对各废水处理单元效率监测时，在各处理单元的入口和排口设置采样点。在排水管道或渠道中流动的废水，由于管壁的滞留作用，同一断面的不同部位，流速和浓度可能互不相同，因此，可在水面以下 $1/4$ 或 $1/2$ 水深处取样，作为代表平均浓度的废水水样。在接纳废水入口后的排水管道或渠道中，采样点应布设在离废水入口约 20～30 倍管径的下游处，以保证两股水流的充分混合。

城市生活污水的采样点应设在全市总排污口处、市政排污管线入河（海）口处、污水处理厂进出口、污水泵站的进水口及安全溢流口处。阴沟水的采集点应设在从地下埋设管道的工作口上，但不可在受逆流影响的地点采样。

## 5.2.2　采样频率和采样量

**1. 采样频率**

采样频率指单位时间内的采样次数。对于水质稳定、混合均匀的水样来说，只要采集具有代表性水样就可分析测定。相反，如果水质变化较大，那么应采集不同时间内的水样，再制成混合水样。这样，只要增加采样次数及数量，就可以提高代表性和准确性。但采样工作量大，费用高，因此，应正确确定采样频率。

（1）地表水采样频次与采样时间

① 饮用水源地、省（自治区、直辖市）交界断面中需要重点控制的监测断面每月至少采样 1 次。

② 国控水系、河流、湖、库上的监测断面，逢单月采样 1 次，全年 6 次。

③ 水系的背景断面每年采样 1 次。

④ 受潮汐影响的监测断面的采样，分别在大潮期和小潮期进行。每次采集涨、退潮水样分别测定。涨潮水样应在断面处水面涨平时采样，退潮水样应在水面退平时采样。

⑤ 如某必测项目连续三年均未检出，且在断面附近确定无新增排放源、而现有污染源排污量未增的情况下，每年可采样 1 次进行测定。一旦检出，或在断面附近有新的排放源或现有污染源有新增排污量时，即恢复正常采样。

⑥ 国控监测断面（或垂线）每月采样 1 次，在每月 5 日～10 日内进行采样。

⑦ 遇有特殊自然情况、或发生污染事故时，要随时增加采样频次。

⑧ 在流域污染源限期治理、限期达标排放的计划中和流域受纳污染物的总量削减规划中，以及为此所进行的同步监测。

⑨ 为配合局部水流域的河道整治，及时反映整治的效果，应在一定时期内增加采样频次，具体由整治工程所在地方环境保护行政主管部门制定。

（2）污染源污水采样频次与采样时间

① 监督性监测。地方环境监测站对污染源的监督性监测每年不少于 1 次，如被国家或地方环境保护行政主管部门列为年度监测的重点排污单位，应增加到每年 2～4 次。因管理或执法的需要所进行的抽查性监测或对企业的加密监测由各级环境保护行政主管部门确定。

② 企业自我监测。工业废水按生产周期和生产特点确定监测频率。一般每个生产日至少 3 次。

③ 对于污染治理、环境科研、污染源调查和评价等工作中的污水监测，其采样频次可以根据工作方案的要求另行确定。

④ 排污单位自行监测：应在正常生产条件下的一个生产周期内进行加密监测：周期在 8h 以内的，每小时采 1 次样；周期大于 8h 的，每 2h 采 1 次样，但每个生产周期采样次数不少于 3 次。采样的同时测定流量。根据加密监测结果，绘制污水污染物排放曲线（浓度—时间，流量—时间，总量—时间），并与所掌握资料对照，如基本一致，即可据此确定企业自行监测的采样频次。根据管理需要进行污染源调查性监测时，也按此频次采样。

⑤ 排污单位如有污水处理设施并能正常运转使污水能稳定排放，则污染物排放曲线比较平稳，监督监测可以采瞬时样；对于排放曲线有明显变化的不稳定排放污水，要根据曲线情况分时间单元采样，再组成混合样品。正常情况下，混合样品的单元采样不得少于 2 次。如排放污水的流量、浓度甚至组分都有明显变化，则在各单元采样时的采样量应与当时的污水流量成比例，以使混合样品更有代表性。

**2. 采样量**

采样量的大小由分析测定的项目多少而决定。一般情况下，如供单项分析，可取 500～1000mL 水样量；如供一般理化全分析用，则不得少于 3L。但如果被测物的浓度很小而需要预先浓缩时，采样量就应增加；若水样应避免与空气接触时，采样器和盛水器都应完全充满，不留气泡；当水样在分析前需要猛力摇荡时（如测定油类、不溶解物质），采样器和盛水器则不应完全充满；当被测物的浓度小而且是以不连续的物质形态存在时（如不溶解物质、细菌、藻类等），应从统计学的角度考虑一定体积里可能的质点数目而确定最小采样体积；工业废水成分复杂，干扰物质较多，有时需要改变分析方法或做重复测定，应适当多取水样。

## 5.2.3　样品的采集方法

根据前述采样布点的原则，确定采样点后，在采水装置的进水管口配备滤网，防止水中浮游物堵塞水泵与传感器。用10％盐酸、漂白粉溶液或合成洗涤剂等任一种洗液洗涤采样容器。采样时用被采集的水样洗涤容器2～3次，然后再将水样灌进容器。但对易被容器壁吸附的被测物质，如固体、金属、油脂等水样采集时，应用清洁、干燥的盛水器，一次进灌；对测定亚硫酸盐、溶解氧等水样采集时，不能接触空气，可用特制的双瓶采样器采样，并迅速地塞好瓶塞。水样采得后应立即在盛水器上贴上标签或在水样说明书上作好详细记录。水样说明书内容应包括水样采集的地点、日期、时间，水源种类，水体外观，水位高度，水源周围及排出口的情况，采样时的水温、气温、气候情况，分析目的和项目，采样者姓名等，并尽快地测定。

**1. 地表水的采样方法**

通常采集瞬时水样，采样器常用聚乙烯塑料桶、单层采水器、直立式采水器和自动采水器。并借助船只、桥梁、索道或涉水等方式进行水样采集。

当水样要避免与空气接触时（如测定溶解氧、游离$CO_2$、电导率、pH等），水样容器应全充满，不留气泡空间。当水样在分析前需要摇荡均匀时（如测定油、不溶性物质等），则不应充满采样器，保证水样不外溢。

测定油类的水样，应在水面至300mm采集柱状水样，并单独采样，全部用于测定，且采样容器不能用被采水样荡洗；如果水样中含沉降性固体（如泥沙等），则应分离除去，将所采水样摇匀后倒入筒形玻璃容器（如1～2L量筒），静置30min，将不含沉降性固体但含有悬浮性固体的水样移入盛样容器并加入保存剂。测定水温、pH、溶解氧、电导率、总悬浮物和油类的水样除外。测定湖（库）水的COD、高锰酸盐指数、叶绿素a、总氮、总磷时，水样静置30min后，用吸管一次或几次移取水样，吸管进水尖嘴应插至水样表层50mm以下位置，再加保存剂保存。

**2. 地下水的采样方法**

对专用地下水水质监测井，可利用抽水设备或虹吸管采集水样。采样前应提前数日将监测井中积留的陈旧水抽出，待新水重新补充后再采集水样，采样深度应在地下水水面0.5m以下，以保证水样能代表地下水水质。

对于无抽水设备的水井，可选择适合的专用采水器采样。对于自喷泉水，在涌水口处直接采样；对于不自喷泉水，用采集井水水样的方法采样；对封闭的生产井，可在抽水时从泵房出水管放水阀处采样。

**3. 废水或污水的采样方法**

（1）浅水采样。从浅埋排水管、沟道中采样，用容器直接采样。

（2）深水采样。适用于污水处理池中的水样采集，用专用深水采样器采样，或用自制可沉聚乙烯塑料容器采样。

（3）自动采样。用自动采样器，有时间比例采样和流量比例采样。当污水排放量较稳定时采用时间比例采样，否则必须采用流量比例采样。

## 5.2.4 采样仪器

### 1. 采水器

我国目前生产的水质采样器（Sampler）有多种，可根据实验目的、要求和采样场地的实际情况，选择合适的采水器。表层水样的采集比较简单，可用带绳子的塑料桶、瓶子、带柄的圆筒等作采水器。下面只简单介绍几种深层水样采水器。

（1）样品容器采水器

样品容器采水器是一个普通的样品容器，拴上绳索，瓶上系有铅块，以增加质量。瓶口配塞，以绳索系牢，绳上标有高度，将样品容器降落到预定的深度，然后将细绳上提，把瓶塞打开，水样便充满样品容器，用瓶塞塞好。可用于采集较浅层或水流较小的水域样品，但水样与空气接触，不适于测定溶解气体和还原性物质。

（2）单层采水器

适用于采集深层和供测定气体成分的水样。它是一个装在金属框内用绳索吊起的玻璃瓶或聚乙烯瓶，框底系有金属块以增加质量，瓶口配塞，并在瓶塞上装有排气玻璃管，以绳索系牢，绳上标有高度。

（3）多层采水器

使用这种采水器，可以同时采集不同深度的水样，大大地节省了采样时间和人力。

（4）急流采水器

适合于采集水流急、深度大、可供测定溶解氧的水样。当采集水样时，打开铁框的铁栏，将采样瓶用橡皮塞塞紧，再把铁栏扣紧。然后沿船身垂直方向伸入水深处，打开钢管上部橡皮管的夹子，水样便从橡皮塞里的长玻璃管流入采样瓶中，瓶内空气由短玻璃管沿橡皮管排出。

（5）倒转式采水器

适用于采集不同深度的海洋和湖泊水样。当它降落到预定的深度时，放下冲击锤。由于冲锤的冲击而使采水筒倒过来，并将采水筒的盖子关闭，与此同时，水样也被采集完毕。在采水器上装有倒转温度计，可记录不同深度水的温度。

### 2. 盛水器

水样采集后，需按检测项目分装于盛水器中。盛水器常用无色硬质玻璃、高压低密度聚乙烯塑料和不锈钢制作。在一般情况下，这些材料都是适宜的。但对于某些水样或某些被测物，必须注意容器材料对水样的影响。如玻璃中可溶出钠和硅，塑料中可溶出有机物质；某些被测物可能被吸附在盛水器壁上，如玻璃表面吸附重金属离子，苯可被塑料吸附等；水样中的某些成分可能与盛水器材料发生反应，如氟可以与玻璃反应等；各个制造厂家的同类器皿之间也可能不完全相同，特别是在被测物浓度很小时，容器材料的影响就显得尤为重要。此外，保持盛水器的清洁也是十分重要的。如果所采水样是供水质微生物学检验之用，则盛水器等还必须事先经过灭菌处理，并按微生物学的要求进行采样。

为此，要求容器的制作材料化学稳定性好，可保证水样在储存期间不发生物理变化和化学反应，不吸附水中的物质，容器材料成分不会溶出，不污染样品；能严密封口，且易打开；同时易于洗涤，且价格低廉。

## 5.2.5　水样的运输与保存

**1. 水样的运输与保存要求**

（1）水样的运输要求

对于需要带回到实验室分析测定的水样，在运输前与运输过程中均应遵循一定的要求。对采集的每一个水样，都应做好记录，并在采样瓶上贴好标签，运送到实验室。在运输过程中，应注意以下几点：

① 要塞紧采样容器的器口塞子，必要时用封口胶、石蜡封口（测油类的水样不能用石蜡封口）。

② 为避免水样在运输过程中因振动、碰撞导致损失或玷污，最好将样品瓶装箱，并用泡沫塑料或纸条挤紧。

③ 需冷藏的样品，应配备专门的隔热容器，放入致冷剂，将样品瓶置于其中。

④ 冬季应采取保温措施，以免冻裂样品瓶。

⑤ 在水样运送过程中，应有押运人员，每个水样都要附有一张管理程序管理卡。在转交水样时，转交人和接受人都必须清点和检查水样并在登记卡上签字，注明日期和时间。

⑥ 在运输途中如果水样超过了保质期，管理员应对水样进行检查。如果决定仍然进行分析，那么在出报告时，应明确标出采样和分析时间。

（2）水样的保存要求

各种水质的水样，从采集到分析测定的一段时间内，由于环境条件的作用，在微生物活动、化学和物理作用的影响下，会引起水样某些物理参数、化学组分的变化。为将这些变化降到最低程度，需要尽可能地缩短运输时间、尽快分析测定和采取必要的保护措施。

**2. 水样的保存方法**

水样的贮存期限与多种因素有关，如组分的稳定性、浓度、水样的污染程度等。

（1）冷藏或冷冻法

冷藏一般指将样品放入 $2\sim5$℃ 的低温环境里，而冷冻一般是将样品保持在 $-20$℃ 的深冷状态，以抑制生物活性，减缓物理作用和化学作用的速度。

（2）加入化学试剂保存法

① 加入冻菌剂。即加入生物活性抑制剂，如对测定酚的水样，用磷酸溶液调至 pH 值为 4 时，加入适量硫酸铜溶液，即可抑制苯酚菌的分解活动。

② 加入酸性或碱性试剂。如测定金属离子的水样常用 $HNO_3$ 硝酸酸化至 pH 值为 $1\sim2$，既可防止重金属离子水解沉淀，又可避免金属被器壁吸附；又如，测定氰化物或挥发性酚的水样加入氢氧化钠调 pH 值为 12 时，使之生成稳定的酚盐。

③ 加入氧化剂或还原剂。例如，测定硫化物的水样，加入抗坏血酸，可以防止被氧化。测定汞的水样需加入硝酸至 pH<1，加入 $K_2Cr_2O_7$ 重铬酸钾（0.05%），使汞保持高价态等。测定溶解氧的水样则需加入少量硫酸锰和碘化钾固定溶解氧（还原）等。

④ 注意加入的保存剂不能干扰以后的测定，保存剂的纯度最好是优级纯的，还应做相应的空白试验，对测定结果进行校正。

（3）水样的保存期限要求

水样的保存期限与多种因素有关，如组分的稳定性、浓度、水样的污染程度等。表 5-3 列出了我国水质采样标准中建议的水样保存方法。

表 5-3　我国水样的保存方法

| 项　目 | 容器材质 | 保　存　方　法 | 保存期 | 建　议 |
|---|---|---|---|---|
| pH 值 | P 或 G | 4℃ | 12h | 尽量现场测定 |
| 浊度 | P 或 G | 4℃，暗处 | 12h | 尽量现场测定 |
| 酸度 | P 或 G | 4℃ | 12h | 水样充满容器 |
| 碱度 | P 或 G | 4℃ | 24h | 水样充满容器 |
| 臭 | G | — | 6h | 尽量现场测定 |
| 电导率 | P 成 G | 4℃ | 12h | 尽量现场测定 |
| 色度 | P 或 G | 4℃ | 12h | 尽量现场测定 |
| 悬浮物 | P 或 G | 4℃，避光 | 14d | 单独定容采样 |
| 高锰酸钾指数 | G | 加 $H_2SO_4$，使 pH≤2，4℃ | 48h | |
| COD | G | 加 $H_2SO_4$，使 pH≤2，4℃ | 48h | |
| $BOD_5$ | DO 瓶 | 4℃，避光 | 12h | 最长不超过 24h |
| DO | DO 瓶 | 加 $MnSO_4$、$KI-NaN_3$ 溶液固定，4℃，暗处 | 24h | 尽量现场测定 |
| TOC | G | 加 $H_2SO_4$，使 pH≤2，4℃ | 7d | |
| 氟化物 | P | 4℃，避光 | 14d | |
| 总氰 | P 或 G | 加 NaOH，使 pH≥9 | 12h | |
| 硫化物 | P 或 G | 加 NaOH 和 $Zn(Ac)_2$ 溶液固定，避光 | 24h | 必须现场固定 |
| 氯化物 | P 或 G | 4℃，避光 | 30d | |
| 总磷 | P 或 G | 加 $H_2SO_4$，使 pH≤2 | 24h | |
| 氨氮 | P 或 G | 加 $H_2SO_4$，使 pH≤2，4℃ | 24h | 可加杀菌剂 |
| 亚硝酸盐氮 | P 或 G | 4℃，避光 | 24h | 尽快测定 |
| 硝酸盐氮 | P 或 G | 4℃，避光 | 24h | |
| 总氮 | P 成 G | 加 $H_2SO_4$，使 pH≤2，4℃ | 7d | |
| 砷 | P | 加 $H_2SO_4$，使 pH≤2；污水加至1% | 14d | |
| 汞 | P 或 G | 加 $HNO_3$，使 pH≤1；污水加至1% | 14d | |
| 铅 | P 或 G | 加 $HNO_3$，使 pH≤2 | 14d | |
| 镉 | P 或 G | 加 $HNO_3$，使 pH≤2 | 14d | |
| 铬（六价） | P 或 G | 加 NaOH，使 pH＝8～9 | 24h | 尽快测定 |
| 锌 | P | 加 $HNO_3$，使 pH≤2 | 14d | |
| 铜 | P 或 G | 加 $HNO_3$，使 pH≤2 | 14d | |
| 铍 | P 或 G | 加 $HNO_3$，使 pH≤2；污水加至1% | 14d | |
| 油类 | G | 加 NaCl，使 pH≤2 | 7d | 尽快加萃取剂 |
| 农药类 | G | 加入抗坏血酸除去残余氯 | 24h | |
| 酚类 | G | 加 $H_3PO_4$，使 pH＝2；加抗坏血酸除去残余氯，4℃，避光 | 24h | |
| 挥发性有机物 | G | 加 HCl，使 pH≤2；加抗坏血酸除去残余氯 | 12h | |
| 阴离子表面活性剂 | P 或 G | 4℃，避光 | 24h | |
| 除草剂类 | G | 加入抗坏血酸除去残余氯，4℃，避光 | 24h | |
| 邻苯二甲酸酯类 | G | 加入抗坏血酸除去残余氯，4℃，避光 | 24h | |
| 硝基苯类 | G | 加 $H_2SO_4$，使 pH＝1～2，4℃ | 24h | 尽快测定 |
| 甲醛 | G | 加入 $Na_2S_2O_3$ 溶液除去残余氯 | 24h | |

| 项　目 | 容器材质 | 保　存　方　法 | 保存期 | 建　　议 |
|---|---|---|---|---|
| 微生物 | G | 加入 $Na_2S_2O_3$ 溶液除去残余氯，4℃ | 12h | |
| 生物 | G | 用甲醛固定 | 12h | |

注：G 为硬质玻璃；P 为聚乙烯。

# 5.3　水中典型污染物的分析

## 5.3.1　水中硝基苯类污染物的分析

**方法一　液-液萃取/固相萃取-气相色谱法测定水中硝基苯类化合物**

本测定方法参照我国环境保护标准《水质　硝基苯类化合物的测定——液-液萃取/固相萃取-气相色谱法》（HJ 648—2013）。

**1. 方法原理**

液-液萃取：用一定量的甲苯萃取水中硝基苯类化合物，萃取液经脱水、净化后进行色谱分析。

固相萃取：使用固相萃取柱或萃取盘吸附富集水中硝基苯类化合物，用正己烷/丙酮洗脱，洗脱液经脱水、定容后进行色谱分析。

萃取液注入气相色谱仪中，用石英毛细管柱将目标化合物分离，用电子捕获检测器测定，保留时间定性，外标法定量。

**2. 适用范围**

标准规定了测定地表水、地下水、工业废水、生活污水和海水中硝基苯类化合物的液-液萃取和固相萃取气相色谱法。

本方法测定水中 15 种硝基苯类化合物，包括硝基苯、对-硝基甲苯、间-硝基甲苯、邻-硝基甲苯、对-硝基氯苯、间-硝基氯苯、邻-硝基氯苯、对-二硝基苯、间-二硝基苯、邻-二硝基苯、2,4-二硝基甲苯、2,6-二硝基甲苯、3,4-二硝基甲苯、2,4-二硝基氯苯、2,4,6-三硝基甲苯。15 种硝基苯类化合物结构式如图 5-1 所示。

液-液萃取法取样量为 200mL 时，方法检出限为 $0.017 \sim 0.22 \mu g/L$；固相萃取法取样量为 1.0L 时，方法检出限为 $0.0032 \sim 0.048 \mu g/L$。

**3. 试剂与仪器**

除非另有说明，分析时均使用符合国家标准的分析纯化学试剂，试验用水为新制备的去离子水或蒸馏水。

（1）试剂和材料

① 正己烷（$C_6H_{14}$）、丙酮（$C_3H_6O$）、甲醇（$CH_4O$）、甲苯（$C_7H_8$）：色谱纯；

② 无水硫酸钠（$Na_2SO_4$）：在 450℃的烘箱中烘烤 4h，置于干燥器中冷却至室温，装入瓶中，于干燥器中保存；

③ 盐酸（HCl）：$\rho$(HCl) $=1.19g/mL$；

④ 氢氧化钠（NaOH）；

⑤ 硝基苯类化合物标准物质：纯度均不小于 98%，包括硝基苯、对-硝基甲苯、间-硝

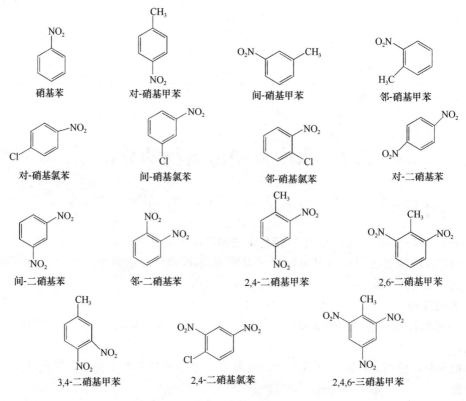

图 5-1　硝基苯类化合物的结构式

基甲苯、邻-硝基甲苯、对-硝基氯苯、间-硝基氯苯、邻-硝基氯苯、对-二硝基苯、间-二硝基苯、邻-二硝基苯、2,4-二硝基甲苯、2,6-二硝基甲苯、3,4-二硝基甲苯、2,4-二硝基氯苯、2,4,6-三硝基甲苯标准物质；

⑥ 硝基苯类标准储备液：$\rho = 10.0\text{mg/mL}$。准确称取每种硝基苯类化合物标准物各 250mg，精确到 0.1mg，分别放入 25mL 棕色容量瓶中，用少量甲苯助溶，加正己烷至刻度，作为硝基苯类标准贮备液，在 4℃条件下可保存一年，也可购买市售有证标准溶液；

⑦ 硝基苯类标准使用液：硝基苯和硝基甲苯＝200mg/L；硝基氯苯、二硝基甲苯、二硝基氯苯和三硝基甲苯 $\rho = 20.0\text{mg/L}$，分别准确移取硝基苯和硝基甲苯标准储备液各 200mgL，硝基氯苯、二硝基甲苯、二硝基氯苯和三硝基甲苯标准储备液各 20mg/L，于 10mL 棕色容量瓶中，用正己烷定容，混匀，配制成混合标准使用液，该溶液在 4℃条件下可保存半年；

⑧ 固相萃取柱洗脱溶液：3＋1（$V/V$）正己烷/丙酮混合溶液；

⑨ 盐酸溶液：1＋1（$V/V$）；

⑩ 氢氧化钠溶液：$c(\text{NaOH}) = 0.1\text{mol/L}$。取 4g 氢氧化钠溶于少量水中，稀释至 1000mL；

⑪ 固相萃取吸附剂：60～80 目，基体材料为聚苯乙烯-二乙烯基苯球形高分子共聚物，如：HLB 或 GDX502。在索氏提取器中依次经丙酮、正己烷、甲醇各抽提 6h，然后在 100℃的烘箱中烘干，转移至干燥器中冷却至室温，贮存于带有磨口玻璃塞或带内衬聚四氟乙烯垫的螺旋盖玻璃瓶容器中；

⑫ 硅镁型吸附剂：层析用，60～80 目，购买 677℃活化的产品，贮存于带有磨口玻璃塞或带内衬聚四氟乙烯垫的螺旋盖玻璃瓶容器中。硅镁型吸附剂的活化：将硅镁型吸附剂放入大的瓷坩埚中并摊开，瓷坩埚上部覆盖铝箔，将坩埚放入烘箱中，130℃恒温干燥 16h，然后将硅镁型吸附剂放置在干燥器中冷却至室温后，装入密封的玻璃瓶中待用；

⑬ 载气：氮气，纯度不小于 99.999％。

（2）仪器和设备

① 气相色谱仪，具有程序升温功能和电子捕获检测器（ECD）；

② 固相萃取装置：索氏提取器；马弗炉；烘箱；干燥器；精密天平（感量为 0.1mg）；

③ 色谱柱 1：柱长为 60m、内径为 0.32mm、膜厚为 1.0$\mu$m 的熔融石英毛细管交联键合 100％二甲基聚硅氧烷柱（如 HP-1）以及性能相似的色谱柱；

④ 色谱柱 2：柱长为 30m、内径为 0.25mm、膜厚为 0.25$\mu$m 的熔融石英毛细管交联键合 14％氰丙基苯和 86％二甲基聚硅氧烷柱（如 DB-1701）以及性能相似的色谱柱；

⑤ 固相萃取柱：装填有固相萃取吸附剂（500～1000mg）的固相萃取柱。或选用相同类型填料的商用固相萃取柱；

⑥ 固相萃取柱的预处理：将固相萃取柱置于固相萃取装置的针座圈上，用 5mL 正己烷预洗萃取柱，加入 5mL 甲醇，在甲醇完全流过萃取柱后，加入 5mL 水，使柱床处于湿润和活化状态备用；

⑦ 干燥柱：向底部带筛板或玻璃棉的干燥柱（柱长约 200mm，内径 6～10mm）内部装填 2g 无水硫酸钠。使用前应先用 10mL 甲苯或正己烷淋洗以净化干燥柱；

⑧ 硅镁型净化柱：柱长为 60mm、内径为 15mm 的玻璃或聚乙烯柱，底部带粗孔玻璃砂芯；

⑨ 净化柱的装填：将 1000mg 活化后的硅镁型吸附剂放入 50mL 烧杯中，加入适量的正己烷/丙酮，将硅镁型吸附剂制备成悬浮液，然后将悬浮液倒入净化柱中，轻敲净化柱以填实吸附剂，也可选用相同类型填料的商用净化柱；

⑩ 样品瓶：1L 棕色具磨口塞玻璃瓶；

⑪ 微量注射器：1000$\mu$L、50$\mu$L 和 10$\mu$L；

⑫ 分液漏斗：0.1L、0.5L、1L 或 2L；

⑬ 接收管：10mL 或 20mL 具塞刻度管；

⑭ 一般实验室常用仪器。

**4. 分析步骤**

（1）色谱分析参考条件

① 色谱柱 1 色谱参考条件

色谱柱温度：60℃保持 1min，以 10℃/min 升温到 200℃，保持 1min，以 15℃/min 升温到 250℃，保持 5min；

气化室温度：250℃；

检测器温度：300℃；

载气流速：1.0mL/min；

尾吹气流量：60mL/min；

进样方式：分流/不分流进样；

进样量：1.0$\mu$L。

② 色谱柱 2 色谱参考条件

色谱柱温度：50℃保持2min，以12℃/min升温到200℃，保持1min，以15℃/min升温到270℃，保持5min；

气化室温度：250℃；

检测器温度：300℃；

载气流速：1.0mL/min；

尾吹气流量：60mL/min；

进样方式：分流/不分流进样；

进样量：1.0μL。

（2）校准

初始校准：分别用甲苯或固相萃取柱洗脱溶液将硝基苯类标准使用溶液稀释成硝基苯和硝基甲苯分别为50、100、200、500、1000（μg/L）；其他硝基苯类分别为5、10、20、50、100（μg/L）的标准系列，分别取标准系列溶液1.0μL注射到气相色谱仪进样口，根据各组分的浓度和色谱峰面积（或峰高）绘制标准曲线。

（3）测定

用微量注射器或自动进样器取1.0μL试样注入气相色谱仪中，在与标准曲线相同的色谱条件下进行测定，记录色谱峰的保留时间和峰面积（或峰高）。

（4）标准色谱图

硝基苯类化合物在色谱柱1上的标准色谱图如图5-2所示。硝基苯类化合物在色谱柱2上的标准色谱图如图5-3所示。

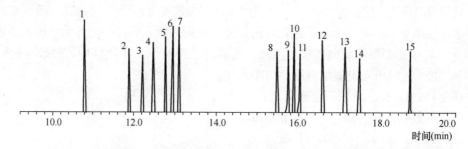

图 5-2　硝基苯类化合物在色谱柱1上的色谱图

1—硝基苯；2—邻-硝基甲苯；3—间-硝基甲苯；4—对-硝基甲苯；5—间-硝基氯苯；6—对-硝基氯苯；
7—邻-硝基氯苯；8—对-二硝基苯；9—间-二硝基苯；10—2,6-二硝基甲苯；11—邻-二硝基苯；
12—2,4-二硝基甲苯；13—2,4-二硝基氯苯；14—3,4-二硝基甲苯；15—2,4,6-三硝基甲苯

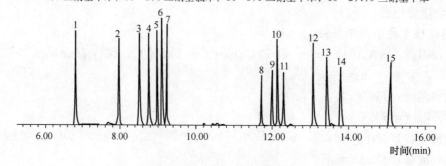

图 5-3　硝基苯类化合物在色谱柱2上的色谱图

1—硝基苯；2—邻-硝基甲苯；3—间-硝基甲苯；4—对-硝基甲苯；5—间-硝基氯苯；6—对-硝基氯苯；
7—邻-硝基氯苯；8—对-二硝基苯；9—间-二硝基苯；10—2,6-二硝基甲苯；11—邻-二硝基苯；
12—2,4-二硝基甲苯；13—2,4-二硝基氯苯；14—3,4-二硝基甲苯；15—2,4,6-三硝基甲苯

### 5. 结果计算与表示

（1）定量结果

样品中目标化合物的含量 $\rho_i$（μg/L）按公式（5-1）进行计算：

$$\rho_i = \frac{\rho_{标} + V_i}{V} \tag{5-1}$$

式中，$\rho_i$ 为样品中某硝基苯类化合物的含量，μg/L；$\rho_{标}$ 为由标准曲线计算所得的浓度值，μg/L；$V_i$ 为萃取液的定容体积，mL；$V$ 为水样体积，mL。

（2）结果表示

当样品含量小于 1μg/L 时，硝基苯和硝基甲苯结果保留到小数点后第二位，硝基氯苯、二硝基苯类和三硝基甲苯结果保留到小数点后第二位；当样品含量大于等于 1μg/L 时，结果保留三位有效数字。

### 6. 质量保证和质量控制

（1）保留时间

样品分析前，应建立保留时间窗口 $t \pm 3s$，$t$ 为初次校准时各浓度标准物质保留时间的平均值，$s$ 为初次校准时各标准物质保留时间的标准偏差。当样品分析时，目标化合物保留时间应在保留时间窗口内。

（2）标准曲线的相关系数

标准曲线的相关系数应 ≥0.995，否则应重新绘制标准曲线。

（3）中间浓度检验

样品分析时应进行中间浓度检验，中间浓度的测定值与曲线的相对偏差应小于 20%，否则应建立新的标准曲线。

（4）空白实验

每批样品（以 10～20 个样品为一批次）应至少作一个全程序空白和实验室空白，目标化合物的浓度应低于检出限。

（5）平行样测定

每批样品应进行至少 10% 的平行样品测定，水样平行双样测量结果相对偏差应在 20% 以内。

（6）空白加标

每批样品应进行不少于 10% 的空白加标回收率测定，加标回收率应在 70%～130% 以内。

（7）基体加标

每批样品应进行至少 10% 的基体回收率测定，加标量为样品含量的 0.5～2 倍，实际样品加标回收率应在 70%～130% 以内。

### 7. 注意事项

硝基苯类化合物具有一定的毒性，应尽量减少与这些化学品的直接接触，操作时应按规定要求佩戴防护器具，并在通风橱中进行标准溶液的配置。

**方法二　液-液萃取/固相萃取-气相色谱-质谱法测定水中硝基苯类化合物**

本测定方法参照我国环境保护标准《水质　硝基苯类化合物的测定——气相色谱-质谱法》（HJ 716—2014）。

**1. 方法原理**

采用液-液萃取或固相萃取方法萃取样品中硝基苯类化合物，萃取液经脱水、浓缩、净化和定容后用气相色谱仪分离，质谱仪检测。根据保留时间和质谱图定性，内标法定量。

**2. 适用范围**

标准规定了测定水中硝基苯类化合物的液-液萃取和固相萃取的气相色谱-质谱法。

标准适用于地表水、地下水、工业废水、生活污水和海水中 15 种硝基苯类化合物的测定。15 种硝基苯类化合物的结构式如图 5-1 所示。

当取样量为 1L 时，目标化合物的方法检出限为 $0.04\sim0.05\mu g/L$，测定下限为 $0.16\sim0.20\mu g/L$。

**3. 试剂与仪器**

除非另有说明，分析时均使用符合国家标准的分析纯化学试剂和蒸馏水。

（1）试剂和材料

① 丙酮（$C_3H_6O$）、甲醇（$CH_3OH$）、甲苯（$C_7H_8$）、二氯甲烷（$CH_2Cl_2$）、正己烷（$C_6H_{14}$）：农残级；

② 硫代硫酸钠（$Na_2S_2O_3 \cdot 5H_2O$）；

③ 无水硫酸钠（$Na_2SO_4$）：于 400℃ 下灼烧 4h，冷却后装入磨口玻璃瓶中，置于干燥器中保存；

④ 盐酸（HCl）：$\rho$（HCl）$=1.19g/mL$；

⑤ 氢氧化钠（NaOH）；

⑥ 硝基苯类储备溶液：$\rho=10mg/mL$，溶剂为甲醇，市售；

⑦ 内标储备溶液：$\rho=10mg/mL$，溶剂为甲醇，市售；

⑧ 替代物储备溶液：$\rho=10mg/mL$，溶剂为甲醇，市售；

⑨ 调谐标准储备溶液：$\rho=2.5mg/mL$，溶剂为甲醇，市售；

⑩ 硝基苯类标准使用溶液：$\rho=200\mu g/mL$，取 0.50mL 硝基苯类储备溶液，加入到含有适量二氯甲烷的 10mL 棕色容量瓶中，用二氯甲烷稀释至刻度，冷冻保存；

⑪ 内标标准使用溶液：$\rho=200\mu g/mL$，取 0.50mL 内标储备溶液，加入到含有适量二氯甲烷的 10mL 棕色容量瓶中，用二氯甲烷稀释至刻度，冷冻保存；

⑫ 替代物标准使用溶液：$\rho=200\mu g/mL$，取 0.50mL 替代物储备溶液，加入到含有适量二氯甲烷的 10mL 棕色容量瓶中，用二氯甲烷稀释至刻度，冷冻保存；

⑬ 调谐标准使用溶液：$\rho=50\mu g/mL$，取 0.20mL 调谐标准储备溶液，加入到含有适量二氯甲烷的 10mL 棕色容量瓶中，用二氯甲烷稀释至刻度，冷冻保存；

⑭ 盐酸溶液：1+1；

氢氧化钠溶液：$c(NaOH)=0.1mol/L$；

⑮ 二氯甲烷-正己烷：9+1；

⑯ 固相萃柱：填料为 $C_{18}$ 或等效类型填料或组合型填料，1000mg/6.0mL，市售，或固相萃取盘等具有同等萃取性能的物品；

⑰ 弗罗里硅土柱：1000mg/6.0mL，粒径 $40\mu m$，市售；

⑱ 载气：氦气，纯度≥99.999%；

⑲ 氮气：纯度≥99.999%，用于样品的干燥浓缩。

（2）仪器和设备

① 气相色谱-质谱仪：具毛细管柱分流/不分流进样口，具有恒流或恒压功能，可程序升温，具 EI 源及化学工作站；

② 固相萃取装置；

③ 浓缩装置：氮吹仪、旋转蒸发仪或 K-D 浓缩仪等性能相当的设备；

④ 精密天平：感量为 0.1mg。

⑤ 毛细管色谱柱：石英毛细管柱，长 30m，内径 0.25mm，膜厚 0.25$\mu$m，固定相为 100% 二甲基聚硅氧烷或其他等效毛细管柱；

⑥ 采样瓶：1～4L 棕色具聚四氟乙烯衬垫的螺口玻璃瓶；

⑦ 微量注射器：1000$\mu$L、50$\mu$L 和 10$\mu$L；

⑧ 分液漏斗：0.5L、1L 或 2L；

⑨ 一般实验室常用仪器和设备。

**4. 分析步骤**

（1）气相色谱参考条件

进样口温度：250℃；进样方式：分流进样，分流比 5∶1；柱箱温度：60℃，以 10℃/min 升温至 200℃，再以 15℃/min 升温至 250℃；柱流量：1.0mL/min；进样量：1.0$\mu$L。

（2）质谱参考条件

扫描方式：全扫描或选择离子扫描（SCAN/SIM）；扫描范围：40～500amu；离子源温度：230℃；传输线温度：280℃；离子化能量：70eV；其余参数参照仪器使用说明书进行设定。

（3）仪器的性能检查

仪器使用前、样品分析前及每运行 24h，气相色谱质谱仪系统必须进行仪器性能检查。取 1.0$\mu$L 调谐标准溶液直接注入色谱仪，得到的十氟三苯基膦（DFTPP）关键离子丰度应满足表 5-4 的规定标准。否则需对质谱仪的一些参数进行调整或清洗离子源。

表 5-4　十氟三苯基膦（DFTPP）关键离子及丰度标准

| 质荷比/($m/z$) | 丰度标准 | 质荷比/($m/z$) | 丰度标准 |
| --- | --- | --- | --- |
| 51 | 基峰的 30%～60% | 199 | 基峰的 5%～9% |
| 68 | 小于 69 峰的 2% | 275 | 基峰的 10%～30% |
| 70 | 小于 69 峰的 2% | 365 | 大于基峰的 1% |
| 127 | 基峰的 40%～60% | 441 | 存在且小于 443 峰 |
| 197 | 小于基峰的 1% | 442 | 大于基峰的 40% |
| 198 | 基峰，丰度为 100% | 443 | 442 峰的 17%～23% |

（4）校准

① 校准系列

取一定量的硝基苯类化合物标准使用溶液和替代物标准使用溶液于二氯甲烷中，制备 6 个浓度点的标准系列，硝基苯类化合物的质量浓度分别为 0.1$\mu$g/mL、0.5$\mu$g/mL、1.0$\mu$g/mL、2.0$\mu$g/mL、5.0$\mu$g/mL、10.0$\mu$g/mL，加入内标标准使用溶液，使内标浓度为 2.0$\mu$g/mL。

② 用平均相对响应因子绘制校准曲线

标准系列第 $i$ 点中目标物（或替代物）的相对响应因子（$RRF_i$），按照公式（5-2）进行计算：

$$RRF_i = \frac{A_i}{A_{\text{IS}i}} \times \frac{\rho_{\text{IS}}}{\rho_i} \qquad (5\text{-}2)$$

式中，$RRF_i$ 为标准系列中第 $i$ 点目标物（或替代物）的相对响应因子；$A_{\text{IS}i}$ 为标准系列中第 $i$ 点目标物（或替代物）相对应内标定量离子的响应值；$A_i$ 为标准系列中第 $i$ 点目标物（或替代物）的定量离子的响应值；$\rho_{\text{IS}}$ 为标准系列中内标的质量浓度，$\mu g/mL$；$\rho_i$ 为标准系列中第 $i$ 点目标物（或替代物）的质量浓度，$\mu g/mL$。

目标物（或替代物）的平均相对响应因 $\overline{RRF_i}$，按照公式（5-3）计算：

$$\overline{RRF_i} = \frac{\sum\limits_{i=1}^{n} RRF_i}{n} \qquad (5\text{-}3)$$

式中，$\overline{RRF_i}$ 为目标物（或替代物）的平均相对响应因子；$RRF_i$ 为标准系列中第 $i$ 点目标物（或替代物）的相对响应因子；$n$ 为标准系列点数。

$RRF_i$ 的标准偏差（$SD$），按照公式（5-4）进行计算：

$$SD = \sqrt{\frac{\sum\limits_{i=1}^{n} (RRF_i - \overline{RRF_i})^2}{n=1}} \qquad (5\text{-}4)$$

$RRF_i$ 的相对标准偏差（$RSD$），按照公式（5-5）进行计算：

$$RSD = \frac{SD}{\overline{RRF_i}} \times 100\% \qquad (5\text{-}5)$$

③ 用最小二乘法绘制校准曲线

若标准系列中某个目标化合物相对响应因子的相对标准偏差大于 $20\%$，则此目标物需用最小二乘法校准曲线进行校准。即以目标物和相对内标的响应值比为纵坐标，浓度比为横坐标，绘制校准曲线。

（5）测定

取 $1.0\mu L$ 试样注入气相色谱-质谱仪中，按照与绘制校准曲线相同的仪器分析条件进行测定。

（6）空白实验

取制备好的空白试样，按照与绘制校准曲线相同的仪器分析条件进行测定。

**5. 结果计算与表示**

（1）定性分析

根据样品中目标化合物的保留时间（$RT$）、碎片离子质荷比以及不同离子丰度比定性。

样品中目标化合物的保留时间与期望保留时间（即标准溶液中的平均相对保留时间）的相对偏差应控制在 $\pm 3\%$ 以内；样品中目标化合物的不同碎片离子丰度比与期望值（即标准溶液中碎片离子的平均离子丰度比）的相对偏差应控制在 $\pm 30\%$ 以内。

在标准规定的仪器条件下，目标化合物的总离子流图如图 5-4 所示。

（2）定量分析

用全扫描方式采集数据，以选择离子、内标法定量。

① 用平均相对响应因子计算

当目标物（或替代物）采用平均相对响应因子进行校准时，样品中目标物（或替代物）的质量浓度 $\rho$ 按照公式（5-6）进行计算：

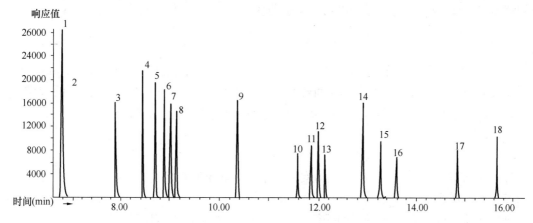

图 5-4　硝基苯类化合物的总离子流图

1—硝基苯-d₅（SS）；2—硝基苯；3—邻-硝基甲苯；4—间-硝基甲苯；5—对-硝基甲苯；

6—间-硝基氯苯；7—对-硝基氯苯；8—邻-硝基氯苯；9—1-溴-2-硝基苯（IS）；10—对-二硝基苯；

11—间-二硝基苯；12—2,6-二硝基甲苯；13—邻-二硝基苯；14—2,4-二硝基甲苯；15—2,4-二硝基氯苯；

16—3,4-二硝基甲苯；17—2,4,6-三硝基甲苯；18—五氯硝基苯（SS）

$$\rho = \frac{A_x \times \rho_{IS}}{A_{IS} \times \overline{RRF_i}} \times \frac{V_{ex}}{V_0} \times DF \tag{5-6}$$

式中，$\rho$ 为样品中目标化合物或替代物的质量浓度，$\mu g/L$；$A_x$ 为目标物（或替代物）定量离子的响应值；$A_{IS}$ 为与目标物（或替代物）相对应内标定量离子的响应值；$\rho_{IS}$ 为内标物的质量浓度，$\mu g/L$；$V_{ex}$ 为试样体积，mL；$V_0$ 为水样体积，L；$DF$ 为稀释因子。

② 用线性或非线性校准曲线计算

当目标物（或替代物）采用线性或非线性校准曲线进行校准时，样品中目标物（或替代物）的质量浓度 $\rho$ 通过相应的校准曲线按公式（5-7）进行计算：

$$\rho = \frac{\rho_i \times V_{ex}}{V_0} \times DF \tag{5-7}$$

式中，$\rho_i$ 为由校准曲线得到目标化合物（或替代物）的质量浓度，$\mu g/mL$；$V_{ex}$ 为试样体积，mL；$V_0$ 为水样体积，L；$DF$ 为稀释因子。

（3）结果表示

当测定结果小于 $1.00\mu g/L$ 时，数据保留到小数点后第二位；当结果大于等于 $1.00\mu g/L$ 时，数据保留三位有效数字。

**6. 质量保证和质量控制**

（1）内标分析

校准曲线核查的内标与曲线中间点的内标比较，样品的内标与同批校准曲线核查的内标比较，保留时间变化不超过 10s，定量离子峰面积变化在 $-50\%\sim100\%$ 之间。

（2）初始校准曲线的容许标准

标准系列目标物（或替代物）相对响应因子（$RRF_i$）的相对标准偏差（RSD）应 $\leqslant$ 20%。若标准系列中某个目标物相对响应因子的相对标准偏差 $>$ 20%，则此目标物需用最小二乘法校准曲线进行校准，也可采用非线性拟合曲线进行校准，其相关系数应 $\geqslant0.990$。

（3）校准曲线核查

每个工作日至少测定 1 次校准曲线中间点的标准溶液，按公式（5-8）计算目标化合物的测定值（$\overline{RFF_c}$或$\rho_i$）与最近一次初始校准曲线（$\overline{RRF_i}$或$\rho_s$）间的相对偏差（$RD$）。

$$RD = \frac{\rho_i - \rho_s}{\rho_s} \qquad (5-8)$$

式中，$\rho_s$为该校准物校准曲线中间点的浓度，$\mu g/mL$；$\rho_i$为测定的该校准物浓度，$\mu g/mL$。

如果$RD \leqslant \pm 20\%$，则初始校准曲线仍能继续使用；如果任何一个化合物的$RD > \pm 20\%$，要重新配制曲线中间点浓度进行测定或进行系统维护后再测定；否则就要重新绘制校准曲线。

（4）空白实验

每批样品至少作一个空白实验，即实验室空白，如果有目标化合物检出，应查明原因。

（5）平行样测定

每批样品应进行不少于10%的平行样品测定，其相对偏差小于20%。

（6）基体加标和空白加标

每批样品（最多20个样品）随机进行至少一个基体加标测定，加标回收率应控制在70%~110%之内；如果超过控制范围，则可以通过空白加标检查是否为基体效应，空白加标回收率应在70%~110%之内。

（7）替代加标物

替代物加标回收率应控制在70%~110%之内，否则应重新处理样品。

**7. 注意事项**

硝基苯类化合物具有一定的毒性，应尽量减少与这些化学品的直接接触，操作时应按规定要求佩戴防护器具，并在通风橱中进行标准溶液的配置。

## 5.3.2 水中酚类化合物的分析

**方法一 液-液萃取-气相色谱法测定水中酚类化合物**

测定方法参照我国环境保护标准《水质 酚类化合物的测定——液-液萃取/气相色谱法》（HJ 676—2013）。

**1. 方法原理**

在酸性条件下（pH<2），用二氯甲烷/乙酸乙酯混合溶剂萃取水样中的酚类化合物，浓缩后的萃取液采用气相色谱毛细管色谱柱分离，氢火焰检测器检测，以色谱保留时间定性，外标法定量。

**2. 适用范围**

标准规定了测定地表水、地下水、生活污水和工业废水中酚类化合物的液-液萃取-气相色谱法。13种酚类化合物包括苯酚、3-甲酚、2,4-二甲酚、2-氯酚、4-氯酚、4-氯-3-甲酚、2,4-二氯酚、2,4,6-三氯酚、五氯酚、2-硝基酚、4-硝基酚、2,4-二硝基酚和2-甲基-4,6-二硝基酚，它们的结构式如图5-5所示。

当取样体积为500mL时，13种酚类化合物的方法检出限和测定下限见表5-5。

表5-5 酚类化合物的方法检出限和测定下限 （$\mu g/L$）

| 化合物名称 | 检出限 | 测定下限 | 化合物名称 | 检出限 | 测定下限 |
|---|---|---|---|---|---|
| 苯酚 | 0.5 | 2.0 | 2,4,6-三氯酚 | 1.2 | 4.8 |
| 3-甲酚 | 0.5 | 2.0 | 五氯酚 | 1.1 | 4.4 |

续表

| 化合物名称 | 检出限 | 测定下限 | 化合物名称 | 检出限 | 测定下限 |
| --- | --- | --- | --- | --- | --- |
| 2,4-二甲酚 | 0.7 | 2.8 | 2-硝基酚 | 1.1 | 4.4 |
| 2-氯酚 | 1.1 | 4.4 | 4-硝基酚 | 1.2 | 4.8 |
| 4-氯酚 | 1.4 | 5.6 | 2,4-二硝基酚 | 3.4 | 13.6 |
| 4-氯-3-甲酚 | 0.7 | 2.8 | 2-甲基-4,6-二硝基酚 | 3.1 | 12.4 |
| 2,4-二氯酚 | 1.1 | 4.4 | | | |

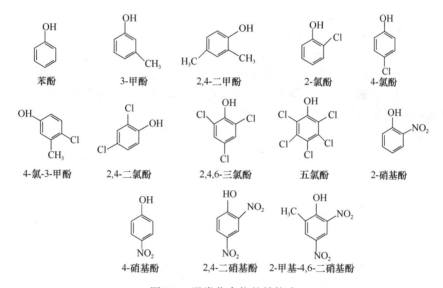

图 5-5　酚类化合物的结构式

### 3. 试剂与仪器

（1）试剂和材料

除非另有说明，分析时均使用符合国家标准的分析纯化学试剂。

① 实验用水：二次蒸馏水、市售纯净水或通过纯水设备制备的无有机物水。使用前应经过空白实验检验，确认在目标化合物的保留时间区间内没有干扰色谱峰出现或其中的目标化合物浓度低于方法检出限；

② 氢氧化钠（NaOH）；

③ 氢氧化钠水溶液：$\rho(\text{NaOH})=0.2\text{g/mL}$。称取 20g 氢氧化钠，溶于少量水，稀释至 100mL；

④ 浓盐酸（HCl）：$\rho(\text{HCl})=1.19\text{g/mL}$；

⑤ 盐酸溶液：1＋3$(V/V)$。量取 125mL 浓盐酸，用水稀释至 500mL；

⑥ 二氯甲烷（$CH_2Cl_2$）、乙酸乙酯（$CH_3COOC_2H_5$）、正己烷（$C_6H_{14}$）、甲醇（$CH_3OH$）：农残级；

⑦ 二氯甲烷/乙酸乙酯混合溶剂：1＋1$(V/V)$。用二氯甲烷与乙酸乙酯按 1∶1 的体积比混合；

⑧ 二氯甲烷/正己烷混合溶剂：2＋1 $(V/V)$。用二氯甲烷与正己烷按 2∶1 的体积比

混合；

 ⑨ 氯化钠：在马弗炉中 400℃烘烤 4h，并冷却至室温，于干燥器中保存；

 ⑩ 无水硫酸钠：在马弗炉中 400℃烘烤 4h，并冷却至室温，于干燥器中保存；

 ⑪ 酚类化合物标准溶液：$\rho=500\sim2500mg/L$。含 13 种目标酚类化合物的甲醇溶液，可直接购买有证标准溶液，也可用纯标准物质制备。该标准溶液于 4℃条件下可保存半年；

 ⑫ 载气：氮气，纯度≥99.999%；

 ⑬ 燃烧气：氢气，纯度≥99.99%；

 ⑭ 助燃气：空气，须去除水分和有机物。

（2）仪器和设备

 ① 气相色谱仪：具备分流/不分流进样口，可程序升温，带氢火焰检测器（FID）；

 ② 分析色谱柱：石英毛细管色谱柱，30m×0.32mm，膜厚 0.25$\mu$m，固定液为 5%苯基-95%甲基聚硅氧烷，或其他等效的色谱柱；

 ③ 浓缩装置：旋转蒸发仪、氮吹仪、有机样品浓缩仪等性能相当的浓缩装置；

 ④ 天平：精度为 0.1g；

 ⑤ 马弗炉；

 ⑥ 分液漏斗：250mL 和 1000mL；

 ⑦ 微量注射器：10$\mu$L、50$\mu$L 和 100$\mu$L；

 ⑧ 样品瓶：1000mL，棕色硬质玻璃瓶；

 ⑨ 一般实验室常用仪器设备。

**4. 分析步骤**

（1）色谱参考条件

不同型号气相色谱仪的最佳工作条件不同，应按照仪器使用说明书进行操作。标准给出的色谱参考条件如下：

程序升温至 50℃，保持 5min，以 6℃/min 升温至 150℃，以 20℃/min 升温至 280℃，以 30℃/min 升温至 300℃，保持 2min；

进样口温度：250℃；

FID 检测器温度：300℃；

载气流速：1.5mL/min；

氢气流量：40.0mL/min；

空气流量：450.0mL/min；

尾吹气流量：30.0mL/min；

进样方式：不分流进样，进样 1.0min 后吹扫，吹扫气流量 30.0mL/min；

进样量：1.0$\mu$L。

（2）校准

校准曲线的绘制：取一定量酚类化合物标准溶液于二氯甲烷/乙酸乙酯混和溶剂中，制备 6 个浓度点的校准系列，各目标化合物的校准系列见表 5-6。按照色谱参考条件，分别取校准系列溶液 1.0$\mu$L 由低浓度到高浓度依次进样分析，以峰面积（或峰高）为纵坐标，以目标化合物浓度为横坐标，绘制校准曲线。在标准给出的色谱参考条件下，各酚类化合物在分析色谱柱上的参考标准色谱图如图 5-6 所示。

表 5-6　校准曲线的配制　　　　　　　　　　　（mg/L）

| 序号 | 化合物名称 | 浓度 1 | 浓度 2 | 浓度 3 | 浓度 4 | 浓度 5 | 浓度 6 |
|---|---|---|---|---|---|---|---|
| 1 | 苯酚 | 1.0 | 2.5 | 5.0 | 12.5 | 25.0 | 50.0 |
| 2 | 2-氯酚 | 2.0 | 5.0 | 10.0 | 25.0 | 50.0 | 100 |
| 3 | 3-甲酚 | 1.0 | 2.5 | 5.0 | 12.5 | 25.0 | 50.0 |
| 4 | 2-硝基酚 | 2.0 | 5.0 | 10.0 | 25.0 | 50.0 | 100 |
| 5 | 2,4-二甲酚 | 1.0 | 2.5 | 5.0 | 12.5 | 25.0 | 50.0 |
| 6 | 2,4-二氯酚 | 2.0 | 5.0 | 10.0 | 25.0 | 50.0 | 100 |
| 7 | 4-氯酚 | 2.0 | 5.0 | 10.0 | 25.0 | 50.0 | 100 |
| 8 | 4-氯-3-甲酚 | 1.0 | 2.5 | 5.0 | 12.5 | 25.0 | 50.0 |
| 9 | 2,4,6-三氯酚 | 2.0 | 5.0 | 10.0 | 25.0 | 50.0 | 100 |
| 10 | 2,4-二硝基酚 | 5.0 | 12.5 | 25.0 | 62.5 | 125 | 250 |
| 11 | 4-硝基酚 | 2.0 | 5.0 | 10.0 | 25.0 | 50.0 | 100 |
| 12 | 2-甲基-4,6-二硝基酚 | 5.0 | 12.5 | 25.0 | 62.5 | 125 | 250 |
| 13 | 五氯酚 | 2.0 | 5.0 | 10.0 | 25.0 | 50.0 | 100 |

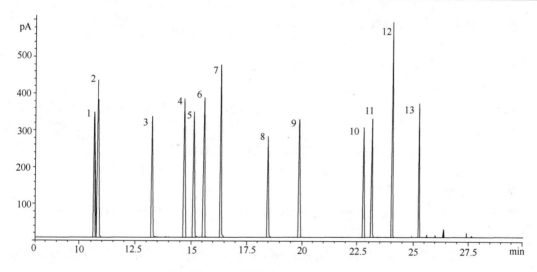

图 5-6　酚类化合物标准色谱图

1—苯酚；2—2-氯酚；3—3-甲酚；4—2-硝基酚；5—2,4-二甲酚；6—2,4-二氯酚；
7—4-氯酚；8—4-氯-3-甲酚；9—2,4,6-三氯酚；10—2,4-二硝基酚；11—4-硝基酚；
12—2-甲基-4,6-二硝基酚；13—五氯酚

（3）测定

取 1.0μL 试样，注入气相色谱仪中，记录色谱峰的保留时间和峰面积（或峰高）。

（4）空白实验

在同批样品测定时做空白实验。取 1.0μL 空白试样进行测定。

**5. 结果计算与表示**

（1）目标化合物定性

根据色谱图组分保留时间（Rt）对目标化合物进行定性，必要时可用有极性差异的另一根色谱柱做辅助定性确认，也可用质谱做进一步确认。

（2）结果计算

水样中目标化合物的浓度 $\rho_i(\mu g/L)$，按照公式（5-9）计算：

$$\rho_i = \frac{\rho_{标} \times V_1 \times 1000}{V_2} \tag{5-9}$$

式中，$\rho_i$ 为中目标化合物的浓度，$\mu g/L$；$\rho_{标}$ 为由校准曲线计算所得的目标化合物浓度，$mg/L$；$V_1$ 为萃取液浓缩后的定容体积，mL；$V_2$ 为水样的取样体积，mL。

（3）结果表示

当测定结果小于 $10.0\mu g/L$ 时，结果保留至小数点后 1 位；当测定结果大于等于 $10.0\mu g/L$ 时，结果保留 3 位有效数字。

**6. 质量保证和质量控制**

（1）定性分析

样品分析前，应建立保留时间窗口 $t\pm3S$，$t$ 为初次校准时各浓度级别标准物质的保留时间的平均值，$S$ 为初次校准时各浓度级别标准物质的保留时间的标准偏差。当样品分析时，待测物保留时间应在保留时间窗口内。

（2）空白实验

每 20 个样品或每批样品（少于 20 个样品/批）至少做 1 个实验室空白和全程序空白样品，空白样品中目标化合物浓度应低于方法检出限。

（3）平行样测定

每批样品应测定 10% 的平行样品，单次平行试验结果的相对标准偏差在 $\pm25\%$ 以内。

（4）样品加标

每 20 个样品或每批样品应至少做 1 个空白样品加标和实际样品加标，空白样品的加标浓度为方法检出限的 3～10 倍；实际样品的加标浓度为样品浓度的 1～3 倍，如实际样品中未检出目标化合物，其加标浓度参照空白样品执行。空白样品和实际样品加标回收率应控制在 60%～130%。

（5）校准曲线

每批样品应绘制校准曲线。校准曲线相关系数应≥0.995，否则应查找原因，重新绘制校准曲线。

每 20 个样品或每批样品分析 1 次曲线中间浓度点标准溶液，其测定结果与初始曲线在该点测定浓度的相对偏差应≤20%，否则应查找原因，重新绘制校准曲线。

**7. 注意事项**

实验操作过程中产生的废液及分析后的高浓度样品，应委托有资质的单位妥善处理。

**方法二　液-液萃取/固相萃取-气相色谱-质谱法测定水中酚类化合物**

测定方法参照我国环境保护标准《水质　酚类化合物的测定——气相色谱-质谱法》（HJ 744—2015）。

**1. 方法原理**

在酸性条件下（pH≤1），用液-液萃取或固相萃取法提取水样中的酚类化合物，经五氟卞基溴衍生化后用气相色谱-质谱法（GC-MS）分离检测，以色谱保留时间和质谱特征离子定性，外标法或内标法定量。

**2. 适用范围**

本标准适用于地表水、地下水、生活污水和工业废水中苯酚、2-氯酚、4-氯酚、五氯酚、2,4-二氯酚、2,6-二氯酚、2,4,6-三氯酚、2,4,5-三氯酚、2,3,4,6-四氯酚、4-硝基酚、2-甲酚、3-甲酚、4-甲酚、2,4-二甲酚等 14 种酚类化合物的测定。所示其他酚类化合物经过方法验证，也可采用本方法测定。典型酚类化合物的结构式如图 5-5 所示。

当取样体积为 250mL、采用选择离子扫描模式时，14 种酚类化合物的方法检出限为 0.1～0.2μg/L，测定下限为 0.4～0.8μg/L。

**3. 试剂与仪器**

（1）试剂和材料

除非另有说明，分析时均使用符合国家标准的分析纯试剂和蒸馏水。

① 乙酸乙酯（$CH_3COOC_2H_5$）、正己烷（$C_6H_{14}$）、丙酮（$CH_3COCH_3$）、甲醇（$CH_3OH$）、二氯甲烷（$CH_2Cl_2$）：色谱纯；

② 硫酸（$H_2SO_4$）：$\rho(H_2SO_4) = 1.84g/mL$；

③ 盐酸（HCl）：$\rho(HCl) = 1.19g/mL$；

④ 碳酸钾（$K_2CO_3$）；

⑤ 氢氧化钠（NaOH）；

⑥ 无水硫酸钠（$Na_2SO_4$）：在马弗炉中 400℃烘烤 4h，冷却至室温，置于玻璃瓶中，于干燥器中保存；

⑦ 氯化钠（NaCl）：在马弗炉中 400℃烘烤 4h，冷却至室温，置于玻璃瓶中，于干燥器中保存；

⑧ 五氟卞基溴（$C_7H_2BrF_5$）；

⑨ 二氯甲烷-正己烷混合溶液：2+1，用二氯甲烷和正己烷按 2:1 的体积比混合；

⑩ 二氯甲烷-乙酸乙酯混合溶液：4+1，用二氯甲烷和乙酸乙酯按 4:1 的体积比混合；

⑪ 二氯甲烷-乙酸乙酯混合溶液：1+1，用二氯甲烷和乙酸乙酯按 1:1 的体积比混合；

⑫ 硫酸溶液：1+1，量取 50mL 浓硫酸，缓慢加入到 50mL 水中；

⑬ 盐酸溶液：$c(HCl) = 0.05mol/L$。量取 0.44mL 浓盐酸，缓慢加入到 100mL 水中；

⑭ 碳酸钾溶液（$K_2CO_3$）：$\rho(K_2CO_3) = 0.1g/mL$，称取 1.0g 碳酸钾溶于水中，定容至 10.0mL；

⑮ 氢氧化钠溶液：$\rho(NaOH) = 0.4g/mL$，称取 40g 氢氧化钠溶于水中，定容至 100mL；

⑯ 五氟苄基溴衍生化试剂：称取 0.500g 五氟苄基溴，溶于 9.5mL 丙酮，4℃下避光冷藏，可保存 2 周。

⑰ 酚类化合物标准贮备液：$\rho = 100～2000mg/L$。含 14 种目标酚类化合物。可用异丙醇稀释纯标准物质制备，该标准溶液在 4℃下避光密闭冷藏，可保存半年。也可直接购买有证标准溶液，保存时间参见标准溶液证书的相关说明。

⑱ 酚类化合物标准使用液：$\rho = 10.0mg/L$，用丙酮稀释标准储备液；

⑲ 内标标准贮备液：$\rho = 1000mg/L$，可选用 2,5-二溴甲苯作为测定甲基酚、二甲基酚、一氯代酚及二氯代酚等相对沸点较低的酚类化合物的内标，2,2',5,5'-四溴联苯作为测定三氯代酚、四氯代酚及硝基酚等沸点较高的酚类化合物的内标。可直接购买有证标准溶液，或用异丙醇稀释纯纯标准物质制备。4℃下冷藏，可保存半年；

⑳ 内标标准使用液：$\rho = 100mg/L$，用正己烷稀释内标标准储备液；

㉑ 替代物标准储备液：$\rho = 2000mg/L$，可选用 2-氟酚、2,4,6-三溴酚作为替代物。可

直接购买有证标准溶液，或用异丙醇稀释纯纯标准物质制备。4℃下避光冷藏，可保存半年；

㉒ 替代物标准使用液：$\rho=10.0mg/L$，用丙酮稀释替代物标准储备液；

㉓ 十氟三苯基膦（DFTPP）溶液：$\rho=1000mg/L$，溶剂为二氯甲烷；

㉔ 十氟三苯基膦使用液：$\rho=50.0mg/L$，移取500μL十氟三苯基膦（DFTPP）溶液至10mL容量瓶中，用正己烷定容至标线，混匀；

㉕ 载气：氦气，纯度≥99.999％。

（2）仪器和设备

① 采样瓶：磨口棕色玻璃瓶；

② 气相色谱-质谱仪：EI源；

③ 毛细管柱：30m×0.25mm，膜厚0.25μm，固定液为5％-苯基-甲基聚硅氧烷，或其他等效毛细管柱；

④ 固相萃取装置；

⑤ 固相萃取柱：聚苯乙烯-二乙烯基苯-乙烯基吡咯烷酮（6mL，500mg）或等效固相萃取柱；

⑥ 浓缩装置：氮吹浓缩气仪、旋转蒸发仪、K-D浓缩仪或具有相当功能的设备；

⑦ 玻璃分液漏斗：500mL；

⑧ 一般实验室常用仪器和设备。

**4. 分析步骤**

（1）仪器参考条件

① 气相色谱条件

进样口温度：270℃，不分流进样；柱流量：1.0mL/min（恒流）；柱箱温度：50℃，以8℃/min升温至250℃并保持10min；进样量：1.0μL。

② 质谱参考分析条件

四极杆温度：150℃；离子源温度：230℃；传输线温度：280℃；扫描模式：选择离子扫描（SIM），酚类化合物衍生物（如苯酚五氟苄基溴衍生物，简称为苯酚-PFB）的主要特征离子见表5-7；溶剂延迟时间：5min。

表5-7　酚类化合物衍生物的出峰顺序及主要特征离子

| 序　号 | 保留时间 | 化合物 | 选择离子/(m/z) |
|---|---|---|---|
| 1 | 14.86 | 2,5-二溴甲苯(内标物) | 250＊/169/88 |
| 2 | 17.06 | 2-氟酚-PFB(替代物) | 292＊/293/181 |
| 3 | 17.40 | 苯酚-PFB | 274＊/275/181 |
| 4 | 18.38 | 3-甲基酚-PFB | 288＊/289/181 |
| 5 | 18.73 | 2-甲基酚-PFB | 288＊/289/181 |
| 6 | 18.87 | 4-甲基酚-PFB | 288＊/289/181 |
| 7 | 19.70 | 2-氯苯酚-PFB | 308＊/310/181 |
| 8 | 19.72 | 2,4-二甲基酚-PFB | 302＊/121/181 |
| 9 | 20.33 | 4-氯苯酚-PFB | 308＊/310/181 |
| 10 | 21.20 | 2,6-二氯苯酚-PFB | 342＊/133/181 |

续表

| 序　号 | 保留时间 | 化合物 | 选择离子/(m/z) |
|---|---|---|---|
| 11 | 21.98 | 2,4-二氯苯酚-PFB | 342*/133/181 |
| 12 | 22.86 | 2,4,6-三氯苯酚-PFB | 376*/378/181 |
| 13 | 23.89 | 2,4,5-三氯苯酚-PFB | 376*/378/181 |
| 14 | 24.30 | 4-硝基酚-PFB | 319*/182/181 |
| 15 | 25.19 | 2,3,4,6-四氯苯酚-PFB | 412*/203/181 |
| 16 | 26.41 | 2,4,6-三溴酚-PFB(替代物) | 301*/512/181 |
| 17 | 27.27 | 五氯酚-PFB | 446*/444/181 |
| 18 | 28.58 | 2,2,5,5-四溴联苯(内标物) | 470*/150/389 |

注：加*号的离子为酚类化合物五氟苄基溴衍生物定量离子。

（2）校准

① 仪器性能检查

样品分析前，用 $1\mu L$ 十氟三苯基膦（DFTPP）溶液对气相色谱-质谱系统进行仪器性能检查，所得质量离子的丰度应满足表 5-8 的要求。

表 5-8　DFTPP 关键离子及离子丰度评价表

| 质量离子/(m/z) | 丰度评价 | 质量离子/(m/z) | 丰度评价 |
|---|---|---|---|
| 51 | 强度为 198 碎片的 30%～60% | 199 | 强度为 198 碎片的 5%～9% |
| 68 | 强度小于 69 碎片的 2% | 275 | 强度为 198 碎片的 10%～30% |
| 70 | 强度小于 69 碎片的 2% | 365 | 强度大于 198 碎片的 1% |
| 127 | 强度为 198 碎片的 40%～60% | 441 | 存在但不超过 443 碎片的强度 |
| 197 | 强度小于 198 碎片的 1% | 442 | 强度大于 198 碎片的 40% |
| 198 | 基峰，相对强度 100% | 443 | 强度为 442 碎片的 17%～23% |

② 标准系列的配制

分别取酚类化合物标准使用液 $10\mu L$、$20\mu L$、$40\mu L$、$100\mu L$、$240\mu L$，如样品分析时采用了替代物指示全程回收效率，则在上述系列标准溶液中均应同步加入与酚类标准使用液相同体积的替代物标准使用液，再用丙酮定容至 8.0mL。此时目标酚类化合物和替代物浓度均为 $12.5\mu g/L$、$25.0\mu g/L$、$50.0\mu g/L$、$125\mu g/L$、$300\mu g/L$。

③ 标准系列的衍生化

上述标准系列溶液按照标准步骤衍生化后，更换溶剂体系并浓缩定容至 1.0mL，待测。此时所得 1.0mL 浓缩液中酚类化合物和替代物衍生化物的浓度均为 0.100mg/L、0.200mg/L、0.400mg/L、1.00mg/L、2.40mg/L。如需采用内标法定量，在上述定容后的溶液中均准确加入 $5\mu L$ 内标标准使用液，使内标物在溶液中浓度为 $500\mu g/L$，待测。

④ 标准曲线的绘制

按照仪器参考条件进行分析，得到不同浓度各目标化合物的质谱图，记录各目标化合物的保留时间和定量离子质谱峰的峰面积（或峰高），按外标法绘制标准曲线或内标法计算平均相对相应因子。

外标法：以标准系列的浓度为横坐标，相应的酚类化合物五氟苄基溴衍生物定量离子的峰面积（或峰高）为纵坐标，绘制标准曲线。

内标法：将标准系列中每个浓度点五氟苄基溴衍生物定量离子的峰面积（或峰高）与其内标物定量离子的的峰面积（或峰高）进行比值，得出各个浓度点的相对响应因子，并计算均值得平均相对响应因子。

在本标准参考色谱条件下，各酚类化合物五氟苄基溴衍生物的总离子流图如图 5-7 所示。

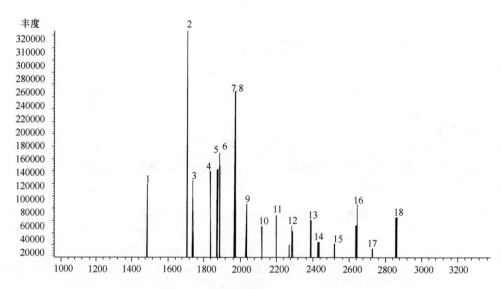

图 5-7 酚类化合物五氟苄基溴衍生物的总离子流图

1—2,5-二溴甲苯（内标物）；2—2-氟酚-PFB（替代物）；3—苯酚-PFB；4—3-甲酚-PFB；

5—2-甲酚-PFB；6—4-甲酚-PFB；7—2-氯苯酚-PFB；8—2,4-二甲酚-PFB；9—4-氯苯酚-PFB；

10—2,6-二氯苯酚-PFB；11—2,4-二氯苯酚-PFB；12—2,4,6-三氯苯酚-PFB；13—2,4,5-三氯苯酚-PFB；

14—4-硝基酚-PFB；15—2,3,4,6-四氯苯酚-PFB；16—2,4,6-三溴酚-PFB（替代物）；

17—五氯酚-PFB；18—2,2,5,5-四溴联苯（内标物）

（3）测定

取 $1.0\mu L$ 试样，注入气相色谱-质谱仪中，记录色谱峰的保留时间和定量离子质谱峰的峰面积（或峰高）。

（4）空白实验

在同批样品测定时做空白试验，取 $1.0\mu L$ 空白试样进行测定。

**5. 结果计算及表示**

（1）定性分析

以样品中目标物的保留时间（$Rt$）和辅助定性离子与目标离子峰面积比（$Q$）与标准样品比较来定性。样品中目标物的保留时间与标准样品中该化合物保留时间的差值应在 $\pm 0.03s$ 以内，样品中目标化合物的辅助定性离子和目标离子峰面积比与期望 $Q$ 值（即标准样品的 $Q$ 值）的相对偏差应在 $\pm 30\%$ 以内。

（2）定量分析

① 外标法。根据样品中酚类化合物五氟苄基溴衍生物测定的峰面积或峰高，用公式（5-10）计算酚类化合物的浓度。

$$\rho_s = \frac{(A_x - b) \times v_2}{a \times v_1} \tag{5-10}$$

式中，$\rho_s$ 为目标化合物质量浓度，$\mu g/L$；$A_x$ 为目标化合物特征离子的峰面积（或峰高）；$a$ 为标准曲线的斜率；$b$ 为标准曲线的截距；$v_1$ 为取样体积，$mL$；$v_2$ 为样品萃取液衍生后浓缩定容体积，$mL$。

② 内标法。采用平均相对响应因子定量，按公式（5-11）计算。

$$\rho_s = \frac{v_2 \times A_s \times \rho_{is}}{v_1 \times A_{is} \times \overline{RRF}} \tag{5-11}$$

$$RRF = \frac{A_s \times \rho_{is}}{A_{is} \times \rho_s} \tag{5-12}$$

$$\overline{RRF} = \frac{\sum_{i=1}^{n} RRF_i}{n} \tag{5-13}$$

式中，$\rho_s$ 为目标化合物质量浓度，$\mu g/L$；$A_s$ 为目标化合物定量离子的峰面积；$A_{is}$ 为内标化合物定量离子的峰面积；$\rho_{is}$ 为内标化合物浓度，$\mu g/L$；$v_1$ 为取样体积，$mL$；$v_2$ 为样品萃取液衍生后浓缩定容体积，$mL$；$RRF$ 为标准系列中目标物的相对响应因子，无量纲；$\overline{RRF}$ 为目标物的平均相对响应因子，无量纲；$n$ 为标准系列点数。

（3）结果表示

测定结果<$100\mu g/L$ 时，结果保留小数点后 1 位；测定结果≥$100\mu g/L$ 时，结果保留 3 位有效数字。

**6. 质量保证和质量控制**

（1）空白分析

每 20 个样品或每批次（少于 20 个样品/批）应至少分析一个实验室空白样品和一个全程序空白样品。

① 实验室空白。实验室空白中目标物测定浓度均应低于方法检出限。否则应查找干扰源，及时消除，直至实验室空白检验合格后，才能继续分析样品。

② 全程序空白。全程空白中目标物测定浓度均应低于方法检出限。否则应检查所有可能对全程序空白产生影响的环节，仔细查找干扰源。若确实发现采样、运输或保存过程存在影响分析结果的干扰，需对出现问题批次的样品进行重新采样分析。

（2）保留时间

样品分析前，应建立保留时间窗 $t \pm 3S$。$t$ 为初次校准时在 72h 内测定三次各标准物质保留时间的平均值，$S$ 为这 3 次测定保留时间的标准偏差。当样品分析时，目标化合物保留时间应在保留时间窗内。否则应查找原因，或重新分析绘制目标化合物的校准曲线。

（3）校准

每批样品应绘制标准曲线。外标法的相关系数应≥0.99，内标法的相对响应因子相对标准偏差不得>20%，否则应查找原因，重新绘制校准曲线。

每 20 个样品或每批次（少于 20 个样品/批）应分析一个曲线中间浓度点标准溶液，其测定结果与初始曲线在该点测定浓度的相对偏差应≤30%，否则应查找原因，重新绘制校准曲线。

（4）平行样的测定

每 10 个样品或每批次（少于 10 个样品/批）应分析一个平行样。单次平行试验结果的相对标准偏差应在 30％以内。

（5）样品加标分析

每 20 个样品或每批次（少于 20 个样品/批）应分析一个样品加标。加标回收率应在 60％～130％之间。

（6）内标保留时间及峰面积

采用内标法定量时，样品内标与同批校准曲线中间浓度点的内标比较，保留时间变化不应超过 30s，定量离子峰面积变化应在－50％～100％，否则应查找原因至其合格后，才能继续进行样品分析。

**7. 注意事项**

（1）五氟苄基溴属催泪物质，实验操作时分析人员应注意避免直接接触而对健康造成的伤害。

（2）含高浓度酚类化合物的水样，可稀释后分析或适当减小水样取样体积分析。

（3）测定高浓度样品可能会存在记忆效应。可通过分析空白样品，直至空白样品中目标化合物的浓度低于检出限，方可分析下一个样品。

## 5.3.3　水中抗生素类药物的分析

美国 EPA1694 方法测定水中抗生素类药物

**1. 方法原理**

一定体积的水样（1L）过滤去除水中的颗粒物，加入稀盐酸调节 pH 值为 2，加入回收率指示物（$^{13}C$ 稳定同位素标记物），经填料为聚苯乙烯基二乙烯苯的固相萃取小柱萃取，使用少量的甲醇淋洗得到部分目标物。水浴条件下氮吹富集浓缩，加入内标指示物，使用 1：1 的甲醇/水混合溶液定容，由液相色谱-串联质谱分析检测，进样内标 $^{13}C_3$-阿特拉津。

再取等量的水样过滤，加入碱液调节 pH 值为 10，加入回收率指示物（$^{13}C$ 稳定同位素标记物），经填料为聚苯乙烯基二乙烯苯的固相萃取小柱萃取，使用少量的甲醇淋洗得到剩下的目标物。水浴条件下氮吹富集浓缩，加入内标指示物，使用 1：1 的甲醇/水混合溶液定容，由液相色谱-串联质谱分析检测，进样内标 $^{13}C_6$-2,4,5-三氯苯氧基乙酸（$^{13}C_6$-TCPAA）。

固体样品在酸性或碱性条件下，使用乙腈超声萃取，使用高纯水稀释后，经 HLB 小柱富集净化和仪器分析。

**2. 适用范围**

方法适用于水中抗生素、药物和个人护理品等有机污染物的分析检测，部分典型抗生素结构式如图 1-9 所示。

**3. 试剂与仪器**

（1）试剂和材料

使用经认证的或分析纯的试剂和药品，分析前核查使用试剂或药品中是否会带来背景干扰，如有必要，使用前采取必要的净化手段，以确保最小的背景干扰。

① 实验用水为高纯水，电导率为 18.2MΩ；

② 主要有机溶剂包括乙腈（$CH_3CN$）、甲醇（$CH_3OH$）、草酸（$HCOOH$），均为 HPLC 级或农残级；

③ 主要药品包括盐酸（$HCl$）、磷酸（$H_3PO_4$，85％）、磷酸二氢钠一水合物（$NaH_2PO_4 \cdot H_2O$）、氨水（$NH_3 \cdot H_2O$）、氢氧化钾（$KOH$）、水合乙二胺四乙酸四钠（$Na_4EDTA \cdot$

$2H_2O$，99.5％）等；

④ 氮气（$N_2$），纯度＞99.996％；

⑤ 氢氧化钾溶液：称取 20gKOH 溶解于 100mL 高纯水中；

⑥ 磷酸缓冲溶液：0.14mol/L$NaH_2PO_4$·$H_2O$/85％$H_3PO_4$，1.93g$NaH_2PO_4$ 溶解于 99mL 高纯水中，再加入 1mL 85％$H_3PO_4$溶液。

（2）仪器和设备

固相萃取装置；高效液相色谱-串联质谱仪。

**4. 分析步骤**

（1）样品采集和保存

使用自动采样器随机采集水样，样品保存于冰冻瓶中，针对碱性和酸性样品分别采集 1L。若样品中含有余氯，可加入 80mg 硫代硫酸钠，低于 6℃避光条件运送至实验室。水样采集后需在 7 天内进行富集（最好在 2 天内进行），40 天内完成仪器分析，若不能实现在 2 天内完成分析，样品需冷冻保存，并使用氢氧化钠溶液和硫酸溶液将 pH 值调节至 5～9。

固体样品随机采样，收集至少 10g 样品于广口瓶中，低于 6℃避光运送至实验室，－10℃保存。固体样品需在 40 天之内完成分析。

（2）样品前处理

用于酸性条件分析的水样样品，调节 pH 值为 2±0.5，加入 500mg$Na_4$EDTA·$2H_2O$ 和回收率指示物，均匀通过 SPE 柱。将样品经 SPEHIB 小柱富集。HLB 小柱先使用 20mL 甲醇、6mL 高纯水预处理，然后样品以 5～10mL/min 流速通过 SPE 小柱。样品富集完后，使用 10mL 高纯水去除水样中 EDTA 在柱上的残留。然后将小柱干燥。洗脱时使用 12mL 甲醇。当目标物包含三氯卡班和三氯生时，再使用乙腈/甲醇（1∶1，$V/V$）混合溶液 6mL 洗脱小柱。合并两个淋洗组分，浓缩后仪器分析。

碱性分析的样品调节 pH 值为 10±0.5，加入回收率指示物，均匀待过 SPE 柱。然后将两个水样分别依次过滤，去除水中的颗粒物。将样品经 SPEHLB 小柱富集。HLB 小柱先使用 20mL 甲醇、6mL 高纯水预处理，然后样品以 5～10mL/min 流速通过 SPE 小柱。样品富集完后，将小柱干燥。洗脱时使用 6mL 甲醇和 9mL 的 2％草酸甲醇溶液，浓缩后仪器分析。

（3）样品定容

从 HLB 小柱洗脱得到的淋洗液 50℃氮吹近干。酸性或碱性组分都加入 3mL 甲醇，加入进样内标，将样品定容于(4.0±0.1)mL 的 0.1％草酸溶液中，混合均匀，0.2$\mu$m 滤膜过滤后进样分析。

（4）测定条件

酸性组分 1 的仪器信息见表 5-9，液相和质谱条件见表 5-10。

**表 5-9　酸性组分 1 的仪器信息**

| 仪　器 | Waters 公司 2690HPLC（或 2795HPLC），Micromass 公司 Quattro Ultima MS/MS |
| --- | --- |
| 色谱柱 | Waters 公司 XteraC18 柱，10.0cm，2.1mm 内径，3.5$\mu$m 填料内径 |
| 离子源 | ESI＋ |
| 扫描模式 | MRM |
| 进样量 | 15$\mu$L |

表 5-10 液相和质谱条件

| 时间/min | LC 条件 | | | |
|---|---|---|---|---|
| | 流动相 | 流速 | 柱温 | 40℃ |
| 0.0 | 95%A，5%B | 0.150 | 流量 | 0.15～0.35mL/min |
| 4.0 | 95%A，5%B | 0.250 | 最大耐压 | 345bar |
| 22.5 | 12%A，88%B | 0.300 | 自动进样器温度 | 4℃ |
| 23.0 | 0%A，100%B | 0.300 | 质谱条件 | |
| 26.0 | 0%A，100%B | 0.300 | 离子源温度 | 140℃ |
| 26.5 | 95%A，5%B | 0.150 | 去溶剂温度 | 350℃ |
| 33.0 | 95%A，5%B | 0.150 | 锥孔/去溶剂 $N_2$ 流速 | (80L/h)/(400L/h) |

注：A 相为 0.3%甲酸和 0.1%甲酸铵溶液；B 相为乙腈和甲醇（1：1）混合溶液。

目标物和离子对参数见表 5-11。

表 5-11 目标物和离子对参数

| 目标物 | 保留时间/min | 母离子-子离子/(m/zs) | 回收率指示物 | 检出限和最低定量下限 | | | | | |
|---|---|---|---|---|---|---|---|---|---|
| | | | | 水/(ng/L) | | 其他/(μg/kg) | | 提取液/(ng/μL) | |
| 组分 1 | | | 酸性条件下提取，正离子模式 ESI+ | MDL | ML | MDL | ML | MDL | ML |
| 目标物 | | | | | | | | | |
| 磺胺 | 2.5 | 190.0～155.8 | $^{13}C_6$磺胺甲嘧啶 | 8.9 | 50 | 48 | 200 | 2.2 | 12.5 |
| 可替丁 | 2.8 | 177.0～98.0 | 可替丁-$d_3$ | 3.4 | 5 | 1.1 | 5 | 0.9 | 1.25 |
| 对乙酰氨基酚 | 4.6 | 152.2～110.0 | $^{13}C_2$-$^{15}$N-对乙酰氨基酚 | 27 | 200 | 35 | 200 | 6.7 | 50 |
| 磺胺嘧啶 | 6.0 | 251.2～156.1 | $^{13}C_6$-磺胺甲嘧啶 | 0.4 | 5 | 2.7 | 10 | 0.1 | 1.25 |
| 1,7-二甲基黄嘌呤 | 6.9 | 181.2～124.0 | $^{13}C_3$-咖啡因 | 120 | 500 | 270 | 1000 | 30 | 125 |
| 磺胺噻唑 | 7.7 | 256.3～156.0 | $^{13}C_6$-磺胺甲噁唑 | 0.5 | 5 | 1.9 | 50 | 0.1 | 1.25 |
| 可待因 | 8.3 | 300.0～152.0 | $^{13}C_3$-甲氧苄氨嘧啶 | 1.5 | 10 | 3.4 | 10 | 0.4 | 2.5 |
| 磺胺甲基嘧啶 | 8.7 | 265.0～156.0 | $^{13}C_6$-磺胺甲嘧啶 | 0.3 | 2 | 1.4 | 5 | 0.1 | 0.5 |
| 洁霉素 | 9.3 | 407.5-126.0 | $^{13}C_3$-甲氧苄氨嘧啶 | 0.8 | 10 | 4.7 | 10 | 0.2 | 2.5 |
| 咖啡因 | 9.3 | 195.0～138.0 | $^{13}C_3$-咖啡因 | 15 | 50 | 5.4 | 50 | 3.6 | 12.5 |
| 磺胺甲二唑 | 10.0 | 271.0～156.0 | $^{13}C_6$-磺胺甲噁唑 | 0.4 | 2 | 0.88 | 5 | 0.1 | 0.5 |
| 甲氧苄氨嘧啶 | 10.0 | 291.0～230.0 | $^{13}C_3$-甲氧苄氨嘧啶 | 1.1 | 5 | 3.3 | 10 | 0.3 | 1.25 |
| 噻菌灵 | 10.0 | 202.1～175.1 | 噻菌灵-$d_6$ | 0.7 | 5 | 2.1 | 10 | 0.2 | 1.25 |
| 磺胺甲嘧啶 | 10.1 | 279.0～156.0 | $^{13}C_6$-磺胺甲嘧啶 | 0.6 | 2 | 0.83 | 5 | 0.2 | 0.5 |
| 头孢噻肟 | 10.2 | 456.4～396.1 | $^{13}C_3$-甲氧苄氨嘧啶 | 10 | 20 | 18 | 50 | 2.5 | 5 |
| 卡巴多司 | 10.5 | 263.2～231.2 | $^{13}C_3$-甲氧苄氨嘧啶 | 2.3 | 5 | 2.1 | 10 | 0.6 | 1.25 |
| 奥美普林 | 10.5 | 275.3～259.1 | $^{13}C_3$-甲氧苄氨嘧啶 | 0.3 | 2 | 0.50 | 2 | 0.1 | 0.5 |
| 环丙沙星 | 10.7 | 320.0～302.0 | $^{13}C_3$-$^{15}$N-环丙沙星 | 28 | 50 | 15 | 50 | 7.0 | 12.5 |
| 磺胺氯哒嗪 | 10.8 | 285.0～156.0 | $^{13}C_3$-$^{15}$N-环丙沙星 | 1.2 | 5 | 1.9 | 5 | 0.3 | 1.25 |

续表

| 目标物 | 保留时间 /min | 母离子-子离子 /(m/zs) | 回收率指示物 | 检出限和最低定量下限 | | | | | |
|---|---|---|---|---|---|---|---|---|---|
| | | | | 水 /(ng/L) | | 其他 /(μg/kg) | | 提取液 /(ng/μL) | |
| 氧氟沙星 | 10.8 | 362.2～318.0 | ¹³C₃-¹⁵N-环丙沙星 | 1.8 | 5 | 3.4 | 10 | 0.4 | 1.25 |
| 环丙沙星 | 10.9 | 332.2～314.2 | ¹³C₃-¹⁵N-环丙沙星 | 5.1 | 20 | 8.1 | 20 | 1.3 | 5 |
| 磺胺甲噁唑 | 11.2 | 254.0～156.0 | ¹³C₆-磺胺甲噁唑 | 0.4 | 2 | 1.2 | 5 | 0.1 | 0.5 |
| 沙拉沙星 | 11.2 | 352.2～308.1 | ¹³C₃-¹⁵N-环丙沙星 | 4.9 | 10 | 4.4 | 10 | 1.2 | 2.5 |
| 恩诺沙星 | 11.5 | 360.0～316.0 | ¹³C₃-¹⁵N-环丙沙星 | 5.2 | 10 | 3.1 | 10 | 1.3 | 2.5 |
| 沙氟沙星 | 11.9 | 386.0～299.0 | ¹³C₃-¹⁵N-环丙沙星 | 170 | 200 | | 200 | 42 | 12.5 |
| 克林沙星 | 12.1 | 366.3～348.1 | ¹³C₃-¹⁵N-环丙沙星 | 6.9 | 20 | 14 | 50 | 1.7 | 5 |
| 洋地黄毒苷 | 12.6 | 391.2～355.2 | ¹³C₃-甲氧苄氨嘧啶 | 5.7 | 20 | 9.4 | 20 | 1.4 | 5 |
| 苯唑西林 | 13.1 | 261.8～243.8 | ¹³C₃-甲氧苄氨嘧啶 | 0.6 | 2 | 0.62 | 2 | 0.2 | 0.5 |
| 磺胺地索辛 | 13.2 | 311.0～156.0 | ¹³C₆-磺胺甲噁唑 | 0.1 | 2 | 0.55 | 2 | 0.03 | 0.25 |
| 苯海拉明 | 14.5 | 256.8～168.1 | ¹³C₃-甲氧苄氨嘧啶 | 0.4 | 2 | 0.66 | 2 | 0.1 | 0.5 |
| 盘尼西林 G | 14.6 | 367.5-160.2 | ¹³C₃-甲氧苄氨嘧啶 | 2.4 | 10 | 13 | 50 | 0.6 | 2.5 |
| 阿奇霉素 | 14.8 | 749.9～591.6 | ¹³C₃-甲氧苄氨嘧啶 | 1.3 | 5 | 1.6 | 5 | 0.3 | 1.25 |
| 氟甲喹 | 15.2 | 262.0～173.7 | ¹³C₃-甲氧苄氨嘧啶 | 2.7 | 5 | 1.4 | 5 | 0.7 | 1.25 |
| 氨苄青霉素 | 15.3 | 350.3～160.2 | ¹³C₃-甲氧苄氨嘧啶 | — | 5 | | | | 1.25 |
| 地尔硫卓 | 15.3 | 415.5-178.0 | ¹³C₃-甲氧苄氨嘧啶 | 0.6 | 2 | 0.30 | 2 | 0.2 | 0.25 |
| 立痛定 | 15.3 | 237.4～194.2 | ¹³C₃-甲氧苄氨嘧啶 | 1.4 | 2 | 1.6 | 5 | 0.4 | 1.25 |
| 盘尼西林 V | 15.4 | 383.4～160.2 | ¹³C₃-甲氧苄氨嘧啶 | 4.4 | 20 | 19 | 50 | 1.1 | 5 |
| 红霉素 | 15.9 | 734.4～158.0 | ¹³C₂-红霉素 | — | 1 | | 2 | — | 0.25 |
| 泰乐菌素 | 16.3 | 916.0～772.0 | ¹³C₂-脱水红霉素 | 13 | 50 | 8.1 | 50 | 3.2 | 5 |
| 苯唑西林 | 16.4 | 434.3～160.1 | ¹³C₃-甲氧苄氨嘧啶 | 3.3 | 10 | 9.4 | 20 | 0.8 | 2.5 |
| 脱氢硝苯地平 | 16.5 | 345.5-284.1 | ¹³C₃-甲氧苄氨嘧啶 | 0.6 | 2 | 0.41 | 2 | 0.2 | 0.5 |
| 地高辛 | 16.6 | 803.1～283.0 | ¹³C₃-甲氧苄氨嘧啶 | — | 50 | | 100 | | 12.5 |
| 氟西汀 | 16.9 | 310.3～148.0 | 氟西汀-d₅ | 3.7 | 10 | 2.8 | 10 | 0.9 | 1.25 |
| 维吉尼霉素 | 17.3 | 508.0～355.0 | ¹³C₃-甲氧苄氨嘧啶 | 3.6 | 10 | 3.4 | 10 | 0.9 | 2.5 |
| 克拉霉素 | 17.5 | 748.9～158.2 | ¹³C₂-脱水红霉素 | 1.0 | 5 | 1.2 | 5 | 0.3 | 1.25 |
| 脱水红霉素 | 17.7 | 716.4～158.0 | ¹³C₂-脱水红霉素 | 0.4 | 2 | 0.46 | 2 | 0.1 | 0.25 |
| 罗红霉素 | 17.8 | 837.0～679.0 | ¹³C₂-脱水红霉素 | 0.2 | 1 | 0.22 | 1 | 0.05 | 0.25 |
| 咪康唑 | 20.1 | 417.0～161.0 | ¹³C₃-甲氧苄氨嘧啶 | 1.3 | 5 | 0.90 | 5 | 0.3 | 1.25 |
| 诺孕酯 | 21.7 | 370.5-124.0 | ¹³C₃-甲氧苄氨嘧啶 | 2.5 | 10 | 1.4 | 10 | 0.6 | 2.5 |
| 回收率指示物 | | | | | | | | | |
| 可替丁～d₃ | 2.8 | 180.0～79.9 | ¹³C₃-阿特拉津 | | | | | | |
| ¹³C₂-¹⁵N-对乙酰氨基酚 | 4.5 | 155.2～111.0 | ¹³C₃-阿特拉津 | | | | | | |
| ¹³C₃-咖啡因 | 9.3 | 198.0～140.0 | ¹³C₃-阿特拉津 | | | | | | |
| 噻菌灵-d₆ | 9.8 | 208.1～180.1 | ¹³C₃-阿特拉津 | | | | | | |

| 目标物 | 保留时间/min | 母离子-子离子/(m/zs) | 回收率指示物 | 检出限和最低定量下限 | | |
|---|---|---|---|---|---|---|
| | | | | 水/(ng/L) | 其他/(μg/kg) | 提取液/(ng/μL) |
| $^{13}C_3$-甲氧苄氨嘧啶 | 10.0 | 294.0~233.0 | $^{13}C_3$-阿特拉津 | | | |
| $^{13}C_6$-磺胺甲嘧啶 | 10.1 | 285.1~162.0 | $^{13}C_3$-阿特拉津 | | | |
| $^{13}C_3$-$^{15}N$-环丙沙星 | 10.9 | 336.1~318.0 | $^{13}C_3$-阿特拉津 | | | |
| $^{13}C_6$-磺胺甲噁唑 | 11.2 | 260.0~162.0 | $^{13}C_3$-阿特拉津 | | | |
| $^{13}C_2$-红霉素 | 15.9 | 736.4~160.0 | $^{13}C_3$-阿特拉津 | | | |
| 氟西汀-$d_5$ | 16.8 | 315.3~153.0 | $^{13}C_3$-阿特拉津 | | | |
| $^{13}C_2$-脱水红霉素 | 17.7 | 718.4~160.0 | $^{13}C_3$-阿特拉津 | | | |
| $^{13}C_3$-阿特拉津 | 15.9 | 219.5~176.9 | | | | |

### 5. 结果计算与表示

配制一系列至少 5 个校正标准溶液。校正标准溶液的最低浓度点必须≤MRL。LC-MS/MS 采用内标法计算。使用 LC-MS/MS 数据处理软件对每个目标物进行线性回归或二次回归。标准曲线必须总是强制通过零点，并且如果必要浓度需要加权。强制通过零点可以更好地估计目标物的背景值。

同位素标记内标在 ESI 源上会存在抑制效应，如果共流出的非标记的目标物的浓度过高，产生抑制效应的目标物的浓度依据仪器的条件会有所不同，主要是 LC 条件、ESI 条件和内标浓度等。为评估在校正时是否出现抑制效应，使用公式（5-14）计算每个内标在高峰面积和低峰面积之间的相对百分差值（RPD）。

$$RPD = [(H-L)]/[(H+L)/2] \times 100\% \qquad (5-14)$$

对于每个内标 RPD 值必须小于 20%。如果任何内标 RPD 值大于 20%，分析人员必须使用低浓度重新校正，直至内标 RPD 值<20%。

校正判断标准。当使用初始校正曲线定量时，除最低浓度点之外，每个目标物的每个校正点计算值在其真值范围为 70%~130%。最低浓度点的目标物的计算值在其真值范围为 50%~150%。如果不能达到这个标准，建议重新分析校正标准溶液再次校正，限定校正范围或选择不同的校正方法（同样需要强制通过零点）。

注意，当采集 MS/MS 数据时，对每个目标物 LC 的条件必须重现以获得重现的保留时间。如果这一条件不能满足，在选定的时间内不会监测到正确的离子。作为预防措施，每个时间窗口的色谱峰不能在选定窗口的边缘位置。

仪器分析得到样品瓶中某污染物浓度为 $C_{a,i}$，以此计算水中污染物浓度，计算公式如式（5-15）所示：

$$C_i = \frac{C_{a,i} \times v}{1000 \times V} \qquad (5-15)$$

式中，$C_i$ 为水样中物质 $i$ 的浓度，ng/L；$C_{a,i}$ 为物质 $i$ 的检出浓度，mL；$v$ 为样品定容体积，mL；$V$ 为采样体积，L。

## 5.3.4 水中 65 种元素的分析

2014 年 5 月，环保部公布了国家环境保护标准《水质 65 种元素的测定-电感耦合等离子体质谱法》（HJ 700—2014），2014 年 7 月 1 日正式实施。这是 ICP-MS 法（电感耦合等离子体质谱法）首次进入我国水质检测标准。电感耦合等离子体质谱法是一种微量与超微量多元素同时分析的方法，具有灵敏度高、检出限低、分析过程快捷、分析取样量少等优点，它可以同时测量周期表中大多数元素，测定分析物浓度可低至纳克/升（ppt）的水平，是目前最有效的痕量元素检测技术，且可以测定现有技术难以分析的饮用水标准中特殊要求的铀和铊。

**1. 方法原理**

水样经前处理后，采用电感耦合等离子体质谱进行检测。根据元素的质谱图或特征离子进行定性，内标法定量。

样品由载气带入雾化系统进行雾化后，以气溶胶形式进入等离子体的轴向通道，在高温和惰性气体中被充分蒸发、解离、原子化和电离，转化成的带电荷的正离子经离子采集系统进入质谱仪，质谱仪根据离子的质荷比即元素的质量数进行分离并定性、定量的分析。在一定浓度范围内，元素质量数处所对应的信号响应值与其浓度成正比。

**2. 适用范围**

本标准规定了测定水中 65 种元素的电感耦合等离子体质谱法。

本标准适用于地表水、地下水、生活污水、低浓度工业废水中银（Ag）、铝（Al）、砷（As）、金（Au）、硼（B）、钡（Ba）、铍（Be）、铋（Bi）、钙（Ca）、镉（Cd）、铈（Ce）、钴（Co）、铬（Cr）、铯（Cs）、铜（Cu）、镝（Dy）、铒（Er）、铕（Eu）、铁（Fe）、镓（Ga）、钆（Gd）、锗（Ge）、铪（Hf）、钬（Ho）、铟（In）、铱（Ir）、钾（K）、镧（La）、锂（Li）、镥（Lu）、镁（Mg）、锰（Mn）、钼（Mo）、钠（Na）、铌（Nb）、钕（Nd）、镍（Ni）、磷（P）、铅（Pb）、钯（Pd）、镨（Pr）、铂（Pt）、铷（Rb）、铼（Re）、铑（Rh）、钌（Ru）、锑（Sb）、钪（Sc）、硒（Se）、钐（Sm）、锡（Sn）、锶（Sr）、铽（Tb）、碲（Te）、钍（Th）、钛（Ti）、铊（Tl）、铥（Tm）、铀（U）、钒（V）、钨（W）、钇（Y）、镱（Yb）、锌（Zn）、锆（Zr）的测定。

本方法各元素的方法检出限为 $0.02 \sim 19.6 \mu g/L$，测定下限为 $0.08 \sim 78.4 \mu g/L$。

**3. 试剂与仪器**

（1）试剂和材料

本标准所用试剂除非另有说明，分析时均使用符合国家标准的优级纯化学试剂。

① 实验用水：电阻率≥18MΩ·cm，其余指标满足 GB/T 6682 中的一级标准；

② 硝酸：$\rho(HNO_3) = 1.42g/mL$，优级纯或优级纯以上，必要时经纯化处理；

③ 盐酸：$\rho(HCl) = 1.19g/mL$，优级纯或优级纯以上，必要时经纯化处理；

④ 硝酸溶液：1+99；

⑤ 硝酸溶液：2+98；

⑥ 硝酸溶液：1+1；

⑦ 盐酸溶液：1+1；

⑧ 标准溶液：

a. 单元素标准储备溶液：$\rho = 1.00mg/mL$，可用光谱纯金属（纯度＞99.99%）或其他标准物质配制成浓度为 1.00mg/mL 的标准储备溶液，根据各元素的性质选用合适的介质，也可购买有证标准溶液；

b. 混合标准储备溶液：可购买有证混合标准溶液，也可根据元素间相互干扰的情况、标准溶液的性质以及待测元素的含量，将元素分组配制成混合标准储备溶液；

注：1. 所有元素的标准储备溶液配制后均应在密封的聚乙烯或聚丙烯瓶中保存。

2. 包含元素 Ag 的溶液需要避光保存。

c. 混合标准使用溶液：可购买有证混合标准溶液，也可根据元素间相互干扰的情况、标准溶液的性质以及待测元素的含量，用硝酸溶液稀释元素标准储备溶液，将元素分组配制成混合标准使用溶液，钾、钠、钙、镁储备溶液即为其使用溶液，浓度为 100mg/L，其余元素混合使用溶液浓度为 1mg/L；

d. 内标标准储备溶液：$\rho=100\mu g/L$，宜选用 $^6$Li、$^{45}$Sc、$^{74}$Ge、$^{89}$Y、$^{103}$Rh、$^{115}$In、$^{185}$Re、$^{209}$Bi 为内标元素。可直接购买有证标准溶液，用硝酸溶液稀释至 $100\mu g/L$；

e. 内标标准使用溶液：用硝酸溶液稀释内标储备液，配制内标标准使用溶液。由于不同仪器采用不同内径蠕动泵管在线加入内标，致使内标进入样品中的浓度不同，故配制内标使用液浓度时应考虑使内标元素在样液中的浓度约为 $5\sim50\mu g/L$；

⑨ 质谱仪调谐溶液：$\rho=10\mu g/L$，宜选用含有 Li、Y、Be、Mg、Co、In、Tl、Pb 和 Bi 元素为质谱仪的调谐溶液。可直接购买有证标准溶液，用硝酸溶液稀释至 $10\mu g/L$；

⑩ 氩气：纯度不低于 99.99%。

(2) 仪器和设备

电感耦合等离子体质谱仪及其相应的设备。仪器工作环境和对电源的要求需根据仪器说明书规定执行。

仪器扫描范围：5～250amu；

分辨率：10%峰高处所对应的峰宽应优于 1amu；

温控电热板；

微波消解仪；

过滤装置，$0.45\mu m$ 孔径水系微孔滤膜；

聚四氟乙烯烧杯：250mL；

聚乙烯容量瓶：50mL、100mL；

聚丙烯或聚四氟乙烯瓶：100mL；

一般实验室常用仪器设备。

**4. 分析步骤**

(1) 仪器调试

① 仪器的参考操作条件。不同型号的仪器其最佳工作条件不同，标准模式、碰撞/反应池模式等应按照仪器使用说明书进行操作。

② 仪器调谐。点燃等离子体后，仪器需预热稳定 30min。首先用质谱仪调谐溶液对仪器的灵敏度、氧化物和双电荷进行调谐，在仪器的灵敏度、氧化物、双电荷满足要求的条件下，调谐溶液中所含元素信号强度的相对标准偏差≤5%。然后在涵盖待测元素的质量范围内进行质量校正和分辨率校验，如质量校正结果与真实值差别超过±0.1amu 或调谐元素信号的分辨率在 10%峰高所对应的峰宽超过 0.6～0.8amu 的范围，应依照仪器使用说明书的要求对质谱进行校正。

(2) 校准曲线的绘制

依次配制一系列待测元素标准溶液，可根据测量需要调整校准曲线的浓度范围。在容量瓶中取一定体积的标准使用液，使用硝酸溶液配制系列标准曲线，建议浓度如下：铝、硼、钡、钴、铜、铁、锰、钛、锌浓度为 $0\mu g/L$、$10.0\mu g/L$、$50.0\mu g/L$、$100\mu g/L$、$200\mu g/L$、

300μg/L、400μg/L、500μg/L；银、砷、金、铍、铋、镉、铈、铬、铯、镝、铒、铕、镓、钆、锗、铪、钬、铟、铱、镧、镥、钼、铌、钕、镍、磷、铅、钯、镨、铂、铷、铼、铑、钌、锑、钪、硒、钐、锡、铽、碲、铊、铥、铀、钒、钨、钇、镱、锆浓度为 0μg/L、0.5μg/L、1.0μg/L、5.0μg/L、10.0μg/L、20.0μg/L、40.0μg/L、50.0μg/L；钾、钠、钙、镁 浓 度 为　0mg/L、5.0mg/L、10.0mg/L、20.0mg/L、40.0mg/L、60.0mg/L、80.0mg/L、100mg/L；锂、锶浓度为 0mg/L、0.1mg/L、0.5mg/L、1.0mg/L、2.0mg/L、3.0mg/L、4.0mg/L、5.0mg/L 的标准系列。内标元素标准使用溶液可直接加入工作溶液中，也可在样品雾化之前通过蠕动泵自动加入。内标的浓度应远高于样品自身所含内标元素的浓度。

用 ICP-MS 测定标准溶液，以标准溶液浓度为横坐标，以样品信号与内标信号的比值为纵坐标建立校准曲线。用线性回归分析方法求得其斜率用于样品含量计算。

（3）测定

① 试样的测定。每个试样测定前，先用硝酸溶液冲洗系统直到信号降至最低，待分析信号稳定后才可开始测定。试样测定时应加入与绘制校准曲线时相同量的内标元素标准使用溶液。若样品中待测元素浓度超出校准曲线范围，需用硝酸溶液稀释后重新测定，稀释倍数为 $f$。试样溶液基体复杂，多原子离子干扰严重时，可通过校正方程进行校正，也可根据各仪器厂家推荐的条件，通过碰撞/反应池模式技术进行校正。

② 实验室空白试样的测定。按照与试样相同的测定条件测定实验室空白试样。

**5. 结果计算及表示**

（1）结果计算

样品中元素含量按照（5-16）进行计算。

$$\rho = (\rho_1 - \rho_2) \times f \tag{5-16}$$

式中，$\rho$ 为样品中元素的浓度，$\mu g/L$ 或 mg/L；$\rho_1$ 为稀释后样品中元素的质量浓度，$\mu g/L$ 或 mg/L；$\rho_2$ 为稀释后实验室空白样品中元素的质量浓度，$\mu g/L$ 或 mg/L；$f$ 为稀释倍数。

（2）结果表示

测定结果小数位数与方法检出限保持一致，最多保留 3 位有效数字。

**6. 质量保证和质量控制**

（1）标准曲线

每次分析样品均应绘制校准曲线。通常情况下，校准曲线的相关系数应达到 0.999 以上。

（2）内标

在每次分析中必须监测内标的强度，试样中内标的响应值应介于校准曲线响应值的 70%～130%，否则说明仪器发生漂移或有干扰产生，应查找原因后重新分析。如果发现基体干扰，需要进行稀释后测定；如果发现样品中含有内标元素，需要更换内标或提高内标元素浓度。

（3）空白

每批样品应至少做一个全程序空白及实验室空白。空白值应符合下列的情况之一才能被认为是可接受的：空白值应低于方法检出限；低于标准限值的 10%；低于每一批样品最低测定值的 10%。否则须查找原因，重新分析直至合格之后才能分析样品。

（4）实验室控制样品

在每批样品中，应在试剂空白中加入每种分析物质，其加标回收率应在80%～120%之间；也可以使用有证标准样品代替加标，其测定值应在标准要求的范围内。

（5）基体加标和基体重复加标

每批样品应至少测定一个基体加标和一个基体重复加标，测定的加标回收率应在70%～130%之间；两个基体重复加标样品测定值的偏差在20%以内。若不在范围内，应考虑存在基体干扰，可采用稀释样品或增大内标浓度的方法消除干扰。

（6）平行样

每批样品应至少测定10%的平行双样，样品数量少于10时，应测定一个平行双样；做平行样时，两个平行样品测定结果的相对偏差应≤20%。

（7）连续校准

每分析10个样品，应分析一次校准曲线中间浓度点，其测定结果与实际浓度值相对偏差应≤10%，否则应查找原因或重新建立校准曲线。每批样品分析完毕后，应进行一次曲线最低点的分析，其测定结果与实际浓度值相对偏差应≤30%。

**7. 注意事项**

（1）实验所用器皿，在使用前须用硝酸溶液浸泡至少12h后，用去离子水冲洗干净后方可使用。

（2）钾、钠、钙、镁等元素含量相对较高时，可选用其他国标方法测定。对于未知的废水样品，建议先用其他国标方法初测样品浓度，避免分析期间样品对检测器的潜在损害，同时鉴别浓度超过线性范围的元素。

（3）丰度较大的同位素会产生拖尾峰，影响相邻质量峰的测定。可调整质谱仪的分辨率以减少这种干扰。

（4）在连续分析浓度差异较大的样品或标准品时，样品中待测元素（如硼等元素）易沉积并滞留在真空界面、喷雾腔和雾化器上，从而导致记忆干扰，可通过延长样品间的洗涤时间来避免这类干扰的发生。

## 5.3.5　水中有机氯农药和氯苯类化合物的分析

液-液萃取/固相萃取气相色谱-质谱法测定水中有机氯农药和氯苯类化合物测定方法参照我国环境保护标准《水质有机氯农药和氯苯类化合物的测定—气相色谱-质谱法》（HJ 699—2014）。

**1. 方法原理**

采用液-液萃取或固相萃取方法，萃取样品中有机氯农药和氯苯类化合物，萃取液经脱水、浓缩、净化、定容后经气相色谱质谱仪分离、检测。根据保留时间、碎片离子质荷比及不同离子丰度比定性，内标法定量。

**2. 适用范围**

本标准规定了测定水中有机氯（Organic chlorine）农药和氯苯（Chlorobenzene）类化合物的液-液萃取或固相萃取/气相色谱-质谱法。典型有机氯农药的结构式如图1-1所示，氯苯类化合物结构式如图5-8所示。

本标准适用于地表水、地下水、生活污水、工业废水和海水中有机氯农药和氯苯类化合物的测定。

本方法测定的目标物及其方法检出限和测定下限见表5-12。

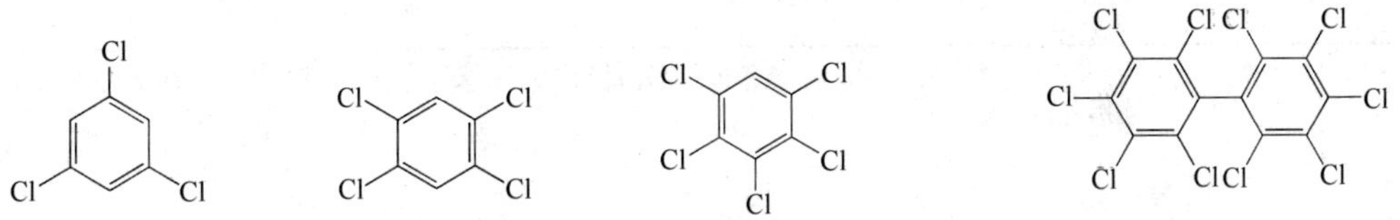

1,3,5-三氯苯　　1,2,4,5-四氯苯　　五氯苯　　十氯联苯

图 5-8　典型氯苯类化合物的结构式

**表 5-12　方法检出限和测定下限**　　(μg/L)

| 序号 | 目标化合物 | 液-液萃取(取样量为 100mL) | | 固相萃取(取样量为 200mL) | |
|---|---|---|---|---|---|
| | | 方法检出限 | 测定下限 | 方法检出限 | 测定下限 |
| 1 | 1,3,5-三氯苯 | 0.037 | 0.15 | 0.030 | 0.12 |
| 2 | 1,2,4-三氯苯 | 0.038 | 0.16 | 0.027 | 0.11 |
| 3 | 1,2,3-三氯苯 | 0.046 | 0.19 | 0.028 | 0.12 |
| 4 | 1,2,4,5-三氯苯 | 0.038 | 0.16 | 0.021 | 0.084 |
| 5 | 1,2,3,5-三氯苯 | 0.038 | 0.16 | 0.024 | 0.096 |
| 6 | 1,2,3,4-三氯苯 | 0.038 | 0.16 | 0.025 | 0.10 |
| 7 | 五氯苯 | 0.043 | 0.18 | 0.030 | 0.12 |
| 8 | 六氯苯 | 0.043 | 0.18 | 0.026 | 0.11 |
| 9 | 甲体六六六 | 0.056 | 0.23 | 0.025 | 0.10 |
| 10 | 五氯硝基苯 | 0.036 | 0.15 | 0.021 | 0.084 |
| 11 | 丙体六六六 | 0.025 | 0.10 | 0.022 | 0.088 |
| 12 | 乙体六六六 | 0.037 | 0.15 | 0.034 | 0.14 |
| 13 | 七氯 | 0.042 | 0.17 | 0.031 | 0.13 |
| 14 | 丁体六六六 | 0.060 | 0.24 | 0.033 | 0.14 |
| 15 | 艾氏剂 | 0.035 | 0.14 | 0.069 | 0.28 |
| 16 | 三氯杀螨醇 | 0.031 | 0.13 | 0.025 | 0.10 |
| 17 | 外环氧七氯 | 0.053 | 0.22 | 0.031 | 0.13 |
| 18 | 环氧七氯 | 0.040 | 0.16 | 0.026 | 0.11 |
| 19 | γ-氯丹 | 0.044 | 0.18 | 0.032 | 0.13 |
| 20 | *o*,*p*′-DDE | 0.046 | 0.19 | 0.027 | 0.11 |
| 21 | α-氯丹 | 0.055 | 0.22 | 0.027 | 0.11 |
| 22 | 硫丹 1 | 0.032 | 0.13 | 0.033 | 0.14 |
| 23 | *p*,*p*′-DDE | 0.036 | 0.15 | 0.027 | 0.11 |
| 24 | 狄氏剂 | 0.043 | 0.18 | 0.027 | 0.11 |
| 25 | *o*,*p*-DDD | 0.038 | 0.16 | 0.025 | 0.10 |
| 26 | 异狄氏剂 | 0.046 | 0.19 | 0.056 | 0.23 |
| 27 | *p*,*p*′-DDD | 0.048 | 0.20 | 0.028 | 0.12 |
| 28 | *o*,*p*′-DDT | 0.031 | 0.13 | 0.031 | 0.13 |
| 29 | 硫丹 2 | 0.044 | 0.18 | 0.037 | 0.15 |
| 30 | *p*,*p*′-DDT | 0.043 | 0.18 | 0.032 | 0.13 |

| 序号 | 目标化合物 | 液-液萃取(取样量为100mL) | | 固相萃取(取样量为200mL) | |
|------|------------|------------|------------|------------|------------|
| | | 方法检出限 | 测定下限 | 方法检出限 | 测定下限 |
| 31 | 异狄氏剂醛 | 0.051 | 0.16 | 0.029 | 0.12 |
| 32 | 硫丹硫酸酯 | 0.043 | 0.18 | 0.024 | 0.10 |
| 33 | 甲氧滴滴涕 | 0.039 | 0.16 | 0.065 | 0.26 |
| 34 | 异狄氏剂酮 | 0.046 | 0.19 | 0.031 | 0.13 |

注：本方法六六六、滴滴涕的检出限不能满足《地下水质量标准》（GB/T 14848—1993）的限值要求，可以通过增加采样体积的方法满足限值要求。

### 3. 试剂与仪器

（1）试剂和材料

除非另有说明，分析时均使用符合国家标准的分析纯试剂和蒸馏水。

正己烷（$C_6H_{14}$）、二氯甲烷（$CH_2Cl_2$）、甲醇（$CH_3OH$）、乙酸乙酯（$C_4H_8O$）、丙酮（$C_3H_6O$）：农残级；

有机氯农药标准溶液：$\rho=10.0mg/L$，溶剂为正己烷；

氯苯类化合物标准溶液：$\rho=10.0mg/L$，溶剂为甲醇；

内标贮备液（氘代1,4-二氯苯、氘代菲、氘代）：$\rho=4000mg/L$，溶剂为甲醇；

内标使用液：$\rho=40.0mg/L$，用微量注射器移取 $100.0\mu L$ 内标贮备液至 10mL 容量瓶中，用正己烷定容，混匀；

替代物（四氯间二甲苯、十氯联苯）标准溶液：$\rho=10.0mg/L$，溶剂为甲醇；

十氟三苯基膦（DFTPP）溶液：$\rho=1000.0mg/L$，溶剂为甲醇；

十氟三苯基膦使用液：用微量注射器移取 $500.0\mu L$ 十氟三苯基膦溶液至 10mL 容量瓶中，用正己烷定容至标线，混匀。标准溶液使用后应密封，置于暗处 4℃ 以下保存；

盐酸溶液（HCl）：1+1；

氯化钠（NaCl）：于 400℃ 下灼烧 4h，冷却后装入磨口玻璃瓶中，置于干燥器中保存；

无水硫酸钠（$Na_2SO_4$）：于 400℃ 下灼烧 4h，冷却后装入磨口玻璃瓶中，置于干燥器中保存；

固相萃取小柱：填料为 $C_{18}$ 或等效类型填料或组合型填料，市售，根据样品中有机物含量决定填料的使用量。

注：若通过实验证实能够满足本方法性能要求，也可使用其他填料的固相萃取小柱或固相萃取圆盘。

氮气：纯度≥99.999%；

氦气：纯度≥99.999%。

（2）仪器和设备

气相色谱-质谱仪：EI 源；

色谱柱：石英毛细管柱，长 30m，内径 0.25mm，膜厚 $0.25\mu m$，固定相为 35% 苯基甲基聚硅氧烷；

固相萃取装置：可通过真空泵调节流速，流速范围 1～20mL/min；

振荡器：振荡频率至少达到 240 次/min。

箱式电炉；

分液漏斗：1000mL；

弗罗里硅土柱：500mg/6mL，粒径 40μm，市售。也可购买硅藻土自制硅土柱，但须通过实验验证，满足方法特性指标要求；

干燥柱：长 250mm，内径 20mm，玻璃活塞不涂润滑油的玻璃柱。在柱的下端，放入少量玻璃毛或玻璃纤维滤纸，加入 10g 无水硫酸钠。或其他类似的干燥设备；

微量注射器：10μL、50μL、100μL、250μL；

一般实验室常用仪器和设备。

**4. 分析步骤**

（1）仪器参考条件

① 气相色谱参考条件

进样口温度：250℃，不分流进样；

柱箱温度：80℃，保持 1min，以 20℃/min 升温至 150℃，以 5℃/min 升温至 300℃，保持 5min；

柱流量：1.0mL/min。

② 质谱参考条件

传输线温度：300℃；

离子源温度：300℃；

离子源电子能量：70eV；

质量范围：45～550amu；

数据采集方式：选择离子扫描（SIM）。

（2）校准

① 仪器性能检查

仪器使用前用全氟三丁胺对质谱仪进行调谐。样品分析前以及每运行 12h 需注入 1.0μL 十氟三苯基膦（DFTPP）溶液，对仪器整个系统进行检查，所得质量离子的丰度应满足表 5-13 的要求。

表 5-13　DFTPP 关键离子及离子丰度评价

| 质量离子/($m/z$) | 丰度评价 | 质量离子/($m/z$) | 丰度评价 |
| --- | --- | --- | --- |
| 51 | 强度为 198 碎片的 30%～60% | 199 | 强度为 198 碎片的 5%～9% |
| 68 | 强度小于 69 碎片的 2% | 275 | 强度为 198 碎片的 10%～30% |
| 70 | 强度小于 69 碎片的 2% | 365 | 强度大于 198 碎片的 1% |
| 127 | 强度为 198 碎片的 40%～60% | 441 | 存在但不超过 443 碎片的强度 |
| 197 | 强度小于 198 碎片的 1% | 442 | 强度大于 198 碎片的 40% |
| 198 | 基峰，相对强度 100% | 443 | 强度为 442 碎片的 17%～23% |

② 校准曲线的绘制

配制有机氯农药、氯苯类化合物和替代物的标准溶液系列，标准系列浓度分别为：20.0μg/L、50.0μg/L、100μg/L、200μg/L、500μg/L、1000μg/L；分别加入内标使用液，使其浓度均为 200μg/L。

按照仪器参考条件进行分析，得到不同浓度各目标化合物的质谱图。以目标化合物浓度与内标化合物浓度的比值为横坐标，以目标化合物定量离子的响应值与内标化合物定量离子响应值的比值为纵坐标，绘制标准曲线。

（3）样品测定

取待测试样，按照与绘制校准曲线相同的仪器分析条件进行测定。

（4）空白试验

在分析样品的同时，取相同体积的纯水，按照试样的制备方法制备空白试样，按照与绘制校准曲线相同的仪器分析条件进行测定。

### 5. 结果计算及表示

（1）定性分析

根据样品中目标化合物的保留时间（$Rt$）、碎片离子质荷比以及不同离子丰度比（$Q$）定性。

样品中目标化合物的保留时间与期望保留时间（即标准溶液中的平均相对保留时间）的相对偏差应控制在 $\pm 3\%$ 以内；样品中目标化合物的不同碎片离子丰度比与期望 $Q$ 值（即标准溶液中碎片离子的平均离子丰度比）的相对偏差应控制在 $\pm 30\%$ 以内。

有机氯农药、氯苯类化合物标准物质的选择离子扫描总离子流图，如图 5-9 所示。

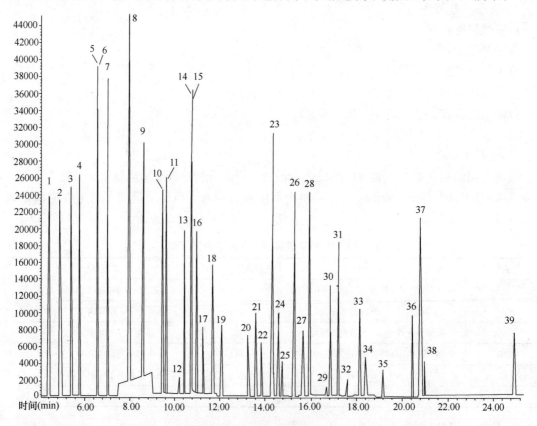

图 5-9　有机氯农药和氯苯类化合物（SIM）总离子流图

1—氘代 1,4-二氯苯；2—1,3,5-三氯苯；3—1,2,4-三氯苯；4—1,2,3-三氯苯；5—1,2,4,5-四氯苯；

6—1,2,3,5-四氯苯；7—1,2,3,4-四氯苯；8—五氯苯；9—四氯间二甲苯；10—六氯苯；11—甲体六六六；

12—五氯硝基苯；13—丙体六六六；14—氘代菲；15—乙体六六六；16—七氯；17—丁体六六六；18—艾氏剂；

19—三氯杀螨醇；20—外环氧七氯；21—环氧七氯；22—γ-氯丹；23—$o,p'$-DDE；24—α-氯丹；

25—硫丹 1；26—$p,p'$-DDE；27—狄氏剂；28—$o,p$-DDD；29—异狄氏剂；30—$p,p'$-DDD；31—$o,p'$-DDT；

32—硫丹 2；33—$p,p'$-DDT；34—异狄氏剂醛；35—硫丹硫酸酯；36—甲氧滴滴涕；

37—氘代□；38—异狄氏剂酮；39—十氯联苯

（2）定量分析

以选择离子扫描方式采集数据，内标法定量。样品中目标物的质量浓度 $\rho_i$（$\mu g/L$），按照式（5-17）进行计算。

$$\rho_i = \frac{\rho_{is} \times V}{V_s} \tag{5-17}$$

式中，$\rho_i$ 为样品中有机氯农药和氯苯类化合物或替代物的浓度，$\mu g/L$；$\rho_{is}$ 为根据标准曲线查得的有机氯农药和氯苯类化合物或替代物的浓度，$\mu g/L$；$V$ 为试样体积，$mL$；$V_s$ 为水样体积，$mL$。

（3）结果表示

当测定结果大于 $1.00\mu g/L$ 时，数据保留 3 位有效数字；当结果小于 $1.00\mu g/L$ 时，数据保留 2 位有效数字。

**6. 质量保证和质量控制**

（1）仪器性能检测

样品分析前以及每运行 12h，应对气相色谱质谱系统进行检查，分别注入 $1.0\mu Lp$，$p'$-DDT（$1.0mg/L$）和 $1.0\mu L$ 异狄氏剂（$1.0mg/L$），测定其降解率，计算公式见式（5-18）～式（5-20）。

如果滴滴涕的降解率≥20％，或异狄氏剂的降解率≥20％，或总降解率≥30％，则应对进样口和色谱柱进行维护，系统检查合格后方可进行测定。

$$滴滴涕的降解率 \% = \frac{(p,p\text{-}DDE + p,p'\text{-}DDD) 的浓度}{(p,p'\text{-}DDE + p,p'\text{-}DDD + p,p'\text{-}DDT) 的浓度} \times 100\%$$
$$\tag{5-18}$$

$$异狄氏剂的降解率 \% = \frac{(异狄氏剂醛 + 异狄氏剂酮) 的浓度}{(异狄氏剂 + 异狄氏剂醛 + 异狄氏剂酮) 的浓度} \times 100\%$$
$$\tag{5-19}$$

$$总降解率 \% = 滴滴涕降解率 \% + 异狄氏剂降解率 \% \tag{5-20}$$

（2）空白实验

每批样品至少做一个空白实验，也即全程序空白实验。如果目标化合物有检出，应查明原因。

（3）校准

标准曲线相关系数均应>0.995。

每 12h 利用标准曲线中间浓度点进行标准曲线核查，目标化合物的测定值与标准值间的偏差应在±20％以内，否则应重新绘制标准曲线。$\rho_c$ 与初始校准曲线 $\rho_i$ 的偏差（$D\%$），按照式（5-21）进行计算。

$$D\% = \frac{\rho_c - \rho_i}{\rho_i} \times 100\% \tag{5-21}$$

式中，$D\%$ 为校准物的计算浓度与标准浓度的相对偏差；$\rho_i$ 为校准物的标准浓度；$\rho_c$ 为用所选择的定量方法测定的该校准物浓度。

（4）平行样测定

每批样品应至少测定 10％的平行双样，样品数量少于 10 个时，应至少测定一个平行双样。当测定结果为 10 倍检出限以内（包括 10 倍检出限），平行双样测定结果的相对偏差应≤50％；当测定结果大于 10 倍检出限，平行双样测定结果的相对偏差应≤20％。

（5）样品加标回收率测定

每批样品至少做一次加标回收率测定，实际样品的加标回收率应在允许的范围内，与本方法性能指标相符。

（6）替代回收物测定

液-液萃取：四氯间二甲苯和十氯联苯的回收率（％）应在80％～120％范围内，否则应重新处理样品。

固相萃取：四氯间二甲苯的回收率（％）应在30％～120％范围内，十氯联苯的回收率（％）应在60％～120％范围内，否则应重新处理样品。

## 5.3.6  水中挥发性有机物的分析

采用吹扫捕集-气相色谱法测定水中挥发性有机物，测定方法参照我国环境保护标准《水质  挥发性有机物的测定——吹扫捕集/气相色谱法》（HJ 686—2014）。

**1. 方法原理**

样品中的挥发性有机物经高纯氮气吹扫后吸附于捕集管中，将捕集管加热并以高纯氮气反吹，被热脱附出来的组分经气相色谱分离后，用电子捕获检测器（ECD）或氢火焰离子化检测器（FID）进行检测，根据保留时间定性，外标法定量。

**2. 适用范围**

本标准规定了测定水中21种挥发性有机物的吹扫捕集-气相色谱法。21种挥发性有机物分别为苯、甲苯、乙苯、对二甲苯、间二甲苯、邻二甲苯、苯乙烯、异丙苯、1,1-二氯乙烯、1,2-二氯乙烷、二氯甲烷、反式-1,2-二氯乙烯、六氯丁二烯、氯丁二烯、三氯甲烷、三氯乙烯、三溴甲烷、顺式-1,2-二氯乙烯、四氯化碳、四氯乙烯、环氧氯丙烷，典型挥发性有机物结构式如图5-10所示。

本标准适用于地表水、地下水、生活污水和工业废水中挥发性有机物的测定。当取样量为5mL时，目标化合物的方法检出限为0.1～0.5μg/L，测定下限为0.4～2.0μg/L。

其他挥发性有机物经适用性验证后，也可采用本方法分析。

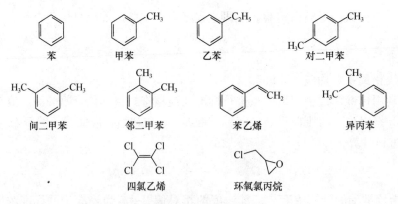

图5-10  典型挥发性有机物的结构式

**3. 试剂与仪器**

（1）试剂和材料

除非另有说明，分析时均使用符合国家标准的分析纯试剂和蒸馏水。

① 空白试剂水：二次蒸馏水或通过纯水设备制备的水，通过检验无高于方法检出限

（MDL）的目标化合物检出时，方能作为空白试剂水使用。可通过加热煮沸或通入惰性气体吹扫去除水中的挥发性有机物干扰；

② 甲醇（$CH_3OH$）：农残级，配制标准样品用。不同批次甲醇要进行空白检验。检验方法是取 $20\mu L$ 甲醇加入到空白试剂水中，按与实际样品分析完全相同的条件进行分析；

③ 标准贮备液：$\rho=100\mu g/mL$，挥发性有机物混合标准贮备液应避光保存，开封后应尽快使用完。如开封后的贮备液需保存，应在 $-10\sim-20℃$ 冷冻密封保存。需保存贮备液在使用前应进行检测，如发现化合物响应值或种类出现异常，则弃去不用，使用时恢复室温；

④ 气相色谱分析用标准中间液：$\rho=20\mu g/mL$，根据仪器的灵敏度和线性要求，取适量标准贮备液用甲醇稀释配制到适当浓度，一般为 $20.0\mu g/mL$，保存时间为 1 个月；

⑤ 抗坏血酸（$C_6H_8O_6$）；

⑥ 盐酸溶液：$1+1$；

⑦ 气体：氮气，纯度≥99.999％；或氦气，纯度≥99.999％；氢气，纯度≥99.999％；空气，普通压缩空气或高纯空气。

（2）仪器和设备

除非另有说明，分析时均使用符合国家标准 A 级玻璃量器。

① 气相色谱仪：配置电子捕获检测器（ECD）或氢火焰检测器（FID）；

② 吹扫捕集装置；

③ 吹扫捕集捕集管的填料类型：1/3 碳纤维、1/3 硅胶和 1/3 活性炭的均匀混合填料或其他等效吸附剂；

④ 色谱柱：

测定苯系物：石英毛细管色谱柱，30m（长）×320$\mu m$（内径）×0.50$\mu m$（膜厚），固定相为聚乙二醇。也可使用其他等效毛细管柱。

测定卤代烃：石英毛细管色谱柱，30m（长）×320$\mu m$（内径）×1.80$\mu m$（膜厚），固定相为 6％氰丙基苯-94％二甲基聚硅氧烷。也可使用其他等效毛细管柱；

⑤ 样品瓶：40mL 棕色玻璃瓶，螺旋盖（带聚四氟乙烯涂层密封垫）；

⑥ 5mL 气密性注射器；

⑦ 微量注射器：10$\mu L$，100$\mu L$；

⑧ 容量瓶：A 级，50mL。

**4. 分析步骤**

（1）仪器参考条件

吹扫捕集参考条件见表 5-14。

**表 5-14　吹扫捕集参考条件**

| 吹扫温度 | 吹扫流速 | 吹扫时间 | 脱附温度 | 脱附时间 | 烘烤温度 | 烘烤时间 | 干吹时间 |
|---|---|---|---|---|---|---|---|
| 常温 | 40mL/min | 11min | 180℃ | 2min | 250℃ | 10min | 2min |

GC-FID/ECD 分析参考条件如下：

① 气相色谱部分（FID 作检测器）

程序升温：40℃，保持 6min，以 5℃/min 升温至 100℃，保持 2min，以 5℃/min 升温至 200℃；进样口温度：200℃；检测器温度：280℃；载气流量：2.5mL/min；分流比：10∶1或根据仪器条件。

② 气相色谱部分（ECD 作检测器）

程序升温：40℃，保持 6min，以 5℃/min 升温至 100℃，保持 2min，以 5℃/min 升温至 200℃；进样口温度：200℃；检测器温度：280℃；载气流量：2.5mL/min；分流比：10∶1 或根据仪器条件。

（2）校准

在初次使用仪器，或仪器经维修、换柱或连续校准不合格时需要进行校准曲线的绘制。

① 标准系列的制备

本方法的线性范围为 0.5～200μg/L。

根据仪器的灵敏度和线性要求以及实际样品的浓度，取适量标准中间液用空白试剂水配制相应的标准浓度序列。

苯系物：低浓度标准系列为 0.5μg/L、1.0μg/L、2.0μg/L、5.0μg/L、10.0μg/L 和 20.0μg/L，高浓度标准系列为 5.0μg/L、20.0μg/L、50.0μg/L、100μg/L、200μg/L（均为参考浓度序列），现配现用。

卤代烃：低浓度标准系列为：0.05μg/L、0.20μg/L、0.50μg/L、2.0μg/L、5.0μg/L 和 10.0μg/L，高浓度标准系列为 0.5μg/L、2.0μg/L、10.0μg/L、20.0μg/L、50.0μg/L 和 200μg/L（均为参考浓度序列），现配现用。

注：应根据实际样品调整标准系列的浓度范围，最高浓度点不高于 200μg/L，相关系数应 $r \geqslant 0.995$。

② 校准曲线的绘制

分别移取一定量的标准中间液快速加入装有空白试剂水的容量瓶中，定容至刻度线，将容量瓶垂直振摇 3 次，混合均匀。

取 5.0mL 标准曲线系列溶液于吹扫管中，经吹扫、捕集浓缩后进入气相色谱进行分析，得到对应不同浓度的气相色谱图。以峰高或峰面积为纵坐标，浓度为横坐标，绘制校准曲线。

③ 标准色谱图

根据检测器类别，目标化合物参考谱图如图 5-11 和图 5-12 所示。其中图 5-11 是 ECD 检测卤代烃类的气相色谱图，图 5-12 是 FID 检测的苯系物类的气相色谱图。

（3）测定

取 5mL 样品按标准样品完全相同的分析条件进行分析，记录各组分色谱峰的保留时间和峰高（或峰面积）。

（4）空白实验

在分析样品的同时，应做空白实验。即取 5mL 空白试样注入气相色谱仪中，按上面测定步骤进行分析。

**5. 结果计算及表示**

（1）定性结果

根据标准物质各组分的保留时间进行定性分析。

（2）定量结果

采用外标法定量，单位为 μg/L。计算结果当测定值小于 100μg/L 时，保留小数点后 1 位；大于等于 100μg/L 时，保留 3 位有效数字。

**6. 质量保证和质量控制**

根据分析的实际需要选择采用以下质量控制和保证措施。

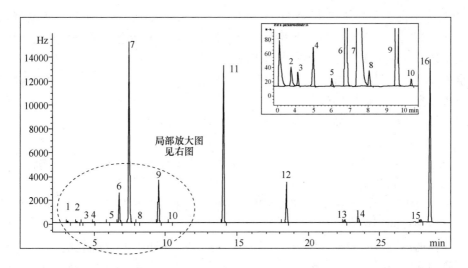

图 5-11　ECD 检测器分析 5.0μg/L 卤代烃目标组分的气相色谱图

1—1,1-二氯乙烯；2—二氯甲烷；3—反式-1,2-二氯乙烯；4—氯丁二烯；5—顺式-1,2-二氯乙烯；

6—氯仿；7—四氯化碳；8—1,2-二氯乙烷；9—三氯乙烯；10—环氧氯丙烷；11—四氯乙烯；12—溴仿；

13—六氯丁二烯

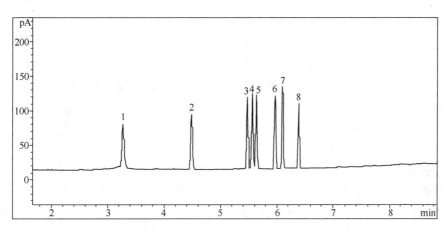

图 5-12　FID 检测器分析 5.0μg/L 苯系物目标组分的气相色谱图

1—苯；2—甲苯；3—乙苯；4—对二甲苯；5—间二甲苯；6—异丙苯；

7—邻二甲苯；8—苯乙烯

（1）空白分析

① 实验室空白。要求实验室空白分析结果中，所有待测目标化合物浓度均应低于方法检出限。当发现空白中某个或者某些目标化合物组分测定浓度高于方法检出限时，应检查所有可能对实验室空白产生影响的环节，如所用试剂、溶剂、标准样品、玻璃器具和其他用于前处理的部件等，仔细查找干扰源，及时消除，至实验室空白检验分析合格后，才能继续进行样品分析。

② 运输空白。采样前在实验室将一份空白试剂水放入样品瓶中密封，将其带到现场。采样时对其瓶盖一直处于密封状态，随样品运回实验室，按与样品相同的分析步骤进行处理和测定，用于检查样品运输过程中是否收到污染。

③ 全程序空白。采样前在实验室将一份空白试剂水放入样品瓶中密封，将其带到现场。与采样的样品瓶同时开盖和密封，随样品运回实验室，按与样品相同的分析步骤进行处理和测定，用于检查样品采集到分析全过程是否收到污染。

如全程序空白中目标化合物高于检出限时，不能从样品结果中扣除空白值。应检查所有可能对全程序空白产生影响的环节，仔细查找干扰源。如果确实发现采样、运输或保存过程存在影响分析结果的干扰，需对出现问题批次的样品进行重新采样分析。

（2）平行样品的测定

虽然每个样品均采集平行双样，一般每 10 个样品或每批次（少于 10 个样品/批）分析一个平行样，平行样品测定结果的相对偏差＜20%。

注：鉴于挥发性有机物的特殊性，不作室内平行分析，每个样品瓶中的样品只允许分析一次。

（3）空白加标的测定

空白加标的测定，一般要求每 10 个样品或每批次（少于 10 个样品/批）分析一个空白加标，回收率在 70%～120% 之间。

如空白加标的回收率不能满足质量控制要求，则应查明原因，直至回收率满足质控要求后，才能继续进行样品分析。

（4）样品加标的测定

样品加标的测定，一般要求每 10 个样品或每批次（少于 10 个样品/批）分析一个加标样。加标样品的回收率在 70%～120% 之间。

如果样品加标的回收不能满足质量控制要求，则应再进行一次样品加标平行样的测定，如测定结果与前一次样品加标测定结果吻合，则表明是因为存在样品的基体干扰，上述分析数据可正常使用。如样品加标平行的测定结果与前一次样品加标测定结果不吻合，则表明可能是分析过程中存在问题而导致，应重新进行样品加标分析，直至样品加标的回收满足实验室的质量控制要求。

（5）校准

① 初始校准。在初次使用仪器，或在仪器维修、更换色谱柱或连续校准不合格时需要进行初始校准。即建立校准曲线。校准曲线的相关系数≥0.995，否则应重新绘制校准曲线。

② 连续校准。每批次样品测试须使用初始校准曲线时，须先用一定浓度的标准样品（推荐用初始校准曲线的中间浓度点或次高浓度点）按样品测定完全相同的仪器分析条件进行定量测定，如果测定结果与样品浓度相对偏差≤20%，则初始校准曲线可延用；如果任何一个化合物的相对偏差＞20%，应查找原因并采取措施，如采取措施后仍不能使测定相对偏差达到要求，应重新绘制新的标准曲线。

每 20 个样品或每批次（少于 20 个样品/批）进行一次连续校准分析，以检验初始标准曲线是否继续适用。

**7. 注意事项**

（1）苯系物测定的干扰主要来源于甲醇峰的拖尾，影响苯的测定，因此样品分析过程中应尽量少引入甲醇。

（2）样品采集时要溢满采样瓶，要求不留空隙，采样后严禁开瓶，并尽快分析。

（3）由于分析目标化合物的高挥发性，不要在通风柜中进行溶液配制的操作，以避免挥发对样品测定的影响。

（4）遇到发泡类样品（这类样品不但本身难以准确分析，且其产生的泡沫会沾污或堵塞管路、阀件、吸附管等，对后面的样品分析产生不利影响），可采取选择性的向其中添加消泡剂或在吹扫设备上添加消泡装置等处置方式。

 **习题与思考题**

1. 比较我国与美国水中优先控制污染物名单，谈谈你的看法。

2. 我国水体中主要的重金属污染物有哪些？

3. 我国现行的水质标准有哪些？

4. 我国环境保护标准应该增加哪些水体中污染物的标准检测方法？

5. 气相色谱-质谱法和液-液萃取/固相萃取气相色谱法测定水中硝基苯类化合物有什么异同点？

6. 分析水中抗生素类药物时，酸性水样和碱性水样的预处理方法有哪些不同？

7. 测定水中重金属时，应如何避免丰度较大的同位素所产生的拖尾峰？

8. 测定水中挥发性有机物时，气相色谱部分 ECD 做检测器与 FID 做检测器使用有何区别？

# 第6章 大气中典型污染物分析

学 习 提 示

　　了解大气、大气污染和大气污染物的概念，掌握大气污染物的种类和浓度表示方法，掌握大气的采集方法及注意事项，重点掌握大气采样技术和采样器的种类、原理等。重点掌握大气中主要污染物的测定分析方法及其质量保证和质量控制措施。推荐学时6学时。

# 6.1 概 述

　　我国环境保护标准《大气污染物名称代码》（HJ 524—2009）中对大气的定义为：大气是指包围地球表层的空气，由一定比例的氮、氧、二氧化碳、水蒸气以及其他微量气体、液体和固体杂质、微粒等组成的混合物。大气污染（Air Pollution）是指由于人类活动或自然过程，使得排放到大气中的物质的浓度及持续时间超过了一定尺度下大气环境所能允许的极限，达到有害程度，以致破坏生态系统和人类正常生存和发展的条件，对人、动植物以及设备、物质等方面直接或间接地造成危害的现象。

　　大气污染物（Air Pollutants）是指由于人类活动或自然过程排入大气的、浓度超过一定标准时对人或环境产生有害影响的物质。大气污染物的种类很多，按其存在状态可概括为两大类：气溶胶状态污染物和气体状态污染物。我国国家标准《大气污染物综合排放标准》（GB 16297—1996）中限制排放的大气污染物有33种，无机化合物种类有：二氧化硫、氢氧化物、氯化氢、铬酸雾、硫酸雾、氟化物、氯气、氯化氢、铅、汞、镉、铍、镍、锡及其化合物等；有机化合物种类有：苯、甲苯、二甲苯、酚类、甲醛、乙醛、丙烯腈、甲醇、苯胺类、氯苯类、硝基苯类、氯乙烯、苯并［a］芘、光气、沥青烟、非甲烷总烃等。有毒有机污染物对环境和人类的影响，已被世界各国列为监测和研究的对象。我国环境优先污染物"黑名单"中包括14种化学类别，共68种有毒化学物质，其中有机物占58种，占总数的85.3％，说明有毒有机污染物在"黑名单"中占很大的分量。

　　根据世界卫生组织（World Health Organization，WHO）规定，大气中的有机化合物，可以分为高挥发性有机化合物（Very Volatile Organic Compounds，VVOCs）、挥发性有机化合物（Volatile Organic Compounds，VOCs）、半挥发性有机化合物（Semivolatile Organic Compounds，SVOCs）和颗粒状有机化合物（Particulate Organic Matter，POM），详细介绍见表6-1。我国环境保护标准《环境空气半挥发性有机物采样技术导则》（HJ 691—2014）中规定的SVOCs主要包括二噁英类、多环芳烃类、有机农药类、氯代苯类、多氯联苯类、吡啶类、喹啉类、硝基苯类、邻苯二甲酸酯类、亚硝基苯类、苯胺类、苯酚类、多氯萘类和多溴联苯醚类。

我国国家标准《环境空气质量标准》（GB 3095—2012）将环境空气功能区分为二类：一类区为自然保护区、风景名胜区和其他需要特殊保护的区域；二类区为居住区、商业交通居民混合区、文化区、工业区和农村地区。一类区适用一级浓度限值，二类区适用二级浓度限值，环境空气功能区质量要求见表 6-2。

表 6-1　大气中的有机化合物种类

| 分　类 | 沸点范围 | 特　点 | 化合物示例（沸点 $t$/℃） | 来　源 |
|---|---|---|---|---|
| VVOCs | <50℃ | 很快挥发 | 甲烷、乙烯（−100）、乙炔（−84）、氟里昂12（−30）、甲醛（−21）、氯乙烯单体（−14）、甲胺（−0.6）、丁烷（−0.5）、甲基硫醇（6）、乙醛（20）、戊烷（36）、二氯甲烷（40） | 制冷剂、燃气等，燃烧生成的气体 |
| VOCs | 50～250℃ | 慢慢挥发 | 正己烷（69）、乙酸乙酯（77）、乙醇（78）、苯（80）、甲基乙基酮（80）、甲苯（110）、三氯乙烷（113）、丁醇（117）、二甲苯（140）、癸烷（174）、柠檬烯（178）、对二氯苯（186）、十三烷（235） | 有机溶剂，剩余材料产生的气体 |
| SVOCs | 250～400℃ | 挥发很慢，有沉降性和凝缩性 | L-尼古丁（247～260）、磷酸三丁酯（290）、噻苯哒唑（300）、邻苯二甲酸二丁酯（350）、邻苯二甲酸二辛酯（380～400） | 杀虫剂、可塑剂、阻燃剂、不完全燃烧生成物 |
| POM | >380℃ | 吸附在气溶胶颗粒上，有沉降性 | 多氯联苯类、多溴联苯醚类和苯并［a］芘等 | 杀虫剂、可塑剂、阻燃剂、不完全燃烧生成物 |

表 6-2　环境空气污染物基本项目浓度限值

| 污染物项目 | 平均时间 | 浓度限值 | | 单　位 |
|---|---|---|---|---|
| | | 一级 | 二级 | |
| 二氧化硫 | 年平均 | 20 | 60 | $\mu g/m^3$ |
| | 24h平均 | 50 | 150 | |
| | 1h平均 | 150 | 500 | |
| 二氧化氮 | 年平均 | 40 | 40 | |
| | 24h平均 | 80 | 80 | |
| | 1h平均 | 200 | 200 | |
| 一氧化碳 | 24h平均 | 4 | 4 | $mg/m^3$ |
| | 1h平均 | 10 | 10 | |
| 臭氧 | 日最大8h平均 | 100 | 160 | |
| | 1h平均 | 160 | 200 | |
| 颗粒物（粒径≤100$\mu$m） | 年平均 | 40 | 70 | $\mu g/m^3$ |
| | 24h平均 | 50 | 150 | |
| 颗粒物（粒径≤2.5$\mu$m） | 年平均 | 15 | 35 | |
| | 24h平均 | 35 | 75 | |

续表

| 污染物项目 | 平均时间 | 浓度限值 | | 单 位 |
| --- | --- | --- | --- | --- |
| | | 一级 | 二级 | |
| 总悬浮颗粒物 | 年平均 | 80 | 200 | $\mu g/m^3$ |
| | 24h 平均 | 120 | 300 | |
| 氮氧化物 | 年平均 | 50 | 50 | |
| | 24h 平均 | 100 | 100 | |
| | 1h 平均 | 250 | 250 | |
| 铅 | 年平均 | 0.5 | 0.5 | |
| | 季平均 | 1 | 1 | |
| 苯并 [a] 芘 | 年平均 | 0.001 | 0.001 | |
| | 24h 平均 | 0.0025 | 0.0025 | |

## 6.1.1 大气污染物的种类

大气污染物的种类不下数千种，已发现有危害作用而被人们注意到的有一百多种，其中大部分是有机化合物。依据大气污染物的形成过程，可将其分为一次污染物和二次污染物。一次污染物是指直接从各种污染源排放到大气中的有害物质，如二氧化硫、氮氧化物、一氧化碳、碳氢化合物、颗粒物等。二次污染物是指一次污染物在大气中相互作用或它们与大气中的正常组分发生反应所产生的新的污染物，这些新污染物与一次污染物的化学、物理性质完全不同，多为气溶胶，具有颗粒小、毒性一般比一次污染物大等特点。常见的二次污染物有硫酸盐、硝酸盐、臭氧、醛类（乙醛和丙烯醛等）、过氧乙酰硝酸酯等。

大气中的污染物的存在状态是由其自身的理化性质及形成过程决定的，可以分为分子（气体）状态污染物和粒子（气溶胶）状态污染物两类。

**1. 分子状态污染物**

某些物质如二氧化硫、氮氧化物、一氧化碳、氯化氢、氯气、臭氧等沸点都很低，在常温、常压下以气体分子形式分散于大气中。还有些物质如苯、苯酚等，虽然在常温、常压下是液体或固体，但因其挥发性强，故能以蒸气态进入大气中。无论是气体分子还是蒸气分子，都具有运动速度较大、扩散快、在大气中分布比较均匀的特点。它们的扩散情况与自身的相对密度有关，相对密度大者向下沉降，如汞蒸汽等；相对密度小者向上飘浮，并受气象条件的影响，可随气流扩散到很远的地方。

**2. 粒子状态污染物**

粒子状态污染物（或颗粒物）是分散在大气中的微小液体和固体颗粒，粒径多在0.01～100$\mu m$ 之间，是一个复杂的非均匀体系。通常根据颗粒物在重力作用下的沉降特性将其分为降尘和飘尘。粒径＞10$\mu m$ 的颗粒物能较快地沉降到地面上，称为降尘；粒径＜10$\mu m$ 的颗粒物可长期飘浮在大气中，称为飘尘。

飘尘具有胶体性质，故又称气溶胶，它易随呼吸进入人体肺脏，在肺泡内积累，并可进入血液输往全身，对人体健康危害大，因此也称可吸入颗粒物。我国国家标准《室内空气质量标准》（GB/T 18883—2002）中对可吸入颗粒物的定义为：可吸入颗粒物是指悬浮在空气中，空气动力学当量直径≤10$\mu m$ 的颗粒物。通常所说的烟、雾、灰尘也是用来描述飘尘存在形式的。

烟：某些固体物质在高温下由于蒸发或升华作用变成气体逸散于大气中，遇冷后又凝聚成微小的固体颗粒悬浮于大气中则形成烟，烟的粒径一般在 $0.01\sim1\mu m$ 之间。例如，高温熔融的铅、锌，可迅速挥发并氧化成氧化铅和氧化锌的微小固体颗粒。

雾：是由悬浮在大气中微小液滴构成的气溶胶，雾的粒径一般在 $10\mu m$ 以下。按其形成方式可分为分散型气溶胶和凝聚型气溶胶。常温状态下的液体，由于飞溅、喷射等原因被雾化而形成微小雾滴分散在大气中，构成分散型气溶胶。液体因加热变成蒸气逸散到大气中，遇冷后又凝集成微小液滴，形成凝聚型气溶胶。

烟雾：通常所说的烟雾是由烟和雾同时构成的固、液混合态气溶胶，如硫酸烟雾、光化学烟雾等。硫酸烟雾主要是由燃煤产生的高浓度二氧化硫和煤烟形成的，而二氧化硫经氧化剂、紫外光等因素的作用被氧化成三氧化硫，三氧化硫与水蒸气结合形成硫酸烟雾。当汽车污染源排放到大气中的氮氧化物、一氧化碳、碳氢化合物达到一定浓度后，在强烈阳光照射下，发生一系列光化学反应，形成臭氧、过氧乙酰硝酸酯和醛类等物质悬浮于大气中而构成光化学烟雾。

雾霾：是雾和霾的组合词。霾，也称灰霾，是由空气中的灰尘、硫酸、硝酸、有机碳氢化合物等粒子组成的。雾霾是一种大气污染状态，雾霾是对大气中各种悬浮颗粒物含量超标的笼统表述，尤其是 $PM_{2.5}$（空气动力学当量直径$\leqslant2.5\mu m$ 的颗粒物）被认为是造成雾霾天气的"元凶"。

尘：尘是分散在大气中的固体微粒，如交通车辆行驶时所带起的扬尘，粉碎固体物料时所产生的粉尘，燃煤烟气中的含碳颗粒物等。

## 6.1.2　大气污染物的时空分布特征

污染物在大气中的残留和分布特征的研究，是采取区域性和全球性污染控制策略的前提。由于大气中的污染物主要来自于人类活动的排放，释放到大气中的污染物会发生一系列的物理和化学变化。污染物会随着大气的运动而扩散，使其污染范围不断扩大，导致极地、高山等偏远地区也能受到其污染。大气中的污染物还会在气相和颗粒相间分配，被悬浮颗粒物吸附形成大的颗粒物而发生干湿沉降，直接沉降到地表面，或通过水-气界面、土-气界面、植物-气界面向水体、土壤和植物叶面等介质中迁移；另一方面污染物也会在空气中发生光化学降解（主要被空气中的氧和臭氧氧化），在土壤和沉积物中会发生微生物降解作用，光降解和微生物降解是大气中污染物减少的主要途径。与其他环境介质中的污染物相比，大气污染物具有随时间、空间变化大的特点。了解该特征，对于获得正确反映大气污染物实况的监测结果有重要意义。

大气污染物的时空分布特征及其浓度与排放源的分布、排放量及地形、地貌、气象因素等条件密切相关。气象因素如温度、湿度、风向、风速、大气湍流、大气稳定度总在不停地改变，故污染物的稀释与扩散情况也不断地变化。同一污染源对同一地点在不同时间所造成的地面空气污染浓度往往相差数倍至数十倍；同一时间不同地点也相差甚大。一次污染物和二次污染物浓度在一天之内也不断地变化。一次污染物因受逆温层及气温、气压等限制，清晨和黄昏浓度较高，中午较低；二次污染物如光化学烟雾，因在阳光照射下才能形成，故中午浓度较高，清晨和夜晚浓度低。风速大，大气不稳定，则污染物稀释扩散速度快，浓度变化也较快；反之，稀释扩散慢，浓度变化也慢。为了有效控制污染物流入大气，保护人类的生存环境，世界各国相继采取措施减少和停止污染物的排放和扩散。美国、加拿大和欧洲的 32 个国家于 1998 年 6 月在丹麦奥尔胡斯正式签署了《关于长距离越境空气污染物公约》框架下的持久性有机污染物议定书，该议定书规定，禁止或删减包括多环芳烃在内的 16 类有毒物质的排放，并禁止和逐步淘汰某些此类产品的生产。

一个点污染源（如烟囱）或线污染源（如交通道路）排放的污染物可形成一个较小的污染气团或污染线。局部地方污染浓度变化较大，涉及范围较小的污染，称为小尺度空间污染或局地污染。大量地面小污染源，如工业区炉窑、分散供热锅炉及千家万户的炊炉，则会给一个城市或一个地区形成面污染源，使地面空气中污染物浓度比较均匀，并随气象条件变化有较强的规律性。这种面源所造成的污染称中尺度空间污染或区域污染。就污染物自身性质而言，质量小的分子态或气溶胶态污染物分散在大气中，易被扩散和稀释，随时空变化快；质量较大的尘、汞蒸气等，扩散能力差，影响范围较小。

为反映污染物浓度随时间变化情况，在大气污染物监测中提出了时间分辨率的概念，要求在规定的时间内反映出污染物浓度变化。例如，了解污染物对人体的急性危害，要求分辨率为 3min；了解化学烟雾对呼吸道的刺激反应，要求分辨率为 10min。在《环境空气质量标准》（GB 3095—2012）中，要求测定污染物的 1h 平均浓度、8h 平均浓度、24h 平均浓度、月平均浓度、季平均浓度、年平均浓度，也是为了反映污染物的时间变化特征。

世界上许多国家和地区，很早以来就开展了关于大气中污染物的监测研究，欧盟和北美于 20 世纪 90 年代初就开始对大气进行长期系统的监测，从而得到污染物在大气中数十年的浓度变化特征，进而可以掌握其规律变化，为全球尺度研究污染物的迁移转化提供了重要依据。其中研究比较系统的项目有：美国和加拿大建立的关于五大湖地区的 IADN 项目，对该地区大气中的污染物开展了近 20 年的深入研究；加拿大北极地区 NCP 项目，对北极地区环境介质，特别是大气中的有机污染物进行了长期的监测，用于研究北半球地区人类活动对北极的影响；英国的 TOMPS 项目，针对大气中的有机污染物，进行了将近 20 年的研究，掌握了大气中污染物的迁移转化规律，为进一步研究其环境行为和生态危害奠定了基础。这些系统研究大气污染物的网络体系的建立，可以分析大气中污染物的长期变化趋势，研究大气中的污染物浓度是否随着人类的重视而降低，进而还可以研究污染物在大气中的半衰期，为深入研究生态环境、动植物甚至人类受到的危害，为全球制定相关政策提供重要依据。

## 6.1.3　大气中污染物浓度表示方法

### 1. 污染物浓度表示方法

大气中污染物浓度有两种表示方法，一种是单位体积内所含污染物的质量数，即质量浓度；另一种是污染物体积与气样总体积的比值，即体积浓度。根据污染物的存在状态选择不同的浓度表示方法。

（1）单位体积大气中所含污染物的质量数

单位体积大气中所含污染物的质量浓度的单位常用 $mg/m^3$ 或 $\mu g/m^3$ 表示，这种表示方法对任何状态的污染物都适用。我国《环境空气质量标准》（GB 3095—2012）中的平均浓度，除了一氧化碳的浓度单位为 $mg/m^3$（标况），其他污染物的浓度单位都是 $\mu g/m^3$（标况），标况是指温度为 273K、压力为 101.325kPa 时的状态。

（2）污染物体积与气样总体积的比值

污染物体积与气样总体积比值的单位为 ppm 或 ppb。ppm 是指在 100 万体积空气中含有害气体或蒸气的体积数；ppb 是 ppm 的 1/1000。显然，这种表示方法仅适用于气态或蒸气态物质。

两种浓度单位可以相互换算，其换算式如下：

$$C_P = \frac{22.4}{M} \times c \tag{6-1}$$

式中，$C_P$ 为气体浓度，ppm；$c$ 为气体浓度，$mg/m^3$；$M$ 为污染物质的分子量，g；22.4 为标准状态下（273K，101.325kPa）气体的摩尔体积，L。

对于大气悬浮颗粒物中的污染物，可以用单位质量悬浮颗粒物中所含某种污染物的质量数表示，即 $\mu g/g$ 或 $ng/g$（相当于 ppm 和 ppb）。

**2. 气体体积换算**

气体的体积受温度和大气压力的影响，为使计算出的浓度具有可比性，需要将现场状态下的大气体积换算成标准状况下的体积，我国《环境空气质量标准》（GB 3095—2012）中污染物的浓度限值，均为标准状况下的浓度。

根据气体状态方程，换算公式如下：

$$V_0 = V_t \times \frac{273}{273+t} \times \frac{p}{101.325} \tag{6-2}$$

式中，$V_0$ 为标准状态下的采样体积，L 或 $m^3$；$V_t$ 为现场状态下的采样体积，L 或 $m^3$；$t$ 为采样时的温度，℃；$p$ 为采样时的大气压力，kPa。

# 6.2　大气样品的采集与保存

大气样品的采集方法需依据采样的目的以及采样场地的实际情况而定。为了获得真实的大气污染数据，需要选择具有代表性的采样点，还要求采样方法具有较高的采样效率、简便的操作等。针对大气中痕量有机污染物的采集，需要对污染物的存在形态、理化性质、浓度和分析方法等进行分析，以选择适当的采样方法和采样量；正确使用采样仪器，要建立相应的质量保证和质量控制体系；在采样过程中尽量避免采样误差和人为干扰；在样品的采集、运输、贮存、处理和分析等过程中，要确保样品待测组分稳定，不变质，不受污染；保证采集到足够的样品量，以满足痕量分析方法的要求。

## 6.2.1　大气采样点的布设方法

采样点的选择是否正确，直接关系到所采集样品的代表性和真实性。大气污染物的浓度受气象条件及地理环境等因素的影响，因此在大气样品采样点的布设需要依据采样目的、目标污染物的理化性质、污染物的排放现状、采样地点的地理环境及采集样品期间的气象条件等实际情况来选择并确定采样点的数量及位置，以确保样品的代表性和真实性。

**1. 大气采样点的布设原则**

参考我国环境保护标准《环境空气质量监测点位布设技术规范（试行）》（HJ 664—2013）中规定的环境空气质量监测点位的布设原则，大气采样点的布设原则如下：

（1）代表性

具有较好的代表性，能够客观反映一定空间范围内的大气中污染物的浓度水平和变化规律；

（2）可比性

同类型采样点设置条件尽可能一致，使各个采样点获取的数据具有可比性；

（3）稳定性

在连续样品采集期间，采样点位置一经确定，原则上不应变更，以保证其连续性和可比性。

（4）整体性

采样点的设置应考虑自然地理、气象条件等综合环境因素，以及工业布局、人口分布等社会经济特点，在布局上能够反映整个监测区域的高、中、低三种不同浓度的地方。

**2. 大气采样点的布设要求**

大气采样点的布设宜设置在开阔地带，周围没有树木、高大建筑物和其他掩蔽物的平坦地带。在污染源比较集中、主导风向比较明显的情况下，应将污染源的下风向作为主要监测范围，布设较多采样点，上风向则布设较少采样点作为对照。工业较密集的城区和工矿区、人口密集及污染物超标地区，应适当增设采样点；城市郊区和农村、人口稀疏及污染物浓度低的地区，可酌情少设采样点。交通密集区的采样点应设在距人行道边缘至少 1.5m 远处。

采样高度应根据监测目的而定。研究大气污染物对人体的危害，采样口应在离地面 1.5～2m 处，研究污染对植物或器物的影响，采样口高度应与植物或器物高度相近；连续采样例行监测，采样口高度应距地面 3～15m；若置于屋顶采样，采样口与基础面有 1.5m 以上的相对高度，以减少扬尘的影响。

针对不同的目的，其布点设置遵循不同的要求。对于环境空气质量监测，采样点位的设置及采样点的数量应满足《环境空气质量监测点位布设技术规范（试行）》（HJ 664—2013）的要求；对于大气污染物无组织排放的监测，采样点位设置及采样点数量应满足《大气污染物无组织排放监测技术导则》（HJ/T 55—2000）的要求；对于突发性环境事件应急监测，采样点位的设置及采样点的数量应满足《突发环境事件应急监测技术规范》（HJ 589—2010）的要求；对于室内环境空气质量监测，采样点位的设置及采样点的数量应满足《室内环境空气质量监测技术规范》（HJ/T 167—2004）。

针对大气中的半挥发性有机物的监测，依据我国环境保护标准《环境空气半挥发性有机物采样技术导则》（HJ 691—2014），对采样点周围环境和采样口位置的要求还应包括：采样装置进气口应能自由收集到至少 270°（水平方位）范围的气流；采样不宜在雨天、雪天和风速大于 8m/s 的天气下进行；采样器的气体出口应置于下风向；用两台或两台以上采样器作平行采样时，两台仪器的间距至少为 2m，以防止采样器之间的相互干扰。

**3. 大气采样点布点方法**

（1）网格式布点法

网格式布点法，又称为方格坐标布点法，常用于多个污染源且分布较为均匀的情况。该方法是将监测范围的地面划分为许多相同大小的网状方格，采样点一般设置在网格横纵线的交点或者网状方格的中心位置。网格的大小以及采样点数量需依据监测区域内的污染程度、采样目的以及采样现场的实际情况而定。在划分网格时需充分考虑监测区域主导风向的影响，当监测区域的主导风向明显时，下风向的采样点的数量应约占总采样数的 60%。

（2）扇形布点法

扇形布点法适用于主导风向明显的监测区或者是孤立点源。扇形布点法是以点源为顶点，主导风向为轴线，在点源的下风方向划出一个扇形区域作为布点范围。扇形角度的大小一般为 45°～90°，与监测区域的气象条件有关。采样点设置在扇形平面内距点源不同距离的若干弧线上，每条弧线上设 3～4 个采样点，相邻的两个采样点之间的角度 10°～20°。使用该方法时应注意采样点的设置不宜按等距离分布，应是距离点源较近的位置的采样点间距小些，可测定浓度变化的情况；而距离点源较远的位置的采样点间距大些，可减少不必要的工作量。

（3）放射式布点法

放射式布点法，又称为同心圆多方位布点法。该方法主要适用于污染源聚集的区域或者是污染集中的地区。以污染源或者是污染物浓度最大点为中心，在地面上划出若干个同心圆，其半径视监测区域的具体情况而定，再从圆心向四周引出若干条射线，一般划出 8 个方位的射线，采样点则设置在射线与圆的交点上。各个圆周采样点数目不一定相等，其采样点的分布也不要求分布均匀；针对主导风向的下风位置增加采样点的布设。采样点数目和间距根据污染源的排放源的排放量、排放方式和高度、污染源周围的地形地势和地方微小气候和预测结果等因素决定。

（4）配对布点法

配对布点法主要适用于线源污染监测，如公路或铁路建设。采样点一般布置在交通道路的下风向，离行车道下风侧、离车道外沿 0.5～1m 处，同时在同一垂线上的 100m 处再设一个监测点。根据道路布局和车流量分布，选择若干对监测点进行监测。我国《环境空气质量监测点位布设技术规范（试行）》（HJ 664—2013）中对交通点位的设计的规定为：路边交通点应根据车流量的大小、车道两侧的地形、建筑物的分布情况等确定路边交通点的为主，采样口距道路边缘距离不得超过 20m。

（5）功能区布点法

功能区布点法指将监测区域划分为工业区、商业区、居民区、交通稠密区等，依据监测区具体污染情况和人力、物力条件，在各功能区设置一定数量的采样点，在污染源集中的工业区和人口较密集的居住区多设采样点，在各个功能区设置的采样点的数量不要求平均。该方法多用于区域性日常监测，便于了解污染物对不同功能区的影响。

（6）污染源监控布点法

根据我国《环境空气质量监测点位布设技术规范（试行）》（HJ 664—2013）的规定，污染源监控点布点原则上应设在可能对人体健康造成影响的污染物高浓度区、以及主要固定污染源对环境空气质量产生明显影响的地区。监控点的布设依据排放源的强度和主要污染项目，应设置在源的主导风向和第二主导风向的下风向的最大落地浓度区内，以捕捉到最大污染特征为原则进行布设。

## 6.2.2　大气样品的采集时间和频率

**1. 采样时间**

采样时间，又称采样时段，指每次采样从开始到结束所需的时间。采样时间依据监测目的、气象因素以及人力、物力等情况分为短期采样、间歇性采样和长期采样三种。

（1）短期采样

一般只适用于气象条件不利于污染物扩散、事故引起的排出污染物浓度骤增等情况。由于采样时间短，样品可能没有足够的代表性，测定结果不能够代表监测区污染物的变化规律。

（2）间歇性采样

指每隔一定时间采样测定一次，并从多次采样结果求算平均值。如每季度采样，可在一个月或每六天采集一次；而在一天又相隔相等的时间，可以求出日平均值、季度平均值。当采样时间足够长，积累足够多的数据，则所测的结果具有一定的代表性，对大气污染的趋势分析和对控制污染方案进行评价具有一定的参考价值。这种采样模式可节省费用，尤其适合手工操作的采样仪器。

（3）长期采样

指在较长的一段时间内连续自动采样、分析，并按一定的时间间隔输出测定结果。长期采样得到的数据具有较好的代表性，能够计算出时、日、月或年的平均值，能够反映出污染物随时间变化的规律。

我国国家标准《环境空气质量标准》（GB 3095—2012）规定的污染物浓度限值对应的采样时间为 1h、8h、24h、1 个月、1 个季度和 1 年；而《大气污染物综合排放标准》（GB 16297—1996）中规定的大气污染物的排放限值对应的采样时间为 1h，可以连续 1h 进行采样获得平均值，也可以在 1h 内，以等时间间隔采集 4 个样品，并计算平均值。

**2. 采样频率**

采样频率是指一个监测周期内采样的次数，采样频率的大小也是影响测定结果代表性的因素之一。采样频率取决于污染物内在的变异性和评价大气质量所需数据的精确程度。当大气中污染物的浓度随时间变化显著，监测数据精度要求较高时，则应设计较高的采样频率。如要测定昼夜变化，采样时间应分布均匀，如每隔 2～4h 采样一次，测出的日平均浓度则能反应真实情况。同样，如要测定年均值，则全年不同季节、月份都要有等量的数据。

采样时间和采样频率要根据监测目的、污染物浓度水平、分析方法的要求以及人力、物力等情况确定。例如对环境空气中的二氧化硫、二氧化氮、氮氧化物、一氧化碳、臭氧、TSP、$PM_{10}$、$PM_{2.5}$、Pb 和 BaP，其采样时间和采样频率应根据我国国家标准《环境空气质量标准》（GB 3095—2012）中各污染物监测数据统计的有效性规定确定，见表 6-3。对于其他类型的污染物的监测，依据我国环境保护行业标准《环境空气质量手工监测技术规范》（HJ/T 194—2005），如果要获得 1h 的平均浓度，样品的采样时间应不少于 45min；要获得日平均浓度值，气态污染物的累计采样时间不应少于 18h，颗粒物的累计采样时间应不少于 12h。

表 6-3　污染物浓度数据有效性的最低要求

| 污染物项目 | 平均时间 | 数据有效性规定 |
| --- | --- | --- |
| $SO_2$、$NO_2$、$PM_{10}$、$PM_{2.5}$、$NO_x$ | 年平均 | 每年至少有 324 个日平均浓度值<br>每月至少有 27 个日平均浓度值（二月至少有 25 个日平均浓度值） |
| $SO_2$、$NO_2$、CO、$PM_{10}$、$PM_{2.5}$、$NO_x$ | 24h 平均 | 每日至少有 20h 平均浓度值或采样时间 |
| $O_3$ | 8h 平均 | 每 8h 至少有 6h 平均浓度值 |
| $SO_2$、$NO_2$、CO、$O_3$、$NO_x$ | 1h 平均 | 每小时至少有 45min 的采样时间 |

续表

| 污染物项目 | 平均时间 | 数据有效性规定 |
|---|---|---|
| TSP、BaP、Pb | 年平均 | 每年至少有分布均匀的 60 个日平均浓度值<br>每月至少有分布均匀的 5 个日平均浓度值 |
| Pb | 季平均 | 每季至少有分布均匀的 15 个日平均浓度值<br>每月至少有分布均匀的 5 个日平均浓度值 |
| TSP、BaP、Pb | 24h 平均 | 每日应有 24h 的采样时间 |

## 6.2.3 大气样品的采集方法

大气样品采样方法需依据目标污染物的存在形态、浓度以及分析方法的灵敏度等进行选择，采集方法一般可以分为直接采样法、富集（浓缩）采样法和无动力采样法。

**1. 直接采样法**

直接采样法适用于大气中污染物的浓度较高、不易被吸附剂吸附或者所用的监测设备及方法灵敏度较高的情况，不需要浓缩，只需用仪器直接采集少量样品进行分析测定即可满足分析测定要求。直接采样法测得的结果为瞬时浓度或短时间内的平均浓度。采用该法采样时需先用现场气体冲洗采样容器若干次，之后采集气体样品，密封运回实验室，尽快分析。常用的直接采样法的采样容器有：注射器、塑料袋、采气管、真空瓶等。

（1）注射器采样

常用 100mL 注射器采集有机蒸汽样品。采样前，用现场气体抽洗注射器 2～3 次，然后抽取 100mL 气体样品，密封进气口并带回实验室分析。气相色谱分析法常采用注射器采样法取样，取样后应将注射器进气口朝下，垂直放置，以使注射器内压略大于外压。样品存放时间不宜过长，一般当天采样并且完成分析。

（2）塑料袋采样

选用的塑料袋应不与采集的样品气体发生化学反应，其内壁不吸附样品气体组分，也不渗漏。常用的采样塑料袋有聚四氟乙烯袋、聚乙烯袋、聚氯乙烯袋和聚酯袋等，还有用金属薄膜作衬里（如衬银、衬铝）的塑料袋。采样时，先用二联球打进现场气体冲洗 2～3 次，再充满现场采集的样气，夹封进气口，带回实验室尽快分析。

（3）采气管采样

采气管容积一般为 100～1000mL。采样时，打开两端旋塞，用二联球或抽气泵接在管的一端，迅速抽进比采气管容积大 6～10 倍的欲采气体，使采气管中原有气体被完全置换，关上旋塞，采气管体积即为采集的大气样品体积。

（4）真空瓶采样

真空瓶是一种具有活塞的耐压玻璃瓶，容积一般为 500～1000mL。采样前，先用抽真空装置把采气瓶内气体抽走，使瓶内真空度达到 1.33kPa 之后，便可打开旋塞采样，采完即关闭旋塞，真空瓶体积即为采样体积。

**2. 富集（浓缩）采样法**

富集（浓缩）采样法是指使大量的空气样通过吸收液或固体吸收剂得到吸收或阻留，使原来浓度较小的污染物得到浓缩，以利于分析测定，该方法适用于大气中污染物浓度较低的情况。采样时间一般较长，测得结果可代表采样时段的平均浓度，更能反映大气污染的真实情况。具体采样方法包括溶液吸收法、固体阻留法、液体冷凝法、自然积集法等。

(1) 溶液吸收法

溶液吸收法是采集大气中气态、蒸汽态及某些气溶胶态污染物的常用方法。采样时，用抽气装置将欲采集空气以一定流量抽入装有吸收液的吸收管（瓶），使被测物质的分子阻留在吸收液中，以达到浓缩的目的。采样结束后，把吸收液进行测定，根据测得的结果及采样体积计算大气中污染物的浓度。吸收效率主要决定于吸收速度、空气与吸收液的接触面积和接触时间。

吸收液的选择原则包括：① 与被采集的物质发生不可逆化学反应快或对其溶解度大；② 污染物被吸收液吸收后，要有足够的稳定时间，以满足分析测定所需时间的要求；③ 污染物质被吸收后，应有利于下一步分析测定，最好能直接用于测定；④ 吸收液毒性小，价格低，易于购买，并尽可能回收利用。

常用的吸收管有如下三种类型：① 气泡式吸收管。适用于采集气态和蒸汽态物质，不宜采集气溶胶态物质；② 冲击式吸收管。适宜采集气溶胶态物质和易溶解的气体样品，而不适用于气态和蒸汽态物质的采集；③ 多孔筛板吸收管（瓶）。是在内管出气口熔接一块多孔性的砂芯玻板，当气体通过多孔玻板时，一方面被分散成很小的气泡，增大了与吸收液的接触面积；另一方面被弯曲的孔道所阻留，然后被吸收液吸收。所以多孔筛板吸收管既适用于采集气态和蒸汽态物质，也适于气溶胶态物质。

(2) 填充柱阻留法（固体阻留法）

填充柱是用一根 6～10cm 长、内径 3～5mm 的玻璃管或塑料管，内装颗粒状填充剂制成的。采样时，让气样以一定流速通过填充柱，则待测污染物因吸附、溶解或化学反应而被阻留在填充剂上，达到浓缩采样的目的。采样后，通过加热解吸，吹气或溶剂洗脱，使被测组分从填充剂上释放出来测定。

根据填充剂阻留作用的原理，可分为吸附型、分配型和反应型三种类型：① 吸附型填充柱。所用填充剂为颗粒状固体吸附剂，如活性炭、硅胶、分子筛、氧化铝、素烧陶瓷、高分子多孔微球等多孔性物质，对气体和蒸气吸附力强。② 分配型填充剂。所用填充剂为表面涂有高沸点有机溶剂（如甘油异十三烷）的惰性多孔颗粒物（如硅藻土、耐火砖等），适于对蒸气和气溶胶态物质（如六六六、DDT、多氯联苯等）的采集。③ 反应型填充柱。其填充柱是由惰性多孔颗粒物（如石英砂、玻璃微球等）或纤维状物（如滤纸、玻璃棉等）表面涂渍能与被测组分发生化学反应的试剂制成。

固体阻留法的优点：① 可以长时间采样，测得大气中日平均或一段时间内的平均浓度值；② 只要选择合适的固体填充剂，对气态、蒸气态和气溶胶态物质都有较高的富集效率；③ 浓缩在固体填充柱上的待测物质比在吸收液中稳定时间要长，有时可放置几天或几周也不发生变化。

(3) 滤料阻留法

滤料阻留法是将过滤材料（滤纸、滤膜等）放在采样夹上，用抽气装置抽气，则空气中的颗粒物被阻留在过滤材料上，称量过滤材料上富集的颗粒物质量，根据采样体积，即可计算出空气中颗粒物的浓度。常用滤料：纤维状滤料，如定量滤纸、玻璃纤维滤膜（纸）、氯乙烯滤膜等；筛孔状滤料，如微孔滤膜、核孔滤膜、银薄膜等。各种滤料由不同的材料制成，性能不同，适用的气体范围也不同。

（4）低温冷凝法

低温冷凝法是借致冷剂的致冷作用使大气中某些低沸点气态物质被冷凝成液态物质，以达到浓缩的目的。适用于采集大气中某些沸点较低的气态污染物质，如烯烃类、醛类等。常用致冷剂：冰、干冰、冰-食盐、液氯-甲醇、干冰-二氯乙烯、干冰-乙醇等。

低温冷凝法具有效果好、采样量大、利于组分稳定等优点。低温冷凝法浓缩采样，比常温下固体阻留法的采气量大得多，浓缩效果更好，对样品的稳定性更有利，但是空气中的水分与二氧化碳也会同时被冷凝下来。所以当把低温冷凝法与气相色谱分析联用时，在样品进入采样管前，应使空气样品经过装有碱石棉、氢氧化钾等的过滤器，以去除空气中同时冷凝下来的水和二氧化碳。

（5）静电沉降法

大气样品通过电场时，气体分子被电离成的离子附着在气溶胶粒子上，使粒子带正电荷，并在电场的作用下沉降到收集电极上，将收集电极表面沉降的物质洗脱即可进行分析测定。该法采样效率高，操作简便，速度快，适合于采集气溶胶样品，但是仪器复杂，维护要求高，当有易爆炸性气体或粉尘存在时不能使用。

**3. 无动力采样法**

依据我国环境保护行业标准《环境空气质量手工监测技术规范》（HJ/T 194—2005），无动力采样是指将采样装置或气样捕集介质暴露于环境空气中，不需要抽气动力，依靠环境空气中待测污染物分子的自然扩散、迁移、沉降等作用而直接采集污染物的采样方法，其检测结果可代表一段时间内待测环境空气污染物的时间加权平均浓度或浓度变化趋势。

自然积集法是利用物质的自然重力、空气动力和浓差扩散作用采集大气中的被测物质，如自然降尘量的采集。该方法的优点有：不需动力设备，简单易行，且采样时间长，测定结果能较好反映大气污染情况。自然降尘的采集方法有干法和湿法两种。湿法采样是在一定大小的圆筒形玻璃（或塑料、瓷、不锈钢）缸中加入一定量的水，放置在距地面 5～12m 高，附近无高大建筑物及局部污染源的地方，采样口距基础面 1～1.5m 高，以避免顶面扬尘的影响。我国集尘缸的尺寸为内径(15±0.5)cm、高 30cm，一般加水 100～300mL(视蒸发量和降雨量而定)。为防止冰冻和抑制微生物及藻类的生长，保持缸底湿润，夏季常加入 0.5mol/L 的硫酸铜溶液 2mL，以抑制微生物及藻类的生长，冰冻时节加入 20％乙醇水溶液 300mL 代替防水冰冻。采样时间为(30±2)d，多雨季节注意及时更换集尘缸，防止水满溢出，如果更换集尘缸，各集尘缸采集的样品需要合并后进行测定。干法采样一般使用标准集尘器，在缸底放入塑料圆环，圆环上再放置塑料筛板。

## 6.2.4　大气样品的保存方法

采集的样品应放在不与被测污染物产生化学反应的玻璃或其他容器内，容器要密封并注明样品编号，贴上标签，并且做好采样情况记录。采样记录与实验室分析测定记录同等重要。不重视采样记录，往往会导致一大批监测数据无法统计而报废。采样过程中需要记录的内容有：被测污染物的名称及编号；采样地点和采样时间；采样流量和采样体积；采样时的温度、大气压力和天气情况；采样仪器和所用吸收液；采样者姓名等。

采集好的样品应尽快分析，如果不能在 24h 内分析，则应该将样品放置于专用的密封样品盒内，并立即放入 4℃冷藏箱内保存到样品处理前，防止有机物的分解。

# 6.3 有机污染物的空气采样器

本节讨论的空气采样器主要是针对空气中痕量有机污染物的采集，按照采样器有无动力装置，可将有机污染物的空气采样器分为主动采样器和被动采样器两种，主动采样器是通过采样泵使空气通过滤膜收集颗粒物，通过吸收剂（吸附剂）收集气态污染物。主动采样器的优点是能够在短时间内采集足够空气体积的大气样品，并且能够同时获得气态和颗粒态的浓度，通过精确的采样体积，能够对大气中的污染物进行准确计算。被动采样器是近年来得到快速发展的一种无动力采样仪器，主要是基于气体分子扩散和渗透原理，利用吸附剂捕集空气中的气态有机污染物，以实现大气中污染物的采集。

## 6.3.1 主动采样器

依据我国环境保护行业标准《环境空气采样器技术要求及检测方法》（HJ/T 375—2007），空气采样器是由进气导管、吸收瓶、干燥器、流量调节装置、转子流量计、时间控制系统、采样泵和真空压力表等部分构成。通常主动采样器由三个主要部分组成：采样头，流量计和采样动力。

**1. 采样头**

采样头是捕集空气中预测污染物的装置。采样头主要由采样切割器、滤膜及滤膜支撑部分、装填吸附剂的采样筒、采样筒架及硅橡胶密封圈组成，如图 6-1 所示。采样头的材料应

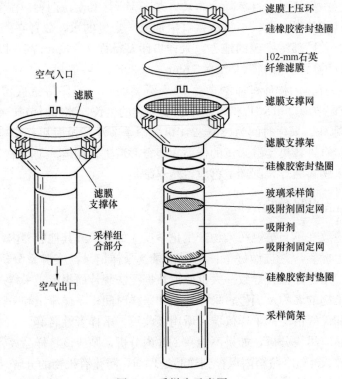

图 6-1 采样头示意图

选用不锈钢或聚四氟乙烯等不吸附有机物或不与被测污染物发生化学反应的材料。应根据检测目的、相关标准的要求选择切割器，切割器的性能参数指标应满足环境保护标准《环境空气颗粒物（$PM_{10}$ 和 $PM_{2.5}$）采样器技术要求及检测方法》（HJ 93—2013）的要求，对于中流量和大流量的采样器，切割器的切割点应选用 100L/min 和 225L/min。依据我国环境保护行业标准《环境空气质量手工监测技术规范》（HJ/T 194—2005），对于气态污染物的采集，通常采用多孔玻璃筛板吸收瓶收集，在规定采样流量下，装有吸收液的吸收瓶的阻力应为 $(6.7\pm0.7)kPa$，吸收瓶玻板的气泡应分布均匀。对于颗粒态污染物的采集，一般使用超细玻璃纤维滤膜和有机纤维膜两种类型，要求所用滤膜对 $0.3\mu m$ 标准粒子的截留效率不低于 $99\%$，在气流速度为 0.45m/s 时，单张滤膜的阻力不大于 3.5kPa。依据我国国家环境保护标准《环境空气半挥发性有机物采样技术导则》（HJ 691—2014），还可以用吸附剂对气态污染物进行采集，常用的吸附剂有密度为 $0.022g/cm^3$ 的聚氨基甲酸酯泡沫（简称 PUF）、大孔树脂或两种吸附剂的组合。采样介质的选择应考虑采样介质自身的稳定性，对目标化合物的捕集效率、目标化合物在采样介质上的稳定性、脱附效率和采样介质携带的方便性等。采样介质的选择还应考虑被分析物质的物理和化学性质。通常，选择采样介质尽可能选择采样阻力少、对目标化合物的吸附效率高、受空气湿度干扰小的介质。

**2. 流量计**

采样器应定期进行单点流量校准和多点流量校准以及累积标况体积校准，通常采用流量计进行校准。流量计是测量气体流量的仪器，而流量是计算采集气体体积的参数。常用的流量有皂膜流量计、孔口流量计、临界孔稳流器、湿式流量计转子流量计、质量流量计等。

皂膜流量计是一根标有体积刻度的玻璃管，管的下端有一支管和装满肥皂水的橡皮球，当挤压橡皮球时，肥皂水液面上升，由支管进来的气体便起皂膜，并在玻璃管内缓慢上升，准确记录通过它一定体积气体所需时间，即可得知流量。这种流量计常用于校正其他流量计，在很宽的流量范围内误差皆小于 $1\%$。

孔口流量计有隔板式和毛细管式两种。当气体通过隔板或毛细管小孔时，因阻力而差生压力差；气体流量计越大，阻力越大，产生的压力差也越大，由下部的 U 形管两侧的液柱差可直接读出气体的流量。

转子流量计由一个上粗下细的锥形玻璃管和一个金属制转子组成。当气体由玻璃管下端进入时，由于转子下端的环形孔隙截面积大于转子上端的环形孔隙截面积，所以转子下端气体的流速小于上端的流速，上端的压力大于下端的压力，使转子上升，直到上下两端压力差与转子的重量相等时，转子停止不动。气体流量越大，转子升的越高，可直接从转子上沿位置读出流量。当空气湿度很大时，需在进气口前连接一个干燥管，否则，转子吸附水分后重量增加，影响测量结果。

临界孔是一根长度一定的毛细管，当空气流通过毛细孔时，如果两端维持足够的压力差，则通过小孔的气流就能保持恒定，此时为临界状态流量，其大小取决于毛细管孔径大小。这种流量计使用方便，广泛用于空气采样器和自动监测仪器上控制流量。临界孔可以用注射器针头代替，其前面应加除尘过滤器，防止小孔被阻塞。

**3. 采样动力**

采样动力为抽气装置，要根据采样所需流量、收集器类型以及采样点的条件进行选择，并要求其抽气流量稳定、连续运行能力强、噪声小和能满足抽气速度要求。注射器、连续抽气筒、双联球等手动采样动力适用于采气量小、无市电供给的情况。对于采样时间较长和采样速度要求较大的场合，需要使用电动抽气泵。

我国国家环境保护标准《环境空气半挥发性有机物采样技术导则》（HJ 691—2014）中对于采样器工作点流量的定义为：在工作环境条件下，通过采样头（或吸附管）入口处的采气流量，称为采样器的工作点流量。根据采样器的工作点流量的大小，可以将采样器分为大流量采样器、中流量采样器和低流量采样器。大流量采样器和中流量采样器主要适合采集以气态、气溶胶状态或以两种形式同时存在的有机污染物，低流量采样器主要适用于采集以气体状态存在的有机污染物。

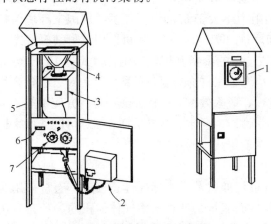

图 6-2　大流量主动采样器

1—流量记录器；2—流量控制器；3—抽气风机；
4—滤膜夹；5—铝壳；6—工作计时器；
7—计时器的程序控制器

大流量采样器由采样头、抽气风机、流量记录仪、计时器及控制系统、壳体等组成，如图 6-2 所示。如果进行颗粒态污染物的采集，采样头需要安装滤膜夹，滤料夹可安装 $(20 \times 25) cm^2$ 的玻璃纤维滤膜，以 $1.1 \sim 1.7 m^3/min$ 流量采样 $8 \sim 24h$。当采气量达 $1500 \sim 2000 m^3$ 时，样品滤膜可用于测定颗粒物中的金属、无机盐及有机污染物等组分。如果进行气态污染物的采集，还需要在采样头中安装采样筒。我国国家环境保护标准《环境空气半挥发性有机物采样技术导则》（HJ 691—2014）规定，采样筒由内径为 60mm、长 125mm 的硼硅玻璃制成，吸附剂的支撑体为孔径为 1.2mm

（16 目）的不锈钢筛网。常用的吸附剂有密度为 $0.022 g/cm^3$ 的聚氨基甲酸酯泡沫（简称 PUF）、大孔树脂或两种吸附剂的组合。

中流量采样器由采样头、流量计、采样管及采样泵等组成。这种采样器的工作原理与大流量采样器相同，只是采样夹面积和采样流量比大流量采样器小。我国规定采样夹有效直径为 80mm 或 100mm。当用有效直径 80mm 滤膜采样时，采气流量控制在 $7.2 \sim 9.6 m^3/h$；用 100mm 滤膜采样时，流量控制在 $11.3 \sim 15 m^3/h$。

低流量采样器通常用采样管填充吸附剂用于采集空气中的污染物。采样管一般由长 10cm，内径为 20mm 的硼硅玻璃制成。根据吸附剂的填充方式，可以分为单层填充方式、三层填充方式和前后两段填充方式，吸附剂的填充方式主要取决于被测化合物的性质和吸附剂的特性，无论哪种填充方式，其采样效率都应达到 65％～125％之间。

对于大气颗粒物样品的采集，颗粒物采样器可以分为总悬浮颗粒物（TSP）采样器和可吸入颗粒物（$PM_{10}$、$PM_{2.5}$）采样器。总悬浮颗粒物采样器有大流量、中流量和低流量采样器三种类型。可吸入颗粒物采样器广泛使用大流量采样器。在连续自动监测仪器中，可采用静电捕集法、射线吸收法或光散射法直接测定浓度。但不论哪种采样器都装有分离颗粒物的装置，称为分尘器或切割器。分尘器有旋风式、向心式、撞击式等多种，它们又分为二级式和多级式。前者用于采集粒径 $10 \mu m$ 以下的颗粒物，后者可分级采集不同粒径的颗粒物，用于测定颗粒物的粒径分布。

### 6.3.2　被动采样器

相对于传统主动采样技术，空气被动采样技术（Passiveair sampler，PAS），具有采样器结构简单、价格低廉、体积小、重量轻、携带方便、无需电源和特别维护等特点，非常适合空气中持久性有机物（Persistent Organic Pollutants，POPs）的多点位同时采集，因此，该技术既适应于小尺度、微环境（如室内环境、职业暴露环境和社区环境等）中 POPs 的空气质量监测，又适合大尺度、区域性，乃至全球性大气中 POPs 的国际合作监测研究。被动采样器的缺点是采样速度相对较慢，需要较长的时间来采集环境中低浓度的污染物，以达到检测仪器的灵敏度。根据吸附材料的不同，目前广泛应用的大气被动采样器有：半透膜被动采样器（Semi-permeable membrane device，SPMD）、聚氨酯泡沫被动采样器（Polyurethane foam disk，PUF）、XAD-2 树脂被动采样器（Resin XAD-2，styrene-divinyl benzene copolymer）、XAD-4 树脂浸渍的 PUF 碟片被动采样器（Sorbent impregnated polyurethane，SIP）。

**1. SPMD-PAS**

SPMD-PAS 采样器是由 Huckins 等设计的，采用带状的低密度聚乙烯膜筒或其他低密度聚合物膜筒作为采样材料，内装有大分子（>600Da）中性脂类，常用的是三油酸甘油酯。采样时，将 SPMD 圈套于金属百叶箱内的不锈钢支架上，百叶箱可以有效的保护 SPMD 免受风、光照、雨水的冲刷及颗粒物沉降的影响。SPMD-PAS 的特点是容量大、耐饱和性强，可以针对 POPs 进行连续数月到数年的采集。缺点是该类型的采样器操作比较复杂，安装时容易受到污染。

**2. PUF-PAS**

PUF-PAS 是由 Harner 等研制的，主要是利用软性聚氨酯泡沫制作成碟片作为吸附介质。采样时 PUF 碟片由 1 根作为主轴的螺旋杆固定在 2 个相向的大小不同的不锈钢碗中（图 6-3）。2 个不锈钢碗并非完全密封，并且下方的不锈钢碗为筛网状，孔洞分布均匀，形成一个不完全封闭的空间，空气可以通过上下扣碗间的缝隙和下方碗上的孔洞流通，从而使 PUF 碟片能采集空气中 POPs。将 PUF 碟片安装在上述 2 个相向不锈钢扣碗中，最大限度的减少风、降雨和光照的影响。PUF-PAS 具有造价低廉、便于携带、安装简单的特征，可用于空气

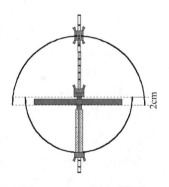

图 6-3　PUF 被动采样器

中 POPs 的几周到几月的短期采样，近年来，该采样器已经被广泛用在不同尺度大气中 POPs 的研究中。

**3. XAD-2-PAS**

XAD-2-PAS 是由加拿大的 Wania 等设计的，是一种利用苯乙烯-二乙烯基苯共聚物 XAD-2 作为吸附剂的 PAS。该采样器含有上下具盖的纤巧的不锈钢网制成的细长微孔圆筒，筒中装有 XAD-2 树脂粉末，此筒安装在带有不锈钢顶盖，底端开口的保护套中（图 6-4），此保护套用于减少风，干、湿沉降等气象因素对采样的影响。保护套中空气的流通是通过开口的底部及保护套顶部的小孔进行的，在流通过程中，空气中的 POPs 被 XAD-2 吸附。开口的底部安装有大孔筛，以防止小动物等进入采样套筒内，同时又能保证有足够的空气进入。XAD-2-PAS 具有吸附容量大的特点，适合于数月至数年的空气样品的长期采样，其缺

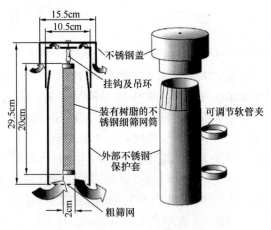

图 6-4　XAD-2-PAS 采样器示意图

点是结构复杂、制作与运输成本昂贵、操作繁琐。

### 4. SIP-PAS

SIP-PAS 采样器是由加拿大的 Shoeib 等设计的，将 PUF 碟片浸渍 XAD-4 树脂制成被动采样器，利用了 PUF 碟片的吸收与 XAD-4 树脂粉末的吸附的协同作用，特别适合对空气中易挥发的化合物和极性化合物的采集。对于采集氟调醇类化合物这种正辛醇-水分配系数值较低，在 PUF 碟片上吸收不明显的化合物，XAD-4 树脂粉末吸附作用的重要性增强，能够采集更易挥发的全氟化合物和全氟烷基磺酰胺。

### 5. 其他类型的被动采样器

除了以上几种广泛使用的 PAS 外，国内外科研人员还研制了一些其他类型的 PAS。Paschke 等研制的由低密度聚乙烯渗透膜和硅化人造橡皮棒构成的螺旋棒采样器（Spiral-rod Sampler）和由低密度聚乙烯渗透膜和涂有聚二甲基硅氧烷的搅拌棒采样器（Stir-bar-Sampler），这两种类型的采样器具有设计简单、价廉和样品容易处理的优点，采集的样品可以通过热脱附直接与毛细管气相色谱质谱联用仪相连。Bartkow 等研制的基于聚乙烯薄膜的被动采样器（PE-PAS），该采样器以 $100\sim200\mu m$ 的聚乙烯薄膜作为采样介质，展布于底端开口的百叶箱中，进行采样，该类型采样器适合数周到数月的 POPs 的采样。大部分的 PAS 的设计主要是针对大气中气态污染物的采集，但是在进行野外实验的过程中，也能够采集到部分的颗粒态污染物，但是无法对气态和颗粒态污染物进行区分，分别对气态和颗粒态污染物进行定量，针对这一设计缺陷，北京大学陶澍等研制了一种能够同时采集气态和颗粒态 POPs 的 PAS 采样器，该装置为不锈钢圆柱，内部通过螺杆固定 PUF 碟片和玻璃纤维滤膜，前者置于圆筒顶部用于吸附气态污染物，后者固定于底板，用于接收大气颗粒态污染物，该采样器比较适合我国城市大气中高悬浮颗粒物的特点。为了提高 PAS 采样器的采样速率，缩短采样时间，近年来还研制了一些大气定向被动采样装置，如 Hung 等利用风向仪原理，设计了可随风向实时旋转的定向采样装置；北京大学陶澍等设计了一种固定方向的风力开合式定向采样装置，可以通过在不同的方向上安置这种采样器，采集大气中的污染物。

# 6.4　大气中典型污染物的分析

## 6.4.1　大气中多氯联苯的分析

### 1. 方法原理

通过聚氨酯泡沫（PUF）被动采样器将环境空气中的气态多氯联苯采集于聚氨酯泡沫上，通过索氏提取萃取将吸附在 PUF 上的多氯联苯洗脱到有机溶剂中，通过硅胶层析柱净化去除干扰，用气相色谱质谱联用仪进行检测。根据保留时间、碎片离子质荷比及不同特征离子的丰度比进行定性。以 CB-30 和 CB-204 作为内标，通过内标法对 84 种 PCBs 进行定量，多氯联苯的结构通式如图 1-3 所示；典型多氯联苯的结构式如图 6-5 所示。

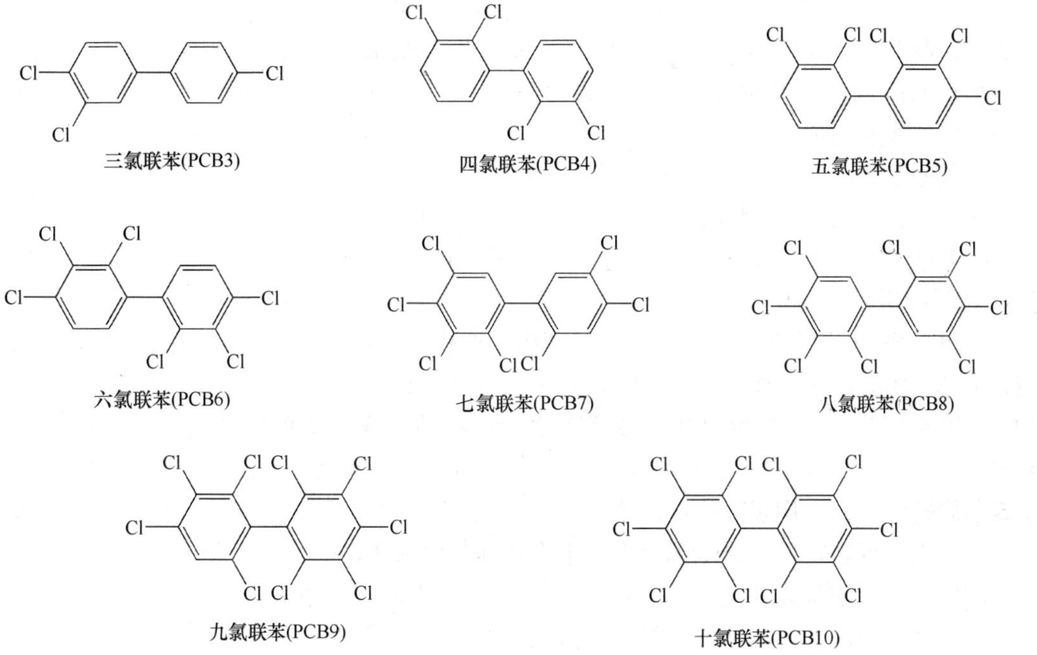

图 6-5　典型多氯联苯的结构式

### 2. 适用范围

本方法适用于环境空气中 84 种多氯联苯的测定。若通过验证，本方法也适用于其他多氯联苯的测定。

### 3. 试剂与仪器

（1）试剂

① 有机溶剂：丙酮、正己烷、二氯甲烷、异辛烷等均为农残分析级；

② 无水硫酸钠：分析纯，于 600℃马弗炉中灼烧 6h，干燥器中冷却备用；

③ 硅胶：100～200 目，于 130℃马弗炉中灼烧 16h，然后用 3.0%的去离子水灭活，干燥器中平衡后备用；

④ 载气：高纯氮气，纯度≥99.99%，用于样品浓缩；

⑤ 氦气：高纯氦气，纯度≥99.99%，用于气相色谱作为载气；

⑥ 标准溶液：市售有证 PCBs 混合标样，溶剂为异辛烷，共 84 种 PCBs 同系物，其中含 2 个氯原子的 10 种（按 IUPAC 命名分别为：CB-4,5,6,7,8,9,10,12,13,15），含 3 个氯原子的 11 种（CB-16,17,18,19,22,26,28,31,32,33,37），4 个氯原子的 19 种（CB-41,42,44,45,47,48,49,52,53,56,60,64,66,70,71,74,76,77,81），5 个氯原子的 19 种（CB-83,84,85,87,89,91,92,95,97,99,100,101,105,110,114,118,119,123,126），6 个氯原子的 12 种（CB-128,131,132,135,138,144,149,153,156,163,167,169），7 个氯原

（CB-170,171,172,174,180,190），8 个氯原子的 5 种（CB-194,199,200,202,205），9 个氯原子的 2 种（CB-206,207）；

⑦ 内标指示物：2,4,6-Trichlorobiphenyl（CB-30），2,2′,3,4,4′,5,6,6′-Octachlorobiphenyl（CB-204）标准溶液，用于作为内标对 84 种 PCBs 进行定量，溶剂为异辛烷；

⑧ 回收率指示物：2,3,5,6-Tetrachlorobiphenyl(CB-65),2,2′,4,4′,6,6′-Hexachlorobiphenyl（CB-155），用于检验方法的回收率，必要时对结果进行回收率校正，溶剂为异辛烷；

⑨ 标准溶液：配制浓度为 1ng/mL、5ng/mL、10ng/mL、30ng/mL、60ng/mL 的标液，用于绘制标准曲线。

（2）仪器

① 气相色谱-质谱联用仪：美国 Agilent 公司，型号为 5890GC/5973MS；

② 毛细管色谱柱：石英毛细管柱，长 30m、内径 0.25mm、膜厚 0.25$\mu$m（DB-5MS，美国 Agilent 公司）；

③ PUF 被动采样器：PUF 被动采样器由 2 个相向的不锈钢圆盖和 1 根作为固定主轴的螺杆组成，顶底盖扣合形成一个不完全封闭的空间，以减少风、降雨和光照的影响，PUF 圆盘固定在主轴上，空气可以通过顶底盖之间的空隙和底盖上的圆孔流通。PUF 规格为：直径 15cm；厚度 1.45cm；表面积 420cm$^2$；净重 5.12g；体积 256cm$^3$；密度 0.02g/cm$^3$；

④ 旋转蒸发仪：用于提取液的浓缩；

⑤ 真空干燥箱：用于聚氨酯泡沫的干燥和硅胶的活化；

⑥ 氮吹仪：配备高纯氮气（≥99.999%），用于提取液的浓缩；

⑦ 超声波清洗器：用于玻璃器皿的清洗；

⑧ 纯水仪：用于生产超纯水；

⑨ 索氏提取器：500mL，用于提取样品；

⑩ 恒温水浴锅：控制温度精确在±1℃；

⑪ 微量注射器：100$\mu$L、250$\mu$L 和 1mL；

⑫ 玻璃器皿：平底烧瓶、烧杯、量筒、胶头滴管、玻璃层析柱等。

**4. 测定步骤**

（1）样品的采集

PUF 被动采样器的采样原理为：利用软性 PUF 作为吸附介质，采样作用力来自于空气分子的扩散作用和 PUF 与空气之间的目标物浓度差。PAS 是利用吸附介质采集空气中气态有机污染物，主要应用气体分子扩散和渗透原理。污染物从吸附剂上的逸失速率随着采样时间的延长逐渐增加，达到动态平衡时，吸附速率与逸失速率相等，可将这一过程描述为三个阶段，即：动力学控制的线性阶段、曲线阶段和平衡阶段。通常 PAS 均在动力学控制的线性阶段工作。

PCBs 是环境痕量污染物，在大气中含量极少，因此，在进行大气 PCBs 样品采集时一定要防止人为污染的引入，在样品采集前一定要做好前处理工作，如采样介质的净化、采样器的清洗、采样用材料的准备和清洗等。

采样介质 PUF 的清洗：采样介质 PUF 圆盘需要清洗净化，具体操作为：先用热的肥皂水把 PUF 清洗干净，用去离子水进行漂洗，将残留的肥皂漂洗干净；然后将清洗好的 PUF 放入索式提取器中，用丙酮萃取 24h，再用正己烷萃取 24h；将真空干燥后的 PUF 放入用溶剂清洗干净的棕色玻璃瓶中，密封后保存。

PAS 采样器的安装：采样前，采样器用丙酮溶剂清洗干净，PUF 被动采样器和干净的 PUF 被密封运送至采样地点，将采样介质 PUF 安装在被动大气采样器上。安装前，需用蘸取丙酮的脱脂棉进行采样器表面清洗，把 PUF 安装到采样器上后，将采样器组装、固定。农村和背景采样点采样器的安装高度一般为 1.5m，城市采样点由于情况比较复杂，采样器安装高度很难统一，一般安装在选定地点的楼顶。

大气样品的收集和保存：进行 2～3 个月的采样后，使用经溶剂清洗过的镊子取下 PUF，放到原来的玻璃瓶中，密封，进行样品登记、编号，置于 −20℃ 冰柜中密封保存。

（2）样品提取和浓缩

由于 PCBs 在空气中含量很低，多为痕量级，并且干扰物较多，所以要求前处理方法能够很好地去除其他干扰物，并且不会导致样品失真。对于 PCBs 的分析，首先利用有机溶剂把 PCBs 从采集的样品中提取出来，然后对提取液进行净化处理，再进行浓缩处理以达到检测仪器的检出限。

将采集后的大气样品（PUF）加入 100$\mu$L 含有 2 种 PCBs（CB-65 和 CB-155）的代标后，进行索氏提取。将提取溶液 350mL 正己烷/丙酮（1：1，$V/V$）混合液倒入 500mL 平底烧瓶中，置于 （75±1）℃ 水浴中提取 24h。回流完毕后，待冷却到室温，取出平底烧瓶，加入少许无水硫酸钠脱水后，将提取液在旋转蒸发仪上浓缩至 1～2mL，备用。

（3）样品净化

大气样品由于组分复杂，干扰物较多，会影响 PCBs 的检测，因而，有必要进行样品的净化。采用活化后硅胶层析柱净化法去除提取液中的干扰物，具体操作为：在层析柱中先装入 2cm 左右的无水硫酸钠，加入已用正己烷调湿的硅胶，轻轻敲打震实后再装入 2cm 左右的无水硫酸钠，并轻轻敲打使柱内各个界面保持水平。将装好的硅胶层析柱用约 30mL 的二氯甲烷和约 30mL 的正己烷依次润洗一遍，放干时使正己烷液面恰好与无水硫酸钠上表面相切（不要接触空气）。将萃取溶液全部转移至硅胶净化柱内，用正己烷润洗收集瓶，润洗液移入柱内，用 40mL 正己烷/二氯甲烷（1：1，$V/V$）淋洗，淋洗液收集于梨形瓶中，旋转蒸发至 1mL 左右。

将浓缩后的溶液全部移入离心管中，分三次用 1mL 左右异辛烷润洗梨形瓶，润洗液移入刻度离心管中，用高纯氮气吹干大部分溶剂，加入内标物质 CB-30、CB-204 混匀，之后用异辛烷定容至 1mL，转移至 GC/MS 自动进样用的样品瓶中，用封口膜密封后存放于 −20℃ 冰柜中，等待分析。

（4）样品分析

① 色谱条件

DB-5MS（30m×0.25mm×0.25$\mu$m）；进样口温度：250℃；升温程序：90℃，保持 1min，以 15℃/min 升温至 160℃，然后以 3℃/min 升温至 280℃，保持 15min；载气：氦气，流速 0.8mL/min；无分流进样，进样量：2$\mu$L。

② 质谱条件

传输线温度：280℃；溶剂延迟时间：8min；扫描方式：选择扫描离子（SIM）。电子轰击电离源，离子源温度 200℃，电子能量 70eV。具体扫描离子见表 6-4，SIM 原则是：定量离子尽可能选用分子离子峰；参比离子则选用峰比较高、受其他组分干扰少的离子。

表 6-4 PCBs 的扫描离子

| PCBs 组分 | 起始采集<br>时间/min | 终点采集<br>时间/min | 定量离子 | 定性离子 |
|---|---|---|---|---|
| 二氯联苯 | 18.5 | 21.7 | 222 | 224 |
| 二、三氯联苯 | 21.7 | 27.4 | 222、256 | 224、258 |
| 三、四氯联苯 | 27.4 | 28.4 | 256、292 | 258、290 |
| 四氯联苯 | 28.4 | 32.6 | 292 | 290 |
| 四、五、六氯联苯 | 32.6 | 48.9 | 292、326、360 | 290、328、362 |
| 六、七、八氯联苯 | 48.9 | 54.5 | 360、394、430 | 362、396、428 |
| 八、九氯联苯 | 54.5 | 65 | 430、464 | 428、462 |

（5）仪器检出限

84 种 PCBs 的仪器检出限（IDL）见表 6-5（该表中一共 72 个物质，其中包括 12 个混合物，所以一共有 84 种 PCBs）。

表 6-5　84 种 PCBs 的仪器检出限　　　　　　　　　（ng）

| PCBs | IDL | PCBs | IDL | PCBs | IDL | PCBs | IDL |
|---|---|---|---|---|---|---|---|
| CB-4+10 | 0.044 | CB-52 | 0.092 | CB-101 | 0.143 | CB-163+138 | 0.161 |
| CB-7+9 | 0.04 | CB-49 | 0.069 | CB-99 | 0.107 | CB-126 | 0.15 |
| CB-6 | 0.088 | CB-47+48 | 0.074 | CB-119 | 0.118 | CB-128 | 0.214 |
| CB-5+8 | 0.062 | CB-44 | 0.123 | CB-83 | 0.092 | CB-167 | 0.148 |
| CB-19 | 0.057 | CB-42 | 0.095 | CB-97 | 0.101 | CB-174 | 0.145 |
| CB-12 | 0.15 | CB-37 | 0.084 | CB-87 | 0.123 | CB-202 | 0.114 |
| CB-13 | 0.15 | CB-41+71 | 0.068 | CB-81 | 0.196 | CB-171 | 0.164 |
| CB-18 | 0.108 | CB-64 | 0.115 | CB-85 | 0.13 | CB-156 | 0.191 |
| CB-17 | 0.099 | CB-100 | 0.092 | CB-110 | 0.1 | CB-172 | 0.205 |
| CB-15 | 0.214 | CB-74 | 0.111 | CB-77 | 0.25 | CB-180 | 0.167 |
| CB-16 | 0.098 | CB-70 | 0.092 | CB-135+144 | 0.125 | CB-200 | 0.209 |
| CB-32 | 0.082 | CB-76 | 0.056 | CB-123 | 0.129 | CB-169 | 0.173 |
| CB-26 | 0.08 | CB-66 | 0.143 | CB-149 | 0.141 | CB-170+190 | 0.084 |
| CB-31+28 | 0.071 | CB-95 | 0.088 | CB-118 | 0.129 | CB-199 | 0.231 |
| CB-33 | 0.123 | CB-91 | 0.148 | CB-114 | 0.138 | CB-207 | 0.184 |
| CB-53 | 0.069 | CB-56+60 | 0.108 | CB-131 | 0.184 | CB-194 | 0.188 |
| CB-22 | 0.099 | CB-92+84 | 0.096 | CB-153+132 | 0.08 | CB-205 | 0.196 |
| CB-45 | 0.06 | CB-89 | 0.107 | CB-105 | 0.209 | CB-206 | 0.257 |

（6）内标法定量原理

采用标准曲线内标法对样品目标检测物进行定量。配制 5 个系列浓度的标准溶液，标准溶液中加入与样品中浓度一致的 CB-30 和 CB-204 作为内标物，以相对峰面积对浓度求出相对响应因子 RRF。

$$RRF = \frac{m_s}{A_s} \div \frac{m_I}{A_I} \qquad (6-3)$$

式中，$A_s$ 为标准物质峰面积；$m_s$ 为标准物质质量，ng；$A_I$ 为内标物质峰面积；$m_I$ 为内标物质峰质量，ng。

样品中目标物的定量公式如下：

$$m_Q = A_Q \times RRF \times \frac{m_{Ir}}{A_{Ir}} \tag{6-4}$$

式中，$m_Q$ 为样品中目标物的质量，ng；$A_Q$ 为样品中目标物峰面积；$M_{Ir}$ 为样品中加入内标物的质量，ng；$A_{Ir}$ 为样品中内标物的峰面积。

（7）标准曲线绘制

将含有 84 种 PCBs 组分的标准溶液和内标（CB-30 和 CB-204）的标准溶液稀释制备 5 个浓度水平的标准系列。配制的标准曲线系列浓度见表 6-6。由测得的数据绘出每种 PCBs 同系物的工作曲线。检查标准物质工作曲线的相关系数是否满足实验要求，然后以此标准物质工作曲线作为定量的依据。相关系数一般为 0.999 以上。

表 6-6　PCBs 标准溶液的配制表 　　　　　　　　　　　　　（ng/mL）

| 名　　称 | STD1 | STD2 | STD3 | STD4 | STD5 |
|---|---|---|---|---|---|
| PCBs 混合标样 | 1 | 5 | 10 | 30 | 60 |

（8）定量方法

标准曲线绘制完毕或曲线核查完成后，将处理好的并放到室温的样品注入气相色谱-质谱仪，按照仪器参数进行样品测定。根据目标化合物的峰面积计算样品中目标化合物的浓度。如果样品浓度超出标准曲线的线性范围，则需要将样品稀释到校准曲线线性范围内，再进行测定。

**5. 结果计算**

基于 PUF 被动采样器获得的大气中 PCBs 的浓度（$C_{AIR}$）计算公式如下：

$$C_{AIR} = m/V_{AIR} \tag{6-5}$$

式中，$m$ 为 PUF 被动采样器上吸附的 PCBs 的质量，ng；$V_{AIR}$ 为 PUF 被动采样器采集的有效空气体积，$m^3$。

$V_{AIR}$ 的计算公式如下：

$$V_{AIR} = K_{PUF-A'}V_{PUF}(1 - e^{-(A_{PUF}/V_{PUF})(k_A/K_{PUF-A'})t}) \tag{6-6}$$

式中，$A_{PUF}$ 为 PUF 的表面积，$cm^2$；$V_{PUF}$ 为 PUF 的体积，$cm^3$；$k_A$ 为污染物的大气传输系数，对应于线性采样阶段的采样速率是 $3.5m^3/d$ 时，其经验值为 9500cm/d；$t$ 为采样时间，d；$K_{PUF-A'}$ 为污染物在 PUF 和空气间的分配系数，其值可以用如下公式计算：

$$K_{PUF-A'} = K_{PUF-A} \times \rho \tag{6-7}$$

式中，$\rho$ 为 PUF 的密度，$g/cm^3$；$K_{PUF-A}$ 为污染物的 PUF-空气分配系数（平衡时），可以通过污染物的辛醇-空气分配系数（$K_{OA}$）获得。

**6. 质量保证和质量控制**

为保证测试数据的准确可靠，本方法采用美国环保署推荐的质量保证与质量控制方法：实验过程中对每 10 个真实样品进行同一批处理，同时处理一个空白样，以确定实验过程中所用仪器和试剂的清洁程度及人为的影响因素；一个加标样，用于检测方法的回收率；实验过程中还采用添加回收率指示物的方法用于检验每一个样品中目标物的回收率。

（1）净化方法回收率检验

本实验采用硅胶层析柱对样品进行净化，并对硅胶层析柱净化过程进行了回收率实验，得到了较好的回收率和净化效果。在使用硅胶层析柱对 PCBs 样品进行净化时，PCBs 同系物的回收率分布在 90％～102％之间。满足环境痕量物质分析对净化过程回收率的要求。

（2）标准曲线校正

实验过程中，利用设定的 5 个浓度梯度对标准曲线进行日校正，使用已建立的标准曲线测定新配制的已知浓度的标准溶液，测定值与实际值之差应＜20％，否则此标准曲线不能用。另外，标准溶液应当装在密封的玻璃容器中避光冷藏保存，以避免由于溶剂的挥发导致的浓度的变化。

（3）空白样品检测

本方法中所指的空白实验主要分为溶剂空白和场地空白。其中溶剂空白指只加入溶剂，其操作过程与实际样品相同。场地空白指采样介质只进行与实际样品相同的操作过程，而不进行实际采样。溶剂空白的目的是检验实验室操作过程是否被人为污染，其值应该低于方法检出限；场地空白的目的是检验整个采样、运输过程的污染情况，如果空白值较低，污染可以忽略，如果空白值较高，则应查找原因，消除污染后重新进行采样。经检验，本方法所有空白样品目标 PCBs 同系物浓度很低，说明在运输、保存和实验操作过程中没有人为污染引入。

（4）代标回收率

代标是添加在每个分析样品（包括样品、溶剂空白和场地空白）中，以控制整个分析流程回收率的物质。代标 CB-65 的回收率为（112±11）％，CB-155 的回收率为（111±12）％，满足 EPA 规定的代标回收率要求。应当始终对代标的回收率进行确认，如果回收率不符合规定的范围，应查找相应的原因，重新进行样品的提取和净化处理。

（5）加标回收率

加标回收率是为了考察整个方法中所有目标物的回收率情况，每 10 个样品选择一个样品进行加标回收率检验，在样品中加入一定质量的目标物，然后按与实际样品相同的方法进行操作。84 种 PCBs 同系物的加标回收率范围是 90％～135％，平均值为（104±7）％，回收率较高，满足实验要求。

（6）平行实验

在同一采样点放置两台 PUF 被动采样器，同时进行样品的采集，得到平行样品，如果有条件，可以按照总采样点 10％的比例设置平行实验，对于 PCBs 的浓度，可以取平行实验的平均值为该点的浓度，平行实验的结果应在平均值的±30％以内。

（7）玻璃器皿清洗

所有玻璃器皿用自来水洗净后，先进行超声清洗，再放在硝酸溶液中浸泡过夜，然后依次用自来水、蒸馏水、超纯水进行清洗，最后放在 105℃的烘箱中烘干，所有器皿在使用之前用丙酮冲洗一遍，晾干使用。另外，用于分析高、低质量浓度样品的玻璃器皿应分别放在不同的清洗器中进行清洗，避免交叉污染。

**7. 注意事项**

本方法中用到的有机溶剂和化合物均具有一定的危害，所以在操作过程中要尽量放在通风橱内进行，以减少分析人员的暴露。另外，实验人员应配备手套、实验服、安全眼镜、面具等保护措施，并且熟练整个分析过程中的相关风险，并接受安全培训。

实验过程中产生的废物（有机溶剂、废酸）等应该集中收集后，严格按照废物管理办法进行处理，避免废物对环境的污染。

## 6.4.2  大气中多环芳烃的分析

本方法部分内容参考我国环境保护标准《环境空气和废气　气相和颗粒物中多环芳烃的测定　气相色谱-质谱法》（HJ 646—2013）。

**1. 方法原理**

通过大流量空气主动采样器将环境空气气态和颗粒态中的多环芳烃分别采集到聚氨酯泡沫（PUF）和玻璃纤维滤膜（GFF）上，通过索氏萃取法将吸附在 PUF 和 GFF 上的多环芳烃萃取到有机溶剂中，通过硅胶层析柱净化去除干扰，用气相色谱-质谱联用仪进行分析检测，根据保留时间和特征离子进行定性，利用外标法进行定量。

**2. 适用范围**

本方法适用于环境空气中气相和颗粒态 25 种多环芳烃的测定，若通过验证本方法也适用于其他多环芳烃的测定。典型多环芳烃的结构式如图 6-6 所示。

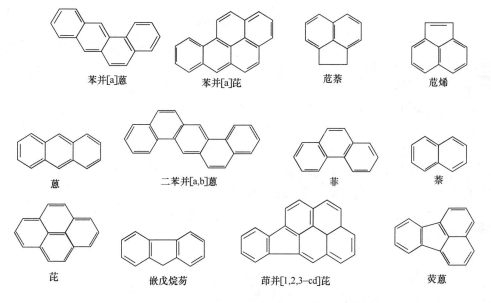

图 6-6　典型多环芳烃的结构式

**3. 试剂与仪器**

（1）试剂和材料

① 有机溶剂：丙酮、正己烷、二氯甲烷、异辛烷等均为农残分析级；

② 无水硫酸钠：分析纯，于 600℃马弗炉中灼烧 6h，干燥器中冷却备用；

③ 硅胶：100～200 目，于 130℃马弗炉中灼烧 16h，干燥器中冷却后备用；

④ 载气：高纯氮气，纯度≥99.99％，用于样品浓缩；

⑤ 氦气：高纯氦气，纯度≥99.99％，用于气相色谱作为载气；

⑥ 标准溶液：多环芳烃的混合标准溶液，可以直接购买，此混合标准溶液含有 25 种 PAHs 同系物：苊、1,2,3,4-四氢萘、萘、1-甲基萘、2-甲基萘、2-氯萘、苊烯、苊、芴、二苯并噻吩、菲、蒽、苯并［a］蒽、屈、荧蒽、芘、䓛烯、苯并［a］芘、苯并［e］芘、芘、二苯并［a,h］蒽、苯并［b］荧蒽、苯并［k］荧蒽、苯并［g,h,i］苝、茚并

[1,2,3-cd]芘;

⑦ 标准溶液:配制浓度为 10ng/mL、50ng/mL、100ng/mL、250ng/mL、500ng/mL 的标液,溶剂为异辛烷,用于绘制标准曲线;

⑧ 回收率指示物:naphthalene-D8,fluorene-D10,pyrene-D10,perylene-D12 购于有证化学标准品公司,用于检验方法回收率,配制成 2000ng/mL 的标准溶液使用,溶剂为异辛烷。

(2) 仪器和设备

① 气相色谱-质谱联用仪:美国 Agilent 公司,型号为 6890GC/5973MS;

② 毛细管色谱柱:石英毛细管柱,长 30m,内径 0.25mm,膜厚 0.25μm(HP-5MS,美国 Agilent 公司);

③ 大流量空气采样器:采样流速为 0.8m³/min,连续 24h 能够采集到 1151~1152m³ 的空气样品;

④ 采样头:采样头由玻璃纤维滤膜固定架和吸附剂套筒两部分组成,本方法使用的切割头用于采集大气中的总悬浮颗粒物;

⑤ 流量校准装置:用于对主动采样器的流量进行校准;

⑥ 聚氨酯泡沫(PUF):圆柱形,9.5cm×5cm,分别用丙酮、正己烷连续萃取 24h,真空干燥器干燥后,保存到棕色玻璃瓶内备用;

⑦ 玻璃纤维滤膜(GFF):20cm×25cm,450℃马弗炉中灼烧 7h,干燥器中冷却、称重备用。对于 0.3μm 的标准粒子的截留效率不低于 99%,在气流速度为 0.45m/s 时,单张滤膜的阻力不大于 3.5kPa;

⑧ 电子天平:精度 0.0001g;

⑨ 旋转蒸发仪:用于提取液的浓缩;

⑩ 真空干燥箱:用于聚氨酯泡沫的干燥和硅胶的活化;

⑪ 氮吹仪:配备高纯氮气(≥99.999%),用于提取液的浓缩;

⑫ 超声波清洗器:用于玻璃器皿的清洗;

⑬ 纯水仪:用于生产超出水;

⑭ 索氏提取器:250mL、1000mL,用于提取样品;

⑮ 恒温水浴锅:控制温度精确在 ±1℃;

⑯ 微量注射器:100μL、250μL 和 1mL;

⑰ 玻璃器皿:平底烧瓶、烧杯、量筒、胶头滴管、玻璃层析柱等。

**4. 测定步骤**

(1) PUF 和 GFF 的净化

大气中 PAHs 的采集大多采用主动采样技术,其原理主要是利用泵使空气流通过滤膜、吸附剂等,大气中的 PAHs 则被截留在滤膜和吸附剂上。通常利用滤膜(玻璃纤维滤膜或石英纤维滤膜)采集颗粒态 PAHs,利用吸附剂(聚氨酯泡沫)采集气态 PAHs。5 环以上的 PAHs 主要存在与颗粒相上,可以通过玻璃纤维滤膜采集;2 环和 3 环的 PAHs 主要存在于气相上,可以通过聚氨酯泡沫采集;4 环的 PAHs 在两相中同时存在,所以必须通过玻璃纤维滤膜和聚氨酯泡沫同时采集,在本方法中选择同时安装玻璃纤维滤膜和聚氨酯泡沫进行大气样品的采集。

由于 PAHs 是环境痕量有机污染物,容易受到其他污染物的干扰,因此在进行大气样品采集时一定要防止人为污染的引入，在样品采集前一定要做好前处理工作，如采样介质的净化、采样器的清洗、采样用材料的准备和清洗等。

吸附剂 PUF 的清洗：采样前需要将采样介质 PUF 清洗净化，具体操作为：先用热的肥皂水把 PUF 清洗干净，用去离子水进行漂洗，将残留的肥皂漂洗干净；然后将清洗好的 PUF 放入索式提取器中，用丙酮萃取 24h，再用正己烷萃取 24h；将真空干燥后的 PUF 放入用溶剂清洗干净的棕色玻璃瓶中，密封后保存。

玻璃纤维滤膜的净化：450℃马弗炉中灼烧 7h，干燥器中冷却、称重备用。

（2）样品采集

采样前需要对采样器进行流量校正，依次安装好滤膜、吸附剂套筒（含有两个串联的 5cm 高的 PUF），连接好采样器，设定采样流量，开始采样，并且记录采样时间，采样流量，气象条件等。采样结束后，打开采样头上的滤膜夹，用干净的镊子轻轻取下滤膜，采样面向里对折，从吸附剂套筒中取出 PUF，放到样品瓶中，密封后运到实验室。

样品采集后放到冰柜中保存。如果采集后的样品放到避光的 4℃ 的冰柜中保存，7d 内提取完毕；如果放在 −15℃ 的冰柜中，30d 内完成提取。

（3）样品处理

由于 PAHs 在大气中的含量很低，多为痕量级，并且干扰物较多，所以要求预处理方法能够很好地去除其他干扰物，并且不会导致样品失真。对于 PAHs 的分析，首先利用有机溶剂把 PAHs 从采集的样品中提取出来，然后对提取液进行净化处理，再进行浓缩处理以达到检测仪器的检出限。

将采集后的大气样品（用于采集颗粒态的 GFF 和气态的 PUF）分别加入四种 PAHs 的回收率指示物后，单独进行索氏提取，其中 GFF 和 PUF 分别用二氯甲烷和丙酮/正己烷混合溶液（1:1，$V/V$）于 40℃ 和 70℃ 水浴中提取 24h，要求每小时回流次数不少于 4 次。回流完毕后，冷却到室温，取出平底烧瓶，清洗提取器及接口处，将清洗液一并转移到平底烧瓶。GFF 的提取液加入 10mL 正己烷后，旋转蒸发至 3mL，完成溶剂置换，而 PUF 的提取液直接旋转蒸发至 3mL。

大气样品由于组分复杂，干扰物较多，会影响 PAHs 的检测，因而有必要进行样品的净化。本方法采用活化后硅胶层析柱净化法去除提取液中的干扰物，具体操作为：硅胶采用湿法装柱，采用预置二氯甲烷后，层析柱从下到上依次放入脱脂棉、5g 活化后的硅胶、2～3cm 无水硫酸钠，待层析柱顶端二氯甲烷即将流干时，再用 30mL 正己烷/二氯甲烷混合溶液（1:1，$V/V$）清洗层析柱，待混合液流干后，将浓缩后的 3mL 提取液转移至层析柱，待提取液完全流干后，用 70mL 正己烷/二氯甲烷混合液（1:1，$V/V$）洗脱样品，再次将洗脱液加入异辛烷后旋蒸至 1～2mL，最后经高纯柔和氮气吹脱定容到 1mL，转移到棕色色谱瓶，密封摇匀。制备的样品在 −20℃ 的冰柜中保存，30d 内完成分析。

（4）样品分析

总悬浮颗粒物浓度的测定：将采样前和采样后的玻璃纤维滤膜分别放在真空干燥器内平衡 24h，恒重后称重，通过差重法计算出总悬浮颗粒物的质量，再除以采样体积，得到大气总悬浮颗粒物的浓度。

多环芳烃的测定：本方法采用 Agilent 6890N-5973 型气质联用仪作为 PAHs 的检测仪器。色谱柱为 HP-5MS 型柱（30m×0.25mm×0.25$\mu$m）；

色谱柱升温程序为：柱温 90℃ 保持 1min，然后以 10℃/min 的速度升温至 180℃，再以

$3\text{℃}/\text{min}$ 的速度升温至 $280\text{℃}$，保持 $20\text{min}$；恒流无分流进样 $2.0\mu\text{L}$，载气为高纯 He 气；离子源为：EI 源；质谱离子源能量为 $70\text{eV}$ 的电子轰击源。扫描方式为选择离子扫描（SIM）。

采用标样中各种物质的色谱峰保留时间和特征离子对实际样品中的 PAHs 进行定性，25 种 PAHs 的定性与定量离子见表 6-7。

表 6-7　PAHs 的定性与定量离子

| 化合物 | 定性离子 /$(m/z)$ | 定量离子 /$(m/z)$ | 化合物 | 定性离子 /$(m/z)$ | 定量离子 /$(m/z)$ |
|---|---|---|---|---|---|
| 茚 | 116 | 115 | 二苯并噻吩 | — | 184 |
| 1,2,3,4-四氢萘 | 115 | 104 | 䓛烯 | 234 | 219 |
| 萘 | 127 | 128 | 苯并 [a] 蒽 | 226 | 228 |
| 1-甲基萘 | 141 | 142 | 䓛 | 226 | 228 |
| 2-甲基萘 | 141 | 142 | 苯并 [e] 芘 | 250 | 252 |
| 2-氯萘 | 164 | 162 | 芘 | 250 | 252 |
| 苊烯 | 151 | 152 | 苯并 [b] 荧蒽 | 250 | 252 |
| 苊 | 154 | 153 | 苯并 [k] 荧蒽 | 250 | 252 |
| 芴 | 165 | 166 | 苯并 [a] 芘 | 250 | 252 |
| 菲 | 176 | 178 | 茚并 [1,2,3-cd] 芘 | 274 | 276 |
| 蒽 | 176 | 178 | 二苯并 [a,h] 蒽 | 276 | 278 |
| 荧蒽 | 200 | 202 | 苯并 [g,h,j] 苝 | 274 | 276 |
| 芘 | 200 | 202 | | | |

（5）定量方法

本方法采用外标法进行定量，采用五点法建立 PAHs 的标准曲线，共设定了 10ng/mL、50ng/mL、100ng/mL、250ng/mL 和 500ng/mL5 个浓度梯度。通过对 5 个不同浓度的标准溶液进行分析，计算出浓度与色谱峰峰面积之间的相关系数，得到定量标准曲线，得出各目标物的相关系数，均在 0.999 以上；测定过程中用设定的 5 个浓度梯度对工作曲线进行日校正，使用已建立的工作曲线测定新配制的已知浓度的标准溶液，测定值与实际值之差必须小于 20%，否则此标准曲线不能用，需要重新制作标准曲线。

标准曲线绘制完毕或曲线核查完成后，将处理好的并放到室温的样品注入气相色谱-质谱仪，按照仪器参数进行样品测定。根据目标化合物的峰面积计算样品中目标化合物的浓度。如果样品浓度超出标准曲线的线性范围，则需要将样品稀释到校准曲线线性范围内，再进行测定。

**5. 结果计算**

空气样品中 PAHs 的浓度的计算公式（6-8）如下：

$$\rho = \frac{\rho_i \times V \times DF}{V_s} \tag{6-8}$$

式中，$\rho$ 为空气样品中 PAHs 的浓度，$\text{ng}/\text{m}^3$；$\rho_i$ 为从标准曲线得到的 PAHs 的浓度，$\text{ng}/\text{mL}$；$V$ 为样品的浓缩体积，mL；$V_s$ 为标准状况下的空气采样总体积，$\text{m}^3$；$DF$ 为稀释因子（目标化合物的浓度超出标准曲线，需要进行稀释）。

在标准状态（$0\text{℃}$，$101.325\text{ kPa}$）下的采样总体积（$V_s$）按式（6-9）计算：

$$V_s = V_m \times \frac{P_A}{101.325} \times \frac{273}{273 + t_A} \qquad (6\text{-}9)$$

式中，$V_s$ 为 0℃、101.325kPa 标准状况下的采样总体积，$m^3$；$V_m$ 为在实际采样时的测定温度、压力下的总体积，$m^3$；$P_A$ 为实际采样时的平均气压，kPa；$t_A$ 为实际采样时的平均环境温度，0℃。

空气中 PAHs 的浓度表示规定：当浓度大于等于 $10ng/m^3$ 时，结果保留 3 位有效数字；小于 $10ng/m^3$ 时，结果保留到小数点后 4 位。

**6. 质量保证与质量控制**

为保证测试数据的准确可靠，本方法采用美国环保署推荐的质量保证与质量控制方法：实验过程中对每 10 个真实样品进行同一批处理，同时处理一个空白样，以确定实验过程中所用仪器和试剂的清洁程度及人为的影响因素；一个加标样，用于检测方法的回收率；实验过程中还采用添加回收率指示物的方法用于检验每一个样品中目标物的回收率。

（1）玻璃器皿的清洗

所有玻璃器皿用自来水洗净后，先进行超声清洗，再放在硝酸溶液中浸泡过夜，然后依次用自来水、蒸馏水、超纯水进行清洗，最后放在 105℃ 的烘箱中烘干，所有器皿在使用之前再用丙酮冲洗一遍，晾干使用。

（2）回收率和精密度

25 种 PAHs 在大气样品中加标回收率的范围为 $85\%\sim115\%$，四种代标的回收率范围在 $75\%\sim113\%$，符合痕量分析的要求，说明本分析方法是可靠的。重复实验中，相对标准偏差小于 $10\%$，说明本方法的精确度较高。

（3）平行测定

本方法中按照 $10\%$ 的比例选择样品进行 GC-MS 的重复测定，结果表明其相对偏差小于 $20\%$，说明仪器具有较少重现性。

（4）空白实验

本方法中涉及的空白样包括：场地空白（运输空白）和实验室空白，按照每 10 个样品设置一个空白样的比例进行。空白实验中，除萘、1-甲基萘、2-甲基萘等低分子量的同系物在某些空白样品中能够检测到，其余 PAHs 均低于方法检出限，在数据处理过程中需要扣除空白值。

（5）检出限

参考美国环保署通过基质加标的方法计算方法检出限。即重复分析 5 个基质加标样品，加标浓度为 5 倍仪器检出限（IDL），按真实样品的处理步骤对其进行提取及净化处理，GC/MS 进行测定，得出基质加标回收率，计算其标准偏差（SD），取 SD 的 3.75 倍即为方法检出限（MDL）。本实验中分别大气样品进行了基质加标实验，25 种 PAHs 的方法检出限范围为 $4\sim11pg/m^3$（采样体积以 $1151m^3$ 为基准）。

（6）穿透实验

本方法中，大气样品采集时间为 24h，有可能发生穿透，导致计算得到的 PAHs 的浓度低于实际浓度，所以为了考察采样过程中 PAHs 的穿透情况，进行了穿透实验验证，即对串联的第二个 5cm PUF 切割成一个 3cm 和一个 2cm 的 PUF，通过计算 2cm 的 PUF 中吸附PAHs 的百分含量，评估采样过程中穿透情况。结果表明，2cm PUF 中 PAHs 的含量远远小于总 PUF 含量的 $20\%$，说明本方法通过串联两个 5cm PUF 在采集大气中 PAHs 的过程中不会发生穿透现象。

**7. 注意事项**

本方法中用到的有机溶剂和化合物均具有一定的危害，所以在操作过程中要尽量放在通风橱内进行，以减少分析人员的暴露。另外，实验人员应配备手套、实验服、安全眼镜、面具等保护措施，并且熟练整个分析过程中的相关风险，并接受安全培训。

实验过程中产生的废物（有机溶剂、废酸）等应该集中收集后，严格按照废物管理办法进行处理，避免废物对于环境的污染。

## 6.4.3 大气中二噁英的分析

本方法依据我国环境保护标准《环境空气和废气 二噁英类的测定 同位素稀释高分辨气相色谱-高分辨质谱法》(HJ 77.2—2008)。

**1. 方法原理**

利用玻璃纤维滤膜（GFF）、吸附材料（聚氨酯泡沫，PUF），通过主动采样器对空气中的二噁英类物质进行采集，采集样品的 GFF 和 PUF 分别加入回收率指示物后进行索氏萃取，将提取液浓缩进行净化处理，以除去样品中的干扰物质，再对其进行浓缩处理，加入内标，利用高分辨率气相色谱-高分辨率质谱（HRGC-HRMS）进行定性与定量分析。

**2. 适用范围**

本方法适用于环境空气中二噁英类物质的测定。本方法主要适用于 2,3,7,8-氯代二噁英类、四氯～八氯取代的多氯代二苯并对二噁英（PCDDs）和多氯代二苯并呋喃（PCDFs）的定性与定量分析，二噁英类化合物的结构通式如图 1-2 所示，典型二噁英类化合物的结构式如图 6-7 所示。

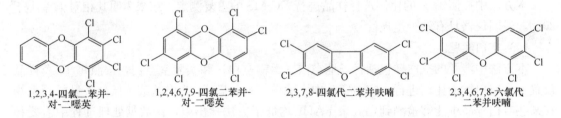

图 6-7 典型二噁英类化合物的结构式

**3. 试剂与仪器**

（1）试剂和材料

① 有机溶剂：丙酮、甲苯、正己烷、二氯甲烷、壬烷均为农残级；

② 水：超纯水；

③ 浓硫酸、氢氧化钾、硝酸银均为优纯级；

④ 无水硫酸钠：分析纯，于 600℃马弗炉中灼烧 6h，干燥器中冷却备用；

⑤ 内标：采样内标，二噁英类内标物质，一般选择[13]C 标记或[37]Cl 标记化合物作为采样内标。提取内标，二噁英类内标物质，一般选择[13]C 标记或[37]Cl 标记化合物作为采样内标。进样内标，二噁英类内标物质，一般选择[13]C 标记或[37]Cl 标记化合物作为进样内标；

⑥ 二噁英标准溶液：市售有证的二噁英标准混合溶液，溶剂为壬烷，通过加入与样品中相同的内标，配制 5 种不同的质量浓度梯度，建立标准曲线，质量浓度序列应涵盖

HRGC-HRMS 的定量线性范围；

⑦ 硅胶：70～230 目，于 130℃马弗炉中灼烧 16h，然后用 3.0%的去离子水灭活，干燥器中平衡后备用；

⑧ 2%氢氧化钾硅胶：取硅胶 98g，加入用氢氧化钾配制的 50g/L 氢氧化钾溶液 40mL，使用旋转蒸发装置在约 50℃温度下减压脱水，去除大部分水分后，继续在 50～80℃减压脱水 1h，硅胶变成粉末状。所制成的硅胶含有 2%（质量分数）的氢氧化钾，将其装入试剂瓶密封，保存在干燥器中；

⑨ 22%硫酸硅胶：取硅胶 78g，加入浓硫酸 22g，充分混合后变成粉末状。将所制成的硅胶装入试剂瓶密封，保存在干燥器中；

⑩ 44%硫酸硅胶：取硅胶 56g，加入浓硫酸 44g，充分混合后变成粉末状。将所制成的硅胶装入试剂瓶密封，保存在干燥器中；

⑪ 10%硝酸银硅胶：取硅胶 90g，加入用硝酸银配制的 400g/L 硝酸银溶液 28mL，使用旋转蒸发装置在约 50℃温度下减压充分脱水。配制过程中应使用棕色遮光板或铝箔遮挡光线。所制成的硅胶含有 10%（质量分数）的硝酸银，将其装入棕色试剂瓶密封，保存在干燥器中；

⑫ 氧化铝：层析填充柱用氧化铝（碱性，活性度Ⅰ），可以直接使用活性氧化铝。必要时可以采用如下步骤进行活化：将氧化铝在烧杯中铺成厚度小于 10mm 的薄层，在 130℃温度下处理 18h，或者在培养皿中铺成厚度小于 5mm 的薄层，在 500℃温度下处理 8h，活化后的氧化铝在干燥器内冷却 30min，装入试剂瓶密封，保存在干燥器中。氧化铝活化后应尽快使用；

⑬ 过滤材料：石英纤维滤膜，处理方法为：用铝箔将滤膜包好，并留有开口，放入马弗炉中 600℃下加热 6h，并注意滤膜不能有折痕。处理好的滤膜用铝箔包好密封保存；

⑭ 吸附材料：聚氨基甲酸乙酯泡沫（PUF），直径为 90～100mm，厚度为 50～60mm，密度为 0.016g/cm$^3$。处理方法为：首先用超纯水洗 PUF，再将其放入温水中反复搓洗干净，控干水分，用丙酮预清洗去除水分后，再用丙酮索氏提取 24h，放到真空干燥器中干燥处理，去除溶剂后的 PUF 密封保存在铝盒中，备用。

（2）仪器和设备

① 环境空气大流量采样器，过滤材料支架尺寸应与滤膜匹配，吸附材料容器应能够容纳 2 块 PUF，并保证系统的气密性；

② 过滤材料支架：起支撑作用，可以将作为过滤材料的滤膜不留缝隙地装上且不会损坏滤膜，并可以和吸附材料充填管连接；

③ 吸附材料充填管：不锈钢或铝制，可容纳 2 块 PUF；

④ 采样泵：进行大流量空气采样时，在装有滤膜的状态下，采样泵负载流量应能达到 800L/min，并具有流量自动调节功能，能够保证在 500～700L/min 的流量下连续采样；

⑤ 流量计：要求进行大流量空气采样时，可设定流量范围为 500～700L/min。流量计在环境空气二噁英类采样装置正常使用状态下使用标准流量计进行校准；

⑥ 提取装置：索氏提取器；

⑦ 浓缩装置：旋转蒸发装置和氮吹仪；

⑧ 填充柱：内径 8～15mm、长 200～300mm 的玻璃填充柱管；

⑨ 高分辨气相色谱-高分辨质谱仪，毛细管色谱柱：内径 0.10～0.32mm，膜厚 0.10～

$0.25\mu m$，柱长 $25\sim60m$。载气：高纯氦气，$99.999\%$。质谱仪具有电子轰击离子源，电子轰击电压可在 $25\sim70V$ 范围调节。具有选择离子检测功能（SIM 模式），并使用锁定质量模式（Lock mass）进行质量校正。

### 4. 测定步骤

（1）样品的采集

① 空气样品采样点应位于开阔地带，避免局部的污染源，距离可能扰动环境空气流的障碍物至少 2m 以上。采样器应安装在距离地面 1.5m 以上的位置，采样时间应尽量避开大风或下雨等恶劣天气。

② 使用无尘纸将采样装置内采集气态和颗粒态部分的接口处擦干净，将装有 2 个 PUF 的吸附材料充填管安装到采样装置上，把滤膜放在滤膜架上，固定好。

③ 采样前添加采样内标，要求采样内标物质的回收率为 $70\%\sim130\%$，超过此范围要重新采样。

④ 启动采样装置，首先设定采样流量，开始采样，采样开始 5min 稳定后再次流量调整到设定流量并记录，在采样结束之前读取流量并记录。

⑤ 现场测量空气温度、湿度、风速、风向等参数，对采样点周围环境进行描述记录。若采样过程中出现装置故障或其他变化，则应详细记录故障或变化情况以及采取的措施和结果，填写采样记录表。

⑥ 采样结束后尽量在阴暗处拆卸采样装置，避免外界的污染。将吸附材料充填管密封，装入密封袋中。滤膜采样面向里对折，用铝箔包好后装入密封袋中密封保存。样品应低温保存并尽快送至实验室分析。

（2）样品的前处理

① **样品提取**

将实验辅助仪器和材料如平底烧瓶、索氏提取器、镊子、冷凝管等准备好，用丙酮将其冲洗干净并吹干。用洗干净的镊子将滤膜放入索氏提取器中，加入提取内标，打开冷凝水，用甲苯提取 24h。按照上述方法将 PUF 用丙酮提取 24h。将提取液分别加入适量的正己烷，在旋转蒸发仪上进行浓缩处理，将溶剂转换为正己烷后，再次进行浓缩，作为分析样品。

② **样品净化和浓缩**

本方法选择多层硅胶柱进行初步净化，具体过程为：将样品提取液浓缩至 $1\sim2mL$。在填充柱底部垫一小团石英棉，用 10mL 正己烷冲洗内壁。依次装填无水硫酸钠 4g，硅胶 0.9g，$2\%$ 氢氧化钾硅胶 3g，硅胶 0.9g，$44\%$ 硫酸硅胶 4.5g，$22\%$ 硫酸硅胶 6g，硅胶 0.9g，$10\%$ 硝酸银硅胶 3g，无水硫酸钠 6g，用 100mL 正己烷淋洗硅胶柱。将样品溶液浓缩液（$1\sim2mL$）转移到多层硅胶柱上。用 1mL 正己烷反复清洗浓缩瓶，一并转移到硅胶柱上，待液面降至硫酸钠层，用 200mL 正己烷淋洗，调节淋洗速度约为 2.5mL/min（大约 1 滴/s），洗出液再次进行浓缩至 $1\sim2mL$。对于共存干扰较多的样品还需要进行其他净化方式。

氧化铝柱净化是为了进一步去除样品中可能存在的干扰成分，具体过程为：在填充柱底部垫一小团石英棉，用 10mL 正己烷冲洗内壁。在烧杯中加入 10g 氧化铝和 10mL 正己烷，用玻璃棒缓缓搅动赶掉气泡，倒入填充柱，让正己烷流出，待氧化铝层稳定后，再填充约 10mm 厚的无水硫酸钠，用正己烷冲洗管壁上的硫酸钠粉末。用 50mL 正己烷淋洗氧化铝柱。将经过初步净化的样品浓缩液定量转移到氧化铝柱上。首先用 100mL 的 $2\%$ 二氯甲烷-

正己烷溶液淋洗，调节淋洗速度约为 2.5mL/min（大约 1 滴/s），洗出液为第一组分。用 150mL 的 50％二氯甲烷-正己烷溶液淋洗氧化铝柱（淋洗速度约为 2.5mL/min），得到的洗出液为第二组分，该组分含有分析对象二噁英类，最后将第二组分洗出液浓缩至 1~2mL。

将净化后的样品浓缩液（1~2mL）用高纯氮气进行进一步浓缩至微干，添加进样内标，加入壬烷定容后进行仪器分析。

（3）样品分析

① 高分辨率气相色谱条件

进样方式为不分流进样 1μL；进样口温度为 270℃；载气流量为 1.0mL/min；接口温度为 270℃；色谱柱为固定相 5％苯基-95％聚甲基硅氧烷，柱长 60m，内径 0.25mm，膜厚 0.25μm；程序升温为初始温度 140℃，保持 1min 后以 20℃/min 的速度升温至 200℃，停留 1min 后以 5/min℃ 的速度升温至 220℃，停留 16min 后以 5℃/min 的速度升温至 235℃后停留 7min，以 5℃/min 的速度升温至 310℃停留 10min。

② 高分辨率质谱条件

选用质量校正用标准物质离子法，也称为 SIM 法；每个氯代物，选择两个以上离子的质量数用于定性。二噁英类物质的测定所选取的质量数见表 6-8。导入质量校准物质（PFK）得到稳定的响应后，优化质谱仪器参数使得表 6-8 中各质量数范围内 PFK 峰离子的分辨率大于 10000。

表 6-8　二噁英类物质测定的质量数

| 同类物 | $M^+$ | $(M+2)^+$ | $(M+4)^+$ |
|---|---|---|---|
| $T_4CDD_S$ | 319.8965 | 321.8936 | |
| $P_5CDD_S$ | | 355.8546 | 357.8517 * |
| $H_6CDD_S$ | | 389.8157 | 391.8127 * |
| $H_7CDD_S$ | | 423.7767 | 425.7737 |
| $O_8CDD$ | | 457.7377 | 459.7348 |
| $T_4CDF_S$ | 303.9016 | 305.8987 | |
| $P_5CDF_S$ | | 339.8597 | 341.8568 |
| $H_6CDF_S$ | | 373.8207 | 375.8178 |
| H7CDFS | | 407.7818 | 409.7788 |
| $O_8CDF$ | | 441.7428 | 443.7398 |
| PFK<br>(Lock mass) | | 292.9825（四氯代二噁英定量用）<br>354.9792（五氯代二噁英定量用）<br>392.9760（六氯代二噁英定量用）<br>430.9729（七氯代二噁英定量用）<br>442.9729（八氯代二噁英定量用） | |

（4）标准曲线的绘制

标准溶液质量浓度序列应有 5 个以上质量浓度，对每个质量浓度应重复 3 次进样测定，标准曲线的线性相关系数要＞0.999。

相对响应因子（$RRF_{es}$）的计算：求出各个标准物质和内标物质的峰面积，将标准物质对应的净化内标物质的峰面积比和注入的标准物质中标准物质和内标物的浓度比做成标准曲线，利用公式（6-10）计算出相对响应因子。

$$RRF_{es} = \frac{Q_{es}}{Q_s} \times \frac{A_s}{A_{es}} \qquad (6\text{-}10)$$

式中，$Q_{es}$为标准溶液中提取内标物质的绝对量，pg；$Q_s$为标准溶液中待测化合物的绝对量，pg；$A_s$为标准溶液中待测化合物的监测离子峰面积之和；$A_{es}$为标准溶液中提取内标物质的监测离子峰面积之和。

$RRF_{es}$为每个监测浓度的平均值，要求数据的变异系数在5％以内，然后用最小二乘法进行曲线回归，斜率为$RRF_{es}$，如果曲线线性非常好，要求直线的截距必须接近于零。

同样，分别用公式（6-11）和公式（6-12）计算提取内标相对于进样内标以及采样内标相对与提取内标的相对响应因子$RRF_{rs}$和$RRF_{ss}$。

$$RRF_{rs} = \frac{Q_{rs}}{Q_{es}} \times \frac{A_{es}}{A_{rs}} \qquad (6\text{-}11)$$

式中，$Q_{rs}$为标准溶液中进样内标物质的绝对量，pg；$Q_{es}$为标准溶液中提取内标物质的绝对量，pg；$A_{es}$为标准溶液中提取内标物质的监测离子峰面积之和；$A_{rs}$为标准溶液中进样内标物质的监测离子峰面积之和。

$$RRF_{ss} = \frac{Q_{es}}{Q_{ss}} \times \frac{A_{ss}}{A_{es}} \qquad (6\text{-}12)$$

式中，$Q_{es}$为标准溶液中提取内标物质的绝对量，pg；$Q_{ss}$为标准溶液中采样内标物质的绝对量，pg；$A_{ss}$为标准溶液中采样内标物质的监测离子峰面积之和；$A_{es}$为标准溶液中提取内标物质的监测离子峰面积之和。

（5）样品测定

① 标准溶液确认

选择中间质量浓度的标准溶液，按一定周期或频次（每12h或每批样品至少1次）测定，按照SIM的测定要求进行操作，计算各个异构体对应的净化内标相对响应因子$RRF_{es}$，和提取内标与净化内标的相对响应因子$RRF_{rs}$。将得到的结果与标准曲线制作时的结果进行对比，质量浓度变化不应超过±35％，否则应查找原因重新测定或重新制作相对响应因子。

② 测定样品

将空白样品与最终分析样品按照测定程序测定，得到二噁英类各类监测离子的色谱图。如果样品保留时间在一天内变化超过±5％，或者与内标物的相对保留时间在±2％以上，应查找原因，重新测定。

（6）定性与定量

① 色谱峰的检出

确认经过处理后的样品中回收标样的峰面积应不低于标准溶液中进样峰面积的70％，否则应查找原因，重新测定。在色谱图上，高度为基线噪声3倍以上的色谱峰即S/N≥3的色谱峰，再进行定性与定量的分析。如果得到的色谱图的基线噪声比仪器的零点低，就不能进行噪声测量，在测定之前要先确认基线。

② 二噁英类物质的定性

检测样品的两种以上离子在色谱图上的峰面积比和标准物质几乎相同。2,3,7,8-氯代二噁英类色谱峰的保留时间应与标准溶液一致（±3s以内），同时内标物质的相对保留时间亦与标准溶液一致（±5％以内），同时满足上述条件的色谱峰定性为2,3,7,8-氯代二噁英类。

③ 二噁英类物质的定量

首先计算分析样品中被检出的二噁英类化合物的绝对量（$Q$），以对应的净化内标的添加量为基准，采用内标法求出 $Q$，详见公式（6-13）。对于非 2,3,7,8,-氯代二噁英类，采用具有相同氯原子取代的 2,3,7,8,-氯代二噁英类 $RRF_{es}$ 均值计算。

$$Q = \frac{A}{A_{es}} \times \frac{Q_{es}}{RRF_{es}} \tag{6-13}$$

式中，$Q$ 为分析样品中待测化合物的量，ng；$A$ 为色谱图上待测化合物的监测离子峰面积；$A_{es}$ 为提取内标的监测离子峰面积；$Q_{es}$ 为提取内标的添加量，ng；$RRF_{es}$ 为待测化合物相对提取内标的相对响应因子。

根据所计算的各同类物的 $Q$，按照公式（6-14）计算出气体样品中的待测化合物质量浓度，结果修约两位有效数字。

$$\rho = \frac{Q}{V_{sd}} \tag{6-14}$$

式中，$\rho$ 为样品中待测化合物的质量浓度，对于环境空气样品（标准状态）单位为 pg/m³；$Q$ 为分析样品中待测化合物的总量，ng；$V_{sd}$ 为气体样品体积（标准状态），m³。

（7）检出限

① 仪器检出限

对 2,3,7,8-氯代异构体进行定量，此操作反复进行 5 次以上，计算多次测定结果的标准偏差，标准偏差的 3 倍为仪器检出限，10 倍为仪器定量下限，四氯及五氯代物二噁英类的仪器检出限为 0.1pg，六氯及七氯代物为 0.2pg，八氯代物为 0.5pg。仪器的检出限和定量下限随着使用 GC-MS 的状态而变化，一定周期内要进行确认。在使用仪器和测定条件变化的时候必须进行确认。

② 方法检出限

使用与实际采样操作相同的采样材料和试剂，按照本方法进行提取，提取液中添加标准物质，添加量为仪器检出限的 3～10 倍；进行与样品处理相同的净化、仪器分析、定性与定量分析。重复上述操作空白测定共计 5 次，计算测定值的标准偏差，取标准偏差的 3 倍，结果修约 1 位有效数字作为方法检出限。测定方法的检出限和定量下限跟随着前处理和测定条件的变化而变化，一定周期内进行确认。

③ 样品检出限

首先求出在 2,3,7,8-位氯代异构体峰附近基线噪声的峰高。从标准液的谱图上推算出相当于基线噪声 3 倍峰高的峰面积。用这个峰面积从标准曲线上计算出二噁英类的量，作为样品测定的检出限。同样推算出噪声峰高 10 倍的峰面积，从标准曲线上计算样品测定的定量下限。

通过此方法计算的值必须低于测定方法的检出限和测定下限。如果计算结果超过测定方法的检出限和定量下限，必须查找在前处理操作、上机测定是否存在问题，重新进行测定，至少样品测定时的检出限和定量下限低于最初设定值。

（8）回收率确认

根据采样内标峰面积与提取内标峰面积的比以及对应的响应因子（$RRF_{ss}$），按照公式（6-15）计算采样内标回收率，并确认采样内标的回收率在 70%～130% 的范围内。

$$R_s = \frac{A_{ss}}{A_{es}} \times \frac{Q_{es}}{RRF_{ss}} \times \frac{100\%}{Q_{ss}} \tag{6-15}$$

式中，$R_s$ 为采样内标回收率，%；$A_{ss}$ 为采样内标的监测离子峰面积之和；$A_{es}$ 为提取内标的监测离子峰面积；$Q_{es}$ 为提取内标的添加量，ng；$RRF_{ss}$ 为采样内标相对于提取内标的相对响应因子；$Q_{ss}$ 为采样内标的添加量，ng。

### 5. 结果计算

（1）质量浓度的计算

二噁英类物质浓度测定结果，要有 2,3,7,8-氯代的异构体的浓度，四氯代至八氯代物（TeCDDs-OCDD 和 TeCDFs-OCDF）同族体的浓度，并记录它们的总和。各异构体的浓度，在样品定量下限以上的，原值记录；低于样品的定量下限，高于检出限的，原值记录但要清楚地表明不能保证和定量下限以上值具有同等精度，样品浓度低于检出限，按照低于检出限记录。同类物总量质量浓度根据各异构体质量浓度累加计算，二噁英类总量质量浓度则根据各同类物质量浓度累加计算。二噁英类实测浓度值用 $pg/m^3$ 表示。

（2）毒性当量的计算

二噁英类物质的浓度换算成毒性当量的时候，用测定浓度乘以毒性当量因子（TEF2,3,7,8-TeCDD Toxicity Equivalency Factor）表示，没有特殊指定的时候，二噁英的毒性当量系数见表 1-1。对于低检出限的测定结果如无特别指明，使用样品检出限的 1/2 计算毒性当量（TEQ）的质量浓度。毒性当量（TEQ）质量浓度单位以 $pg/m^3$ 表示。

（3）数据的处理

有效数字小数点后 2 位，没到检出限的用低检出限表示，计算结果的有效位数不能高于样品气的检出限。检出限修约数值，用小数点后 1 位表示。毒性当量的计算，每个异构体分别计算毒性当量，其统计值保留 2 位有效数字。每个异构体的毒性当量不进行修约。

### 6. 质量保证和质量控制

（1）方法的灵敏度、准确度、精密度

本实验在操作过程中加入提取内标、分析内标，均可以用来监测实验以及仪器的灵敏度，准确度以及精密度。

（2）空白实验

空白实验分为 3 种：操作空白、试剂空白、运输空白。操作空白用来检查样品制备过程的污染程度；试剂空白监视分析仪器的污染情况；运输空白是对从采样、送样到仪器分析的全过程的污染检验。

① 操作空白

操作空白实验的目的是为了建立一个不受污染干扰的分析环境。操作空白除不使用实际样品外，按照与样品分析相同的操作步骤进行样品制备、前处理、净化、仪器分析和数据处理，操作空白应低于评价质量浓度的 1/10。在样品制备过程有重大变化时（如使用新的试剂或仪器设备，或者仪器维修后再次使用时）或样品间可能存在交叉污染时（如高质量浓度样品）应进行操作空白的分析。

② 试剂空白

任何样品的仪器分析都应该同时分析待测样品溶液所使用的溶剂作为试剂空白。所有试剂空白测试结果应低于方法检出限。

③ 运输空白

运输空白实验的目的是检查从准备采样到样品分析过程中存在的污染情况。按照本标准的规定准备采样材料和溶液并带至采样现场，但是不进行实际采样操作；带回实验室并完成其余分析步骤，所得结果为运输空白。运输空白的频度约为采样总数的 10%。对于环境空气样品，对于环境空气样品，每次采样都要进行运输空白实验。空白值较低时，污染可忽略不计。运输空白较高时，如果样品实测值远大于运输空白值，则可从样品测定值中扣除运输空白值。而如果运输空白值接近甚至大于样品实测值，则被认为是分析失误或操作异常，应查找污染原因，消除污染后重新采样分析。

（3）平行实验

平行实验的频率取样品总数的 10% 左右，对于 17 种二噁英类物质，对大于检出限 3 倍以上的平行实验室结果取平均值，单次平行实验结果应在平均值的 ±30% 以内。

（4）标准溶液

标准溶液应当在密封的玻璃容器中避光冷藏保存，以避免由于溶剂挥发引起的质量浓度变化，建议在每次使用前后称量并记录标准溶液的重量。

（5）干扰消除

本实验中所用到的所有玻璃仪器全部用丙酮冲洗，水洗，超声冲洗 15min，硝酸酸缸浸泡来减少玻璃仪器中的有机物质对实验样品的干扰。

样品制备阶段所使用的最后一种溶剂，应与工作标准曲线所用溶剂相同。

**7. 注意事项**

（1）本方法中提及的试剂已及化合物具有一定的健康风险，故所有操作均在通风橱中进行。

（2）实验室应配有手套、实验服、安全眼镜、面具、通风橱等保护措施。

（3）为保持高分辨气相色谱-高分辨质谱仪的工作性能，必须进行日常的维护，特别是气相色谱接口和离子源容易收到污染，对仪器的灵敏度、分辨率和测定精度有很大的影响，要进行必要的清洗和维护。

## 6.4.4 大气中醛酮类污染物的分析

本方法依据我国环境保护标准《环境空气　醛、酮类化合物的测定　高效液相色谱法》（HJ 683—2014）。

**1. 方法原理**

使用填充了涂渍 2,4-二硝基苯肼（DNPH）的采样管，采集一定体积的空气样品，样品中的醛酮类化合物经强酸催化与涂渍于硅胶上的 DNPH 按下式反应，生成稳定有颜色的腙类衍生物，经乙腈洗脱后，使用高效液相色谱仪的紫外检测器（360nm）检测，利用保留时间定性，峰面积定量。反应方程如下：

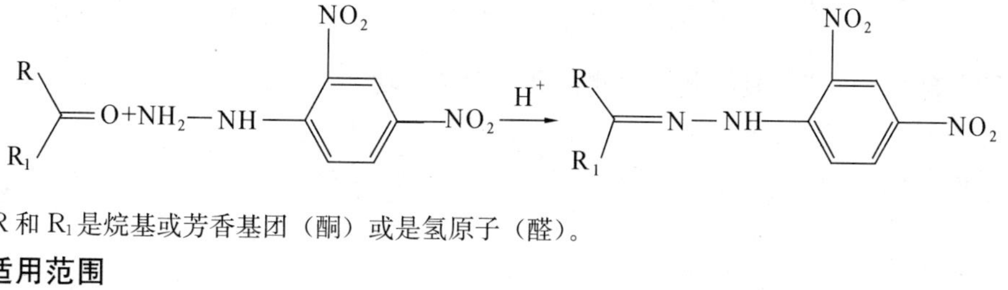

$$\begin{array}{c}R\\ \diagdown\\ C\!=\!O + NH_2\!-\!NH\!-\!\phi(NO_2)_2 \xrightarrow{H^+} \begin{array}{c}R\\ \diagdown\\ C\!=\!N\!-\!NH\!-\!\phi(NO_2)_2\\ \diagup\\ R_1\end{array}\\ R_1\end{array}$$

注：R 和 R₁ 是烷基或芳香基团（酮）或是氢原子（醛）。

**2. 适用范围**

本方法适用于空气中 13 种醛酮类化合物的测定，包括：甲醛、乙醛、丙烯醛、丙酮、丙醛、丁烯醛、甲基丙烯醛、2-丁酮、正丁醛、苯甲醛、戊醛、间甲基苯甲醛和己醛，其结构式如图 6-8 所示。

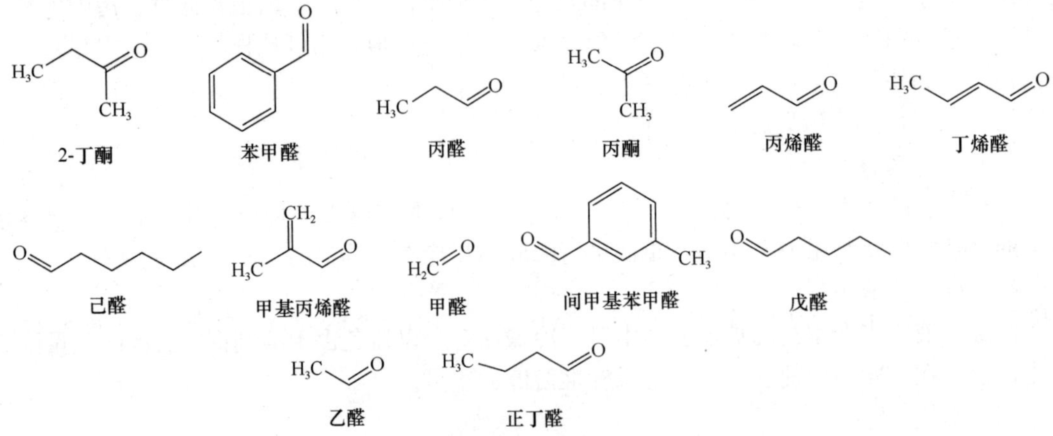

图 6-8　醛酮类化合物的结构式

### 3. 试剂与仪器

（1）试剂

① 乙腈：液相色谱纯，甲醛的浓度应小于 $1.5\mu g/L$，避光保存；

② 空白试剂水：去离子水，醛酮含量应低于方法检出限；

③ 标准贮备液：浓度为 $100\mu g/mL$，直接购买市售有证的醛酮类-2,4-二硝基苯腙衍生物标准溶液，或用市售固体标样配制，质量浓度以醛酮类化合物计。避光保存，开封后密闭，$4℃$低温保存，可保存 2 个月；

④ 标准使用液：浓度为 $10\mu g/mL$，量取 1.0mL 标准贮备液于 10mL 容量瓶中，用乙腈稀释至刻度，混匀。

（2）仪器和设备

① DNPH 采样管：涂渍 DNPH 的填充柱采样管，市售商品化产品，一次性使用，避光低温（$<4℃$）保存，并尽量减少保存时间；

② 填料：1000mg，粒径 $10\mu m$；

③ 臭氧去除柱：填充粒状碘化钾，当含臭氧的空气通过该装置时，碘离子被氧化成碘，同时消耗其中的臭氧；

④ 一次性注射器：5mL 医用无菌注射器；

⑤ 针头过滤器：$0.45\mu m$ 有机滤膜；

⑥ 恒流气体采样器：恒流气体采样器的流量在 $200\sim1000mL/min$ 范围内可调，流量稳定；

⑦ 高效液相色谱仪：具有紫外检测器和梯度洗脱功能；

⑧ 色谱柱：$C_{18}$柱，$4.60mm\times250mm$，粒径为 $5.0\mu m$。

### 4. 测定步骤

（1）样品的采集和制备

样品采集系统一般由恒流气体采样器、采样导管、DNPH 采样管等组成。采样前要对采样器进行气密性检查、流量校正、温度控制系统及时间控制系统检查，流量校正每月至少 1 次，每月流量误差应小于 5%。将除臭氧小柱和 DNPH 采样管连接到采样系统中，启动采样器，进行采样。记录采样流量、开始采样时间、温度和压力等参数。

采样结束后，取下采样管，并记录采样结束时间、采样流量、温度和压力等参数。采样流量为 0.2～1.0L/min，采气体积 5～100L。采样期间应不时地观察采样器流量是否稳定。

（2）样品的运输和保存

使用密封帽将采样管两端管口封闭，并用锡纸或铝箔将采样管包严，低温（＜4℃）保存与运输。如果不能及时分析，需要低温（＜4℃）保存，保存时间不超过 30d。

（3）样品前处理

使用乙腈洗脱采样管，让乙腈自然流过采样管，流向应与采样时气流方向相反。将洗脱液收集于 5mL 容量瓶中，乙腈定容。用一次性注射器吸取洗脱液，经过针头过滤器过滤，转移至 2mL 棕色样品瓶中，待测。过滤后的洗脱液如不能及时分析，可在 4℃ 条件下避光保存 30d。

（4）样品分析

色谱条件：流动相：乙腈/水；进样量：20μL；梯度洗脱：60%乙腈保持 20min，20～30min，乙腈增至 100%，30～32min，乙腈减至 60%，保持 8min；检测波长：360nm；流速：1.0mL/min。

（5）组分定性和定量

根据标准色谱图各组分的保留时间定性，用作定性的保留时间窗口宽度以当天测定标样的实际保留时间变化为基准。采用色谱峰面积外标法定量。

（6）标准溶液配制

标准溶液系列的配制过程为：分别量取 100μL、200μL、500μL、1000μL 和 2000μL 的标准使用液于 10mL 容量瓶中，用乙腈定容，混匀。配制成浓度为 0.1μg/mL、0.2μg/mL、0.5μg/mL、1.0μg/mL、2.0μg/mL 的标准系列。

（7）校准曲线的绘制

通过自动进样器取 20.0μL 标准系列，注入液相色谱仪，按照上述参考色谱条件进行测定，以色谱响应值为纵坐标，浓度为横坐标，绘制校准曲线。校准曲线的相关系数≥0.995，否则重新绘制校准曲线。

**5. 结果计算**

环境空气样品中的醛酮类化合物浓度可按照公式（6-16）进行计算。

$$C = \frac{C_0 \times V_1}{V_s} \tag{6-16}$$

式中，$C$ 为空气样品中醛酮化合物的质量浓度，mg/m³；$C_0$ 为从校准曲线上查得醛酮化合物的浓度，μg/mL；$V_1$ 为洗脱液定容体积，mL；$V_s$ 为标准状态下（101.3kPa，273.2K）的采样体积，L。

当测定值＜10.0μg/m³ 时，结果保留至小数点后 2 位；当测定值≥10.0μg/m³ 时，结果保留 3 位有效数字。

**6. 质量保证和质量控制**

（1）精密度和加标回收率

实验室内相对标准偏差和实验室间相对标准偏差均要求小于 15%，加标回收率范围为 98.6%～101%。

（2）空白实验

全程空白：每次采样时应至少带一个全程空白，即将采样管带到现场，打开其两端，不进行采样，持续一个采样周期，然后同采样的采样管一样密封，带到实验室。按照与样品相同步骤制备空白试样。每批样品至少测定一个全程空白，测定结果应低于方法检出限。

采样管空白：在实验室内取同批采样管，按照与样品相同步骤制备空白试样。每一批采样管应至少抽取 10% 进行空白值检验，空白值应满足甲醛小于 0.15μg/管；乙醛小于 0.10μg/管；丙酮小于 0.30μg/管；其他物质小于 0.10μg/管。

（3）平行实验

每批样品应至少测定 10% 的平行样，样品数量少于 10 时，应至少测定一个平行双样，两次平行测定结果的相对偏差应≤25%。

（4）穿透实验

所采集样品中醛酮含量（以甲醛计）的上限应＜采样管 DNPH 含量的 75%。醛酮穿透容量可根据式（6-17）计算：

$$C_T = C_{DNPH} \times \frac{M_{CH_2O}}{M_{DNPH}} \qquad (6\text{-}17)$$

式中，$C_T$ 为醛酮穿透容量，以甲醛计，mg；$C_{DNPH}$ 为采样管 DNPH 含量，mg；$M_{CH_2O}$ 为甲醛分子量；$M_{DNPH}$ 为 DNPH 分子量。

（5）干扰消除

臭氧易与衍生剂 DNPH 及衍生后的腙类化合物发生反应，影响测量结果，应在采样管前串联臭氧去除柱，消除干扰。

**7. 注意事项**

醛酮类化合物属于有毒、有害有机物，实验过程中所有使用过的标准物质不能随意倾倒，应专门留存，交由有处理资质的有机废物处理机构进行处理。实验操作过程使用的有机溶剂废液，交由有处理资质的有机废物处理机构进行处理。

## 6.4.5　大气中酚类污染物的分析

本方法依据我国环境保护标准《环境空气　酚类化合物的测定　高效液相色谱法》（HJ 638—2012）。

**1. 方法原理**

用 XAD-7 树脂采集的气态酚类化合物经甲醇洗脱后，用高效液相色谱仪分离，紫外检测器检测，用保留时间定性，外标法定量。

**2. 适用范围**

本方法适用于环境空气中 12 种酚类化合物（苯酚、2-甲基苯酚、3-甲基苯酚、4-甲基苯酚、1,3-苯二酚、4-氯苯酚、2,6-二甲基苯酚、1-萘酚、2-萘酚、2,4,6-三硝基苯酚、2,4-二硝基苯酚和 2,4-二氯苯酚）的测定，典型酚类化合物的结构式如图 5-5 所示。

**3. 试剂与仪器**

（1）试剂

① 无酚水：应贮于玻璃瓶中，取用时，应避免与橡胶制品（橡胶塞或乳胶塞等）接触。每升蒸馏水中加入 0.2g 经 220℃ 活化 30min 的活性炭粉末，充分震荡后，放置过夜，用双层中速滤纸过滤。加氢氧化钠使蒸馏水呈弱碱性，并加入高锰酸钾至溶液呈紫红色，移入全

玻璃蒸馏器加热蒸馏，收集流出液备用；

② 甲醇、乙腈：HPLC 级；

③ 丙酮：优纯级；

④ 标准贮备液：$\rho=1000\text{mg/L}$。准确称取苯酚、2-甲基苯酚、3-甲基苯酚、4-甲基苯酚、1,3-苯二酚、4-氯苯酚、2,6-二甲基苯酚、1-萘酚、2-萘酚、2,4,6-三硝基苯酚、2,4-二硝基苯酚和2,4-二氯苯酚各 0.050g 于 50mL 容量瓶中，用甲醇定容，混匀。在 4℃冰箱中保存。或直接购买市售有证标准溶液；

⑤ 标准使用液：$\rho=100\text{mg/L}$。量取 1.0mL 标准贮备液于 10mL 容量瓶中，用甲醇定容，混匀。在 4℃冰箱中保存，备用；

⑥ XAD-7 树脂：40～60 目。先用丙酮浸泡 12h，再放入索氏提取器中用甲醇提取 16h，然后置于真空干燥器中挥发至干；

⑦ 玻璃纤维滤膜：置于马弗炉中在 350℃下灼烧 4h，冷却后用甲醇洗净的打孔器垂直切割成 8mm 直径的圆片，并置于干燥器中备用；

⑧ 玻璃棉：分别用丙酮和甲醇各洗涤 2～3 次，置于真空干燥器中备用。

（2）仪器

① 采样器：流量范围为 0.1～1.0L/min，精度为 0.05L/min；

② 采样管：内径 6mm，外径 8mm，长 11cm，如图 6-9 所示，在采样管 A 端 2cm 处填入少许玻璃棉，然后加入 100mg XAD-7 吸附剂，再依次装入少许玻璃棉和 75mg XAD-7 吸附剂及少许玻璃棉，最后从 A 端放入玻璃纤维滤膜，用玻璃棒压实，然后用 V 型钢丝固定，两端用聚四氟乙烯帽封闭；

③ 高效液相色谱仪（HPLC）：具有紫外检测器或二极管阵列检测器；

④ 色谱柱：$C_{18}$ 柱，4.60mm×150mm，粒径为 5.0μm，或其他等效色谱柱；

⑤ 索氏提取器：250mL；

⑥ 马弗炉，真空干燥器和一般实验室常用仪器和设备。

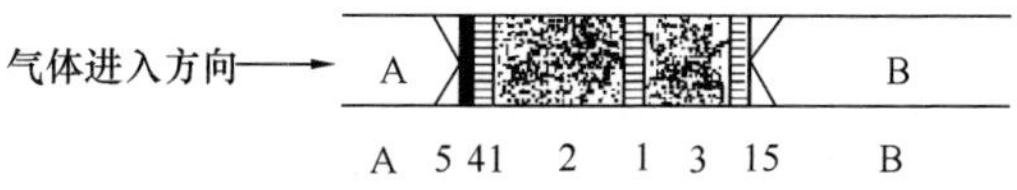

图 6-9 玻璃采样管结构示意图

A—采样管的前端，长 2cm；

B—采样管的后端，长 4.5cm；

1—玻璃棉；2—100mg XAD-7，长 2cm；3—75mg XAD-7，长 1.5cm；4—玻璃纤维滤膜；5—V 型钢丝

**4. 测定步骤**

（1）样品的采集

采样点的位置、采样频次、采样器的放置以及采样记录等参照 HJ/T 55 和 HJ/T 194 的相关规定。

① 采样前应对采样器进行流量校准。在采样现场，将一支采样管 B 端与空气采样器连接，调整采样器流量，此采样管仅用于流量调节。

② 将采样管 B 端与采样器连接，采样管入口端垂直向下，记录流量，采样流量为0.2～0.5L/min，采样时间根据实际情况确定。

③ 采样结束后记录采样流量。取下采样管，两端用聚四氟乙烯帽封闭。

（2）样品的保存

采样结束后，将采样管置于密闭容器中带回实验室。如不能及时测定，应在 4℃下避光保存，14d 内测定。

（3）样品的处理

将采样管恢复至室温，从 B 端缓缓加入 5.0mL 的甲醇淋洗，洗脱液从 A 端自然流出，用 2mL 棕色容量瓶收集洗脱液至接近刻度线时，停止收集，然后用甲醇定容至刻度线。

（4）仪器条件

采样高效液相色谱进行测定，流动相设置如下：初始浓度组成为 20％乙腈和 80％的水（体积比，下同），经过 7.5min 的时间变成 45％乙腈和 55％的水，再经过 2min 的时间变成 80％乙腈和 20％的水，保持 5min；检测波长：223nm；流速：1.5mL/min；进样量：10.0μL；柱温：25℃。

（5）标准曲线绘制

标准系列的制备：分别量取 0μL、50μL、100μL、200μL、500μL、1000μL 的标准使用溶液于 10mL 容量瓶中，用甲醇定容，混匀。配制成浓度为 0mg/L、0.5mg/L、1.0mg/L、2.0mg/L、5.0mg/L 和 10.0mg/L 的标准系列。

校准曲线的绘制：由低浓度到高浓度依次量取 10.0μL 的标准系列，注入液相色谱仪，按照参考色谱条件进行测定，以色谱响应值为纵坐标，酚类化合物浓度（mg/L）为横坐标，绘制校准曲线。校准曲线相关系数 $r \geqslant 0.999$。

（6）目标物的测定

量取 10.0μL 样品，按照参考仪器条件进行测定，记录保留时间和色谱峰高（或峰面积）。根据酚类化合物标准色谱图的保留时间定性。用绘制的标准曲线法定量计算样品中的酚类化合物浓度。

（7）结果计算

环境空气样品中的酚类化合物浓度，按照式（6-18）进行计算。

$$\rho = \frac{\rho_1 \times V_1}{V_s} \tag{6-18}$$

式中，$\rho$ 为样品中酚类化合物的浓度，mg/m³；$\rho_1$ 为从校准曲线上查得酚类化合物的浓度，mg/L；$V_s$ 为标准状态下（101.325kPa，273.2K）的采样体积，L。

测定结果＜1mg/m³时，结果保留小数点后 3 位；测定结果≥1mg/m³时，结果保留 3 位有效数字。

**5. 质量保证与质量控制**

（1）加标回收率与平行实验

本方法对实际样品进行了加标回收率测定，加标回收率范围为 85.0％～93.4％。每批样品中应至少测定 10％的平行双样，样品数量少于 10 时，应至少测定 1 个平行双样，两次平行测定结果的相对偏差应≤10％。

（2）空白实验

本方法中的空白实验包括：运输空白和实验室空白。每次采集样品均应至少带 1 个运输空白样品。将同批制备好的采样管带至采样现场，不开封，采样结束后将其置于密闭容器中带回实验室。按照相同步骤制备空白试样。在实验室内取同批制备好的采样管，按照相同步骤制备实验室空白试样，并且进行空白样的测定，用于检测过程中的污染，测定结果应低于方法检出限。

（3）干扰消除

与所测化合物有相同保留时间的物质会产生干扰，这样的干扰可通过改变分离条件（选择合适的色谱柱和合适的流动相组成等）或检测器而消除。另外，在采样过程中，所测定的酚类化合物容易氧化，因此必须进行校准实验以确定待测化合物没有充分的降解。

（4）穿透实验

将两支采样管串联，一支采样管（前管）的 B 端与另一支采样管（后管）的 A 端用胶管连接，另一支采样管的 B 端与采样器连接，记录采样流速和时间。前管的 XAD-7 吸附剂的吸附效率（％）按照公式（6-19）进行计算。

$$K = \frac{M_1}{M_1 + M_2} \times 100 \tag{6-19}$$

式中，$K$ 为前管的吸附效率，％；$M_1$ 为前管的采样量，mg；$M_2$ 为后管的采样量，mg。

每批样品应至少做一次穿透试验，前管吸附效率应≥80％。

（5）方法检出限和测定下限

当采样体积分别为 25L 时，本方法中涉及的 12 种酚类化合物的检出限（$mg/m^3$）为：苯酚（0.028）、2-甲基苯酚（0.029）、3-甲基苯酚（0.019）、4-甲基苯酚（0.017）、1,3-苯二酚（0.027）、4-氯苯酚（0.029）、2,6-二甲基苯酚（0.039）、1-萘酚（0.025）、2-萘酚（0.006）、2,4,6-三硝基苯酚（0.022）、2,4-二硝基苯酚（0.019）和 2,4-二氯苯酚（0.021）；当采样体积分别为 75L 时，本方法中涉及的 12 种酚类化合物的检出限（$mg/m^3$）为：苯酚（0.009）、2-甲基苯酚（0.010）、3-甲基苯酚（0.007）、4-甲基苯酚（0.006）、1,3-苯二酚（0.009）、4-氯苯酚（0.010）、2,6-二甲基苯酚（0.013）、1-萘酚（0.008）、2-萘酚（0.002）、2,4,6-三硝基苯酚（0.007）、2,4-二硝基苯酚（0.006）和 2,4-二氯苯酚（0.008）。

**6. 注意事项**

酚类化合物属于有毒物质，实验过程中所有使用过的废液不能随意倾倒，应妥善处理。试样制备过程应在通风橱内进行操作，操作人员应避免直接接触皮肤和衣服。

## 6.4.6　室内灰尘中多溴联苯醚的分析

**1. 方法原理**

采集室内灰尘，通过超声提取法灰尘中的多溴联苯醚（PBDEs）洗脱到有机溶剂中，通过硅胶层析柱净化去除干扰，用气相色谱质谱联用仪进行检测。根据保留时间、碎片离子质荷比及不同特征离子的丰度比进行定性。以 BDE-71 作为内标，通过内标法对 PBDEs 进行定量。

**2. 适用范围**

本方法适用于室内灰尘中 14 种多溴联苯醚的测定，若通过验证，本方法也适用于其他灰尘或土壤中多溴联苯醚的测定。多溴联苯醚的结构通式如图 1-4 所示，14 种多溴联苯醚的结构式如图 6-10 所示。

**3. 试剂与仪器**

（1）试剂和材料

① 有机溶剂：丙酮、正己烷、二氯甲烷、异辛烷等均为农残分析级；

② 无水硫酸钠：分析纯，于 600℃马弗炉中灼烧 6h，干燥器中冷却备用；

③ 硅胶：100～200 目，于 130℃马弗炉中灼烧 16h，然后用 3.0％的去离子水灭活，干燥器中平衡后备用；

④ 载气：高纯氮气，纯度≥99.99％，用于样品浓缩；

⑤ 氦气：高纯氦气，纯度≥99.99％，用于气相色谱作为载气；

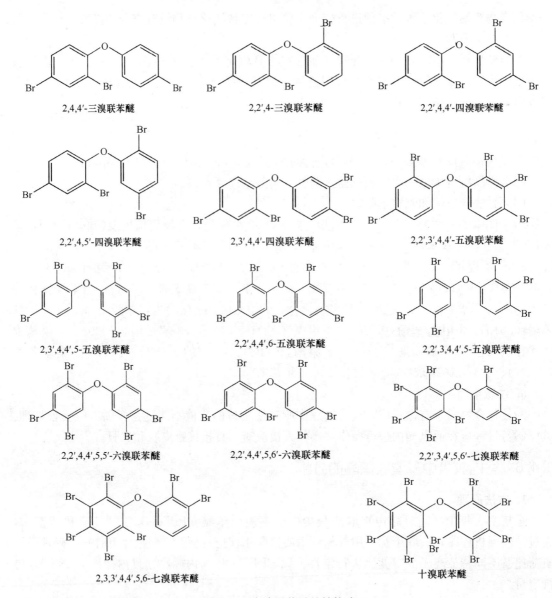

图 6-10　多溴联苯醚的结构式

⑥ 滤纸袋：将滤纸折叠成四方体，用丙酮正己烷混合溶液在索氏提取器内提取 24h，取出后在真空干燥器内烘干，装在玻璃瓶中密封备用；

⑦ 标准溶液：市售有证 PBDEs 混合标样，溶剂为异辛烷，共 14 种 PBDEs 同系物，BDE-17，BDE-28，BDE-47，BDE-49，BDE-66，BDE-85，BDE-99，BDE-100，BDE-138，BDE-153，BDE-154，BDE-183，BDE-190，BDE-209；

⑧ 内标：BDE-71 标准溶液，用于作为内标对 14 种 PBDEs 进行定量，溶剂为异辛烷；

⑨ 回收率指示物：CB-155 标准溶液，用于检验方法的回收率，溶剂为异辛烷。

（2）仪器和设备

① 分析天平：精确到 0.0001g；

② 旋转蒸发仪：用于提取液的浓缩；

③ 离心机：用于对提取液进行离心分层；

④ 真空干燥箱：用于硅胶的活化；

⑤ 氮吹仪：配备高纯氮气（≥99.999%），用于提取液的浓缩；

⑥ 超声波清洗器：用于玻璃器皿的清洗和样品的萃取；

⑦ 纯水仪：用于生产超纯水；

⑧ 气相色谱-质谱联用仪：美国 Agilent 公司，型号为 6890 GC/5975 BMS；

⑨ 毛细管色谱柱：石英毛细管柱，长 15m，内径 0.25mm，膜厚 0.10μm（HP-5MS，美国 Agilent 公司）。

⑩ 恒温水浴锅：控制温度精确在±1℃；

⑪ 微量注射器：100μL、250μL 和 1mL；

⑫ 玻璃器皿：平底烧瓶、烧杯、量筒、胶头滴管、玻璃层析柱等；

⑬ 室内灰尘采样材料：采样刷、铝箔纸、分样筛（不锈钢边框，200 目）、研钵、药匙、封口膜、脱脂棉等。

**4. 测定步骤**

（1）样品的采集

样品采集前，用丙酮将采样用到的工具和包装样品的铝箔等清洗干净，选择不容易受到人为干扰的室内表面，如橱柜上方，利用采样刷和铝箔收集室内灰尘样品，采完后用铝箔包好，放入密封袋中保存，进行样品登记、编号，置于—20℃冰柜中密封保存。

（2）样品提取和浓缩

室内灰尘样品采用超声萃取方式进行，具体过程为：将 0.20g 灰尘样品放到 10mL 玻璃离心管中，加入回收率指示物（CB-155），再加入 10mL 正己烷-丙酮混合溶液（体积比为1:1），超声萃取 20min，于离心机中离心 10min 后取出上清液，将上清液转移到浓缩瓶中，然后再加入 10mL 混合溶液进行二次萃取，反复萃取 3 次，并且将 3 次的上清液混合。将提取溶液置于（30±1）℃水浴中进行旋转蒸发，将提取液浓缩至 1～2mL，备用。

（3）样品净化

室内灰尘样品由于组分复杂，干扰物较多，会影响 PBDEs 的检测，因而有必要进行样品的净化。本方法采用活化后硅胶层析柱净化法去除提取液中的干扰物，具体操作为：硅胶层析柱从下到上依次加入脱脂棉、7g 活化硅胶、2cm 高无水硫酸钠。净化过程中先用 30mL 体积比为 1:1 的正己烷/二氯甲烷混合液淋洗硅胶柱，待淋洗液流干时，将浓缩后的样品提取液转移到硅胶层析柱进行净化，最后用 70mL 二氯甲烷-正己烷混合溶液（体积比为 1:1）将目标物洗脱，然后向层析液中加入 5mL 异辛烷，再将其浓缩到 1～2mL，将浓缩液转移到刻度试管中，并利用柔和氮气吹脱定容到低于 0.9mL，添加 0.1mL 内标物（BDE-71），利用异辛烷定容到 1mL，转移到色谱瓶，密封摇匀，于—20℃冰箱内保存，以备分析。

（4）样品分析

① 色谱条件：HP-5MS（15m×0.25mm×0.10μm）；载气：氦气，流速 1.7mL/min；进样口温度：250℃；无分流进样，进样量：2μL；升温程序：110℃（保持 0.5min），以5℃/min 升到 220℃，然后以 20℃/min 升到 310℃（保持 7min）。

② 质谱条件：Cl 离子源，离子源温度：150℃；传输线温度：270℃；溶剂延迟时间：5min；扫描方式：选择扫描离子（SIM）；BDE-209 的扫描离子为：486.5 和 488.5，其他PBDE 同系物的扫描离子为：79 和 81。SIM 原则是：定量离子尽可能选用分子离子峰；参比离子则选用峰比较高、受其他组分干扰少的离子。

（5）方法检出限

本方法的仪器检出限按照信噪比为 10 时的标准溶液浓度进行设定，方法检出限依据仪器检出限和整个处理过程中体积的变化，按照 0.2g 灰尘进行计算得到各种 PBDEs 的方法检出限，结果表明：BDE-209 的方法检出限为 8500pg/g；BDE-183、BDE-138、BDE-85 的方法检出限分别为 95pg/g、45pg/g 和 25pg/g；其他 9 种 PBDEs 的方法检出限为 15pg/g。

（6）内标法定量原理

采用标准曲线内标法对样品目标检测物进行定量。配制 5 个系列浓度的标准溶液，标准溶液中加入与样品中浓度一致的 BDE-71 作为内标物，以相对峰面积对浓度求出相对响应因子 $RRF$，如式（6-20）所示。

$$RRF = \frac{m_s}{A_s} \div \frac{m_I}{A_I} \qquad (6\text{-}20)$$

式中，$A_s$ 为标准物质峰面积；$m_s$ 为标准物质质量，ng；$A_I$ 为内标物质峰面积；$m_I$ 为内标物质峰质量，ng。

样品中目标物的定量公式如式（6-21）所示：

$$m_Q = A_Q \times RRF \times \frac{m_{Ir}}{A_{Ir}} \qquad (6\text{-}21)$$

式中，$m_Q$ 为样品中目标物的质量，ng；$A_Q$ 为样品中目标物峰面积；$m_{Ir}$ 为样品中加入内标物的质量，ng；$A_{Ir}$ 为样品中内标物的峰面积。

（7）标准曲线绘制

将含有 14 种 PBDEs 组分的标准溶液和内标（BDE-71）的标准溶液稀释制备 5 个浓度水平的标准系列。配制的标准曲线系列浓度见表 6-9。由测得的数据绘出每种 PBDEs 同系物的工作曲线。检查标准物质工作曲线的相关系数是否满足实验要求，然后以此标准物质工作曲线作为定量的依据。相关系数一般为 0.999 以上。

表 6-9　PBDEs 标准溶液的配制表　　　　　　　　　　　　　　　（ng/mL）

| 名　称 | STD1 | STD2 | STD3 | STD4 | STD5 |
|---|---|---|---|---|---|
| BDE-209 | 5 | 10 | 50 | 100 | 500 |
| 其他 13 种 PBDEs | 0.5 | 1 | 5 | 10 | 20 |

（8）定量方法

标准曲线绘制完毕或曲线核查完成后，将处理好的并放到室温的样品注入气相色谱-质谱仪，按照仪器参数进行样品测定。根据样品中目标化合物的峰面积计算样品中目标化合物的浓度。如果样品浓度超出标准曲线的线性范围，则需要将样品稀释到校准曲线线性范围内，再进行测定。

**5. 结果计算**

室内灰尘中 PBDEs 的浓度（C）计算公式如式（6-22）所示：

$$C = \frac{C_i \times V \times DF}{M} \qquad (6\text{-}22)$$

式中，$C$ 为室内灰尘样品中 PBDEs 的浓度，ng/g；$C_i$ 为从标准曲线得到的 PBDEs 的浓度，ng/mL；$V$ 为样品的浓缩体积，mL；$M$ 为室内灰尘样品的质量，g；$DF$ 为稀释因子（目标化合物的浓度超出标准曲线，需要进行稀释）。

**6. 质量保证和质量控制**

为保证测试数据的准确可靠，本方法采用美国环保署推荐的质量保证与质量控制方法：实验过程中对每 10 个真实样品进行同一批处理，同时处理 1 个空白样，以确定实验过程中所用仪器和试剂的清洁程度及人为的影响因素；1 个加标样，用于检测方法的回收率；实验过程中还采用添加回收率指示物的方法用于检验每 1 个样品中目标物的回收率。

（1）加标回收率

加标回收率是为了考察整个方法中所有目标物的回收率情况，每 10 个样品选择 1 个样品进行加标回收率检验，在样品中加入一定质量的目标物，然后按与实际样品相同的方法进行操作。14 种 PBDEs 的加标回收率范围为 78.3%～129.5%，回收率较高，说明基质的影响较小。

（2）空白样品检测

本方法中所指的空白试验主要分为溶剂空白和场地空白。其中溶剂空白指只加入溶剂，其操作过程与实际样品相同。场地空白指采样介质只进行与实际样品相同的操作过程，而不进行实际采样。溶剂空白的目的是检验实验室操作过程是否被认为污染，其值应该低于方法检出限；场地空白的目的是检验整个采样、运输过程的污染情况，如果空白值较低，污染可以忽略，如果空白值较高，则应查找原因，消除污染后重新进行采样。经检验，本方法所有空白样品中目标物的检出浓度很低，均小于样品浓度的 5%，说明在运输、保存和实验操作过程中人为污染引入的污染较小。

（3）代标回收率

代标是添加在每个分析样品（包括样品、溶剂空白和场地空白）中，以控制整个分析流程回收率的物质。代标 CB-155 的回收率为 89.2%，满足 EPA 规定的代标回收率要求。应当始终对代标的回收率进行确认，如果回收率不符合规定的范围，应查找相应的原因，重新进行样品的提取和净化处理。

（4）平行实验

本方法按照总样品数量的 10% 设置平行实验，可以取平均值为样品的浓度，平行实验的结果应在平均值的 ±30% 以内。

（5）标准曲线校正

实验过程中，利用设定的 5 个浓度梯度对标准曲线进行日校正，使用已建立的标准曲线测定新配制的已知浓度的标准溶液，测定值与实际值之差应＜20%，否则此标准曲线不能用。另外，标准溶液应当装在密封的玻璃容器中避光冷藏保存，以避免由于溶剂的挥发导致的浓度变化。

（6）玻璃器皿清洗

所有玻璃器皿用自来水洗净后，先进行超声清洗，再放在硝酸溶液中浸泡过夜，然后依次用自来水、蒸馏水、超纯水进行清洗，最后放在 105℃ 的烘箱中烘干，所有器皿在使用之前用丙酮冲洗一遍，晾干使用。另外，用于分析高、低质量浓度样品的玻璃器皿应分别放在不同的清洗器中进行清洗，避免交叉污染。

**7. 注意事项**

本方法中用到的有机溶剂和化合物均具有一定的危害，所以在操作过程中要尽量放在通风橱内进行，以减少分析人员的暴露。另外，实验人员应配备手套、实验服、安全眼镜、面具等保护措施，并且熟练整个分析过程中的相关风险，并接受安全培训。

　　实验过程中产生的废物（有机溶剂、废酸）等应该集中收集后，严格按照废物管理办法进行处理，避免废物对环境的污染。

 **习题与思考题**

1. 简述大气污染和大气污染物的含义。
2. 简述大气中主要污染物的种类。
3. 简述大气采样点布设原则和布设方法。
4. 空气中有机污染物的采集仪器有哪些种类？其工作原理是怎样的？
5. 进行 $PM_{10}$ 检测时，有哪些注意事项？

# 第7章 土壤和固体废物中典型污染物的分析

## 学 习 提 示

　　了解土壤与固体废物污染的特点与现状，熟悉土壤和固体废物样品的采集与保存及样品的预处理方法，掌握土壤、沉积物和固体废物中几类典型污染物的分析方法。推荐学时4～6学时。

## 7.1 概 述

　　《土壤质量　词汇》（GB/T 18834—2002）中对土壤的解释为：由矿物质、有机质、水、空气及生物有机体组成的地球陆地表面能生长植物的疏松层。而土壤学和农业科学家则定义其为：地球陆地表面能生长绿色植物的疏松层，具有不断地、同时地为植物生长提供并协调营养条件和环境条件的能力。环境科学家认为，土壤是重要的环境因素，是具有吸附、分散、中和、降解环境污染物功能的缓冲带和过滤器。我国的国土面积为960万平方公里，耕地占世界总耕地面积的7%。我国依靠占世界7%的耕地面积养活了占世界22%的人口，正是有了土壤，才能生产出瓜果蔬菜和粮食，使我们的生命得以延续。土壤是构成生态系统的基本要素，是人类赖以生存的物质基础。

　　近年来，由于人口急剧增长，伴随我国经济的快速发展，大量工业"三废"和农药化肥进入土壤，引起土壤质量恶化，进而抑制作物生长、引起农产品质量恶化并危及人类健康。土壤中的污染物不仅在本系统内存在能量和物质的循环，还会与水、大气和生物之间发生物质交换；另外，土壤污染具有隐蔽性和滞后性，它往往需要通过物理化学检测，甚至通过对人畜健康状况进行研究才能确定。土壤污染是全球三大环境要素（大气、水体和土壤）的污染问题之一，我国的土壤污染事件也频繁发生。因此，土壤污染不仅关系到农产品的质量和人民的身体健康，还直接关系到生态安全和社会稳定。

　　《固体废物鉴别导则》对固体废物的定义是：指在生产、生活和其他活动中产生的丧失原有利用价值或者虽未丧失利用价值但被抛弃或者放弃的固态、半固态和置于容器中的气态的物品、物质以及法律、行政法规规定纳入固体废物管理的物品、物质。固体废物已经成为环境的主要污染源之一，由于"重经济，轻环保"的环境存在，我国对固体废物污染控制起步较晚，虽然近年在固体废物的处理利用方面付出很大努力，已取得一定治理进展，一些适合我国目前经济技术发展水平的固体废物处理技术已经开展研究并逐步应用，但与欧、美、日等发达国家相比，固体废物治理整体水平还很低，处理、处置技术还远不能满足人民群众对良好生态环境的需要。

## 7.1.1 土壤污染的特点

土壤污染（Soil Pollution）是指人类活动或自然过程产生的有害物质进入土壤、致使某种有害成分的含量明显高于土壤原有含量，而引起土壤环境质量恶化的现象。污染物在土壤中的数量超过了该物质在土壤的本底含量和土壤的环境容量，从而导致土壤的性质、组成及性状等发生变化，破坏了土壤的自然生态平衡，并导致土壤的自然功能失调、土壤质量恶化。土壤污染的明显标志是农作物在土壤上的生产力下降。

土壤环境的多介质、多界面、多组分、非均一且复杂多变的特征决定了土壤环境污染问题有别于水环境污染和大气环境污染，具有自身特点。

**1. 隐蔽性与滞后性**

水和大气环境遭受污染容易识别与发觉，而土壤环境污染靠肉眼或感官则无法判定，需要对土壤样品进行分析化验和对所生长的粮食、蔬菜、水果等农产品进行检测才能揭示出来，而且土壤从开始污染到产生严重后果需要相当长的时间，也即土壤污染的发现存在一定的滞后性，有些污染物从开始累积到产生严重危害需要十多年的时间。日本的第二公害病"痛痛病"便是一个典型的例证，20 世纪 60 年代该病发生于富山县神通川流域，直至 20 世纪 70 年代才基本证实：其发病原因之一是当地居民长期食用被含镉废水污染了的土壤所生产的"镉米"所致（重病区大米含镉量平均为 0.527mg/kg），当时，致害的那个铅锌矿已经开采结束了，但其间历经了二十余年。

**2. 不可逆性和长期性**

水体和大气环境如果受到污染，切断污染源之后可以通过稀释和自然净化作用不断减轻污染并恢复到原来状态，但进入土壤中的各类污染物特别是重金属，其污染的过程基本上是一个不可逆的过程，因此土壤污染治理与修复的难度也很大。而许多有机化学物质的污染也需要一个比较长的降解时间，例如，1966 年冬至 1977 年春，沈阳-抚顺污水灌区发生的石油、酚类以及后来张士灌区的污染，造成大面积的土壤毒化、水稻矮化、稻米异味、含镉量超过食品卫生标准。之后用了很多年的艰苦努力，采用了施用改良剂、深翻、清灌、客土和选择品种等各种措施，才逐步恢复其部分生产力，其间付出了大量的劳力和代价。

**3. 后果的严重性**

由于土壤污染的隐蔽性或潜伏性以及它的不可逆性或长期性，往往会通过食物链危害动物和人体的健康。研究表明，土壤和粮食的污染与一些地区居民肝肿大之间有着明显的剂量—效应关系，污灌引起的污染越严重，人群的肝肿大率越高。一些土壤污染事故严重威胁着粮食生产，1980 年发生的三氯乙醛污染是一个比较典型的事例，它是由于施用含三氯乙醛的废硫酸生产的普通过磷酸钙肥料所引起，其中万亩以上的污染事故在山东、河南、河北、辽宁、苏北、皖北等地曾多次发生，受害品种包括小麦、花生、玉米等十多种农作物，轻则减产，重则绝收。有的田块毁苗后重新播种多次仍然受害，损失十分惨重。

## 7.1.2 固体废物污染的特点

**1. 数量巨大、种类繁多、成分复杂**

固体废物的来源十分广泛，例如，工业固体废物包括了工业生产、加工，燃料燃烧，矿物采、选，交通运输等行业以及环境治理过程所产生和丢弃的固体和半固体的物质。另外，从固体废物的分类，我们可以大致了解固体废物组成的复杂状态。除在城市垃圾中包含了几乎所有日常生活中接触到的物质以外，危险废物的种类将随着科学技术的发展而难以做出超前的划定。

**2. 滞留期久、危害性强**

固体废物除直接占用土地和空间外，其对环境的危害影响需要通过水、气或土壤等介质方能进行。以固态形式存在的有害物质向环境中的扩散速率相对比较缓慢，例如，渗滤液中的有机物和重金属在黏土层中的迁移速率，大约是每年数厘米，其对地下水和土壤的污染需要经过数年甚至数十年后才能显现出来。与废水、废气污染环境的特点相比，固体废物污染环境的滞后性非常强，而一旦发生了固体废物对环境的污染，其后果将非常严重，因此，固体废物对环境的影响具有长期性、潜在性和不可恢复性。

**3. 处理过程的终态，污染环境的源头**

在废气的治理过程中，利用洗气、吸附或除尘等技术将存在于气相中的粉尘或可溶性污染物（如酸性气体）转移或转化为固体物质。同样，在水处理工艺中，无论是采用物化处理技术（如混凝、沉淀、超滤等）还是生物处理技术（如好氧生物处理、厌氧生物处理等），在水得到净化的同时，总是将水体中的无机和有机污染物质以固相的形态分离出来，从而产生大量的污泥或残渣。从这个意义上讲，可以认为废气治理或水处理的过程，实际上都是将环境中的污染物转化为比较难以扩散的形式，将液态或气态的污染物转变为固态的污染物，降低污染物质向环境迁移的速率。由于固体废物对环境的危害影响需通过水、气或土壤等介质方能进行，因此，固体废物既是污染水、大气、土壤等的"源头"，又是废水和废气处理过程的"终态"，也正是由于这一特点，对固体废物的管理既要尽量避免和减少其产生，又要力求避免和减少其向水体、大气以及土壤环境的排放。最终处置需要解决的就是废物中有害组分的最终归宿问题，也是控制环境污染的最后步骤。最终处置对于具有永久危险性的物质，即使在人工设置的隔离功能到达预定工作年限以后，处置场地的天然屏障也应该保证有害物质向生态圈中的迁移速率不致对环境和人类健康造成威胁。

## 7.1.3　土壤污染的类型

土壤污染的类型目前并无严格的划分，如从污染物的属性来考虑，一般可分为有机物污染、无机物污染、生物污染和放射性物质的污染。

**1. 有机物污染**

有机物污染可分为天然有机污染物和人工合成有机污染物，本书主要是指后者，它包括有机废弃物（工农业生产及生活废弃物中生物易降解和生物难降解有机毒物）、农药等污染。有机污染物进入土壤后，可危及农作物的生长和土壤生物的生存，如稻田因施用含二苯醚的河泥曾造成稻苗大面积死亡，泥鳅、鳝鱼绝迹。人体接触污染土壤后，手脚出现红色皮疹，并有恶心、头昏现象。农药在农业生产上的应用尽管收到了良好的效果，但其残留物却污染了土壤和食物链。进入土壤中的农药主要来自直接施用和叶面喷施，也有一部分来自回归土壤的动植物残体。

广义地说，农药包括杀虫剂、杀菌剂、除草剂以及杀螨剂、杀鼠剂、引诱剂、忌避剂、植物生物调节剂和配制农药的助剂等。施用农药确实能对农作物的增产增收起重要作用，但也应看到世界范围内连年大量使用农药，引起许多不良后果，如药效随害虫抗药性不断增强而相对降低；施用农药对抑制害虫的天敌也有毒杀作用，从而破坏了农业生态平衡；更为重要的是施用农药引起环境污染，并通过食物链使农作物或食品中残毒进入人体，危及人体健康。

我国目前生产的农药品种有百种以上，新的品种每年都在增加，根据农药的成分及用途，农药的分类列于表 7-1 中。

表 7-1　农药的分类

| 杀虫剂 | | | | 杀螨剂 | 杀菌剂 | 杀线虫剂 | 除草剂 |
|---|---|---|---|---|---|---|---|
| 无机杀虫剂 | 有机杀虫剂 | 微生物杀虫剂 | 熏蒸剂 | | | | |
| 砷酸铅、砷酸钙、矿油乳剂等 | 天然农药：除虫菊、尼古丁、鱼藤等；合成农药：有机氯杀虫剂——乐果、甲基对硫磷、马拉硫磷、敌敌畏等；有机氮杀虫剂——异索威、西维因等 | 苏云金杆菌、核型多角体病等 | 溴甲烷、氯化苦、氢氰酸等 | 二硝甲酚、三硫磷、三氯杀螨枫等 | 稻瘟静、多菌灵等 | 二溴乙烷、二溴氯丙烷等 | 2,4-D、2,4,5-T、除草醚、西玛津等 |

农药按化合物结构可分为有机磷农药、有机氯农药、氨基甲酸酯、拟除虫菊酯等。按照其被分解的难易程度可分为两类：易分解类（如有机磷制剂）和难分解类（如有机氯、有机汞制剂等）。植物对农药的吸收率因土壤质地不同而异，其从砂质土壤吸收农药的能力要比从其他黏质土壤中高得多。通常农药的溶解度越大，被作物吸收也就越容易，不同类型农药在吸收率上差异较大。农药在土壤中可以转化为其他有毒物质，如 DDT 可转化为 DDD、DDE。残留农药可通过食物链转移到人体内，经过长期积累会造成慢性中毒，引起内脏机能受损，使人体的正常生理功能发生失调，影响身体健康，特别是杀虫剂能造成致癌、致畸、致突变"三致"问题。

此外，石油、多环芳烃、多氯联苯、甲烷等，也是土壤中常见的有机污染物，利用未经处理的含油、酚等有机毒物的污水灌溉农田，会使植物生长发育受阻。例如，用未经处理的炼油厂废水灌溉，结果水稻严重矮化。初期症状是叶片披散下垂，叶尖变红；中期症状是抽穗后不能开花受粉，形成空壳，或者根本不抽穗；正常成熟期后仍在继续无效分蘖。

近年来，塑料地膜地面覆盖栽培技术发展很快，部分地膜弃于田间，且难以降解，已成为一种新的有机污染物。

**2. 无机物污染**

无机污染物有的是随着地壳变迁、火山爆发、岩石风化等天然过程进入土壤，有的是随着人类的生产和消费活动而进入的。采矿、冶炼、机械制造、建筑材料、化工等生产部门，每天都排放大量的无机污染物，包括有害的元素氧化物、酸、碱和盐类等。生活垃圾中的煤渣，也是土壤无机污染物的重要组成部分，一些城市郊区长期、直接排放污染的结果造成了土壤环境质量的下降。

**3. 生物污染**

是指一个或几个有害的生物种群，从外界环境侵入土壤，大量繁衍，破坏原来的动态平衡，对人类健康和土壤生态系统造成不良影响。造成土壤生物污染的主要物质来源是未经处理的粪便、垃圾、城市生活污水、饲养场和屠宰场的污物等。其中危害最大的是传染病医院未经消毒处理的污水和污物。进入土壤的病原体能在其中生存较长的时间，如痢疾杆菌能在土壤中生存 22～142d，结核杆菌能生存一年左右，蛔虫卵能生存 315～420d。土壤生物污染不仅可能危害人体健康，而且有些长期在土壤中存活的植物病原体还能严重地危害植物，造成农业减产。例如，一些植物致病细菌污染土壤后能引起番茄、茄子、马铃薯等植物的青枯病；引起果树的细菌性溃疡和根癌病。某些致病真菌污染土壤后能引起大白菜、油菜、甘蓝等多种栽培和野生十字花科蔬菜的根肿病；引起茄子、棉花、黄瓜、西瓜等多种植物的枯萎病；菜豆、豇豆等的根腐病；以及小麦、大麦、燕麦、高粱、玉米、谷子的黑穗病等。

**4. 放射性物质污染**

是指人类活动排放出的放射性污染物，使土壤的放射性水平高于天然本底值。放射性污染物是指各种放射性核素，它的放射性与其化学状态无关。每一种放射性核素都有一定的半衰期，能放射具有一定能量的射线，除了在核反应条件下，任何化学、物理或生化处理都不能改变放射性核素的这一特性。

放射性核素可通过多种途径污染土壤。放射性废水排放到地面上、放射性固体废物埋藏处置在地下、核企业发生放射性排放事故等，都会造成局部地区土壤的严重污染。大气中的放射性沉降，施用含有铀、镭等放射性核素的磷肥和用放射性污染的河水灌溉农田也会造成土壤放射性污染，这种污染虽然一般程度较轻，但污染的范围较大。

土壤被放射性物质污染后，通过放射性衰变，能产生 α、β 和 γ 射线。这些射线能穿透人体组织，损害细胞或造成外照射损伤，或通过呼吸系统或食物链进入人体，造成内照射损伤。

# 7.2　土壤和固体废物的采集与保存

《土壤环境监测技术规范》（HJ/T 166—2004）规定了土壤环境监测的布点采样、样品制备、分析方法、结果表征、资料统计和质量评价等技术内容。规范中对环境样品的采样基本要求是所取得的样品应具有代表性和完整性。由于环境体系的组成十分复杂，所以为满足这两方面所必须采取的取样环节质量保证措施，除了具有一定的原则性外，还需有极大的灵活性。所谓原则性，就是由权威部门对于各类环境体系的采样方案提出一系列规范性条例，并要求职能部门如监测站在制订和执行采样方案时按规范行事，即在规定的采样时间、地点，用规定的采样方法和技术，采集符合被测环境真实情况的样品。所谓灵活性就是采样方案制订者还要考虑到具体对象的特殊性，就规范中未涉及的方面做出具体分析，并做出符合实际的采样部署。

## 7.2.1　土壤样品的采集、制备和保存

土壤是由固、液、气三相组成的分散体系，呈不均一态，污染物进入土壤后流动、迁移、混合都较困难，故土壤布点采样较复杂，样品的代表性受到局限。

为了采集具有代表性的土壤样品，使采样误差降至最小，采样前，首先要进行污染调查，内容包括该地区的自然条件、农业生产情况、土壤性状和该地区的污染历史及现状。通

过充分调查，选择采样区域，确定若干采样单元，每个采样单元的土壤要尽量均匀一致。在此基础上，根据需要布设采样点。

**1. 采样点的布设**

首先，采样点布设要考虑到不同的土壤类型。其次，选择一定数量能代表被调查地区的地块作为采样单元（$0.13\sim0.2hm^2$）。在每个采样单元中，布设一定数量的采样点。同时选择对照单元布设采样点，对照点应设在远离污染源、不受其影响的地方。对大气污染物引起的土壤污染，采样点布设应以污染源为中心，根据当地风向、风速及污染强度等因素，有目的地朝着一个方向或几个方向，按间距 50m、100m、250m、500m、1000m、2000m、3000m、4000m、5000m 设置采样单元；由城市污水或被污染的河水灌溉农田引起的土壤污染，采样点应根据水流的路径和距离来考虑布设。农业固体废物和化学物质引起的土壤污染，可采用均匀布点。

常用的采样布点法有：① 对角线采样法：适合于污水或污染水灌溉的田块，按对角线划分为若干等分，在每等分的中点处取样；② 梅花形采样法：适宜于面积较小、地势平坦、土壤较均匀的情况，采样点一般在 5～10 个以内；③ 棋盘式采样法：适宜于中等面积的田块，地势平坦，地形完整，但土壤较不均匀的情况，可设 10 个以上的采样点；④ 蛇形采样法：适合于面积较大，地形不太平坦，土壤不够均匀的田块，可布设较多的采样点。

**2. 采样深度**

土壤采样深度取决于分析目的。了解土壤污染状况的一般分析，只需取 15cm 耕层土壤和耕层以下 15～30cm 的土样；了解土壤污染深度，则应按土壤剖面层次分层采样。土壤剖面指地面向下的垂直土体的切面。典型的自然土壤刮面分为 A 层（表层、腐殖质淋溶层）；B 层（亚层、淀积层）；C 层（风化母岩层、母质层）和底岩层。土壤剖面采样需在特定采样地点挖掘一个（$1\times1.5m$）左右的长方形土坑，深度在 2m 以内，一般要求达到母质或潜水处。然后在各层最典型的中部自下而上逐层用小铲切取片状土壤样品，每个采样点的取土深度和取样量应一致，根据监测目的可取分层样品或混合样。

**3. 采样频率及采样量**

为了解土壤污染状况，可随时采集样品进行测定。如需同时掌握在土壤上生长的作物受污染状况，可依季节变化或作物收获期采集，一年中在同一地点采样两次进行对照。由于土样是多点混合而成，取样量往往较大，而实际供分析的土样不需太多，一般只需 1～2kg。

**4. 土样的制备及保存**

测定游离 VOCs、挥发酚、硫化物、氰化物、油类等需不经风干的新鲜土样。但多数项目的测定都需风干土样，因为风干的土样易混合均匀。风干过程切忌阳光直接暴晒，并防止酸、碱等气体及灰尘的污染。也可在通入暖风的干燥箱中干燥，暖风通过活性炭柱和滤膜过后通入干燥箱中，既可缩短风干时间，也可防止玷污。

风干后的土样碾碎后，过 2mm 尼龙筛，去除较大砂砾和植物残体，用作土壤颗粒分析及物理性质分析。若砂砾含量较多，应计算它占整个土壤的百分数。如需用作化学分析，则需使磨碎的土样通过孔径 1mm 或 0.5mm 的筛子。分析有机质、全氮项目，应取部分已过 2mm 筛的土样，用玛瑙或有机玻璃研钵继续研细，使其全部通过 60 目筛（0.25mm）。用 AAS 测 Cd、Cu、Ni 等重金属时，土样必须全部通过 100 目筛（尼龙筛）。研磨过筛后的样品混合均匀、装瓶、贴上标签、编号、储存。一般土样通常保存半年至一年，以备必要时查核。标样或对照样品，则需长期妥善保存。表 7-2 为土壤采样及制备范例。

表 7-2　土壤采样及制备范例

| 调查目的 | 检测项目 | 采样方法 | 制样方法 |
|---|---|---|---|
| 土壤污染调查 | 重金属类农药 | $100m^2$一个采样点，不受污染的土壤可 $900m^2$一个点，采 $0\sim5cm$ 和 $5\sim50cm$ 的土样 | 风干，剔除异物，粉碎过 2mm 孔筛，混合均匀 |
| | VOCs 类 | 在 $0.8\sim1m$ 以下采土样，测土壤气体时，从表层到 0.5m，地下 10m 以上每 1m 一个采样点，并采集同点位的地下水 | 除去异物后，将土壤磨碎至约 5mm 粒径，混匀，密封，尽快测定 |
| 二噁英类农用地 | 一般土壤 | 在 $5\sim10m$ 范围四个角及中心布设 5 个采样点，取 $0\sim5cm$ 土层样 | 风干，剔除异物，粉碎过 2mm 孔筛，5 个土壤等量混合后作为一个土样供测定 |
| | 农田 | 在 $5\sim10m$ 范围四个角及中心布设 5 个采样点，取 $0\sim30cm$ 土层样 | |

## 7.2.2　固体废物的采集和制备

固体废物按其来源可分为工业固体废物、农业固体废物、城市生活垃圾等。为使采样具有代表性，在采样前要调查研究产生固体废物的生产工艺过程、废物类型、排放数量、堆积历史、危害程度和综合利用等情况。在背景调查和现场勘查基础上，确定采样方法、采样点、份样数、份样量及采样工具等，然后进行采样。

采样和制样可参照《工业固体废物采样制样技术规范》（HJ/T 20—1998）执行。

**1. 样品采集**

（1）采样工具

采样工具有尖头钢锹、钢锤、采样探子、采样钻、腰斧、采样铲（采样器）、具盖采样桶或内衬塑料的采样袋等。采样工具、设备所用的材质不能和待采的固体废物有任何反应，不能使待采固体废物污染、分层和损失。采样工具在正式使用前应做可行性试验，采样过程中还要防止待采固体废物受到污染和发生变质。与水、酸、碱有反应的固体废物，应在隔绝水、酸、碱的条件下采样；组成随温度变化的固体废物，应在其正常组分所要求的温度下采样。

（2）采样方法

① 简单随机采样法。对一批废物不甚了解、且采取的份样较分散也不影响分析结果时，可按其原来的状况从中随机采取份样。随机采样有两种方法：一种是抽签法，先对需采样的部位进行编号，同时把号码写在纸上，掺和均匀后，从中随机抽取份样数的纸片，抽中号码的部位就是采样的部位。此法只宜在采样点数较少时使用；另一种是随机数字表法，先对所有采样的部位进行编号，最大编号是几位数，就使用随机数表的几栏（或几行），并把几栏（或几行）合并使用，从表的任意一栏或一行数字开始数，记下凡小于或等于最大编号的数（遇到已抽过的数就不要），直到抽够份数为止。抽到的号码就是采样的部位。

② 系统采样法。对于一批按一定顺序排列的废物，按规定的采样间隔采样，每隔一个间隔采取一个份样，组成小样或大样（小样：由一批的 2 个或 2 个以上的份样或逐个经过粉碎和缩分后组成的样品；大样：由一批全部份样或全部小样或将其逐个进行粉碎和缩分后组

成的样品）。对以运送带、管道等形式连续排出的固体废物，应首先确定批量，然后按式（7-1）计算份样间隔，进行流动间隔采样。

$$T \leqslant Q/n \quad \text{或} \quad T' \leqslant 600Q/(G \times n) \tag{7-1}$$

式中，$T$ 为采样质量间隔，t；$T'$ 为采样时间间隔，min；$Q$ 为批量，t；$G$ 为废物每小时排出量，t/h；$n$ 为份样数，按公式计算或根据表 7-3 确定。

表 7-3 批量与最少份样数（固体/t；液体/1000L）

| 批量大小 | 最少份样个数 | 批量大小 | 最少份样个数 |
|---|---|---|---|
| <1 | 5 | ≥100 | 30 |
| ≥1 | 10 | ≥500 | 40 |
| ≥5 | 15 | ≥1000 | 50 |
| ≥30 | 20 | ≥5000 | 60 |
| ≥50 | 25 | ≥20000 | 80 |

③ 分层采样法。根据对一批废物已有的认识，将其按照有关标志分若干层，然后在每层中随机采样。一批废物分次排出或某生产工艺过程的废物间歇排出过程中，可分 $n$ 层采样，根据每层的质量，按比例采取份样，同时，应注意份样与该层粒度比例的一致性。第 $i$ 层采样份数 $n_i$ 按式（7-2）计算：

$$n_i = n \times m_i/Q \tag{7-2}$$

式中，$n_i$ 为第 $i$ 层应采份样数；$n$ 为按公式计算的份样数或表 7-3 中规定的份样数；$m_i$ 为第 $i$ 层废物质量，t；$Q$ 为批量，t。

④ 两阶段采样法。前述几种采样都是一次直接从一批废物中采取份样，称为单阶段采样。当一批废物由许多车、桶、箱、袋等容器盛装时，因各容器所处位置较分散，所以要分阶段采样。首先从一批废物总容器件数 $N_0$ 中随机抽取 $N_1$ 件容器，然后再从 $n_1$ 件的每一件容器中采 $n$ 个份样。推荐 $N_0=6$ 时，取 $N_1=N_0$；当 $N_0>6$ 时，按式（7-3）计算（小数进为整数）：

$$N_1 \geqslant 3 \times N_0^{\frac{1}{3}} \tag{7-3}$$

推荐第二阶段的采样数 $n \geqslant 3$，即 $N_1$ 件容器中的每个容器均随机采上、中、下最少 3 个份样。

（3）份样数的确定

份样数即从一批中所采取的份样个数，可通过查表法（如表 7-3 所示）或公式法确定。当已知份样间的标准偏差和允许误差时，可按下式计算份样数：

$$n \geqslant (t \times s/\delta)^{\frac{1}{2}} \tag{7-4}$$

式中，$n$ 为必要的份样数；$s$ 为份样间的标准偏差；$t$ 为选定置信水平下的概率度；$\delta$ 为采样允许误差。

将 $n$ 趋于 $\infty$ 时的 $t$ 值作为最初的 $t$ 值，以此算出 $n$ 的初值。用对应于 $n$ 值的 $t$ 值代入，直至算得的 $n$ 值不变，此 $n$ 值即为必要的份样数。

（4）份样量的确定

份样量是指构成一个份样的固体废物的质量。一般情况下，样品量多取一些才有代表性，因此，份样量不能少于某一限度。但份样量达一定限度后，再增加质量也不能显著提高采样的准确度。份样量取决于废物的粒度上限，废物的粒度越大，均匀性越差，份样量就越多，它大致与废物的最大粒度直径某次方成正比，与废物的不均匀程度成正比。份样量可按切乔特公式计算：

$$Q \geqslant K \times d^a \tag{7-5}$$

式中，$Q$ 为份样量应采的最低质量，kg；$K$ 为缩分系数，代表废物的不均匀程度，废物越不均匀，$K$ 值越大，可用统计误差法由实验测定，有时也可根据经验指定；$d$ 为废物中最大粒度的直径，mm；$a$ 为经验常数，随废物的均匀程度和易破碎程度而定。

一般情况，推荐 $K=0.06$，$a=1$。除计算法外，实际工作时可参考表 7-4 和表 7-5 选取最小份样量。

表 7-4　根据固体废物最大颗粒直径选取的最小份样量

| 最大颗粒直径/mm | 最小份样量/kg | 最大颗粒直径/mm | 最小份样量/kg |
|---|---|---|---|
| >150 | 15 | 30～40 | 2.5 |
| 100～150 | 10 | 20～30 | 2 |
| 50～100 | 5 | 5～20 | 1 |
| 40～50 | 3 | <5 | 0.5 |

表 7-5　根据生活垃圾最大颗粒直径选取的最小份样量

| 废物最大颗粒直径/mm | 最小份样量/kg | |
|---|---|---|
| | 相当均匀的废物 | 很不均匀的废物 |
| 120 | 50 | 200 |
| 30 | 10 | 30 |
| 10 | 1 | 1.5 |
| 3 | 0.15 | 0.15 |

（5）采样点的确定

对于堆存、运输中的工业固体废物和大池（坑、塘）中的工业液体废物，可按对角线形、梅花形、棋盘形、蛇形等分布确定采样点。对于粉末状、小颗粒的工业固体废物，可按垂直方向、一定深度的部位确定采样点。

对于运输车及容器内的工业固体废物，可按上部（表面下相当于体积的 1/6 深处）、中部（表面下相当于体积的 1/2 深处）、下部（表面下相当于体积的 5/6 深处）确定采样点。在车中，采样点应均匀分布在箱的对角线上，端点距车端大于 0.5m，表层去掉 30mm。

当车数多于规定的份样数时，按表 7-6 选出所需最少的采样车数，然后从所选车中各随机采集 1 个份样。对于一批若干容器中盛装的废物也按表 7-6 选取最少容器数，并且每个容器中均随机采 2 个样品。

表 7-6　所需最少的采样车数表

| 车数（容器） | 所需最少采样车数 | 车数（容器） | 所需最少采样车数 |
|---|---|---|---|
| <10 | 5 | 50～100 | 30 |
| 10～25 | 10 | >100 | 50 |
| 25～50 | 20 | | |

当把一个容器作为一个批量时，按表 7-3 中规定的最少份样数的 1/2 确定；当把 2～10 个容器作为一个批量时，按式（7-6）确定最少容器数：

$$最少容器数 = 最少份样数 / 容器数 \tag{7-6}$$

对于废渣堆，在废渣堆侧面距堆底 0.5m 处画一条横线，然后每隔 0.5m 画一个横线，再在横线上每隔 2m 画一条垂线，其交点作为采样点。按表 7-3 确定的份样数确定采样点数，在每点上从 0.5～1.0m 深处各随机采样一份。

**2. 样品的制备**

样品制备的目的是从采取的小样或大样中获取最佳量、具有代表性、能满足试验或分析要求的样品。制样过程中，应防止样品产生任何化学变化和污染。制样工具包括粉碎机、药碾、钢锤、标准套筛、十字分样板、机械缩分器。制样程序包括样品的风干、粉碎、筛分、混合和缩分等步骤。缩分应反复转堆，至少 3 次，使其充分混合，直至不少于 1kg 样品为止。在进行各项有害特性鉴别试验前，可根据要求将样品进一步缩分。

如果是测定不稳定的氰化物、总汞、有机磷农药以及其他有机物质，则应将采集的新鲜固体废物样品剔除异物后研磨均匀，然后直接称样测定。但需同时测定水分，最终测定结果以干样品表示。制好的样品密封于容器中保存，容器应对样品不产生吸附，不使样品变质。

贴上标签备用。标签上应注明编号、废物名称、采样地点、批量、采样人、制样人、时间。特殊样品可采取冷冻或充惰性气体等方法保存。制备好的样品一般有效保存期为 3 个月，易变质的样品不受此限制。

### 7.2.3　沉积物样品的采集与制备

由于水中沉积物不断受到水流的搬迁作用，不同河流、河段的底质类型和性质差异很大。在布设采样断面和采样点之前，要进行相关资料的收集，开展现场的实际探查或勘探工作，根据收集的资料绘制水体沉积物分布图，并标出水质采样断面。底质采样断面的设置原则与水质采样断面相同，其位置应尽可能与水质采样断面重合，而且底质采样点尽可能与水质采样点位于同一垂线上，以便于将底质的组成、性质及受污染状况与水质的对应项作对比。由于底质比较稳定，受外界条件影响较小，故采样频率远较水样低，一般每年枯水期采样 1 次，必要时可在丰水期增加采样 1 次。

水中沉积物采集的办法主要有两种：① 是直接挖掘的办法，此法适用于大量样品的采集，或者是一般需求样品的采集；② 是用类似岩芯提取器的采样装置，适用于采样量少而不相互混淆的样品。管式泥芯采样器用于采集柱状样品，以供分析底质中污染物的垂直分布情况。如果水域水深＜3m，可将竹竿粗的一端削成尖头斜面，插入床底采样；当水深＜0.6m 时，可用长柄塑料勺直接采集表层底质。

水中沉积物含有大量水分，必须用适当方法（如自然风干、离心分离、真空冷冻干燥、无水硫酸钠脱水等）除去，不可直接在日光下暴晒或高温烘干。将脱水干燥的沉积物样品制样，制样过程与土样的制备过程类似。分析柱状样品各层的化学组成和形态，要制备份层样品。

# 7.3　土壤和固体废物中典型污染物的分析

## 7.3.1　土壤和沉积物中多氯联苯的分析

本方法依据我国环境保护标准《土壤和沉积物　多氯联苯的测定　气相色谱-质谱法》（HJ 743—2015）。

**1. 方法原理**

采用合适的萃取方法（微波萃取、超声波萃取等）提取土壤或沉积物中的多氯联苯，根据样品基体干扰情况选择合适的净化方法（浓硫酸磺化、铜粉脱硫、弗罗里硅土柱、硅胶柱等凝胶渗透净化小柱），对提取液净化、浓缩、定容后，用气相色谱-质谱仪分离、检测，内标法定量。

**2. 适用范围**

本标准规定了测定土壤和沉积物中多氯联苯的气相色谱-质谱法。本标准适用于土壤和沉积物中 7 种指示性多氯联苯和 12 种共平面多氯联苯的测定。其他多氯联苯如果通过验证也可用本方法测定。指示性多氯联苯指作为多氯联苯污染状况进行替代监测的多氯联苯，共平面多氯联苯指多氯联苯中非邻位或单邻位取代的多氯联苯，与二噁英有类似的毒性。多氯联苯的结构式如图 7-1 所示。

当取样量为 10.0g、采用选择的离子扫描模式时，多氯联苯的方法检出限为 0.4～

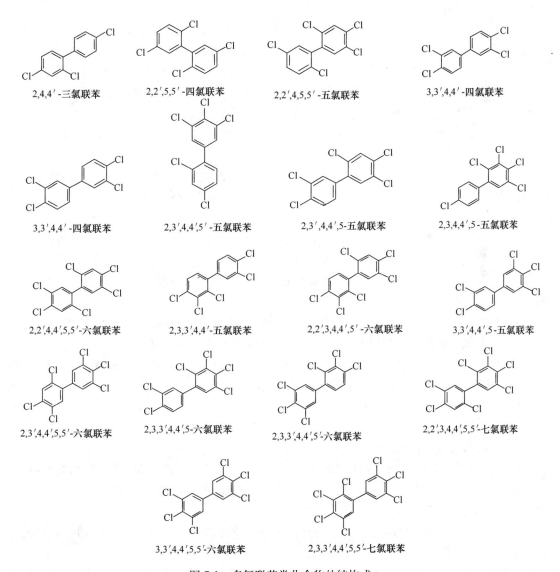

2,4,4′-三氯联苯　　　2,2′,5,5′-四氯联苯　　　2,2′,4,5,5′-五氯联苯　　　3,3′,4,4′-四氯联苯

3,3′,4,4′-四氯联苯　　2,3′,4,4′,5′-五氯联苯　　2,3′,4,4′,5-五氯联苯　　2,3,4,4′,5-五氯联苯

2,2′,4,4′,5,5′-六氯联苯　2,3,3′,4,4′-五氯联苯　2,2′,3,4,4′,5′-六氯联苯　3,3′,4,4′,5-五氯联苯

2,3′,4,4′,5,5′-六氯联苯　2,3,3′,4,4′,5-六氯联苯　2,3,3′,4,4′,5′-六氯联苯　2,2′,3,4,4′,5,5′-七氯联苯

3,3′,4,4′,5,5′-六氯联苯　　　　2,3,3′,4,4′,5,5′-七氯联苯

图 7-1　多氯联苯类化合物的结构式

0.6μg/kg，测定下限为 1.6～2.4μg/kg。

**3. 试剂与设备**

除非另有说明，分析时均使用符合国家标准的分析纯试剂和实验用水。

(1) 甲苯($C_7H_8$)、正己烷($C_6H_{14}$)、丙酮($CH_3COCH_3$)：色谱纯；

(2) 无水硫酸钠($Na_2SO_4$)：优级纯。在马弗炉中 450℃ 烘烤 4h 后冷却，置于干燥器内玻璃瓶中备用；

(3) 碳酸钾($K_2CO_3$)：优级纯；

(4) 硝酸：$\rho(HNO_3)=1.42g/mL$；

(5) 硝酸溶液：1+9；

(6) 硫酸：$\rho(H_2SO_4)=1.84g/mL$；

(7) 正己烷-丙酮混合溶剂：1+1。用色谱纯的正己烷和丙酮按 1∶1 的体积比混合；

(8) 正己烷-丙酮混合溶剂：9+1。用色谱纯的正己烷和丙酮按 9∶1 的体积比混合；

(9) 碳酸钾溶液：$\rho=0.1g/mL$。称取 1.0g 优级纯碳酸钾溶于水中，定容至 10.0mL；

(10) 铜粉(Cu)：99.5%。使用前用硝酸溶液(1+9)去除铜粉表面的氧化物，用蒸馏水洗去残留酸，再用丙酮清洗，并在氮气流下干燥铜粉，使铜粉具光亮的表面。临用前处理；

(11) 多氯联苯标准贮备液：$\rho=10～100mg/L$。用正己烷稀释纯标准物质制备，该标准溶液在 4℃ 下避光密闭冷藏，可保存半年。也可直接购买有证标准溶液（多氯联苯混合标准溶液或单个组分多氯联苯标准溶液），保存时间参见标准溶液证书的相关说明；

(12) 多氯联苯标准使用液：$\rho=1.0mg/L$(参考浓度)。用色谱纯的正己烷稀释多氯联苯标准贮备液；

(13) 内标贮备液：$\rho=1000～5000mg/L$。选择 2,2′,4,4′,5,5′-六溴联苯或邻硝基溴苯作为内标；当十氯联苯为非待测化合物时，也可选用十氯联苯作为内标。也可直接购买有证标准溶液；

(14) 内标使用液：$\rho=10mg/L$(参考浓度)。用色谱纯的正己烷稀释内标贮备液；

(15) 替代物贮备液：$\rho=1000～5000mg/L$。选择 2,2′,4,4′,5,5′-六溴联苯或四氯间二甲苯作为替代物，当十氯联苯为非待测化合物时，也可选用十氯联苯作为替代物。也可直接购买有证标准溶液；

(16) 替代物使用液：$\rho=5.0mg/L$(参考浓度)。用色谱纯的丙酮稀释替代物贮备液；

(17) 十氟三苯基磷(DFTPP)溶液：$\rho=1000mg/L$。溶剂为甲醇；

(18) 十氟三苯基磷使用液：$\rho=50.0mg/L$。移取 500mL 十氟三苯基磷（DFTPP）溶液至 10mL 容量瓶中，用色谱纯的正己烷定容至标线，混匀；

(19) 弗罗里硅土柱：1000mg，6mL；

(20) 硅胶柱：1000mg，6mL；

(21) 石墨碳柱：1000mg，6mL；

(22) 石英砂：20～50 目，在马弗炉中 450℃ 烘烤 4h 后冷却，置于玻璃瓶中干燥器内保存；

(23) 硅藻土：100～400 目，在马弗炉中 450℃ 烘烤 4h 后冷却，置于玻璃瓶中干燥器内保存；

(24) 气相色谱-质谱仪：具毛细管分流/不分流进样口，具有恒流或恒压功能；柱温箱可程序升温；具 EI 源；

(25) 色谱柱：石英毛细管柱，长 30m，内径 0.25mm，膜厚 0.25μm，固定相为 5%苯基-甲基聚硅氧烷，或等效的色谱柱；

（26）提取装置：微波萃取装置、索氏提取装置、探头式超声提取装置或具有相当功能的设备。需在临用前及使用中进行空白试验，所有接口处严禁使用油脂润滑剂；

（27）浓缩装置：氮吹浓缩仪、旋转蒸发仪、K-D 浓缩仪或具有相当功能的设备；

（28）采样瓶：广口棕色玻璃瓶或聚四氟乙烯衬垫螺口玻璃瓶。

**4. 测定步骤**

（1）试样的前处理

① 提取

采用微波萃取或超声萃取，也可采用索氏提取、加速溶剂萃取。如需用替代物指示试样全程回收效率，则可在称取好待萃取的试样中加入一定量的替代物使用液，使替代物浓度在标准曲线中间浓度点附近。

A. 微波萃取

称取试样 10.0g（可根据试样中待测化合物浓度适当增加或减少取样量）于萃取罐中，加入 30mL 正己烷-丙酮混合溶剂（1+1）。萃取温度为 110℃，微波萃取时间 10min。收集提取溶液。

B. 超声波萃取

称取 5.0～15.0g 试样（可根据试样中待测化合物浓度适当增加或减少取样量），置于玻璃烧杯中，加入 30mL 正己烷-丙酮混合溶剂（1+1），用探头式超声波萃取仪，连续超声萃取 5min，收集萃取溶液。上述萃取过程重复 3 次，合并提取溶液。

C. 索氏提取

用纸质套筒称取制备好的试样约 10.0g（可根据试样中待测化合物浓度适当增加或减少取样量），加入 100mL 正己烷-丙酮混合溶剂（1+1），提取 16～18h，回流速度约 10 次/h。收集提取溶液。

D. 加速溶剂萃取

称取 5.0～15.0g 试样（可根据试样中待测化合物浓度适当增加或减少取样量），根据试样量选择体积合适的萃取池，装入试样，以正己烷-丙酮混合溶剂（1+1）为提取溶液，按以下参考条件进行萃取：萃取温度 100℃，萃取压力 1500psi（10.3425MPa），静态萃取时间 5min，淋洗为 60% 池体积，氮气吹扫时间 60s，萃取循环次数 2 次。收集提取溶液。

② 过滤和脱水

如萃取液未能完全和固体样品分离，可采取离心后倾出上清液或过滤等方式分离。如萃取液存在明显水分，需进行脱水。在玻璃漏斗上垫一层玻璃棉或玻璃纤维滤膜，铺加约 5g 无水硫酸钠，将萃取液经上述漏斗直接过滤到浓缩器皿中，用约 5～10mL 正己烷－丙酮混合溶剂（1+1）充分洗涤萃取容器，将洗涤液也经漏斗过滤到浓缩器皿中。最后再用少许上述混合溶剂冲洗无水硫酸钠。

③ 浓缩和更换溶剂

采用氮吹浓缩法，也可采用旋转蒸发浓缩、K-D 浓缩等其他浓缩方法。氮吹浓缩仪设置温度 30℃，小流量氮气将提取液浓缩到所需体积。如需更换溶剂体系，则将提取液浓缩至 1.5～2.0mL，用约 5～10mL 溶剂洗涤浓缩器管壁，再用小流量氮气浓缩至所需体积。

④ 净化

如提取液颜色较深，可首先采用浓硫酸净化，可去除大部分有机化合物包括部分有机氯农药。样品提取液中存在杀虫剂及多氯碳氢化合物干扰时，可采用氟罗里硅土柱或硅胶柱净化；存在明显色素干扰时，可用石墨碳柱净化。沉积物样品含有大量元素硫的干扰时，可采用活化铜粉去除。

A. 浓硫酸净化

浓硫酸净化前，须将萃取液的溶剂更换为正己烷。按"③ 浓缩和更换溶剂"步骤，将萃取液的溶剂更换为正己烷，并浓缩至 10～50mL。将上述溶液置于 150mL 分液漏斗中，加入约 1/10 萃取液体积的硫酸，振摇 1min，静置分层，弃去硫酸层。按上述步骤重复数次，至两相层界面清晰并均呈无色透明为止。在上述正己烷萃取液中加入相当于其一半体积的碳酸钾溶液，振摇后，静置分层，弃去水相。可重复上述步骤 2～4 次，直至水相呈中性，再按"② 过滤和脱水"步骤对正己烷萃取液进行脱水。

B. 脱硫

将萃取液体积预浓缩至 10～50mL。若浓缩时产生硫结晶，可用离心方式使晶体沉降在玻璃容器底部，再用滴管小心转移出全部溶液。在上述萃取浓缩液中加入大约 2g 活化后的铜粉，振荡混合至少 1～2min，将溶液吸出使其与铜粉分离，转移至干净的玻璃容器内，待进一步净化或浓缩。

C. 氟罗里柱净化

氟罗里柱用约 8mL 正己烷洗涤，保持柱吸附剂表面浸润。萃取液按照"③ 浓缩和更换溶剂"步骤预浓缩至约 1.5～2mL，用吸管将其转移到氟罗里柱上停留 1min 后，让溶液流出小柱并弃去，保持柱吸附剂表面浸润。加入约 2mL 正己烷-丙酮混合溶剂（9+1）并停留 1min，用 10mL 小型浓缩管接收洗脱液，继续用正己烷-丙酮溶液（9+1）洗涤小柱，至接收的洗脱液体积到 10mL 为止。

D. 硅胶柱净化

用约 10mL 正己烷洗涤硅胶柱。萃取液浓缩并替换至正己烷，用硅胶柱对其进行净化。

E. 石墨碳柱净化

用约 10mL 正己烷洗涤石墨碳柱。萃取液浓缩并替换至正己烷，分析多氯联苯时，用甲苯溶剂为洗脱溶液，具体洗脱步骤参见"C. 氟罗里柱净化"，收集甲苯洗脱液体积为 12mL；分析除 PCB81、PCB77、PCB126 和 PCB169 以外的多氯联苯时，也可采用正己烷-丙酮混合溶液（9+1）为洗脱溶液，收集的洗脱液体积为 12mL。

⑤ 浓缩定容和加内标

净化后的洗脱液按"③ 浓缩和更换溶剂"的步骤浓缩并定容至 1.0mL。取 20mL 内标使用液，加入浓缩定容后的试样中，混匀后转移至 2mL 样品瓶中，待分析。

（2）空白试样制备

用石英砂代替实际样品，按与"（1）试样的预处理"相同步骤制备空白试样。

（3）分析步骤

① 仪器参考条件

A. 气相色谱条件

进样口温度：270℃，不分流进样；柱流量：1.0mL/min；柱箱温度：40℃，以 20℃/min 升温至 280℃，保持 5min；进样量：1.0mL。

B. 质谱分析条件

四极杆温度：150℃；离子源温度：230℃；传输线温度：280℃；扫描模式：选择离子

扫描（SIM）；溶剂延迟时间：5min。

② 校准

A. 仪器性能检查

样品分析前，用1mL 十氟三苯基膦（DFTPP）溶液对气相色谱-质谱系统进行仪器性能检查，所得质量离子的丰度应满足表 7-7 的要求。

**表 7-7　DFTPP 关键离子及离子丰度评价表**

| 质量离子 /(m/z) | 丰度评价 | 质量离子 /(m/z) | 丰度评价 |
|---|---|---|---|
| 51 | 强度为 198 碎片的 30%～60% | 199 | 强度为 198 碎片的 5%～9% |
| 68 | 强度小于 69 碎片的 2% | 275 | 强度为 198 碎片的 10%～30% |
| 70 | 强度小于 69 碎片的 2% | 365 | 强度大于 198 碎片的 1% |
| 127 | 强度为 198 碎片的 40%～60% | 441 | 存在但不超过 443 碎片的强度 |
| 197 | 强度小于 198 碎片的 1% | 442 | 强度大于 198 碎片的 40% |
| 198 | 基峰，相对强度 100% | 443 | 强度为 442 碎片的 17%～23% |

B. 标准曲线的绘制

用多氯联苯标准使用液配制标准系列，如样品分析时采用了替代物指示全程回收效率则同步加入替代物标准使用液，多氯联苯目标化合物及替代物标准系列浓度为：$10.0\mu g/L$、$20.0\mu g/L$、$50.0\mu g/L$、$100\mu g/L$、$200\mu g/L$、$500\mu g/L$；分别加入内标使用液，使其浓度均为 $200\mu g/L$。

标准曲线的绘制按照"仪器参考条件"进行分析，得到不同浓度各目标化合物的质谱图，记录各目标化合物的保留时间和定量离子质谱峰的峰面积（或峰高）。

③ 测定

取待测试样按照与绘制标准曲线相同的分析步骤进行测定。

④ 空白实验

取空白试样按照与绘制标准曲线相同的分析步骤进行测定。

**5. 结果计算与表示**

（1）定性分析

以样品中目标物的保留时间（RRT）、辅助定性离子和目标离子峰面积比（Q）与标准样品比较来定性。

样品中目标化合物的保留时间与期望保留时间（即标准样品中的平均相对保留时间）的相对标准偏差应控制在±3%以内；样品中目标化合物的辅助定性离子和目标离子峰面积比与期望 Q 值（即标准曲线中间点辅助定性离子和目标离子的峰面积比）的相对偏差应控制在±30%。

多氯联苯化合物标准物质的选择离子扫描总离子流图如图 7-2 所示。

（2）定量分析

以选择离子扫描方式采集数据，内标法定量。

（3）计算结果

① 平均相对响应因子结果计算

平均相对响应因子 $\overline{RF}$，按照公式（7-7）进行计算。

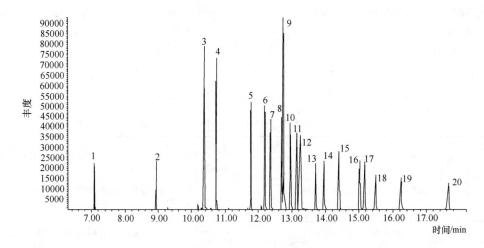

图 7-2 多氯联苯选择离子扫描总离子流图

1—邻硝基溴苯（内标）；2—四溴间二甲苯（替代物）；3—2,4,4'-三氯联苯；4—2,2',5,5'-四氯联苯；5—2,2',4,5,5'-五氯联苯；6—3,4,4',5-四氯联苯；7—3,3',4,4'-四氯联苯；8—2',3,4,4',5-五氯联苯；9—2,3',4,4',5-五氯联苯；10—2,3,4,4',5-五氯联苯；11—2,2',4,4',5,5'-六氯联苯；12—2,3,3',4,4'-五氯联苯；13—2,2',3,4,4',5'-六氯联苯；14—3,3',4,4',5-五氯联苯；15—2,3',4,4',5,5'-六氯联苯；16—2,3,3',4,4',5-六氯联苯；17—2,3,3',4,4',5'-六氯联苯；18—2,2',3,4,4',5,5'-七氯联苯；19—3,3',4,4',5,5'-六氯联苯；20—2,3,3',4,4',5,5'-七氯联苯

$$\overline{RF} = \frac{A_x}{A_{IS}} \times \frac{\rho_{IS}}{\rho_x} \tag{7-7}$$

式中，$A_x$ 为目标化合物定量离子峰面积；$A_{IS}$ 为标化合物特征离子峰面积；$\rho_{IS}$ 为内标化合物的质量浓度，mg/L；$\rho_x$ 为目标化合物的质量浓度，mg/L。

② 土壤样品的结果计算

土壤中的目标化合物含量 $\omega_1$（μg/kg），按照公式（7-8）进行计算。

$$\omega_1 = \frac{A_x \times \rho_{IS} \times V_x}{A_{IS} \times \overline{RF} \times m \times W_{dm}} \tag{7-8}$$

式中，$\omega_1$ 为样品中的目标物含量，μg/kg；$A_x$ 为测试试样中目标化合物定量离子的峰面；$A_{IS}$ 为测试试样中内标化合物定量离子的峰面积；$\rho_{IS}$ 为测试液中内标化合物的质量浓度，mg/L；$\overline{RF}$ 为校准曲线的平均相对响应因子；$V_x$ 为样品提取液的定容体积，mL；$W_{dm}$ 为样品的干物质含量，%；$m$ 为称取样品的质量，g。

③ 沉积物样品的结果计算

沉积物中目标化合物含量 $\omega_2$（μg/kg），按照公式（7-9）进行计算。

$$\omega_2 = \frac{A_x \times \rho_{IS} \times V_x}{A_{IS} \times \overline{RF} \times m \times (1-w)} \times 1000 \tag{7-9}$$

式中，$\omega_2$ 为样品中的目标物含量，μg/kg；$A_x$ 为测试试样中目标化合物定量离子的峰面积；$A_{IS}$ 为测试试样中内标化合物定量离子的峰面积；$\rho_{IS}$ 为测试液中内标化合物的质量浓度，mg/L；$\overline{RF}$ 为校准曲线的平均相对响应因子；$V_x$ 为样品提取液的定容体积，mL；$w$ 为样品的含水率，%；$m$ 为称取样品的质量，g。

（4）结果表示

测定结果<100μg/kg 时，结果保留小数点后 1 位；测定结果≥100μg/kg 时，结果保留

3 位有效数字。

**6. 质量保证和质量控制**

（1）空白实验

每批次样品（不超过 20 个样品）至少应做一个实验室空白，空白中目标化合物浓度均应低于方法检出限，否则应查找原因，至实验室空白检验合格后，才能继续进行样品分析。

（2）校准曲线

每批样品应绘制校准曲线。内标法定量时，内标峰面积应不低于标准曲线内标峰面积的 $\pm 50\%$，各目标化合物平均响应因子的相对标准偏差 $\leqslant 15\%$，否则应重新绘制校准曲线。每 20 个样品或每批次（少于 20 个样品/批）应分析一个曲线中间浓度点标准溶液，其测定结果与初始曲线在该点测定浓度的相对偏差应 $\leqslant 20\%$，否则应查找原因，重新绘制校准曲线。

（3）平行样品的测定

每 20 个样品或每批次（少于 20 个样品/批）分析一个平行样，单次平行样品测定结果相对偏差一般不超过 30%。

（4）空白加标样品的测定

每 20 个样品或每批次（少于 20 个样品/批）分析一个空白加标样品，回收率应在 60%～130%之间，否则应查明原因，直至回收率满足质控要求后，才能继续进行样品分析。

（5）样品加标的测定

每 20 个样品或每批次（少于 20 个样品/批）分析一个加标样品，土壤样品加标回收率应在 60%～130%之间，沉积物加标样品的回收率应在 55%～135%。

（6）替代物的回收率

如需采取加入替代物指示全程样品回收效率，可抽取同批次 25～30 个样品的替代物加标回收率，计算其平均加标回收率 $p$ 及相对标准偏差 $s$，则替代物的回收率须控制在 $p\pm 3s$ 内。

**7. 废物处理**

实验室产生含有机试剂的废物应集中保管，送具有资质的单位统一处理。

## 7.3.2　土壤和沉积物中二噁类物质的分析

本方法依据我国环境保护标准《土壤和沉积物　二噁英类的测定　同位素稀释高分辨气相色谱-高分辨质谱法》（HJ 77.4—2008）。

**1. 方法原理**

本方法采用同位素稀释高分辨气相色谱-高分辨质谱法测定土壤及沉积物中的二噁英类，规定了土壤及沉积物中二噁英类的采样、样品处理及仪器分析等过程的操作步骤以及整个分析过程的质量管理措施。按相应采样规范采集样品并干燥。加入提取内标后使用盐酸处理。分别对盐酸处理液和盐酸处理后样品进行液液-萃取和索氏提取，萃取液和提取液溶剂置换为正己烷后合并，进行净化、分离及浓缩操作。加入进样内标后使用高分辨色谱-高分辨质谱法（HRGC-HRMS）进行定性和定量分析。

**2. 适用范围**

（1）本标准规定了采用同位素稀释高分辨气相色谱-高分辨质谱联用法（HRGC-HRMS）对 2,3,7,8 位氯取代的二噁英类以及四氯至八氯取代的多氯代二苯并-对-二噁英（PCDDs）和多氯代二苯并呋喃（PCDFs）进行定性和定量分析的方法。二噁英类化合物的结构通式如图 1-2 所示，典型二噁英类化合物的结构式如图 6-9 所示。

（2）本标准适用于全国区域土壤背景、农田土壤环境、建设项目土壤环境评价、土壤污染事故以及河流、湖泊与海洋沉积物的环境调查中的二噁英类分析。

（3）方法检出限取决于所使用的分析仪器的灵敏度、样品中的二噁英类浓度以及干扰水平等多种因素。2,3,7,8-T4CDD 仪器检出限应低于 0.1pg，当土壤及沉积物取样量为 100g 时，本方法对 2,3,7,8-T4CDD 的最低检出限应低于 0.05ng/kg。

**3. 试剂与仪器**

除非另有说明，分析时均使用符合国家标准的农残级试剂，并进行空白试验。有机溶剂浓缩 10000 倍不得检出二噁英类。

（1）甲醇，丙酮，甲苯，正己烷，二氯甲烷，壬烷或癸烷；

（2）水：用正己烷充分洗涤过的蒸馏水。除非另有说明，本标准中涉及的水均指经过上述处理的蒸馏水；

（3）25％二氯甲烷-正己烷溶液：二氯甲烷与正己烷以体积比 1∶3 混合；

（4）提取内标：二噁英类内标物质（溶液），一般选择 $^{13}$C 标记或 $^{37}$Cl 标记化合物作为提取内标，每样品添加量一般为：四氯-七氯取代化合物 0.4～2.0ng，八氯取代化合物 0.8～4.0ng，并且以不超过定量线性范围为宜；

（5）进样内标：二噁英类内标物质（溶液），一般选择 $^{13}$C 标记或 $^{37}$Cl 标记化合物作为进样内标，每样品添加量为 0.4～2.0ng；

（6）标准溶液：指以壬烷（或癸烷、甲苯等）为溶剂配制的二噁英类标准物质与相应内标物质的混合溶液。标准溶液的浓度精确已知，且浓度序列应涵盖 HRGC-HRMS 的定量线性范围，包括 5 种浓度梯度；

（7）盐酸、浓硫酸、氢氧化钾、硝酸银：优级纯；

（8）无水硫酸钠：分析纯以上，在 380℃温度下处理 4h，密封保存；

（9）硅胶：层析填充柱用硅胶（0.063～0.212mm，70～230 目），在烧杯中用甲醇洗净，甲醇挥发完全后，在蒸发皿中摊开，厚度小于 10mm。130℃下干燥 18h，然后放入干燥器冷却 30min，装入试剂瓶中密封，保存在干燥器中；

（10）2％氢氧化钾硅胶：取硅胶 98g，加入用氢氧化钾配制 50g/L 氢氧化钾溶液 40mL，在旋转蒸发装置中约 50℃温度下减压脱水，去除大部分水分后，继续在 50～80℃减压脱水 1h，硅胶变成粉末状。所制成的硅胶含有 2％（质量分数）的氢氧化钾，将其装入试剂瓶密封，保存在干燥器内中；

（11）22％硫酸硅胶：取硅胶 78g，加入浓硫酸 22g，充分震荡后变成粉末状。将所制成的硅胶装入试剂瓶密封，保存在干燥器中；

（12）44％硫酸硅胶：取硅胶 56g，加入浓硫酸 44g，充分震荡后变成粉末状。将所制成的硅胶装入试剂瓶密封，保存在干燥器中；

（13）10％硝酸银硅胶：取硅胶 90g，加入用硝酸银配制的 400g/L 硝酸银溶液 28mL，在旋转蒸发装置中约 50℃温度下减压充分脱水。配制过程中应使用棕色遮光板或铝箔遮挡光线。所制成的硅胶含有 10％（质量分数）的硝酸银，将其装入棕色试剂瓶密封，保存在干燥器中；

（14）氧化铝：层析填充柱用氧化铝（碱性，活性度 I），可以直接使用活性氧化铝。必要时可以按如下步骤活化。将氧化铝在烧杯中铺成厚度小于 10mm 的薄层，在 130℃温度下处理 18h，或者在培养皿中铺成厚度小于 5mm 的薄层，在 500℃下处理 8h，活化后的氧化铝在干燥器内冷 30min 后，装入试剂瓶密封，保存在干燥器中。氧化铝活化后应尽快使用；

（15）活性炭或活性炭硅胶：活性炭可选用下述二种配制方法，或使用市售活性炭硅胶成品；

（16）Carbopack C/Celite 545（18%）：混合 9.0g 的 CarbopackC 活性碳与 41g 的 Celite 545 于附聚四氟乙烯内衬螺帽的 250mL 玻璃瓶中混合均匀，使用前于 130℃活化 6h，冷却后储于干燥箱内保存备用；

（17）AX-21/Celite 545（8%）：混合 10.7g 的 AX-21 活性碳与 124g 的 Celite 545 于附聚四氟乙烯内衬螺帽的 250mL 玻璃瓶中，充分震荡搅拌，使其完全混合，使用前于 130℃活化 6h，冷却后储于干燥箱内保存备用。使用前，以甲苯为溶剂索氏提取 48h 以上，确认甲苯不变色，若甲苯变色，重复索氏提取。索氏提取后，在 180℃温度下干燥 4h，再用旋转蒸发装置干燥 1h（50℃）。在干燥器中密封保存备用；

（18）石英棉：使用前在 200℃下处理 2h，密封保存。以上材料均可选择符合二噁英类分析要求的市售商业产品；

（19）采样工具：应符合《土壤环境监测技术规范》（HJ/T 166—2004）及《海洋监测规范 第 3 部分：样品采集、贮存与运输》（GB 17378.3—2007）的要求，并使用对二噁英类无吸附作用的不锈钢或铝合金材质器具；

（20）样品容器：应符合《土壤环境监测技术规范》（HJ/T 166—2004）及《海洋监测规范 第 3 部分：样品采集、贮存与运输》（GB 17378.3—2007）的要求，并使用对二噁英类无吸附作用的不锈钢或玻璃材质可密封器具；

（21）前处理装置：样品前处理装置要用碱性洗涤剂和水充分洗净，使用前依次用甲醇（或丙酮）、正己烷（或甲苯、二氯甲烷）等溶剂冲洗，定期进行空白试验。所有接口处严禁使用油脂；

（22）索氏提取器或性能相当的设备；

（23）浓缩装置：旋转蒸发装置、氮吹仪以及 K-D 浓缩装置等；

（24）填充柱：内径 8～15mm，长 200～300mm 的玻璃填充柱管；

（25）分析仪器：高分辨毛细管柱气相色谱仪，满足高分辨气相色谱条件的要求并具有下述功能：

① 进样口：具有不分流进样功能，最高使用温度不低于 280℃。也可使用柱上进样或程序升温大体积进样方式；

② 柱温箱：具有程序升温功能，可在 50～350℃温度区间内进行调节；

③ 毛细管色谱柱：内径 0.10～0.32mm，膜厚 0.10～0.25$\mu$m，柱长 25～60m。可对 2，3，7，8 位氯代二噁英类化合物进行良好的分离，并能判明这些化合物的色谱峰流出顺序；

（26）高分辨质谱仪：应为双聚焦磁质谱，满足高分辨质谱条件的要求并具有下述功能：

① 具有气质联机接口；

② 具有电子轰击离子源，电子轰击电压可在 25～70V 范围调节；

③ 具有选择离子检测功能，并使用锁定质量模式（Lockmass）进行质量校正；

④ 动态分辨率大于 10000（10%峰谷定义，下同）并至少可稳定 24h 以上。当使用的内标包含 13C-O8CDF 时，动态分辨率应大于 12000；

⑤ 高分辨状态（分辨率＞10000）下能够在 1s 内重复监测 12 个选择离子；

（27）数据处理系统：能够实时采集、记录及存储质谱数据。

**4. 样品预处理**

（1）样品的风干及筛分

土壤及沉积物样品风干及筛分参照 HJ/T 166—2004 及 GB 17378.5—2007 相关部分进行操作。采集样品风干及筛分时应避免日光直接照射及样品间的交叉污染。

（2）含水率的测定

称取 5g 以上的土壤及沉积物样品，105～110℃烘 2h 后放在干燥器中冷却至室温，称重。计算含水率（质量分数，%）。

**5. 样品前处理**

（1）添加提取内标

在样品处理之前添加 0.5～2.0ng 提取内标。如果样品提取液需要分割使用（如样品中二噁英类预期浓度过高需要加以控制或者需要预留保存样），则提取内标添加量应适当增加。

（2）盐酸处理

称取一定量样品，用 2mol/L 的盐酸处理。盐酸的用量为每 1g 样品至少加 20mmol HCl。搅拌样品，使其与盐酸充分接触并观察发泡情况，必要时再添加盐酸，直到不再发泡为止。用布氏漏斗过滤盐酸处理液，并用水充分冲洗滤筒，再用少量甲醇（或丙酮）淋洗去除滤筒及样品中的水分，将冲洗好的滤筒放入烧杯中转移至洁净的干燥器中充分干燥。

（3）样品提取

① 液-液萃取

将样品前处理的处理液合并，按照每 1L 盐酸处理液使用 100mL 二氯甲烷的比例进行震荡萃取，重复 3 次，萃取液使用无水硫酸钠脱水干燥。

② 样品提取

滤筒及样品充分干燥后以甲苯为溶剂进行索氏提取，提取时间应在 16h 以上。将①和②各部分萃取液和提取液溶剂置换为正己烷后合并。

若样品中不含碳状物，可以省略盐酸处理，直接进行提取操作。实验室可以通过分析有证参考物质或参加国际能力验证的方法对快速溶剂萃取等其他提取方法的使用进行评估。

（4）提取液的分割

可根据样品中二噁英类预期浓度的高低分取 25%～100%（整数比例）的提取液作为样品储备液，样品储备液应转移至棕色密封储液瓶中冷藏贮存。

**6. 样品净化**

样品净化可以选择："（1）硫酸处理—硅胶柱净化"或"（2）多层硅胶柱净化"方法。对干扰物的分离净化可以选择"（3）氧化铝柱净化"或"（4）活性炭硅胶柱净化"方法。

（1）硫酸处理—硅胶柱净化

① 将样品溶液浓缩 1～2mL。

② 将浓缩液用 50～150mL 正己烷洗入分液漏斗，每次加入适量（10～20mL）浓硫酸，轻微振荡，静置分层，弃去硫酸层。根据硫酸层颜色的深浅重复操作 1～3 次，直到硫酸层的颜色变浅或无色为止。

③ 正己烷层每次加入适量的水洗涤，重复洗至中性。正己烷层经无水硫酸钠脱水后，浓缩至 1～2mL。

④ 层析填充柱底部垫一小团石英棉，用 10mL 正己烷冲洗内壁。在烧杯中加入 3g 硅胶

和 10mL 正己烷，用玻璃棒缓缓搅动赶掉气泡，倒入层析填充柱，让正己烷流出，待硅胶层稳定后，再充填约 10mm 厚的无水硫酸钠，用正己烷冲洗管壁上的硫酸钠粉末。

⑤ 用 50mL 正己烷淋洗硅胶柱，然后将浓缩液定量转移到硅胶柱上。用 150mL 正己烷淋洗，调节淋洗速度约为 2.5mL/min（大约 1 滴/s）。

⑥ 洗出液浓缩至 1～2mL。

（2）多层硅胶柱净化

① 在层析填充柱底部垫一小团石英棉，用 10mL 正己烷冲洗内壁。依次装填无水硫酸钠 4g，硅胶 0.9g，2%氢氧化钾硅胶 3g，硅胶 0.9g，44%硫酸硅胶 4.5g，22%硫酸硅胶 6g，硅胶 0.9g，10%硝酸银硅胶 3g，无水硫酸钠 6g，用 100mL 正己烷淋洗硅胶柱。

② 将样品溶液浓缩至 1～2mL。

③ 将浓缩液定量转移到多层硅胶柱上。

④ 用 200mL 正己烷淋洗，调节淋洗速度约为 2.5mL/min（大约 1 滴/s）。

⑤ 洗出液浓缩至 1～2mL。若多层硅胶柱颜色加深较多，应重复上述净化操作。样品含硫量较高时，可在索氏提取器的蒸馏烧瓶中加入 5～10g 铜珠或在多层硅胶柱上端加入适量铜粉。

（3）氧化铝柱净化

① 在层析填充柱底部垫一小团石英棉，用 10mL 正己烷冲洗内壁。在烧杯中加入 10g 氧化铝和 10mL 正己烷，用玻璃棒缓缓搅动赶掉气泡，倒入层析填充柱，让正己烷流出，待硅胶层稳定后，再充填约 10mm 厚的无水硫酸钠，用正己烷冲洗管壁上的硫酸钠粉末。用 50mL 正己烷淋洗硅胶柱。

② 将经过初步净化的样品浓缩液定量转移到氧化铝柱上。首先用 100mL 的 2%二氯甲烷-正己烷溶液淋洗，调节淋洗速度约为 2.5mL/min（大约 1 滴/s）。洗出液为第一组分。

③ 然后用 150mL 的 50%二氯甲烷-正己烷溶液淋洗氧化铝柱（淋洗速度约为 2.5mL/min），得到的洗出液为第二组分，该组分含有分析对象二噁英类。

④ 将第二组分洗出液浓缩至 1～2mL。

（4）活性炭硅胶柱净化

① 在层析填充柱底部垫一小团石英棉，用 10mL 正己烷冲洗内壁。干法充填约 10mm 厚的无水硫酸钠和 1.0g 活性炭硅胶。注入 10mL 正己烷，敲击层析填充柱赶掉气泡，再充填约 10mm 厚的无水硫酸钠，用正己烷冲洗管壁上的硫酸钠粉末。用 20mL 正己烷淋洗硅胶柱。

② 将经过初步净化的样品浓缩液定量转移到活性炭硅胶柱上。首先用 200mL 的 25%二氯甲烷-正己烷溶液淋洗，调节淋洗速度约为 2.5mL/min（大约 1 滴/s）。洗出液为第一组分。

③ 然后用 200mL 甲苯溶液淋洗活性炭硅胶柱（淋洗速度约为 2.5mL/min），得到的洗出液为第二组分，该组分含有分析对象二噁英类。

④ 将第二组分洗出液浓缩至 1～2mL。

（5）其他样品净化方法

可以使用凝胶渗透色谱（GPC）、高压液相色谱（HPLC）、自动样品处理装置以及其他净化方法或装置等进行样品的净化处理。使用前应用标准样品或标准溶液进行分离和净化效果试验，并确认满足本方法质量控制/质量保证要求。

（6）上机样品制备

① 样品的浓缩

由净化所得的第二组分洗出液用高纯氮吹除多余的溶剂，浓缩至微湿。

② 添加进样内标

添加 0.4～2.0ng 进样内标，加入壬烷（或癸烷、甲苯）定容至适当体积，使进样内标浓度同制作相对响应因子的标准曲线进样内标浓度相同，转移至进样瓶后作为上机样品。

**7. 仪器分析**

（1）仪器条件

① 高分辨气相色谱条件设定

选择适当操作条件来分离 2,3,7,8 位氯代二噁英类化合物，推荐条件为：

进样方式：不分流进样 1mL；进样口温度：270℃；载气流量：1.0mL/min；色质接口温度：270℃；色谱柱：固定相 5% 苯基 95% 聚甲基硅氧烷，柱长 60m，内径 0.25mm，膜厚 $0.25\mu m$。

程序升温：初始温度 140℃，保持 1min，以 20℃/min 升温至 200℃，保持 1min，以 5℃/min 升温至 220℃，保持 16min，以 5℃/min 升温至 235℃后保持 7min。以 5℃/min 升温至 310℃保持 10min。

② 高分辨质谱条件设定

设置仪器满足如下条件，并使用标准溶液或标准参考物质确认保留时间窗口。

A. 使用 SIM 法选择待测化合物的两个监测峰离子进行监测，见表 7-8（$^{37}Cl\text{-}T_4CDD$ 仅有一个监测峰离子）。

B. 导入 PFK 得到稳定的响应后，优化质谱仪器参数使得表 7-8 中各质量范围内 PFK 峰离子的分辨率大于 10000，当使用的内标包含 $^{13}C\text{-}O_8CDF$ 时，分辨率应大于 12000。

（2）质量校正

仪器分析开始前需进行质量校正。监测表 7-8 中各质量范围内 PFK 峰离子的荷质比及分辨率，分辨率应全部达到 10000 以上，通过锁定质量模式进行质量校正。校正过程完成后保存质量校正文件。

（3）SIM 检测

① 按"（1）仪器条件"要求设置高分辨气相色谱-高分辨质谱联用仪条件。

② 注入 PFK，响应稳定后，进行仪器调谐与质量校正后进行样品分析。每 12h 对分辨率及质量校正进行验证。不符合要求时应重新进行调谐及质量校正。

③ 完成测定后，取得各监测离子的色谱图，确认 PFK 峰离子丰度差异小于 20%，检查是否存在干扰以及 2,3,7,8 位氯代二噁英类的分离效果，最后进行数据处理。按各化合物的离子荷质比记录谱图。

（4）相对响应因子制作

① 标准溶液测定

标准溶液浓度序列应有 5 种以上浓度，对每个浓度应重复 3 次进样测定。

② 离子丰度比确认

标准溶液中化合物对应的两个检测离子的离子丰度比应与理论离子丰度比一致，见表 7-9，变化范围应在±15% 以内。

③ 信噪比确认

标准溶液浓度序列中最低浓度的化合物信噪比（S/N）应大于 10。取谱图基线测量值标准偏差的 2 倍作为噪声值 N。也可以取噪声最大值和最小值之差的 2/5 作为噪声值 N。以噪声中线为基准，到峰顶的高度为峰高（信号 S）。

④ 相对响应因子计算

各浓度点待测化合物相对于提取内标的相对响应因子（$RRF_{es}$）由下式计算，并计算其平均值和相对标准偏差，相对标准偏差应在 20% 以内，否则应重新制作。

$$RRF_{es} = \frac{Q_{es}}{Q_s} \times \frac{A_s}{A_{es}} \qquad (7-10)$$

式中，$Q_s$ 为标准溶液中待测化合物的绝对量，pg；$Q_{es}$ 为标准溶液中提取内标物质的绝对量，pg；$A_s$ 为标准溶液中待测化合物的监测离子峰面积之和；$A_{es}$ 为标准溶液中提取内标物质的监测离子峰面积之和。提取内标相对于进样内标的相对响应因子（$RRF_{rs}$）按式（7-11）计算。

$$RRF_{rs} = \frac{Q_{rs}}{Q_{es}} \times \frac{A_{es}}{A_{rs}} \qquad (7-11)$$

式中，$Q_{es}$ 为标准溶液中提取内标物质的绝对量，pg；$Q_{rs}$ 为标准溶液中进样内标物质的绝对量，pg；$A_{es}$ 为标准溶液中提取内标物质的监测离子峰面积之和；$A_{rs}$ 为标准溶液中进样内标物质的监测离子峰面积之和。

表 7-8　质量数设定（监测离子和锁定质量数）

| 同类物 | $M^+$ | $(M+2)^+$ | $(M+4)^+$ |
|---|---|---|---|
| $T_4CDDs$ | 319.8965 | 321.8936 | |
| $P_5CDDs$ | | 355.8546 | 357.8517* |
| $H_6CDDs$ | | 389.8157 | 391.8127* |
| $H_7CDDs$ | | 423.7767 | 425.7737 |
| $O_8CDD$ | | 457.7377 | 459.7348 |
| $T_4CDFs$ | 303.9016 | 305.8987 | |
| $P_5CDFs$ | | 339.8597 | 341.8568 |
| $H_6CDFs$ | | 373.8207 | 375.8178 |
| $H_7CDFs$ | | 407.7818 | 409.7788 |
| $O_8CDF$ | | 441.7428 | 443.7398 |
| $^{13}C_{12}\text{-}T_4CDDs$ | 331.9368 | 333.9339 | |
| $^{37}C_{14}\text{-}T_4CDD$ | 327.8847 | | |
| $^{13}C_{12}\text{-}P_5CDDs$ | | 367.8949 | 369.8919 |
| $^{13}C_{12}\text{-}H_6CDDs$ | | 401.8559 | 403.8530 |
| $^{13}C_{12}\text{-}H_7CDDs$ | | 435.8169 | 437.8140 |
| $^{13}C_{12}\text{-}O_8CDD$ | | 469.7780 | 471.7750 |
| $^{13}C_{12}\text{-}T_4CDFs$ | 315.9419 | 317.9389 | |
| $^{13}C_{12}\text{-}P_5CDFs$ | | 351.9000 | 353.8970 |
| $^{13}C_{12}\text{-}H_6CDFs$ | 383.8369 | 385.8610 | |
| $^{13}C_{12}\text{-}H_7CDFs$ | 417.8253 | 419.8220 | |

| 同类物 | M+ | (M+2)+ | (M+4)+ |
|---|---|---|---|
| $^{13}C_{12}$-$O_8$CDF | 451.7860 | 453.7830 | |
| PFK<br>(Lockmass) | | 292.9825<br>(四氯代二噁英类定量用)<br><br>354.9792<br>(五氯代二噁英类定量用)<br><br>392.9760<br>(六氯代二噁英类定量用)<br><br>430.9729<br>(七氯代二噁英类定量用)<br><br>442.9729<br>(八氯代二噁英类定量用) | |

注：＊表示可能存在 PCBs 干扰。

表 7-9　根据氯原子同位素丰度比推算的理论离子丰度比

| | M | M+2 | M+4 | M+6 | M+8 | M+10 | M+12 | M+14 |
|---|---|---|---|---|---|---|---|---|
| $T_4$CDDs | 77.43 | 100.0 | 48.74 | 10.72 | 0.94 | 0.01 | | |
| $P_5$CDDs | 62.06 | 100.0 | 64.69 | 21.08 | 3.50 | 0.25 | | |
| $H_6$CDDs | 51.79 | 100.0 | 80.66 | 34.85 | 8.54 | 1.14 | 0.07 | |
| $H_7$CDDs | 44.43 | 100.0 | 96.64 | 52.03 | 16.89 | 3.32 | 0.37 | 0.02 |
| $O_8$CDD | 34.54 | 88.80 | 100.0 | 64.48 | 26.07 | 6.78 | 1.11 | 0.11 |
| $T_4$CDFs | 77.55 | 100.0 | 48.61 | 10.64 | 0.92 | | | |
| $P_5$CDFs | 62.14 | 100.0 | 64.57 | 20.98 | 3.46 | 0.24 | | |
| $H_6$CDFs | 51.84 | 100.0 | 80.54 | 34.72 | 8.48 | 1.12 | 0.07 | |
| $H_7$CDFs | 44.47 | 100.0 | 96.52 | 51.88 | 16.80 | 3.29 | 0.37 | 0.02 |
| $O_8$CDF | 34.61 | 88.89 | 100.0 | 64.39 | 25.98 | 6.74 | 1.10 | 0.11 |

注：(1) M 表示质量数最低的同位素；

(2) 以最大离子丰度作为 100%。

（5）样品测定

取得相对响应因子之后，对处理好的分析样品按下述步骤测定：

① 标准溶液确认

选择中间浓度的标准溶液，按一定周期或频次（每 12h 或每批样品测定至少 1 次）测定。浓度变化不应超过±35%，否则应查找原因，重新测定或重新制作相对响应因子。

② 测定样品

将空白样品和分析样品按照"③ SIM 检测"所述的程序进行测定，得到二噁英类各监测离子的色谱图。

**8. 数据处理**

(1) 色谱峰确认

① 进样内标确认

分析样品中进样内标的峰面积应不低于标准溶液中进样内标峰面积的 70%。否则应查找原因，重新测定。

② 色谱峰确认

在色谱图上，对信噪比 S/N 大于 3 的色谱峰视为有效峰。

③ 峰面积

计算"② 色谱峰确认"中确认的色谱峰的峰面积。

(2) 定性

① 二噁英类同类物

二噁英类同类物的两个监测离子在指定保留时间窗口内，并同时存在且其离子丰度比与表 7-9 所列理论离子丰度比一致，相对偏差小于 15%。同时满足上述条件的色谱峰定性为二噁英类物质。

② 2,3,7,8 位氯代二噁英类

除满足上述要求外，色谱峰的保留时间应与标准溶液一致（±3s 以内），同内标的相对保留时间亦与标准溶液一致（±0.5% 以内）。同时满足上述条件的色谱峰被定性为 2,3,7,8 位氯代二噁英类。

(3) 定量

① 采用内标法计算分析样品中被检出的二噁英类化合物的绝对量($Q$)，按式(7-12)计算 2,3,7,8 位氯代二噁英类化合物的 $Q$。对于非 2,3,7,8 位氯代二噁英类，采用具有相同氯取代原子数的 2,3,7,8 位氯代二噁英类 $RRF_{es}$ 均值计算。

$$Q = \frac{A}{A_{es}} \times \frac{Q_{es}}{RRF_{es}} \tag{7-12}$$

式中，$Q$ 为分析样品中待测化合物的量，ng；$A$ 为色谱图待测化合物的监测离子峰面积之和；$A_{es}$ 为提取内标的监测离子峰面积之和；$Q_{es}$ 为提取内标的添加量，ng；$RRF_{es}$ 为待测化合物相对提取内标的相对响应因子。

② 用下式计算样品中的待测化合物浓度，结果修约为 2 位有效数字。

$$\rho = \frac{Q}{m(1-w)} \tag{7-13}$$

式中，$\rho$ 为样品中待测化合物的浓度，ng/kg；$Q$ 为样品中待测化合物总量，ng；$m$ 为样品量，kg；$w$ 为含水率，%。

(4) 提取内标的回收率

根据提取内标峰面积与进样内标峰面积的比以及对应的相对响应因子（$RRF_{rs}$）均值，按公式计算提取内标的回收率并确认提取内标的回收率在表 7-10 规定的范围之内。若提取内标的回收率不符合表 7-10 规定的范围，应查找原因，重新进行提取和净化操作。

$$R = \frac{A_{es}}{A_{rs}} \times \frac{Q_{rs}}{RRF_{rs}} \times \frac{100\%}{Q_{es}} \tag{7-14}$$

式中，$R$ 为提取内标回收率，%；$A_{es}$ 为提取内标的监测离子峰面积之和；$A_{rs}$ 为进样内标的监测离子峰面积之和；$Q_{rs}$ 为进样内标的添加量，ng；$RRF_{rs}$ 为提取内标相对于进样内标的相对响应因子；$Q_{es}$ 为提取内标的添加量，ng。

表 7-10　提取内标回收率

| 内　标 | | 范　围 | 内　标 | 范　围 |
|---|---|---|---|---|
| 四氯代 | $^{13}$C-2378-T$_4$CDD | 25%～164% | $^{13}$C-2378-T$_4$CDF | 24%～169% |
| 五氯代 | $^{13}$C-12378-P$_5$CDD | 25%～181% | $^{13}$C-12378-P$_5$CDF | 24%～185% |
| | | | $^{13}$C-23478-P$_5$CDF | 21%～178% |
| 六氯代 | $^{13}$C-123478-H$_6$CDD | 32%～141% | $^{13}$C-123478-H$_6$CDF | 32%～141% |
| | $^{13}$C-123678-H$_6$CDD | 28%～130% | $^{13}$C-123678-H$_6$CDF | 28%～130% |
| | | | $^{13}$C-234678-H$_6$CDF | 28%～136% |
| | | | $^{13}$C-123789-H$_6$CDF | 29%～147% |
| 七氯代 | $^{13}$C-1234678-H$_7$CDD | 23%～140% | $^{13}$C-1234678-H$_7$CDF | 28%～143% |
| | | | $^{13}$C-1234789-H$_7$CDF | 26%～138% |
| 八氯代 | $^{13}$C-O$_8$CDD | 17%～157% | | |

**9. 质量控制和质量保证**

使用本方法的实验室应具备合乎要求的样品分析能力、标准物质和空白操作以及数据评价和质量控制能力，所有分析结果应符合本方法所规定的质量保证要求。

（1）数据可靠性保证

① 内标回收率提取内标的回收率：应对所有样品提取内标的回收进行确认。

② 检出限确认：针对二噁英类分析的特殊性，本方法规定了三种检出限，即仪器检出限、方法检出限和样品检出限。应对三种检出限进行检验和确认。

A. 仪器检出限：定期进行检查和调谐仪器，当改变测量条件时应重新确认仪器检出限。

B. 方法检出限：定期检查和确认方法检出限，当样品制备或测试条件改变时应重新确认方法检出限。需要注意的是不同的实验条件或操作人员可能得到的方法检出限不同。

C. 样品检出限：样品检出限应低于评价浓度的 1/10。对每一个样品都要计算样品检出限。如果排放标准或质量标准中规定了分析方法的检出限，则本方法的样品检出限应满足相关规定要求。

③ 空白实验：空白实验分为试剂空白与操作空白。试剂空白用于检查分析仪器的污染情况；操作空白用于检查样品制备过程的污染程度。

A. 试剂空白：任何样品的仪器分析都应该同时分析待测样品溶液所使用的溶剂作为试剂空白。所有试剂空白测试结果应低于方法检出限。

B. 操作空白：为评价实验环境的污染干扰水平，应定期进行操作空白实验。除不添加实际样品外，操作空白试验的样品制备、前处理、仪器分析和数据处理步骤与实际样品分析步骤相同，结果应低于评价浓度的 1/10。在样品制备过程有重大变化时（如使用新的试剂或仪器设备，或者仪器维修后再次使用时）或样品间可能存在交叉污染时（如高浓度样品）应进行操作空白的分析。

④ 平行实验：平行实验频度取样品总数的 10% 左右。对于 17 种 2,3,7,8 位氯代二噁英类，对大于检出限 3 倍以上的平行实验结果取平均值，单次平行实验结果应在平均值的 ±30% 以内。

⑤ 标准溶液：标准溶液应当在密封的玻璃容器中避光冷藏保存，以避免由于溶液挥发引起的浓度变化。建议在每次使用前后称量并记录标准溶液的重量。

（2）操作要求

① 采样

A. 采样器材的准备和保存：采样设备和材料在使用之前应充分洗净避免污染。

B. 采样器的使用：采样工具应冲洗干净以减少引起污染的可能性，可使用水和有机溶剂清洗，从而避免样品间的交叉污染。

C. 样品的代表性：应根据相应样品的采样标准或规范确认样品的代表性。

D. 样品的贮存和运输：样品采集后应贮存在密闭容器内以避免损失及污染。应在避光条件下运输或贮存样品。

② 样品制备

A. 样品提取使用液-液萃取时，应严格控制萃取条件，确认萃取完全。使用索氏提取时，提取之前应充分干燥，条件允许时应选择带有水分分离功能的索氏提取器。

B. 硫酸处理-硅胶柱净化或多层硅胶柱净化应确认淋洗后的样品溶液无明显着色。改变净化柱的填充材料的类型或用量时，以及改变淋洗溶剂的种类或用量时，应通过制作淋洗曲线等方法优化实验条件，避免样品中的二噁英类在净化过程中的损失。

C. 氧化铝柱净化：在氧化铝活性较低时，可能发生 $1,3,6,8\text{-}T_4CDD$ 和 $1,3,6,8\text{-}T_4CDF$ 被淋洗到第一组分以及第二组分中的 $O_8CDD$ 和 $O_8CDF$ 未被淋洗出来等异常情况。生产批次以及开启封口后的贮存时间和贮存条件的不同对氧化铝的活性会产生较大影响。上述问题产生时，应通过制作淋洗曲线等方法优化实验条件。

D. 活性炭硅胶柱：活性炭硅胶使用前应通过制作淋洗曲线等方法确认分离效果，优化实验条件。

③ 定性和定量

A. 气相色谱

应定期确认响应因子是否稳定、待测化合物的保留时间是否在合理的范围内以及色谱峰是否能够有效分离。如果出现异常，可以尝试把色谱柱的一端或两端截掉 $10\sim30cm$ 或重新老化色谱柱；如果问题仍没有解决，则应更换新的色谱柱。

B. 质谱仪

使用质量校准物质（PFK）调谐并进行质量校正，确认动态分辨率满足要求。定期检查并记录仪器的基本参数。

C. 参数设置

根据标准溶液的色谱峰保留时间对时间窗口进行分组，使得待测化合物以及相应内标的色谱峰在适当的时间窗口中出现。每组时间窗口中的选择离子的检测周期应小于1s。

D. 仪器维护

为保证气相色谱/质谱联用仪的工作性能，应定期检查和维护 HRGC-HRMS 系统，定期清洗和更换进样口以及离子源等易受到污染的部件。

E. 仪器稳定性

定期测定并计算相对响应因子，同使用的相对响应因子值比较，变化范围应在±35％范围内，否则应查找原因，重新制作相对响应因子。

（3）分析记录

实验室应记录、整理并保存下列信息：

① 采样工具、采样材料和试剂的准备、处理和贮存条件等。

② 采样记录：包括采样日期、采样方法、采样点位信息、采样量、样品编号及名称等信息。

③ 样品处理：包括分析时间、提取和净化、提取液分取比例、内标添加记录等信息。

④ 分析仪器记录：包括仪器调谐、操作条件等信息。

⑤ 质控记录：内标回收率、空白结果等。

⑥ 结果报告。

⑦ 色谱文件、数据计算表格等电子文档。

（4）质量管理报告记录下列与质量管理有关的信息，必要时提交含有下述文件的报告。

① 气相色谱/质谱联用仪的例行检查、调谐和校准记录。

② 标准物质的生产商和溯源。

③ 检出限结果及确认。

④ 空白实验结果及确认。

⑤ 回收率结果及确认。

⑥ 分析操作的原始记录（全过程）。

**10. 注意事项**

本方法中涉及的试剂及化合物具有一定健康风险，应尽量减少分析人员对这些化合物的暴露。

（1）分析人员应了解二噁英类分析操作以及相关的风险，并接受相关的专业培训。建议实验室的分析人员定期进行日常体检。

（2）实验室应选用可直接使用的低浓度标准物质，减少或避免对高浓度标准物质的操作。

（3）实验室应配备手套、实验服、安全眼镜或面具、可用于放射性物质处理的手套箱及通风橱等保护措施。

**11. 废物处理**

（1）实验室应遵守各级管理部门的废物管理法律规定，避免废物排放对周边环境的污染。

（2）气相色谱分流口及质谱机械泵废气应通过活性炭柱、含油或高沸点醇的吸收管排出。

（3）实验过程中产生的 pH<2 的含盐酸样品应进行中和后排放。

（4）液体及可溶性废物可溶解于甲醇或乙醇中并以紫外灯（波长低于 290nm）照射处理，若无二噁英类检出后可按普通废物处置。

（5）二噁英类在 800℃ 以上可以有效降解。口罩、塑料手套和滤纸等低浓度水平废物可委托具有资质的设施进行焚化处置。

（6）实验室产生的废物属于危险废物时，按有关法律规定进行处置。

## 7.3.3  土壤和沉积物中多环芳烃的分析

本方法依据国家环境保护标准《土壤和沉积物  多环芳烃的测定  高效液相色谱法》（HJ 784—2016）。

**1. 方法原理**

土壤和沉积物样品中的多环芳烃用合适的萃取方法（索氏提取、加速溶剂萃取等）提取，根据样品基体干扰情况采取合适的净化方法（硅胶层析柱、硅胶或硅酸镁固相萃取柱等）对萃取液进行净化、浓缩、定容，用配备紫外/荧光检测器的高效液相色谱仪分离检测，以保留时间定性，外标法定量。

**2. 适用范围**

本方法适用于土壤和沉积物中 16 种多环芳烃的测定，包括萘、苊烯、苊、芴、菲、蒽、荧蒽、芘、苯并[a]蒽、䓛、苯并[b]荧蒽、苯并[k]荧蒽、苯并[a]芘、二苯并[a,h] 蒽、苯并 [g,h,i] 苝、茚并 [1,2,3-c,d] 芘。典型多环芳烃化合物的结构式如图 7-3 所示。

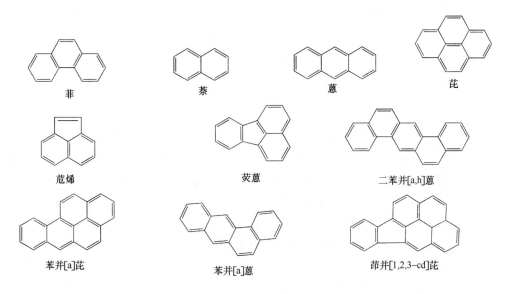

菲　　　　　　萘　　　　　　蒽　　　　　　芘

苊烯　　　　　　荧蒽　　　　　　二苯并[a,h]蒽

苯并[a]芘　　　　　　苯并[a]蒽　　　　　　茚并[1,2,3-cd]芘

图 7-3　典型多环芳烃化合物的结构式

当取样量为 10.0g、定容体积为 1.0mL 时，用紫外检测器测定 16 种多环芳烃的方法检出限为 3～5μg//kg，测定下限为 12～20μg/kg；用荧光检测器测定 16 种多环芳烃的方法检出限为 0.3～0.5μg/kg，测定下限为 1.2～2.0μg/kg。

**3. 试剂与仪器**

（1）乙腈（$CH_3CN$）、正己烷（$C_6H_{14}$）、丙酮（$CH_3COCH_3$）、二氯甲烷（$CH_2Cl_2$）：HPLC 级；

（2）丙酮-正己烷混合溶液：1+1，$V/V$；

（3）二氯甲烷-正己烷混合溶液：2+3，$V/V$；

（4）二氯甲烷-正己烷混合溶液：1+1，$V/V$；

（5）多环芳烃标准贮备液：$\rho = 100～2000mg/L$。购买市售有证标准溶液，于 4℃下冷藏、避光保存，或参照标准溶液证书进行保存。使用时应恢复至室温并摇匀；

（6）多环芳烃标准使用液：$\rho = 10.0～200mg/L$。移取 1.0ml 多环芳烃标准贮备液于 10mL 棕色容量瓶，用乙腈稀释并定容至刻度，摇匀，转移至密实瓶中于 4℃下冷藏、避光保存；

（7）十氟联苯（$C_{12}F_{10}$）：纯度为 99%。替代物，亦可采用其他类似物；

（8）十氟联苯贮备溶液：$\rho = 1000mg/L$。称取十氟联苯 0.025g（精确到 0.001g），用乙腈溶解并定容至 25mL 棕色容量瓶，摇匀，转移至密实瓶中于 4℃下冷藏、避光保存。或购买市售有证标准溶液。

（9）十氟联苯使用液：$\rho = 40μg/mL$。移取 1.0mL 十氟联苯贮备溶液于 25mL 棕色容量瓶，用乙腈稀释并定容至刻度，摇匀，转移至密实瓶中于 4℃下冷藏、避光保存；

（10）干燥剂：分析纯无水硫酸钠或粒状硅藻土。置于马弗炉中 400℃烘 4h，冷却后密封保存在干燥的磨口玻璃瓶中；

（11）硅胶：粒径 75～150μm（200～400 目）。使用前，应置于平底托盘中，以铝箔松覆，130℃活化至少 16h；

（12）玻璃层析柱：内径约 20mm、长 100～200mm 具有四氟乙烯活塞的玻璃柱；

（13）硅胶固相萃取柱：1000mg/6mL；

（14）硅酸镁固相萃取柱：1000mg/6mL；

（15）石英砂：粒径 150～830μm（100～200 目），使用前需检验，确认无干扰；

（16）玻璃棉或玻璃纤维滤膜：在马弗炉中 400℃烘 1h，冷却后置于磨口玻璃瓶中密封保存；

（17）氮气：纯度≥99.999%；

（18）高效液相色谱仪：配备紫外检测器或荧光检测器，具有梯度洗脱功能；

（19）色谱柱：填料为 ODS（十八烷基硅烷键合硅胶），粒径 5μm，柱长 250mm，内径 4.6mm 的反相色谱柱或其他性能相近的色谱柱；

（20）提取装置：索氏提取器或其他同等性能的设备；

（21）浓缩装置：氮吹浓缩仪或其他同等性能的设备；

（22）固相萃取装置；

（23）一般实验室常用仪器和设备。

**4. 样品**

（1）样品的采集与保存

按照 HJ/T 166—2004 的相关要求采集和保存土壤样品，按照 GB 17378.3—2007 的相关要求采集和保存沉积物样品。样品应于洁净的棕色磨口玻璃瓶中保存，运输过程中应避光、密封、冷藏。如不能及时分析，应于 4℃以下冷藏、避光和密封保存，保存时间为 7d。

（2）水分的测定

土壤样品干物质测定按照 HJ 613—2011 执行，沉积物样品含水率按照 GB 17378.5—2007 执行。

（3）试样的制备

除去样品中的枝棒、叶片、石子等异物，称取样品 10g（精确到 0.01g），加入无水硫酸钠，研磨均化成流沙状。如果使用加速溶剂提取，则用粒状硅藻土脱水。

也可以采用冷冻干燥的方式对样品脱水，将冻干后的样品研磨、过筛，均化处理成约 1mm 的颗粒。

① 提取

将制备好的试样放入玻璃套管或纸质套管内，加入 50μL 十氟联苯使用液，将套管放入索氏提取器中。加入 100mL 丙酮-正己烷（1+1，V/V）混合溶液，以每小时不小于 4 次的回流速度提取 16～18h。

若通过验证并达到本标准质量控制要求，亦可采用其他提取方式。

套管规格根据样品量而定。

② 过滤和脱水

在玻璃漏斗上垫一层玻璃棉或玻璃纤维滤膜，加入约 5g 无水硫酸钠，将提取液过滤的浓缩器皿中。用适量丙酮-正己烷(1+1，$V/V$)混合溶液洗涤提取容器 3 次，再用适量丙酮-正己烷(1+1，$V/V$)混合溶液冲洗漏斗，洗液并入浓缩器皿。

③ 浓缩

氮吹浓缩法：开启氮气至溶剂表面有气流波动（避免形成气涡），用正己烷多次洗涤氮吹过程中已经露出的浓缩器壁，将过滤和脱水后的提取液浓缩至约 1mL。如不需净化，加入约 3mL 乙腈，再浓缩至约 1mL，将溶剂完全转化为乙腈。如需净化，加入约 5mL 正己烷并浓缩至约 1mL，重复此浓缩过程 3 次，将溶剂完全转化为正己烷，再浓缩至约 1mL，待净化。

也可采用旋转蒸发浓缩或其他浓缩方式。

④ 净化

A. 硅胶柱层析净化

a. 硅胶柱制备

在玻璃层析柱的底部加入玻璃棉，加入 10mm 厚的无水硫酸钠，用少量二氯甲烷进行冲洗。玻璃层析柱上置一玻璃漏斗，加入二氯甲烷直至充满层析柱，漏斗内存留部分二氯甲烷，称取约 10g 硅胶经漏斗加入层析柱，以玻璃棒轻敲层析柱，除去气泡，使硅胶填实。放出二氯甲烷，在层析柱上部加入 10mm 厚的无水硫酸钠。层析柱示意图如图 7-4 所示。

b. 净化

用 40mL 正己烷预淋洗层析柱，淋洗速度控制在 2mL/min，在顶端无水硫酸钠暴露于空气之前，关闭层析柱底端聚四氟乙烯活塞，弃去流出液。将浓缩后的约 1mL 提取液移入层析柱，用 2mL 正己烷分 3 次洗涤浓缩器皿，洗液全部移入层析柱，在顶端无水硫酸钠暴露于空气之前加入 25mL 正己烷继续淋洗，弃去流出液。用 25mL 二氯甲烷-正己烷(2+3，$V/V$)混合溶液洗脱，洗脱液收集于浓缩器皿中，用氮吹浓缩法（或其他浓缩方式）将洗脱液浓缩至约 1mL，加入约 3mL 乙腈，再浓缩至 1mL 以下，将溶剂完全转换为乙腈，并准确定容至 1.0mL 待测。净化后的待测试样如不能及时分析，应于 4℃下冷藏、避光、密封保存，30d 内完成分析。

B. 固相萃取柱净化（填料为硅胶或硅酸镁）

用固相萃取柱作为净化柱，将其固定在固相萃取装置上。用 4mL 二氯甲烷冲洗净化柱，再用 10mL 正己烷平衡净化柱，待柱充满后关闭流速控制阀，浸润 5min，打开控制阀，弃去流出液。在溶剂流干之前，将浓缩后的约 1mL 提取液移入柱内，用 3mL 正己烷分 3 次洗涤浓缩器皿，洗液全部移入柱内，用 10mL 二氯甲烷-正己烷（1+1，$V/V$）混合溶液进行洗脱，待洗脱液浸满净化柱后关闭流速控制阀，浸润 5min，再打开控制阀，接收洗脱液至完全流出。用氮吹浓缩法（或其他浓缩方式）将洗脱液浓缩至约 1mL，加入约 3mL 乙腈，再浓缩至 1mL 以下，将溶剂完全转换为乙腈，并准确定容至 1.0mL 待测。净化后的待测试样如不能及时分析，应于 4℃下冷藏、避光、密封保存，30d 内完成分析。

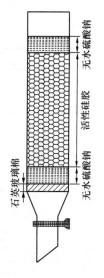

图 7-4　层析柱示意图

（4）空白试样制备

用石英砂代替实际样品，按照与试样制备相同的步骤制备空白试样。

**5. 仪器分析**

（1）仪器条件

进样量：$10\mu L$；

柱温：35℃；

流速：1.0mL/min；

流动相 A：乙腈；流动相 B：水，梯度洗脱程序见表 7-11；

表 7-11 梯度洗脱程序

| 时间/min | A/% | B/% | 时间/min | A/% | B/% |
|---|---|---|---|---|---|
| 0 | 60 | 40 | 28 | 100 | 0 |
| 8 | 60 | 40 | 28.5 | 60 | 40 |
| 18 | 100 | 0 | 35 | 60 | 40 |

检测波长：根据不同待测物的出峰时间选择其紫外检测波长、最佳激发波长和最佳发射波长，编制波长变换程序。16 种多环芳烃在紫外检测器上对应的最大吸收波长及在荧光检测器特定条件下的最佳激发和发射波长见表 7-12。

表 7-12 目标物对应的紫外检测波长和荧光检测波长

| 序号 | 组分名称 | 最大紫外吸收波长/nm | 推荐紫外吸收波长/nm | 推荐激发波长 $\lambda_{ex}$/发射波长 $\lambda_{em}$ | 最佳激发波长 $\lambda_{ex}$/发射波长 $\lambda_{em}$ |
|---|---|---|---|---|---|
| 1 | 萘 | 220 | 220 | 280/324 | 280/324 |
| 2 | 苊烯 | 229 | 230 | — | — |
| 3 | 苊 | 261 | 254 | 280/324 | 268/308 |
| 4 | 芴 | 229 | 230 | 280/324 | 280/324 |
| 5 | 菲 | 251 | 254 | 254/350 | 292/366 |
| 6 | 蒽 | 252 | 254 | 254/400 | 253/402 |
| 7 | 荧蒽 | 236 | 230 | 290/460 | 360/460 |
| 8 | 芘 | 240 | 230 | 336/376 | 336/376 |
| 9 | 苯并 [a] 蒽 | 287 | 290 | 275/385 | 288/390 |
| 10 | 䓛 | 267 | 254 | 275/385 | 268/383 |
| 11 | 苯并 [b] 荧蒽 | 256 | 254 | 305/430 | 300/436 |
| 12 | 苯并 [k] 荧蒽 | 307、240 | 290 | 305/430 | 308/414 |
| 13 | 苯并 [a] 芘 | 296 | 290 | 305/430 | 296/408 |
| 14 | 二苯并 [a,h] 蒽 | 297 | 290 | 305/430 | 297/398 |
| 15 | 苯并 [g,h,i] 苝 | 210 | 220 | 305/430 | 300/410 |
| 16 | 茚并 [1,2,3-cd] 芘 | 250 | 254 | 305/500 | 302/506 |
| 17 | 十氟联苯 | 228 | 230 | 280/324 | 268/308 |

注：荧光检测器不适用于苊烯和十氟联苯的测定。

（2）校准

① 校准曲线的绘制

分别量取适量的多环芳烃标准使用液，用乙腈稀释，制备至少 5 个浓度点的标准系列，多环芳烃的质量浓度分别为 0.04μg/mL、0.10μg/mL、0.50μg/mL、1.00μg/mL 和 5.00μg/mL（此为参考浓度），同时取 50.0μg/mL 十氟联苯使用液，加入至标准系列中任一浓度点，十氟联苯的质量浓度为 2.00μg/mL，贮存于棕色进样瓶中，待测。

由低浓度到高浓度依次对标准系列溶液进样，以标准系列溶液中目标组分浓度为横坐标，以其对应的峰面积（峰高）为纵坐标，建立校准曲线。校准曲线的相关系数≥0.995，否则重新绘制校准曲线。

② 标准样品的色谱图

图 7-5 和图 7-6 分别为在紫外检测器和荧光检测器的仪器条件下，16 种多环芳烃的色谱图。

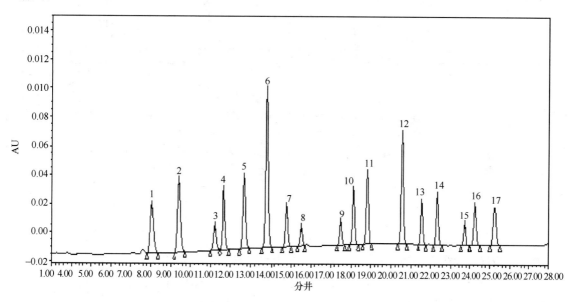

图 7-5　16 种多环芳烃紫外检测器色谱图

（3）测定

① 试样测定

与绘制校准曲线相同的仪器分析条件进行测定。

② 空白实验

按照与试样测定相同的仪器分析条件进行空白试样的测定。

**6. 结果计算与表示**

（1）目标化合物的定性分析

以目标化合物的保留时间定性，必要时可采用标准样品添加法、不同波长下的吸收比、紫外谱图扫描等方法辅助定性。

（2）结果计算

① 土壤样品中多环芳烃的含量（μg/kg），按照公式（7-15）进行计算。

$$\omega_i = \frac{\rho_i \times V}{m \times W_{dm}} \tag{7-15}$$

式中，$\omega_i$ 为样品中组分 $i$ 的含量，μg/kg；$\rho_i$ 为由标准曲线计算所得组分 $i$ 的浓度，μg/mL；$V$ 为定容体积，mL；$m$ 为样品量（湿重），kg；$W_{dm}$ 为土壤样品干物质含量，%。

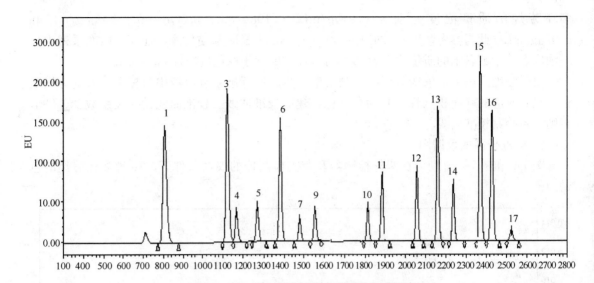

图 7-6  16 种多环芳烃荧光检测器色谱图

1—萘；2—苊烯；3—苊；4—芴；5—菲；6—蒽；7—荧蒽；8—芘；

9—十氟联苯；10—苯并 [a] 蒽；11—䓛；12—苯并 [b] 荧蒽；13—苯并

[k] 荧蒽；14—苯并 [a] 芘；15—二苯并 [a,h] 蒽；16—苯并 [g,h,i] 芘；

17—茚并 [1,2,3-cd] 芘（其中：苊烯和十氟联苯用荧光检测器检测时不出峰）

② 沉积物样品中多环芳烃的含量（μg/kg），按照公式（7-16）进行计算。

$$w_i = \frac{\rho_i \times V}{m \times (1-W)} \tag{7-16}$$

式中，$w_i$ 为样品中组分 $i$ 的含量，μg/kg；$\rho_i$ 为由校准曲线计算所得组分 $i$ 的浓度，μg/mL；$V$ 为定容体积，mL；$m$ 为样品量（湿重），kg；$W$ 为沉积物样品含水率，%。

③ 十氟联苯的回收率（%），按照公式（7-17）进行计算。

$$P = \frac{A_1 \times \rho_2 \times V_2}{A_2 \times \rho_1 \times V_1 \times 10^{-3}} \times 100\% \tag{7-17}$$

式中，$P$ 为十氟联苯的回收率，%；$A_1$ 为试样中十氟联苯的峰面积；$A_2$ 为标准系列中十氟联苯的峰面积；$\rho_1$ 为十氟联苯使用液的质量浓度，40μg/mL；$\rho_2$ 为标准系列中十氟联苯的质量浓度，2μg/mL；$V_1$ 为试样中加入十氟联苯使用液的体积，50.0μL；$V_2$ 为试样定容体积，mL。

（3）结果表示

当测定结果大于或等于 10μg/kg 时，保留 3 位有效数字；当测定结果＜10μg/kg 时，保留至小数点后 1 位。苊烯保留整数位，最多保留 3 位有效数字。

**7. 质量保证和质量控制**

（1）空白分析

每次分析至少做一个实验室空白实验和一个全程序空白，以检查可能存在的干扰，其目标化合物的测定值不得高于方法的检出限。

（2）平行样测定

每 20 个样品或每批次（少于 20 个样品/批）须分析一个平行样。平行双样测定结果的相对偏差应≤30%。

（3）基体加标

每 20 个样品或每批次（少于 20 个样品/批）须做 1 个基体加标样，各组分的回收率在 50％～120％之间。十氟联苯回收率在 60％～120％之间。

（4）校准

① 初始校准。初次使用仪器，或在仪器维修、更换色谱柱或连续校准不合格时，须重新绘制校准曲线，进行初始校准。

② 连续校准。每 20 个样品或每批次（少于 20 个样品/批）须用校准曲线的中间浓度点进行 1 次连续校准。连续校准的相对误差应≤20％，否则应查找原因，或重新绘制校准曲线。按照公式（7-18）计算 $C_c$ 与校准点 $C_i$ 的相对误差（$D$）：

$$D = \frac{C_c \times C_i}{C_i} \times 100\% \tag{7-18}$$

式中，$D$ 为 $C_c$ 与校准点 $C_i$ 的相对误差，％；$C_i$ 为校准点的质量浓度；$C_c$ 为测定校准点的质量浓度。

**8. 废物处理**

实验中产生的所有废液和废物（包括检测后的残液）应分类收集，置于密闭容器中集中保管，粘贴明显标识，委托具有资质的单位处置。

## 7.3.4　固体废物中挥发性卤代烃的分析

本方法依据国家环境保护标准《固体废物　挥发性卤代烃的测定　顶空/气相色谱-质谱法》（HJ 714—2014）。

**1. 方法原理**

在一定的温度条件下，顶空瓶内样品中的挥发性卤代烃向液上空间挥发，产生一定的蒸气压，并达到气液固三相平衡，取气相样品进入气相色谱分离后，用质谱仪进行检测。根据保留时间、碎片离子质荷比及不同离子丰度比定性，内标法定量。

**2. 适用范围**

本标准规定了测定固体废物中氯甲烷等挥发性卤代烃的顶空/气相色谱-质谱法。本标准适用于固体废物和固体废物浸出液中氯甲烷等 35 种挥发性卤代烃的测定。其他挥发性卤代烃如果通过验证也可适用于本标准。35 种挥发性卤代烃包括二氯二氟甲烷、氯甲烷、氯乙烯、溴甲烷、氯乙烷、三氯氟甲烷、1,1-二氯乙烯、二氯甲烷、反-1,2-二氯乙烯、1,1-二氯乙烷、2,2-二氯丙烷、顺-1,2-二氯乙烯、溴氯甲烷、氯仿、1,1,1-三氯乙烷、四氯化碳、1,1-二氯丙烯、1,2-二氯乙烷、三氯乙烯、1,2-二氯丙烷、二溴甲烷、一溴二氯甲烷、顺-1,3-二氯丙烯、反-1,3-二氯丙烯、1,1,2-三氯乙烷、四氯乙烯、1,3-二氯丙烷、二溴一氯甲烷、1,2-二溴乙烷、1,1,1,2-四氯乙烷、溴仿、1,1,2,2-四氯乙烷、1,2,3-三氯丙烷、1,2-二溴-3-氯丙烷、六氯丁二烯。典型挥发性卤代烃化合物的结构式如图 7-7 所示。

固体废物样品量为 2g 时，35 种挥发性卤代烃的方法检出限为 2～3μg/kg，测定下限为 8～12μg/kg；固体废物浸出液体积为 10.0mL 时，方法检出限为 0.7～1.5μg/L，测定下限 2.8～6.0μg/L。

**3. 试剂和设备**

（1）实验用水：二次蒸馏水或纯水设备制备水，使用前需经过空白检验，确认无目标物或目标物浓度低于方法检出限；

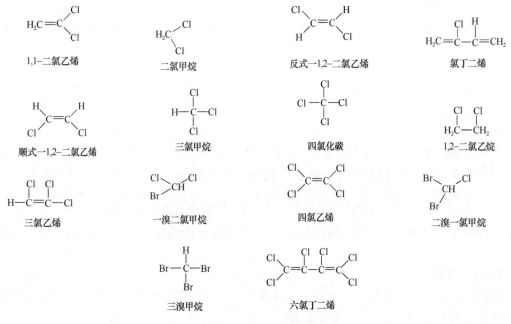

图 7-7 挥发性卤代烃的结构式

（2）甲醇（CH₃OH）：农残级，使用前需通过检验，确认无目标物或目标物浓度低于方法检出限；

（3）磷酸：优级纯；

（4）氯化钠（NaCl）：优级纯，在马弗炉中 400℃下烘烤 4h，置于干燥器中冷却至室温后，贮于磨口棕色玻璃瓶中密封保存；

（5）基体改性剂：将优级纯的磷酸滴加到 100mL 实验用水中，调节溶液 pH 值小于 2；再加入 36g 氯化钠混匀。于 4℃下保存，可保存 6 个月；

（6）标准贮备液：$\rho=2000\text{mg/L}$。直接购买市售有证标准溶液。－10℃以下避光保存，或参照制造商的产品说明。使用时应恢复至室温，并摇匀；

（7）标准使用液：$\rho=20\text{mg/L}$。取适量的标准贮备液，用甲醇进行适当稀释；

（8）内标贮备液：$\rho=2000\text{mg/L}$。选用氟苯、1-氯-2-溴丙烷、4-溴氟苯作为内标。可直接购买有证标准溶液，也可用标准物质制备；

（9）内标使用液：$\rho=25\text{mg/L}$。取适量的内标贮备液，用甲醇进行适当稀释；

（10）替代物贮备液：$\rho=2000\text{mg/L}$。选用二氯甲烷-d2、1,2-二氯苯-d4 作为替代物。可直接购买有证标准溶液，也可用标准物质制备；

（11）替代物使用液：$\rho=25\text{mg/L}$。取适量的替代物贮备液，用甲醇进行适当稀释；

（12）4-溴氟苯（BFB）溶液：$\rho=25\text{mg/L}$。可直接购买有证标准溶液，也可用标准物质制备，以甲醇稀释；

（13）石英砂：20～50 目，使用前需通过检验，确认无目标物或目标物浓度低于方法检出限；

（14）氦气：纯度 ≥ 99.999％，经脱氧剂脱氧，分子筛脱水；

（15）气相色谱-质谱联用仪：EI 电离源；

（16）色谱柱：石英毛细管柱，长 30m，内径 0.25mm，膜厚 1.4μm，固定相为 6％腈丙苯基/94%二甲基聚硅氧烷，也可使用其他等效毛细柱；

(17) 顶空自动进样器：带顶空瓶、密封垫；

(18) 往复式振荡器：震荡频率 150 次/min，可固定顶空瓶；

(19) 便携式冷藏箱：容积 20L。温度达到 4℃以下。

**4. 样品处理与测定**

(1) 试样的制备

① 固体废物低含量试样

实验室内取出采样瓶恢复至室温，称取 2g 样品于顶空瓶中，加入 10.0mL 基体改性剂、2.0mL 替代物和 4.0mL 内标，立即密封。振荡 10min 使样品混匀，待测。

注：对于特殊样品可适当调整取样量，保证顶空瓶液上空间与校准系列一致。

② 固体废物高含量试样

现场初步筛选挥发性卤代烃含量测定结果大于 200μg/kg 时，视该样品为高含量样品。实验室内取出采样瓶恢复至室温，称取 2g 样品轻轻地放入顶空瓶中，加入 10.0mL 甲醇，立即密封。室温下振荡 10min，静置沉降后，取 2.0mL 提取液至 2mL 棕色密实瓶中，密封。该提取液可置于冷藏箱内 4℃下保存，保存期为 14d。分析前样品恢复至室温，用微量注射器取适量该提取液注入到含 2g 石英砂、10.0mL 基体改性剂的顶空瓶中，加入 2.0mL 替代物和 4.0mL 内标后立即密封，振荡 10min 使样品混匀，待测。

注：A. 若甲醇提取液中目标物浓度较高，可用甲醇适当稀释。

B. 若用高含量方法分析浓度值过低或未检出，应采用低含量方法重新分析样品。

③ 固体废物浸出液试样

浸出执行 HJ/T 299—2007 或 HJ/T 300—2007 的方法制备固体废物浸出液试样。取 10.0mL 浸出液移入顶空瓶中，加入 4.0mL 替代物使用液和 10mL 内标使用液，立即密封，待测。

(2) 空白试样的制备

① 固体废物低含量空白试样

以 2g 石英砂代替样品，按照"① 固体废物低含量试样"步骤制备低含量空白试样。

② 固体废物高含量空白试样

以 2g 石英砂代替样品，按照"② 固体废物高含量试样"步骤制备高含量空白试样。

③ 固体废物浸出液空白试样

按照 HJ/T 299—2007 或 HJ/T 300—2007 的浸提方法，以石英砂代替样品，按照"③ 固体废物浸出液试样"步骤制备固体废物浸出液空白试样。

(3) 分析步骤

不同型号顶空进样器、气相色谱-质谱联用仪的最佳工作条件不同，应按照仪器使用说明书进行操作，本标准推荐仪器参考条件如下：

① 仪器参考条件

A. 顶空装置参考条件

平衡时间：30min；平衡温度：60℃；进样时间：0.04min；传输线温度：100℃。

B. 气相色谱仪参考条件

进样口温度：180℃；进样方式：分流进样（20：1）；载气：氦气；接口温度：230℃；柱流量：1.2mL/min；柱箱温度：35℃，保持 5min，以 5℃/min 升温至 180℃，再以 20

℃/min 升温至 200℃，保持 5min。

C. 质谱仪参考条件

离子化方式：EI；离子源温度：200℃；传输线温度：230℃；电子加速电压：70eV；检测方式：Full Scan 法；质量范围：35~300amu。

② 校准

A. 仪器性能检查

分析样品前应对气相色谱-质谱仪进行性能检查。取 4-溴氟苯（BFB）溶液 1mL 直接进气相色谱分析，得到的 BFB 质谱图应符合表 7-13 中规定的要求或参照制造商的说明。

表 7-13  BFB 关键离子丰度标准

| 质　量 | 离子丰度标准 | 质　量 | 离子丰度标准 |
|---|---|---|---|
| 50 | 质量 95 的 15%~40% | 174 | 大于质量 95 的 50% |
| 75 | 质量 95 的 30%~60% | 175 | 质量 174 的 5%~9% |
| 95 | 基峰，100%相对丰度 | 176 | 质量 174 的 95%~101% |
| 96 | 质量 95 的 5%~9% | 177 | 质量 176 的 5%~9% |
| 173 | 小于质量 174 的 2% | — | — |

B. 校准曲线绘制

a. 测定固体废物的校准曲线绘制

向 5 支顶空瓶中依次加入 2g 石英砂、10.0mL 基体改性剂，用微量注射器分别移取一定量的标准使用液和替代物使用液，配制目标物和替代物含量分别为 20、40、100、200、400ng 的标准系列，并分别加入 4mL 内标使用液，立即密封。充分振摇 10min 后，按照仪器参考条件依次进样分析，以目标物定量离子的响应值与内标物定量离子的响应值的比值为纵坐标、目标物含量（ng）与内标物含量的比值为横坐标，绘制校准曲线。图 7-8 为在本标准规定的仪器条件下目标物的色谱图。

b. 测定固体废物浸出液的校准曲线绘制

向 5 支顶空瓶中依次加入 10.0mL 浸提剂，用微量注射器分别移取一定量的标准使用液和替代物使用液，配制目标物和替代物浓度分别为 5、10、25、50、100μg/L 的标准系列，并分别加入 10mL 内标使用液，立即密封。充分振摇 10min 后，按照仪器参考条件依次进样分析，以目标物定量离子的响应值与内标物定量离子的响应值的比值为纵坐标，以目标物浓度（μg/L）与内标物浓度的比值为横坐标，绘制校准曲线。目标物的色谱图如图 7-6 所示。

c. 用平均响应因子建立校准曲线

标准系列第 $i$ 点目标物（或替代物）的相对响应因子（$RRF_i$），按公式（7-19）进行计算。

$$RRF_i = \frac{A_i}{A_{\mathrm{IS}i}} \times \frac{\rho_{\mathrm{IS}i}}{\rho_i} \tag{7-19}$$

式中，$RRF_i$ 为标准系列中第 $i$ 点目标物（或替代物）的相对响应因子；$A_i$ 为标准系列中第 $i$ 点目标物（或替代物）定量离子的响应值；$A_{\mathrm{IS}i}$ 为标准系列中第 $i$ 点目标物（或替代物）相对应内标定量离子的响应值；$\rho_{\mathrm{IS}i}$ 为标准系列中内标的浓度，ng；$\rho_i$ 为标准系列中第 $i$ 点目标物（或替代物）的质量浓度为 ng。

目标物（或替代物）的平均相对响应因子，按照公式（7-20）进行计算。

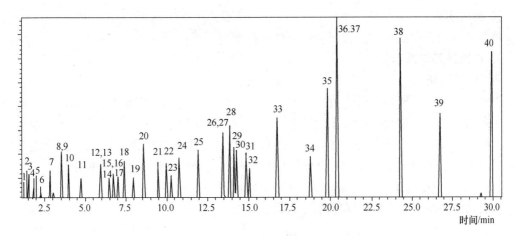

图 7-8 挥发性卤代烃色谱图

1—二氯二氟甲烷；2—氯甲烷；3—氯乙烯；4—溴甲烷；5—氯乙烷；6—三氯氟甲烷；
7—1,1-二氯乙烯；8—二氯甲烷-d2(替代物 1)；9—二氯甲烷；10—反-1,2-二氯乙烯；
11—1,1-二氯乙烷；12—2,2- 二氯丙烷；13—顺-1,2-二氯乙烯；14—溴氯甲烷；15—氯仿；
16—1,1,1-三氯乙烷；17—四氯化碳；18—1,1- 二氯丙烯；19—1,2-二氯乙烷；20—氟苯(内标 1)；
21—三氯乙烯；22—1,2-二氯丙烷；23—二溴甲烷；24—一溴二氯甲烷；25—顺-1,3-二氯丙烯；
26—反-1,3-二氯丙烯；27—1-氯-2-溴丙烷(内标 2)；28—1,1,2-三氯乙烷；29—四氯乙烯；
30—1,3-二氯丙烷；31—二溴一氯甲烷；32—1,2-二溴乙烷；33—1,1,1,2-四氯乙烷；34—溴仿；
35—4-溴氟苯(内标 3)；36—1,1,2,2-四氯乙烷；37—1,2,3-三氯丙烷；38—邻二氯苯-d4
(替代物 2)；39—1,2-二溴-3-氯丙烷；40—六氯丁二烯

$$\overline{RRF} = \frac{\sum\limits_{i=1}^{n} RRF_i}{n} \tag{7-20}$$

式中，$\overline{RRF}$ 为目标物（或替代物）的平均相对响应因子；$RRF_i$ 为标准系列中第 $i$ 点目标物（或替代物）的相对响应因子；$n$ 为标准系列点数。

$RRF$ 的标准偏差，按照公式（7-21）进行计算。

$$SD = \sqrt{\frac{\sum\limits_{i=1}^{n} (RRF_i - \overline{RRF})^2}{n-1}} \tag{7-21}$$

$RRF$ 的相对标准偏差，按照公式（7-22）进行计算。

$$RSD = \frac{SD}{\overline{RRF}} \times 100\% \tag{7-22}$$

标准系列目标物（或替代物）相对响应因子（$RRF$）的相对标准偏差（$RSD$）应小于等于 20%。

d. 用最小二乘法绘制校准曲线

以目标化合物和相对应内标的响应值比为纵坐标，浓度比为横坐标，用最小二乘法建立校准曲线，标准曲线的相关系数 ≥ 0.990。若校准曲线的相关系数小于 0.990 时，也可以采用非线性拟合曲线进行校准，但应至少采用 6 个浓度点进行校准。

③ 样品测定

将制备好的试样按照仪器参考条件进行测定。

④ 空白实验

将制备好的空白试样按照仪器参考条件进行测定。

**5. 结果计算与表示**

（1）定性分析

以全扫描方式（Scan）采集数据，以样品中目标化合物相对保留时间（$RRT$）、辅助定性离子和目标离子丰度比（$Q$）与标准溶液中的变化范围来定性。样品中目标化合物的相对保留时间与校准曲线该化合物的相对保留时间的差值应在±0.06 内。样品中目标化合物的辅助定性离子和定量离子峰面积比（$Q$样品）与标准曲线目标化合物的辅助定性离子和定量离子峰面积比。（$Q$标准）相对偏差控制在±30％以内。

按公式（7-23）计算相对保留时间 $RRT$。

$$RRT = \frac{RT_x}{RT_{IS}}$$ （7-23）

式中，$RRT$ 为相对保留时间；$RT_x$ 为目标物的保留时间，min；$RT_{IS}$ 为内标物的保留时间，min。

平均相对保留时间（$\overline{RRT}$）为标准系列中同一目标化合物的相对保留时间平均值。

按（7-24）计算辅助定性离子和定量离子峰面积比（$Q$）

$$Q = \frac{A_q}{A_t}$$ （7-24）

式中，$A_t$ 为定量离子峰面积；$A_q$ 为辅助定性离子峰面积。

（2）定量分析

根据目标物和内标定量离子的响应值进行计算。当样品中目标物的定量离子有干扰时，可以使用辅助离子定量。

① 目标物（或替代物）质量（mL）的计算

A. 用平均相对响应因子计算

当目标物（或替代物）采用平均相对响应因子进行校准时，目标物的含量 $m_i$ 按公式（7-25）进行计算。

$$m_i = \frac{A_x \times m_{IS}}{A_{IS} \times \overline{RRF}}$$ （7-25）

式中，$m_i$ 为目标物（或替代物）的含量，ng；$A_x$ 为目标物（或替代物）定量离子的响应值；$m_{IS}$ 为内标物的量，ng；$A_{IS}$ 为与目标物（或替代物）相对应内标定量离子的响应值；$\overline{RRF}$ 为目标物（或替代物）的平均相对响应因子。

B. 用线性或非线性校准曲线计算

当目标物采用线性或非线性校准曲线进行校准时，目标物的含量（mL）通过相应的校准曲线计算。

② 低含量样品中目标物的含量（μg/kg），按照公式（7-26）进行计算。

$$\omega = \frac{m_1}{m}$$ （7-26）

式中，$\omega$ 为样品中目标物的含量 μg/kg；$m_1$ 为校准曲线上查得的目标物（或替代物）的量，ng；$m$ 为采样量，g。

③ 高含量样品中目标物的含量（μg/kg），按照公式（7-27）进行计算。

$$\omega = \frac{m_1 \times V_c \times f}{V_s \times m} \tag{7-27}$$

式中，$\omega$ 为样品中目标物的含量，$\mu g/kg$；$m_1$ 为校准曲线上查得的目标物（或替代物）的量，ng；$V_c$ 为提取液体积，mL；$m$ 为采样量，g；$V_s$ 为用于顶空的提取液体积，mL；$f$ 为提取液的稀释倍数。

④ 固体废物浸出液的结果计算

测定固体废物浸出液时，目标物的浓度直接从校准曲线查得，以 g/L 表示。

（3）结果表示

测定固体废物，当测定结果＜100g/kg 时，保留小数点后 1 位；当测定结≥100g/kg 时，保留 3 位有效数字。

测定固体废物浸出液，当测定结果＜100$\mu g/L$ 时，保留小数点后 1 位；当测定结果≥100$\mu g/L$ 时，保留 3 位有效数字。

**6. 质量保证和质量控制**

（1）仪器性能检查

每 24h 需进行仪器性能检查，得到的 BFB 的关键离子和丰度必须全部满足表 7-16 的要求。

（2）校准

校准曲线至少需 5 个浓度系列，目标化合物相对响应因子的 $RSD$ 应≤20％。或者校准曲线的相关系数≥0.990，否则应查找原因或重新建立校准曲线。

每 12 小时分析 1 次校准曲线中间浓度点，中间浓度点测定值与校准曲线相应点浓度的相对偏差不超过 30％。

（3）空白

每批样品应至少测定一个全程序空白样品，目标物浓度应小于方法检出限。如果目标物有检出，需查找原因。

（4）平行样的测定

每批样品（最多 20 个）应选择一个样品进行平行分析。当测定结果为 10 倍检出限以内（包括 10 倍检出限），平行双样测定结果的相对偏差应≤50％，当测定结果大于 10 倍检出限，平行双样测定结果的相对偏差应≤20％。

（5）回收率的测定

每批样品至少做一次加标回收率测定，样品中目标物和替代物加标回收率应在 70％～130％之间，否则重复分析样品。若重复测定替代物回收率仍不合格，说明样品存在基体效应。应分析一个空白加标样品。

**7. 注意事项**

（1）为了防止采样工具污染，采样工具在使用前要用甲醇、纯净水充分洗净。在采集其他样品时，要注意更换采样工具和清洗采样工具，以防止交叉污染。

（2）在样品的保存和运输过程中，要避免沾污，样品应放在便携式冷藏箱中冷藏贮存。

（3）在分析过程中必要的器具、材料、药品等事先分析测定有无干扰目标物测定的物质。器具、材料可采用甲醇清洗，尽可能除去干扰物质。

（4）高含量样品分析后，应分析空白样品，直至空白样品中目标物的浓度小于检出限时，才可以进行后续分析。

（5）实验产生的含挥发性有机物的废物应集中保管，送具有资质单位集中处理。

### 7.3.5 固体废物中汞、砷、硒、铋、锑的分析

本方法依据国家环境保护标准《固体废物 汞、砷、硒、铋、锑的测定 微波消解/原子荧光法》（HJ 702—2014）。

**1. 方法原理**

固体废物和浸出液试样经微波消解后，进入原子荧光仪，其中的砷、铋、锑、硒和汞等元素在硼氢化钾溶液还原作用下，生成砷化氢、铋化氢、锑化氢、硒化氢气体和汞原子蒸气。这些气体在氩氢火焰中形成基态原子，在元素灯（汞、砷、硒、铋、锑）发射光的激发下产生原子荧光，原子荧光强度与试样中元素含量成正比。

**2. 适用范围**

本标准规定了固体废物和固体废物浸出液中汞、砷、硒、铋、锑的微波消解/原子荧光测定方法。

本标准适用于固体废物和固体废物浸出液中汞、砷、硒、铋、锑的测定。当固体废物取样品量为 0.5g 时，本方法汞的检出限为 $0.002\mu g/g$，测定下限 $0.008\mu g/g$；砷、硒、铋和锑的检出限为 $0.010\mu g/g$，测定下限 $0.040\mu g/g$。当固体废物浸出液取样体积为 40mL 时，汞的检出限为 $0.02\mu g/L$，测定下限 $0.08\mu g/L$；砷、硒、铋、锑的检出限为 $0.10\mu g/L$，测定下限 $0.40\mu g/L$。

**3. 试剂与设备**

除非另有说明，分析时均使用符合国家标准的优级纯试剂，实验用水为蒸馏水。

（1）盐酸：$\rho(HCl) = 1.19g/mL$；硝酸：$\rho(HNO_3) = 1.42g/mL$；氢氧化钾（KOH）；硼氢化钾（$KBH_4$）；

（2）盐酸溶液：5＋95（$V/V$）。量取 25mL 盐酸用蒸馏水稀释至 500mL；

（3）盐酸溶液：1＋1（$V/V$）。量取 500mL 盐酸用蒸馏水稀释至 1000mL；

（4）硫脲（$CH_4N_2S$），抗坏血酸（$C_6H_8O_6$）：分析纯；

（5）还原剂：

① 硼氢化钾（$KBH_4$）溶液 A：10g/L。称取 0.5g 氢氧化钾放入盛有 100mL 蒸馏水的烧杯中，玻璃棒搅拌待完全溶解后再加入称好的 1.0g 硼氢化钾，搅拌溶解。此溶液当日配制，用于测定汞；

② 硼氢化钾（$KBH_4$）溶液 B：20g/L。称取 0.5g 氢氧化钾放入盛有 100mL 蒸馏水的烧杯中，玻璃棒搅拌待完全溶解后再加入称好的 2.0g 硼氢化钾，搅拌溶解。此溶液当日配制，用于测定砷、硒、铋、锑；

注：也可以用氢氧化钠、硼氢化钠配置硼氢化钠溶液。

③ 硫脲和抗坏血酸混合溶液：称取硫脲、抗坏血酸各 10g，用 100mL 蒸馏水溶解，混匀，当日配制；

（6）汞（Hg）标准溶液：

① 汞标准固定液（简称固定液）。将 0.5g 重铬酸钾溶于 950mL 蒸馏水中，再加入 50mL 硝酸，混匀；

② 汞标准储备液：100.0mg/L。购买市售有证标准物质/有证标准样品，或称取在硅胶干燥器中放置过夜的氯化汞（$HgCl_2$）0.1354g，用适量蒸馏水溶解后移至 1000mL 容量瓶

中，最后用固定液定容至标线，混匀；

③ 汞标准中间液：1.00mg/L。移取汞标准贮备液 5.00mL，置于 500mL 容量瓶中，加入 50mL 盐酸溶液，用固定液定容至标线，混匀；

④ 汞标准使用液：10.0μg/L。移取汞标准中间液 5.00mL，置于 500mL 容量瓶中，加入 50mL 盐酸溶液，用固定液定容至标线，混匀。用时现配；

（7）砷（As）标准溶液：

① 砷标准储备液：100.0mg/L。购买市售有证标准物质/有证标准样品，或称取 0.1320g 经过 105℃ 干燥 2h 的优级纯三氧化二砷（$As_2O_3$）溶解于 5mL1mol/L 氢氧化钠溶液中，用 1mol/L 盐酸溶液中和至酚酞红色褪去，移入 1000mL 容量瓶中，用蒸馏水定容至标线，混匀；

② 砷标准中间液：1.00mg/L。移取砷标准贮备液 5.00mL，置于 500mL 的容量瓶中，加入 100mL 盐酸溶液，用蒸馏水定容至标线，混匀；

③ 砷标准使用液：100.0μg/L。移取砷标准中间液 10.00mL，置于 100mL 容量瓶中，加入 20mL 盐酸溶液，用蒸馏水定容至标线，混匀。用时现配；

（8）硒（Se）标准溶液：

① 硒标准贮备液：100.0mg/L。购买市售有证标准物质/有证标准样品，或称取 0.1000g 高纯硒粉，置于 100mL 烧杯中，加 20mL 硝酸低温加热溶解后冷却至温室，移入 1000mL 容量瓶中，用蒸馏水定容至标线，混匀；

② 硒标准中间液：1.00mg/L。移取硒标准贮备溶液 5.00mL，置于 500mL 的容量瓶中，加入 200mL 盐酸溶液，用蒸馏水定容至标线，混匀；

③ 硒标准使用液：100.0μg/L。移取硒标准中间液 10.00mL，置于 100mL 容量瓶中，加入 40mL 盐酸溶液，用蒸馏水定容至标线，混匀。用时现配；

（9）铋（Bi）标准溶液：

① 铋标准贮备液：100.0mg/L。购买市售有证标准物质/有证标准样品，或称取高纯金属铋 0.1000g，置于 100mL 烧杯中，加 20mL 硝酸，低温加热至溶解完全，冷却，移入 1000mL 容量瓶中，用蒸馏水定容至标线，混匀；

② 铋标准中间液：1.00mg/L。移取铋标准贮备液 5.00mL，置于 500mL 的容量瓶中，加入 100mL 盐酸溶液，用蒸馏水定容至标线，混匀；

③ 铋标准使用液：100.0μg/L。移取铋标准中间液 10.00mL，置于 100mL 容量瓶中，加入 20mL 盐酸溶液，用蒸馏水定容至标线，混匀。用时现配；

（10）锑（Sb）标准溶液：

① 锑标准贮备液：100.0mg/L。购买市售有证标准物质/有证标准样品，或称取 0.1197g 经过 105℃ 干燥 2h 的三氧化二锑（$Sb_2O_3$）溶解于 80mL 盐酸中，转入 1000mL 容量瓶中，补加 120mL 盐酸，用蒸馏水定容至标线，混匀；

② 锑标准中间液：1.00mg/L。移取锑标准贮备液 5.00mL，置于 500mL 的容量瓶中，加入 100mL 盐酸溶液，用蒸馏水定容至标线，混匀；

③ 锑标准使用液：100.0μg/L。移取 10.00mL 锑标准中间液，置于 100mL 容量瓶中，加入 20mL 盐酸溶液，用蒸馏水定容至标线，混匀。用时现配；

（11）载气和屏蔽气：氩气（纯度≥99.99%）；

（12）原子荧光光谱仪：仪器性能指标应符合 GB/T 21191—2007 的规定；

（13）元素灯（汞、砷、硒、铋、锑）；

（14）微波消解仪：具有温度控制和程序升温功能，温度精度可达±2.5℃。

**4. 样品前处理及测定**

（1）试样的制备

① 固体废物试样

对于固态样品，使用分析天平准确称取过筛后的样品 0.5g（$m_3$），对于液态或半固态样品直接称取样品 0.5g（$m_3$），精确至 0.0001g。将试样置于溶样杯中，用少量蒸馏水润湿。在通风橱中，先加入 6mL 盐酸，再慢慢加入 2mL 硝酸，使样品与消解液充分接触。若有剧烈的化学反应，待反应结束后再将溶样杯置于消解罐中密封。将消解罐装入消解罐支架后放入微波消解仪中，按表 7-14 推荐的升温程序进行微波消解。消解结束，待罐内温度降至室温后，在通风橱中取出、放气、打开。判断消解是否完全，溶液是否澄清，若不澄清需进一步消解。

表 7-14　固体废物的微波消解升温程序

| 步　骤 | 升温时间/min | 目标温度/℃ | 保持时间/min |
|--------|--------------|------------|--------------|
| 1 | 5 | 100 | 2 |
| 2 | 5 | 150 | 3 |
| 3 | 5 | 180 | 25 |

用慢速定量滤纸将消解后溶液过滤至 50mL 容量瓶中，用蒸馏水淋洗溶样杯及沉淀至少 3 次。将所有淋洗液并入容量瓶中，用蒸馏水定容至标线，混匀。

② 固体废物浸出液试样

移取固体废物浸出液 40.0mL 置于 100mL 溶样杯中，在通风橱中加入 3mL 盐酸和 1mL 硝酸，混匀。若反应剧烈或有大量气泡溢出，待反应结束后再将溶样杯置于消解罐中密封。将消解罐装入消解罐支架后放入微波消解仪中，按表 7-15 推荐的升温程序进行微波消解。消解结束后，按照"① 固体废物试样"取出、放气、打开消解罐。

表 7-15　固体废物浸出液的微波消解升温程序

| 步　骤 | 升温时间/min | 目标温度/℃ | 保持时间/min |
|--------|--------------|------------|--------------|
| 1 | 5 | 100 | 5 |
| 2 | 5 | 170 | 15 |

将试液转移至 50mL 容量瓶中，用蒸馏水淋洗溶样杯、杯盖（至少 3 次），将淋洗液并入容量瓶中，用蒸馏水定容至标线，混匀。

（2）试料的制备

① 固体废物试料

分取 10.0mL 试液置于 50mL 容量瓶中，不同元素按表 7-16 的量加入盐酸、硫脲和抗坏血酸混合溶液，用蒸馏水定容至标线，混匀，室温放置 30min（室温低于 15℃时，置于 30℃水浴中保温 30min），待测。

表 7-16　定容 50mL 时试剂加入量　　　　　　　　　　　　（mL）

| 名　称 | 汞 | 砷、铋、锑 | 硒 |
|--------|------|------------|------|
| 盐酸 | 2.5 | 5.0 | 10.0 |
| 硫脲和抗坏血酸混合溶液 | | 10.0 | — |

② 固体废物浸出液试料

分取 10.0mL 试液置于 50mL 容量瓶中，不同元素按表 7-16 的量加入盐酸、硫脲和抗坏血酸混合溶液，用蒸馏水定容至标线，混匀，室温放置 30min（室温低于 15℃时，置于 30℃水浴中保温 30min），待测。

（3）分析步骤

① 仪器参考条件

开机预热待仪器稳定后，按照原子荧光仪的使用说明书设定灯电流、负高压、载气流量、屏蔽气流量等工作参数，通常采用的参数见表 7-17。

表 7-17　仪器参数

| 元素名称 | 灯电流 /mA | 负高压 /V | 原子化器温度 /℃ | 载气流量 /(mL/min) | 屏蔽气流量 /(mL/min) |
|---|---|---|---|---|---|
| 汞 | 15～40 | 230～300 | 200 | 400 | 800～1000 |
| 砷 | 40～80 | 230～300 | 200 | 300～400 | 800 |
| 硒 | 40～80 | 230～300 | 200 | 350～400 | 600～1000 |
| 铋 | 40～80 | 230～300 | 200 | 300～400 | 800～1000 |
| 锑 | 40～80 | 230～300 | 200 | 200～400 | 400～700 |

② 校准

A. 校准系列的制备

a. 汞的校准系列

分别移取 0mL、0.50mL、1.00mL、2.00mL、3.00mL、4.00mL、500mL 汞标准使用液于一组 50mL 容量瓶中，分别加入 2.5mL 盐酸，用蒸馏水定容至标线，混匀。

b. 砷的校准系列

分别移取 0mL、0.50mL、1.00mL、2.00mL、3.00mL、4.00mL、5.00mL 砷标准使用液于一组 50mL 容量瓶中，分别加入 5.0mL 盐酸、10mL 硫脲和抗坏血酸混合溶液，室温放置 30min（室温低于 15℃时，置于 30℃水浴中保温 30min），用蒸馏水定容至标线，混匀。

c. 硒的校准系列

分别移取 0mL、0.50mL、1.00mL、2.00mL、3.00mL、4.00mL、5.00mL 硒标准使用液于一组 50mL 容量瓶中，分别加入 10mL 盐酸，室温放置 30min（室温低于 15℃时，置于 30℃水浴中保温 30min），用蒸馏水定容至标线，混匀。

d. 铋的校准系列

分别移取 0mL、0.50mL、1.00mL、2.00mL、3.00mL、4.00mL、5.00mL 铋标准使用液于一组 50mL 容量瓶中，分别加入 5.0mL 盐酸、10mL 硫脲和抗坏血酸混合溶液，用蒸馏水定容至标线，混匀。

e. 锑的校准系列

分别移取 0mL、0.50mL、1.00mL、2.00mL、3.00mL、4.00mL、5.00mL 锑标准使用液于一组 50mL 容量瓶中，分别加入 5.0mL 盐酸、10mL 硫脲和抗坏血酸混合溶液，室温放置 30min（室温低于 15℃时，置于 30℃水浴中保温 30min），用蒸馏水定容至标线，混匀。汞、砷、硒、铋、锑的校准系列溶液浓度见表 7-18，该系列浓度适用于一般样品的测定。

B. 绘制校准曲线

以硼氢化钾溶液为还原剂、盐酸溶液为载流，浓度由低到高依次测定表 7-18 中各元素校准系列溶液。用扣除零浓度空白的校准系列原子荧光强度为纵坐标，溶液中相对应的元素浓度（μg/L）为横坐标，绘制校准曲线。

表 7-18　各元素校准系列溶液浓度　　　　　　　　　　　　　（μg/L）

| 元　素 | 标准系列 | | | | | | |
| --- | --- | --- | --- | --- | --- | --- | --- |
| 汞 | 0.00 | 0.10 | 0.20 | 0.40 | 0.60 | 0.80 | 1.00 |
| 砷 | 0.00 | 1.00 | 2.00 | 4.00 | 6.00 | 8.00 | 10.00 |
| 硒 | 0.00 | 1.00 | 2.00 | 4.00 | 6.00 | 8.00 | 10.00 |
| 铋 | 0.00 | 1.00 | 2.00 | 4.00 | 6.00 | 8.00 | 10.00 |
| 锑 | 0.00 | 1.00 | 2.00 | 4.00 | 6.00 | 8.00 | 10.00 |

（4）空白实验

按"（1）试样的制备"至"（4）空白实验"的步骤制备空白样品，按进行测定。

（5）测定

将制备好的试料与绘制校准曲线相同仪器分析条件进行测定。

**5. 结果计算与表示**

（1）固体废物测试的结果计算

① 固态和黏稠状的污泥固体废物

固体废物中元素（汞、砷、硒、铋、锑）的含量（μg/g）按照公式（7-28）进行计算。

$$\omega = \frac{(\rho - \rho_0)V_0V_2}{m_3V_1} \times \frac{m_2}{m_1} \times 10^{-3} \tag{7-28}$$

式中，$\omega$ 为固体废物中元素的含量，μg/g；$\rho$ 为由校准曲线上查得测定试液中元素的浓度，μg/L；$\rho_0$ 为实验室空白溶液测定浓度，μg/L；$V_0$ 为微波消解后试液的定容体积；$V_1$ 为分取试液的体积，mL；$V_2$ 为分取后测定试液的定容体积，mL；$m_1$ 为固体样品的质量，g；$m_2$ 为干燥后固体样品的质量，g；$m_3$ 为研磨过筛后试样的质量，g。

② 液态和半固态（黏稠状污泥除外）固体废物固体废物中元素（汞、砷、硒、铋、锑）的含量（μg/g）按照公式（7-29）进行计算。

$$\omega = \frac{(\rho - \rho_0)V_0V_2}{m_3V_1} \times 10^{-3} \tag{7-29}$$

式中，$\omega$ 为固体废物中元素的含量，μg/g；$\rho$ 为由校准曲线上查得测定试液中元素的浓度，μg/L；$\rho_0$ 为实验室空白溶液测定浓度，μg/L；$V_0$ 为微波消解后试液的定容体积；$V_1$ 为分取试液的体积，mL；$V_2$ 为分取后测定试液的定容体积，mL；$m_3$ 为称取样品的质量，g。

（2）固体废物浸出液测试的结果计算

固体废物浸出液中元素（汞、砷、硒、铋、锑）的浓度（μg/L）按公式（7-30）计算：

$$\rho = \frac{(\rho_1 - \rho_0) \times V_0}{V} \times \frac{V_2}{V_1} \tag{7-30}$$

式中，$\rho$ 为固体废物浸出液中元素（汞、砷、硒、铋、锑）的浓度，μg/L；$\rho_1$ 为由校准曲线上查得测定试液中元素的浓度，μg/L；$\rho_0$ 为实验室空白溶液测定浓度，μg/L；$V$ 为微波消解时移取浸出液的体积，mL；$V_0$ 为微波消解后试液定容体积，mL；$V_1$ 为分取试液的体积，mL；$V_2$ 为分取后测定试液的定容体积，mL。

（3）结果表示

对于固体废物，当测试计算结果小于 $1\mu g/g$ 时保留小数点后 3 位；大于或等于 $1\mu g/g$ 时保留 3 位有效数字。

对于固体废物浸出液，当测试计算结果小于 $10\mu g/L$ 时保留小数点后 2 位；大于或等于 $10\mu g/L$ 时保留 3 位有效数字。

 **习题与思考题**

1. 什么是土壤污染？土壤污染的特点是什么？
2. 简述土壤污染样品的采样原则及布点方法。
3. 如何制备土壤样品？
4. 简述土壤样品的预处理方法。
5. 试设计土壤样品中多氯联苯的测定方案。
6. 为什么固体废物的采样量取决于废物的粒度？
7. 试设计固体废物浸出液中汞、砷的测定方案。
8. 试设计沉积物样品中酚类化合物的测定方案。
9. 试设计固体废物样品中挥发性卤代烃化合物的测定方案。

# 第8章 食品和化妆品中典型污染物分析

**学 习 提 示**

了解食品和化妆品中外源性污染物的存在现状、国内外研究现状，熟悉食品和化妆品中典型污染物的种类，掌握食品和化妆品中典型污染物的分析检测方法，难点是食品和化妆品中典型污染物的分析方法的操作。推荐学时 4 学时。

## 8.1 概　　述

### 8.1.1 食品与食品安全

食品是人类赖以生存、繁衍、维持健康的基本条件，人们每天必须摄取一定数量的食物，供给人体所需的各种营养素，保证身体的正常生长、发育和从事各项活动。根据《中华人民共和国食品安全法》第十章附则、总第一百四十条规定：食品指各种供人食用或者饮用的成品和原料以及按照传统既是食品又是中药材的物品，但是不包括以治疗为目的的物品。食品包括已经加工能够直接食用的各种食物，如饮料、酒类、豆制品、调味品、瓜果、茶叶等，还包括一切食品的半成品及原料，如粮食、肉类、禽类、蔬菜、水产等，也应包括仅能咀嚼而不能吞咽的口香糖等食品，所以食品是食物的总称。

食品是人类得以生存和发展的物质基础，所以食品质量的好坏十分重要，为此我国《中华人民共和国食品安全法》第十章附则、总第一百四十条对食品安全的内涵明确规定：食品安全，指食品无毒、无害，符合应当有的营养要求，对人体健康不造成任何急性、亚急性或者慢性危害。"无毒、无害"是指人们在正常食用的情况下摄入可食状态的食品，不会造成对人体致病危害，也就是说食品是安全的。与此同时，食品还应是有营养的，是能促进人体健康的。其中食品的安全性是食品必备的基本要求。

食品安全性是一个听起来生疏却与人们日常生活关系密切的概念。人们上街购买鱼、禽、蛋等鲜活产品，总要查看一下是否有腐坏、异味或病虫污染。包装上印有"不含添加剂""纯天然""绿色食品"等标志的食品格外吸引购物者的注意，这反映了人们已经把食品的安全性作为购买食品的重要原则和取舍标准，人们对食品安全性的认识正逐步超过了食品的色、香、味、形等固有属性。

在农业生产过程中，多种化学合成制剂的使用，大量工业废水的任意排放，诸如此类因素最终导致食品中出现化学污染物。这些化学污染物包括重金属、真菌毒素、农药残留、兽药残留和环境中的微量农药原体、有毒代谢物、降解物和杂质等，它们都会对人类健康产生威胁。随着近年来诸多食品安全事件的发生，这些化学污染物引起了人们越来越多的关注。

## 8.1.2　食品污染的特点

**1. 食品中的化学污染物**

食品的化学性污染是指各种化学物质，如重金属、药物、杀虫剂、化肥、合成洗涤剂、饲料添加剂、食品添加剂及其他有毒化合物对食品的污染。这些污染物包括环境污染物、无意添加和有意添加的污染物，以及在食品生产过程中产生的有毒有害物质。目前，危害最严重的是化学农药、有害金属、多环芳烃类、N-亚硝基化合物等化学污染物。不合格的食品加工工具，以及滥用食品容器、食品添加剂和植物生长促进剂等也是引起食品的化学污染的重要因素。

**2. 食品中化学污染物的特点**

食品中的化学污染物具有以下主要特点：不是有意被加入食品中的；在食品生产中，污染可以在其中一个或多个生产阶段产生；消费者如果食用一定量的这些物质，可能会致病。其中第一点就把食品中的化学污染物与其他化学物质区分开来，如食品中的维生素与添加剂，因此本书不涉及食品添加剂和营养补充剂。本书所述的污染物，包括天然毒素、环境污染物、农药残留、兽药残留以及包装污染物等。化学污染可能在食品链的各个阶段产生，为了确保消费者和食品生产者的利益，在食品生产及消费的各个阶段都必须对化学污染物加以注意。

**3. 食品中外源性污染物**

（1）农药污染

农药除了可造成人体的急性中毒外，绝大多数会对人体产生慢性危害，并且多是通过污染食品而造成。

农药污染食品的主要途径有以下几种：① 是为防治农作物病虫害使用的农药，经喷洒直接污染食用农作物；② 是植物根部吸收；③ 是挥散在空气中的农药随雨雪降落；④ 是食物链富集；⑤ 是运输和贮存中混放。

几种常用的容易对食品造成污染的农药品种有：有机氯农药、有机磷农药、有机汞农药、氨基甲酸酯类农药等。

（2）工业有害物质污染

工业有害物质及其他化学物质主要是指金属毒物（如有甲基汞、镉、铅、砷、N-亚硝基化合物、多环芳族化合物）等。工业有害物质污染食品的途径主要有环境污染，食品容器、装饰材料和生产设备、工具的污染，食品运输过程的污染等。其中环境污染是造成动植物和人类化学污染的主要来源，范围之广、品种之多和数量之巨，都是最突出的。

环境污染来自人类生活服务的固然不少，但主要来自工农业生产实践，其中工业"三废"的不合理排放，是引起大气、水体、土壤及动植物污染的重要原因。这些环境污染物可以通过呼吸、饮水直接进入人体内，也可通过食物链间接转入人体内。自然界存在着各种食物链，几乎所有的动物都有自己的食物链。与人类有关的食物链主要有两条：一条是陆生生物食物链；另一条是水生生物食物链。由此可见，如果大气、土壤或水体受到某种污染，其组分或某些物质的含量发生变化，这些变化均有可能沿食物链逐级传递，最终影响到居于食物链顶端的人类。

有关生物学上的残留必须考虑到数量因素。用于农牧业生产中的绝大多数农药和兽药，就其安全而言都已作了鉴定和限量。在农牧业产品生产中允许各种农药、兽药有极低水平的残留。在我国食品卫生标准及有关法令条款中，规定了各种化学物质的允许限量。允许限量的规定，是依据科学试验和鉴定而确定的危险等级原则。某些化合物虽然有毒，如能在最终的食物制品中确定其安全的最高含量，它们仍然可以在畜禽生产和饲料中应用。这种安全限量常以 mg/kg 或 mg/L 的允许极限来表示，如果含量超过了允许限量，或使用时违反了有关规定，就会带来不良后果。

### 4. 食品中常见污染物种类

（1）食品中持久性有机污染物

① 多氯联苯

多氯联苯（PCBs）在工业生产中广泛应用，例如在变压器中作绝缘体。在普通环境中和人体脂肪中，它们是非常持久的污染物。理论上，它们进入食品的途径有：食源性动物从环境中吸收，尤其是含有较高脂肪的动物；由于工业事故而导致食品或动物性饲料的直接污染；使用不适当的包装材料导致的化学迁移可能导致多氯联苯污染，不过这种情况很少发生。

② 二噁英

二噁英（PCDDs and PCDFs）原在自然界存量极少，含氯有机化学品（主要是塑料和农药）的生产、纸浆漂白等过程可产生二噁英。而空气中二噁英污染的最大来源则是垃圾焚烧和汽车尾气。最终污染食品的两个主要二噁英来源为：大气沉淀和污染的传播。农田中同时存在这两种途径。

（2）加工中产生的污染物

在食品加工过程中，可能产生一些有毒的物质，如果大量存在的话，有可能对健康造成不利影响。举例来说，烹饪某些肉类，在高温下会产生一些化学物质，而未煮过的肉类中并不存在这些化学物质。这些化学物质可能会增加患癌症的概率，如多环芳烃、杂环胺。另一个例子是硝酸盐、亚硝酸盐与二级胺反应形成的亚硝胺。

这些污染物或是在食品研究中偶然被发现的、或是经过环境中的化学污染物研究而发现的。目前，需要一个更系统化的方法来辨别哪些是在加工过程中出现的污染物。并希望通过彻底研究来降低污染物的水平，从而保护消费者健康。

① 多环芳烃

多环芳烃（PAHs）产生于一些不完全燃烧中。因此，在烹调油烟污染的空气中、烟草烟雾中、烟熏的食品和高温下制作的熟食中都能发现这种物质。

大多数的 PAHs 并不致癌，但也有少数的是致癌的，例如苯并芘。它们主要是熟肉制品在高温烧烤过程中产生。微波加热过程不会产生多环芳烃。肉类以外的其他食品也含有多环芳烃。低脂肪食品，或没煮熟的食品会含有少量的多环芳烃，因此，食物煮熟程度和烹调方法是是否产生多环芳烃的重要决定因素。煤焦油厂、沥青厂、城市垃圾桶焚化设施等一些场合附近的空气中含有大量的多环芳烃。香烟烟雾、木材烟雾、汽车尾气、柏油公路，或农业焚烧等也会产生多环芳烃。烧烤或烧焦的肉类，被污染的谷物、面粉、面包、蔬菜、水果、肉类、加工或腌渍食品中也有可能含有过多的多环芳烃。这些多环芳烃产生后会进一步污染空气、水源、土壤。饮用含多环芳烃的水或牛奶的人，可以增加多环芳烃的摄入。多环芳烃还可通过母亲的乳汁传给孩子。

② N-亚硝胺

N-亚硝胺（N-Nitrosamines）是一种可能致癌化合物。二甲基亚硝胺（Nitrosodimethylamine，DMNA）是一种挥发性液体，易溶于水和油。可被微生物缓慢分解，研究表明DMNA 可以在水中残留很长一段时间。烟草烟雾中也含有亚硝胺（包括 DMNA）。吸烟时卷烟经燃烧散发的烟雾可分为主流烟雾和支流烟雾两种。被动吸烟者吸入的支流烟雾其有害成分比主流烟雾高。含有氮源和胺类化合物的食品，也含有较多的各级 DMNA 及其他亚硝胺。硝酸钠和亚硝酸钠添加到肉类中是为了防止毒素梭菌肉毒杆菌的产生。在人体内，亚硝胺的形成是由于这些硝酸盐和亚硝酸盐与口腔内唾液或与胃部中胃液的反应。DMNA 也可以由某些生物与细菌自然形成。

腊肉、火腿等肉制品中亚硝胺污染尤其严重，几乎含有所能探测到的所有亚硝胺，主要是亚硝基砒咯烷，以及较少的 DMNA。高温油炸腊肉，有利于亚硝胺的形成。减少亚硝酸钠的使用可能会减少亚硝胺的形成，但它也可能增加肉毒中毒的风险。亚硝酸钠和氯化钠在一起，是抑制肉毒梭状芽孢杆菌生长的特别方法。解决这一两难局面是限制亚硝酸钠的最低范围到可有效地控制生长及毒素肉毒梭状芽孢杆菌的生长，或者开发新的更安全的防腐剂。

抗坏血酸（维生素 C）和 $\alpha$-生育酚（维生素 E）具有氧化还原性能，可抑制亚硝胺的形成。在啤酒中也发现了二甲基亚硝胺，是由直接火烤干燥大麦麦芽形成的。把直接烘烤改为间接加热干燥，可以大大降低啤酒中二甲基亚硝胺的含量。

③ 杂环胺

杂环胺（Heterocyclica mine）存在于牛肉、猪肉、禽肉、鱼肉等烹饪肉中，是致癌的化学物质。氨基酸和肌酸（存在于肌肉）在高温烹制时会形成杂环胺，已发现的杂环胺大约有 17 种，所以经烹饪后的肉可能会加剧人类患癌症的风险。

（3）食品中农药污染物

农药是指用于预防或消灭危害农、林、牧业生产的病、虫、草及其他有害生物，以及有目的地调节植物和昆虫生长的药物的通称。农药可以是化学合成的，也可能是来源于生物或自然界其他物质的一种或者几种物质的混合物及其制剂。目前，全世界实际生产和使用的农药品种达五六百种，大量使用的有 100 多种，其中主要是化学农药。包括有机氯类、有机磷类、有机汞类、氨基甲酸酯类。农药按用途可分为杀虫剂、杀菌剂、除草剂、杀螨剂、杀鼠剂、落叶剂和植物生长调节剂等；按其化学组成及结构可分为有机磷氨基甲酸酯、有机氯、拟除虫菊酯、苯氧乙酸、有机磷和有机汞等多种类型；按其毒性可分为高毒、中毒和低毒；按杀虫效率可分为高效、中效和低效；按农药在植物体内残留时间的长短可分为高残留、中残留和低残留。

农药残留是指农药使用后残存于生物体、食品（农副产品）和环境中的微量农药原体、有毒代谢物、降解物和杂质的总称，残存数量称为残留量。由于农药性质、使用方法及使用时间不同，各种农药在食品中残留程度也有所差别。当农药过量或长期施用，导致食物中农药残存数量超过最大残留限量时，将会对人、畜直接产生危害，或通过食物链对生态系统中的生物造成毒害。

农药在生产及使用过程中，可经呼吸道及皮肤侵入人体，但进入人体农药总量的80%～90%是由食品的污染进入的。食品中农药污染途径主要有直接污染、间接污染和意外事故 3 种。

（4）残留兽药污染物

为了满足人类对动物性食品不断增长的需要，在大幅度、快速地提高动物性食品的产量的同时，还需要通过防治动物疾病、促进动物生长、改善饲料转化率来提高畜禽繁殖率。因此，人们在畜禽养殖过程中大量使用抗微生物制剂、驱寄生虫剂和激素类兽药，以及生长促进剂等，这些兽用制剂都有可能在动物性食品中造成不同程度的残留。

兽药残留对公共卫生和环境安全有很大危害。若一次摄入残留的药物量过大，会使人体出现急性中毒反应、过敏反应和变态反应，甚至还会引起基因突变或染色体畸变，对人类造成潜在的危害。世界各国已经开始注意到兽药残留问题的严重性，并认为兽药残留现已成为影响食品安全性的重要问题之一。我国也相继成立了各种相应的管理组织，从立法的角度来规范和管理动物组织及产品中兽药残留的最高残留限量标准。

① 兽药与兽药残留

兽药是指用于预防、治疗和诊断畜禽等动物疾病，有目的地调节其生理机能并规定作用、用途、用法、用量的物质（含饲料药物添加剂）。包括生物制品；兽用的中药材、中成药、化学原料及其制剂；抗生素；生化药品；放射性药品。这些兽药的用途主要包括防病治病、促进生长、提高生产性能、改善动物性食品的品质等。

兽药残留是指对食品动物用药后，动物产品的任何可食部分中所含原型药物或/和其代谢物，以及与兽药有关的杂质的残留。造成兽药残留主要原因是由于不合理使用药物治疗动物疾病和盲目使用饲料药物添加剂而引起的。动物性食品中兽药残留的量虽然很低，但对人体健康的潜在危害较严重，甚至影响深远，因而已引起世界各国政府越来越多的关注。

② 兽药残留的类型和污染原因

畜牧和养殖业中大量使用的兽药，一般通过口服、注射或局部用药等方法用来预防和治疗畜禽疾病；或在饲料中添加一些药物（如驱寄生虫剂），不仅可治疗动物的某些疾病，还可促进畜禽生长；在动物源性食品保鲜过程中有时也会加入某些抗生素来抑制微生物的生长、繁殖，这些情况均可造成食品的兽药残留污染。有时，食品操作人员为了自身预防和控制疾病而使用的某些外用药物也可能无意地造成食品污染。常见残留的兽药主要类型有：抗生素类药物、磺胺类药物、呋喃类药物、抗寄生虫药、激素类药物。

兽药残留污染的原因有：不严格遵守休药期有关规定，滥用兽药，使用被兽药污染的动物饲料，使用未经批准的或禁用的兽药，用药错误或未做用药记录，屠宰前使用兽药，使用药物生产产生的废渣、废水饲喂畜禽和鱼类。

（5）重金属污染物

① 重金属和重金属污染

相对密度在5以上的金属，称作重金属。如铜、铅、锌、锡、镍、钴、锑、汞、镉、铋等。有些重金属如铁、锌、铜是人体所必须的微量元素，但大部分重金属如汞、铅、镉等并非生命活动所必须，而且所有重金属超过一定浓度都会对人体产生一定危害，因为重金属能使人体中的蛋白质变性。进入人体的重金属，尤其是有害的重金属，在人体内积累和浓缩，可造成人体急性中毒、慢性中毒等危害，这类金属元素主要有：汞（Hg）、镉（Cd）、铬（Cr）、铅（Pb）、砷（As）等。砷（As）本属于非金属元素，但根据其化学性质，又鉴于其毒性，一般将其列入有毒重金属元素中。

重金属不能被生物降解，相反却能在食物链的生物放大作用下，成千百倍地富集，最后进入人体。食品中的有毒重金属元素，一部分来自于农作物对重金属元素的富集；一部分来自于水产动物重金属的污染；还有一部分来自于食品生产加工、贮藏运输过程中出现的污染。进入人体的重金属要经过一段时间的积累才显示出毒性，往往不易被人们所察觉，具有很大的潜在危害性。

食物中的重金属一般以天然浓度广泛存在于自然界中，但由于人类对重金属的开采、冶炼、加工及商业制造活动日益增多，造成不少重金属，如铅、汞、隔、钴等进入大气、水、土壤中，引起严重的环境污染。以各种化学状态或化学形态存在的重金属，在进入环境或生态系统后就会存留、积累和迁移，造成危害。如随废水排出的重金属，即使浓度很低，但也可在藻类和底泥中积累，被鱼和贝的体表吸附，产生食物链浓缩，从而造成公害。

② 食品中重金属的来源

食用动植物均在自然界中生长发育，重金属污染物主要是通过人类活动造成环境污染后，经食物链进入人体从而影响人体的健康。研究表明，污染食品的有毒金属以镉最为严重，其次是汞、铅、砷等。食品中的有毒金属主要有以下几种来源：自然环境中的有毒金属被食用动植物吸收、吸附；食品加工过程和包装材料；在食品加工过程中使用的机械、管道、容器、包装材料或加入的某些添加剂中的有毒金属残留，在一定的条件下可能污染食品。

工业"三废"和农药化肥不合理使用，工业生产中废水、废气、废渣的不合理排放及农药化肥的不合理使用，都可能造成环境有毒金属污染，并使有毒金属污染物以不同途径转移入食品中。

## 8.1.3　化妆品与化妆品安全

随着改革开放的深入和人民物质生活水平的提高，化妆品业得到了快速发展。与此同时，源于化妆品安全的问题也日益凸显，部分产品重金属超标、爽身粉含致癌物质石棉、婴幼儿沐浴液检出甲醛、SKⅡ化妆品中重金属残留，精装葡萄籽中检出糖皮质激素，牙膏中的二甘醇、三氯生，唇膏中的苏丹红，洗发、沐浴产品中的二噁烷等与化妆品相关的安全事件频繁发生，化妆品安全问题成了社会各界关注的焦点。由于化妆品是一种成分复杂的配方产品，其潜在的安全风险存在于原料、配方、工艺过程、贮存、包装及其兼容性和污染等产品相关的各个方面，因此，针对物质来源，将化妆品相关理化检测进行不断梳理，以游离出其中重要的检测方式，透视其未来的检测发展，是对化妆品安全性评价的重要研究内容。

化妆品存在的安全问题比较突出的仍然是个别生产企业违法使用化妆品禁用物质，如添加激素、抗生素等。化妆品中药用禁限用物质的检验对提高化妆品产品质量、保障人民身体健康具有非常重要的意义。

### 1. 化妆品的定义

《消费品使用说明　化妆品通用标签》（GB 5296.3—2008）对我国化妆品进行了定义和分类，化妆品的定义是以涂抹、洒、喷或其他类似方法，施于人体表面任何部位（皮肤、毛发、指甲、口唇等），以达到清洁、保养、保持良好状态目的的产品。

化妆品是与人体皮肤直接接触的日用工业品，直接影响人们的生活与健康。合格的化妆品能清洁、保护皮肤和头发，修饰改善人的精神面貌，带给人以美的享受。但不合格的化妆品，如配方不当、添加了禁用化学物质、或超量使用限用物质，则可能使消费者发生皮肤不良反应，严重的甚至造成不可逆转的损伤，对消费者身心健康构成威胁。

合格的化妆品应包含以下几个质量特性：即安全性、稳定性、使用性和有效性。影响化妆品质量安全的主要因素有：原料质量差，原料处理不当，产品配方变更，产品工艺变更，交叉污染，清洁不当，人为因素，加入错误成分，维修保养不当。

**2. 化妆品的分类**

化妆品种类繁多，其分类方法也五花八门。如按剂型分类，按内含物成分分类，按使用部位和使用目的分类，按使用年龄、性别分类等。在此，仅介绍我国国家标准对化妆品的分类：《化妆品分类标准》（GB/T 18670—2002），见表 8-1。结合化妆品的功能和使用部位进行分类，比较清晰明了。

表 8-1　化妆品分类标准

| 功能<br>部位 | 清洁类化妆品 | 护理类化妆品 | 美容/修饰类化妆品 |
|---|---|---|---|
| 皮肤 | 洗面奶、卸妆水（乳）、清洁霜（蜜）、面膜、花露水、痱子水、爽身粉、浴液 | 护肤膏（霜）、化妆水 | 粉饼、胭脂、眼影、眼线笔（液）、眉笔、香水、古龙水 |
| 毛发 | 洗发液、洗发膏 | 护发素、发乳、发油/发蜡 | 定型摩丝/发胶、染发剂、烫发剂、睫毛液（膏）、生发剂、脱毛剂 |
| 指甲 | 洗甲液 | 护甲水（霜）、指甲硬化剂 | 指甲油 |
| 口唇 | 唇部卸妆液 | 润唇膏 | 唇膏、唇彩、唇线笔 |

## 8.1.4　化妆品污染的特点

**1. 化妆品中常见污染物种类**

根据有害物质的种类分，化妆品中常见的有害物质主要有有机物、重金属、有害微生物。

（1）化妆品中的有机物

① 化妆品中的污染物成分

化妆品中使用的色素、防腐、香料等大多为有机合成物，如煤焦油类合成香料、醛类系列合成香料等。这些物质对皮肤有刺激作用，引起皮肤色素沉着，并引起变应性接触性皮炎，有些还有致癌作用。

染发剂大都为养护染料，由对苯二胺为主要原料与双氧水混合而成。此染料可进入毛干并沉积于毛干的皮质，形成大分子聚合物，使头发变黑。对苯二胺可与头发中的蛋白质形成完全抗原，易发生过敏性皮炎。虽然未有确切证据证明染发剂有致癌作用，但其安全性应引起足够重视。

许多漂白霜、祛斑霜中违法加入氢醌，能抑制上皮黑素细胞产生黑色素。氢醌是从石油或煤焦油中提炼制得的一种强还原剂，对皮肤有较强的刺激作用，常会引起皮肤过敏。氢醌会渗入真皮引起胶原纤维增粗，长期使用和暴露于阳光的联合作用会引发片状色素再沉和皮肤肿块，这叫获得性赭黄病，目前尚无好的治疗方法。

三氯甲烷可以迅速溶解脂肪、油脂，但其具有毒性和致癌性。研究发现，水中加氯后普遍存在三氯甲烷的问题，故牙膏中可能存在三氯甲烷的残留。三氯甲烷属于牙膏中的禁用物质。

② 化妆品中的违法加药情况

为突出功效，有不法企业往往在化妆品配方中添加违禁的药用物质，影响化妆品的使用安全。宣称功效的化妆品常见的可能添加违禁物质，其中大部分是激素、抗生素类药物。

四环素类抗生素具有杀菌、抑菌效果，有些消炎杀菌的化妆品中会添加。但由于毒性较大，我国将其列入化妆品禁用物质，但并没有作为常规检测对象。

有些抗炎祛痘类化妆品中违规加入糖皮质激素、雌激素、雄激素、孕激素等禁用激素。这些药用成分在没有作为药物监管长期使用时，皮肤会对激素产生依赖，而且很难摆脱。长期使用后则会发生皮肤变薄、毛细血管扩张、毛囊萎缩，一旦停用，皮肤就会发红、发痒，出现红斑、丘疹、脱屑等，我国《化妆品卫生规范》规定此类物质为禁用成分。曲酸主要用作食品添加剂，可起到保鲜、防腐、防氧化等作用，添加到化妆品中可有效消除雀斑、老人斑、色素沉着、粉刺等，因此为世界各国所使用。近年来的科学研究表明，曲酸具有致癌性。日本官方已禁止将曲酸作为食品添加剂使用，禁止进口和生产含有曲酸的化妆品。

（2）化妆品中的重金属

化妆品中含有许多微量元素，如铜、铁、硅、硒、碘、铬和锗等。这些微量元素往往形成与蛋白质、氨基酸、核糖核酸的络合物，具有生物可利用性，可以使产品更具有调理性和润湿性，更易被皮肤、头发和指甲吸收和利用。但是，如果化妆品中含有铅、汞、砷等有害重金属元素，则会对人体产生伤害。

化妆品中的铅、汞、砷含量超标，可引起皮肤瘙痒和中毒等症状。化妆品中颜料，很多是含有重金属成分的，如铅、铬、铝、汞、砷等，它们之中有不少是对人体有害的。

（3）化妆品的微生物污染

化妆品中含有脂肪、蛋白质和无机盐等营养成分，是微生物生存的良好场所。化妆品中可能存在的有害微生物有病原细菌和致病细菌，对人体有不同程度的危害、致病和中毒。另外，化妆品易受霉菌的污染，常见的霉菌有青霉菌、曲霉菌、根霉菌和毛霉菌等。部分雪花膏和奶液中检测出大肠杆菌，并可能存在肠道寄生虫卵和致病菌等。粉类、护肤类、发用类及浴液类化妆品中细菌污染时有发生。

（4）化妆品包装材料

目前，我国化妆品的包装材料主要有玻璃和塑料。在化妆品的相关包装中，往往更为注重玻璃色彩和折光等特点，这些均为通过添加一些金属元素实现，如添加铅可增加玻璃折光，添加 $Cu_2O$（红色）、$CuO$（蓝绿色）以及 $CdO$（浅黄色）等增添颜色。但是，在添加的同时，也增加了这些金属物质迁移进入化妆品的风险。另外，在相应的玻璃器具中，由于密封和隔离等要求，包装中还往往存在来源于橡胶等材料的垫圈和密封垫等，由于助剂和增塑剂等物质的存在，更增加了玻璃包装容器的安全隐患。一般塑料容器成型还需要加入增塑剂、稳定剂和着色剂等，都可能成为化妆品的潜在安全风险来源。

**2. 化妆品中禁限用物质的检测现状**

《化妆品卫生规范》（2007 年版）规定了 1286 种（类）禁用物质、73 种（类）限用物质、56 种限用防腐剂、28 种限用防晒剂、156 种限用着色剂和 93 种暂时允许使用的染发剂。

（1）化妆品中禁限用物质的检测现状

在经济利益的驱使下，部分企业往往片面追求某种原料的使用效果而忽略其毒副作用，在化妆品配方中使用禁用物质或超量使用限用物质，从而对人体健康造成多种急性或慢性的损害。

我国《化妆品卫生规范》中对于化妆品中的多种有害物质相对应的卫生化学标准检验方法只有 27 个，涉及 76 项指标，包括汞、铅、砷、染发剂中对苯二胺、牙膏中的三氯生的测定等，总的方法覆盖率仅为 4.8%。检测方法主要有薄层色谱法、气相色谱法、高效液相色谱、反相高效液相色谱、离子色谱、原子吸收光谱法、电感耦合等离子体发射光谱法等。

目前，对添加到化妆品中的很多物质还是缺乏系统的成分、毒性、功效检测方法及评价要求，化妆品的卫生质量要求仅仅是现行标准规定的"合格"，不能有效反映化妆品的真实质量。因此，将一些化妆品禁、限用物质作为常规项目检测已迫在眉睫。

（2）《化妆品及其原料中禁限用物质检测方法验证技术规范》

为加强对化妆品中禁用物质和限用物质检测方法研究工作的技术指导，规范化妆品中禁用物质和限用物质检测方法研究和验证工作，明确检测方法验证内容和评价标准，有效保证研究制定的检测方法具备先进性和可行性，国家食品药品监督管理局已制定和发布《化妆品及其原料中禁限用物质检测方法验证技术规范》（国食药监许〔2010〕455 号）。

规范中规定了化妆品中禁用物质和限用物质检测方法研究和建立过程中检测方法验证内容、技术要求和评价指标。适用于化妆品中禁用物质和限用物质检测方法的验证与评价，具体可以参照规范。

（3）当前化妆品禁限用成分检测的焦点和热点项目

化妆品禁限用成分检测的焦点、热点检测项目，见表 8-2。

**表 8-2　化妆品禁限用成分检测的焦点、热点检测项目**

| 序　号 | 名　　称 | 对应的化妆品种类 | 序　号 | 名　　称 | 对应的化妆品种类 |
|---|---|---|---|---|---|
| 1 | 抗生素<br>如：地塞米松、氯霉素、甲硝唑、沙星类等 | 美白、祛痘产品等 | 7 | 苏丹红 | 唇膏类 |
| 2 | 性激素<br>如：甲睾酮、雌二醇、己烯雌酚等 | 美白、祛痘产品等 | 8 | 防腐剂<br>如：苯甲酸、尼泊金甲（乙、丙、丁）酯等 | 各种化妆品 |
| 3 | 氢醌 | 美白化妆品 | 9 | 游离甲醛 | 各种化妆品 |
| 4 | 苯酚 | 美白化妆品 | 10 | 甲醇 | 护肤水、啫喱水等 |
| 5 | 三聚氰胺 | 含乳成分的保健品、化妆品等 | 11 | 二甘醇 | 牙膏 |
| 6 | 二噁烷 | 沐浴、洗发类化妆品 | 12 | 三氯生 | 牙膏、化妆品 |
|  |  |  | 13 | 石棉 | 香粉、爽身粉 |

# 8.2　食品和化妆品样品的采集与保存

因为技术、商业、法律或安全等方面的各种原因，需要采样检测。采样的基本目的是从被检的总体物料中取得有代表性的样品，通过对样品的检测，得到在容许误差内的数据，从而求得被检物料的某一或某些特性的平均值及其变异性。

采样的基本原则，是采得的样品必须具备充分的代表性。在分析工作中，需要检验的物料常常是大量的，而其组成却极有可能是不均匀的。检验分析时所称取的试样一般只有几克或更少，而分析结果又必须能代表全部物料的平均组成。如果采样方法不正确，即使分析工作做得非常仔细和正确，也是毫无意义的。更有害的是，因提供的无代表性的分析数据，可能把不合格品判定为合格品或者把合格品判定为不合格品，其结果将直接给生产企业、用户和消费者带来难以估计的损失。

## 8.2.1　食品样品的采集与保存

### 1. 样品的采样送样规程

参考中华人民共和国出入境检验检疫行业标准《国境口岸卫生监督食品采样、送样规程》（SN/T3561—2013）。

（1）范围

本标准规定了国境口岸卫生监督食品采样、送样工作的基本原则、方法和程序。本标准适用于在检验检疫机构卫生监督过程中进行的食品采样和送样，以及在对食源性疾病和食品安全事故调查过程中进行的食品采样和送样工作。

（2）采样方案

① 根据检验目的、食品特点、批量、检测项目、检验方法等确定每次的采样方案。

② 根据确定的检测项目采集足量的样品，采样量不应少于检测量的 3 倍。

③ 散装样品不少于 500g，预包装样品不少于 250g，食品安全国家标准对采样量有特别要求的，依照其规定。

④ 对于均匀性较好的样品，应当现场分成三份，一份检验，两份做复验、备查或仲裁留样；对于均匀性不好的样品，采样量应当满足实验室处理分样的需要，由实验室将采取的样本分为三份，一份检验，两份留样，并做好分样操作记录。

（3）采样原则

① 代表性。采集的样品能真正反映被采样本的总体水平。

② 典型性。采集能充分说明监测目的的典型样本。如污染或怀疑污染的食品。

③ 适量性。样品采集数量应既符合检验要求、产品确认及复检需要，又不造成浪费。

④ 原样（状）性。所采集样品应尽可能保持食品原有的品质及包装型态，所采集的样品不得受样品以外任何物质的污染。

⑤ 规范性。采样、送检、留样和出具报告均按规定的程序进行，各阶段均应有完整的手续记录，交接清楚。

⑥ 及时性。采集的样品分布或分配在各部分的数量与比例相同。

⑦ 同一性。采集样品时，检测及留样、复检或仲裁所需样品应保证同一性，即同一品种、同一单位、同一品牌、同一规格、同一生产日期、同一批号等。

⑧ 完整性。采取的样品在检测前，应确保数量吻合、封装完好、标记清晰。

（4）采样

① 要求

采样人员应亲临采样现场，不应由被监督单位送样。

采样时应采用随机方法，确保样品具有代表性。采样时应注意样品的生产日期或批号，采集的样品应在保质期内。

采样时在满足样品量的基础上宜保持食品原有的包装和品质。

采集样品时不得掺入防腐剂等其他物质污染食品或影响其品质。

② 程序

出示证件：执法人员采样前应向被采样单位负责人或其授权人出示有效执法证件，告知采样目的。

现场检查：采样前应现场调查了解食品的一般情况，如种类、数量、批号、生产日期、加工方法、销售卫生情况等；观察食品的整体情况，包括感官形状、品质、储藏、包装情况等。有包装的食品，应检查包装有无破损、变形、受污染，未经包装的食品要检查食品的外观，有无发霉、变质、污染等。

方法：散装食品及现场制作食品足量采集后置于洁净的采样容器。散装液体样品摇匀或搅拌均质后采集足量样品；粮食及固体食品应自每批食品上、中、下三层中的不同部位分别采取不同样品，混匀后按四分法对角取样，再进行几次混合，最后取有代表性样品。

肉类、水产等食品应按检测项目要求分别采取不同部位的样品或混合后采样。

现场采样记录：采样人员应及时、准确、客观、完整地填写采样凭证。

样品标记：采样完毕后，应将每件样品进行标记编号，注意标记编号应与采样凭证上的样品名称和编号相符。标记应牢固，具防水性，字迹不会被擦掉或脱色。

③ 送样

采取的样品应严格按照其物理、化学、生物学等特性，或其标签标识上注明的储运条件进行运输和贮存，并及时送检。

不能及时运送时，在规定的控制时限内，样品应在接近原有贮存温度条件下贮存。样品在保存过程中，应采取必要的措施，防止样品中微生物和理化性质的改变，保持样品的原有性质和状态。

运输时应保持样品完整，不受玷污、损坏或丢失。当样品需要托运或有非专职采样人员送样时，应封识样品容器。

样品送达实验室后，应认真填写送检单。

送样人员应将样品根据送检单的内容逐一向实验室接样人员进行交接，送样人员及实验室接样人员均应在送检单上签字确认。

**2. 样品接收**

（1）检验人员应认真检查样品的包装和状态以及样品标识，若发现异常，不能接收。

（2）样品量不能少于规定数量，特殊情况送样量不足时应说明。

**3. 样品的标识和储存**

（1）样品标识

样品应有正确、清晰的唯一性和状态标识，保证样品在检测过程中不被混淆。

（2）样品保存和处置

① 样品应保存在规定的环境条件下，防止变质、污染、水分变化和目标物降解等。

② 及时处理超过保存期的留样，做好处置记录。

**4. 样品制备**

（1）样品的缩分

① 将抽取的大批样品混合后用四分法缩分，按以下方法预处理样品：对于个体小的物品（如苹果、坚果、虾等），去掉蒂、皮、核、头、尾、壳等，取出可食部分；对于个体大的基本均匀物品（如西瓜、干酪等），可在对称轴或对称面上分割或切成小块；对于不均匀的样品（如鱼、菜等），可在不同部位切取小片或截取小段。

② 对于苹果和果实等形状近似对称的样品进行分割时，应收集对角部位进行缩分。

③ 对于细长、扁平或组分含量在各部位有差异的样品，应间隔一定的距离取多份小块进行缩分。

④ 对于谷类和豆类等粒状、粉状或类似的样品，应使用圆锥四分法（堆成圆锥体—压成扁平圆形—划两条交叉直线分成四等份—取对角部分）进行缩分。

⑤ 混合经预处理的样品，用四分法缩分，分成两份。一份测试用，一份需要时复查或确证用。

（2）各类样品的制备方法、留样要求、盛装容器和保存条件

各类样品的制备方法、留样要求、盛装容器和保存条件，见表 8-3。当送样量不能满足留样要求时，在保证分析样用量后，全部用作留样。

**表 8-3 样品的制备与保存**

| 样品类别 | 制样 | 盛装容器 | 保存条件 |
|---|---|---|---|
| 粮谷、豆、脱水蔬菜等干货类 | 用四分法缩分至约 300g，再用四分法分成两份，一份复查或确证（>100g），另一份用捣碎机捣碎混匀供分析用（>50g） | 食品塑料袋玻璃广口瓶 | 常温、通风良好 |
| 水果、蔬菜、蘑菇类 | 如有泥沙，先用水洗去，然后甩去表面附着水，去皮、核蒂、梗、籽、芯等，取可食部分，沿纵轴剖开成两半，截成四等份，每份取出部分样品，混匀，用四分法分成两份，一份复查或确证（>100g），另一份用捣碎机捣碎混匀供分析用（>50g） | 食品塑料袋玻璃广口瓶 | 4℃以下的冰箱冷藏室 |
| 坚果类 | 去壳，取出果肉，混匀，用四分法分成两份，一份复查或确证（>100g），另一份用捣碎机捣碎混匀供分析用（>50g） | 食品塑料袋玻璃广口瓶 | 常温、通风良好 |
| 饼干、糕点类 | 硬糕点用研钵粉碎，中等硬糕点用刀具、剪刀切细，软糕点按其形状进行分割，混匀，用四分法分成两份，一份复查或确证（>100g），另一份用捣碎机捣碎混匀供分析用（>50g） | 食品塑料袋玻璃广口瓶 | 常温、通风良好 |
| 块冻虾仁类 | 将块样划成四等份，在每一份的中央部位钻孔取样，取出的样品四分法分成两份，一份复查或确证（>100g），另一份室温解冻后弃去解冻水，用捣碎机捣碎混匀供分析用（>50g） | 食品塑料袋 | -18℃以下的冰柜或冰箱冷冻室 |
| 单冻虾、小龙虾 | 室温解冻，弃去头尾和解冻水，用四分法缩分至约 300g，再用四分法分成两份，一份复查或确证（>100g），另一份用捣碎机捣碎混匀供分析用（>50g） | 食品塑料袋 | -18℃以下的冰柜或冰箱冷冻室 |
| 蛋类 | 以全蛋为分析对象时，磕碎蛋，出去蛋壳，充分搅拌；蛋白蛋黄分别分析时，按烹调方法将其分开，分别搅匀 | 玻璃广口瓶塑料瓶 | 4℃以下的冰箱冷藏室 |
| 甲壳类 | 室温解冻，去壳和解冻水，四分法分成两份，一份复查或确证（>100g），另一份用捣碎机捣碎混匀供分析用（>50g） | 食品塑料袋 | -18℃以下的冰柜或冰箱冷冻室 |
| 鱼类 | 室温解冻，取鱼样的可食部分用捣碎机捣碎混匀供分析用（>50g） | 食品塑料袋 | -18℃以下的冰柜或冰箱冷冻室 |

续表

| 样品类别 | 制　样 | 盛装容器 | 保存条件 |
|---|---|---|---|
| 蜂王浆 | 室温解冻至融化，用玻璃杯充分搅匀 | 塑料瓶 | −18℃以下的冰柜或冰箱冷冻室 |
| 禽肉类 | 室温解冻，在每一块样上取出可食部分，四分法分成两份，一份复查或确证（>100g），另一份切细后用捣碎机捣碎混匀供分析用（>50g） | 食品塑料袋 | −18℃以下的冰柜或冰箱冷冻室 |
| 蜂蜜、油脂乳类 | 未结晶、结块样品直接在容器内搅拌均匀，称取分析样品后；对有结晶析出或已结块的样品，盖紧瓶盖后，置于不超过60℃的水浴中温热，样品全部融化后搅匀，迅速盖紧瓶盖冷却至室温。 | 玻璃广口瓶原盛装瓶 | 蜂蜜常温油脂、乳类4℃以下的冰箱冷藏室 |
| 酱油、醋、酒、饮料类 | 充分摇匀，称取分析样品 | 玻璃瓶、原盛装瓶，酱油、醋不宜用塑料或金属容器 | 常温 |
| 罐头食品类 | 取固体物或可食部分，酱类取全部，用捣碎机捣碎混匀供分析用 | 玻璃广口瓶原盛装罐头 | 4℃以下的冰箱冷藏室 |
| 保健品类 | 用四分法缩分至300g，再用四分法分成两份，一份复查或确证（>100g），另一份用捣碎机捣碎混匀供分析用（>50g） | 食品塑料袋玻璃广口瓶 | 常温、通风良好 |

## 8.2.2　化妆品样品的采集与保存

### 1. 采样的一般要求

中华人民中华人民共和国国家标准《化工产品采样总则》（GB/T 6678—2003）对化工产品的采样有关事宜做了原则上的规定。根据这些规定，进行化工产品采样的一般要求如下：

（1）制定采样方案

在进行化工产品采样前，必须制定采样方案。该方案至少包括的内容如下：确定总体物料的范围，即批量大小；确定采样单元，即瓶、桶、箱、罐或是特定的时间间隔（对流动物料）；确定样品数、样品量和采样部位；规定采样操作方法和采样工具；规定样品的制备方法；规定采样安全措施。

（2）对样品容器和样品保存要求

① 对盛样容器的要求。具有符合要求的盖、塞或阀门，在使用前必须洗净、干燥。材质必须不与样品物质起化学反应，不能有渗透性。对光敏性物料，盛样容器应是不透光的。

② 对样品标签的要求。样品盛入容器后，随即在容器壁上贴上标签。标签内容包括：样品名称及样品编号、总体物批号及数量、生产单位、采样部位、样品量、采样日期、采样者等。

③ 对样品保存的要求。产品采样标准或采样操作规程中，都应规定样品的保存量（作为备查样）、保存环境、保存时间等。对剧毒和危险样品的保存撤销，除遵守一般规定外，还必须遵守毒物和危险物的有关规定。

（3）对采样记录的要求

采样时，应记录被采物料的状况和采样操作，如物料的名称、来源、编号、数量、包装情况、保存环境、采样部位、所采的样品数和样品量、采样日期、采样人姓名等。采样记录最好设计成适当的表格，以便记录规整、方便。

（4）采样应注意的事项

① 化工产品种类繁多，采样条件千变万化。采样时应根据采样的基本原则和一般规定，按照实际情况选择最佳采样方案和采样技术。

② 采样是一种和检验准确度有关的，技术性很强的工作。采样工作应由受过专门训练的人承担。

③ 采样前应对选用的采样方法和装置进行可行性实验，掌握采样操作技术。

④ 采样过程中应防止被采物料受到环境污染和变质。

⑤ 采样人员必须熟悉被采产品的特性和安全操作的有关知识和处理方法。

⑥ 采样时必须采取措施，严防爆炸、中毒、燃烧、腐蚀等事故的发生。

**2. 采样方法**

在采样分析之前，应首先检查样品封口、包装容器的完整性，并使样品彻底混合。打开包装后，应尽可能快地取出所要测定部分进行分析，如果样品必须保存，容器应该在充惰性气体下密闭保存。取样的方法应根据产品的性质、包装物的形状而采取不同的方法。参照《进出口化妆品实验室化学分析制样规范》（SN/T 2192—2008）。

（1）液体样品的取样

液体样品是指使用瓶子、安瓿或管状容器包装的溶于油类、乙醇和水里的产品，如香水、化妆水、乳液等。

液体产品的取样要求是：取样前剧烈振摇容器，使内容物混匀，打开容器，取出足够重的待分析样品，然后仔细地将取完样的容器严密封闭，留作下一检测项目用。

（2）半固态产品的取样

半固态产品是指使用管状、塑料瓶和罐状容器包装的、呈均匀乳化状态的产品，如膏、霜类和啫喱状产品。取样要求如下：

① 细颈容器包装类：将最先挤出的不少于 1cm 长的样品丢弃，然后挤出足够量的待分析样品，仔细地将取完样的容器严密封闭，待分析下一检测项目用。

② 广口容器包装类：先刮弃表面层后，取出足够量的待分析样品，然后仔细地将取完样的容器严密封闭，待分析下一检测项目用。

（3）固体产品的取样

固体产品是指呈固态的化妆品，如散粉、粉饼、棒状产品。取样要求如下：

① 散粉类：取样前剧烈振摇容器，使内容物混匀，打开容器，移取足够量的待分析样品，然后仔细地将取完样的容器严密封闭，待分析下一检测项目用。

② 块状、蜡状类：先刮弃表面层后，取出足够量的待分析样品，然后仔细地将取样的容器严密封闭，待分析下一检测项目用。

（4）气雾剂产品的取样

气雾剂产品的形式是由金属、玻璃或塑料制成的一次性容器，用于盛装压缩气体及在压力下制成的带有或者不带液体、膏状、粉末状的液化或溶解的气体，并且容器带有释放装置允许内装物以固体或液体粒子的形式连同气体喷射出来。

气雾剂样品的采样装置如图 8-1、图 8-2 所示。采样方法是：充分摇匀测试样品后，使用连接装置将气雾剂罐中的部分转移到装有气雾剂阀、不带汲取管的塑套玻璃转移瓶中。转移过程中，应保持阀门向下。分以下四种情况：

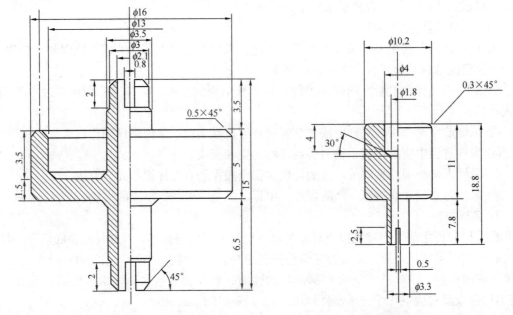

图 8-1　连接装置 $P_1$、在阴阳阀之间转移液体的连接装置 M

① 匀质的气雾剂产品：可直接用于分析。

② 由两种液体组成的气雾剂：下层相分离转移至另一转移瓶后，每相均可直接分析。

转移时，第一个转移瓶阀门向下，这时下层相为不含推进剂的水合物质（如丁烷/水的配方）。

③ 悬浮粉末的气雾剂：移去粉末后，液相可直接分析。

④ 沫状或膏状产品：为防止在脱气操作中生成泡沫，需准确移取 5~10g 2-甲氧基乙醇到转移瓶中，在不损失液体的情况下去除推进气体。

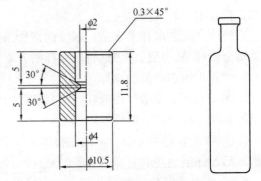

图 8-2　在两个阴性阀之间转移液体的连接装置 $M_2$、转移瓶

# 8.3　食品和化妆品中典型污染物的分析

## 8.3.1　动物源性食品中残留抗生素的分析

测定方法参照中华人民共和国国家标准《动物源性食品中青霉素族抗生素残留量检测方法液相色谱-质谱/质谱法》（GB/T 21315—2007）。

**1. 方法原理**

样品中青霉素族抗生素残留物用乙腈-水溶液提取，提取液经浓缩后，用缓冲溶液溶解，固相萃取小柱净化，洗脱液经氮气吹干后，用液相色谱-质谱/质谱测定、外标法定量。

**2. 适用范围**

本标准规定了动物源性食品青霉素族抗生素残留量液相色谱-质谱/质谱测定和确证方法。

本标准适用于猪肌肉、猪肝脏、猪肾脏、牛奶和鸡蛋中羟氨苄青霉素、氨苄青霉素、邻氯青霉素、双氯青霉素、乙氧萘胺青霉素、苯唑青霉素、苄青霉素、苯氧甲基青霉素、苯咪青霉素、甲氧苯青霉素、苯氧乙基青霉素等 11 种青霉素族抗生素残留量的检测。检测目标物的结构式如图 8-3 所示。

**3. 试剂与仪器**

（1）试剂与材料

① 1.1mol/L 氢氧化钠：称取 4g 氢氧化钠，并用水稀释至 1000mL；

② 乙腈＋水（15＋2，$V/V$）；

③ 乙腈＋水（30＋70，$V/V$）；

④ 0.05mol/L 磷酸盐缓冲溶液（pH＝8.5）：称取 8.7g 磷酸氢二钾，超纯水溶解，稀释至 1000mL，用磷酸二氢钾调节 pH 至 8.5±0.1；

⑤ 0.025mol/L 磷酸盐缓冲溶液（pH＝7.0）：称取 3.4g 磷酸二氢钾，超纯水溶解，稀释至 1000mL，用氢氧化钠调节 pH 至 8.7±0.1；

⑥ 0.01mol/L 乙酸铵溶液（pH＝4.5）：称取 0.77g 乙酸铵，超纯水溶解，稀释至 1000mL，用甲酸调节 pH 至 4.5±0.1；

⑦ 青霉素族抗生素标准品：羟氨苄青霉素、氨苄青霉素、邻氯青霉素、双氯青霉素、乙氧萘胺青霉素、苯唑青霉素、苄青霉素、苯氧甲基青霉素、苯咪青霉素、甲氧苯青霉素、苯氧乙基青霉素，纯度均大于等于 95%；

⑧ 青霉素族抗生素标准储备溶液：分别称取适量标准品，分别用乙腈水溶液（30＋70，$V/V$）溶解并定容至 100mL，各种青霉素族抗生素浓度为 $100\mu g/mL$，置于－18℃冰箱避光保存，保质期 5 天；

⑨ 青霉素族抗生素混合标准中间溶液：分别吸取适量的储备液于 100mL 容量瓶中，用磷酸盐缓冲液（0.025mol/L，pH＝7.0）定容至刻度，配成混合标准中间溶液。各种青霉素族抗生素浓度为：羟氨苄青霉素 500ng/kg，氨苄青霉素 200ng/kg，苯咪青霉素 100ng/kg，甲氧苯青霉素 10ng/kg，苄青霉素 100ng/kg，苯氧甲基青霉素 50ng/kg，苯唑青霉素 200ng/kg，苯氧乙基青霉素 1000ng/kg，邻氯青霉素 100ng/kg，乙氧萘青霉素 200ng/kg，双氯青霉素 1000ng/mL。置于－4℃冰箱避光保存，保质期 5 天；

⑩ 混合标准工作溶液：准确移取标准中间溶液适量，用空白样品基质配制成不同浓度系列的混合标准工作溶液（用时现配）；

⑪ OasisHLB 固相萃取小柱（或相当者）：500mg，6mL。使用前用甲醇和水预处理，即先用 2mL 甲醇淋洗小柱，然后用 1mL 水淋洗小柱。

（2）仪器与耗材

液相色谱-质谱/质谱仪：配有电喷雾离子源；

旋转蒸发器；固相萃取装置；离心机；均质器；涡旋混合器；pH 计；氮吹仪。

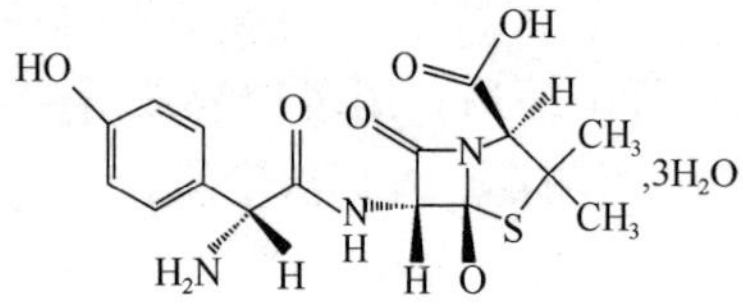

羟氨苄青霉素

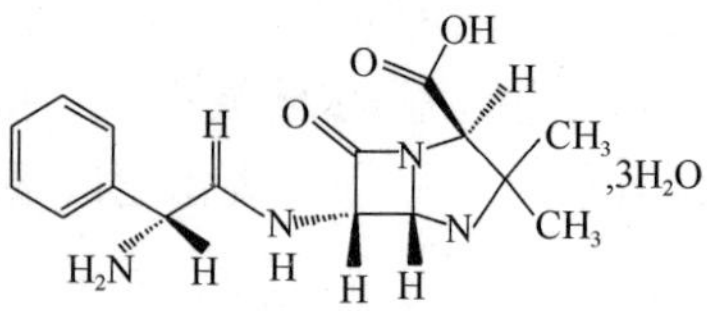

氨苄青霉素

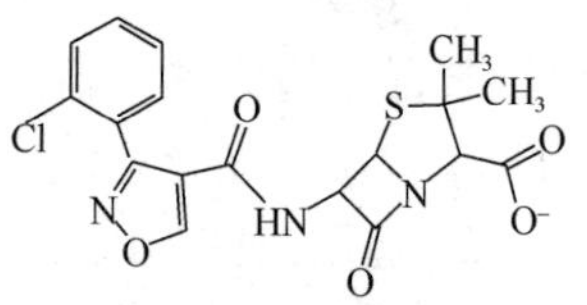

邻氯青霉素

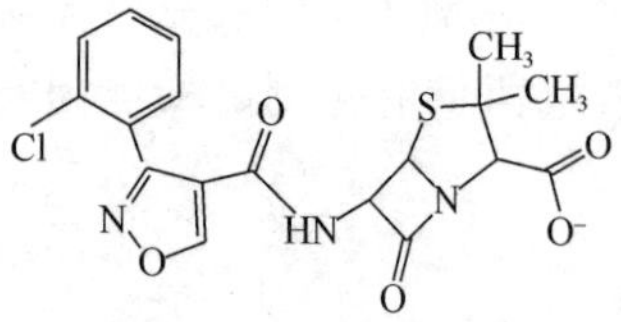

邻氯青霉素

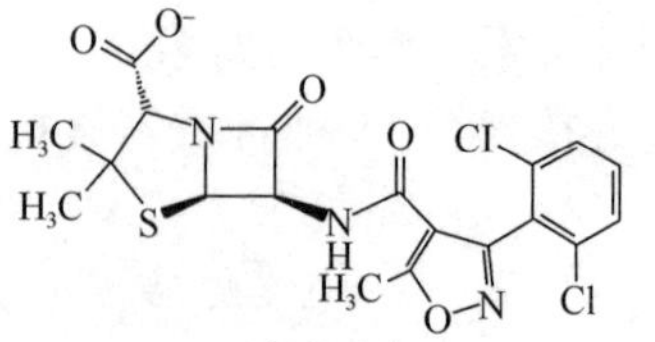

双氯青霉素

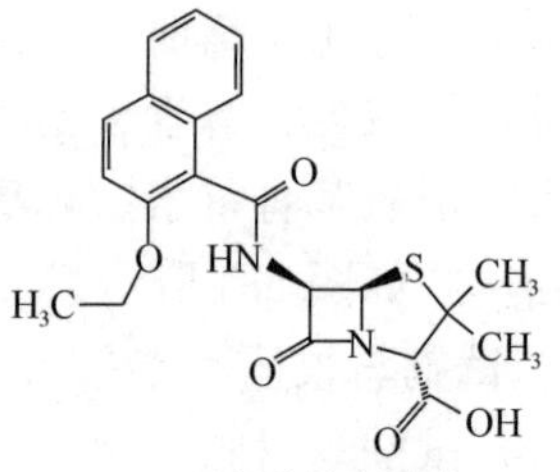

乙氧萘胺青霉素

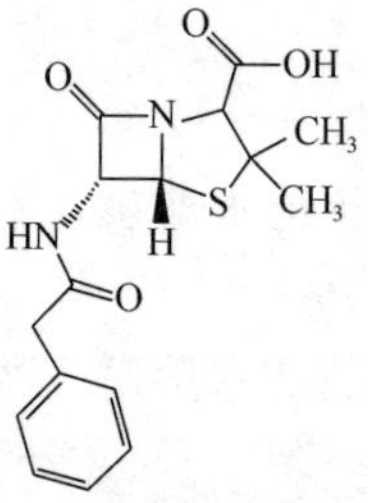

苄青霉素

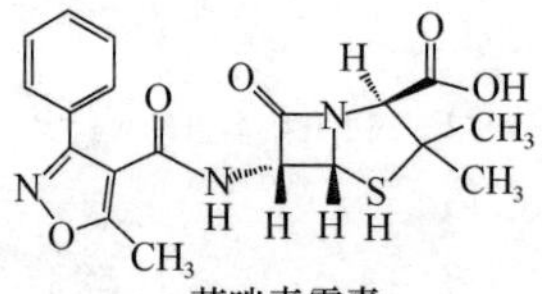

苯唑青霉素

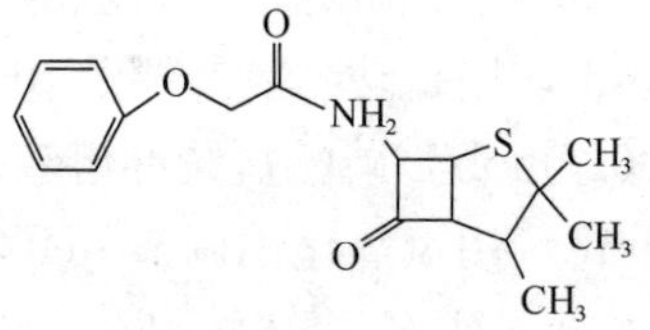

苯氧甲基青霉素

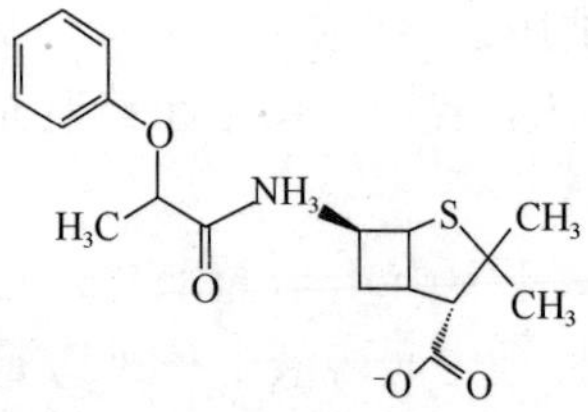

苯氧乙基青霉素

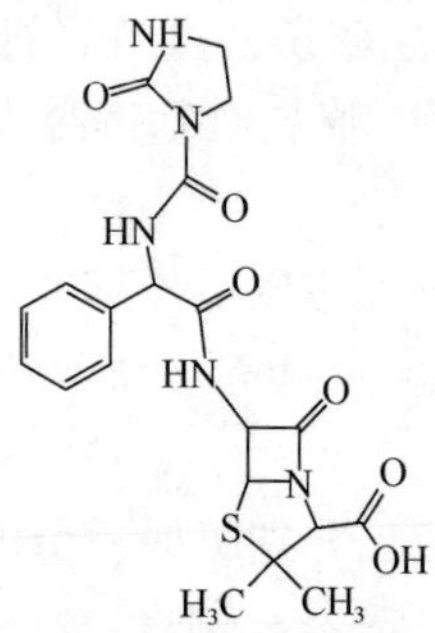

苯咪青霉素

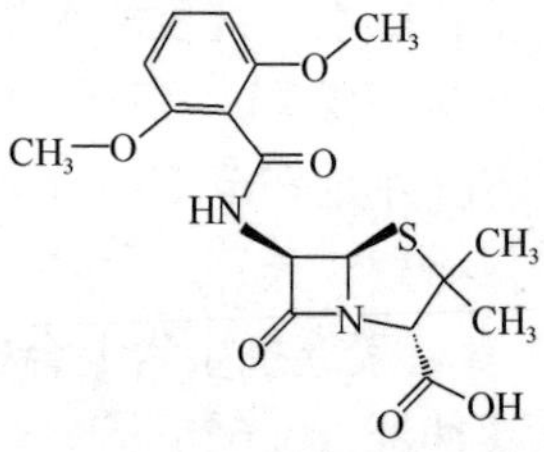

甲氧苯青霉素

图 8-3 青霉素类抗生素的结构式

**4. 样品分析**

（1）样品的处理

① 肝脏、肾脏、肌肉组织、鸡蛋样品

称取约 5g 试样（精确到 0.01g）于 50mL 离心管中，加入 15mL 乙腈水溶液（15＋2，*V/V*），均质 30s，4000r/min 离心 5min，上清液转移至 50mL 离心管中，另取一离心管，加入 10mL 乙腈水溶液（15＋2，*V/V*），洗涤均质器刀头，用玻棒捣碎离心管中的沉淀，加入上述洗涤均质器刀头溶液，在涡旋混合器上振荡 1min，4000r/min 离心 5min，上清液合并至 50mL 离心管中，重复用 10mL 乙腈水溶液（15＋2，*V/V*）洗涤刀头并提取一次，上清液合并至 50mL 离心管中，用乙腈水溶液（15＋2，$V/V$）定容至 40mL。准确移取 20mL 入 100mL 鸡心瓶。

② 牛奶样品

称取 10g 样品（精确到 0.01g）于 50mL 离心管中，加入 20mL 乙腈水溶液（15＋2，$V/V$），均质提取 30s，4000r/min 离心 5min，上清液转移至 50mL 离心管中；另取一离心管，加入 10mL 乙腈水溶液（15＋2，$V/V$），洗涤均质器刀头，用玻棒捣碎离心管中的沉淀，加入上述洗涤均质器刀头溶液，在涡旋混合器上振荡 1min，4000r/min 离心 5min，上清液合并至 50mL 离心管中，重复用 10mL 乙腈水溶液（15＋2，$V/V$）洗涤刀并头提取一次，上清液合并至 50mL 离心管中，用乙腈水溶液（15＋2，$V/V$）定容至 50mL。准确移取 25mL 入 100mL 鸡心瓶。

将鸡心瓶于旋转蒸发器上（37℃水浴）蒸发除去乙腈（易起沫样品可加入 4mL 饱和氯化钠溶液）。

（2）净化

立即向已除去乙腈的鸡心瓶中加入 25mL 磷酸盐缓冲溶液（0.05mol/L，pH＝8.5），涡旋混匀 1min，用 0.1mol/L 氢氧化钠调节 pH 为 8.5，以 1mL/min 的速度通过经过预处理的固相萃取柱，先用 2mL 磷酸盐缓冲溶液（0.05mol/L，pH＝8.5）淋洗 2 次，再用 1mL 超纯水淋洗，然后用 3mL 乙腈洗脱（速度控制在 1mL/min）。将洗脱液于 45℃氮气吹干，用 0.025mol/L 磷酸盐缓冲溶液定容至 1mL，过 0.45$\mu$m 滤膜后，立即用液相色谱－质谱/质谱仪测定。

（3）样品测定

① 液相色谱条件

色谱柱：$C_{18}$ 柱，250mm×4.6mm，粒度 5$\mu$m（或相当者）。

流动相：A 组分是 0.01mol/L，乙酸铵溶液（甲酸调 pH 至 4.5）；B 组分是乙腈。梯度洗脱程序见表 8-4。

表 8-4　梯度洗脱程序

| 步　骤 | 时间/min | 流速/(mL/min) | 组分 A/％ | 组分 B/％ |
|---|---|---|---|---|
| 1 | 0.00 | 1.0 | 98.0 | 2.0 |
| 2 | 3.00 | 1.0 | 98.0 | 2.0 |
| 3 | 5.00 | 1.0 | 90.0 | 10.0 |
| 4 | 15.00 | 1.0 | 70.0 | 30.0 |
| 5 | 20.00 | 1.0 | 60.0 | 40.0 |
| 6 | 20.10 | 1.0 | 98.0 | 2.0 |
| 7 | 30.00 | 1.0 | 98.0 | 2.0 |

流速：1.0mL/min。

进样量：100$\mu$L。

② 质谱条件

离子源：电喷雾离子源；扫描方式：正离子扫描；检测方式：多反应监测；雾化气、气帘气、铺助气、碰撞气均为高纯氮气；使用前应调节各参数使质谱灵敏度达到检测要求，质谱/质谱测定参考质谱条件如下：

电喷雾电压(IS)：5500V；雾化气压力(GSI)：0.483MPa(70psi)；气帘气压力(CUR)：0.207MPa(30psi)；辅助气压力(GS2)：0.621MPa(90psi)；离子源温度(TEM)：700℃；11种青霉素族抗生素的定性离子对、去簇电压(DP)、碰撞能量(CE)及碰撞室出口电压(CXP)见表8-5。

**表 8-5　青霉素族抗生素的定性离子对、定量离子对、去簇电压、碰撞气能量和碰撞室出口电压**

| 组分名称 | 定性离子对<br>/(m/z) | 定量离子对<br>/(m/z) | 去簇电压<br>(DP)/V | 碰气器能量<br>(CE)/V | 碰撞室出口电压<br>(CXP)/V |
|---|---|---|---|---|---|
| 羟氨苄青霉素 | 366/349 | 366/349 | 48 | 14 | 10 |
| | 366/208 | | 50 | 17 | 10 |
| 氨苄青霉素 | 150/106 | 330/106 | 60 | 23 | 10 |
| | 350/192 | | 50 | 50 | 10 |
| 苯咪青霉素 | 462/218 | 462/218 | 65 | 20 | 10 |
| | 462/246 | | 60 | 20 | 10 |
| 甲氧苯青霉素 | 381/165 | 381/165 | 55 | 23 | 10 |
| | 381/222 | | 60 | 30 | 10 |
| 苄青霉素 | 335/160 | 335/160 | 60 | 25 | 10 |
| | 335/175 | | 60 | 25 | 10 |
| 苯氧甲基青霉素 | 351/160 | 351/160 | 55 | 16 | 10 |
| | 351/192 | | 60 | 25 | 10 |
| 苯唑青霉素 | 402/160 | 402/160 | 70 | 20 | 10 |
| | 402/243 | | 60 | 25 | 10 |
| 苯氧乙基青霉素 | 387/182 | 387/228 | 100 | 22 | 10 |
| | 387/228 | | 65 | 16 | 10 |
| 邻氯青霉素 | 436/277 | 436/277 | 60 | 17 | 10 |
| | 436/160 | | 60 | 25 | 10 |
| 乙氧萘青霉素 | 415/199 | 415/199 | 50 | 50 | 10 |
| | 415/256 | | 70 | 20 | 10 |
| 双氯青霉素 | 492/182 | 470/160 | 60 | 25 | 10 |
| | 492/333 | | 60 | 25 | 10 |

③ 液相色谱-质谱/质谱测定

根据试样中被测物的含量情况，选取响应值相近的标准工作液一起进行色谱分析。标准工作液和待测液中青霉素族抗生素的响应值均应在仪器线性响应范围内。对标准工作液和样液等体积进行测定。在上述色谱条件下，11 种青霉素的参考保留时间分别约为：羟氨苄青霉素 8.5min，氨苄青霉素 12.2min，苯咪青霉素 16.5min，甲氧苯 16.8min，苄青霉素 18.1min，苯氧甲基青霉素 19.4min，苯唑青霉素 20.3min，苯氧乙基青霉素 20.5min，邻氯青霉素 21.5min，乙氧萘青霉素 22.3min，双氯青霉素 23.5min。

④ 定性测定

按照上述条件测定样品建立标准工作曲线，如果样品中化合物质量色谱峰的保留时间与标准溶液相比在±2.5%的允许偏差之内；待测化合物的定性离子对的重构离子色谱峰的信噪比大于或等于 3（S/N＞3），定量离子对的重构离子色谱峰的信噪比大于或等于 10（S/N＞10）；定性离子对的相对丰度与浓度相当的标准溶液相比，相对丰度偏差不超过见表 8-6 的规定，则可判断样品中存在相应的目标化合物。

表 8-6　定性确证时相对离子丰度的最大允许偏差

| 相对离子丰度 | ＞50％ | ＞20％～50％ | ＞10％～20％ | ≤10％ |
|---|---|---|---|---|
| 允许的相对偏差 | ±20％ | ±25％ | ±30％ | ±50％ |

⑤ 定量测定

按外标法使用标准工作曲线进行定量测定。

**5. 结果计算**

按公式（8-1）计算试样中青霉素族抗生素残留量，计算结果需扣除空白值。

$$X = \frac{c \times V \times 1000}{m \times 1000} \tag{8-1}$$

式中，$X$ 为试样中青霉素族残留量，$\mu g/kg$；$c$ 为从标准曲线上得到的青霉素族残留溶液浓度，$ng/mL$；$V$ 为样液最终定容体积，$mL$；$m$ 为最终样液代表的试样质量，$g$。

**6. 说明**

（1）空白试验：除不加试样外，均按上述操作步骤进行。

（2）测定低限（LOQ）：11 种青霉素族抗生素的测定低限分别为：羟氨苄青霉素 $5\mu g/kg$；氨苄青霉素 $2\mu g/kg$；苯咪青霉素 $1\mu g/kg$；甲氧苯青霉素 $0.1\mu g/kg$；苄青霉素 $1\mu g/kg$；苯氧甲基青霉素 $0.5\mu g/kg$；苯唑青霉素 $2\mu g/kg$；苯氧乙基青霉素 $10\mu g/kg$；邻氯青霉素 $1\mu g/kg$；乙氧萘青霉素 $2\mu g/kg$；双氯青霉素 $10\mu g/kg$。

## 8.3.2　水果蔬菜中残留农药的分析

**1. 方法原理**

样品经乙腈提取、CARB/$NH_2$ 柱净化，气相色谱 FPD 检测器测定，保留时间定性，外标法定量。

**2. 适用范围**

本程序适用于大白菜、卷心菜、生菜、空心菜、油菜、扁豆、豇豆、黄瓜、萝卜、胡萝卜等蔬菜和苹果、梨、西瓜、桃、草莓、葡萄等水果中有机磷类农药残留量的固相萃取-气相色谱法测定。有机磷类农药包括甲胺磷、乙酰甲胺磷、灭线磷、甲拌磷、氧化乐果、乙拌磷、氯唑磷、甲基毒死蜱、乐果、皮蝇硫磷、甲基立枯磷、甲基嘧啶磷、毒死蜱、甲基对硫磷、嘧啶磷、马拉硫磷、杀螟硫磷、对硫磷、杀扑磷、丙溴磷、乙硫磷、三唑磷、哒嗪硫磷、亚胺硫磷、伏杀硫磷。典型有机磷农药的结构式如图 8-4 所示。

**3. 试剂与仪器**

（1）试剂与材料

① 标准品（固体标准品为优级纯）：甲胺磷、乙酰甲胺磷、灭线磷、甲拌磷、氧化乐果、乙拌磷、氯唑磷、甲基毒死蜱、乐果、皮蝇硫磷、甲基立枯磷、甲基嘧啶磷、毒死蜱、甲基对硫磷、嘧啶磷、马拉硫磷、杀螟硫磷、对硫磷、杀扑磷、丙溴磷、乙硫磷、三唑磷、哒嗪硫磷、亚胺硫磷、伏杀硫磷；

② 二氯甲烷：色谱级或农残级；

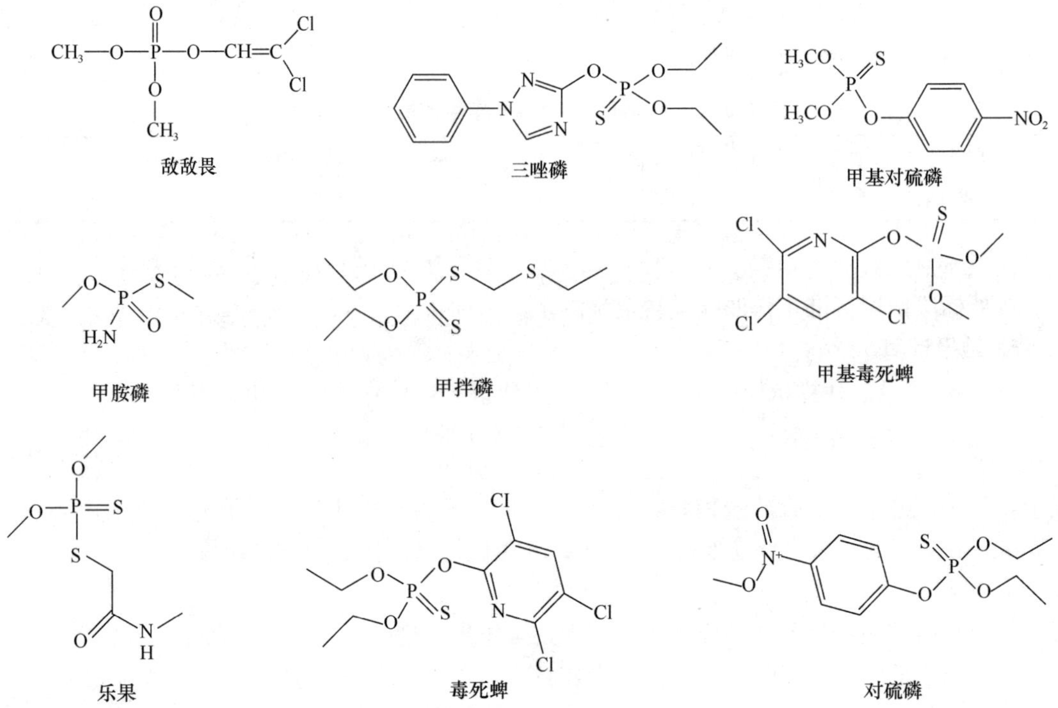

图 8-4 典型有机磷农药的结构式

③ 无水硫酸钠：分析纯，使用前 500℃烘烤 4h；

④ 标准溶液：

贮备液：以上 25 种有机磷农药在使用前分别准确称量，并用丙酮配制成含量为 $1000\mu g/mL$ 的标准贮备液，分装、密封并置于冰箱冷冻保藏。根据农药种类及性质，其保存期分为临用现配及可保存一至数周。对甲胺磷、氧化乐果、乙酰甲胺磷、亚胺硫磷等易变农药建议临用现配。

混合标准溶液：用丙酮将上述标准贮备液在逐级准确稀释成各种农药浓度为 $10.0\mu g/mL$ 的混合标准使用液。

标准系列：用混合标准使用液稀释成 $0.20\mu g/mL$、$0.50\mu g/mL$、$1.00\mu g/mL$、$5.00\mu g/mL$、$10.0\mu g/mL$ 的混合标准系列，可根据仪器对目标化合物响应值的高低调整标准系列浓度。

（2）仪器与耗材

气相色谱仪，附 FPD 检测器。色谱柱：HP-5（30m×0.25mm×0.25μm）和 DB-1701（30m×0.32mm×0.25μm），或相当者；

调速振荡器；氮吹仪；高速冷冻离心机（不低于 10000r/min）；CARB/NH₂ 固相萃取柱，500mg/6mL，或者性能相当的。

**4. 操作步骤**

（1）样品的处理

① 提取

称取均浆后的样品 20g（准确至 0.01g）于 50mL 具塞离心管中，加入乙腈 30.00mL，拧紧盖子，置于振荡器上振荡 30min（振荡频率为 80～100 次/min）后，加入氯化钠 5g，再振荡 15min，取出后在冷冻高速离心机上以 10000r/min，4℃离心 10min，使乙腈与水相分开。取出恢复至室温后，准确吸取乙腈相 15.00mL 于 50mL 离心管中，加入无水硫酸钠 5g（含水量大的样品需酌情增加），振荡 1min 脱水，将溶液转移入容积不低于 25mL 的浓缩瓶中，并用乙腈洗涤数次。洗液并转入浓缩瓶中，用氮气吹至近干，加 1mL 丙酮溶解。

② 净化

取固相萃取小柱，置合适架子上固定好，用丙酮 3mL 及二氯甲烷 3mL 先后淋洗萃取小柱。当二氯甲烷液面即将到达小柱吸附层表面时，立即将样品液沿小玻棒完全转入萃取柱中，另取一个带刻度的小浓缩瓶接收样液，待液面即将到达小柱吸附层表面时，再分别以丙酮 6mL 及二氯甲烷 6mL 先后淋洗小柱，用氮气吹至近干，加丙酮定容至 2mL。

（2）样品分析

① 仪器参考条件

柱温：HP-5 柱：初始温度 120℃，以 4℃/min 升温至 200℃后，保持 8min；再以 10℃/min 升温至 280℃，保持 5min；DB-1701 柱：初始温度 120℃，以 5℃/min 升温至 200℃，保持 4min，再以 15℃/min 升温至 250℃，保持 14min；

进样模式：进样量为 1μL；

分流进样，分流比一般设为 50:1；

进样口温度：240℃；

检测器温度：FPD 温度为 300℃；

柱流量：HP-5 柱为 1.8mL/min；DB-1701 柱为 2.0mL/min。

② 组分定性

本试验采用双柱－保留时间定性法。首先采用 HP-5 柱对样品中的目标化合物进行初步定性，可疑阳性样品须采用 DB-1701 柱进一步确证，目标化合物与标准品的保留时间在双柱上均一致时方可定性。

本程序的条件下 DB-1701 柱不能有效分离杀扑磷及丙溴磷，而甲基对硫磷与甲基毒死蜱、杀螟硫磷与甲基嘧啶磷在 HP-5 色谱柱不能有效分离，遇到此种情况应严格使用双柱法对其进行定性。

③ 样品中组分定量测定

在定性确认的基础上，针对样品中所含有的农药成分，配制相应的混合标准系列，测定标准系列，制作标准曲线；测定已定性的样品液，以样品中组分峰面积为响应值，标准曲线外标法定量。

**5. 结果计算**

样品中农药含量按式（8-2）进行计算。

$$X = \frac{c_1 \times f \times V \times 1000}{m \times 1000} \tag{8-2}$$

式中，$X$ 为所测样品中农药含量，mg/kg；$c_1$ 为样品测定液中农药浓度，μg/mL；$f$ 为稀释因子（在本方法中为 2）；$V$ 为定容体积，mL；$m$ 为取样质量，g。

结果保留 3 位有效数字。

测定结果的表述：报告平行样的测定值的算术平均值。

**6. 说明**

（1）精密度

每个样品都应进行平行双样测定，在农药含量为 0.50mg/kg 及以上时，其平行测定的相对偏差应小于 20%。

（2）干扰及消除

对韭菜、葱、蒜、洋葱等蔬菜进行有机磷类农药残留量检测时应慎重采用本程序，因以上类别蔬菜中含有较多干扰成分。如用此方法检测葱空白样品，仪器将把葱中大量的本底干扰物定性为有机磷类农药，因而得到不准确的结果。

（3）注意事项

① 由于多数有机磷农药不稳定，因此建议当日样品必须当日处理，至少需完成提取至"样品的处理，提取"中"……使乙腈与水相分开"。

② 由于有机磷农药不稳定，且多数吸附在样品表面，因此样品不得用水冲洗。

③ 固相萃取：在净化过程中，CARB/NH₂固相萃取柱吸附层上层表面严禁露出液面，否则将导致农药测定结果显著降低。正确的方法是当前一种液面距吸附层上表面约 1mm 时，就立即往萃取柱中加入下一种液体。

④ 浓缩：浓缩步骤中，样品液严禁完全吹干或挥干，否则回收率将大大降低。

⑤ 如果出现某些目标化合物在上述参考仪器条件下分离度达不到要求的情况，可更换色谱柱或适当改变系统温度。

⑥ 回收率要求：在取样量为 20g，定容量为 2mL 的条件下，加标量采用 0.50mg/kg，回收率以在 50%～120% 为宜。

## 8.3.3 奶粉中雌激素的分析

测定方法参照食品安全国家标准《奶及奶制品中 17β-雌二醇、雌三醇、炔雌醇多残留的测定 气相色谱-质谱》（GB 29698—2013）。

**1. 方法原理**

试料中残留的雌激素，用乙酸乙酯和乙腈混合溶剂提取，固相萃取柱净化，硅烷化试剂衍生，离子模式气相色谱-质谱测定，外标法定量。

**2. 适用范围**

本标准规定了奶及奶制品中雌激素类药物残留量检测的制样和气相色谱-质谱测定方法。本标准适用于鲜奶和奶粉样品中 17β-雌二醇、雌三醇、炔雌醇单个或多个药物残留量的检测。它们的结构式如图 8-5 所示。

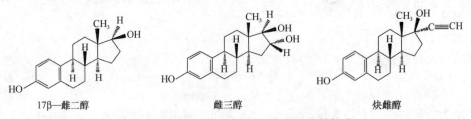

17β—雌二醇          雌三醇          炔雌醇

图 8-5　17β-雌二醇、雌三醇、炔雌醇的结构式

**3. 试剂与仪器**

（1）试剂与材料

以下所用试剂，除特殊注明外均为分析纯试剂，水为符合 GB/T 6682—2008 规定的一级水。

17β-雌二醇、雌三醇、炔雌醇：含量≥98.0%；二硫赤藓糖醇；N-甲基三甲基硅基三氟乙酰氨；三甲基硅烷；

C$_{18}$固相萃取柱：LC-C18，500mg/3mL，或相当者；

硅胶固相萃取柱：LC-Si，500mg/3mL，或相当者；

95％与70％的正己烷乙酸乙酯溶液；

衍生化试剂：取二硫赤藓糖醇 0.01g，用 N-甲基三甲基硅基三氟乙酰氨（MSTFA）5mL 溶解，于液面下加三甲基硅烷 10μL，混匀，2～8℃放置过夜，避光防潮密封保存。衍生化试剂应无色，如果发生棕红色等颜色变化，表明试剂失效；

17β-雌二醇、雌三醇、炔雌醇标准贮备液（1mg/mL）：精确称取 17β-雌二醇、雌三醇、炔雌醇标准品各 10mg，分别于 10mL 量瓶中，用甲醇溶解并稀释至刻度，配成浓度为 1mg/mL 的标准贮备液。−20℃以下保存，有效期 6 个月；

17β-雌二醇、雌三醇、炔雌醇混合标准工作液（10mg/L）：精密量取 1mg/mL17β-雌二醇、雌三醇和炔雌醇标准贮备液各 1.0mL，于 100mL 量瓶中，用甲醇稀释至刻度，配制成浓度为 10mg/L 的混合标准工作液，2～8℃保存，有效期 1 个月。

（2）仪器和设备

气相色谱-质谱联用仪：EI 源；

分析天平：感量 0.00001g；固相萃取装置；均质器；旋涡混合器；离心机；旋转浓缩仪；滤膜：0.22μm。

**4. 测定步骤**

（1）标准工作曲线制备

精密量取 10mg/L 混合标工作液适量，用甲醇稀释，配制成浓度为 10μg/L、50μg/L、100μg/L、200μg/L、500μg/L 和 1000μg/L 系列标准工作液，于 40℃水浴氮气吹干，按衍生化步骤处理，供气相色谱法-质谱测定。以测得峰面积为纵坐标，对应的标准溶液浓度为横坐标，绘制标准曲线。求回归方程和相关系数。

（2）提取

① 液态试料

称取试料(10±0.05)g，于 50mL 离心管中，加乙腈 5mL、乙酸乙酯 15mL，旋涡振荡 3min，8000r/min 离心 5min，收集上清液于另一 50mL 离心管中，残渣重复提取一次，合并两次上清液，于 40℃水浴旋转蒸发至近干，用 1mol/L 氢氧化钠溶液 6mL 分三次溶解，转至另一 50mL 离心管中，加正己烷 20mL 旋涡振荡 1min，8000r/min 离心 3min，收集下层提取液，用 5mol/L 盐酸溶液调 pH 至 5.0～5.2，备用。

② 固态试料

称取试料（10±0.05）g，于 50mL 离心管中，加乙酸乙酯 15mL，旋涡振荡 3min，8000r/min 离心 5min，收集上清液于另一 50mL 离心管中，残渣重复提取一次，合并两次上清液，40℃水浴旋转蒸发至近干，用 1mol/L 氢氧化钠溶液 6mL 分三次溶解，转至另一 50mL 离心管中，加正己烷 20mL 旋涡振荡 1min，8000r/min 离心 3min，收集下层提取液，用 5mol/L 盐酸溶液调 pH 至 5.0～5.2，备用。

（3）净化

C$_{18}$柱依次用甲醇 5mL 和水 5mL 活化，取备用液过柱，用水 5mL 淋洗，抽干，用甲醇 5mL 洗脱，收集洗脱液，于 40℃水浴氮气吹干。用 95％正己烷乙酸乙酯溶液 5mL 溶解残余物，经过正己烷 5mL 活化后的硅胶柱，加正己烷 5mL 淋洗，抽干，再用 70％正己烷乙酸乙酯溶液 5mL 洗脱，收集洗脱液，于 40℃水浴氮气吹干。

（4）衍生化

残余物加甲苯和衍生化试剂各 1000μL 溶解，混匀，封口，在 80℃烘箱中衍生 60min，冷却，供气相色谱-质谱测定。

（5）测定

① 色谱条件

色谱柱：HP-5MS 石英毛细管色谱柱（30m×0.25mm，膜厚 0.25μm），或相当者；载气：高纯氦气，恒流 1.0mL/min；进样口温度：220℃；进样体积：1μL，不分流；色谱柱起始温度 100℃，保持 1min，以 20℃/min 升温至 200℃，保持 3min，再以 20℃/min 升温至 260℃，保持 5min，再以 20℃/min 升温至 280℃，保持 5min；

② 质谱条件

离子源（EI）温度：200℃；EM 电压：高于调谐电压 200V；电子能量：70eV；GC/MS 传输线温度：280℃；四极杆温度：160℃；选择离子监测（SIM）：（$m/z$）232，285，326，416（17β-雌二醇）；311，345，414，504（雌三醇）；285，300，425，440（炔雌醇）。

③ 测定法

A. 定性测定

通过试样色谱图的保留时间与相应标准品的保留时间、各色谱峰的特征离子与相应浓度标准溶液各色谱峰的特征离子相对照定性。试样与标准品保留时间的相对偏差不大于 5%；试样特征离子的相对丰度与浓度相当混合标准溶液的相对丰度一致，相对丰度偏差不超过表 8-7 的规定，则可判断试样中存在相应的被测物。

表 8-7　定性确诊时相对离子丰度的最大允许误差　　　　　　　　　　（%）

| 相对丰度 | >50 | >20~50 | >10~20 | ≤10 |
|---|---|---|---|---|
| 允许偏差 | ±10 | ±15 | ±20 | ±50 |

B. 定量测定

取适量试样溶液和相应的标准溶液，做单点或多点校准，按外标法，以峰面积定量，标准溶液及试样液中 17β-雌二醇、雌三醇和炔雌醇的响应值均应在仪器检测的线性范围之内。在上述色谱条件下，标准溶液、空白试样和空白添加试样的色谱图及质谱图如图 8-6 所示。

**5. 结果计算和表述**

试料中 17β-雌二醇、雌三醇、炔雌醇的残留量（μg/kg）：按式（8-3）计算。

$$X = \frac{A \times C_s \times V}{A_s \times m} \tag{8-3}$$

式中，$X$ 为供试试料中相应的 17β-雌二醇、雌三醇、炔雌醇残留量，μg/kg；$C_s$ 为标准溶液中相应的 17β 为雌二醇、雌三醇和炔雌醇浓度，μg/L；$A$ 为试样中相应的 17β-雌二醇、雌三醇和炔雌醇的峰面积；$A_s$ 为标准溶液中相应的 17β-雌二醇、雌三醇和炔雌醇的峰面积；$V$ 为溶解残余物体积，mL；$m$ 为供试试料质量，g。

注：计算结果需扣除空白值，测定结果用平行测定的算术平均值表示，保留 3 位有效数字。

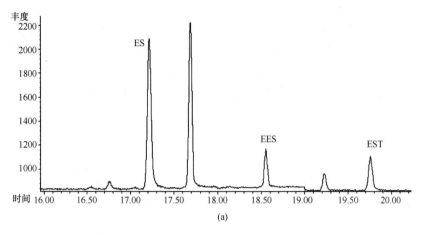

(a)

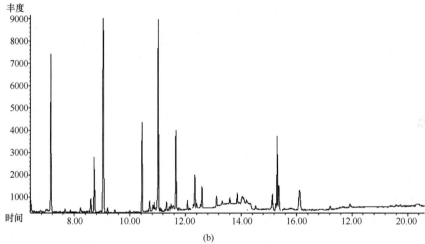

(b)

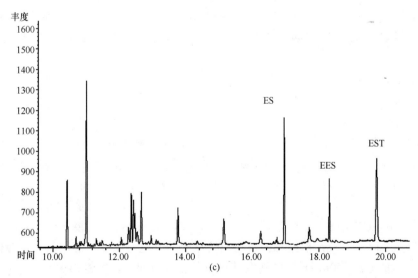

(c)

图 8-6　试样色谱图

（a）17β-雌二醇、炔雌醇、雌三醇标准溶液色谱图（100μg/L）；

（b）牛奶空白试样色谱图；（c）牛奶空白添加 17β-雌二醇、炔雌醇和雌三醇试样色谱图（1μg/kg）

（ES 为 17β-雌二醇衍生物；EES 为炔雌醇衍生物；EST 为雌三醇衍生物）

### 6. 说明

（1）检测方法灵敏度、准确度和精密度

① 灵敏度。本方法检测限为 $0.5\mu g/kg$，定量限为 $1.0\mu g/kg$。

② 准确度。本方法在 $1\sim10\mu g/kg$ 添加浓度水平上的回收率为 $60\%\sim120\%$。

③ 精密度。本方法的批内相对标准偏差 $\leqslant15\%$，批间相对标准偏差 $\leqslant20\%$。

（2）空白实验

除不加试样外，采用与"4. 测定步骤"完全相同的测定步骤进行平行操作。

## 8.3.4 茶叶中农药的分析

测定方法参照中华人民共和国国家标准《茶叶中农药多残留测定 气相色谱/质谱法》（GB/T 23376—2009）。

### 1. 方法原理

茶叶试样中有机磷、有机氯、拟除虫菊酯类农药经加速溶剂萃取仪（ASE）用乙腈＋二氯甲烷（1+1，$V/V$）提取，提取液经溶剂置换后用凝胶渗透色谱（GPC）净化、浓缩后，用气相色谱-质谱仪进行检测，选择离子和色谱保留时间定性，外标法定量。

### 2. 适用范围

本标准规定了茶叶中有机磷、有机氯、拟除虫菊酯等三类 36 种农药残留量的气相色谱/质谱测定方法。

本标准适用于茶叶中有机磷、有机氯、拟除虫菊酯等三类 36 种农药残留量的测定。目标物包括敌敌畏、甲胺磷、乙酰甲胺磷、甲拌磷、δ-六六六、γ-六六六、β-六六六、异稻瘟净、乐果、八氯二丙醚、α-六六六、毒死蜱、杀螟硫磷、三氯杀螨醇、水胺硫磷、α-硫丹、喹硫磷、$p,p'$-滴滴伊、$o,p'$-滴滴伊、噻嗪酮、$o,p'$-滴滴涕、$p,p'$-滴滴涕、β-硫丹、联苯菊酯、三唑磷、甲氰菊酯、氯氟氰菊酯、苯硫磷、三氯杀螨砜、氯菊酯、蛙螨酮、氯氰菊酯、氟氰戊菊酯、氟胺氰菊酯、氰戊菊酯、溴氰菊酯。典型有机磷农药的结构式如图 8-4 所示，典型有机氯农药的结构式如图 1-1 所示，典型拟除虫菊酯类农药的结构式如图 8-7 所示。

### 3. 试剂和仪器

（1）试剂和材料

有机相微孔滤膜：孔径 $0.45\mu m$；

36 种农药标准物质：敌敌畏、甲胺磷、乙酰甲胺磷、甲拌磷、δ-六六六、γ-六六六、β-六六六、异稻瘟净、乐果、八氯二丙醚、α-六六六、毒死蜱、杀螟硫磷、三氯杀螨醇、水胺硫磷、α-硫丹、喹硫磷、$p,p'$-滴滴伊、$o,p'$-滴滴伊、噻嗪酮、$o,p'$-滴滴涕、$p,p'$-滴滴涕、β-硫丹、联苯菊酯、三唑磷、甲氰菊酯、氯氟氰菊酯、苯硫磷、三氯杀螨砜、氯菊酯、蛙螨酮、氯氰菊酯、氟氰戊菊酯、氟胺氰菊酯、氰戊菊酯、溴氰菊酯（纯度大于98%）；

农药混合标准储备溶液：根据每种农药在仪器上的响应灵敏度，确定其在混合标准储备液中的浓度，移取适量 $100\mu g/mL$ 单种农药标准样品于 10mL，容量瓶中，用正己烷定容，配制 36 种农药混合标准储备溶液（避光 4℃保存，可使用一个月）；

基质混合标准工作溶液：移取一定体积的混合标准储备溶液，用经净化后的样品空白基质提取液作溶剂，配制成不同浓度的基质混合标准工作溶液，用于做标准工作曲线。基质混合标准工作溶液应现配现用。

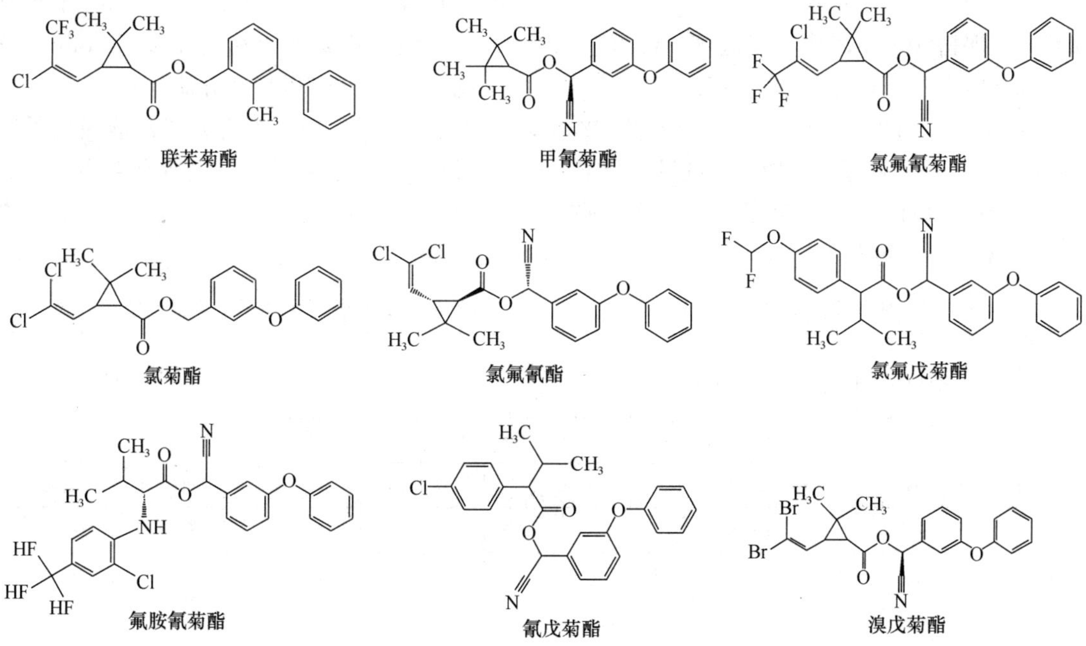

图 8-7　典型拟除虫菊酯类农药的结构式

（2）仪器和设备

气相色谱-质谱仪：配有电子轰击电离源（EI）；

加速溶剂萃取仪（ASE）；凝胶渗透色谱仪（GPC）；粉碎机；移液器：100μL、1mL，各 1 支。

**4. 测定步骤**

（1）提取

称取磨碎的均匀茶叶试样 5g（精确至 0.01g），加适量水润湿，移入加速溶剂萃取仪的 34mL 萃取池中，用乙腈＋二氯甲烷（1＋1，V/V）作为提取溶剂，在 10.34MPa（1500psi）压力、100℃条件下，加热 5min，静态萃取 5min。循环 1 次。然后用池体积 60％的乙腈＋二氯甲烷（1＋1，V/V）冲洗萃取池，并用氮气吹扫 100s。萃取完毕，将萃取液转移到 100mL 鸡心瓶中，于 40℃水浴中减压旋转蒸发近干，然后用适量乙酸乙酯＋环己烷（1＋1，V/V）溶解残余物后转移至 10mL 离心管中，再用乙酸乙酯＋环己烷（1＋1，V/V）定容至 10mL。将此 10mL 溶液高速离心（10000r/min，5min）后过 0.45μm 滤膜，待凝胶色谱净化。

（2）净化

取上述提取液 5mL 按照凝胶色谱条件［净化柱：填料 50gBio-beads-X3，柱径 25mm；柱床高 32cm；流动相：环己烷＋乙酸乙酯（1＋1，V/V）；流速：5mL/min；排除时间：1080s（18min）；收集时间：600s（10min）］净化，将净化液置于氮气吹干仪上（≤40℃）吹至近干，用正己烷定容至 0.5mL，用 GC/MS 测定。

（3）测定

参考分析条件如下：

色谱柱：DB-17ms（30m×0.25mm×0.25μm）石英毛细管柱或柱效相当的色谱柱；色

谱柱升温程序：60℃保持1min，然后以30℃/min升温至160℃，再以5℃/min升温至295℃，保持10min；载气，氦气（纯度≥99.999％），恒流模式，流速为1.2mL/min；进样口温度：250℃；进样量：1μL；进样方式：无分流进样，1min后打开分流阀；

离子源：EI源，70eV；离子源温度：230℃；接口温度：280℃；测定方式：选择离子监测（SIM）。每种目标化合物分别选择1个定量离子，2～3个定性离子。每组所有需要检测的离子按照保留时间的先后顺序，分时段分别检测。每种化合物的保留时间、定量离子、定性离子及定量离子与定性离子的丰度比值见表8-8。每组检测离子和保留时间范围见表8-9。

表8-8　36种农药的保留时间、定量离子、定性离子及定量离子与定性离子丰度比值表

| 序　号 | 中文名称 | 英文名称 | 保留时间/min | 定量离子/(m/z) | 定性离子/(m/z) | | |
|---|---|---|---|---|---|---|---|
| 1 | 敌敌畏 | dichlorvos | 5.7 | 109(100) | 145(8) | 185(28) | 2208(5) |
| 2 | 甲胺磷 | methanidophos | 6.4 | 94(100) | 95(56) | 141(36) | 126(7) |
| 3 | 乙酰甲胺磷 | acephate | 8.9 | 94(100) | 95(5) | 136(200) | 142(22) |
| 4 | 甲拌磷 | phorate | 11.3 | 121(100) | 75(335) | 97(85) | 231(27) |
| 5 | δ-六六六 | delta-HCH | 11.7 | 219(100) | 181(111) | 183(107) | 217(78) |
| 6 | γ-六六六 | gamma-HCH | 13.15 | 183(100) | 219(95) | 221(48) | 254(11) |
| 7 | β-六六六 | beta-HCH | 13.6 | 219(100) | 181(122) | 254(21) | 217(84) |
| 8 | 异稻瘟净 | iprobenfos | 13.8 | 91(100) | 204(56) | 246(6) | |
| 9 | 乐果 | dimethoate | 14 | 87(100) | 93(54) | 125(46) | 229(84) |
| 10 | 八氯二丙醚 | S421 | 14.4 | 132(100) | 109(32) | 130(99) | |
| 11 | α-六六六 | alpha-HCH | 14.8 | 219(100) | 183(109) | 221(53) | 254(21) |
| 12 | 毒死蜱 | chlorpyrifos | 16.4 | 314(100) | 197(190) | 258(54) | 286(44) |
| 13 | 杀螟硫磷 | fenitrothion | 16.7 | 277(100) | 109(71) | 125(86) | 260(60) |
| 14 | 三氯杀螨醇 | dicofol | 17.25 | 139(100) | 141(32) | 250(11) | 252(13) |
| 15 | 水胺硫磷 | isocarbophos | 18.2 | 136(100) | 230(9) | 289(10) | |
| 16 | α-硫丹 | alpha-endosulfan | 18.7 | 241(100) | 265(70) | 277(64) | 339(58) |
| 17 | 喹硫磷 | quinaphos | 18.9 | 146(100) | 156(41) | 157(67) | 298(22) |
| 18 | $p,p'$-滴滴伊 | $p,p'$-DDE | 19.6 | 318(100) | 246(145) | 248(93) | 316(81) |
| 19 | $o,p'$-滴滴伊 | $o,p'$-DDE | 19.8 | 318(100) | 246(145) | 248(93) | 316(81) |
| 20 | 噻嗪酮 | buprofenzin | 20 | 105(100) | 172(54) | 249(16) | 305(24) |
| 21 | $o,p'$-滴滴涕 | $o,p'$-DDT | 21.7 | 235(100) | 165(43) | 199(14) | 237(65) |
| 22 | $p,p'$-滴滴涕 | $p,p'$-DDT | 21.8 | 235(100) | 165(43) | 199(14) | 237(65) |
| 23 | β-硫丹 | beta-endosulfan | 22.1 | 241(100) | 265(62) | 339(71) | |
| 24 | 联苯菊酯 | bifenthrin | 23.2 | 181(100) | 165(31) | 166(32) | |
| 25 | 三唑磷 | triazophos | 24.4 | 161(100) | 172(35) | 257(13) | 285(7) |
| 26 | 甲氰菊酯 | fenpropathrin | 24.8 | 181(100) | 209(25) | 265(36) | 349(13) |
| 27 | 氯氟氰菊酯 | lambda-cyhalothrin | 25.6 | 181(100) | 197(70) | 208(43) | 141(27) |
| 28 | 苯硫磷 | EPN | 26 | 157(100) | 169(63) | 323(13) | |

| 序　号 | 中文名称 | 英文名称 | 保留时间/min | 定量离子/(m/z) | 定性离子/(m/z) | | |
|---|---|---|---|---|---|---|---|
| 29 | 三氯杀螨砜 | tetradifon | 26.9 | 159（100） | 227（50） | 354（31） | 356（41） |
| 30 | 氯菊酯 | permethrin | 28.2；28.5 | 183（100） | 163（23） | 165（20） | 255（3） |
| 31 | 哒螨酮 | pyridaben | 28.6 | 147（100） | 117（12） | 309（6） | 364（5） |
| 32 | 氯氰菊酯 | cypermethrin | 30.0；30.2；30.4 | 163（100） | 152（23） | 181（16） | |
| 33 | 氟氰戊菊酯 | flucythrinate | 30.1；30.5 | 199（100） | 157（75） | 451（12） | |
| 34 | 氟胺氰菊酯 | fluvalinate | 31.0；31.2 | 250（100） | 181（26） | 252（33） | |
| 35 | 氰戊菊酯 | fenvalerate | 32.2；32.8 | 167（100） | 181（58） | 225（86） | 419（64） |
| 36 | 溴氰菊酯 | deltamethrin | 34.5 | 181（100） | 172（30） | 174（28） | 253（58） |

**表 8-9　36 种农药选择离子监测分组和选择离子**

| 序　号 | 时间范围 | 选择离子/(m/z) |
|---|---|---|
| 1 | 5.25～6.92 | 109，220，185，94，126，141 |
| 2 | 6.92～9.38 | 136，94，142 |
| 3 | 9.38～12.26 | 121，231，260，219，181，183，217 |
| 4 | 12.26～15.40 | 183，254，221，219，217，181，91，246，204，87，229，125，109，130，132 |
| 5 | 15.40～20.55 | 314，258，288，277，109，125，260，139，141，250，353，289，183，253<br>136，230，241，265，339，146，298，157，246，318，316，248，105，172，305 |
| 6 | 20.55～22.58 | 235，165，237，199，241，265，339 |
| 7 | 22.58～26.44 | 181，166，165，139，251，253，161，172，257，265，349，197，141，208，157，323，169 |
| 8 | 26.44～27.47 | 159，227，256 |
| 9 | 27.47～29.18 | 183，163，255，147，364，117 |
| 10 | 29.18～33.07 | 163，152，181，199，157，451，250，252，167，225，419 |
| 11 | 33.07～34.98 | 181，174，172 |

（4）定性测定

进行样品测定时，如果检出的色谱峰的保留时间与标准样品一致，在扣除背景后的样品质谱图中所选择的离子均出现，且所选择的离子丰度比与标准样品的离子丰度比一致，则可判断样品中存在这种农药化合物。本标准定性测定时相对离子丰度的最大允许偏差见表8-10。

**表 8-10　最大允许偏差**　　　　　　　　　　　　　　（％）

| 相对离子丰度 | ＞50 | ＞20～50 | ＞10～20 | ≤10 |
|---|---|---|---|---|
| 最大允许偏差 | ±10 | ±15 | ±20 | ±50 |

（5）定量测定

本标准采用外标校准曲线法单离子定量测定。为了减少基质对定量测定的影响，需用空白样液来制备所使用的一系列基质标准工作溶液，用基质标准工作溶液分别进样来绘制标准曲线。并且保证所测样品中农药的响应值均在仪器的线性范围内。测定的 36 种农药标准物质，选择离子色谱图如图 8-8 所示。

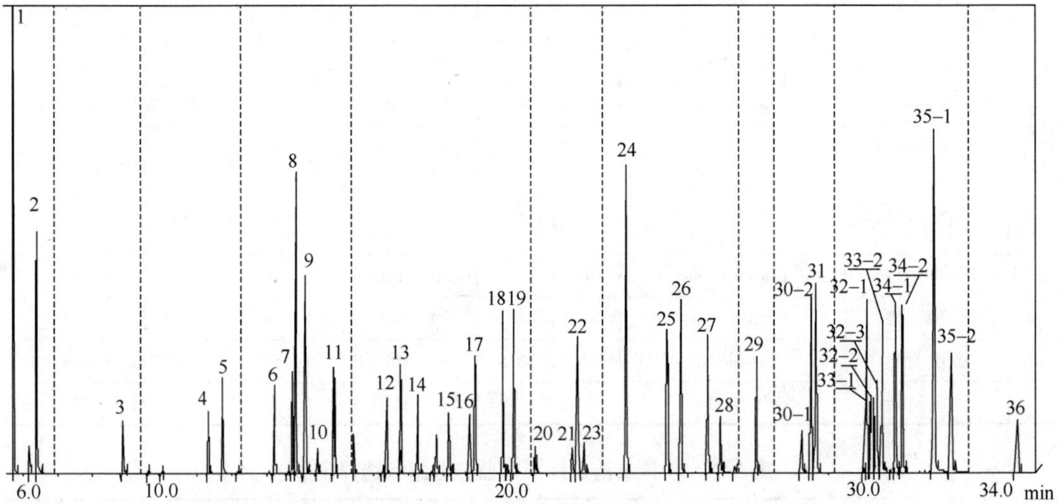

图 8-8　36 种农药标准物质在茶叶基质中选择离子监测总离子流图

1—敌敌畏；2—乙胺磷；3—乙酰甲胺磷；4—甲拌磷；5—δ-六六六；6—γ-六六六；7—β-六六六；8—异稻瘟净；9—乐果；10—八氯苯二醚；11—α-六六六；12—毒死蜱；13—杀螟硫磷；14—三氯杀螨醇；15—水胺硫磷；16—α-硫丹；17—喹硫磷；18—p,p′滴滴伊；19—o,p′-滴滴伊；20—噻嗪酮；21—o,p′-滴滴涕；22—p,p′-滴滴涕；23—β-硫丹；24—联苯菊酯；25—三唑磷；26—甲氰菊酯；27—氯氟氰菊酯；28—苯硫磷；29—三氯杀螨砜；30-1、30-2—氯菊酯；31—螳螨酮；32-1、32-2、32-3—氯氰菊酯；33-1、33-2—氟氰戊菊酯；34-1、34-2—氟胺氰菊酯；35-1、35-2—氰戊菊酯；36—溴氰菊酯

**5. 结果计算**

（1）标准曲线

使用基质标准工作溶液（浓度在 50～1000μg/L 混合标准系列溶液）进样，绘制基质标准工作曲线。待测农药的响应值均应在检测方法的线性范围之内。

（2）结果计算和表述

试样中每种农药残留量按式（8-4）计算：

$$X=\frac{c\times V\times 1000}{m\times 1000} \tag{8-4}$$

式中，$X$ 为试样中被测组分残留量，mg/kg；$c$ 为从标准曲线上得到的被测组分溶液浓度，μg/mL；$V$ 为样品定容体积，mL；$m$ 为试样的质量，g。

**6. 说明**

精密度：本标准精密度数据是按照《测量方法与结果的准确度（正确度与精密度）》（GB/T 6379.1—2004）第 1 部分总则与定义和第 2 部分确定标准测量方法重复性与再现性的基本方法规定确定的。在再现性条件下获得的两次独立的测试结果的绝对差值不大于这两个测定值的算术平均值的 15%，以大于这两个测定值的算术平均值的 15%情况不超过 5%为前提。

## 8.3.5　食品中铬的分析

测定方法参照中华人民共和国国家标准《食品安全国家标准/食品中铬的测定》（GB/T

5009.123—2014)。

**1. 方法原理**

试样经消解处理后，采用石墨炉原子吸收光谱法，在 357.9nm 处测定吸收值，在一定浓度范围内其吸收值与标准系列溶液比较定量。

**2. 适用范围**

本标准规定了食品中铬的石墨炉原子吸收光谱测定方法。

本标准适用于各类食品中铬的含量测定。

**3. 试剂和仪器**

（1）试剂和材料

① 高氯酸（$HClO_4$）；

② 硝酸溶液（5+95）：量取 50mL 硝酸慢慢倒入 950mL 水中，混匀；

③ 磷酸二氢铵溶液（10g/L）：称取 2.0g 磷酸二氢铵，溶于水中，并定容至 100mL，混匀；

④ 标准品重铬酸钾（$K_2Cr_2O_7$）：纯度＞99.5％或经国家认证并授予标准物质证书的标准物质；

⑤ 铬标准储备液：准确称取基准物质重铬酸钾（110℃，烘 2h）1.4315g（精确至 0.0001g），溶于水中，移入 500mL 容量瓶中，用硝酸溶液（5+95）稀释至刻度，混匀。此溶液每毫升含 1.000mg 铬。或购置经国家认证并授予标准物质证书的铬标准储备液；

⑥ 铬标准使用液：将铬标准储备液用硝酸溶液（5＋95）逐级稀释至每毫升含 100ng 铬；

⑦ 标准系列溶液的配制：分别吸取铬标准使用液（100ng/mL）0mL、0.500mL、1.00mL、2.00mL、3.00mL、4.00mL 于 25mL 容量瓶中，用硝酸溶液（5＋95）稀释至刻度，混匀。各容量瓶中每毫升分别含铬 0ng、2.00ng、4.00ng、8.00ng、12.0ng、16.0ng。或采用石墨炉自动进样器自动配制。

（2）仪器和设备

原子吸收光谱仪，配石墨炉原子化器，附铬空心阴极灯；

微波消解系统，配有消解内罐；可调式电热炉；可调式电热板；压力消解器；配有消解内罐；马弗炉；恒温干燥箱；电子天平：感量为 0.1mg 和 1mg。

**4. 测定步骤**

（1）试样的预处理

① 粮食、豆类等去除杂物后，粉碎，装入洁净的容器内，作为试样。密封，并标明标记，试样应于室温下保存。

② 蔬菜、水果、鱼类、肉类及蛋类等水分含量高的鲜样，直接打成匀浆，装入洁净的容器内，作为试样。密封，并标明标记。试样应于冰箱冷藏室保存。

（2）样品消解

① 微波消解

准确称取试样 0.2～0.6g（精确至 0.001g）于微波消解罐中，加入 5mL 硝酸，按照微波消解的操作步骤消解试样（消解条件参见表 8-11）。冷却后取出消解罐，在电热板上于 140～160℃赶酸至 0.5～1.0mL。消解罐放冷后，将消化液转移至 10mL 容量瓶中，用少量水洗涤消解罐 2～3 次，合并洗涤液，用水定容至刻度。同时做试剂空白实验。

表 8-11　微波消解参考条件

| 步　骤 | 功率（1200W）变化/% | 设定温度/℃ | 升温时间/℃ | 恒温时间/℃ |
|---|---|---|---|---|
| 1 | 0～80 | 120 | 5 | 5 |
| 2 | 0～80 | 160 | 5 | 10 |
| 3 | 0～80 | 180 | 5 | 10 |

② 湿法消解

准确称取试样 0.5～3g（精确至 0.001g）于消化管中，加入 10mL 硝酸、0.5mL 高氯酸，在可调式电热炉上消解（参考条件：120℃保持 0.5～1h、升温至 180℃2～4h、升温至 200～220℃）。若消化液呈棕褐色，再加硝酸，消解至冒白烟，消化液呈无色透明或略带黄色，取出消化管，冷却后用水定容至 10mL。同时做试剂空白试验。

③ 高压消解

准确称取试样 0.3～1g（精确至 0.001g）于消解内罐中，加入 5mL 硝酸。盖好内盖，旋紧不锈钢外套，放入恒温干燥箱，于 140～160℃下保持 4～5h。在箱内自然冷却至室温，缓慢旋松外罐，取出消解内罐，放在可调式电热板上于 140～160℃赶酸至 0.5～1.0mL。冷却后将消化液转移至 10mL 容量瓶中，用少量水洗涤内罐和内盖 2～3 次，合并洗涤液于容量瓶中并用水定容至刻度。同时做试剂空白试验。

④ 干法灰化

准确称取试样 0.5～3g（精确至 0.001g）于坩埚中，小火加热，炭化至无烟，转移至马弗炉中，于 550℃恒温 3～4h。取出冷却，对于灰化不彻底的试样，加数滴硝酸，小火加热，小心蒸干，再转入 550℃高温炉中，继续灰化 1～2h，至试样呈白灰状，从高温炉取出冷却，用硝酸溶液（1+1）溶解并用水定容至 10mL。同时做试剂空白试验。

（3）测定

① 仪器测试条件

根据各自仪器性能调至最佳状态。参考条件见表 8-12。

表 8-12　石墨炉原子吸收法参考条件

| 元　素 | 波长/nm | 狭缝/nm | 灯电流/mA | 干燥/（℃/s） | 灰化/（℃/s） | 原子化/（℃/s） |
|---|---|---|---|---|---|---|
| 铬 | 357.9 | 0.2 | 5～7 | (85～120)/(40～50) | 900/(20～30) | 2700/(4～5) |

② 标准曲线

将标准系列溶液工作液按浓度由低到高的顺序分别取 10$\mu$L（可根据使用仪器选择最佳进样量），注入石墨管，原子化后测其吸光度值，以浓度为横坐标、吸光度值为纵坐标，绘制标准曲线。

③ 试样测定

在与测定标准溶液相同的实验条件下，将空白溶液和样品溶液分别取 10$\mu$L（可根据使用仪器选择最佳进样量），注入石墨管，原子化后测其吸光度值，与标准系列溶液比较定量。

对有干扰的试样应注入 5$\mu$L（可根据使用仪器选择最佳进样量）的磷酸二氢铵溶液（20.0g/L）。

**5. 结果计算**

试样中铬含量的计算如式（8-5）所示：

$$X = \frac{(c - c_0) \times V}{m \times 1000} \tag{8-5}$$

式中，$X$ 为试样中铬的含量，mg/kg；$c$ 为测定样液中铬的含量，ng/mL；$c_0$ 为空白液中铬的含量，ng/mL；$V$ 为样品消化液的定容总体积，mL；$m$ 为样品称样量，g；1000 为换算系数。

当分析结果≥1mg/kg 时，保留 3 位有效数字；当分析结果＜1mg/kg 时，保留 2 位有效数字。

**6. 说明**

（1）所用玻璃仪器均需以硝酸溶液（1+4）浸泡 24h 以上，用水反复冲洗，最后用去离子水冲洗干净。

（2）精密度：在重复性条件下获得的两次独立测定结果的绝对差值不得超过算术平均值的 20%。

（3）以称样量 0.5g，定容至 10mL 计算，方法检出限为 0.01mg/kg，定量限为 0.03mg/kg。

## 8.3.6　食品中氨基甲酸乙酯的分析

测定方法参照中华人民共和国国家标准《食品安全国家标准/食品中氨基甲酸乙酯的测定》（GB/T 5009.223—2014）。

**1. 方法原理**

试样加 $D_5$-氨基甲酸乙酯内标后，经过碱性硅藻土固相萃取柱净化、洗脱，洗脱液浓缩后，用气相色谱-质谱仪进行测定，内标法定量。

**2. 适用范围**

本标准规定了啤酒、葡萄酒、黄酒、白酒等酒类以及酱油中氨基甲酸乙酯含量的气相色谱-质谱法测定。

本标准适用于啤酒、葡萄酒、黄酒、白酒等酒类以及酱油中氨基甲酸乙酯含量的测定。氨基甲酸乙酯的结构式如图 8-9 所示。

**3. 试剂和仪器**

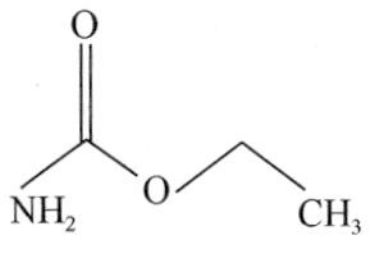

（1）试剂和材料

无水硫酸钠（$Na_2SO_4$）：450℃烘烤 4h，冷却后贮存于干燥器中备用；

氨基甲酸乙酯

图 8-9　氨基甲酸乙酯结构式

氯化钠（NaCl）；

正己烷（$C_6H_{14}$）、乙酸乙酯（$C_4H_8O_2$）、乙醚（$C_4H_{10}O$）：色谱纯；

5%乙酸乙酯-乙醚溶液：取 5mL 乙酸乙酯，用乙醚稀释到 100mL，混匀待用；

碱性硅藻土固相萃取柱：填料 4000mg、柱容量 12mL；

氨基甲酸乙酯标准品（$C_3H_7O_2N$，CAS：51-79-6）：纯度＞99.0%；

氨基甲酸乙酯储备液（1.00mg/mL）：准确称取 0.05g（精确到 0.0001g）氨基甲酸乙酯标准品，用甲醇溶解、定容至 50mL，4℃以下保存，保存期 3 个月；

氨基甲酸乙酯中间液（10.0μg/mL）：准确吸取氨基甲酸乙酯储备液（1.00mg/mL）1.00mL，用甲醇定容至 100mL，4℃以下保存，保存期 1 个月；

氨基甲酸乙酯中间液（0.5$\mu$g/mL）：准确吸取氨基甲酸乙酯储备液（10.0$\mu$g/mL）5.00mL，用甲醇定容至100mL，4℃以下保存，保存期1个月；

$D_5$-氨基甲酸乙酯标准品（$C_3H_2D_5NO_2$，CAS：73962-07-9）：纯度＞98.0％；

$D_5$-氨基甲酸乙酯储备液（1.00mg/mL）：准确称取0.01g（精确到0.0001g）D5-氨基甲酸乙酯标准品，用甲醇溶解、定容至10mL，4℃以下保存。

$D_5$-氨基甲酸乙酯使用液（2.00$\mu$g/mL）：准确吸取D5-氨基甲酸乙酯储备液（1.00mg/mL）0.10mL，用甲醇定容至50mL，4℃以下保存。

标准曲线工作溶液：分别准确吸取氨基甲酸乙酯中间液（0.50$\mu$g/mL）20.0$\mu$L、50.0$\mu$L、100.0$\mu$L、200.0$\mu$L、400.0$\mu$L和氨基甲酸乙酯标准中间液（10.0$\mu$g/mL）40.0$\mu$L、100.0$\mu$L于7个1mL容量瓶中，各加2.00$\mu$g/mL D5-氨基甲酸乙酯使用液100$\mu$L，用甲醇定容至刻度，得到10.0ng/mL、25.0ng/mL、50.0ng/mL、100ng/mL、200ng/mL、400ng/mL、1000ng/mL的标准曲线工作溶液，现配现用。

（2）仪器和设备

气相色谱-质谱仪，带电子轰击源（EI）源；

涡旋混匀器；氮吹仪；固相萃取装置，配真空泵；超声波清洗机；马弗炉；电子天平：感量为0.1mg和1mg。

**4. 测定步骤**

（1）试样的预处理

样品摇匀，称取2g（精确至0.001g）样品（啤酒超声5min脱气后称量），加100.0$\mu$L2.00$\mu$g/mLD5－氨基甲酸乙酯使用液、氯化钠0.3g（若为酱油不加氯化钠），超声溶解、混匀后，加样到碱性硅藻土固相萃取柱上，在真空条件下，将样品溶液缓慢渗入萃取柱中，并静置10min。经10mL正己烷淋洗后，用10mL5％乙酸乙酯-乙醚溶液以约1mL/min流速进行洗脱，洗脱液经装有2g无水硫酸钠的玻璃漏斗脱水后，收集于10mL刻度试管中，室温下用氮气缓缓吹至约0.5mL，用甲醇定容至1.00mL制成测定液，供GC/MS分析。

（2）测定

① 仪器测试条件

气相色谱-质谱仪分析参考条件如下：

毛细管色谱柱：DB-INNOWAX，30m×0.25mm（内径）×0.25$\mu$m（膜厚）或相当色谱柱；进样口温度：220℃；

柱温：初温50℃，保持1min，然后以8℃/min升温至180℃，程序运行完成后，240℃后运行5min；

载气：氦气，纯度＞99.999％，流速1mL/min；

电离模式：电子轰击源（EI），能量为70eV；

四级杆温度：150℃；

离子源温度：230℃；

传输线温度：250℃；

溶剂延迟：11min；

进样方式：不分流进样；

进样量：1～2$\mu$L；

检测方式：选择离子监测（SIM）；

氨基甲酸乙酯选择监测离子（$m/z$）：44、62、74、89，定量离子 62；$D_5$-氨基甲酸乙酯选择监测离子（$m/z$）64、76，定量离子 64。

② 定性测定

按方法条件测定标准工作溶液和试样，低浓度试样定性可以减少定容体积，试样的质量色谱峰保留时间与标准物质保留时间的允许偏差小于±2.5％；定性离子对的相对丰度与浓度相当标准工作溶液的相对丰度允许偏差不超过表 8-13 的规定。

表 8-13　定性确证时相对离子丰度的最大允许偏差　　　　　　　　　　（％）

| 相对离子丰度 | ＞50 | ＞20～50 | ＞10～20 | ≤10 |
|---|---|---|---|---|
| 允许的最大偏差 | ±20 | ±25 | ±30 | ±50 |

③ 定量测定

A. 标准工作曲线

将氨基甲酸乙酯标准曲线工作溶液 10.0ng/mL、25.0ng/mL、50.0ng/mL、100ng/mL、200ng/mL、400ng/mL、1000ng/mL（内含 200ng/mLD$_5$-氨基甲酸乙酯）进行气相色谱-质谱仪测定，以氨基甲酸乙酯浓度为横坐标，标准曲线工作溶液中氨基甲酸乙酯峰面积与内标 D$_5$-氨基甲酸乙酯的峰面积比为纵坐标，绘制标准曲线。

B. 试样测定

将试样溶液同标准曲线工作溶液进行测定，根据测定液中氨基甲酸乙酯的含量计算试样中氨基甲酸乙酯的含量，其中试样含低浓度的氨基甲酸乙酯时，宜采用 10.0ng/mL、25.0ng/mL、50.0ng/mL、100ng/mL、200ng/mL 的标准曲线工作溶液绘制标准曲线；试样含高浓度氨基甲酸乙酯时，宜采用 50.0ng/mL、100ng/mL、200ng/mL、400ng/mL、1000ng/mL 的标准曲线工作溶液绘制标准曲线。标准溶液质谱图如图 8-10 所示，其中，氨基甲酸乙酯及 D$_5$-氨基甲酸乙酯总离子图如图 8-10（a）所示，氨基甲酸乙酯质谱图如图 8-10（b）所示，D$_5$-氨基甲酸乙酯质谱图如图 8-10（c）所示。

**5. 结果计算**

试样中氨基甲酸乙酯含量按式（8-6）计算：

$$X = \frac{c \times V \times 1000}{m \times 1000} \tag{8-6}$$

式中，$X$ 为样品中氨基甲酸乙酯含量，$\mu g/kg$；$c$ 为测定液中氨基甲酸乙酯的含量，ng/mL；$V$ 为样品测定液的定容体积，mL；$m$ 为样品质量 g；1000 为换算系数。

计算结果以重复性条件下获得的两次独立测定结果的算术平均值表示，保留 3 位有效数。

**6. 说明**

（1）精密度。在重复性条件下获得的两次独立测定结果的相对偏差，当含量＜50$\mu g/kg$ 时，不得超过算术平均值的 15％；当含量＞50$\mu g/kg$ 时，不得超过算术平均值的 10％。

（2）当试样取 2g 时，本方法氨基甲酸乙酯检出限为 2.0$\mu g/kg$，定量限为 5.0$\mu g/kg$。

## 8.3.7　化妆品中邻苯二甲酸酯类污染物的分析

测定方法参照中华人民共和国国家标准《化妆品中邻苯二甲酸酯类物质的测定》（GB/T 28599—2012）。

**方法一　气相色谱-质谱联用（GC/MS）法测定化妆品中邻苯二甲酸酯类污染物**

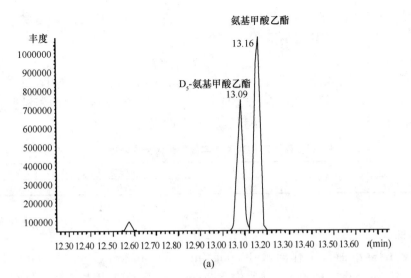

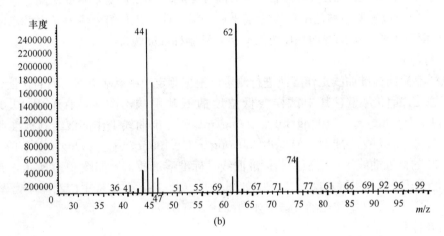

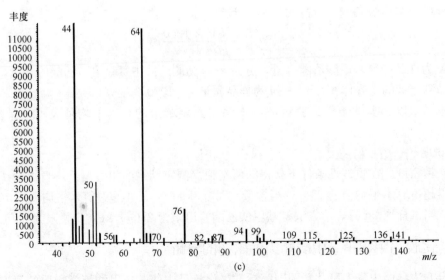

图 8-10　标准溶液质谱图

（a）氨基甲酸乙酯及 D5-氨基甲酸乙酯总离子图；（b）氨基甲酸乙酯质谱图；（c）D5-氨基甲酸乙酯质谱图

### 1. 方法原理

化妆品提取、净化后经气相色谱-质谱联用仪进行测定。采用选择离子监测（SIM）扫描模式，以保留时间和碎片的丰度比定性，外标法定量。

本法适用于化妆品中 22 种邻苯二甲酸酯类物质的含量测定。典型邻苯二甲酸酯的结构式如图 8-11 所示。

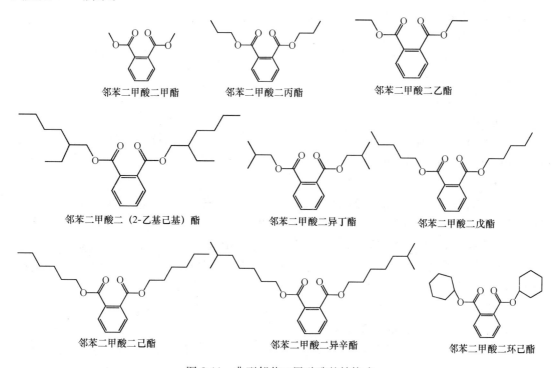

图 8-11　典型邻苯二甲酸酯的结构式

### 2. 试剂和材料

（1）试剂与材料

① 乙酸乙酯-环己烷溶液（1+1，V/V）；

② 22 种邻苯二甲酸酯标准品：邻苯二甲酸二甲酯、邻苯二甲酸二（2-甲氧基）乙酯、邻苯二甲酸二乙酯、邻苯二甲酸（2-乙氧基）乙酯、邻苯二甲酸二烯丙酯、邻苯二甲酸二异丙酯、邻苯二甲酸二丙酯、邻苯二甲酸二苯酯、邻苯二甲酸二苄酯、邻苯二甲酸丁基苄基酯、邻苯二甲酸二异丁酯、邻苯二甲酸二丁酯、邻苯二甲酸二（2-丁氧基）乙酯、邻苯二甲酸二戊酯、邻苯二甲酸二环己酯、邻苯二甲酸二（4-甲基-2-戊基）酯、邻苯二甲酸二己酯、邻苯二甲酸二庚酯、邻苯二甲酸二（2-乙基）己酯、邻苯二甲酸二正辛酯、邻苯二甲酸二壬酯、邻苯二甲酸二癸酯，纯度均大于 99%；

③ 标准储备溶液：准确称取各化合物标准品 125mg（精确至 0.0001g），用正己烷定容至 50mL，配制成 2500mg/L 的标准储备溶液，于 4℃ 冰箱中避光保存，有效期 6 个月。

④ 标准工作溶液：将标准储备溶液用正己烷稀释至浓度为 0.2mg/L、0.5mg/L、1.0mg/L、2.0mg/L、5.0mg/L、10.0mg/L 系列标准工作溶液待用。此系列标准工作液应现用现配。

（2）仪器和设备

331

气相色谱仪-质谱联用仪（GC/MS）；

凝胶渗透色谱分离系统（GCP）：玉米油与邻苯二甲酸二（2-乙基）已酯的分离度不低于85％（或可进行脱脂的等效分离装置）；离心机：转速不低于4000r/min，带玻璃离心管；涡旋混合器；旋转蒸发。

### 3. 分析步骤

（1）试样制备

① 液体化妆品（不包括指甲油）

称取混匀试样0.1～0.3g（精确至0.0001g）于刻度玻璃试管中，准确加入正己烷10.0mL，涡旋混匀1min后静置，上清液进行GC/MS分析。

② 膏霜乳液类化妆品

称取混匀试样0.1～0.3g（精确至0.0001g）于刻度玻璃试管中，加入蒸馏水1.0mL，涡旋混匀1min，准确加入正己烷10.0mL，涡旋混匀1min，剧烈振荡以分散样品，超声提取10min，4000r/min离心10min，上清液进行GC/MS分析。

③ 固体化妆品和指甲油

称取混匀试样0.1～0.3g（精确至0.0001g）于玻璃三角瓶中，准确加入20.0mL乙酸乙酯-环己烷溶液，涡旋混匀1min后超声提取20min，4000r/min离心10min，上清液过0.45μm有机滤膜，弃去初滤液，取10.0mL续滤液经凝胶渗透色谱分离净化。

凝胶渗透色谱分离条件如下：凝胶渗透色谱柱：300mm×25mm（内径）玻璃柱，BioBeads（S-X3），200～400mesh，25g。柱分离度：玉米油与邻苯二甲酸二（2-乙基）已酯的分离度大于85％。流动相：乙酸乙酯-环己烷（1+1，$V/V$）。流速：4.7mL/min。流出液收集时间：8.0～16.0min。检测器：254nm。

收集液在40℃水浴中用旋转蒸发仪蒸发至干，准确加入2.0mL正己烷溶解后进行GC/MS分析。

（2）测定条件

① 色谱条件

色谱柱：HP-5MS石英毛细管柱，30mm×0.25mm（内径）×0.25μm或相当型号色谱柱；进样口温度：260℃；升温程序：初始柱温60℃，保持1min；以20℃/min升温至22℃，保持1min，以5℃/min升温至250℃，保持1min，以20℃/min升温至280℃，保持6min；载气：氦气，纯度≥99.999％；流速：1mL/min；进样方式：不分流进样；进样量：1μL。

② 质谱条件

色谱与质谱接口温度：280℃；电离方式：电子轰击源（EI）；测定方式：选择离子监测方式（SIM）；电离能量：70eV；溶剂延迟：5min。

③ 定性确证

在测定条件下，试样待测液和标准品的选择离子色谱峰在相同保留时间处（±0.5％）出现，并且对应质谱碎片离子的质荷比与标准品一致，其丰度比与标准品相比应符合：相对丰度大于50％时，允许±10％偏差；相对丰度20％～50％时，允许±15％偏差；相对丰度10％～20％时，允许±20％偏差；相对丰度10％≤时，允许±50％偏差时，可定性确证目标分析物。各邻苯二甲酸酯化合物的参考保留时间、定性离子和定量离子如表8-14所示，22种邻苯二甲酸酯类化合物的气相色谱-质谱选择离子色谱图如图8-12所示。

表 8-14　邻苯二甲酸酯类化合物参考保留时间、定量和定性选择离子表（GC/MS）

| 序号 | 名称 | 保留时间/ min | 特征离子 | |
|---|---|---|---|---|
| | | | 定性 | 定量 |
| 1 | 邻苯二甲酸二甲酯 | 7.44 | 163；77；135；194 | 163 |
| 2 | 邻苯二甲酸二乙酯 | 8.30 | 149；177；121；222 | 149 |
| 3 | 邻苯二甲酸二异丙酯 | 8.67 | 149；167；192；209 | 149 |
| 4 | 邻苯二甲酸二烯丙酯 | 9.19 | 149；41；189；132 | 149 |
| 5 | 邻苯二甲酸二丙酯 | 9.35 | 149；104；191；209 | 149 |
| 6 | 邻苯二甲酸二异丁酯 | 9.94 | 149；223；205；167 | 149 |
| 7 | 邻苯二甲酸二丁酯 | 10.65 | 149；223；206；121 | 149 |
| 8 | 邻苯二甲酸二（2-甲氧基）乙酯 | 10.98 | 59；149；104；207 | 59 |
| 9 | 邻苯二甲酸二（4-甲基-2-戊基）酯 | 11.64 | 149；251；167；85 | 149 |
| 10 | 邻苯二甲酸二（2-乙氧基）乙酯 | 11.99 | 45；72；149；104 | 149 |
| 11 | 邻苯二甲酸二戊酯 | 12.33 | 149；237；219；104 | 149 |
| 12 | 邻苯二甲酸二己酯 | 14.40 | 149；43；251；104 | 149 |
| 13 | 邻苯二甲酸丁基苄基酯 | 14.55 | 149；91；206；104 | 149 |
| 14 | 邻苯二甲酸二（2-丁氧基）乙酯 | 15.97 | 149；101；193；176 | 149 |
| 15 | 邻苯二甲酸二环己酯 | 16.60 | 149；167；83；249 | 149 |
| 16 | 邻苯二甲酸庚酯 | 16.77 | 149；265；57；150 | 149 |
| 17 | 邻苯二甲酸二（2-乙基）己酯 | 16.89 | 149；167；279；113 | 149 |
| 18 | 邻苯二甲酸二苯酯 | 17.05 | 225；77；153；197 | 225 |
| 19 | 邻苯二甲酸二正辛酯 | 18.84 | 149；279；167；261 | 149 |
| 20 | 邻苯二甲酸二苄酯 | 19.20 | 91；107；149；65 | 91 |
| 21 | 邻苯二甲酸二壬酯 | 20.83 | 149；293；167；71 | 149 |
| 22 | 邻苯二甲酸二癸酯 | 23.55 | 149；307；43；167 | 149 |

④ 定量分析

本方法采用外标校准曲线法定量测定。以各邻苯二甲酸酯化合物的标准溶液浓度为横坐标、各自的定量离子的峰面积为纵坐标，建立标准工作曲线，以试样的峰两积与标准曲线比较定量。

样品溶液中的被测物的响应值均应在仪器测定的线性范围之内，若样品溶液的浓度过高，应适当稀释后测定。

**4. 结果计算**

样品中邻苯二甲酸酯化合物的含量（mg/kg）按式（8-7）进行计算：

$$X_i = \frac{(c_i - c_0) \times V \times K \times 100}{m \times 1000} \tag{8-7}$$

式中，$X_i$ 为试样中邻苯二甲酸酯含量，mg/kg；$c_i$ 为试样中某种邻苯二甲酸酯峰面积对应的浓度，mg/L；$c_0$ 为空白试样中某种邻苯二甲酸酯的浓度，mg/L；$V$ 为试样定容体积，mL；$K$ 为稀释倍数；$m$ 为试样质量，g。

计算结果精确至小数点后 1 位数字。

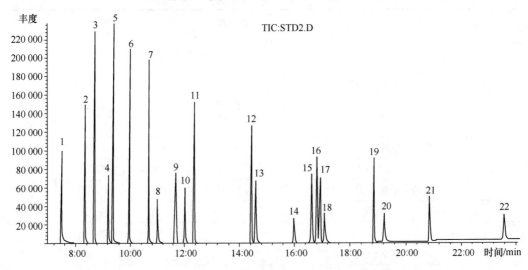

图 8-12　邻苯二甲酸酯类化合物标准品的气相色谱-质谱选择离子色谱图

1—邻苯二甲酸二甲酯（DMP）；2—邻苯二甲酸二乙酯（DEP）；3—邻苯二甲酸二异丙酯（DIPP）；

4—邻苯二甲酸二烯丙酯（DAP）；5—邻苯二甲酸二丙酯（DPRP）；6—邻苯二甲酸二异丁酯（DIBP）；

7—邻苯二甲酸二丁酯（DBP）；8—邻苯二甲酸二（2-甲氧基）乙酯（DMEP）；9—邻苯二甲酸二

（4-甲基-2-戊基）酯（BMPP）；10—邻苯二甲酸二（2-乙氧基）乙酯（DEEP）；11—邻苯二甲

酸二戊酯（DPP）；12—邻苯二甲酸二己酯（DHXP）；13—邻苯二甲酸丁基苄基酯（BBP）；

14—邻苯二甲酸二（2-丁氧基）乙酯（DBEP）；15—邻苯二甲酸二环己酯（DCHP）；16—邻苯二甲

酸庚酯（DHP）；17—邻苯二甲酸二（2-乙基）己酯（DEHP）；18—邻苯二甲酸二苯酯；

19—邻苯二甲酸二正辛酯（DNOP）；20—邻苯二甲酸二苄酯；21—邻苯二甲酸二壬酯（DNP）；

22—邻苯二甲酸二癸酯（DDP）

**5. 说明**

（1）检出限与定量限

本方法每种邻苯二甲酸酯类物质的检出限均为 3.0mg/kg，定量限均为 10.0mg/kg。

（2）精密度

本方法在重复性条件下获得两次独立测定结果的绝对差值不得超过算术平均值的 15%。

**方法二　高效液相色谱法（HPLC 法）测定化妆品中邻苯二甲酸酯类污染物**

**1. 方法原理**

化妆品经提取、净化，经配有二极管阵列检测器的高效液相色谱仪测定，根据保留时间和紫外吸收光谱图定性，外标法定量。

本法适用于化妆品中 22 种邻苯二甲酸酯类物质的含量测定。典型邻苯二甲酸酯的结构式如图 8-11 所示。

**2. 试剂和仪器**

（1）试剂和材料

① 氯化钠：分析纯；

② 海砂：化学纯，60～80 目丙酮浸泡 1h，正己烷淋洗，晾干备用；

③ 乙酸乙酯-正己烷（8+2，V/V）；

④ 22 种邻苯二甲酸酯标准品：同方法一（第 331 页）；

⑤ 标准储备溶液：准确称取各化合物标准品 125mg（精确至 0.0001g），用甲醇分别溶解定容至 50mL，配置成 2500mg/L 的标准储备液，于 4℃冰箱中避光保存，有效期 6 个月；

⑥ 混合标准工作溶液：分别量取标准储备液 2.0mL 于 50mL 容量瓶中，混匀，用甲醇定容至刻度，配制成 100mg/L 的混合标准工作溶液，于 4℃冰箱中避光保存，有效期 1 个月；

⑦ 硅胶固相萃取柱，500mg/6mL，预先用 10mL 正己烷活化；

⑧ 有机滤膜：0.45$\mu$m。

（2）仪器和设备

高效液相色谱仪（HPLC）：配二极管阵列检测器；

离心机：转速不低于 4000r/min，带玻璃离心管；超声波清洗器；涡旋混合器；氮吹仪。

**3. 分析步骤**

（1）试样制备

① 液体化妆品

精油类化妆品：称取混匀试样 0.5g（精确至 0.0001g）于刻度玻璃试管中，加入正己烷 5.0mL，涡旋 1min，将提取液全部转入预先活化过的硅胶固相萃取柱，用 3mL 正己烷淋洗，6mL 乙酸乙酯-正己烷洗脱，整个过程流速控制在 1mL/min，洗脱液在缓慢氮气流下吹干，准确加入 1.0mL 甲醇溶解，过 0.45$\mu$m 有机滤膜，取续滤液上机测定。必要时可以用甲醇稀释后进行分析。

其他液体化妆品：指甲油试样称取 0.1～0.2g，其他试样称取 1g（精确至 0.0001g）于刻度玻璃试管中，加入甲醇定容至 10.0mL，涡旋 1min，提取液过 0.45$\mu$m 有机滤膜，取续滤液上机测定。必要时可以用甲醇稀释后进行分析。

膏霜乳液类、凝胶类化妆品：称取混匀试样 1g（精确至 0.0001g）于刻度玻璃试管中，加入甲醇定容至 10.0mL，涡旋 1min，加入氯化钠 2g，剧烈振荡以分散样品，超声提取 10min。4000r/min 离心 10min，上清液过 0.45$\mu$m 有机滤膜，取续滤液上机测定。必要时可以用甲醇稀释后进行分析。

② 固体化妆品

眉笔、粉类化妆品：称取混匀试样 1g 精确至 0.0001g 于刻度玻璃试管中，加甲醇定容至 10.0mL，涡旋 1min，必要时用玻璃棒研碎样品，剧烈振荡以分散样品，超声提取 10min，4000r/min 离心 10min，上清液过 0.45$\mu$m 有机滤膜，取续滤液测定。必要时可以用甲醇稀释后进行分析。

唇膏类化妆品：称取混匀试样 0.2g（精确至 0.0001g）甲研钵中，加入海砂 5g 研磨均匀，全部转移至 50mL 具塞三角瓶中，加入甲醇 10.0mL，超声提取 10min，上清液过 0.45$\mu$m 有机滤膜，取续滤液上机测定。必要时可以用甲醇稀释后进行分析。

（2）测定

① 液相色谱条件

色谱柱：SBC$_{18}$柱 250mm×4.6mm×5$\mu$m，或相当者。流动相：A 相：甲醇：乙腈（1＋1，$V/V$）；B 相：水。梯度程序见表 8-15。流速：1mL/min。柱温：40℃。进样量：20$\mu$L。检测波长：根据实际样品选择 240nm 或 280nm 进行检测。

表 8-15　流动相梯度表

| 时间/min | A 相/% | B 相/% |
| --- | --- | --- |
| 0 | 40 | 60 |
| 2 | 52 | 48 |
| 10 | 62 | 38 |
| 12 | 78 | 22 |
| 20 | 78 | 22 |
| 31 | 100 | 0 |
| 45 | 100 | 0 |
| 45.5 | 40 | 60 |
| 55 | 40 | 60 |

② 标准工作曲线

用初始流动相将混合标准工作溶液逐级稀释，配制浓度为 0.5mg/L、1.0mg/L、5.0mg/L、10.0mg/L、20.0mg/L、50.0mg/L 的系列标准溶液，浓度由低到高进样检测，以峰面积或峰高为纵坐标、浓度为横坐标，建立标准工作曲线。22 种邻苯二甲酸酯类化合物的液相色谱图如图 8-13 所示。

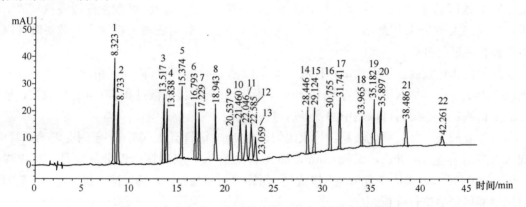

图 8-13　邻苯二甲酸酯类化合物标准品的高效液相色谱图

1—邻苯二甲酸二甲酯（DMP）；2—邻苯二甲酸二（2-甲氧基）乙酯（DMEP）；3—邻苯二甲酸二乙酯（DEP）；4—邻苯二甲酸二（2-乙氧基）乙酯（DEEP）；5—邻苯二甲酸二烯丙酯（DAP）；6—邻苯二甲酸二异丙酯（DIPP）；7—邻苯二甲酸二丙酯（DPRP）；8—邻苯二甲酸二苯酯；9—邻苯二甲酸二苄酯；10—邻苯二甲酸丁基苄基酯（BBP）；11—邻苯二甲酸二异丁酯（DIBP）；12—邻苯二甲酸二丁酯（DBP）；13—邻苯二甲酸二（2-丁氧基）乙酯（DBEP）；14—邻苯二甲酸二戊酯（DPP）；15—邻苯二甲酸二环己酯（DCHP）；16—邻苯二甲酸二（4-甲基-2-戊基）酯（BMPP）；17—邻苯二甲酸二己酯（DHXP）；18—邻苯二甲酸庚酯（DHP）；19—邻苯二甲酸二（2-乙基）己酯（DEHP）；20—邻苯二甲酸二正辛酯（DNOP）；21—邻苯二甲酸二壬酯（DNP）；22—邻苯二甲酸二癸酯（DDP）

③ 试样测定

试样溶液按色谱条件进行测定，记录色谱峰的保留时间和峰面积或峰高，根据保留时间和紫外吸收光谱图定性，由色谱峰的峰面积或峰高从标准曲线上求出相应的浓度。样品溶液中被测物的响应值均应在标准曲线的线性范围之内，超过线性范围则应用甲醇稀释后测定。

对于杂质干扰严重的样品或阳性结果，可采用本标准中气相色谱-质谱法（GC/MS）进行确认。

**4. 结果计算**

同气相色谱-质谱法。

**5. 说明**

（1）注意事项

所用刻度玻璃器皿洗净后，用重蒸水淋洗 3 次，丙酮浸泡 1h，正己烷淋洗，晾干备用。其他玻璃器皿洗净后用重蒸水淋洗 3 次。丙酮浸泡 1h，在 200℃下烘烤 2h，冷却至室温备用。

（2）空白试验

除不称取样品外，均按测定步骤同时完成空白试验。

（3）平行试验

按测定步骤，对同一样品进行平行试验测定。

（4）检出限与定量限

水性、精油类、凝胶类化妆品中类化合物的检出限为 3.0mg/kg，定量限为 10.0mg/kg。

膏霜乳液类、唇膏类、眉笔、粉类化妆品中邻苯二甲酸酯类化合物的检出限为 10.0mg/kg，定量限为 30.0mg/kg。

液态芳香类化妆品中邻苯二甲酸二甲酯、邻苯二甲酸二（2-甲氧基）乙酯、邻苯二甲酸二正辛酯、邻苯二甲酸二壬酯、邻苯二甲酸二癸酯的检出限为 3.0mg/kg，定量限为 10.0mg/kg；其他邻苯二甲酸酯类化合物的检出限为 20.0mg/kg，定量限为 50.0mg/kg；

指甲油中邻苯二甲酸二甲酯、邻苯二甲酸二（2-甲氧基）乙酯、邻苯二甲酸二壬酯、邻苯二甲酸二癸酯酯类化合物的检出限为 20.0mg/kg，定量限为 50.0mg/kg；其他邻苯二甲酸酯类化合物的检出限为 50.0mg/kg，定量限为 150.0mg/kg。

（5）精密度

本方法在重复性条件下获得两次独立测定结果的绝对差值不得超过算术平均值的 15%。

## 习题与思考题

1. 食品及化妆品中典型污染物的种类及来源？

2. 动物源性食品中残留抗生素的分析中，检测方法采用液相色谱与质谱联用的方法，系统适用性试验包括哪些？要求是什么？

3. 化妆品中邻苯二甲酸酯类污染物的分析中，应采取哪些措施消除测定中仪器和试剂对邻苯二甲酸酯类污染物测定的影响？

4. 水果蔬菜中残留农药的分析采用什么进样方式，是分流进样还是不分流进样？两者的区别是什么？

5. 茶叶中农药的分析参照中华人民共和国国家标准《茶叶中农药多残留测定　气相色谱/质谱法》（GB/T23376—2009），试样如何处理？

6. 请查阅文献说明食品中氨基甲酸乙酯的来源、危害、分析和消除的方法。

# 第9章 生物样品中典型污染物分析

**学习提示**

了解污染物进入动、植物体内的途径、分布规律及生物监测在预防医学中的应用；掌握生物样品的采集与制备方法；生物样品的预处理方法；熟悉生物体内几类典型污染物的测定方法。推荐学时 4~6 学时。

## 9.1 概　　述

生物包括植物、动物和微生物，它们在自然环境中生长繁殖，是珍贵的可更新的自然资源。生物是自然环境中的重要组成部分。在自然界中，生物与其生存环境之间存在着相互依存、相互影响及相互制约的密切关系，保持着一种相对的平衡状态。当生存环境受到自然因素或人为因素的影响而发生改变时，生物就会随之发生各种变化，原有的生态平衡也会发生改变或受到破坏。

随着工农业生产的发展，"三废"大量排放，大量使用农药和化肥，使环境受到污染，生物体和大气、水体及土壤一样受到污染。人体和生物体有着极为密切的联系，生物在从这些环境要素中摄取营养物质和水分的同时，也摄入了污染物质，并在体内蓄积。生物体受污染也直接关系到人的健康。近年来，发现一些环境污染物对生物体的内分泌系统有严重的干扰作用，影响到动物以及人类的生存，因此，研究生物体内的污染已成为世界上环境污染问题的一个重要课题。

进行生物污染监测的目的是通过生物体内有害物质的检测，及时掌握和判断生物受污染的情况和程度，以便采取保护措施改善生物的生存环境。这对促进和维持生态平衡、保护人体健康具有十分重要的意义。

### 9.1.1 生物体受污染的途径

环境污染物质主要是通过表面附（吸）着、吸收和生物浓缩等三种主要途径污染生物的。

**1. 表面附着**

表面附着是指污染物附着在生物体表面的现象。例如二氧化硫、硫化氢、氟化氢、氯气、氯化氢、氨气、乙烯、氮氧化物和主要成分为臭氧、二氧化氮、乙醛、过氧乙酰硝酸酯的光化学烟雾，施用的农药，以及煤尘、烟灰、灰尘、粉尘、重金属、雾、雨等颗粒物质，随着飘逸和沉降，会有相当一部分被植物表面所粘附，其附着量与作物的表面积大小、表面性质及污染物的性质、状态有关。表面积大、表面粗糙、有绒毛的作物附着量比表面积小、表面光滑的作物大；作物对黏度大的污染物、乳剂比对黏度小的污染物、粉剂附着量大。

附着在植物表面的污染物，有些可因蒸发、风吹或随雨水流失而脱离作物表面，而有些则可渗入作物表面的蜡质层或组织内部，被吸收、输导分布到植株汁液中，从而对植物构成危害。果树等正在开花的植物，遇到大量的粉尘飞扬，散落在树枝上，就会因附着粉尘阻止花粉受精而减产。

进入水体中的污染物附着在水生生物接触的部位，如鱼的体表、口腔黏膜等，造成对生物的污染和危害。例如，环境中的重金属（汞、铅、镉、铁、锌、铜、锰、钼、铬等）和灰尘一起散落在植物的叶片上、水和土壤中，被植物吸收，而进入植物的物质循环中并逐渐被积累受危害。例如，酸雾飘落在人的脸上，皮肤受腐蚀。再如，鱼类受到废水中污染物的毒害，鱼鳃的功能受到影响。

**2. 吸收**

环境污染物可以被生物吸收。

（1）植物吸收

污染物通过植物的叶片和根被植物吸收而受到污染和危害。大多数污染物是通过植物叶片表面的气孔吸收进入体内的，有些是通过叶面角质层渗透进入的，有些污染物是通过植物的根吸收进入体内的。例如，大气中的二氧化硫除一部分散入高空被稀释外，大部分降到大地，其中一小部分被雨水溶解降入地面土壤中，剩余部分被各种表面吸收。二氧化硫被植物叶片的气孔吸入使叶片的叶绿体遭到破坏，组织坏死，在叶子外表出现伤斑；二氧化碳随雨水进入土壤后，能使土壤变酸性，植物的根吸收酸后，对于某些不耐酸的植物可造成叶枯病、加重受病虫危害、减产等不良影响。

（2）动物吸收

环境污染物主要通过皮肤、呼吸道和消化道三个途径被人和动物吸收并受到污染和危害。污染物经完整皮肤吸收而进入体内，经皮肤吸收的途径有两种，一个是通过表皮到达真皮，不经过肝脏，而直接进入血液循环；另一个是通过汗腺，或通过毛囊与皮脂，绕过表皮屏障而达到真皮。脂溶性的污染物能透过表皮屏障，但如果不具有一定的水溶性，就不易被血液吸收。皮肤有病损时，不能经完整皮肤吸收的物质也能大量吸收。例如，某些气态毒物（如氰化氢、砷化氢）以及重金属汞都可经皮肤吸收。

气体、蒸气、气溶胶（烟、雾、粉尘）等气态污染物可经过呼吸道，通过肺泡直接进入大循环，其危害作用发生快。

固体、粉末状的污染物可由口摄入经消化道进入体内；另外进入呼吸道的难溶气溶胶被消除后，也可由咽部进入消化道，在口腔内经黏膜吸收。进入消化道的污染物在小肠吸收，经肝脏再进入大循环。

也有的污染物虽然经过这三个途径进入体内，但有的途径不吸收。例如，铍一般不能经完整的皮肤吸收进入体内，铍和其化合物可由损伤的皮肤局部吸收。铍主要以粉尘的形式经呼吸道吸收。铍从口摄入时，经胃、肠道几乎不吸收。

环境污染物进入鱼、贝、藻类等水生生物体内并使其受污染而至害的途径有三条：一是鱼与水接触的部位，如口腔内黏膜、体表等，受到污染物的影响而遭到损害；二是鱼鳃的功能受到影响，污染严重时可导致死亡；三是鱼直接从水体中将污染物吸到体内或者通过食物链的途径将污染物吸到体内，使鱼体的组织器官受到破坏，产生不良生理影响，污染严重时致死。污染物进入贝类体内后，使其鳃、胃、盲肠、体内组织等发生变化，影响呼吸、摄食、排泄等功能，并使其对钙的吸收能力明显下降。污染物进入藻类体内并使其受危害的途径主要是光合作用、呼吸，使磷的吸收受到影响、营养下降，生理活动受阻，严重时枯死。

### 3. 微生物浓缩

大气、土壤、水体及其他环境中都存在着微生物，但大多数微生物生活在水体中。进入水体的污染物通过微生物代谢可以进入微生物体内，经过微生物对污染物的浓缩，可以使污染物的含量比在水体中的浓度大得多。水体中的污染物就这样通过微生物代谢进入微生物体内而被浓缩（富集）。

水体中的污染物，还可以通过生物的食物链进行传递和富集。浮游生物是食物链的基础。在"底泥""细泥"中有大量的浮游生物，而高等动物是以低等动物为食的。这样，虾米吃"细泥"（多指浮游植物），小鱼吃虾米，大鱼吃小鱼，人吃鱼，使污染物在食物链的每一次传递中浓度就提高一步，甚至可以达到产生毒作用的程度。例如，农药进入水体中被浮游生物吞食后，在其体内富集；浮游生物被小鱼吞食后，在其体内富集；小鱼被大鱼吞食后，在其体内富集。农药通过水生生物食物链的富集后，最后进入人体，在体内长期富集浓缩，就会引起慢性中毒。

还有一个很重要的问题，即水生生物对于进入水体的重金属可以通过食物链传递和浓缩。水生生物对重金属有很强的吸附、吸收、浓缩作用，汞通过水生生物食物链的浓缩后，水生植物体内汞的浓度是水中汞浓度的 1000 倍，而无脊椎动物体内汞的浓度是水中浓度的 10 万倍。海水中的重金属随着饵料生物被鱼、贝类食入并在体内积蓄浓缩，人们食用了这些鱼、贝后，重金属就经过食物链转移到人体内并积蓄起来，如果长期食用被重金属污染的海产品，重金属在人们体内就会越积越多，当浓缩到一定浓度时，就会出现慢性中毒，甚至急性中毒症状。

水生生物还能把一些毒性本来不太大的无机汞转化为毒性很大的有机汞，然后再在食物链中浓缩。例如，1956 年 4 月末在日本熊本县的"水俣病"，就是经过汞的"海水—鱼—人"食物链的复杂转运迁移过程，使甲基汞聚集在大脑中，而进入大脑中的甲基汞不能转运出大脑，造成了汞慢性中毒病状。

环境污染物不仅可以通过水生生物食物链富集，也可通过陆生生物链的富集。例如，磷肥厂排放的含氟废气和废水，直接使工厂附近的大气、水质和土壤受到不同程度的污染。生长在被污染环境中的农作物通过叶片从大气中吸入含氟废气，又通过根系从土壤中吸收含氟的物质，造成对农作物的污染和危害，使谷物、蔬菜、水果和牧草中都积累大量的氟，然后含氟的农作物、牧草等饲料进入牛、羊、猪、鸡等动物中富集；最后通过粮食、蔬菜、水果、肉、蛋、奶等食物进入人体中浓缩，危害人体健康。

另外，环境中的污染物还可以通过生物的食物链进行传递和富集。比如，美国旧金山的休养胜地——明湖，曾因使用滴滴涕使鱼类、鸟类大批死亡。其原因是滴滴涕通过湖水中"浮游生物—小鱼—大鱼—鸟类"食物链以惊人的速度在生物体内富集。如果将湖水中的滴滴涕浓度当作 1 倍，浮游生物体内的浓度就是 265 倍，吃浮游生物的小鱼体内的脂肪中是 500 倍，吃小鱼的大鱼脂肪中达到 8.5 万倍，吃鱼的鸟类体内脂肪中可达到 80～100 万倍。如果人吃了这种鱼和鸟，滴滴涕将在人体中富集，使人受到毒害。

## 9.1.2  污染物在生物体内的迁移

### 1. 污染物在动、植物体内的分布

进入生物体内的污染物，在生物体内各部分的分布是不均匀的，为了能够正确地采集样品，选择适宜的监测方法，使检测结果具有代表性和可比性，首先应了解污染物在生物体内的分布情况。

（1）污染物在动物体内的分布

人和其他动物通过多种途径将环境中的污染物吸收，吸收后的污染物大部分与血浆蛋白结合，随血液循环到各组织器官，这个过程称为分布。污染物的分布有明显的规律：① 是先向血流量相对多的组织器官分布，然后向血流量相对少的组织器官转移，如肝脏、肺、肾这些血流丰富的器官，污染物分布就较多；② 是污染物在体内的分布有明显的选择性，多数呈不均匀分布，如动物铅中毒后 2h，肝脏内约含 50% 的铅，一个月后，体内剩余铅的90% 分布在与它亲和力强的骨骼中。

形成污染物在体内分布不均匀的另一原因是机体的特定部位对污染物具有明显的屏障作用。例如血-脑屏障可有效阻止有毒物质进入神经中枢系统；血-胎盘屏障可防止母体血液中一些有害物质通过胎盘从而保护胎儿。污染物在动物体内的分布规律见表 9-1。

**表 9-1  污染物在动物体内的分布规律**

| 污染物的性质 | 主要分布部位 | 污染物 |
| --- | --- | --- |
| 能溶于体液 | 均匀分布于体内各组织 | 钾、钠、锂、氟、氯、溴等 |
| 水解后形成胶体 | 肝或其他网状内皮系统 | 镧、锑、钍等三价或四价阳离子 |
| 与骨骼亲和性较强 | 骨骼 | 铅、钙、钡、镭等二价阳离子 |
| 脂溶性物质 | 脂肪 | 六六六、滴滴涕、甲苯等 |
| 对某种器官有特殊亲和性 | 碘-甲状腺甲基汞-脑 | 碘、甲基汞、铀等 |

（2）污染物在植物体内的分布

植物吸收污染物后，污染物在植物体内的分布与污染的途径、污染物的性质、植物的种类等因素有关。

当植物通过叶片从大气中吸收污染物后，由于这些污染物直接与叶片接触，并通过叶面气孔吸收，因此这些污染物在叶中分布最多。如在二氧化硫污染的环境中生长的植物，它的叶中硫含量高于本底值数倍至数十倍。

当植物从土壤和水中吸收污染物后，污染物在体内各部位分布的一般规律是：根＞茎＞叶＞穗＞壳＞种子。某科研单位利用放射性同位素$^{115}$Cd 对水稻进行试验的结果表明，水稻根系部分的含镉量占整个植株含镉量的 84.8%。实验表明，作物的种类不同，污染物残留量的分布也有不符合上述规律的，如在被镉污染的土壤上种植的萝卜和土豆，其块根部分的含镉量低于顶叶部分。

残留分布情况也与污染物的性质有关。表 9-2 列举水果中残留农药的分布。由实验可知，渗透性小的农药，95% 以上残留在果皮部分，向果肉内渗透量很少；而渗透性大的农药，如西维因等，向果肉的渗透量可达 78%。

表 9-2　水果中残留农药的分布

| 农　药 | 果　实 | 残留量/% | |
|---|---|---|---|
| | | 果皮 | 果肉 |
| $p, p'$-DDT | 苹果 | 97 | 3 |
| 西维因 | 苹果 | 22 | 78 |
| 敌菌丹 | 苹果 | 97 | 3 |
| 倍硫磷 | 桃 | 70 | 30 |
| 异狄氏剂 | 柿子 | 96 | 4 |
| 杀螟松 | 葡萄 | 98 | 2 |
| 乐果 | 橘子 | 85 | 15 |

**2. 污染物在动、植物体内的转移、积累、排泄**

（1）污染物在动、植物体内的转移

① 污染物在动物体内的转移

污染物在动物体内的转移过程是一个极其复杂的过程，但是污染物无论通过哪种途径进入生物机体，都必须通过各种类型的细胞膜才能进入到细胞，并选择性地对某些器官产生毒性作用。因此，首先应了解生物膜的基本构成和污染物通过细胞膜的方式。

生物膜包括细胞外膜、细胞核和细胞器上的膜。它是一种可塑的、具有流动性的、脂质与蛋白质镶嵌而成的双层结构。污染物通过生物膜的生物转运方式有多种，最主要的是被动转运，其次是主动转运、胞饮和吞噬作用。

被动转运指污染物由高浓度一侧向低浓度一侧进行的跨膜转运，包括简单扩散和过滤。转运的动力来自膜两侧的浓度差，差值越大转运动力越大，因此又称为顺浓度梯度转运。特点为：不需要载体；不消耗能量；转运无饱和现象；不同污染物同时转运无竞争性抑制现象；膜两侧浓度平衡时即停止转运。

主动转运指污染物不依赖膜两侧浓度差的跨膜转运。污染物可以通过生物膜由低浓度的一侧向高浓度一侧转运，因此又称为逆浓度转运。此过程必须依赖机体提供的转运系统方能完成，包括载体和能量。其特点为：需要蛋白质的载体作用，载体对污染物有特异选择性；需消耗能量；受载体转运能力限制，当载体转运能力达到最大时有饱和现象；有竞争性；当膜一侧的污染物转运完毕后转运即停止。某些金属污染物，如铅、镉、砷和锰的化合物，可通过肝细胞的主动转运，将其送入胆汁内，使胆汁内的浓度高于血浆中的浓度，有利于污染物随胆汁排出。

胞饮和吞噬作用是指由于生物膜具有可塑性和流动性，因此对颗粒物和液粒这类污染物，细胞可通过细胞膜的变形移动和收缩，把它们包围起来最后摄入细胞内，这就是胞饮作用和吞噬作用。例如，肺泡巨噬细胞可通过吞噬作用将烟和粉尘等转运进入细胞；血液中的白细胞能吞噬进入血液毒物和异物。

② 污染物在植物体内的转移

大气、土壤、水中的污染物只有进入植物体内才能对植物造成损害，植物一般是通过根系和叶片将污染物吸入体内的。

大气中的气体污染物或粉尘污染物可以通过叶面的气孔进入植物体内，经细胞间隙抵达导管，而后转运到其他部位，使植物组织遭受破坏，呈现受害症状，而危害主要表现在叶，叶的受害程度很容易用眼睛观察到。例如气态氟化物通过植物的气孔进入叶片，溶解在细胞组织的水分里，一部分被叶肉细胞吸收，而大部分则沿纤维管束组织运输，在叶尖和叶缘中积累，使叶尖和叶缘组织坏死。

土壤、灌溉水中的污染物主要是通过植物根系吸收进入植物体内的，再经过细胞传递到达导管，随蒸腾流在植物体内转移、分布，最终使植物受到污染和危害。植物生长所需的物质元素也是通过这种方式转运的。

（2）污染物在动、植物体内的积累

任何机体在任何时刻内部某种污染物的浓度水平取决于摄取和消除两个相反过程的速率，当摄取或吸收的量大于消除量时，就会发生生物积累，这就是污染物迁移-积累的原则。

当生物积累达到一定程度时，就会引起生物浓缩。生物浓缩使污染物在生物体的浓度超过在环境中的浓度，如水生生态系统中的藻类和凤眼莲等对污染物的积累、浓缩，使污水得到净化，同时也使藻类和凤眼莲体内的污染物高于水体。由于生物具有积累、浓缩污染物的能力，因此进入环境中的毒物，即使是微量，也会使生物尤其使处于高营养级的生物受到危害，直接威胁人类的健康。通常进入体内的污染物大多相对地集中在某些部位，有的污染物对这些部位没有明显的损害作用，有的则可以产生损害作用或者成为有毒物质的来源，构成慢性中毒的条件并在反复接触中缓慢加重。例如 1956 年 4 月发生在日本熊本县的"水俣病"就是由于生物的积累、浓缩作用，最终使人受到毒害。

（3）污染物的排泄

排泄是污染物及其代谢产物向机体外的转运过程，是一种解毒方式。排泄器官有肾、肝胆、肠、肺、外分泌腺等，主要途径是经肾脏随尿排出，以及经肝胆通过肠道随粪便排出。污染物还可随各种分泌液如汗液、乳汁和唾液排出，挥发性物质还可经呼吸道排出。

① 肾脏排泄。肾脏是污染物及其代谢产物排泄的主要器官。汞、铅、铬、镉、砷以及苯的代谢产物等大多数随尿排出。

② 消化道排泄。进入体内的污染物经过胃肠道吸收，进入肝脏被代谢转变，污染物和其代谢产物主要通过主动转运进入胆汁由肠道随粪便排出。通常小分子物质经肾脏排泄，而大分子化合物经胆道排泄。这也是一种主要排泄途径。因此，肝胆系统可视作肾脏的补偿性排泄途径，例如甲基汞主要通过胆汁从肠道排出。

③ 呼吸道排泄。许多经呼吸道进入机体的气态物质以及具有挥发性的污染物，如一氧化碳、乙醇、汽油等，以原形从呼吸道排出。

④ 其他排泄。有些污染物能通过简单扩散的方式经乳腺由乳汁排出，如铅、镉、亲脂性农药和多氯联苯就是由乳汁排出的。还有的能够经唾液腺和汗腺排出。

## 9.1.3　生物监测在预防医学中的应用

### 1. 生物监测的基本概念和定义

（1）生物监测的定义

环境学上，生物监测是指利用生物的组分、个体、种群或群落对环境污染或环境变化所产生的反应，从生物学的角度，为环境质量的监测和评价提供依据。

农业环境学上，生物监测是指利用生物对环境中污染物质的反应，即在各种污染环境下所发出的各种信息，来判断环境污染状况的一种手段，对污染物敏感的生物种类，都可以作为监测生物。

由于生物监测在评估外源性化学物质对机体影响及进行危险度评价时具有独特的优势，应用日益广泛，其重要性也已得到国内外学者的公认，已经成为预防医学的重要组成部分。

1980 年欧洲共同体职业安全与卫生委员会和美国职业安全与健康管理（Occupational Safety and Health Administration，OSHA）及美国职业安全与健康研究所（The National Institute for Occupational Safety and Health，NIOSH）提出了环境监测、生物监测和健康监护的定义。在职业医学范畴中，环境监测通常是指测定和评价工作场所空气中的有毒物质，故有时又称为空气监测；生物监测是测定接触毒物后，接触者的生物材料中该化学物的原形或代谢产物；健康监护是定期对劳动者进行医学和生物学检查。探讨了环境监测和生物监测在保护健康中的作用。但在生物监测的定义中仅提出了对生物材料中毒物及其代谢产物含量的分析，并未涉及一些早期、可逆生物学效应的监测。随着很多新方法新技术的涌现，早期生物学效应监测日益引起大家的重视。同时早期生物学效应监测也成为健康监护的重要内容。可见监测的基础是建立在化学物从环境进入机体，经机体吸收、分布、代谢与靶分子相互作用以及产生相应的生物学效应的全过程的。

1992 年我国的生物监测标准专题讨论会上，专家们在综合了国内外各家意见的基础上，建议定期（有计划）地检测人体生物材料中化学物质或其代谢产物的含量或由它们所致的无害生物效应水平，以评价人体接触化学物质的程度及可能的健康影响。

定期（有计划）地进行，即指不能将生物监测单纯的看作生物材料中化学物质及其代谢产物或效应的检测。生物监测还应强调评价人体接触化学物质的程度及可能的健康影响，其目的是为了控制和降低其接触水平。只有定期地对接触者进行监测才能达到上述目的。

监测内容应包括测定化学物原形、代谢产物或由它们所致无害生物学效应水平。对职业接触所引起的健康影响应强调早期效应并具预测性。

评价人体接触化学物质的程度及可能的健康影响，这就意味着需要有一个可靠的评价接触水平的参考值。生物监测中以生物接触限值为依据。有些国家已列为正式的卫生标准。

（2）生物监测的对象

生物监测是检测人体生物材料中化学物质或其代谢产物的含量或它们所致的生物学效应水平。前者是指摄入体内的化学物质的量、后者是外源性化学物经机体生物转化而产生的效应，均不同于仅估测外界存在的有害因素的环境监测，但都是以外界有害因素为基础的。故一旦所测结果超过限值，首先要考虑改善工作环境，减少接触和摄取，同时需要指出的是在生物监测中，我们会谈到无害生物学效应水平。但是它是相对的，它与定期对职工做医学和生理学检查的健康监护有着密切的联系。某些指标仅是程度的差异，并有一个移行的过程。

（3）生物监测与生物检测

生物监测是利用生物学信息评价环境质量及对人类健康的影响。生物监测应作为职业性有害因素评价的重要组成部分，并成为管理毒理学的主要内容。而生物检测是对人体生物材料中化学物质或其代谢产物的含量及其所致的生物学效应指标的测定，是生物监测的基础。两者不能分割，从理论上讲是不能混淆的。

（4）生物监测与环境监测、健康监护的关系

生物监测、环境监测和健康监护三者可分别提供外剂量、内剂量及无害和有害的生物学效应。若仅知内、外剂量亦只能评价接触水平。但若知内剂量与效应之间具有剂量反应关系，内剂量能直接用于有害因素健康危险性的评价。同时应指出三种监测各代表不同的接触水平。各有优势和不足，在实际工作中应相辅相成，互为补充，往往同时进行。

（5）接触水平的评估

不同的监测方法可以评价不同的接触水平。

① 环境监测浓度（$C$）

环境监测浓度是经各种途径接触毒物的水平，可用空气、水、饮料食物中的浓度表示，职业人群接触有毒物质主要是经呼吸道或经皮肤吸收。车间空气中毒物的定性、定量评定可以反映接触水平和评价劳动条件，但未能考虑皮肤污染的影响。此外，劳动者实际接触程度因受接触时间长短、接触频度和不同的接触方式的影响，如 2h 休息 0.5h 或每接触 1h 休息 15min 可能会有差别。因此，还应考虑接触时间（$T$）等其他影响因素，如采用时间加权平均浓度（$TWA$），亦仅能将浓度作一校正，改变不了评估的层次。

② 摄入量（$I$）

摄入量是表示不同途径接触的毒物量，相当于治疗给药的量。经呼吸道摄入量为 $C \times$ 通气量（$m^3$）；经口摄入量为 $C \times$ 食物的重量（kg）或饮水量（L）等。

③ 摄取量（$U$）

摄取量等于 $I \times K_a$（$K_a$ 为吸收系数），如 $K_a$ 为 1，则 $U = I$，事实上 $K_a$ 等于 1 的化合物很少，一般最多达到 0.8。$K_a$ 决定于毒物在水和脂肪中的溶解度。经呼吸道摄入时 $K_a$ 主要决定于毒物的水溶性。水溶性大的，$K_a$ 也大。此外，毒物在体内有个动力学过程，受个体因素的影响。测定生物样品中毒物及其代谢产物的量已控制了个体因素所带来的影响。而单纯的环境监测则无法考虑这些个体差异。

④ 内剂量和效应部位的浓度（$C_{eff}$）

由于内剂量是在现有知识的基础上估测的。首先应该提出，内剂量在不同情况下具有不同的含义。如呼吸气中溶剂的浓度或工作期间血中的溶剂浓度，仅代表采样前短期的接触剂量，如在停止接触后 16h 采样，则代表是前一天的接触及负荷。在一些长半减期的毒物中，如大多数的金属毒物在血中的浓度，往往被认为是上一个月的接触。内剂量也可以指某一化学物的积累剂量或特殊器官剂量，即在体内一个、几个器官组织或整个机体储存的量。这些毒物往往是具有蓄积毒性的。例如血中多氯联苯的量反映了脂肪中蓄积的量。但真正对机体发生作用的应当在靶器官、靶组织、靶细胞或靶作用部位毒物和/或代谢产物的浓度，即 $C_{eff}$。如果 $C_{eff}$ 超过临界浓度，即可能达到发生健康损害效应的浓度，一般会出现病损。在预测毒物接触的程度和效应方面，生物监测优于环境监测。虽然通过外接触量可以间接估计内接触量，但如果能直接测定内接触量显然更为理想。直接测定靶器官和靶部位的内剂量和 $C_{eff}$，伴随着检测技术（如中子活化等）的发展正在逐步建立中，但尚有很多困难，因此还停留在研究阶段。利用各生物介质中毒物平衡的原则，可以从一种介质中测得的浓度，推论其他介质中的浓度。例如从烷化剂与血红蛋白、血清白蛋白或氨基酸结合的量，估测与 DNA 结合的量。$N$-3（2-烃乙基）-组氨酸已用于职业接触环氧乙烷的生物监测。

（6）生物监测的优点

从提供内剂量并用于危险度评价看，生物监测比环境监测具有以下几方面的优点：

① 反映机体总的接触量和负荷。生物监测可反映不同途径（呼吸道、消化道和皮肤）和不同来源（职业和非职业接触）总的接触量和总负荷。而空气监测仅能反映呼吸道吸入的估计量。据统计，在美国已制定的 550 个最高容许限值（Threshold Limit Value，TLV）中，大约有 23% 是能经皮肤吸收的。故对那些能经皮吸收的毒物，生物监测就比环境监测更显优越和重要。在生产环境中，毒物浓度常常波动较大。劳动者接触方式往往是多途径

的。从时间来说，可连续可间断；劳动者接触时是否使用个人防护用品：如该毒物能经皮侵入，使用防护手套可防止侵入，但使用不当还可以增加吸收。在生产环境中，所接触的毒物又往往是混合物，在这种情况下，环境监测就不可能正确反映接触程度。此外，劳动者除职业接触外，常有非职业接触的可能，如评价镉的职业接触时，必须考虑吸烟、饮食等因素的影响。

② 可直接检测引起健康损害作用的内剂量和内负荷。上述从接触水平的估测中，生物监测可以提供内剂量和内负荷，而内剂量和内负荷与生物学效应间应具有剂量反应关系，因此生物监测在保护劳动者健康方面更具优势。

③ 综合了接触毒物的个体间差异和毒物典型动力学过程中的变异性。所有的生物监测指标均需经过机体代谢的过程，个体间的差异和动力学的变异均已得到初步控制。

④ 用于发现易感者。通过检测生物监测指标，尤其是健康效应指标，有助于发现和确定易感者。

⑤ 能较及时提供采取预防措施的依据。通过生物监测可较早检出对健康可能的损害，为及时采取预防措施提供依据。

（7）生物监测的局限性

① 有些化学物不能或难以进行生物监测。对于刺激性卤素、无机酸类、二氧化硫等酸酐、肼等化学活性大、刺激性强的化合物，由于在接触呼吸道黏膜或皮肤时就起反应而无法监测；有些吸入体内后不易溶解，如石英、碳黑、氧化铁、石棉、玻璃纤维等，沉积在肺组织中，无法制定生物接触限值；属正常代谢产物的一类物质，一般参比值波动范围大，作为生物监测指标的意义也不大。

② 生物监测方法学有待完善。对某些职业毒物或其代谢产物目前尚无检测方法。有的虽有可靠方法，但内剂量与效应间的定量关系的资料缺乏。无评价标准，监测结果不易解释。

③ 生物监测不能反映车间空气中化学物的瞬间浓度的变化规律。

④ 生物监测对象是人，监测对象依从性的问题值得重视，因此，所用的方法应不给监测对象带来不便和痛苦，更不能损害健康。

⑤ 生物监测指标个体间差异较大，影响因素较多。

由于生物监测综合了个体间接触毒物的差异因素和毒物典型动力学过程的变异性，个体间的生物多样性必然也会影响代谢的各过程。另外，在实际工作中，劳动者往往会接触到不同的职业有害因素，如当劳动者同时接触几种毒物时，一种毒物的代谢过程可能会影响另一种毒物的代谢，苯系化学物代谢之间的影响就是其中典型的例子，这些将在相应章节介绍。有些指标的参比值随地区和测定方法而异，取样时间、运输和保存等条件均可影响结果，如何确保监测的质量和资料的可比性，都有待积累经验。

**2. 生物监测的类别**

按照毒物对机体的作用及其在体内的转归可将生物监测分成三类，类与类之间具有相关性并各有其重要性。

（1）生物材料中化学物及其代谢产物或呼出气中毒物含量的测定

生物材料通常用的是尿和血，部分用呼出气。也可分析粪便、脂肪组织、乳汁、头发、指甲、耵聍或唾液等。根据检测方法是否特异又可分成两类。

① 特异的指标。直接测定化学物原形或其代谢产物。测定化合物原形是当该化合物不

需经生物转化或缺乏毒代动力学资料；或接触水平太低没有足够量的代谢产物产生；或几个毒物可产生同一个代谢产物等情况。直接测定的方法亦有一定的局限性，例如可用中子活化分析或 X 线荧光分析直接测定骨铅、骨镉，但迄今为止，这些技术尚不能用于常规。

② 非特异性指标。某些非特异性的指标用于群体监测是十分有意义的，如重氮盐的测定可作为接触芳香胺的监测指标。尿中的硫醚可作为监测亲电子化合物的活性，随着研究的深入，较特异的硫醚不断地开发应用，如丙烯腈代谢物腈乙基-巯基尿酸。

（2）无害生物学效应指标的测定

无害生物学效应指标定量测定，大部分是非特异性、并以生化反应为主。这类指标的建立往往需要对该毒物的基础知识有所认识，特别是对中毒机理的认识。例如有机磷农药接触者血胆碱酯酶被抑制，尿中 $\beta$-烃皮质醇或 $D$-葡萄糖酸可作为能诱导单胺氧化酶毒物的监测指标。随着对生物监测认识的深化，生物效应指标的种类亦在扩展。如生理、生化、物理、免疫或细胞遗传学等指标亦已被应用。

（3）活性代谢产物与靶分子相互作用的定量测定

通过分析，可以评估毒物与靶部位相互作用的量。如碳氧血红蛋白已在职业医学中长期使用。目前，有一类加合物被利用，如活性氧与 DNA 反应产生的 8-羟脱氧鸟苷，作为 DNA 氧化损伤的生物标志物，可以通过高压液相电化学测定尿中 8-羟脱氧鸟苷的含量，但由于目前方法尚繁琐，所用的仪器亦不普遍，因此，作为常规使用需要进一步的研究。

**3. 进行生物监测所必备的基础知识**

生物监测是一门学科交叉较强的学科，需要以下几方面的基础知识：

（1）分析化学、生物化学及分子生物学

生物监测为定期（有计划）地检测人体生物材料中化学物质或其代谢产物的含量或由它们所致的生物学效应水平。可见分析、检测是生物监测的基础，从选择指标到得出有效的评价数据，均需要分析化学的基础。而生物学效应指标则需要坚实的生物化学理论。

（2）毒代动力学

毒代动力学主要研究化学物经机体吸收、分布、生物转化和排泄过程的动态变化规律，需要用数学模型和计算公式来表达毒物在体内的变化，进而揭示毒物在体内存在的部位、含量和时间三者之间的关系。这是外源性化合物与机体相互作用的过程，该过程受多种因素的影响，包括受试者自身因素如遗传背景、身高、体重和营养、健康状况、药物使用以及饮酒和吸烟习惯等；另外，还包括工作负荷，接触化合物的种类等外界因素。这些因素对选择适当的生物学指标（毒物还是代谢产物）、生物材料（血或尿）、采样时间以及结果解释等，都是至关重要的。

常用的动力学分析方法有线性房室模型、矩分析法及生理药物动力学模式。在生物监测中主要有两种模式，即：① 简单的毒代动力学模式即线性模式，可获得生物半减期，生物利用率等重要参数。② 生理毒理学模式，包括血流量、肺通气量和代谢扩清等，可以得出很多信息。

在动力学研究中，生物半减期的研究尤为重要，半减期的长短是决定采样时间的主要参数，有时一个毒物可有几个半减期，这与不同器官、不同组织分布相适应，采样时应遵循其主要的半减期。对具有长半减期的毒物，采样时间不十分严格，但对于短半减期的化合物，则采样时间需严格遵守。血与尿中毒物的半减期与采样时间应有一定的相关关系。在研究生物接触限值（Biological Exposure Index，BEI）中，其中有的是由最高容许限值（Threshold Limit Value，TLV）及动力学研究所得的生物利用率等动力学参数推导而制订的。由此可见，动力学研究为制定监测策略，研制生物接触限值等都提供着十分重要的理论依据。

（3）毒效动力学

毒效动力学是动态地研究有害因素接触量（包括接触量、体内毒物量或浓度）与毒效强度间的定量关系并以数学模型表达这种规律的学科。将它与毒物动力学相连接便可描述剂量-时量-量效完整关系。常用的连接方法有以下几种：

① 同步、动态测定血中浓度和毒效强度；

② 毒物动力学模型拟合，给出血和周室毒物浓度的经时表达式；

③ 将毒效强度与同一时间点的血或周室毒物浓度进行毒效动力学拟合；

④ 全面阐述剂量-时间、浓度-效应强度的关系。由于生物监测中检测无害的生物学效应指标，利用毒物-效应来建立生物接触限值是进行危险度评价的基础，因此毒效动力学对生物监测的研究具有很重要的意义。

（4）其他方面

毒理学：研究环境中化学物质在一定条件下对人体产生毒作用的规律。传统的概念，毒理学主要是依赖动物试验外推毒物的吸收、分布和代谢。毒作用机理及剂量-反（效）应关系是核心问题。实际上，毒理学的研究也应建立在人体的基础上。生物监测中动力学研究在一定的条件下（主要是要注意安全）是需要在志愿者中进行的。现场验证和积累的资料是最宝贵的。

统计学：生物监测总体来说是用于群体评价的。生物监测工作者除具备一般的统计学知识外，在整个生物监测的程序中，均需要使用统计学方法。如在检测指标的选择中，当分析方法被选定后，该指标是否可以作为生物监测指标，尚需进行现场调查验证。根据验证结果。提出敏感度、特异度和预测值等，得出假阴性和假阳性。然后才能判断该指标的取舍。若单一指标不理想，则需进行多项指标最优组合的选择。这时需用判别分析。计算出贡献率，并将判别结果用四格表法计算出各组指标敏感度和特异度后选出。此外。还可使用逐步回归的方法来进行选择。参考值和非职业接触水平的建立及对结果的正确评价均需具有统计学知识。

**4. 生物监测程序**

首先要在现场调查的基础上制定严密的监测策略。生物监测是一个系统工程。应对生物监测的全面程序有所认识，才能进行正确的生物监测。生物监测应包括监测项目和指标的选择，选择的原则为根据毒理学特别是中毒机理的研究与毒代动力学规律和监测的目的而定。同时需要考虑样品的采集和储存、采样的时间和频率以及检测方法及结果评价等。

**5. 结果的评价**

生物监测用作评价时，该生物学参数要求个体变异小及有足够的特异性。

生物监测大部分是用于群体评价。参照生物接触限值（生物学的参考值）以及研究结果的分布情况（图 9-1）做出相应的评价。假如观察值均低于限值，

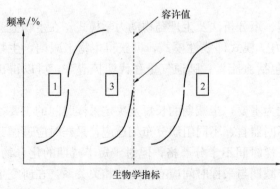

图 9-1　生物监测结果的解释

则应视为工作条件是令人满意的（曲线 1）；若全部或是大部分是高于限值，则工作环境需采取预防措施（曲线 2）；当出现第三种情况，其分布呈现二相或多相（曲线 3），也就是大部分是低于限值的，而小部分为异常值，这时可有两种可能性，一种是此异常值是由于高污染，环境则应加以改善；另一种可能是由于来自不良的卫生习惯或非职业接触。应根据具体情况采取不同的措施。

**6. 生物监测标准**

参考值的建立是生物监测工作者的重要任务之一，是依据现有的知识水平，在外剂量、内剂量和生物学效应相互作用研究的基础上建立的。若仅知内、外剂量的相关关系，仅停留在定性阶段的指出某个体（或群体）接触什么毒物是不够的。生物监测的任务是应提供接触强度，并能对潜在的危险度做出判断，因此，需要定量分析。更需要研究内剂量与生物学效应的相互关系，因此，对生物学参考值的研究显得十分重要。

（1）表示方法

由于各国所制定卫生标准的基础不同，其名称及含义也有所不同。由美国工业卫生师协会（American Conference of Industrial Hygienists，ACGIH）所公布的生物接触指数（Biological Exposure Indices，BEIs）和德国研究协会（DFG）所公布的工业物质生物学耐受量（Biologische Arbeitsstofftoleranz Werte，BAT-Werte）均具有参考价值。

BEIs 是在职业卫生实践中，评价潜在健康危害的指导性的参考值。它表示暴露在时间加权平均值（Threshold Weight Average，TWA）浓度下的健康劳动者生物材料中相关生物学指标的水平、而不是绝对区分危害和非危害的接触。由于机体的个体变异，个体测定超过 BEIs 水平，不一定就是对健康发生了危害。若在不同情况下获得的样品。持续超过 BEIs 或者是在同一车间群组中测定。发现大部分劳动者超过 BEIs 值，则应该考虑措施，降低接触。

BAT 的定义是劳动者接触毒物后。从体内化合物及其代谢产物量或由这些物质所引起的生物学效应的参数所推导出的最大耐受量，在此量下。即使长期并重复接触。尚不能发现健康受损。也就是说：BAT 对一个健康个体表达的是"峰值"，这被认为是具有最大的安全性。

在我国，根据生物监测标准专题讨论会专家们的建议，生物监测卫生标准统一用"生物接触限值"表示。我国的标准已颁布了两次，还颁布了我国的《职业卫生生物监测质量保证规范》。

（2）制订方法

一般有两种制订方法：① 根据环境中有害因素、其在生物材料中的原型或相应代谢产物与进入机体所产生的相应生物学效应之间关系的分析。特别是在车间空气中有害因素最高容许浓度下，对生物材料中相关参数加以确定。计算其 95％的统计学上限、可定为生物接触限值，也就是说将 5％对该毒物反应特别强烈者加以剔除。② 在满足经济、技术要求并在最大程度上保证机体健康不发生不良影响基础上，根据生物材料中有关参数与健康效应相关关系制定相应生物接触限值。这一方法比较合理。应成为今后制订生物接触限值的主要方法。但对"机体健康不发生不良影响"或"机体健康不发生影响"的标准，通常很难得到足够的定量数据。

综上所述，生物监测的优点已日益受到重视，利用生物学信息来评价环境质量，特别是在职业医学方面已有较为系统的认识。尽管生物监测在基本理论、分析技术和实际应用上均有较快的进展，但仍存在不少问题。目前真正有价值、能反映实际接触水平，特别是反映生物效应剂量的监测指标尚不多；有关生物监测指标与外环境接触水平及生物学效应之间关系的资料则更少，某些在理论上可用作生物监测的指标由于采样困难或分析技术的原因，仍不能在实际工作中应用。生物材料中化学物及其代谢产物的含量受影响的因素相对较多，个体变异和波动较大，在评价和解释测定结果时，往往比环境监测复杂。虽然有关化学物与血红蛋白或白蛋白形成的加合物等用于生物监测的研究方兴未艾，但有关职业人群接触外源性化合物与生物组织中相应加合物之间剂量效应关系的资料尚不够充分。随着分子生物学的飞速发展，相关组学（基因组学、蛋白组学以及代谢组学等）的研究必将推动分子生物学标志物在职业及环境医学中的广泛应用，从而极大提高了生物监测的水平，但同时也会带来新的科学问题。今后在生物监测领域里、除要继续加强化学物的毒代动力学和毒效动力学等基础研究、确定已有生物监测指标与接触水平及健康损害之间关系以及研制标准化的分析技术和方法以外，明确血、尿、痰等替代物测定分析结果与到达靶器官或靶组织作用剂量以及效应关系也应列入工作重点，同时还需加速职业接触生物限值卫生标准的研制和推广应用。

# 9.2 生物样品的采集与制备

进行生物污染监测和对其他环境样品监测大同小异，首先也要根据监测目的和监测对象的特点，在调查研究的基础上，制订监测方案，确定布点和采样方法、采样时间和频率，采集具有代表性的样品，选择适宜的样品制备、处理和分析测定方法。生物样品涉及复杂的基体，这些基体既有固态的，也有液态的，包括所有的水生或陆生动、植物。样品测定有时针对整个生物体，有时是其中一部分器官或组织。生物样品主要包括鱼类、贝壳类、海藻类、草本植物、果实、蔬菜、叶子等动植物样品，以及人体组织、头发、汗液、血液、尿样和粪便等。

生物样品种类繁多，下面介绍动、植物样品的采集和制备方法。

## 9.2.1 植物样品的采集与制备

### 1. 植物样品的采集

（1）样品的采集原则

采集的植物样品要具有代表性、典型性和适时性。

代表性系指采集代表一定范围污染情况的植株为样品。这就要求对污染源的分布、污染类型、植物的特征、地形地貌、灌溉出入口等因素进行综合考虑，选择合适的地段作为采样区，再在采样区内划分若干小区，采用适宜的方法布点，确定代表性的植株。不要采集田埂、地边及距田埂地边 2m 以内的植株。

典型性系指所采集的植株部位要能充分反映通过监测所要了解的情况。根据要求分别采集植株的不同部位，如根、茎、叶、果实，不能将各部位样品随意混合。

适时性系指在植物不同生长发育阶段，施药、施肥前后，适时采样监测，以掌握不同时期的污染状况和对植物生长的影响。

（2）布点方法

在划分好的采样小区内，常采用梅花形布点法或交叉间隔布点法确定代表性的植株，如图 9-2 所示（⊗为采样点）。

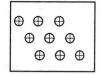

图 9-2　植物样品采样布点方法

（3）采样方法

采集样品的工具有小铲、枝剪、剪刀、布袋或聚乙烯袋、标签、细绳、登记表（表 9-3）、记录簿等。

在每个采样小区内的采样点上，采集 5～10 处的植株混合组成一个代表样品。根据要求，按照植株的根、茎、叶、果、种子等不同部位分别采集，或整株采集后带回实验室再按部位分开处理。

应根据分析项目数量、样品制备处理要求、重复测定次数等需要，采集足够数量的样品。一般样品经制备后，至少有 20～50g 干重样品。新鲜样品可按含 80%～90% 的水分计算所需样品量。

表 9-3　植物样品采集登记表

| 采样日期 | 样品编号 | 样品名称 | 采样地点 | 采样部位 | 土壤类别 | 物候期 | 污灌情况 | | | 分析项目 | 分析部位 | 采样人 |
| --- | --- | --- | --- | --- | --- | --- | --- | --- | --- | --- | --- | --- |
| | | | | | | | 次数 | 成分 | 浓度 | | | |
| | | | | | | | | | | | | |

若采集根系部位样品，应尽量保持根部的完整。对一般旱作物，在抖掉附在根上的泥土时，注意不要损失根毛；如采集水稻根系，在抖掉附着泥土后，应立即用清水洗净。根系样品带回实验后，及时用清水洗（不能浸泡），再用纱布拭干。如果采集果树样品，要注意树龄、株型、生长势、载果数量和果实着生的部位及方向。如要进行新鲜样品分析，则在采集后用清洁、潮湿的纱布包住或装入塑料袋，以免水分蒸发而萎缩。对水生植物，如浮萍、藻类等，应采集全株。从污染严重的河、塘中捞取的样品，需用清水洗净，挑去其他水草、小螺等杂物。

采好的样品装入布袋或聚乙烯塑料袋，贴好标签，注明编号、采样地点、植物种类、分析项目，并填写采样登记表。

样品带回实验室后，如测定新鲜样品，应立即处理和分析。当天不能分析完的样品，暂时放于冰箱中保存，其保存时间的长短，视污染物的性质及在生物体内的转化特点和分析测定要求而定。如果测定干样品，则将鲜样放在干燥通风处晾干或于鼓风干燥箱中烘干。

**2. 植物样品的制备**

从现场带回来的植物样品称为原始样品。要根据分析项目的要求，按植物特性用不同方法进行选取。例如，果实、块根、块茎、瓜类样品，洗净后切成 4 块或 8 块，据需要量各取每块的 1/8 或 1/16 混合成平均样。粮食、种子等经充分混匀后，平摊于清洁的玻璃板或木板上，用多点取样或四分法多次选取，得到缩分后的平均样。最后，对各个平均样品加工处理，制成分析样品。

（1）**鲜样的制备**

测定植物内容易挥发、转化或降解的污染物质，如酚、氰、亚硝酸盐等；测定营养成分如维生素、氨基酸、糖、植物碱等，以及多汁的瓜、果、蔬菜样品，应使用新鲜样品。鲜样的制备方法如下：

① 将样品用清水、去离子水洗净，晾干或拭干。

② 将晾干的鲜样切碎、混匀，称取 100g 于电动高速组织捣碎机的捣碎杯中，加适量蒸馏水或去离子水，开动捣碎机捣碎 1～2min，制成匀浆。对含水量大的样品，如熟透的西红柿等，捣碎时可以不加水；对含水量少的样品，可以多加水。

③ 对于含纤维多或较硬的样品，如禾木科植物的根、茎杆、叶子等，可用不锈钢刀或剪刀切（剪）成小片或小块，混匀后在研钵中加石英砂研磨。

（2）干样的制备

分析植物中稳定的污染物，如某些金属元素和非金属元素、有机农药等，一般用风干样品，这种样品的制备方法如下：

① 将洗净的植物鲜样尽快放在干燥通风处风干（茎杆样品可以劈开）。如果遇到阴雨天或潮湿气候，可放在 40～60℃鼓风干燥箱中烘干，以免发霉腐烂，并减少化学和生物变化。

② 将风干或烘干的样品去除灰尘、杂物、用剪刀剪碎（或先剪碎再烘干），再用磨碎机磨碎。谷类作物的种子样品如稻谷等，应先脱壳再粉碎。

③ 将粉碎好的样品过筛。一般要求通过 1mm 筛孔即可，有的分析项目要求通过 0.25mm 的筛孔。制备好的样品贮存于磨口玻璃广口瓶或聚乙烯广口瓶中备用。

④ 对于测定某些金属含量的样品，应注意避免受金属器械和筛子等污染。因此，最好用玛瑙研钵磨碎，尼龙筛过筛，聚乙烯瓶保存。

**3. 分析结果的表示**

植物样品中污染物质的分析结果常以干重为基础表示（mg/kg），以便比较各样品某一成分含量的高低。因此，还需要测定样品的含水量，对分析结果进行换算。含水量常用重量法测定，即称取一定量新鲜样品或风干样品，于 100～105℃烘干至恒重，由其失重计算含水量。对含水量高的蔬菜、水果等，以鲜重表示计算结果为好。

## 9.2.2 动物样品的采集与制备

动物（或人）的血液、尿液、唾液、头发、脏器组织、乳汁、精液、脑脊液、泪液、胆汁、胃液、胰液、淋巴液、粪便等均可作为检验环境污染物的样品。但其中最常用的是血浆或血清，当污染物或其快速型代谢物大量排泄到尿中时，也采用尿液样品，使在血样中不易检出的污染物，以代谢物形式在尿液中被检测。唾液和脑脊液也可用于毒物浓度测定。常规的分析脑脊液样品不太实际，但如果怀疑某种毒物可损伤血脑屏障，脑脊液的药物浓度偶尔也进行测定。头发作为生物样品可用来监测滥用药物及用于微量元素的测定。在进行动物试验研究污染物体内吸收、分布状态及由于过量服用毒物中毒死亡欲测定毒物浓度时，常采用肝、胃、肾、肺、脑、肌肉、组织等作为生物样品。在特殊情况下采用乳汁、精液、泪液等。

**1. 血液**

（1）血样的采集

供测定的血样，应代表整个污染物在血中的浓度，若能直接从动脉或心脏取血最为理想，但只能用于动物试验，而不能用于人体。目前使用较多的方法是从静脉采血，并根据血中污染物浓度和分析方法灵敏度的要求，一般每次采血 1～10mL；动物实验时，采血量不宜超过动物总血量的 1/10。静脉采血时，通常是直接将注射器针头插入静脉血管内抽取，抽取的血液移至试管或其他容器时，注意不要用力压出，最好取下针头后轻轻推出，以防血球破裂使血浆或血清带有血色素。有时从毛细管采血（成人多从手指或耳垂取血，小儿多从脚趾取血）用于临床检验。

（2）血样的制备

测定血中毒物的浓度，通常是指测定血浆（Plasma）或血清（Serum）中的毒物浓度，而不是指全血（除非特殊情况下使用全血）。即，血浆和血清是体内毒物分析最常用的样本，其中选用最多的是血浆。因为当毒物在体内达到稳态血药浓度时，血浆中毒物浓度被认为与毒物在作用部位的浓度紧密相关，即血浆中的浓度可以反映污染物在体内（靶器官）的状况。血浆或血清的化学成分与组织液相近，内含毒物直接与组织液接触并达到平衡，测定血浆或血清中的毒物浓度比全血更能反映作用部位毒物浓度的变化，与毒物的临床作用有较好的对应关系。全血含有血球，污染物在血球内与血浆中的浓度比由于受各种因素的影响而变化；同时，血球膜及红血球中的血红蛋白（Hemoglobin）会妨碍毒物浓度的测定，故全血不宜作为作用部位毒物浓度的可靠指标。

① 血浆的制备

制备血浆时，是将采集的静脉血液置含有抗凝剂的试管中，混合后，以 2500～3000r/min 离心 5～10min 使与血球分离，所得淡黄色上清液即为血浆（Plasma）。

最常用的抗凝剂是肝素（Heparin）。肝素是一种含硫酸的粘多糖，常用其钠盐或钾盐。肝素能阻止凝血酶原转化为凝血酶，从而抑制纤维蛋白原转化为纤维蛋白。肝素是体内正常生理成分，因此不致改变血样的化学组成或引起药物的变化，一般不会干扰毒物的测定。通常 1mL 血液需用肝素 0.1～0.2mg 或 20IU 左右（1mg 相当于 126IU），实际应用时不必准确控制肝素的加入量，在取血前可取少量肝素钠溶液置试管等容器内，旋转试管，使肝素钠溶液均匀分布在试管壁上，干燥后加入血样后立即轻轻旋摇即可。其他抗凝剂是一些能与血液中的 $Ca^{2+}$ 结合的试剂，如：EDTA、枸橼酸盐、氟化钠、草酸等，它们可能引起待测组分发生变化或干扰某些毒物的测定，所以不常使用。

② 血清的制备

制备血清时，将采集的静脉血液置试管中，放置 30min～1h。由于激活了一系列凝血因子，血中的纤维蛋白原形成纤维蛋白，血液逐渐凝固。然后用细竹棒或玻璃棒轻轻剥去凝固在试管壁上的血饼，再在 2500～3000r/min 离心 5～10min，上层澄清的淡黄色液体即为血清。

血浆比血清的分离快，而且制取的量约为全血的 50%～60%（血清只为全血的 20%～40%），多数研究者喜用血浆进行分析测定。若血浆中含有的抗凝剂对毒物浓度测定有影响时，则应使用血清样品。

尽管血清的获得是经过"凝血"过程，但主要的蛋白（如白蛋白、球蛋白）的含量及其他成分均与血浆基本相同，只是血浆多含有一种纤维蛋白原。血纤维蛋白几乎不与污染物结合，因此，将血纤维蛋白原以血纤维蛋白形式被除去后所得血清与含有血纤维蛋白原的血浆中的毒物浓度通常是相同的（$C_{血浆} = C_{血清}$）。目前，作为血中毒物浓度测定的样品，血浆和血清可任意选用，并且测定毒物浓度的分析方法也可相互通用。但无论是采用血浆还是血清，现有的文献、资料所列的毒物浓度，都是指血浆或血清中的毒物总浓度（游离的和与血浆蛋白结合的总浓度）。

③ 全血的制备

将采集的血液置含有抗凝剂的试管中，但不经离心操作，保持血浆和血细胞处于均相，则称为全血（Whole Blood）。全血样品可冷冻、冷藏贮存或直接供分析。全血样品放置或自贮存处取出恢复室温之后，可明显分为上、下两层，上层为血浆、下层为血细胞，但轻微摇动即可混匀。

血样系由损伤性采样方式获得，因此取样量受到一定限制，而且血样采集比较麻烦，尤其是间隔时间较短的多次采血，病人或受试者因疼痛不愿配合；采血要由护士专门进行。这些是血样存在的缺点。

检验血液中的金属毒物及非金属毒物，如微量铅、汞、氟化物、酚等，对判断人或动物受危害情况具有重要意义。

**2. 尿液**

绝大多数毒物及其代谢产物主要由肾脏经膀胱、尿道随尿液排出。尿液收集方便，因此，尿检在医学临床检验中应用较广泛。

尿液中的排泄物一般早晨浓度较高，可一次收集，也可以收集 8h 或 24h 的尿样，测定结果为收集时间内尿液中污染物的平均含量。采集尿液的器具要先用稀硝酸浸泡洗净，再依次用自来水、蒸馏水清洗，烘干备用。采用尿样测定毒物浓度的目的与血液、唾液样品不同。尿药测定主要用于毒物的剂量回收、尿清除率研究。以及根据毒物剂量回收研究可以预测毒物的代谢过程及测定毒物的代谢类型（代谢速率，Metabolic Rate，MR）等。体内毒物的清除主要是通过尿液排出，毒物可以原型（母体药物）或代谢物及其缀合物（Conjugate）等形式排出。尿液中毒物浓度较高；收集量可以很大；因属于非损伤性采样方法（Noninvasive Method），所以收集也方便。但由于易受食物种类、饮水多少、排汗情况等影响，常使尿药浓度变化较大，一般以某一时间段或单位时间内尿中药物的总量（排泄量或排泄率）表示。

尿液主要成分是水、含氮化合物（其中大部分是尿素）及盐类。

健康人排出的尿液是淡黄色或黄褐色的，成人一日排尿量为 1～5L，尿液相对密度 1.005～1.020，pH 在 4.8～8.0 之间。放置后会析出盐类，并有细菌繁殖、固体成分的崩解，因而使尿液变混浊。因此，尿液必须加入适当防腐剂后保存。

采集的尿是自然排尿。尿包括随时尿、晨尿、白天尿、夜间尿及时间尿几种。因尿液浓度变化较大，所以应测定一定时间内排入尿中的药物总量。即应测定在规定的时间内采集的尿液（时间尿）体积和尿药浓度。如采集 24h 内的尿液时，一般在上午 8 时让患者排尿并弃去，再收集 8 时过后至次日上午 8 时排出的全部尿液并储存于干净的容器中，待测。采集一定时间段（如 12h，24h 等）尿液时，常用涂蜡的一次性纸杯或用玻璃杯，用量筒准确测量体积后放入储尿瓶，并做好记录。采集 24h 内尿液时，常用 2L 容量的带盖的广口玻璃瓶。

尿液中药物浓度的改变不能直接反映血药浓度，即与血药浓度相关性差；患者或受试者的肾功能正常与否直接影响毒物排泄，因而肾功能不良者不宜采用尿样；婴儿的排尿时间难以掌握；尿液不易采集完全并不易保存。这些是尿样的缺点。

**3. 唾液**

唾液的采集也是无损伤性的。一些药物的唾液浓度与血浆游离浓度呈现密切相关。另外，唾液样品也可用于药物动力学的研究。

（1）唾液和唾液腺

唾液是由腮腺、舌下腺和颌下腺三个主要的唾液腺分泌汇集而成的混合液体。在静息时，腮腺和颌下腺分泌的唾液占唾液总量的 90%。腮腺分泌水和一种催化淀粉分解的唾液淀粉酶；舌下腺与颌下腺分泌黏液质和浆液质的混合液。这些腺体由外颈动脉供血，在管系统中血流向与唾液流向相反，交感和副交感神经的兴奋控制血流和腺体活性。

（2）唾液的组成

正常成年人的唾液组成受时辰、饮食、年龄、性别及分泌速度变化等因素的影响，唾液分泌量每天大约为 1200mL，与细胞外液所含电解质相同，含有钠、钾、氯化物、碳酸氢盐、蛋白质和少量其他物质。唾液的 pH 范围为 6.2～7.4，当分泌增加，碳酸氢盐含量增高，pH 会更高。唾液中蛋白质的总量接近血浆蛋白质含量的 1/10，但这个值也会发生变化。

（3）唾液的采集

唾液的采集一般在漱口后约 15min 进行，应尽可能在刺激少的安静状态下进行，用插有漏斗的试管接收口腔内自然流出的唾液，采集的时间至少要 10min。若需专门收集某一腺体分泌的唾液，则需特制的器械（如引流腮腺分泌液用吸盘）分别收集。采集混合唾液时，若需要在短时间内得到较大量的唾液，也可采用物理的（如：嚼石蜡片、聚四氟乙烯或橡胶块、纱布球等）或化学的（如：将柠檬酸或维生素 C 放于舌尖上，弃去开始时的唾液后再取样）方法刺激。采样前采用一些方法刺激唾液分泌，其优点：① 缩短采样时间；② 减小唾液 pH 变化。因刺激而得到的唾液，其 pH 在 7.0 左右的较小范围内波动，而未经刺激所得到的唾液其 pH 变化范围较大。这对弱酸性或弱碱性药物的经唾液排泄是很重要的；③ 刺激后所得到的唾液，其唾液-血浆分布比率的个体差异小。

（4）唾液样品的制备及特点

唾液样品采集后，应立即测量其除去泡沫部分的体积。放置后分成泡沫部分、透明部分及乳白色沉淀部分三层。分层后，以 3000r/min 离心 10min，取上清液作为毒物浓度测定的样品，可以供直接测定或冷冻保存。

在样品制备过程中的离心分离操作，不仅可以除去唾液中的黏蛋白的影响，同时也除去唾液中残渣或沉淀物对毒物测定的影响。

唾液样品易于采集，患者或受试者易于接受。唾液样品的采集方法，与血浆或血清的采集相比，可避免针头穿刺血管时引起的感染，是一种非伤害性方法；而且，唾液的采集不受时间、地点限制，一般灵敏度较高的血药浓度测定方法可以直接或稍加改进后用于唾液药物浓度的测定。

与毛发样品一样，唾液样品也可以用于有关药物滥用的研究。毛发样品可似检查出病人在 1～3 月内滥用药物的情况，而唾液样品只能检查出病人近几天的情况，但在采集毛发样品不便时，采集唾液样品也是可行的。同时唾液样品也可以用于生物体内的微量元素，如某些金属离子的检测。

**4. 组织**

采用动物的组织和脏器作为检验样品，对调查研究环境污染物在吸收、分布、代谢、排泄等体内过程以及肌体内的蓄积、毒性和环境毒理学等方面的研究都有一定的意义。但是，组织和脏器的部位复杂，且柔软、易破裂混合，因此取样操作要细心。

常常需要采集肝、肾、肺、胃、脑等脏器及其他组织进行检测。这些脏器组织样品在测定之前，首先需均匀化制成水基质匀浆溶液，然后再用适当方法萃取。以肝为检验样品时，应剥取被膜，取右叶的前上方表面下几公分纤维组织丰富的部位作样品。检验肾时，剥去被膜，分别取皮质和髓质部分作样品，避免在皮质与髓质结合处采样。其他如心、肺、等部位组织，根据需要，都可作为检验样品。

检验较大的个体动物受污染情况时，可在躯干的各部位切取肌肉片制成混合样。

采集组织和脏器样品后，应放在组织捣碎机中捣碎、混匀，制成浆状鲜样备用。

组织样品处理的方法一般有以下几种：

（1）匀浆化法

组织样品中加入一定量的水或缓冲液，在刀片式匀浆机中匀浆，使待测药物释放、溶解，分取上清液供萃取用。该法最为简单，但对大多数药物（或毒物）的回收率低。

（2）沉淀蛋白法

在组织匀浆液中加入蛋白沉淀剂（如，甲醇、乙腈、高氯酸、三氯醋酸、钨酸钠-硫酸、硫酸锌-氢氧化钠等）。蛋白质沉淀后取上清液供萃取用。该法操作简单，但有些药物（或毒物）回收率低。

组织匀浆液直接分取上清液法和组织匀浆液加入蛋白沉淀剂后分取上清液法是两种操作极为相似的简便快速方法。加入蛋白沉淀剂所得的上清液通常清澈透明，萃取后制得的供试液干扰物较少，因此常被采用。对于某些水中难溶的药物。也可使用水（或缓冲液）-甲醇混合溶液进行组织匀浆，以提高回收率。

（3）酸水解或碱水解

组织匀浆中加入一定量的酸或碱，置水浴中加热，待组织液化后，过滤或离心，取上清液供萃取用。酸或碱水解只分别适合在热酸或热碱条件下稳定的少数药物（或毒物）的测定。

（4）酶水解法

组织匀浆中加入一定量酶和缓冲液，在一定温度下水解一定时间，待组织液化后，过滤或离心。取上清液供萃取用。

最常用的酶是蛋白水解酶中的枯草菌溶素。它不仅可使组织溶解，并可使药物释出。枯草菌溶素是一种细菌性碱性蛋白分解酶，可在较宽的 pH 范围（pH7.0～11.0）内使蛋白质的肽键降解，在 50～60℃具有最大活力。

酶解法操作简便，先将待测组织加 Tris 缓冲液（pH10.5）及酶，60℃培育 1h，用玻璃棉过滤，得澄清溶液，即可供药物提取用。

酶解法的优点是可避免某些药物在酸及高温下降解；对与蛋白质结合紧密的药物可显著改善回收率；可用有机溶剂直接提取酶解液而无乳化现象生成；当采用 HPLC 法检测时，无需再进行过多的净化操作。酶解法的主要问题是不适用于在碱性下易水解的药物。

**5. 毛发和指甲**

蓄积在毛发和指甲中的污染物质残留时间较长，即使已脱离与污染物接触或停止摄入污染食物，血液和尿液中污染物含量已下降，而在毛发和指甲中仍容易检出。头发中的汞、砷等含量较高，样品容易采集和保存，故在医学和环境分析中应用较广泛。人发样品一般采集2～5g，男性采集枕部发；女性原则上采集短发。采样后，用中性洗涤剂洗涤，去离子水冲洗，最后用乙醚或丙酮洗净，室温下充分晾干后保存备用。

头发样品的取样方便、无伤害、受试者顺应性好，样品的掺伪可能性低，并且可以再次获得；对某些特定的代谢物进行测定，结果能将滥用药物和临床药物相区别；能得到数月至数年中用药的情况。但分析样品的预处理繁杂、干扰多；分析对象的含量低，需要精密仪器测定。

头发样品分析的主要优势在于可以获得尿液分析所不能获得的长期的用药史信息，并可以和临床药物的正常使用情况区分。

头发样品可用于体内微量元素的含量测定；也可用于用药史的估计、临床用药物和非法滥用药物的甄别以及毒性药物的检测。

（1）头发构造及药物进入头发的过程

头发露出皮肤的部分叫毛干，皮肤内的部分叫毛根。毛根的尖端呈球型叫毛球。毛球上有乳头型管叫毛乳头，是产生头发和供给生长的营养源。头发的中心是毛髓，周围是毛细胞物质，最外层是毛外皮。头发的生长是通过毛根的毛细血管给毛乳头供应营养，药物就是从这些毛细血管进入头发细胞中的。头发由毛球内的毛乳头的毛母细胞边生长边角质化而形成的，细胞中的药物便留在了头发当中。

（2）头发的性质

头发生长速度与头发的部位和营养成分的供应及时间、季节等因素有关。头发主要具有如下性质：

① 广谱性。头发是药物代谢产物及微量元素的排泄器官之一，它所含有的氨基酸、蛋白质及脂肪中有氧、氮、硫、磷等配位原子，能结合几乎所有的金属元素，具有明显的广谱性。

② 积累性。头发生长速度为 $0.2 \sim 0.3 mm/d$，白天和春秋长得快，晚上与冬夏生长较慢。只要毛乳头不消失就会不断地使头发再生。头发平均寿命为 4 年，通常 1 个月理发 1 次，每次发量 10g。因此，在如此长的时间内可以充分富集各种代谢成分，其浓度明显高于短时间排泄的尿及其他体液，即有明显的积累性。

③ 稳定性。头发水分含量比较小，其角蛋白基质的胱氨酸含量达 $10\% \sim 14\%$。例如，已发现的众多古尸，大部分器官都腐败、甚至消失，而头发都完好，即稳定性好。

④ 依时性。由于过渡金属元素的硫化物的溶度积小及巯基络合物的稳定常数大，所以一旦经过毛囊被固定就不易再变。头发样品可以反映微量元素在人体内某个时期积累情况，具有履历性质。例如为了研究发汞随头发生长而变化的动态过程，可将头发从头皮起按一定长度切段分析，结果证明发汞含量变化与接触汞的历史同步。

⑤ 相关性。头发中某一元素含量与人体内部器官对该元素的富集有关。如，印度已婚妇女常在前额点珠红印记，其中的铅通过母体吸收，影响胎儿，其胎发铅含量为正常人的数百倍；再如，有研究报道，贫血者头发 Fe、Zn、Cu 均低于正常人。

⑥ 指纹性。从头发的微量元素含量可以推出环境污染、食物构成、血型等；结合物理及生物鉴别，还可对表皮、髓质的形态及细胞结构作出判断，因此可以得到性别、大致年龄、种族、居住地环境、饮食习惯、职业特征以至遗传基因等信息。

（3）头发的采集与洗涤

头发样品的采集要有代表性和同一性。代表性反映真实情况，同一性便于比较。如果用发样中的待测组分含量作为生物监测指标，刚采集头发样品时应做到：① 向受试者问诊，包括：年龄、性别和种；职业和履历；生存环境及生活习惯。② 记录所采集头发的情况，包括：长度和位置；采取日期；采样重量。③ 特殊情况要查问受试者有否疾病以及病历等相关信息。

微量元素在前额部位的头发中含量最低、枕部含量最高，也有人试验发现吗啡含量与微量元素在头发中的分布规律相同。所以，为达到较好的准确度，应以从枕部取样为佳。

① 头发样品的采集

一般是先用梳子充分梳理后采集，采取的部位均为枕部。采集的方式国内外略有不同，国外一般在枕部取 6～10 缕不同部位的发丝，用线系住，从发根部（靠近头皮）剪断。然后将超过 12cm 长的发丝均按 12cm 剪取，剩余末端作单独处理；国内则多数取枕后部离发根约 1cm 处剪取 0.5～1g 的头发，也有采集理发后随机收集的短发作为分析样品。

② 头发样品的洗涤

人体摄取的药物主要由血液运送至头发，但头发表面会被汗液、染发剂、香水、香皂、发油和发蜡及环境尘垢等物质污染，测定前应洗净头发。对头发洗涤时所采用的理想清洗剂应除去外源性污染物，而对头发内药物、微量元素等不起化学反应。

洗涤用的试剂及洗涤方法有：A. 国际原子能委员会（IAEA）推荐使用的丙酮-水-丙酮：丙酮浸泡、搅拌 10min，用自来水漂洗 3 次，再用丙酮浸泡、搅拌 10min，再用自来水、蒸馏水各洗 3 次；B. 丙酮-洗涤剂：丙酮预洗，然后用 5％洗洁精洗涤数次或用洗衣粉浸泡 1h（无需搅拌），再用自来水、蒸馏水各漂洗数次；C. 其他有机溶剂或表面活性剂，如：甲醇、二氯甲烷、0.05％～0.1％的十二烷基硫酸钠（SDS）溶液等。采用任何一种溶剂或洗涤剂都需反复清洗 2～3 次。

采用上述洗涤方法是否能真正除去外部污染或是否能溶出头发中摄取的药物，尚难断言。有研究表明，外部污染的清除是一个非常缓慢的过程，几乎没有一种溶剂能清除所有的污染。外部污染清除的百分率受头发的种类的影响。深黑色的头发最难被清洗干净。如染发剂和头发的结合随头发种类的不同而改变，其中深黑色头发吸收最多、而浅棕色头发吸收得最少。

对清洗方法的判定，可用下法考察：先对空白头发进行人为的污染，然后将样品平均分成 2 份，取其中一份用要考察的方法清洗，另一份用标准方法清洗，在平行条件下处理 2 份样品，并进行测定，以测定结果判断清洗方法的可行性。

（4）头发样品的制备

① 头发中毒物的提取法

常用的方法有：直接用甲醇提取；酸水解（0.1mol/L）；碱水解（1mol/L 氢氧化钠）；酶水解（β-葡糖苷酸酶/芳基硫酸酯酶）。以上四种方法各有特点：后二种方法基本上使头发全部溶解，在形成均一溶液后提取，所以可采用与尿液样品相同的方法进行提取，但头发中基质以及黑色素等的干扰在应用时也应考虑在内；碱水解对于一些碱性下不稳定的药物不适合；甲醇提取的方法简单、省时、省力，但由于甲醇的强溶解能力，会引入许多干扰物使检测的背景增加。酸水解是最常用的方法。

另外，随着超临界流体萃取技术（SFE）的发展，SFE 也应用于头发中滥用药物检测。

② 头发样品的有机破坏法

有机破坏方法，一般包括湿法破坏、干法破坏及氧瓶燃烧法三种方法。

A. 湿法破坏

根据所用试剂的不同，湿法破坏包括硝酸-高氯酸法、电热消化器法、电热板消化法及烘箱消化法等。

a. 硝酸-高氯酸法：本法破坏能力强，反应比较激烈。故进行破坏时，必须注意切勿将容器中的内容物蒸干，以免发生爆炸。

本法适用于血、尿、组织等生物样品的破坏。经本法破坏后，所得的无机金属离一般为高价态。本法对含氮杂环类有机物的破坏不够完全，此时宜选用干法灼烧进行破坏。

关于样品的取用量，应视被测含金属有机物中所含金属元素的量和破坏后所用测定方法而定。一般来说，含金属元素量在 $10\sim100\mu g$ 范围内时，取样量为 10g；如果测定方法灵敏度较高，取样量可相应减少。一般血样 $10\sim15mL$ 或尿样 50mL。

b. 电热消化器法：本法适合人发样品的破坏。其操作方法：精密称取 0.2g 发样放入 25mL 具塞试管，加 $2mLHNO_3$ 放置过夜，次日晨放在电热消化器内，70℃ 1h，泡沫消失后，升温至 100℃，3h，再升温至 150℃，3h，待酸剩余约 1mL，溶液呈淡黄色取下，放冷、定容。

c. 电热板消化法：本法适合人发样品的破坏。其操作方法：精密称取 0.2g 发样，放入 50mL 具塞锥形瓶中，用可调定量加样器加 $5mLHNO_3\text{-}HClO_4$ 混合液（2∶1；V/V）放置过夜（盖上塞子），次日晨放在电热板上加热至透明，再继续高温（>200℃）加热蒸发至近干，出现白色干渣，取下冷至室温，蒸馏水溶解，定容即可。

d. 烘箱消化法：本法适合人发样品的破坏。其操作方法：取一定量（0.1g）发样，加入聚四氟乙烯罐内，加入 1mL 的 $HNO_3$，套上不锈钢外套，拧紧，放入烘箱，温度>160℃后加热 2h，取出，放冷，溶液呈黄色，定容即可。

B. 干法破坏

a. 高温电阻炉灰化法：本法适合人发样品的破坏。其操作方法：取发样放入石英坩埚中，在 300℃ 的马弗炉中碳化 6h，取出冷至室温，加浓 $HNO_3$，红外灯下烘干，再于 450℃ 马弗炉中灰化 15h，取出冷至室温，加适当浓度的盐酸，定容。

b. 低温等离子灰化法：本法适合人发样品的破坏。其操作方法：取发样放入烧杯中放在低温等离子灰化盘内，2d，完全变成白灰。关机后取出，定容。

在以上的各种消化方法中，最常用的是电热板消化法和高温电阻炉灰化法。

C. 氧瓶燃烧法

本法是快速分解有机物的简单方法，它不需要复杂设备，就能使有机化合物中的待测元素定量分解成离子型。本法适合破坏血样、人发样品等。

a. 仪器装置［参见《中国药典》（2015 版）附录］。

b. 称样

血浆：将 1mL 血浆分次点于无灰滤纸上，60℃烘干，按规定折叠后，固定于铂丝下端的螺旋处，使尾部露出。

发样：可将洗涤干净并烘干（60~80℃烘箱）的人发剪碎，称取 0.1~0.3g 置无灰滤纸中心，按规定折叠后，固定于铂丝下端的螺旋处，使尾部露出。实验证明，取发样<100mg时，一次燃烧完全、彻底；取发样在 100~300mg 时，则可采用两次燃烧的方法使之燃烧完全。

c. 燃烧分解操作法［参见《中国药典》（2015 版）附录］。

d. 吸收液的选择：根据被测物质的种类及所用分析方法来选择合适的吸收液。用卤素、硫、硒等的含量测定的吸收液多数是水或水与氢氧化钠的混合液，少数是水-氢氧化钠-浓过氧化氢的混合液或硝酸溶液（1+29）。

**6. 其他液体样品**

其他比较重要的生物样品是乳汁和精液。平时较少用作生物样品，而当患者长时间用药或处于 POPs 污染严重地区时，除了在河流、土壤、底泥、污泥中可检测到药物或是某些在环境中很难被降解的有机物，在人体血液和母乳中也可检测到 ng/g 级别的有机物，能够沿食物链在生物体内富集放大。

（1）乳汁

一个服药母亲的乳汁中的药物浓度与血中药物浓度成比例，母亲服药后药物则分布到乳汁中，那么，吮吸乳汁的新生儿或乳儿就摄取了药物。因为新生儿或乳儿的代谢及排泄功能尚未成熟，所以有可能出现药物对小儿的影响。

分娩后的初乳（分娩后 1～7d）很少，成乳（分娩 7～10d 以后）1 日可分泌 1～1.5L，初乳和成乳的比重、pH、蛋白质、乳糖量等均不相同。脂肪量的个体差异大，采集乳汁时应用市售的吸奶器。必须注意的一点是：在样品保存时。乳汁容易变性，即在保存过程中有细菌繁殖、自然氧化、成分的分解变质等情况发生。一般长期保存时，要在 -20℃ 以下冷冻。测定时用流水缓缓解冻。在家庭用冰箱中即使于 5℃ 以下也只能保存 1～2d。将原乳汁以 3000r/min 离心分离 15～30min 时，最上层变成黄白色的脂肪，中间层变成浅白色混浊的脱脂乳，下层是白血球及其他细渣等少量沉淀。在脱脂乳层中含有酪蛋白和约 0.2% 以下的脂肪。为了除去酪蛋白及脂肪，还必须进一步进行超速离心分离。若乳汁中含有大量酪蛋白和脂肪时，必须经多次操作除去之。

（2）精液

近年，已见有关精液中药物浓度与血中药物浓度的动力学研究的报告。长期服药的男性精液中含有被排泄的药物，因此认为这会影响精子的运动性及受精能力，从而对配偶产生影响。

精液由精子和精浆组成。正常人一次射精液量为 1～6mL，平均为 2.6mL。采集时使用小广口瓶。采集到的精液用 10mL 灭菌注射器测量采集量。正常精液的 pH 是 7.35～7.50（或 7.05～7.41），但放置后由于精子的降糖作用，使 pH 倾向于酸性。精液的保存如同进行人工受精时长期保存一样，需要冷冻保存。

（3）其他体液

在研究药物的吸收、分布及中毒状态下的药物浓度时，有时采用动物（家兔）的泪液、房水、玻璃体、脑脊液等生物样品进行测定。可用滤纸采集活兔的泪液；从被处死的或给药后中毒死亡的家兔的脑、眼抽取脑脊液、房水、璃璃体等。根据待测药物的性质，应用有机溶媒萃取。或衍生化后有机溶媒萃取、或除去蛋白后制成供试液测定。

### 7. 水产食品

水产品如鱼、虾、贝类等是人们常吃的食物，也是水污染物进入人体的途径之一。

样品从监测区域内水产品产地或最初集中地采集。一般采集产量高、分布范围广的水产品，所采品种尽可能齐全，以较客观地反映水产食品的被污染水平。

从对人体的直接影响考虑，一般只取水产品的可食部分进行检测。对于鱼类，先按种类和大小分类，取其代表性的尾数（如大鱼 3～5 条，小鱼 10～30 条），洗净后沥去水分，去除鱼鳞、鳍、内脏、皮、骨等，分别取每条鱼的厚肉制成混合样，切碎、混匀，或用组织捣碎机捣碎成糊状，立即分析或贮存于样品瓶中，置于冰箱内备用。对于虾类，将原样品用水洗净，剥去虾头、甲壳、肠腺，分别取虾肉捣碎制成混合样；对于毛虾，先捡出原样中的杂草、砂石、小鱼等异物，晾至表面水分刚尽，取整虾捣碎制成混合样。贝类或甲壳类，先用水冲洗去除泥沙，沥干，再剥去外壳，取可食部分制成混合样，并捣碎、混匀，制成浆状鲜样备用。对于海藻类如海带，选取数条洗净，沿中央筋剪开，各取其半，剪碎混匀制成混合样，按四分法缩分至 100～200g 备用。

# 9.3　生物样品中典型污染物的分析

## 9.3.1　中药材中重金属的分析

本方法依据《中华人民共和国药典》（2015 版）第四部通则 2321 测定药材中的重金属。

**1. 方法原理**

本方法系采用原子吸收分光光度法测定中药中的铅、镉、砷、汞、铜，采用湿式或干式消解的方法，使试样中的待测元素全部进入试液。然后，将试液分别注入石墨炉中，测定铅和镉；注入氢化物发生器中，测定砷和汞；注入火焰原子化器中测定铜。

**2. 适用范围**

本标准规定了中药材中铅、镉、砷、汞、铜的分析方法。

**3. 试剂与设备**

除非另有说明，分析时均使用符合国家标准的分析纯试剂和实验用水。

原子吸收分光光度计（配有火焰、石墨炉、氢化物原子化器）、微波消解器、电热板、马弗炉；

铅、镉、砷、汞、铜单元素标准溶液；

硝酸、盐酸、高氯酸：色谱纯；

水为新制去离子水。

（1）铅的测定（石墨炉法）

① 测定条件：波长 283.3nm，干燥温度 100～120℃，持续 20s；灰化温度 400～750℃，持续 20～25s；原子化温度 1700～2100℃，持续 4～5s。

② 铅标准贮备液的制备：精密量取铅单元素标准溶液适量，用 2% 硝酸溶液稀释，制成每 1mL 含铅（Pb）1$\mu$g 的溶液，即得（0～5℃贮存）。

③ 标准曲线的制备：分别精密量取铅标准贮备液适量，用 2% 硝酸溶液制成每 1mL 分别含铅 0ng、5ng、20ng、40ng、60ng、80ng 的溶液。分别精密量取 1mL，精密加含 1% 磷酸二氢铵和 0.2% 硝酸镁的溶液 0.5mL，混匀，精密吸取 20$\mu$L 注入石墨炉原子化器，测定吸光度，以吸光度为纵坐标，浓度为横坐标，绘制标准曲线。

④ 供试品溶液的制备

A 法：取供试品粗粉 0.5g，精密称定，置聚四氯乙烯消解罐内，加硝酸 3～5mL，混匀，浸泡过夜，盖好内盖，旋紧外套，置适宜的微波消解炉内，进行消解（按仪器规定的消解程序操作）。消解完余后，取消解内罐置电热板上缓缓加热至红棕色蒸气挥尽，并继续缓缓浓缩至 2～3mL，放冷，用水转入 25mL 量瓶中，并稀释至刻度，摇匀，即得。同法同时制备试剂空白溶液。

B 法：取供试品粗粉 1g，精密称定，置凯氏烧瓶中，加硝酸-高氯酸（4∶1）混合溶液 5～10mL，混匀，瓶口加一小漏斗，浸泡过夜。置电热板上加热消解，保持微沸，若变棕黑色，再加硝酸-高氯酸（4∶1）混合溶液适量，持续加热至溶液澄明后升高温度，继续加热至冒浓烟，直至白烟散尽，消解液呈无色透明或略带黄色，放冷，转入 50mL 量瓶中，用 2%硝酸溶液洗涤容器，洗液合并于量瓶中，并稀释至刻度，摇匀，即得。同法同时制备试剂空白溶液。

C 法：取供试品粗粉 0.5g，精密称定，置瓷坩埚中，于电热板上先低温炭化至无烟，移入高温炉中，于 500℃灰化 5～6h（若个别灰化不完全，加硝酸适量，于电热板上低温加热，反复多次直至灰化完全），取出冷却，加 10%硝酸溶液 5mL 使溶解，转入 25mL 量瓶中，用水洗涤容器，洗液合并于量瓶中，并稀释至刻度，摇匀，即得。同法同时制备试剂空白溶液。

⑤ 测定法：精密量取空白溶液与供试品溶液各 1mL，精密加含 1%磷酸二氢铵和 0.2%硝酸镁的溶液 0.5mL，混匀，精密吸取 10～20μL，照标准曲线的制备项下方法测定吸光度，从标准曲线上读出供试品溶液中铅（Pb）的含量，计算，即得。

（2）镉的测定（石墨炉法）

① 测定条件：波长 228.8nm，干燥温度 100～120℃，持续 20s；灰化温度 300～500℃，持续 20～25s；原子化温度 1500～1900℃，持续 4～5s。

② 镉标准贮备液的制备：精密量取镉单元素标准溶液适量，用 2%硝酸溶液稀释，制成每 1mL 含镉（Cd）1mg 的溶液，即得（0～5℃贮存）。

③ 标准曲线的制备：分别精密量取镉标准贮备液适量，用 2%硝酸溶液稀释制成每 1mL 分别含镉 0ng、0.8ng、2.0ng、4.0ng、6.0ng、8.0ng 的溶液。分别精密吸取 10μL，注入石墨炉原子化器，测定吸光度，以吸光度为纵坐标、浓度为横坐标，绘制标准曲线。

④ 供试品溶液的制备：同铅测定项下供试品溶液的制备。

⑤ 测定法：精密吸取空白溶液与供试品溶液各 10～20μL，照标准曲线的制备项下方法测定吸光度（若供试品有干扰，可分别精密量取标准溶液、空白溶液和供试品溶液各 1mL，精密加含 1%磷酸二氢铵和 0.2%硝酸镁的溶液 0.5mL，混匀，依法测定），从标准曲线上读出供试品溶液中镉（Cd）的含量，计算，即得。

（3）砷的测定（氢化物法）

① 测定条件：采用适宜的氢化物发生装置，以含 1%硼氢化钠和 0.3%氢氧化钠溶液（临用前配制）作为还原剂，盐酸溶液（1＋99）为载液，氮气为载气，检测波长为 193.7nm。

② 砷标准贮备液的制备：精密量取砷单元素标准溶液适量，用 2%硝酸溶液稀释，制成每 1mL 含砷（As）1μg 的溶液，即得（0～5℃贮存）。

③ 标准曲线的制备：分别精密量取砷标准贮备液适量，用 2%硝酸溶液稀释制成每 1mL 分别含砷 0ng、5ng、10ng、20ng、30ng、40ng 的溶液。分别精密量取 10mL，置 25mL 量瓶中，加 25%碘化钾溶液（临用前配制）1mL，摇匀，加 10%抗坏血酸溶液（临用前配制）1mL，摇匀，用盐酸溶液（20＋80）稀释至刻度，摇匀，密塞，置 80℃水浴中加热 3min，取出，放冷。取适量，吸入氢化物发生装置，测定吸收值，以峰面积（或吸光度）为纵坐标，浓度为横坐标，绘制标准曲线。

④ 供试品溶液的制备：同铅测定项下供试品溶液的制备中的 A 法或 B 法制备。

⑤ 测定法：精密吸取空白溶液与供试品溶液各 10mL，照标准曲线的制备项下，自"加 25%碘化钾溶液（临用前配制 1mL）"起，依法测定。从标准曲线上读出供试品溶液中砷（As）的含量，计算，即得。

（4）汞的测定（冷蒸气吸收法）

① 测定条件：采用适宜的氢化物发生装置，以含 0.5％硼氢化钠和 0.1％氢氧化钠的溶液（临用前配制）作为还原剂，盐酸溶液（1＋99）为载液，氮气为载气，检测波长为 253.6nm。

② 汞标准贮备液的制备：精密量取汞单元素标准溶液适量，用 2％硝酸溶液稀释，制成每 1mL 含汞（1μg 的溶液，即得（0～5℃贮存）。

③ 标准曲线的制备：分别精密量取汞标准贮备液 0mL、0.1mL、0.3mL、0.5mL、0.7mL、0.9mL，置 50mL 量瓶中，加 20％硫酸溶液 10mL、5％高锰酸钾溶液 0.5mL，摇匀，滴加 5％盐酸羟胺溶液至紫红色恰消失，用水稀释至刻度，摇匀。取适量，吸入氢化物发生装置，测定吸收值，以峰面积（或吸光度）为纵坐标、浓度为横坐标，绘制标准曲线。

④ 供试品溶液的制备

A 法：取供试品粗粉 0.5g，精密称定，置聚四氟乙烯消解罐内，加硝酸 3～5mL，混匀，浸泡过夜，盖好内盖，旋紧外套，置适宜的微波消解炉内进行消解（按仪器规定的消解程序操作）。消解完全后，取消解内罐置电热板上，于 120℃缓缓加热至红棕色蒸气挥尽，并继续浓缩至 2～3mL，放冷，加 20％硫酸溶液 2mL、5％高锰酸钾溶液 0.5mL，摇匀，滴加 5％盐酸羟胺溶液至紫红色恰消失，转入 10mL 量瓶中，用水洗涤容器，洗液合并于量瓶中，并稀释至刻度，摇匀，必要时离心，取上清液，即得。同法同时制备试剂空白溶液。

B 法：取供试品粗粉 1g，精密称定，置凯氏烧瓶中，加硝酸-高氯酸（4：1）混合溶液 5～10mL，混匀，瓶口加一小漏斗，浸泡过夜，置电热板上，于 120～140℃加热消解 4～8h（必要时延长消解时间，至消解完全），放冷，加 20％硫酸溶液 5mL、5％高锰酸钾溶液 0.5mL，摇匀，滴加 5％盐酸羟胺溶液至紫红色恰消失，转入 25mL 量瓶中，用水洗涤容器，洗液合并于量瓶中，并稀释至刻度，摇匀，必要时离心，取上清液，即得。同法同时制备试剂空白溶液。

⑤ 测定法：精密吸取空白溶液与供试品溶液适量，照标准曲线制备项下的方法测定。从标准曲线上读出供试品溶液中汞（Hg）的含量，计算，即得。

（5）铜的测定（火焰法）

① 测定条件：波长为 324.7nm，采用空气-乙炔火焰，必要时进行背景校正。

② 铜标准贮备液的制备：精密量取铜单元素标准溶液适量，用 2％硝酸溶液稀释，制成每 1mL 含铜（Cu）10μg 的溶液，即得（0～5℃贮存）。

③ 标准曲线的制备：分别精密量取铜标准贮备液适量，用 2％硝酸溶液制成每 1mL 分别含铜 0μg、0.05μg、0.2μg、0.4μg、0.6μg、0.8μg 的溶液。依次喷入火焰，测定吸光度，以吸光度为纵坐标、浓度为横坐标，绘制标准曲线。

④ 供试品溶液的制备：同铅测定项下供试品溶液的制备。

⑤ 测定法：精密吸取空白溶液与供试品溶液适量，照标准曲线的制备项下的方法测定。从标准曲线上读出供试品溶液中铜（Cu）的含量，计算，即得。

## 9.3.2　中药材中残留农药的分析

本方法依据《中华人民共和国药典》（2015 版）第四部通则（以下简称《通则》）2341测定药材中的农药残留量。

### 1. 方法原理

本方法系用气相色谱法（《通则》0521）和质谱法（《通则》0431）测定药材、饮片及制剂中部分农药残留量。采用有机溶剂萃取的方法，使试样中的待测残留农药全部进入试液。然后，将试液分别注入气相色谱仪、气相色谱-质谱仪或液相色谱-质谱仪中测定中药材中残留的有机氯农药、有机磷农药和拟除虫菊酯类农药。

### 2. 适用范围

本标准规定了中药材中残留的有机氯农药、有机磷农药和拟除虫菊酯类农药的分析方法。图 9-3 为几类典型农药的结构式。

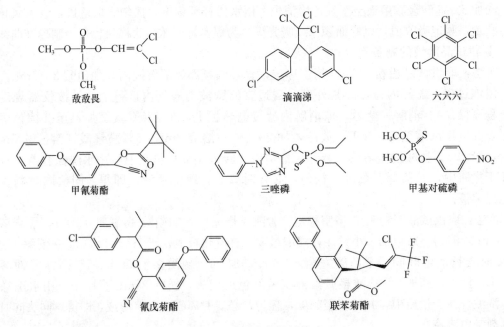

敌敌畏　　　　　　　　　滴滴涕　　　　　　　　　六六六

甲氰菊酯　　　　　　　　三唑磷　　　　　　　　　甲基对硫磷

氰戊菊酯　　　　　　　　　　　　　　联苯菊酯

图 9-3　典型农药的结构式

### 3. 试剂与设备

除非另有说明，分析时均使用符合国家标准的分析纯试剂和实验用水。

气相色谱仪、气相色谱-质谱仪、液相色谱-质谱仪、旋转蒸发仪。

有机氯农药、有机磷农药和拟除虫菊酯类农药的标准溶液。

### 4. 测定分析

**方法一　有机氯类农药残留量测定法-色谱法**

（1）9 种有机氯类农药残留量测定法

① 色谱条件与系统适用性试验

以（14%氰丙基-苯基）甲基聚硅氧烷或（5%苯基）甲基聚硅氧烷为固定液的弹性石英毛细管柱（30m×0.32mm×0.25ftm），$^{63}$Ni-ECD 电子捕获检测器。进样口温度 230℃，检测器温度 300℃，不分流进样。程序升温：初始 100℃，每分钟 10℃升至 220℃，每分钟 8℃升至 250℃，保持 10min。理论板数按 α-BHC 峰计算应不低于 $1×10^6$，两个相邻色谱峰的分离度应大于 1.5。

② 对照品贮备溶液的制备

精密称取六六六（BHC）（α-BHC、β-BHC、γ-BHC、δ-BHC）、滴滴涕（DDT）

（$p,p'$-DDD、$p,p'$-DDE、$o,p'$-DDT、$p,p'$-DDT）及五氯硝基苯（PCNB）农药对照品适量，用石油醚（60～90℃）分别制成每1mL约含4～5μg的溶液，即得。

③ 混合对照品贮备溶液的制备

精密量取上述各对照品贮备液 0.5mL，置 10mL 量瓶中，用石油醚（60～90℃）稀释至刻度，摇匀，即得。

④ 混合对照品溶液的制备

精密量取上述混合对照品贮备液，用石油醚（60～90℃）制成每 1L 分别含 0μg、1μg、5μg、10μg、50μg、100μg、250μg 的溶液，即得。

⑤ 供试品溶液的制备

药材或饮片取供试品，粉碎成粉末（过三号筛），取约 2g，精密称定，置 100mL 具塞锥形瓶中，加水 20mL 浸泡过夜，精密加丙酮 40mL，称定重量，超声处理 30min，放冷，再称定重量，用丙酮补足减失的重量，再加氯化钠约 6g，精密加二氯甲烷 30mL，称定重量，超声处理 15min，再称定重量，用二氯甲烷补足减失的重量，静置（使分层），将有机相迅速移入装有适量无水硫酸钠的 100mL 具塞锥形瓶中，放置 4h。精密量取 35mL，于 40℃ 水浴上减压浓缩至近干，加少量石油醚（60～90℃），如前反复操作至二氯甲烷及丙酮除净，用石油醚（60～90℃），溶解并转移至 10mL 具塞刻度离心管中，加石油醚（60～90℃）精密稀释至 5mL，小心加入硫酸 1mL，振摇 1min，离心（3000r/min）10min，精密量取上清液 2mL，置具刻度的浓缩瓶中，连接旋转蒸发器，40℃ 下（或用氮气）将溶液浓缩至适量，精密稀释至 1mL，即得。

制剂取供试品，研成细粉（蜜丸切碎，液体直接量取），精密称取适量（相当于药材 2g），以下按上述供试品溶液制备法制备，即得供试品溶液。

⑥ 测定法

分别精密吸取供试品溶液和与之相对应浓度的混合对照品溶液各 1μL，注入气相色谱仪，按外标法计算供试品中 9 种有机氯农药残留量。

（2）22 种有机氯类农药残留量测定法

① 色谱条件及系统适用性试验

分析柱：以 50％苯基-50％二甲基聚硅氧烷为固定液的弹性石英毛细管柱（30m×0.25mm×0.25μm），验证柱：以 100％二甲基聚硅氧烷为固定液的弹性石英毛细管柱（30m×0.25mm×0.25μm），$^{63}$Ni-ECD 电子捕获检测器。进样口温度 240℃，检测器温度 300℃，不分流进样，流速为恒压模式（初始流速为 1.3mL/min）。程序升温：初始 70℃，保持 1min，每分钟 10℃ 升至 180℃，保持 5min，再以每分钟 5℃ 升至 220℃，最后以每分钟 100℃ 升至 280℃，保持 8min。理论板数按 α-BHC 计算应不低于 $1×10^6$，两个相邻色谱峰的分离度应大于 1.5。

② 对照品贮备溶液的制备

精密称取表 9-4 中农药对照品适量，用异辛烷分别制成表 9-4 中浓度，即得。

表 9-4　22 种有机氯类农药对照品贮备液浓度、相对保留时间及检出限参考值

| 序　号 | 中文名 | 对照品贮备液/<br>（mg/mL） | 相对保留时间/<br>（分析柱）/min | 检出限/<br>（mg/kg） |
|---|---|---|---|---|
| 1 | 六氯苯 | 100 | 0.574 | 0.001 |
| 2 | α-六六六 | 100 | 0.601 | 0.004 |

| 序　号 | 中文名 | 对照品贮备液/<br>(mg/mL) | 相对保留时间/<br>(分析柱)/min | 检出限/<br>(mg/kg) |
|---|---|---|---|---|
| 3 | 五氯硝基苯 | 100 | 0.645 | 0.007 |
| 4 | γ-六六六 | 100 | 0.667 | 0.003 |
| 5 | β-六六六 | 200 | 0.705 | 0.008 |
| 6 | 七氯 | 100 | 0.713 | 0.007 |
| 7 | δ-六六六 | 100 | 0.750 | 0.003 |
| 8 | 艾氏剂 | 100 | 0.760 | 0.006 |
| 9 | 氧化氯丹 | 100 | 0.816 | 0.007 |
| 10 | 顺式环氧七氯 | 100 | 0.833 | 0.006 |
| 11 | 反式环氧七氯 | 100 | 0.844 | 0.005 |
| 12 | 反式氯丹 | 100 | 0.854 | 0.005 |
| 13 | 顺式氯丹 | 100 | 0.867 | 0.008 |
| 14 | α-硫丹 | 100 | 0.872 | 0.01 |
| 15 | $p,p'$-滴滴伊 | 100 | 0.892 | 0.006 |
| 16 | 狄氏剂 | 100 | 0.901 | 0.005 |
| 17 | 异狄氏剂 | 200 | 0.932 | 0.009 |
| 18 | $o,p'$-滴滴涕 | 200 | 0.938 | 0.018 |
| 19 | $p,p'$-滴滴滴 | 200 | 0.944 | 0.008 |
| 20 | β-硫丹 | 100 | 0.956 | 0.003 |
| 21 | $p,p'$-滴滴涕 | 100 | 0.970 | 0.005 |
| 22 | 硫丹硫酸盐 | 100 | 1.000 | 0.004 |

③ 混合对照品贮备溶液的制备

精密量取上述对照品贮备溶液各 1mL，置 100mL 量瓶中，用异辛烷稀释至刻度，摇匀，即得。

④ 混合对照品溶液的制备

分别精密量取上述混合对照品贮备溶液，用异辛烷制成每 1L 分别含 10μg、20μg、50μg、100μg、200μg、500μg 的溶液，即得（其中 β-六六六、异狄氏剂、$p,p'$-滴滴滴、$o,p'$-滴滴涕每 1L 分别含 20μg、40μg、100μg、200μg、400μg、1000μg）。

⑤ 供试品溶液的制备

取供试品，粉碎成粉末（过三号筛），取约 1.5g，精密称定，置于 50mL 聚苯乙烯具塞离心管中，加入水 10mL，混匀，放置 2h，精密加入乙腈 15mL，剧烈振摇提取 1min，再加入预先称好的无水硫酸镁 4g 与氯化钠 1g 的混合粉末，再次剧烈振摇 1min 后，离心（4000r/min）1min。精密吸取上清液 10mL，40μg 减压浓缩至近干，用环己烷-乙酸乙酯（1∶1）混合溶液分次转移至 10mL 量瓶中，加环己烷-乙酸乙酯（1∶1）混合溶液至刻度，摇匀，转移至预先加入 1g 无水硫酸钠的离心管中，振摇，放置 1min，离心（必要时滤过），取上清液 5mL 过凝胶渗透色谱柱（400mm×25mm，内装 BIO Beads SX3 填料；以环己烷-乙酸乙酯（1∶1）混合溶液为流动相；流速为每分钟 5.0mL）净化，收集 18～30min 的洗脱液，于 40℃ 水浴减压浓缩至近干，加少量正己烷替换两次，加正己烷 1mL 使溶解，转移至弗罗里硅土固相萃取小柱 [1000mg/6mL，用正己烷-丙酮（95∶5）混合溶液 10mL 和正己烷 10mL 预洗] 上，残渣用正己烷洗涤 3 次，每次 1mL，洗液转移至同一弗罗里硅土固相萃取小柱上，再用正己烷-丙酮（95∶5）混合溶液 10mL 洗脱，收集全部洗脱液，置氮吹仪上吹至近干，加异辛烷定容至 1mL，涡旋使溶解，即得。

⑥ 测定法

分别精密吸取供试品溶液和混合对照品溶液各 1μL，注入气相色谱仪，按外标标准曲线法计算供试品中 22 种有机氯农药残留量。

⑦ 限度

除另有规定外，每 1kg 中药材或饮片中含总六六六（α-BHC、β-BHC、γ-BHC、δ-BHC 之和）不得过 0.2mg；总滴滴涕（$p,p'$-DDE、$p,p'$-DDD、$o,p'$-DDT、$p,p'$-DDT 之和）不得过 0.2mg；五氯硝基苯不得过 0.1mg；六氯苯不得过 0.1mg；七氯、顺式环氧七氯和反式环氧七氯之和不得过 0.05mg；艾氏剂和狄氏剂之和不得过 0.05mg；异狄氏剂不得过 0.05mg；顺式氯丹、反式氯丹和氧化氯丹之和不得过 0.05mg；α-硫丹、β-硫丹和硫丹硫酸盐之和不得过 3mg。

注：A. 当供试品中有农药检出时，可在验证柱中确认检出的结果，再进行定量。必要时，可用气相色谱-质谱法进行确证。B. 加样回收率应在 70%～120% 之间。

**方法二　有机磷类农药残留量测定法-色谱法**

（1）色谱条件与系统适用性试验

以 50% 苯基-50% 二甲基聚硅氧烷或（5% 苯基）甲基聚硅氧烷为固定液的弹性石英毛细管柱（30m×0.25mm×0.25μm），氮磷检测器（NPD）或火焰光度检测器（FPD）。进样口温度 220℃，检测器温度 300℃，不分流进样。程序升温：初始 120℃，每分钟 10℃升至 200℃，每分钟 5℃升至 240℃，保持 2min，每分钟 20℃升至 270℃，保持 0.5min。理论板数按敌敌畏峰计算应不低于 6000，两个相邻色谱峰的分离度应大于 1.5。

（2）对照品贮备溶液的制备

精密称取对硫磷、甲基对硫磷、乐果、氧化乐果、甲胺磷、久效磷、二嗪磷、乙硫磷、马拉硫磷、杀扑磷、敌敌畏、乙酰甲胺磷农药对照品适量，用乙酸乙酯分别制成每 1mL 约含 100μg 的溶液，即得。

（3）混合对照品贮备溶液的制备

分别精密量取上述各对照品贮备溶液 1mL，置 20mL 棕色量瓶中，加乙酸乙酯稀释至刻度，摇匀，即得。

（4）混合对照品溶液的制备

精密量取上述混合对照品贮备溶液，用乙酸乙酯制成每 1mL 含 0.1μg、0.5μg、1μg、2μg、5μg 的浓度系列，即得。

（5）供试品溶液的制备

药材或饮片取供试品，粉碎成粉末（过三号筛），取约 5g，精密称定，加无水硫酸钠 5g，加入乙酸乙酯 50～100mL，冰浴超声处理 3min，放置，取上层液滤过，药渣加入乙酸乙酯 30～50mL，冰浴超声处理 2min，放置，过滤，合并两次滤液，用少量乙酸乙酯洗涤滤纸及残渣，与上述滤液合并。取滤液于 40℃ 以下减压浓缩至近干，用乙酸乙酯转移至 5mL 量瓶中，并稀释至刻度；精密吸取上述溶液 1mL，置石墨化炭小柱（250mg/3mL 用乙酸乙酯 5mL 预洗）上，用正己烷-乙酸乙酯（1∶1）混合溶液 5mL 洗脱，收集洗脱液，置氮吹仪上浓缩至近干，加乙酸乙酯定容至 1mL，涡旋使溶解，即得。

（6）测定法

分别精密吸取供试品溶液和与之相对应浓度的混合对照品溶液各 1μL，注入气相色谱仪，按外标法计算供试品中 12 种有机磷农药残留量。

### 方法三　拟除虫菊酯类农药残留量测定法-色谱法

（1）色谱条件与系统适用性试验

以（5% 苯基）甲基聚硅氧烷为固定液的弹性石英毛细管柱（30m × 0.25mm × 0.25μm），63Ni-ECD 电子捕获检测器。进样口温度 270℃，检测器温度 330℃。不分流进样（或根据仪器设置最佳的分流比）。程序升温：初始 160℃，保持 1min，每分钟 10℃升至 278℃，保持 0.5min，每分钟 1℃升至 290℃，保持 5min。理论板数按溴氰菊酯峰计算应不低于 105，两个相邻色谱峰的分离度应大于 1.5。

（2）对照品贮备溶液的制备

精密称取氯氰菊酯、氰戊菊酯及溴氰菊酯农药对照品适量，用石油醚（60～90℃）分别制成每 1mL 约含 20～25μg 的溶液，即得。

（3）混合对照品贮备溶液的制备

精密量取上述各对照品贮备液 1mL，置 10mL 量瓶中，用石油醚（60～90℃）稀释至刻度，摇匀，即得。

（4）混合对照品溶液的制备

精密量取上述混合对照品贮备液，用石油醚（60～90℃）制成每 1L 分别含 0μg、2μg、8μg、40μg、200μg 的溶液，即得。

（5）供试品溶液的制备

药材或饮片取供试品，粉碎成粉末（过三号筛），取约 1～2g，精密称定，置 100mL 具塞锥形瓶中，加石油醚（60～90℃）-丙酮（4∶1）混合溶液 30mL，超声处理 15min，滤过，药渣再重复上述操作 2 次后，合并滤液，滤液用适量无水硫酸钠脱水后，于 40～45℃减压浓缩至近干，用少量石油醚（60～90℃）反复操作至丙酮除净，残渣用适量石油醚（60～90℃）溶解，置混合小柱［从上至下依次为无水硫酸钠 2g、弗罗里硅土 4g、微晶纤维素 1g、氧化铝 1g、无水硫酸钠 2g，用石油醚（60～90℃）-乙醚（4∶1）混合溶液 20mL 预洗］上，用石油醚（60～90℃）-乙醚（4∶1）混合溶液 90mL 洗脱，收集洗脱液，于 40～45℃减压浓缩至近干，再用石油醚（60～90℃）3～4mL 重复操作至乙醚除净，用石油醚（60～90℃）溶解并转移至 5mL 量瓶中，并稀释至刻度，摇匀，即得。

（6）测定法

分别精密吸取供试品溶液和与之相对应浓度的混合对照品溶液各 1μL，注入气相色谱仪，按外标法计算供试品中 3 种拟除虫菊酯农药残留量。

### 方法四　农药多残留量测定法-质谱法

（1）气相色谱-串联质谱法

① 色谱条件

以 5% 苯基甲基聚硅氧烷为固定液的弹性石英毛细管柱（30m×0.25mm×0.25μm 色谱柱）。进样口温度 240℃，不分流进样。载气为高纯氦气（He）。进样口为恒压模式，柱前压力为 146kPa。程序升温：初始温度 70℃，保持 2min，先以每分钟 25℃升温至 15℃，再以每分钟 3℃升温至 200℃，最后以每分钟 8℃升温至 280℃，保持 10min。

② 质谱条件

以三重四极杆串联质谱仪检测离子源为电子轰击源（EI），离子源温度 230℃。碰撞气为氮气或氩气。质谱传输接口温度 280℃。质谱监测模式为多反应监测（MRM），各化合物参考保留时间、监测离子对、碰撞电压（CE）与检出限参考值见表 9-5。为提高检测灵敏度，可根据保留时间分段监测各农药。

**表 9-5　76 种农药及内标对照品、监测离子对、碰撞电压（CE）与检出限参考值**

| 编　号 | 中文名 | 保留时间/min | 母离子 | 子离子 | CE/V | 检出限/(mg/kg) |
|---|---|---|---|---|---|---|
| 1 | 敌敌畏 | 5.9 | 184.9<br>109.0 | 93.0<br>79.0 | 10<br>5 | 0.005 |
| 2 | 二苯胺 | 10.5 | 169.0<br>169.0 | 168.2<br>140.0 | 15<br>35 | 0.005 |
| 3 | 四氯硝基苯 | 10.2 | 260.9<br>214.9 | 203.0<br>179.0 | 10<br>10 | 0.005 |
| 4 | 杀虫脒 | 11.2 | 195.9<br>151.9 | 181.0<br>117.1 | 5<br>10 | 0.025 |
| 5 | 氟乐灵 | 11.6 | 305.9<br>264.0 | 264.0<br>160.1 | 5<br>15 | 0.005 |
| 6 | α-六六六 | 12.1 | 216.9<br>181.1 | 181.1<br>145.1 | 5<br>15 | 0.005 |
| 7 | 氯硝铵 | 12.6 | 206.1<br>206.0 | 176.0<br>148.0 | 10<br>20 | 0.005 |
| 8 | 六氯苯 | 12.4 | 283.8<br>283.8 | 248.8<br>213.9 | 15<br>30 | 0.005 |
| 9 | 五氯甲氧基苯 | 12.6 | 280.0<br>280.0 | 265.0<br>237.0 | 12<br>22 | 0.005 |
| 10 | 氘代莠去津 | 13.1 | 205.0<br>205.0 | 127.0<br>105.0 | 10<br>15 | — |
| 11 | β-六六六 | 13.2 | 216.9<br>181.0 | 181.1<br>145.1 | 5<br>15 | 0.005 |
| 12 | γ-六六六 | 13.4 | 216.9<br>181.1 | 181.1<br>145.1 | 5<br>15 | 0.005 |
| 13 | 五氯硝基苯 | 13.7 | 295.0<br>237.0 | 237.0<br>143.0 | 18<br>30 | 0.005 |
| 14 | 特丁硫磷 | 13.8 | 230.9<br>230.9 | 175.0<br>129.0 | 10<br>20 | 0.005 |
| 15 | δ-六六六 | 14.6 | 216.9<br>181.1 | 181.1<br>145.1 | 5<br>15 | 0.005 |

| 编 号 | 中文名 | 保留时间/<br>min | 母离子 | 子离子 | CE/V | 检出限/<br>(mg/kg) |
|---|---|---|---|---|---|---|
| 16 | 百菌清 | 14.8 | 263.8<br>263.8 | 229.0<br>168.0 | 20<br>25 | 0.025 |
| 17 | 七氟菊酯 | 15.1 | 197.0<br>177.1 | 141.1<br>127.1 | 10<br>15 | 0.005 |
| 18 | 五氯苯胺 | 15.5 | 265.0<br>265.0 | 230.0<br>194.0 | 15<br>20 | 0.005 |
| 19 | 乙烯菌核利 | 16.6 | 212.0<br>212.0 | 145.0<br>109.0 | 30<br>40 | 0.005 |
| 20 | 甲基毒死蜱 | 16.7 | 286.0<br>286.0 | 271.0<br>93.0 | 15<br>20 | 0.005 |
| 21 | 甲基对硫磷 | 16.8 | 262.9<br>262.9 | 109.0<br>79.0 | 10<br>30 | 0.01 |
| 22 | 七氯 | 16.8 | 273.7<br>271.7 | 238.9<br>236.9 | 15<br>15 | 0.005 |
| 23 | 八氯二丙醚 | 17.3 | 129.9<br>108.9 | 94.9<br>83.0 | 20<br>10 | 0.005 |
| 24 | 皮蝇磷 | 17.4 | 286.0<br>285.0 | 271.0<br>269.9 | 15<br>15 | 0.005 |
| 25 | 甲基五氯苯硫醚 | 18.0 | 296.0<br>296.0 | 281.0<br>263.0 | 20<br>15 | 0.005 |
| 26 | 杀螟硫磷 | 18.2 | 277.0<br>260.0 | 109.0<br>125.0 | 15<br>10 | 0.01 |
| 27 | 苯氟磺胺 | 18.4 | 223.9<br>123.0 | 123.1<br>77.1 | 10<br>20 | 0.01 |
| 28 | 艾氏剂 | 18.5 | 262.9<br>254.9 | 192.9<br>220.0 | 35<br>20 | 0.01 |
| 29 | 氯代倍硫磷 | 19.0 | 284.0<br>284.0 | 169.0<br>115.0 | 15<br>20 | 0.01 |
| 30 | 三氯杀螨醇 | 19.2 | 139.0<br>251.0 | 111.0<br>139.0 | 15<br>10 | 0.01 |
| 31 | 毒死蜱 | 19.3 | 313.8<br>313.8 | 285.8<br>257.8 | 5<br>15 | 0.005 |
| 32 | 对硫磷 | 19.4 | 290.9<br>290.9 | 109.0<br>80.9 | 10<br>25 | 0.01 |
| 33 | 三唑酮 | 19.4 | 208.0<br>208.0 | 181.0<br>111.0 | 5<br>20 | 0.01 |

续表

| 编　号 | 中文名 | 保留时间/<br>min | 母离子 | 子离子 | CE/V | 检出限/<br>(mg/kg) |
|---|---|---|---|---|---|---|
| 34 | 氯酞酸二甲酯 | 19.4 | 300.9<br>298.9 | 223.0<br>221.0 | 25<br>25 | 0.005 |
| 35 | 溴硫磷 | 20.1 | 330.8<br>328.8 | 315.8<br>313.8 | 15<br>15 | 0.005 |
| 36 | 仲丁灵 | 20.2 | 266.0<br>266.0 | 220.2<br>174.2 | 10<br>20 | 0.05 |
| 37 | 顺式环氧七氯 | 20.7 | 354.8<br>352.8 | 264.9<br>262.9 | 15<br>15 | 0.005 |
| 38 | 氧化氯丹 | 20.7 | 386.7<br>184.9 | 262.7<br>85.0 | 15<br>30 | 0.005 |
| 39 | 反式环氧七氯 | 21.0 | 354.8<br>352.8 | 264.9<br>262.9 | 15<br>15 | 0.005 |
| 40 | 二甲戊乐灵 | 21.0 | 251.8<br>251.8 | 162.2<br>161.1 | 10<br>15 | 0.01 |
| 41 | 哌草丹 | 21.6 | 144.9<br>144.9 | 112.1<br>69.1 | 5<br>15 | 0.01 |
| 42 | 三唑醇 | 21.7 | 128.0<br>168.0 | 65.0<br>70.0 | 25<br>10 | 0.01 |
| 43 | 氯虫腈 | 21.9 | 366.8<br>350.8 | 212.8<br>254.8 | 35<br>15 | 0.005 |
| 44 | 腐霉利 | 22.0 | 282.8<br>284.8 | 96.0<br>96.0 | 10<br>10 | 0.01 |
| 45 | 反式氯丹 | 22.0 | 372.8<br>374.8 | 265.8<br>265.8 | 15<br>15 | 0.005 |
| 46 | 乙基溴硫磷 | 22.6 | 358.7<br>302.8 | 302.8<br>284.7 | 15<br>15 | 0.005 |
| 47 | 顺式氯丹 | 22.8 | 271.9<br>372.9 | 236.9<br>265.9 | 15<br>20 | 0.005 |
| 48 | o,p′-滴滴伊 | 22.5 | 248.0<br>246.0 | 176.2<br>176.2 | 30<br>30 | 0.005 |
| 49 | α-硫丹 | 22.6 | 194.9<br>276.7 | 159.0<br>241.9 | 5<br>15 | 0.01 |
| 50 | 氟节胺 | 23.3 | 143.0<br>143.0 | 117.0<br>107.1 | 20<br>20 | 0.005 |
| 51 | 狄氏剂 | 23.8 | 277.0<br>262.9 | 241.0<br>193.0 | 5<br>35 | 0.01 |

| 编号 | 中文名 | 保留时间/min | 母离子 | 子离子 | CE/V | 检出限/(mg/kg) |
|---|---|---|---|---|---|---|
| 52 | o,p'-滴滴滴 | 24.4 | 237.0<br>235.0 | 165.2<br>165.2 | 20<br>20 | 0.005 |
| 53 | p,p'-滴滴伊 | 24.0 | 246.1<br>315.8 | 176.2<br>246.0 | 30<br>15 | 0.005 |
| 54 | 异狄氏剂 | 24.7 | 262.8<br>244.8 | 193.0<br>173.0 | 35<br>30 | 0.01 |
| 55 | 除草醚 | 24.9 | 202.0<br>282.9 | 139.1<br>253.0 | 20<br>10 | 0.01 |
| 56 | 溴虫腈 | 25.3 | 246.9<br>327.8 | 227.0<br>246.8 | 15<br>15 | 0.01 |
| 57 | p,p'-滴滴滴 | 25.7 | 237.0<br>235.0 | 165.2<br>165.2 | 20<br>20 | 0.005 |
| 58 | o,p'-滴滴涕 | 25.8 | 237.0<br>235.0 | 165.2<br>165.2 | 20<br>20 | 0.005 |
| 59 | β-硫丹 | 25.2 | 206.9<br>267.0 | 172.0<br>196.0 | 15<br>14 | 0.01 |
| 60 | 硫丹硫酸盐 | 26.8 | 271.9<br>387.0 | 237.0<br>289.0 | 15<br>4 | 0.01 |
| 61 | p,p'-滴滴涕 | 27.0 | 237.0<br>235.0 | 165.2<br>165.2 | 20<br>20 | 0.005 |
| 62 | 溴螨酯 | 28.6 | 341.0<br>341.0 | 185.0<br>183.0 | 30<br>15 | 0.005 |
| 63 | 联苯菊酯 | 28.9 | 181.0<br>181.0 | 166.0<br>165.0 | 20<br>25 | 0.005 |
| 64 | 甲腈菊酯 | 29.0 | 265.0<br>208.0 | 210.0<br>181.0 | 8<br>5 | 0.005 |
| 65 | 甲氧滴滴涕 | 28.9 | 227.0<br>227.0 | 212.0<br>169.0 | 18<br>25 | 0.005 |
| 66 | 灭蚁灵 | 29.8 | 273.8<br>271.8 | 238.8<br>236.8 | 15<br>15 | 0.005 |
| 67 | 苯醚菊酯 | 29.4<br>29.6 | 183.0<br>183.0 | 168.0<br>153.0 | 12<br>12 | 0.005 |
| 68 | 氯丙菊酯 | 30.4 | 207.8<br>181.0 | 181.1<br>152.0 | 10<br>30 | 0.005 |
| 69 | 氯氟腈菊酯 | 30.4 | 208.0<br>197.0 | 181.0<br>141.0 | 5<br>10 | 0.005 |

续表

| 编 号 | 中文名 | 保留时间/min | 母离子 | 子离子 | CE/V | 检出限/(mg/kg) |
|---|---|---|---|---|---|---|
| 70 | 氯菊酯 | 31.4<br>31.6 | 183.1<br>183.1 | 168.1<br>165.1 | 10<br>10 | 0.005 |
| 71 | 氟氯腈菊酯 | 32.3 32.4<br>32.5 32.6 | 163.0<br>226.0 | 127.0<br>206.0 | 5<br>12 | 0.025 |
| 72 | 氯腈菊酯 | 32.7 32.9<br>33.0 33.1 | 181.0<br>181.0 | 152.0<br>127.0 | 10<br>30 | 0.025 |
| 73 | 氟氯戊菊酯 | 33.1 33.4 | 198.9<br>156.9 | 157.0<br>107.1 | 10<br>15 | 0.025 |
| 74 | 喹禾灵 | 33.0 | 163.0<br>371.8 | 136.0<br>289.9 | 10<br>10 | 0.01 |
| 75 | 腈戊菊酯 | 34.3 34.7 | 167.0<br>225.0 | 125.1<br>119.0 | 5<br>18 | 0.025 |
| 76 | 溴氯菊酯 | 36.0 | 181.0<br>252.7 | 152.1<br>174.0 | 25<br>8 | 0.025 |

注：（1）表中化合物 10 与 29 为内标；

　　（2）部分化合物存在异构体，存在多个异构体峰的保留时间。

③ 对照品贮备溶液的制备

精密称取表 9-5 与表 9-7 中农药对照品适量，根据各农药溶解性加乙腈或甲苯分别制成每 1mL 含 1000μg 的溶液，即得（可根据具体农药的灵敏度适当调整贮备液配制的浓度）。

④ 内标贮备溶液的制备

取氘代莠去津和氘代倍硫磷对照品适量，精密称定，加乙腈溶解并制成每 1mL 各含 1000μg 的混合溶液，即得。

⑤ 混合对照品溶液的制备

精密量取上述各对照品贮备液适量，用含 0.05％醋酸的乙腈分别制成每 1L 含 100μg 和 1000μg 的两种溶液，即得。

⑥ 内标溶液的制备

精密量取内标贮备溶液适量，加乙腈制成每 1mL 含 6μg 的溶液，即得。

⑦ 基质混合对照品溶液的制备

取空白基质样品 3g，一式 6 份，同供试品溶液的制备方法处理至"置氮吹仪上于 40℃ 水浴浓缩至约 0.4mL"分别加入混合对照品溶液（100μg/L）50μL、100μL，混合对照品溶液（1000μg/L）50μL、100μL、200μL、400μL，加乙腈定容至 1mL，涡旋混匀，用微孔滤膜滤过（0.22μm），取续滤液，即得系列基质混合对照品溶液。

⑧ 供试品溶液的制备

药材或饮片取供试品，粉碎成粉末（过三号筛），取约 3g，精密称定，置 50mL 聚苯乙烯具塞离心管中，加入 1％冰醋酸溶液 15mL，涡旋使药粉充分浸润，放置 30min，精密加入乙腈 15mL 与内标溶液 100μL，涡旋使混匀，置振荡器上剧烈振荡（500 次/min）5min，加入无水硫酸镁与无水乙酸钠的混合粉末（4∶1）7.5g，立即摇散，再置振荡器上剧烈振荡（500 次/min）3min，于冰浴中冷却 10min，离心（4000r/min）5min，取上清液 9mL，置已预先装有净化材料的分散固相萃取净化管［无水硫酸镁 900mg，N-丙基乙二胺（PSA）300mg，十八烷基硅烷键合硅胶 300mg，硅胶 300mg，石墨化炭黑 90mg］中，涡旋使充分混匀，再置振荡器上剧烈振荡（500 次/min）5min 使净化完全，离心（4000r/min）5min，精密吸取上清液 5mL，置氮吹仪上于 40℃水浴浓缩至约 0.4mL，加乙腈定容至 1mL，涡旋混匀，用微孔滤膜（0.22μm）滤过，取续滤液，即得。

⑨ 测定法

精密吸取供试品溶液和基质混合对照品溶液各 1μL，注入气相色谱-串联质谱仪，按内标标准曲线法计算供试品中 74 种农药残留量。

（2）液相色谱-串联质谱法

① 色谱条件

以十八烷基硅烷键合硅胶为填充剂（柱长 15cm，内径为 3mm，粒径为 3.5pm）；以 0.1％甲酸（含 10mmol/L 甲酸铵）溶液为流动相 A，以乙腈为流动相 B，按表 9-6 进行梯度洗脱；柱温为 35℃，流速为 0.4mL/min。

表 9-6　流动相梯度

| 时间/min | 流动相 A/％ | 流动相 B/％ |
|---|---|---|
| 0～1 | 95 | 5 |
| 1～4 | 95→40 | 5→60 |
| 4～14 | 40→0 | 60→100 |
| 14～18 | 0 | 100 |
| 18～26 | 95 | 5 |

② 质谱条件

以三重四极杆串联质谱仪检测；离子源为电喷雾（ESI）离子源，使用正离子扫描模式。监测模式为多反应监测（MRM），各化合物参考保留时间、监测离子对、碰撞电压（CE）和检出限参考值见表 9-7。为提高检测灵敏度，可根据保留时间分段监测各农药。

表 9-7　155 种农药及内标对照品的保留时间、监测离子对、碰撞电压（CE）与检出限参考值

| 编　号 | 中文名 | 保留时间/min | 母离子 | 子离子 | CE/V | 检出限/(mg/kg) |
|---|---|---|---|---|---|---|
| 1 | 乙酰甲胺磷 | 2.5 | 184.0<br>184.0 | 143.0<br>125.0 | 13<br>24 | 0.05 |
| 2 | 啶虫脒 | 4.1 | 223.5<br>223.5 | 126.0<br>90.0 | 17<br>43 | 0.005 |
| 3 | 甲草胺 | 6.6 | 270.1<br>270.1 | 238.1<br>162.1 | 15<br>26 | 0.005 |
| 4 | 涕灭威 | 4.5 | 208.1<br>208.1 | 116.1<br>89.0 | 10<br>22 | 0.005 |

续表

| 编　号 | 中文名 | 保留时间/min | 母离子 | 子离子 | CE/V | 检出限/(mg/kg) |
|---|---|---|---|---|---|---|
| 5 | 涕灭威砜 | 3.3 | 223.1<br>223.1 | 166.1<br>148.0 | 8<br>11 | 0.005 |
| 6 | 涕灭威亚砜 | 2.9 | 207.1<br>207.1 | 132.0<br>89.0 | 9<br>20 | 0.005 |
| 7 | 丙烯菊酯 | 9.1 | 303.2<br>303.2 | 135.0<br>169.0 | 15<br>12 | 0.25 |
| 8 | 莠灭净 | 5.5 | 228.1<br>228.1 | 186.1<br>96.1 | 26<br>34 | 0.005 |
| 9 | 莠去津 | 5.2 | 216.1<br>216.1 | 174.1<br>104.0 | 23<br>38 | 0.005 |
| 10 | 氘代莠去津 | 5.1 | 221.0<br>221.0 | 178.8<br>101.1 | 35<br>35 | — |
| 11 | 乙基谷硫磷（益棉磷） | 6.7 | 346.0<br>346.0 | 289.0<br>261.0 | 8<br>11 | 0.05 |
| 12 | 甲基谷硫磷（保棉磷） | 5.8 | 318.0<br>318.0 | 160.1<br>132.0 | 9<br>20 | 0.05 |
| 13 | 嘧菌酯 | 5.9 | 404.1<br>404.1 | 372.1<br>344.1 | 18<br>32 | 0.005 |
| 14 | 苯霸灵 | 7.1 | 326.2<br>326.2 | 294.2<br>208.1 | 14<br>21 | 0.005 |
| 15 | 联苯肼酯 | 6.2 | 301.1<br>301.1 | 170.1<br>198.1 | 29<br>15 | 0.005 |
| 16 | 联苯三唑醇 | 6.4 | 338.2<br>338.2 | 269.2<br>99.1 | 10<br>18 | 0.05 |
| 17 | 碇酰菌胺 | 6.1 | 343.0<br>343.0 | 307.1<br>140.0 | 26<br>25 | 0.005 |
| 18 | 噻嗪酮 | 9.5 | 306.2<br>306.2 | 201.1<br>116.1 | 15<br>20 | 0.005 |
| 19 | 丁草胺 | 9.2 | 312.0<br>312.0 | 238.1<br>162.2 | 17<br>33 | 0.005 |
| 20 | 硫线磷 | 7.6 | 271.0<br>271.0 | 159.0<br>97.0 | 21<br>51 | 0.005 |
| 21 | 甲萘威 | 5.0 | 202.1<br>202.1 | 145.1<br>127.1 | 13<br>39 | 0.005 |
| 22 | 多菌灵 | 3.4 | 192.1<br>192.1 | 160.1<br>132.1 | 21<br>40 | 0.005 |

| 编　号 | 中文名 | 保留时间/min | 母离子 | 子离子 | CE/V | 检出限/(mg/kg) |
|---|---|---|---|---|---|---|
| 23 | 克百威 | 4.9 | 222.1<br>222.1 | 165.1<br>123.0 | 16<br>27 | 0.005 |
| 24 | 3-羟基克百威 | 3.9 | 238.1<br>238.1 | 181.1<br>163.1 | 14<br>23 | 0.005 |
| 25 | 灭螨猛 | 7.9 | 235.0<br>235.0 | 207.0<br>163.0 | 25<br>38 | 0.05 |
| 26 | 氯虫酰胺 | 5.4 | 481.9<br>481.9 | 450.9<br>283.9 | 23<br>20 | 0.005 |
| 27 | 毒虫畏 | 6.9 | 359.0<br>359.0 | 155.0<br>127.0 | 16<br>22 | 0.005 |
| 28 | 烯草酮 | 8.6 | 360.1<br>360.1 | 268.1<br>164.1 | 14<br>23 | 0.005 |
| 29 | 蝇毒磷 | 7.6 | 363.0<br>363.0 | 307.0<br>227.0 | 22<br>35 | 0.05 |
| 30 | 氰氟草酯 | 8.6 | 375.2<br>375.2 | 358.1<br>256.1 | 10<br>22 | 0.05 |
| 31 | 嘧菌环胺 | 6.8 | 226.1<br>226.1 | 108.1<br>93.1 | 35<br>44 | 0.005 |
| 32 | 内吸磷 | 5.3 | 259.0<br>259.0 | 88.9<br>60.9 | 20<br>50 | 0.005 |
| 33 | 二嗪磷 | 7.6 | 305.1<br>305.1 | 277.1<br>196.1 | 19<br>29 | 0.005 |
| 34 | 除线磷 | 9.3 | 314.9<br>314.9 | 258.9<br>286.9 | 23<br>17 | 0.05 |
| 35 | 百治磷 | 3.5 | 238.1<br>238.1 | 112.1<br>193.0 | 19<br>15 | 0.005 |
| 36 | 苯醚甲环唑 | 7.3 | 406.1<br>406.1 | 337.1<br>251.0 | 24<br>36 | 0.005 |
| 37 | 除虫脲 | 6.2 | 311.0<br>311.0 | 158.0<br>141.0 | 21<br>45 | 0.005 |
| 38 | 二甲酚草胺 | 6.0 | 276.1<br>276.1 | 244.1<br>168.1 | 20<br>33 | 0.005 |
| 39 | 乐果 | 4.0 | 230.0<br>230.0 | 199.0<br>125.0 | 13<br>29 | 0.005 |
| 40 | 烯唑醇 | 6.7 | 326.1<br>326.1 | 159.0<br>705.1 | 42<br>53 | 0.05 |

| 编　号 | 中文名 | 保留时间/<br>min | 母离子 | 子离子 | CE/V | 检出限/<br>(mg/kg) |
|---|---|---|---|---|---|---|
| 41 | 乙拌磷 | 8.1 | 275.0<br>275.0 | 89.0<br>61.0 | 18<br>49 | 0.1 |
| 42 | 乙拌磷砜 | 5.5 | 307.0<br>307.0 | 261.0<br>153.0 | 14<br>17 | 0.1 |
| 43 | 乙拌磷亚砜 | 5.0 | 291.0<br>291.0 | 213.0<br>185.0 | 13<br>20 | 0.005 |
| 44 | 克瘟散 | 6.9 | 311.0<br>311.0 | 172.9<br>282.9 | 25<br>16 | 0.005 |
| 45 | 苯硫磷 | 8.2 | 324.1<br>324.1 | 296.0<br>157.0 | 18<br>30 | 0.005 |
| 46 | 乙硫苯威 | 5.1 | 226.1<br>226.1 | 106.9<br>164.1 | 21<br>11 | 0.005 |
| 47 | 乙硫磷 | 9.5 | 385.0<br>385.0 | 199.0<br>142.9 | 14<br>36 | 0.005 |
| 48 | 灭线磷（丙线磷） | 6.2 | 243.1<br>243.1 | 215.0<br>130.9 | 17<br>29 | 0.005 |
| 49 | 醚菊酯 | 11.8 | 394.2<br>394.2 | 359.2<br>177.1 | 15<br>21 | 0.05 |
| 50 | 乙嘧硫磷 | 4.0 | 293.1<br>293.1 | 265.0<br>125.0 | 24<br>42 | 0.005 |
| 51 | 苯线磷 | 5.9 | 304.1<br>304.1 | 276.1<br>217.0 | 19<br>31 | 0.005 |
| 52 | 苯线磷砜 | 4.7 | 336.1<br>336.1 | 308.1<br>266.0 | 21<br>28 | 0.005 |
| 53 | 苯线磷亚砜 | 4.3 | 320.1<br>320.1 | 292.1<br>233.0 | 21<br>34 | 0.05 |
| 54 | 氯苯嘧啶醇 | 6.0 | 331.0<br>331.0 | 268.1<br>139.0 | 32<br>48 | 0.05 |
| 55 | 腈苯唑 | 6.3 | 337.1<br>337.1 | 125.0<br>70.0 | 38<br>24 | 0.005 |
| 56 | 氧皮蝇磷 | 6.0 | 304.9<br>304.9 | 272.9<br>109.0 | 30<br>31 | 0.05 |
| 57 | 唑螨酯 | 9.9 | 422.2<br>422.2 | 366.1<br>215.1 | 24<br>35 | 0.005 |
| 58 | 丰索磷 | 5.2 | 309.0<br>309.0 | 281.0<br>253.0 | 20<br>25 | 0.005 |

续表

| 编 号 | 中文名 | 保留时间/min | 母离子 | 子离子 | CE/V | 检出限/(mg/kg) |
|---|---|---|---|---|---|---|
| 59 | 氧丰索磷 | 4.0 | 293.1<br>293.1 | 265.0<br>237.0 | 20<br>21 | 0.005 |
| 60 | 氧丰索磷砜 | 4.5 | 309.1<br>309.1 | 281.0<br>253.0 | 15<br>23 | 0.005 |
| 61 | 丰索磷砜 | 5.7 | 325.0<br>325.0 | 297.0<br>297.0 | 16<br>23 | 0.05 |
| 62 | 倍硫磷 | 7.2 | 279.0<br>279.0 | 247.0<br>169.0 | 18<br>24 | 0.05 |
| 63 | 氘代倍硫磷 | 7.2 | 285.4<br>285.4 | 249.9<br>168.9 | 18<br>24 | — |
| 64 | 氧倍硫磷 | 5.2 | 263.1<br>263.1 | 231.0<br>216.0 | 22<br>32 | 0.05 |
| 65 | 氧倍硫磷砜 | 4.1 | 295.0<br>295.0 | 217.1<br>104.1 | 26<br>34 | 0.1 |
| 66 | 氧倍硫磷亚砜 | 3.8 | 279.0<br>279.0 | 264.0<br>247.0 | 26<br>36 | 0.005 |
| 67 | 倍硫磷砜 | 5.3 | 311.0<br>311.0 | 279.0<br>125.0 | 25<br>28 | 0.1 |
| 68 | 倍硫磷亚砜 | 4.9 | 295.0<br>295.0 | 280.0<br>109.0 | 26<br>40 | 0.05 |
| 69 | 精吡氟禾草灵 | 9.0 | 384.1<br>384.1 | 328.1<br>282.1 | 24<br>29 | 0.005 |
| 70 | 氟硅唑 | 6.3 | 316.1<br>316.1 | 247.1<br>165.1 | 25<br>37 | 0.005 |
| 71 | 氟酰胺 | 6.4 | 324.1<br>324.1 | 262.1<br>242.1 | 26<br>35 | 0.005 |
| 72 | 地虫硫磷 | 7.7 | 247.0<br>247.0 | 137.0<br>109.0 | 15<br>25 | 0.005 |
| 73 | 噻唑膦 | 5.0 | 284.1<br>284.1 | 228.0<br>104.0 | 14<br>32 | 0.005 |
| 74 | 呋线威 | 8.9 | 383.2<br>383.2 | 252.1<br>195.0 | 17<br>25 | 0.005 |
| 75 | 氟吡甲禾灵 | 7.9 | 376.1<br>376.1 | 316.0<br>288.0 | 25<br>35 | 0.005 |
| 76 | 已唑醇 | 6.4 | 314.1<br>314.1 | 185.0<br>159.0 | 30<br>41 | 0.05 |

| 编　号 | 中文名 | 保留时间/min | 母离子 | 子离子 | CE/V | 检出限/(mg/kg) |
|---|---|---|---|---|---|---|
| 77 | 环嗪酮 | 4.4 | 253.0 | 171.1 | 25 | 0.005 |
|  |  |  | 253.0 | 71.1 | 45 |  |
| 78 | 烯菌灵 | 5.0 | 297.1 | 255.0 | 25 | 0.005 |
|  |  |  | 297.1 | 159.0 | 30 |  |
| 79 | 吡虫啉 | 3.9 | 256.0 | 209.1 | 23 | 0.005 |
|  |  |  | 256.0 | 175.1 | 28 |  |
| 80 | 茚虫威 | 7.9 | 528.1 | 293.0 | 19 | 0.005 |
|  |  |  | 528.1 | 249.0 | 23 |  |
| 81 | 异菌脲 | 6.3 | 330.0 | 244.0 | 20 | 0.005 |
|  |  |  | 332.0 | 247.0 | 20 |  |
| 82 | 氯唑磷 | 6.9 | 315.0 | 163.0 | 22 | 0.005 |
|  |  |  | 315.0 | 120.0 | 35 |  |
| 83 | 异硫磷 | 8.2 | 346.1 | 287.1 | 8 | 0.005 |
|  |  |  | 346.1 | 245.0 | 19 |  |
| 84 | 甲基异柳磷 | 7.5 | 332.0 | 273.0 | 10 | 0.005 |
|  |  |  | 332.0 | 231.0 | 30 |  |
| 85 | 异丙威 | 5.3 | 194.0 | 152.0 | 11 | 0.005 |
|  |  |  | 194.0 | 137.0 | 13 |  |
| 86 | 稻瘟灵 | 6.5 | 290.9 | 188.9 | 30 | 0.005 |
|  |  |  | 290.9 | 231.0 | 15 |  |
| 87 | 马拉氧磷 | 4.8 | 315.1 | 269.0 | 11 | 0.005 |
|  |  |  | 315.1 | 127.0 | 17 |  |
| 88 | 马拉硫磷 | 6.4 | 331.0 | 285.0 | 10 | 0.005 |
|  |  |  | 331.0 | 127.0 | 17 |  |
| 89 | 灭蚜威 | 6.8 | 330.1 | 227.0 | 12 | 0.005 |
|  |  |  | 330.1 | 199.0 | 21 |  |
| 90 | 灭锈胺 | 6.3 | 270.1 | 228.1 | 20 | 0.005 |
|  |  |  | 270.1 | 119.0 | 32 |  |
| 91 | 甲霜灵 | 5.1 | 280.2 | 248.1 | 14 | 0.05 |
|  |  |  | 280.2 | 220.1 | 19 |  |
| 92 | 甲螨畏 | 5.8 | 241.0 | 209.0 | 12 | 0.1 |
|  |  |  | 241.0 | 1253.0 | 26 |  |
| 93 | 甲胺磷 | 1.8 | 142.0 | 125.0 | 19 | 0.005 |
|  |  |  | 142.0 | 94.0 | 21 |  |
| 94 | 杀扑磷 | 5.7 | 303.0 | 145.0 | 13 | 0.05 |
|  |  |  | 303.0 | 85.0 | 30 |  |

| 编　号 | 中文名 | 保留时间/min | 母离子 | 子离子 | CE/V | 检出限/(mg/kg) |
|---|---|---|---|---|---|---|
| 95 | 灭虫威 | 5.6 | 226.1<br>226.1 | 169.1<br>121.1 | 14<br>26 | 0.005 |
| 96 | 灭多威 | 3.4 | 163.1<br>163.1 | 106.0<br>88 | 13<br>12 | 0.005 |
| 97 | 甲氧虫酰肼 | 6.2 | 369.2<br>369.2 | 313.2<br>149.1 | 10<br>24 | 0.005 |
| 98 | 异丙甲草胺 | 6.6 | 285.0<br>285.0 | 253.0<br>177.0 | 19<br>33 | 0.005 |
| 99 | 速灭威 | 4.6 | 166.0<br>166.0 | 109.1<br>94.0 | 17<br>43 | 0.05 |
| 100 | 草克净 | 4.8 | 215.1<br>215.1 | 187.1<br>84.1 | 25<br>28 | 0.005 |
| 101 | 速灭磷 | 3.8 | 225.1<br>225.1 | 193.0<br>127.0 | 11<br>22 | 0.005 |
| 102 | 草达灭 | 6.3 | 188.1<br>188.1 | 126.1<br>55.1 | 19<br>34 | 0.05 |
| 103 | 久效磷 | 3.3 | 224.1<br>224.1 | 193.0<br>127.0 | 11<br>22 | 0.005 |
| 104 | 腈菌唑 | 5.9 | 289.1<br>289.1 | 125.0<br>70.0 | 50<br>24 | 0.005 |
| 105 | 敌草胺 | 6.3 | 272.2<br>272.2 | 199.1<br>171.1 | 26<br>26 | 0.005 |
| 106 | N-去乙基甲基嘧啶磷 | 5.5 | 278.0<br>278.0 | 245.8<br>249.8 | 24<br>24 | 0.005 |
| 107 | 氧化乐果 | 2.7 | 214.0<br>214.0 | 183.0<br>155.0 | 15<br>21 | 0.05 |
| 108 | 噁草酮 | 9.2 | 345.1<br>345.1 | 303.0<br>220.0 | 19<br>28 | 0.05 |
| 109 | 噁霜灵 | 4.6 | 279.1<br>279.1 | 219.1<br>132.1 | 16<br>43 | 0.005 |
| 110 | 杀线威 | 3.3 | 237.1<br>237.1 | 220.1<br>90.1 | 7<br>12 | 0.05 |
| 111 | 多效唑 | 5.5 | 294.1<br>294.1 | 165.0<br>125.0 | 31<br>52 | 0.05 |
| 112 | 乙基对氧磷 | 5.2 | 276.0<br>276.0 | 248.0<br>220.0 | 14<br>22 | 0.05 |

| 编　号 | 中文名 | 保留时间/min | 母离子 | 子离子 | CE/V | 检出限/(mg/kg) |
|---|---|---|---|---|---|---|
| 113 | 甲基对氧磷 | 4.6 | 248.0<br>248.0 | 231.0<br>202.0 | 24<br>27 | 0.05 |
| 114 | 稻丰散 | 7.3 | 321.0<br>321.0 | 275.0<br>247.0 | 8<br>14 | 0.005 |
| 115 | 甲拌磷 | 7.8 | 261.0<br>261.0 | 75.0<br>47.0 | 19<br>49 | 0.005 |
| 116 | 氧甲拌磷 | 5.2 | 245.0<br>245.0 | 245.0<br>75.0 | 5<br>10 | 0.005 |
| 117 | 氧甲拌磷砜 | 4.2 | 277.0<br>277.0 | 249.0<br>183.0 | 14<br>16 | 0.005 |
| 118 | 甲拌磷砜 | 5.6 | 293.0<br>293.0 | 247.0<br>171.0 | 9<br>16 | 0.1 |
| 119 | 伏杀硫磷 | 7.8 | 368.0<br>368.0 | 322.0<br>182.0 | 14<br>23 | 0.05 |
| 120 | 亚胺硫磷 | 5.9 | 318.0<br>318.0 | 160.0<br>133.0 | 24<br>51 | 0.05 |
| 121 | 磷胺 | 4.3 | 300.1<br>300.1 | 227.0<br>174.1 | 19<br>19 | 0.005 |
| 122 | 辛硫磷 | 7.7 | 299.1<br>299.1 | 153.1<br>129.0 | 11<br>16 | 0.05 |
| 123 | 胡椒基丁醚 | 8.7 | 356.2<br>356.2 | 177.1<br>119.1 | 15<br>49 | 0.005 |
| 124 | 抗蚜威 | 4.7 | 239.1<br>239.1 | 182.1<br>137.1 | 22<br>32 | 0.05 |
| 125 | 嘧啶磷 | 9.6 | 334.1<br>334.1 | 306.1<br>198.1 | 23<br>21 | 0.005 |
| 126 | 甲基嘧啶磷 | 8.1 | 306.1<br>306.1 | 164.1<br>108.1 | 30<br>39 | 0.005 |
| 127 | 丙草胺 | 8.2 | 312.0<br>312.0 | 252.1<br>132.1 | 23<br>63 | 0.005 |
| 128 | 咪酰胺 | 7.0 | 376.0<br>376.0 | 308.0<br>70.0 | 17<br>45 | 0.005 |
| 129 | 丙溴磷 | 8.2 | 372.9<br>372.9 | 344.9<br>302.9 | 18<br>26 | 0.005 |
| 130 | 猛杀威 | 5.8 | 208.1<br>208.1 | 109.0<br>151.0 | 23<br>13 | 0.005 |

| 编　号 | 中文名 | 保留时间/<br>min | 母离子 | 子离子 | CE/V | 检出限/<br>(mg/kg) |
|---|---|---|---|---|---|---|
| 131 | 敌俾 | 5.5 | 218.1<br>218.1 | 162.1<br>127.1 | 21<br>33 | 0.005 |
| 132 | 炔螨特 | 9.9 | 368.2<br>368.2 | 231.2<br>175.1 | 14<br>23 | 0.005 |
| 133 | 胺丙畏 | 6.6 | 282.0<br>282.0 | 138.0<br>156.0 | 25<br>19 | 0.005 |
| 134 | 丙环唑 | 6.8 | 342.1<br>342.1 | 205.0<br>159.0 | 25<br>35 | 0.05 |
| 135 | 残杀威 | 4.8 | 210.1<br>210.1 | 168.1<br>111.0 | 11<br>19 | 0.005 |
| 136 | 丙硫磷 | 11.0 | 344.8<br>344.8 | 241.0<br>132.9 | 27<br>69 | 0.1 |
| 137 | 百克敏 | 7.5 | 388.1<br>388.1 | 296.1<br>194.1 | 19<br>17 | 0.005 |
| 138 | 哒螨灵 | 10.7 | 365.0<br>365.0 | 147.0<br>309.0 | 31<br>19 | 0.005 |
| 139 | 吡丙醚 | 9.1 | 322.1<br>322.1 | 227.1<br>185.1 | 21<br>32 | 0.005 |
| 140 | 喹硫磷 | 7.1 | 299.1<br>299.1 | 271.0<br>163.0 | 19<br>33 | 0.005 |
| 141 | 抑食肼 | 5.2 | 297.0<br>297.0 | 241.0<br>105.0 | 8<br>25 | 0.005 |
| 142 | 治螟磷 | 7.6 | 323.0<br>323.0 | 295.0<br>170.9 | 14<br>20 | 0.005 |
| 143 | 氟胺氰菊酯 | 11.5 | 520.1<br>520.1 | 205.1<br>181.1 | 23<br>35 | 0.25 |
| 144 | 戊唑醇 | 6.2 | 308.1<br>308.1 | 125.0<br>70.0 | 55<br>27 | 0.005 |
| 145 | 异虫肼 | 6.7 | 353.2<br>353.2 | 297.2<br>133.1 | 11<br>25 | 0.05 |
| 146 | 胺菊酯 | 8.8 | 332.0<br>332.0 | 341.0<br>286.0 | 12<br>13 | 0.05 |
| 147 | 噻菌灵 | 3.5 | 202.0<br>202.0 | 175.0<br>131.1 | 35<br>45 | 0.005 |
| 148 | 噻虫啉 | 4.3 | 253.0<br>253.0 | 186.0<br>126.0 | 20<br>30 | 0.05 |

| 编　号 | 中文名 | 保留时间/<br>min | 母离子 | 子离子 | CE/V | 检出限/<br>(mg/kg) |
|---|---|---|---|---|---|---|
| 149 | 噻虫嗪 | 3.6 | 292.0<br>292.0 | 211.1<br>181.1 | 18<br>31 | 0.005 |
| 150 | 甲基立枯磷 | 7.8 | 301.0<br>301.0 | 269.0<br>175.0 | 23<br>35 | 0.05 |
| 151 | 甲苯氟磺胺 | 7.6 | 364.0<br>364.0 | 238.0<br>137.0 | 21<br>38 | 0.05 |
| 152 | 三唑磷 | 6.4 | 314.1<br>314.1 | 178.0<br>162.1 | 29<br>25 | 0.005 |
| 153 | 敌百虫 | 3.6 | 256.9<br>256.9 | 109.0<br>221.0 | 25<br>15 | 0.05 |
| 154 | 三环唑 | 4.3 | 190.0<br>190.0 | 163.0<br>136.0 | 28<br>34 | 0.005 |
| 155 | 肟菌酯 | 8.1 | 409.1<br>409.1 | 206.1<br>186.1 | 19<br>18 | 0.005 |

注：其中编号 10、63 为内标。

③ 对照品贮备溶液的制备

同"气相色谱-串联质谱法"项下。

④ 内标贮备溶液的制备

同"气相色谱-串联质谱法"项下。

⑤ 混合对照品溶液的制备

同"气相色谱-串联质谱法"项下。

⑥ 内标溶液的制备

同"气相色谱-串联质谱法"项下。

⑦ 基质混合对照品溶液的制备

同"气相色谱-串联质谱法"项下。

⑧ 供试品溶液的制备

同"气相色谱-串联质谱法"项下。

⑨ 测定法

分别精密吸取气相色谱-串联质谱法中的供试品溶液和基质混合对照品工作溶液各 1～10μL（根据检测要求与仪器灵敏度可适当调整进样量），注入液相色谱-串联质谱仪，按内标标准曲线法计算供试品中 153 种农药残留量。

**5. 说明**

（1）依据各品种项下规定的监测农药种类并参考相关农药限度规定配制对照品溶液。

（2）空白基质样品为经检测不含待测农药的同品种样品。

（3）加样回收率应在 70％～120％之间。在方法重现性可获得的情况下，部分农药固收率可放宽至 50％～130％。

（4）进行样品测定时，如果检出色谱峰的保留时间与对照品一致，并且在扣除背景后的质谱图中，所选择的监测离子对均出现，而且所选择的监测离子对峰面积比与对照品的监测离子对峰面积比一致（相对比例＞50％，允许±20％偏差；相对比例20％～50％，允许±25％偏差；相对比例10％～20％，允许±30％偏差；相对比例＜10％，允许±50％偏差），则可判断样品中存在该农药。如果不能确证，选用其他监测离子对重新进行确证或选用其他检测方式的分析仪器进行确证。

（5）气相色谱-串联质谱法测定的农药，推荐选择氘代倍硫磷作为内标；液相色谱-串联质谱法测定的农药，推荐选择氘代莠去津作为内标。

（6）本方法提供的监测离子对测定条件为推荐条件，各实验室可根据所配置仪器的具体情况作适当调整；在样品基质有测定干扰的情况下，可选用其他监测离子对。

（7）对于特定农药或供试品，分散固相萃取净化管中净化材料的比例可作适当调整，但须进行方法学考察，以确保结果准确。

（8）在进行气相色谱-串联质谱法测定时，为进一步优化方法效能，供试品溶液最终定容的溶剂可由乙腈经溶剂替换为甲苯（经氮吹至近干加入甲苯1mL即可）。

## 9.3.3 牛奶、母乳中全氟化合物的分析

全氟化合物（PFCs）是一类具有疏水疏油特性的有机污染物，被广泛用于电子产品、纺织、食品包装、润滑剂、表面材料、灭火和个人卫生用品等领域。PFCs在环境中很难被降解，可以长期稳定存在，因此，通常被称为新"POPs"物质。PFCs能够沿食物链在生物体内富集放大，在一些暴露实验中已经发现全氟化合物能够对实验动物造成一定的伤害。

**1. 方法原理**

采用甲醇萃取，SPE柱净化，HPLC-ESI-MS/MS联用技术测定牛奶、母乳中12种PFCs的分析方法。

**2. 适用范围**

本方法适用于牛奶、母乳样品的制备与全氟化合物的高效液相色谱-串联质谱测定方法。本方法适用于奶制品中的全氟己烷磺酸、全氟庚酸、全氟辛酸、全氟壬酸、全氟癸酸、全氟十一酸、全氟十二酸、全氟十四酸、8：2不饱和调聚酸（FOUEA）、内标物$^{13}C_4$-PFOS和$^{13}C_4$-PFOA等单个或多个全氟化合物的检测。全氟辛烷磺酸钾盐的结构式如图1-6所示。

**3. 试剂与仪器**

全氟己烷磺酸(PFHxS)、全氟庚酸(PFHpA)、全氟辛酸(PFOA)、全氟壬酸(PFNA)、全氟癸酸(PFDA)、全氟十一酸(PFUnDA)、全氟十二酸(PFDoDA)、全氟十四酸(PFTA)、8：2饱和调聚酸(FOEA)、8：2不饱和调聚酸(FOUEA)、全氟辛烷磺酰胺(FOSA)、四丁基硫酸氢铵(TBA)、醋酸铵、内标物$^{13}C_4$ PFOS(MPFOS)和$^{13}C_4$-PFOA(MPFOA)标准品、甲醇(色谱纯)、纯水(18.2MΩ·cm)；

高效液相色谱-质谱仪、3000自动进样器。

**4. 测定步骤**

（1）色谱与质谱条件

① 色谱条件

采用二元梯度淋洗，流动相A为甲醇，B为50mmol/LNH₄Ac。具体条件为：B在4min内由28％降至5％，并在第7min时回到起始条件，总分析时间为10min，10μL进样，

流速 1mL/min。

② 质谱条件

分析物经色谱柱分离后质谱检测。使用 ESI 源，负离子模式；气帘气压力 0.24MPa；碰撞气压力 0.021MPa；离子喷雾电压－2000V；温度 375℃；离子源 Gas1：0.34MPa；Gas2：0.24MPa。质谱检测条件见表 9-8。

表 9-8　质谱检测条件

| 化合物 | 母离子/Q1 | 子离子/Q3 | 时间/ms | 解簇电压/V | 入口电压/V | 碰撞入口电压/V | 碰撞能量/eV | 碰撞出口电压/V |
|---|---|---|---|---|---|---|---|---|
| PFHxS | 398.7 | 79.9 | 50 | －70 | －5.5 | －14.93 | －67 | －10 |
| PFHpA | 362.9 | 319 | 50 | －24 | －3.0 | －12.61 | －12 | －12 |
| PFOA | 412.8 | 369 | 50 | －22 | －3.5 | －35.45 | －22 | －10 |
| PFOS | 498.8 | 79.9 | 50 | －80 | －8.0 | －20.64 | －80 | －10 |
| PFNA | 462.8 | 419 | 50 | －27 | －3.5 | －15.30 | －12 | －16 |
| PFDA | 512.8 | 469 | 50 | －30 | －4.0 | －15.15 | －15 | －11 |
| PFUnDA | 562.9 | 519 | 50 | －32 | －4.0 | －16.00 | －14 | －12 |
| PFDoDA | 612.9 | 569 | 50 | －20 | －5.0 | －30.86 | －25 | －15 |
| PFTA | 712.9 | 669 | 50 | －30 | －4.5 | －21.56 | －17 | －15 |
| FOEA | 476.9 | 393 | 50 | －20 | | －16.83 | －19 | －15 |
| FOUEA | 456.9 | 393 | 50 | －28 | －3.0 | －15.09 | －18 | －10 |
| MPFOS | 502.9 | 79.9 | 50 | －80 | －8.5 | －19.79 | －90 | －10 |
| MPFOA | 416.8 | 372 | 50 | －23 | －3.5 | －35.60 | －21 | －15 |

（2）样品前处理

取 1mL 牛奶于一个 15mL 聚丙烯管（PP 管）内，加入两种内标（2ng MPFOS，2ng MPFOA），充分混匀后加 5mL 甲醇，超声 1h，6000r/min 离心 10min，将清液转移至另一 PP 管中，向沉淀中再加入 4mL 甲醇，超声破碎后再萃取 1 次，合并两次的萃取液用氮气吹至约 1mL，然后加水稀释至 100mL，过 SPE 柱，洗脱液用氮气吹至约 0.5mL，用甲醇定容至 1mL 后 10000r/min 离心 5min，取上清液检测。为避免使用氟塑料引入背景值，所用器皿均为聚丙烯材料，色谱管路为全 PEEK 塑料管路或者不锈钢管路。

（3）样品分析

在优化条件下，分别对市售的纯牛奶、早餐奶和母乳进行分析和加标回收实验，牛奶样品的加标回收率为 84.5%～130%，比较理想。早餐奶中长链 PFCs 回收率偏高，但对于样品中检测出来的 PFHxS、PFOA 和 PFOS，回收率都接近 100%，表明此方法可以用来检测含有添加成分的奶制品。而且还可以看出在普通牛奶和早餐奶中检测出的 PFCs 种类相似，含量也相近。母乳样品中长链 PFCs 回收率比牛奶稍差，但是对常见的 PFOA 和 PFOS 的检测结果很好。母乳中的 PFCs 种类和总量相对较多，含有 PFHxS、PFHpA、PFOA、PFOS、PFNA 和 PFUnDA，总量达到 0.6μg/L，这与已有文献的报道非常相近。

### 9.3.4　生物样品中单乙酰吗啡、吗啡和可待因的分析

本方法依据《生物检材中单乙酰吗啡、吗啡和可待因的测定》（SF/Z JD 0107006—2010）。

按照公安部《对吸食、注射毒品人员成瘾标准界定》的规定，凡查获吸食、注射毒品者，应进行毒瘾司法鉴定和吸毒违法行为的认定，这两个步骤的首位要素是对涉毒人员的尿液中毒品物质进行检测。为保证检测的客观性、准确性和及时性，必须了解海洛因在体内的代谢过程。海洛因在体内代谢快，几乎检测不到原体，很快代谢为吗啡和单乙酰吗啡，代谢产物吗啡与 β-D 葡萄糖醛酸发生结合反应。可待因是从罂粟属植物中分离出来的一种天然阿片类生物碱，具有镇痛作用。临床使用的可待因是由阿片提取或者由吗啡经甲基化制成。对于毒品的定性定量检验是判断是否吸食此类毒品的直接依据，本方法可用于判断可疑者是否吸食海洛因。

**1. 方法原理**

采用有机溶剂提取，气相色谱-质谱联用法和液相色谱-串联质谱法对血液、尿液、组织及毛发中单乙酰吗啡、吗啡和可待因进行分析。

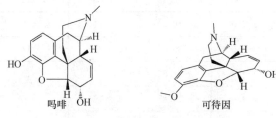

图 9-4　吗啡和可待因的结构式

**2. 适用范围**

标准规定了血液、尿液、组织及毛发中单乙酰吗啡、吗啡和可待因的气相色谱-质谱联用法和液相色谱-串联质谱法测定方法。

标准适用于血液、尿液、组织及毛发中单乙酰吗啡、吗啡和可待因的气相色谱-质谱联用法和液相色谱-串联质谱法定性定量分析。吗啡和可待因的结构式如图 9-4 所示。

**3. 测定方法**

**方法一　气相色谱-质谱联用法测定生物样品中单乙酰吗啡、吗啡和可待因**

（1）原理

单乙酰吗啡、吗啡和可待因在约 pH9.2 时可用氯仿∶异丙醇（9∶1）从生物检材中提出，用丙酸酐使单乙酰吗啡、吗啡和可待因结构上的羟基基团丙酰化后，用气相色谱-质谱联用仪进行检测，经与平行操作的单乙酰吗啡、吗啡或可待因对照品比较，以保留时间和特征碎片离子定性分析。

（2）试剂和仪器

除另有规定外，试剂均为分析纯，水为 GB/T 6682 规定的二级水；

单乙酰吗啡、吗啡和可待因对照品：纯度≥99%；

单乙酰吗啡、吗啡和可待因对照品溶液的制备：分别精密称取对照品单乙酰吗啡、吗啡、可待因各适量，用甲醇配成 1mg/mL 的对照品储备溶液，置于 −18℃冷冻保存，保存期为 1 年。试验中所用其他浓度的标准溶液均从上述储备液稀释而得，储存在 4℃冰箱中，保存期为 6 个月；

氯仿、异丙醇、10%氢氧化钠溶液、丙酸酐、吡啶、硼砂缓冲液 pH9.0～9.2、甲醇、丙酮、0.1%十二烷基磺酸钠溶液、0.1%洗洁精溶液、浓盐酸、0.1mol/L 盐酸溶液、

MSTFA、乙腈：色谱纯；

气相色谱-质谱联用仪：配有电子轰击源、冷冻研磨机、涡旋混合器、离心机、恒温水浴锅、微波炉。

（3）测定步骤

① 样品前处理

A. 尿液直接提取

取尿液 2mL 置于 10mL 具塞离心管中，用 10％氢氧化钠溶液调至 pH9.0～9.2，加入 1mL 硼砂缓冲液，用氯仿：异丙醇（9：1）3mL 提取，涡旋混合、离心，转移有机层至另一离心管中，约 60℃ 水浴中空气流下吹干。残留物中加入丙酸酐（50mL）、吡啶（20mL），混匀，微波炉（500W）衍生化 3min，60℃ 水浴中空气流下吹干，残留物用 30mL 甲醇溶解，取 1mL 进气相色谱-质谱联用仪分析。

B. 尿液中总吗啡或可待因的提取

取尿液 2mL 置于 10mL 具塞离心管中，加入 0.2mL 浓盐酸沸水浴中水解 30min，取出，冷却后加入 1mL 正丁醇，涡旋混合、离心，弃去有机层，用 10％氢氧化钠溶液调至 pH9.0～9.2，以下同"A. 尿液直接提取"项下操作。

C. 血液直接提取

取血液 2mL 置于 10mL 具塞离心管中，加入 2mL 硼砂缓冲液，用氯仿：异丙醇（9：1）3mL 提取，以下同"A. 尿液直接提取"项下操作。

D. 组织提取

将组织剪碎或匀浆，称取 2g，加入 2mL 水，再加入 0.4mL 浓盐酸，沸水浴中水解 30min 取出，用 10％氢氧化钠溶液调至 pH9.0～9.2，以下同"A. 尿液直接提取"项下操作。

E. 毛发提取

毛发采集：贴发根处剪取毛发，发根处作标记。

毛发洗涤：毛发样品依次用 0.1％十二烷基磺酸钠溶液、0.1％洗洁精溶液、水和丙酮振荡洗涤一次，晾干后剪成约 1mm 段，供检。

毛发的提取、净化：称取 50mg 毛发，加 1mL0.1mol/L 盐酸溶液浸润，45℃ 水浴水解 12～15h 或超声 1h（针对磨碎的头发），取出后用 10％氢氧化钠溶液调至 pH9.0～9.2，加入 1mL 硼砂缓冲液，用氯仿：异丙醇（9：1）3mL 提取，涡旋混合、离心，转移有机层至另一离心管中，约 60℃ 水浴中空气流下吹干。残留物中加入 MSTFA（25mL）、乙腈（25mL），混匀，微波炉（500W）衍生化 3min，冷却后取 1mL 进气相色谱-质谱联用仪分析。

② 样品测定

A. 气相色谱-质谱参考条件

色谱柱：HP-1MS 毛细管柱（30m×0.25mm×0.25mm）或相当者；柱温：100℃ 保持 1.5min，以 25℃/min 升温至 280℃，保持 15min；载气：氦气，纯度≥99.999％，流速：1.0mL/min；进样口温度：250℃；进样量：1mL。

电子轰击源：70eV；四极杆温度：150℃；离子源温度：230℃；接口温度：280℃；检测方式：SIM。

每种化合物分别选择 3 个特征碎片离子。单乙酰吗啡、吗啡、可待因的保留时间与特征碎片离子见表 9-9。

表 9-9 单乙酰吗啡、吗啡、可待因的色谱峰保留时间与碎片离子

| | 保留时间/min | 碎片离子/($m/z$) |
|---|---|---|
| 单乙酰吗啡丙酰化物 | 12.6 | 327，383，268 |
| 吗啡丙酰化物 | 13.8 | 341，397，268 |
| 可待因丙酰化物 | 11.6 | 229，355，282 |
| 单乙酰吗啡三甲基硅衍生物 | 9.8 | 287，340，399 |
| 吗啡三甲基硅衍生物 | 9.6 | 236，414，429 |
| 乙基吗啡三甲基硅衍生物 | 9.4 | 192，385 |

B. 定性测定

进行样品测定时，如果检出的色谱峰保留时间与空白检材添加对照品的色谱峰保留时间比较，相对误差<2%，并且在扣除背景后的样品质谱图中，所选择的离子均出现，而且所选择的离子相对丰度比与添加对照品的离子相对丰度比之相对误差不超过表 9-10 规定的范围，则可判断样品中存在这种化合物。

表 9-10 相对离子丰度比的最大允许相对误差 （%）

| 相对离子丰度比 | ≥50 | 20～50 | 10～20 | <10 |
|---|---|---|---|---|
| 允许的相对误差 | ±20 | ±25 | ±30 | ±50 |

C. 定量测定

采用外标-校准曲线法或单点法定量。用相同基质空白添加适量目标物对照品制得一系列校准样品，以目标物的峰面积对目标物浓度绘制校准曲线，并且保证所测样品中目标物的浓度值在其线性范围内。当检材中目标物浓度在空白检材中添加目标物浓度的±50%以内时，可采用单点校准法来计算目标化合物的浓度。

D. 平行实验

样品应按以上步骤同时平行测定两份。平行实验中两份检材测定结果按两份检材的平均值计算，双样相对相差不得超过 20%（腐败检材不超过 30%）。双样相对相差按式（9-1）计算：

$$双样相对相差(\%) = \frac{|C_1 - C_2|}{\overline{C}} \times 100 \tag{9-1}$$

式中，$C_1$、$C_2$ 为两份样品平行定量测定的结果；$\overline{C}$ 为两份样品平行定量测定结果的平均值 $(C_1 + C_2)/2$。

E. 空白实验

除以相同基质空白替代检材外，均按上述步骤进行。

（4）结果计算

以外标-校准曲线法或按式（9-2）计算被测样品中单乙酰吗啡、吗啡或可待因浓度：

$$C = \frac{A_1 \times W}{A_2 \times W_1} \tag{9-2}$$

式中，$C$ 为检材中目标物的浓度，mg/mL 或 mg/g；$A_1$ 为检材中目标物的峰面积；$A_2$ 为空白检材中添加目标物的峰面积；$W$ 为空白检材中目标物的添加量，mg；$W_1$ 为检材量，mL

或 g。

（5）方法检出限

血液、尿液、组织和毛发中单乙酰吗啡、吗啡和可待因的检出限见表 9-11。

表 9-11　生物检材中单乙酰吗啡、吗啡和可待因的检出限

| 样　品 | 成　分 | GC-MS 检出限/<br>（g/mL 或 g/g） | LC-MS/MS 检出限/<br>（g/mL 或 g/g） |
|---|---|---|---|
| 尿液、血液 | 单乙酰吗啡 | 0.1 | 0.01 |
| | 吗啡 | 0.1 | 0.01 |
| | 可待因 | 0.1 | 0.01 |
| 组织 | 单乙酰吗啡 | 0.2 | 0.02 |
| | 吗啡 | 0.2 | 0.02 |
| | 可待因 | 0.2 | 0.02 |
| 毛发 | 单乙酰吗啡 | 2 | 0.1 |
| | 吗啡 | 2 | 0.1 |
| | 可待因 | 2 | 0.1 |

### 方法二　液相色谱-串联质谱法测定生物样品中单乙酰吗啡、吗啡和可待因

（1）原理

单乙酰吗啡、吗啡、可待因在约 pH9.2 时可用氯仿：异丙醇（9：1）从生物检材中提出，提取后的样品用液相色谱-串联质谱法的多反应监测模式进行检测，经与平行操作的单乙酰吗啡、吗啡和可待因对照品比较，以保留时间和两对母离子/子离子对进行定性分析。

（2）试剂和材料

除另有规定外，试剂均为分析纯，水为 GB/T 6682 规定的一级水；

单乙酰吗啡、吗啡、可待因对照品及溶液的制备同方法一；

氯仿、异丙醇、丙酮、硼砂缓冲液 pH9.0～9.2、浓盐酸、0.1mol/L 盐酸溶液、10％氢氧化钠溶液、0.1％十二烷基磺酸钠溶液、0.1％洗洁精溶液；

乙腈、甲酸、乙酸铵：色谱纯；

流动相缓冲液：20mmol/L 乙酸铵和 0.1％甲酸缓冲液分别称取 1.54g 乙酸铵和 1.84g 甲酸置于 1000mL 容量瓶中加水定容至刻度 pH 值约为 4；

液相色谱-串联质谱仪，配有电喷雾离子源（ESI）、分析天平（感量 0.1mg）、离心机、恒温水浴锅、空气泵、冷冻研磨机。

（3）测定步骤

① 样品前处理

A. 尿液提取

取尿液 2mL 置于 10mL 具塞离心管中，用 10％氢氧化钠溶液调至 pH9.0～9.2，加入 1mL 硼砂缓冲液，用氯仿：异丙醇（9：1）3mL 提取，涡旋混合、离心，转移有机层至另一离心管中，约 60℃水浴中空气流下吹干。残留物中加入 100mL 乙腈：流动相缓冲液（70：30）进行溶解，取 5mL 进 LC-MS/MS。

B. 血液提取

取血液 2mL 置于 10mL 具塞离心管中，加入 2mL 硼砂缓冲液，用氯仿：异丙醇（9：

1）3mL 提取，以下同"A. 尿液提取"项下操作。

C. 组织提取

将组织剪碎或匀浆，称取 2g，加入 2mL 水，再加入 0.4mL 浓盐酸沸水浴中水解30min，取出，用 10％氢氧化钠溶液调至 pH9.0～9.2。

D. 毛发提取

称取 50mg 毛发，加 1mL0.1mol/L 盐酸溶液浸润，45℃水浴水解 12～15h 或超声 1h（针对磨碎的头发），取出后用 10％氢氧化钠溶液调至 pH9.0～9.2，加入 1mL 硼砂缓冲液，以下同"A. 尿液提取"项下操作。

② 样品测定

A. 液相色谱-串联质谱参考条件

色谱柱：AllurePFPPropyl100mm×2.1mm×5μm 或相当者，前接保护柱；柱温：室温；流动相：$V$（乙腈）：$V$（缓冲液）＝70∶30；流速：200mL/min；进样量：5mL。

扫描方式：正离子扫描（ESI+）；检测方式：多反应监测（MRM）；离子喷雾电压：5500V；离子源温度：500℃。

每个化合物分别选择 2 对母离子/子离子对作为定性离子对，以第一对离子对作为定量离子对。其定性离子对、定量离子对、去簇电压（$DP$）、碰撞能量（$CE$）和保留时间（$t_R$）见表 9-12。

表 9-12　单乙酰吗啡、吗啡和可待因的定性离子对、定量离子对、
去簇电压（$DP$）、碰撞能量（$CE$）和保留时间（$t_R$）

| 名称 | 定性离子对 | $DP/V$ | $CE/eV$ | $t_R/min$ |
|---|---|---|---|---|
| 吗啡 | 286.1/201.2[1] | 80 | 36 | 2.76 |
| | 286.1/165.3 | | 56 | |
| 单乙酰吗啡 | 328.1/211.3[1] | 80 | 36 | 4.16 |
| | 328.1/165.3 | | 54 | |
| 可待因 | 300.2/199.2[1] | 80 | 40 | 3.65 |
| | 300.2/165.3 | | 60 | |

注：[1] 为定量离子对。

B. 定性测定

进行样品测定时，如果检出的色谱峰保留时间与空白检材添加对照品的色谱峰保留时间比较，相对误差＜2％，并且在扣除背景后的样品质谱图中，均出现所选择的离子对，而且所选择的离子对相对丰度比与添加对照品的离子对相对丰度比之相对误差不超过表 9-13 规定的范围，则可判断样品中存在这种化合物。

表 9-13　相对离子对丰度比的最大允许相对误差　　　　　　　　　　（％）

| 相对离子对丰度比 | ≥50 | 20～50 | 10～20 | ≤10 |
|---|---|---|---|---|
| 允许的相对误差 | ±20 | ±25 | ±30 | ±50 |

C. 定量测定

采用外标-校准曲线法或单点法定量。用相同基质空白添加适量目标物对照品制得一系列校准样品，以目标物的峰面积对目标物浓度绘制校准曲线，并且保证所测样品中目标物的

浓度值在其线性范围内。当检材中目标物浓度在空白检材中添加目标物浓度的±50％以内时，可采用单点校准法来计算目标化合物的浓度。

D. 平行实验

样品应按以上步骤同时平行测定两份。平行实验中两份检材测定结果按两份检材的平均值计算，双样相对相差不得超过 20％（腐败检材不超过 30％）。双样相对相差按式（9-3）计算：

$$双样相对相差(\%) = \frac{|C_1 - C_2|}{\overline{C}} \times 100 \tag{9-3}$$

式中，$C_1$、$C_2$ 为两份样品平行定量测定的结果；$\overline{C}$ 为两份样品平行定量测定结果的平均值 $(C_1 + C_2)/2$。

E. 空白实验

除以相同基质空白替代检材外，均按上述步骤进行。

（4）结果计算

以外标-校准曲线法或按式（9-4）计算被测样品中单乙酰吗啡、吗啡或可待因浓度：

$$C = \frac{A_1 \times W}{A_2 \times W_1} \tag{9-4}$$

式中，$C$ 为检材中目标物的浓度，g/mL 或 g/g；$A_1$ 为检材中目标物的峰面积；$A_2$ 为空白检材中添加目标物的峰面积；$W$ 为空白检材中目标物的添加量，g；$W_1$ 为检材量，mL 或 g。

## 9.3.5　生物样品中巴比妥类药物的分析

巴比妥类药物（又称巴比妥酸盐，Barbiturate）是一类作用于中枢神经系统的镇静剂，属于巴比妥酸的衍生物，其应用范围可以从轻度镇静到完全麻醉，还可以用作抗焦虑药、安眠药、抗痉挛药。长期使用则会导致成瘾性。

本方法依据《生物检材中巴比妥类药物的测定　液相色谱-串联质谱法》（SF/Z JD 0107008—2010）。

**1. 方法原理**

本方法利用巴比妥类药物在酸性条件下易溶于有机溶剂、难溶于水的特点，用有机溶剂从生物检材中提出，采用液相色谱-串联质谱仪的多反应监测模式进行测定。

**2. 适用范围**

标准规定了血液、尿液、胃内容物和组织等检材中巴比妥类药物的测定方法。巴比妥类药物包括苯巴比妥、巴比妥、异戊巴比妥、司可巴比妥、硫喷妥，结构式如图 9-5 所示。

标准适用于血液、尿液、胃内容物和组织等检材中巴比妥类药物的定性定量分析。本标准中血液的方法检出限为 100ng/mL。

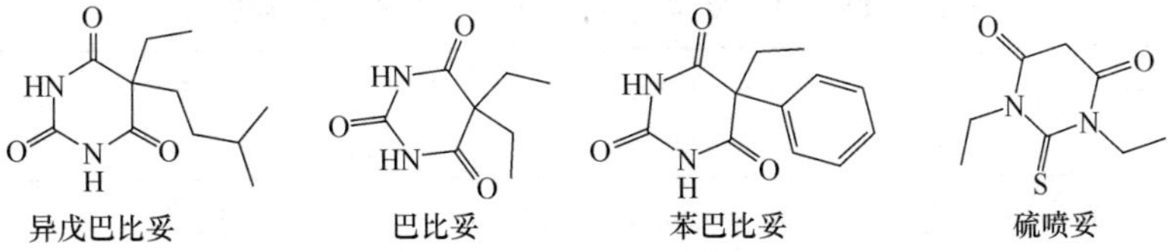

图 9-5　巴比妥类化合物的结构式

### 3. 试剂和设备

除另有规定外，试剂均为分析纯，水为 GB/T 6682—2008 规定的一级水；

巴比妥类药物对照品：苯巴比妥、巴比妥、异戊巴比妥、司可巴比妥、硫喷妥，纯度≥99%；

乙酰水杨酸对照品：纯度≥99%；

巴比妥类药物对照品溶液的制备：分别精密称取对照品巴比妥类药物和内标乙酰水杨酸各适量，用甲醇配成 1mg/mL 的对照品储备溶液，置于 -18℃冷冻保存，保存期为 1 年。实验中所用其他浓度的标准溶液均从上述储备液稀释而得，储存在 4℃冰箱中，保存期为 3 个月；

混合对照品工作溶液：分别取巴比妥类药物储备液混合，用甲醇稀释成 10g/mL 的混合对照品工作溶液，储存在 4℃冰箱中，保存期为 3 个月；

乙腈、乙酸胺、乙醚、甲酸：色谱纯；

流动相缓冲液：20mmol/L 乙酸铵和 0.1% 甲酸缓冲液：分别称取 1.54g 乙酸铵和 1.84g 甲酸置于 1000mL 容量瓶中，加水定容至刻度，pH 值约为 4；

液相色谱-串联质谱联用仪（配有电喷雾离子源）、分析天平（感量 0.1mg）、旋涡混合器、离心机、恒温水浴锅。

### 4. 测定步骤

（1）样品前处理

① 血液或尿液直接提取

取血液或尿液 1mL，加入 1μg 内标乙酰水杨酸，置于 10mL 离心管中，加入 2 滴 0.1mol/LHCl，加入 3.5mL 乙醚，涡旋混合、离心分层，转移乙醚层至另一离心管中，约 60℃水浴中挥干，加入 100μL 乙腈：流动相缓冲液（70：30）溶解残留物，取 5μL 进 LC-MS/MS。

② 胃内容物或组织提取

称取胃内容物或绞碎的组织（或匀浆）1g，加入 1μg 内标乙酰水杨酸，以下同"① 血液或尿液直接提取"项下操作。

（2）测定

① 液相色谱-串联质谱条件

液相柱：Cosmosil packed 柱（150mm×2.0mm×5μm）或相当者，前接 $C_{18}$ 保护柱；柱温：室温；流动相：$V$（乙腈）：$V$（缓冲液）=70：30；流速：200L/min；进样量：5μL。

扫描方式：负离子扫描（ESI$^-$）；多反应监测（MRM）；

每个化合物分别选择 2 对母离子/子离子对作为定性离子对，以第 1 对离子对作为定量离子对。其定性离子对、定量离子对、去簇电压（DP）、碰撞能量（CE）和保留时间（$t_R$）见表 9-14。

**表 9-14 巴比妥类药物的 LC-MS/MS 分析参数**

| 中文名 | 母离子/(m/z) | 子离子/(m/z) | DP/V | CE/eV | $t_R$/min |
|---|---|---|---|---|---|
| 苯巴比妥 | 231.0 | 188.0[1] <br> 85.0 | -45 | 14 <br> 26 | 2.1 |

| 中文名 | 母离子<br>/(m/z) | 子离子<br>/(m/z) | DP/<br>V | CE/<br>eV | $t_R$/<br>min |
|---|---|---|---|---|---|
| 巴比妥 | 183.0 | 140.0[1]<br>85.0 | 40 | 16<br>22 | 1.9 |
| 异戊巴比妥 | 225.1 | 182.0[1]<br>85.0 | −30 | 17<br>19 | 2.3 |
| 司可巴比妥 | 237.1 | 194.0[1]<br>85 | −40 | 17<br>17 | 2.4 |
| 硫喷妥 | 241.0 | 58.1[1]<br>101.1 | −40 | 35<br>21 | 2.8 |

注：[1] 为定量离子时。

② 定性测定

进行样品测定时，如果检出的色谱峰保留时间与空白检材添加对照品的色谱峰保留时间比较，相对误差<2％，并且在扣除背景后的样品质谱图中，均出现所选择的离子对，而且所选择的离子对相对丰度比与添加对照品的离子对相对丰度比之相对误差不超过表 9-15 规定的范围，则可判断样品中存在这种化合物。

表 9-15　定性确认时相对离子丰度的最大允许误差　　　　　　　　　　（％）

| 相对离子丰度 | ≥50 | 20～50 | 10～20 | ≤10 |
|---|---|---|---|---|
| 允许的相对误差 | ±20 | ±25 | ±30 | ±50 |

③ 定量测定

采用内标-校准曲线法或单点法定量。用相同基质空白添加适量目标物对照品制得一系列校准样品，以目标物的峰面积与内标峰面积比对目标物浓度绘制校准曲线，并且保证所测样品中目标物的响应值在其线性范围内。当空白检材中添加目标物浓度在检材中目标物浓度的 50％以内时，可采用单点校准计算检材中目标物浓度。

④ 平行实验

样品应按以上步骤同时平行测定两份。平行实验中两份检材测定结果的双样相对相差若不超过 20％时（腐败检材不超过 30％），结果按两份检材浓度的平均值计算。双样相对相差按式（9-5）计算：

$$双样相对相差(\%) = \frac{|C_1 - C_2|}{\bar{C}} \times 100 \tag{9-5}$$

式中，$C_1$、$C_2$ 为两份样品平行定量测定的结果；$\bar{C}$ 为两份样品平行定量测定结果的平均值 $(C_1 + C_2)/2$。

⑤ 空白实验

除以相同基质空白替代检材外，均按上述步骤进行。

（3）结果计算

以内标-校准曲线法或按式（9-6）计算被测样品中巴比妥类药物的浓度：

$$C = \frac{A \times A_i' \times c}{A' \times A_i} \tag{9-6}$$

式中，$C$ 为检材中目标物的浓度，$\mu g/mL$ 或 $\mu g/g$；$A$ 为检材中目标物的峰面积；$A'$ 为空白检材中添加目标物的峰面积；$A_i'$ 为空白检材添加内标物的峰面积；$A_i$ 为检材中内标物的峰面积；$c$ 为空白检材中添加目标物的浓度，$\mu g/mL$ 或 $\mu g/g$。

## 9.3.6 血、尿中乙醇、甲醇、正丙醇、乙醛、丙酮、异丙醇、正丁醇、异戊醇的分析

本方法依据《血、尿中乙醇、甲醇、正丙醇、乙醛、丙酮、异丙醇、正丁醇、异戊醇的定性分析及乙醇、甲醇、正丙醇的定量分析方法》（GA/T 105—1995）。

**1. 方法原理**

本方法利用醇类的易挥发性，以叔丁醇为内标，用顶空气相色谱火焰离子化检测器进行检测，经与平行操作的醇类标准品比较，以保留时间定性；用内标法以醇类对内标物的峰面积比进行定量。

**2. 适用范围**

适用于低级醇类、醇性饮料中毒或中毒死亡者的血液和尿液样品中进行乙醇、甲醇、正丙醇、乙醛、丙酮、异丙醇、正丁醇、异戊醇的定性分析及乙醇、甲醇、正丙醇的定量分析。

**3. 试剂和设备**

气相色谱仪(配置火焰离子化检测器)；样品瓶(7mL 青霉素瓶)；硅橡胶垫；聚四氟乙烯薄膜；铝帽；密封钳；注射器(1mL)；

乙醛(1mg/mL)；丙酮(1mg/mL)；异丙醇(1mg/mL)；异丁醇(1mg/mL)；异戊醇(1mg/mL)；正丁醇(1mg/mL)；硫酸铵；乙醇标准溶液；甲醇标准溶液；正丙醇标准溶液；内标物(叔丁醇)标准溶液。

**4. 操作步骤**

(1) 气相色谱条件

色谱柱：① 5％CARBOWAX20M Carbopack（80～120 目）2mm×2m 玻璃柱；

② Porapak S（80～100 目）2mm×2m 玻璃柱；

柱温：柱① 程序升温：始温 70℃，以 5℃/min 升温至 170℃，保持 5min；

柱② 程序升温：始温 100℃，以 15℃/min 升温至 200℃，保持 10min；

检测器：火焰离子化检测器（FID）；检测室温：230℃；汽化室温：210℃；载气($N_2$)：流速 20～35mL/min。

(2) 定性分析

① 样品制备

取待测全血（或尿液）1mL 加入样品瓶中，加 100$\mu L$（2mg/mL）叔丁醇内标液，约 1g 硫酸铵，瓶口覆盖氟乙烯薄膜，硅橡胶垫，用密封钳加封铝帽，混匀，置 60℃水浴中加热 15～20min。

同时，取空白全血（或尿液）两份，其中一份添加内标溶液 100$\mu L$ 和乙醇标准使用液 20$\mu L$（20$\mu g$），按上述程序平行操作以进行空白对照和已知对照分析。

② 进样

用 1mL 注射器分别吸取检材、空白对照和已知对照瓶内液面上的气体约 0.5mL，注入气相色谱仪中，每个试样进样 2～3 次，并注入醇类标准溶液。

③ 记录与计算

分别记录各试样中内标物，醇类标准品和可疑醇峰的保留时间，填入 GC 定性分析结果中，计算它们的保留时间平均值，并以内标物的保留时间为 1，计算醇的相对保留时间值。

（3）定量分析

① 样品制备

精密吸取待测全血（或尿液）0.5mL 两份，分别加入样品瓶内，加 100$\mu$L（2mg/mL）叔丁醇内标液，按"（2）定性分析 ① 样品制备"项下操作密封瓶口后，混匀，置 60℃水浴中加热 15～20min。

另取空白全血（或尿液）两份，根据检材中醇含量的多少，添加乙醇（或甲醇、正丙醇）标准使用液 20$\mu$g～2mg，内标液 100$\mu$L（200$\mu$g）按上述方法平行操作。

② 检测

按"（2）定性分析 ② 进样"项下所述操作进行。

③ 记录与计算

A. 记录检材及空白添加标准品中乙醇（或甲醇、正丙醇）及内标物峰面积值，填入 GC 定量分析记录表中，并算出各检材乙醇（或甲醇、正丙醇）及内标物的平均峰面积值。

B. 计算相对校对因子

$$f = \frac{\text{空白检材中醇添加量} \times \text{内标物峰面积平均值}}{\text{空白检材内标添加量} \times \text{醇峰面积平均值}} \qquad (9\text{-}7)$$

C. 计算检材中醇含量 $W$（mg/100mL）

$$W = \frac{f \times \text{检材中的醇峰面积平均值} \times \text{内标添加量}(\mu g) \times 100}{\text{检材中内标物峰面积平均值} \times \text{检材量} \times 1000} \qquad (9\text{-}8)$$

D. 计算相对相差

$$\text{相对相差}(\%) = \frac{|W_1 - W_2|}{W} \times 100 \qquad (9\text{-}9)$$

式中，$W_1$、$W_2$ 为两份检材平行定量测定的结果；$W$ 为两份检材平均值。

**5. 结果评价**

（1）定性结果评价

① 本法血、尿中乙醇、甲醇的最低检出限为 1$\mu$g/mL。正丙醇的最低检出限为 10$\mu$g/mL。如果添加于空白检材中 20$\mu$g 乙醇出现相应的色谱峰，而检材未出现相应的醇类色谱峰，可以认为检材中不含醇类，阴性结果可靠。如果添加于空白检材中 20$\mu$g 乙醇未出现相应的色谱峰，而检材未出现醇类色谱峰，属操作有误，阴性结果不可靠，应重新检验。

② 如果空白检材未出现醇类色谱峰，而检材有醇类色谱峰时。说明空白无干扰，阳性结果可靠，经选择不同的色谱条件，结果一致时，一般可以认定检材中含有某种醇类物质。必要时，用 GC/MS 确证。

（2）定量分析结果评价

两份检材的相对相差若不超过 15％时，结果按两份检材含量的平均值计算，相对相差若超过 15％，需重新进行测定。

 **习题与思考题**

1. 为什么要进行生物污染监测？生物监测为什么可以评价人体接触化学物质的程度及

可能的健康影响？

 2. 生物监测与环境监测相比较，具有哪些优点与不足？

 3. 植物对重金属的吸收方式及在体内的分布规律是什么？

 4. 动物吸收污染物的途径有哪些？

 5. 简述植物样品的采集原则与布点方法。

 6. 简述植物样品中重金属测定的预处理方法和测定方法。

 7. 试设计药材中有机氯农药的测定方案。

 8. 试设计血液中单乙酰吗啡、吗啡和可待因的检测方案。

 9. 试设计尿液中巴比妥类药物的检测方案。

 10. 试设计血中乙醇的定量检测方法。

# 参 考 文 献

[1] 陈吉平，付强. 水环境中持久性有机污染物（POPs）监测技术[M]. 北京：化学工业出版社，2015.

[2] 黄业茹，张烃，翁燕波，等. 水质 环境热点污染物分析方法[M]. 北京：化学工业出版社，2014.

[3] 石利利，蔡道基，庞国芳. 有毒有害化学品在体脂中的蓄积及健康风险分析[M]. 北京：中国环境科学出版社，2014.

[4] 国家药典委员会. 中华人民共和国药典 2015 版 第四部[M]. 北京：中国医药科技出版社，2014.

[5] 苏少林. 仪器分析（第二版）[M]. 北京：中国环境科学出版社，2014.

[6] 崔树军. 环境监测（第 2 版）[M]. 北京：中国环境科学出版社，2014.

[7] 刘崇华，董夫银. 化学检测实验室质量控制技术[M]. 北京：化学工业出版社，2013.

[8] 李国刚，付强，吕怡兵. 环境空气和废气污染物分析测试方法[M]. 北京：化学工业出版社，2013.

[9] 高洪潮. 仪器分析[M]. 北京：科学出版社，2013.

[10] 李国刚. 水和废水污染物分析测试方法[M]. 北京：化学工业出版社，2012.

[11] 王竹天，杨大进. 食品中化学污染物及有害因素检测技术手册[M]. 北京：中国标准出版社，2011.

[12] 高瑞英，葛虹，王培义. 化妆品质量检验技术[M]. 北京：化学工业出版社，2011.

[13] 毕开顺. 实用药物分析[M]. 北京：人民卫生出版社，2011.

[14] 孙福生，朱英存，李毓. 环境分析化学[M]. 北京：化学工业出版社，2011.

[15] 李好枝. 体内药物分析（第二版）[M]. 中国医药科技出版社，2011.

[16] 杨坪，钱蜀. 环境样品分析新方法及其应用[M]. 北京：科学出版社，2010.

[17] 曾永平，倪宏刚. 常见有机污染物分析方法[M]. 北京：科学出版社，2010.

[18] 李国刚，池靖，夏新，等. 环境监测质量管理工作指南[M]. 北京：中国环境科学出版社，2010.

[19] 李广超. 环境监测[M]. 北京：化学工业出版社，2010.

[20] 郝吉明，马广大，王书肖. 大气污染控制工程[M]. 北京：高等教育出版社，2010.

[21] 奚旦立，孙裕生. 环境监测（第四版）[M]. 北京：高等教育出版社，2010.

[22] 胡琴，黄庆华. 分析化学[M]. 北京：科学出版社，2009.

[23] 北京市环境保护监测中心. 环境监测测量不确定度评定[M]. 北京：中国计量出版社，2009.

[24] 但德忠. 环境分析化学[M]. 北京：高等教育出版社，2009.

[25] 王英健，杨永红. 环境监测[M]. 北京：化学工业出版社，2009.

[26] 解天民. 环境分析化学实验室技术与运行管理[M]. 北京：中国环境科学出版社，2008.

[27] 陈玲，郜洪文．现代环境分析技术[M]．北京：科学出版社，2008．

[28] 张乃明．环境污染与食品安全[M]．北京：化学工业出版社，2007．

[29] 王红旗，刘新会，李国学，等．土壤环境学[M]．高等教育出版社，2007．

[30] 朱明华，胡坪．仪器分析[M]．北京：高等教育出版社，2007．

[31] Huckins J N，Petty J D，Booij K．Monitors of organic chemicals in the environment：semipermeable membrane devices[M]．New York：Springer Science & Business Media，2006．

[32] 陈怀满．环境土壤学[M]．北京：科学出版社，2005．

[33] 毛跟年，许牡丹，黄建文．环境中有毒有害物质与分析检测[M]．北京：化学工业出版社，2004．

[34] 陈耀祖．中药现代化研究的化学法导论[M]．北京：科学出版社，2003．

[35] 中华人民共和国环境保护部．土壤和沉积物　多环芳烃的测定-高效液相色谱法（HJ 784—2016）[S]．北京：中国环境科学出版社，2016．

[36] 中华人民共和国环境保护部．水质　硝基苯类化合物的测定-气相色谱-质谱法（HJ 716—2014）[S]．北京：中国环境科学出版社，2015．

[37] 中华人民共和国环境保护部．水质　酚类化合物的测定-气相色谱-质谱法（HJ 744—2015）[S]．北京：中华人民共和国环境保护部，2015．

[38] 中华人民共和国环境保护部．土壤和沉积物　多氯联苯的测定　气相色谱-质谱法（HJ 743—2015）[S]．北京：中国环境科学出版社，2015．

[39] 中华人民共和国环境保护部．水质　酚类化合物的测定-液-液萃取/气相色谱法（HJ 676—2013）[S]．北京：中国环境科学出版社，2014．

[40] 中华人民共和国环境保护部．水质　65 种元素的测定-电感耦合等离子体质谱法（HJ 700—2014）[S]．北京：中国环境科学出版社，2014．

[41] 中华人民共和国环境保护部．水质　有机氯农药和氯苯类化合物的测定-气相色谱-质谱法（HJ 699—2014）[S]．北京：中国环境科学出版社，2014．

[42] 中华人民共和国环境保护部．水质　挥发性有机物的测定-吹扫捕集/气相色谱法（HJ 686—2014）[S]．北京：中国环境科学出版社，2014．

[43] 中华人民共和国环境保护部．环境空气　醛、酮类化合物的测定　高效液相色谱法（HJ 683—2014）[S]．北京：中国环境科学出版社，2014．

[44] 中华人民共和国环境保护部．固体废物　挥发性卤代烃的测定　顶空/气相色谱-质谱法》（HJ 713—2014）[S]．北京：中国环境科学出版社，2014．

[45] 中华人民共和国环境保护部．固体废物　汞、砷、硒、铋、锑的测定　微波消解/原子荧光法》（HJ 702—2014）[S]．北京：中国环境科学出版社，2014．

[46] 中华人民共和国卫生和计划生育委员会．食品安全国家标准　食品中铬的测定（GB 5009.123—2014）[S]．北京：中国标准出版社，2014．

[47] 中华人民共和国卫生和计划生育委员会．食品安全国家标准　食品中氨基甲酸乙酯的测定（GB 5009.223—2014）[S]．北京：中国标准出版社，2014．

[48] 中华人民共和国环境保护部．水质　硝基苯类化合物的测定-液-液萃取-固相萃取-气相色谱法（HJ 648—2013）[S]．北京：中国环境科学出版社，2013．

[49] 中华人民共和国农业部，中华人民共和国卫生和计划生育委员会．奶及奶制品中 17β-

雌二醇、雌三醇、炔雌醇多残留的测定气相色谱-质谱法(GB 29698—2013)[S]. 北京：中国标准出版社，2013.

[50] 中华人民共和国环境保护部. 环境空气 酚类化合物的测定 高效液相色谱法(HJ 638—2012)[S]. 北京：中国环境科学出版社，2012.

[51] 中华人民共和国质量监督检验检疫总局，中国国家标准化管理委员会. 化妆品中邻苯二甲酸酯类物质的测定(GB/T 28599—2012)[S]. 北京：中国标准出版社，2012.

[52] 中华人民共和国司法部. 生物检材中单乙酰吗啡、吗啡和可待因的测定(SF/Z JD0107006—2010)[S]. 北京：中国标准出版社，2010.

[53] 中华人民共和国司法部. 生物检材中巴比妥类药物的测定 液相色谱-串联质谱法(SF/ZJD0107008—2010)[S]. 北京：中国标准出版社，2010.

[54] 中华人民共和国公安部. 血、尿中乙醇、甲醇、正丙醇、乙醛、丙酮、异丙醇、正丁醇、异戊醇的定性分析及乙醇、甲醇、正丙醇的定量分析方法(GA/T 105—1995)[S]. 北京：中国标准出版社，2010.

[55] 中华人民共和国质量监督检验检疫总局，中国国家标准化管理委员会. 茶叶中农药多残留测定 气相色谱-质谱法(GB/T 23376—2009)[S]. 北京：中国标准出版社，2009.

[56] 中华人民共和国环境保护部. 环境空气和废气 二噁英类的测定 同位素稀释高分辨气相色谱-高分辨质谱法(HJ 77.2—2008)[S]. 北京：中国环境科学出版社，2008.

[57] 中华人民共和国环境保护部. 土壤和沉积物 二噁英类的测定 同位素稀释高分辨气相色谱-高分辨质谱法》(HJ 77.4—2008)[S]. 北京：中国环境科学出版社，2008.

[58] 中华人民共和国质量监督检验检疫总局，中国国家标准化管理委员会. 动物源性食品中青霉素族抗生素残留量检测方法 液相色谱-质谱/质谱法(GB/T 21315—2007)[S]. 北京：中国标准出版社，2007.

[59] 朱秀华，王鹏远，施泰安，等. 持久性有机污染物的环境大气被动采样技术[J]. 环境化学，2013，32(10)：1956-1969.

[60] 王金成，金静，熊力，等. 微萃取技术在环境分析中的应用[J]. 色谱，2010(28)：1-13.

[61] 王杰明，潘媛媛，史亚利，等. 牛奶、母乳中全氟化合物分析方法的研究[J]. 分析试验室 2009，28(10)：33-37.

[62] 张干，刘向. 大气持久性有机污染物(POPs)被动采样[J]. 化学进展，2009，21(2)：297-306.

[63] Zhang Z，Liu L，Li Y，et al. Analysis of polychlorinated biphenyls in concurrently sampled Chinese air and surface soil[J]. Environmental Science & Technology，2008，42(17)：6514-6518.

[64] Tao S，Liu Y，Xu W，et al. Calibration of a passive sampler for both gaseous and particulate phase polycyclic aromatic hydrocarbons[J]. Environmental Science & Technology，2007，41(2)：568-573.

**China Building Materials Press**